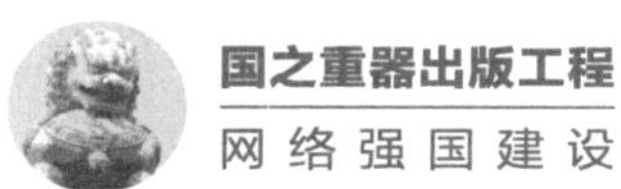

新一代信息技术 · 华为数据通信系列

SRv6 网络编程：开启IP网络新时代

SRv6 Network Programming: Ushering in a New Era of IP Networks

李振斌 主 编
胡志波 李 呈 副主编

人民邮电出版社
北 京

图书在版编目（CIP）数据

SRv6网络编程：开启IP网络新时代 / 李振斌主编
. -- 北京：人民邮电出版社，2020.8（2023.7重印）
国之重器出版工程．新一代信息技术．华为数据通信
系列
ISBN 978-7-115-54207-6

Ⅰ．①S… Ⅱ．①李… Ⅲ．①计算机网络－程序设计
Ⅳ．①TP393

中国版本图书馆CIP数据核字(2020)第111320号

内 容 提 要

本书以IP网络发展过程中面临的挑战为切入点，详细介绍了SRv6技术的产生背景、设计思路与实现过程，以及SRv6在传统业务与新兴业务中的应用。本书以IP技术的发展历史开篇，重点阐述了MPLS和IPv6在网络发展过程中遇到的问题，帮助读者了解SRv6技术带来的变革以及承载的历史使命。本书还详细阐述了SRv6网络编程的原理，包括SRv6的报文头设计与报文转发过程、IGP/BGP/PCEP等针对SRv6的协议扩展、SRv6如何支持现有的TE/VPN/可靠性等特性；SRv6网络部署，包括现网到SRv6网络的演进路线、SRv6网络的部署过程与运维技术、SRv6支持新兴的5G和云业务；SRv6组播BIERv6技术等。最后，本书对SRv6的产业现状与未来发展进行了总结与展望。

本书是华为公司SRv6专家团队集体研究的成果荟萃，代表SRv6的前沿技术发展方向。本书内容丰富、框架清晰、实用性强，适合网络规划工程师、网络技术支持工程师、网络管理员以及想了解前沿IP网络技术的读者阅读，也适合科研机构、高等院校通信网络相关专业的研究人员参考。

◆ 主　　编　李振斌
副 主 编　胡志波　李　呈
责任编辑　韦　毅
责任印制　杨林杰

◆ 人民邮电出版社出版发行　北京市丰台区成寿寺路 11 号
邮编　100164　电子邮件　315@ptpress.com.cn
网址　https://www.ptpress.com.cn
固安县铭成印刷有限公司印刷

◆ 开本：720×1000　1/16
印张：35　2020 年 8 月第 1 版
字数：647 千字　2023 年 7 月河北第 13 次印刷

定价：178.00 元

读者服务热线：(010)81055552　印装质量热线：(010)81055316
反盗版热线：(010)81055315

《国之重器出版工程》编辑委员会

专家委员会委员（按姓氏笔画排列）：

于　全　中国工程院院士
王　越　中国科学院院士、中国工程院院士
王小谟　中国工程院院士
王少萍　“长江学者奖励计划”特聘教授
王建民　清华大学软件学院院长
王哲荣　中国工程院院士
尤肖虎　“长江学者奖励计划”特聘教授
邓玉林　国际宇航科学院院士
邓宗全　中国工程院院士
甘晓华　中国工程院院士
叶培建　人民科学家、中国科学院院士
朱英富　中国工程院院士
朵英贤　中国工程院院士
邬贺铨　中国工程院院士
刘大响　中国工程院院士
刘辛军　“长江学者奖励计划”特聘教授
刘怡昕　中国工程院院士
刘韵洁　中国工程院院士
孙逢春　中国工程院院士
苏东林　中国工程院院士
苏彦庆　“长江学者奖励计划”特聘教授
苏哲子　中国工程院院士
李寿平　国际宇航科学院院士

李伯虎　中国工程院院士
李应红　中国科学院院士
李春明　中国兵器工业集团首席专家
李莹辉　国际宇航科学院院士
李得天　国际宇航科学院院士
李新亚　国家制造强国建设战略咨询委员会委员、中国机械工业联合会副会长
杨绍卿　中国工程院院士
杨德森　中国工程院院士
吴伟仁　中国工程院院士
宋爱国　国家杰出青年科学基金获得者
张　彦　电气电子工程师学会会士、英国工程技术学会会士
张宏科　北京交通大学下一代互联网互联设备国家工程实验室主任
陆　军　中国工程院院士
陆建勋　中国工程院院士
陆燕荪　国家制造强国建设战略咨询委员会委员、原机械工业部副部长
陈　谋　国家杰出青年科学基金获得者
陈一坚　中国工程院院士
陈懋章　中国工程院院士
金东寒　中国工程院院士
周立伟　中国工程院院士

郑纬民	中国工程院院士
郑建华	中国科学院院士
屈贤明	国家制造强国建设战略咨询委员会委员、工业和信息化部智能制造专家咨询委员会副主任
项昌乐	中国工程院院士
赵沁平	中国工程院院士
郝　跃	中国科学院院士
柳百成	中国工程院院士
段海滨	“长江学者奖励计划”特聘教授
侯增广	国家杰出青年科学基金获得者
闻雪友	中国工程院院士
姜会林	中国工程院院士
徐德民	中国工程院院士
唐长红	中国工程院院士
黄　维	中国科学院院士
黄卫东	“长江学者奖励计划”特聘教授
黄先祥	中国工程院院士
康　锐	“长江学者奖励计划”特聘教授
董景辰	工业和信息化部智能制造专家咨询委员会委员
焦宗夏	“长江学者奖励计划”特聘教授
谭春林	航天系统开发总师

新一代信息技术 · 华为数据通信系列

技术指导委员会

本书编辑委员会

主　　编：李振斌

副 主 编：胡志波　李　呈

委　　员：骆兰军　廖　婷　庄顺万　王海波　文慧智
肖亚群　陈国义　周天然　董　杰　耿雪松
彭书萍　李　磊　谢经荣　毛健炜

技术审校：古　锐　闫　刚

技术审校者简介

古锐： 华为数据通信产品线首席解决方案架构师。2007 年加入华为，目前负责领导数据通信产品线解决方案设计部的工作。曾长期工作于 VRP 部门，对 IP/MPLS 协议有着深入的研究。曾领导华为新一代骨干路由器的研发团队，对数据通信产品与解决方案端到端的落地实现有着丰富的实践经验。2012—2017 年在欧洲工作，负责领导欧洲区域数据通信解决方案的拓展与创新，主导、参与过许多欧洲顶级运营商数据通信项目的方案设计。

闫刚： 华为数据通信产品线首席 IGP 专家。2000 年加入华为，一直在 VRP 部门工作。2000—2010 年，负责 VRP IGP 子系统的架构设计工作，完成了快速收敛、LFA FRR/ 多源 FRR 以及 NSR 的设计与交付，拥有丰富的协议设计经验。自 2011 年起，负责提升 VRP 各协议用户操作与运维能力，构建 VRP 兼容性管理体系，并完成 YANG 模型基线的构建与交付。当前正带领团队进行 IP 的创新工作，主要负责 SRv6 切片、端到端 50 ms 保护以及 BIER 相关协议的创新工作。

推荐语

SRv6 技术拨开了 IPv6+ 创新时代的面纱，它具有如下 3 个重要特征。

大道至简——SRv6 技术基于纯 IPv6，带着简化承载网的使命，有望在 IPv4、IPv6、MPLS 和 SR-MPLS 并存的时代运用减法和集中的思路，实现承载层面的极致简化。用 SRv6 支持 VPN、FRR、TE、网络切片和 BIERv6，可以实现应用驱动的路径编程，为用户提供差异化的 SLA 保证，帮助运营者实现从“卖带宽”到“卖服务”的转型。

方兴未艾——SRv6 是 IETF 近十年来少有的焦点项目，为运营者提供了面向 5G 和云承载的可编程网络架构，开启了 IPv6+ 网络体系创新的时代。目前，共同推动 SRv6 项目快速成熟已经得到华为、思科、中国电信、中国移动、中国联通、软银等全球数通产业界知名公司的高度关注，越来越多的网络运营商选择使用 SRv6 承载解决方案。

厚积薄发——SRv6 不是简单的单点技术，而是自成体系的网络架构，涉及具体应用场景时技术会变得更加复杂。

很多人在初学 SRv6 的阶段需要大量摸索，然而这方面系统性的参考资料非常少。为了便于所有想掌握 SRv6 技术的朋友在学习中少走弯路，华为李振斌的团队将他们在 SRv6 标准化领域的经验和积累凝结成了这本书。希望这本书的出版能够有助于推动 SRv6 技术及产业在国内的快速发展。

——推进 IPv6 规模部署专家委员会秘书长　田辉

SR/SRv6（段路由）技术是近 20 年来 IP 网络的重大技术创新。相比传统的 MPLS 技术，SR/SRv6 通过引入源路由技术，简化了网络协议与网元功能，提升了组网灵活性。尤其是 SRv6 支持网络功能可编程和业务自主定制端到端网络路径，可面向重点业务，向用户提供更加敏捷和开放的网络服务能力，还可以为 5G 网络切片、云网协同等应用场景提供强有力的技术支撑。本书的作者对 SRv6 的产生背景、基本原理、协议及演进和部署都做了详尽的介绍和论述，并且有实际的应用案例，对读者深入了解 SRv6 技术有很大的帮助。

——工信部科技委信息网络技术专家组组长
中国通信标准化协会（CCSA）网络与业务能力技术工作委员会主席
赵慧玲

全球信息化的进程使互联网应用得到了迅速而蓬勃的发展，但其架构的基石是 IP/MPLS 协议体系。随着 5G、云、泛在智联时代的到来，需要新的 IPv6/SRv6 协议体系来支持万物互联的世界。在我读过的关于 SRv6 的网络技术图书中，本书是少有的既系统全面又具有实践指导意义的一本。本书充分阐述了 SRv6 协议体系，SRv6 不仅简化了网络控制平面，方便实现大范围的流量工程，并加速弹性、定制化业务的快速上线。本书在协议体系的可靠性、可演进性方面也进行了充分论述。本书还突出了 SRv6 网络在大规模部署方面相比于 MPLS 网络所具有的优势，即在跨域、协议简化、可编程特性、增量部署、适应新应用场景等方面的优势。难能可贵的是，本书给出了诸多实践场景方面的案例和指导，例如在现实网络中，如何完成从传统的 IP/MPLS 网络向 SRv6 网络的演进，解决了业界关注的痛点。这是一本很棒的书。

——中国电信战略与创新研究院院长　陈运清

随着 5G 和云时代的到来，丰富的业务应用要求运营商网络具备更强大的可编程能力。此外，随着我国 IPv6 部署的积极推进，运营商网络全面 IPv6 化的工作已基本完成。结合 IPv6 和源路由编程的 SRv6 技术可以基于 IPv6 的可达性实现端到端网络编程，为构建端到端的智简网络提供了重要的技术手段。本书前半部分介绍了 SRv6 的发展历史和技术原理，以及基于 SRv6 的 VPN/TE/FRR 等网络特性和部署方案；后半部分分析了 SRv6 在 5G 及云业务中的创新应用，并展望了 SRv6 产业的发展。本书将协议介绍与应用实践相结合，有助于读者更好地学习和理解 SRv6，是一本难得的 IP 网络新技术专著，特此推荐。

——中国联通网络技术研究院首席科学家　唐雄燕

SRv6 基于 IPv6 的源地址路由机制构建，简化了网络协议并支持可编程，被认为是 IP 承载网新的核心协议之一，将有力促进云网协同和万物互联的发展。

本书是一本率先系统性介绍 SRv6 技术原理和应用场景的专著，从技术发展的历史和业务需求着眼，深入浅出地介绍了 SRv6 技术，读来让人受益匪浅。除了详述 SRv6 技术本身以外，本书还介绍了 SRv6 的应用方案，理论联系实际，是从业者学习 SRv6 技术不可多得的好书。本书作者都是从事 SRv6 研发工作的资深专家，对 SRv6 技术有丰富的经验和深刻的见解。主编李振斌是 IETF 互联网架构委员会（IAB）委员，长期从事 IP 研究和标准推动工作，他为 SRv6 技术发展完善做出了重要贡献。

——中国移动研究院网络与 IT 技术研究所所长　段晓东

互联网新业务的蓬勃发展、新需求的不断涌现，给网络信息技术的创新变革以及信息基础设施的升级带来了新的挑战。作为全球互联网发展基石的 IP 网络不断用技术创新和持续演进来应对挑战。当前，以 SRv6 为主要代表的新型网络技术研究和探索将推动 IP 网络进入智能新时代，这一理念已在国际范围内形成广泛的产业共识。SRv6 原生于 IPv6，它在国际标准创制、开源社区建设、商业化产品的支持、现网实践研究试点上都有了一定的成熟积累，结合我国 IPv6 的大规模商用部署，它将成为支撑网络平滑演进的关键技术之一。本书非常系统而全面地介绍了 SRv6 的技术演进、技术实践及对产业的助推作用，相信本书将对加速 SRv6 技术的应用部署和产业发展起到非常良好的指导作用。

——下一代互联网国家工程中心主任、全球 IPv6 论坛副主席　刘东

IPv6 是下一代互联网的核心技术之一，在可扩展方面具有原生优势，一方面体现在 128 bit 的海量地址空间，另一方面体现在扩展报文头所提供的自定义能力。SRv6 技术充分拓展了 IPv6 路由扩展报文头，在现有 IPv6 框架下提供了更加通用的网络可编程能力，是 IP 承载网络向简约化、智能化发展的重要使能性技术之一。本书对 SRv6 技术进行了系统深入的介绍，体现了华为公司及作者所在团队在数据通信领域深厚的技术功底，值得从业者深入学习研究。

云网融合正在走向 3.0 时代，未来网络将从传统的“以网络资源为中心”转变为“以应用服务为中心”，从“通用不可控”转变为“按需可定制”，这要求 SRv6 技术与软件定义网络、网络切片等技术进行充分融合，为应用服务提供真正意义上的网络定制化能力。本书中所提到的 APN6 以及 IPv6+ 等新型概念，与服务定制思想深度契合，值得未来业界各方共同深度挖掘。

——北京邮电大学教授、博士生导师　黄韬

SRv6 可能是近 15 年来在运营商级、大规模、可运营的网络技术中最重要

的网络技术之一。这些年网络技术的进步还包括 VXLAN 技术在数据中心的应用、SDN 思想的提出等。随着 5G、云和物联网的发展，数字经济时代的步伐越来越快，SRv6 良好的可扩展性和网络可编程能力适合上述业务的发展需求，为满足严苛的服务需求提供了重要基础能力；基于 SDN 思想的 SRv6 全网跨域解决方案，提供了全网端到端统一承载、统一调度的能力；SRv6 不但为 TE、VPN 和 FRR 提供了良好的支持，而且它的平滑演进能力以及对现网的兼容性，有助于网络运营商顺利高效地部署。本书内容翔实，逻辑清晰，无论是技术原理还是网络应用，都讲解得非常细致，是学习 SRv6 技术不可多得的参考书和工具书。

——天融信高级副总裁　杨斌

SR/SRv6 作为目前方兴未艾的网络技术之一，以其与生俱来的 SDN 属性，备受大型互联网公司、云厂商、运营商以及网络设备商的青睐，并由多家大型互联网公司以及运营商部署落地，以简化其庞大而又复杂的网络基础设施，解决超大规模网络带来的运营挑战，提升网络的灵活扩展能力。华为作为领先的网络设备厂商之一，具有丰富的 SR/SRv6 产品解决方案部署的经验。本书从 SRv6 标准制定者以及 SRv6 产品研发亲历者的角度，结合翔实的案例，深入浅出地阐述了 SRv6 产生的背景、原理以及规划设计，是一本值得期待的好书，可以用来系统学习 SRv6 技术、研究 SRv6 应用。

——IP 网络架构师、技术专家　邵华

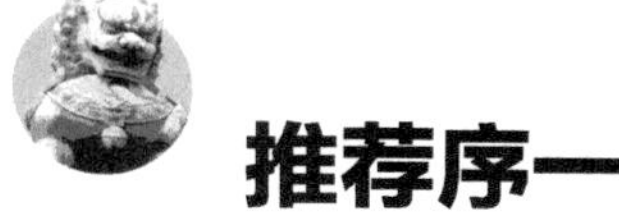

推荐序一

SRv6 是互联网技术发展进程中的又一重要创新，更重要的是它打开了基于 IPv6 的创新应用之门。IPv6 的提出已有 20 多年的时间，本意是要解决 IPv4 地址不足的问题，但 NAT（Network Address Translation，网络地址转换）技术易于在地址容量受限的情况下实现业务的扩张，便削减了产业界对 IPv6 的需求。现在，产业界已认识到 NAT 的不透明属性限制了网络业务的拓展，NAT 的难以溯源问题无法从根本上保障业务的安全性。近年来，产业界将目光重新聚焦到 IPv6，但技术发展的驱动力已从以满足地址空间需求为主转到以适应新业务发展并简化网络为主。5G 和云业务对 IPv6 在适应新业务发展和简化网络方面的特性更为看重。SRv6 利用 IPv6 地址的扩展报文头携带包括拓扑沿线的路由等在内的更多的网络服务信息，可以更好地满足新业务发展的需求，也可以充分发挥 SDN 的能力。SRv6 是基于纯 IPv6 转发的，因此在部署 SRv6 网络时可以采用增量部署的方式，而不需要像 MPLS 网络一样全网升级，由此大大降低了网络业务部署的复杂性。SRv6 就像计算机的编程语言，可以将网络信道组织的意图转化为路由编排的指令并自动执行，支持网络切片等应用，提供低时延的性能保障。SRv6 技术的发展可以很好地推动 IPv6 的创新应用，还能挖掘出 IPv4 不具备的特性，展现了 IPv6 的价值所在。

2017 年 11 月，中共中央办公厅、国务院办公厅印发了《推进互联网协议第六版（IPv6）规模部署行动计划》，推动了我国 IPv6 的规模部署。在过去两年，IPv6 规模部署取得了丰硕的成果，活跃连接数和用户数显著增加，运营商 IP 网络基础设施已经全部支持 IPv6，支持 IPv6 的内容服务也逐渐增多，为进一步创新打下了良好的基础。SRv6 技术的出现为 IPv6 的创新应用提供了重要支撑。为了更好地推动 IPv6 的发展，2019 年底，推进 IPv6 规模部署专家委员会成立了 IPv6+ 技术创新工作组，并成功举办了两次产业论坛活动，我国也已启动多项 SRv6 技术应用的商用部署，一些应用走在了世界前列，SRv6 产品也走向了世界。

华为在 SRv6 诞生之初就积极参与相关的创新和标准化工作，并在业界率先推出了支持 SRv6 的数据通信产品，取得了很多令人欣喜的成果，华为的李振斌在 2019 年初成功当选 IETF 互联网架构委员会委员。他和团队成员在本书中系统地解读了 SRv6 的创新技术和标准，总结了他们在 SRv6 研究开发方面的经验和体会，特别是应用 SRv6 的心得，很有实用价值，对推动 IPv6 持续创新具有积极的意义。相信本书的出版有助于进一步推动我国 IPv6 的规模部署和发展。

邬贺铨
中国工程院院士
2020 年 6 月

推荐序二

过去 20 年，为了满足越来越多的应用需求，互联网骨干网所采用的 IP/MPLS 技术功能不断丰富，但也带来了实施和应用上的复杂性。TCP/IP 的核心思想是“无连接”“端到端”和“尽力而为”，即 IP 报文包含了完整的网络信息。为了增强网络的调度能力和更好地实施流量工程，需要使报文不仅包含目的地址的信息，也包含传输路径的信息，如何实现这一点是一个重要的问题。在提出 IPv4 的初始阶段就在其设计和实现方案中体现了源路由的思路，但 IPv4 报文选项的固有缺点使源路由技术无法真正实施。IPv6 的路由扩展报文头为源路由的应用带来了新的机会，推动了 SRv6 的产生，为构建下一代网络架构体系提供了一个非常强大的工具。

中国的 IP 专家很早就开始了 IPv6 技术的研究，2004 年率先建成了世界上最大的纯 IPv6 网络 CERNET2（China Education and Research Network 2，第二代中国教育和科研计算机网）。清华大学于 2006 年在 IETF 推动了 IPv6 源地址验证（SAVA）和 IPv6 过渡（4over6、IVI）等技术的标准化工作，目前已形成 IETF 的 IPv6 核心技术标准 20 余项，为 IPv6 技术的发展做出了重要贡献。我们认为 SRv6 是 IPv6 重要的技术发展方向，并于 2019 年开始在 CERNET2 上进行了 SRv6 技术的相关研究和试验。

华为在 IETF 路由领域积极推动创新和标准化，从 Segment Routing（SR）技术诞生之时就积极参与，并在 SRv6 领域取得了很多成果，不仅全面参与了 SRv6 的基础特性（VPN/TE/FRR 等）的标准化活动，而且在基于 IPv6 的随路检测、网络切片、确定性时延和应用感知网络等领域率先开展创新和标准化活动。华为李振斌和他的团队所编写的这本《SRv6 网络编程：开启 IP 网络新时代》，包含了对于 SRv6 创新和标准的完整阐述，系统地总结了 SRv6 研发的经验和体会。阅读本书，可以帮助读者全面理解和把握 SRv6 技术。我衷心地希望本书的出版能够对中国 IPv6 核心技术的发展起到积极的推动作用，并在全球产生更大的影响力。

李星
清华大学电子工程系教授，博士生导师

前 言

SRv6（Segment Routing over IPv6，基于 IPv6 的段路由）是一项新兴的 IP（Internet Protocol，互联网协议）技术，随着 5G 和云业务的发展，新业务对网络服务的部署和自动运维等方面提出了很多新的需求，SRv6 丰富的网络编程能力能够更好地满足新的网络业务的需求，而其兼容 IPv6（Internet Protocol version 6，第 6 版互联网协议）的特性也使得网络业务的部署更为简便。

5G 改变了连接的属性，云改变了连接的范围，它们为 SRv6 技术的发展带来了最好的机会。IP 承载网的本质就是连接。5G 业务的发展对网络连接提出了更多的要求，例如更高的 SLA（Service Level Agreement，服务等级协议）保证、确定性时延、需要报文携带更多的信息等，通过 SRv6 扩展可以很好地满足这些要求。云业务的发展，使得处理业务的位置更加灵活多变，而一些云业务（如电信云业务）进一步打破了物理网络设备和虚拟网络设备的边界，使得业务与承载融合在一起，这些都改变了网络连接的范围。SRv6 业务与承载统一的编程能力，以及 Native IP（纯 IP）属性，都使得它能够快速地建立连接，满足灵活调整连接范围的需求。正如我们在本书中所指出的，SRv6 网络编程开启了一个新的网络时代，对 IP 技术的发展具有深远的意义和影响。

华为公司数据通信产品线的技术专家在 IP 和 SRv6 领域进行了长期深入的研究，也参与了 IETF（Internet Engineering Task Force，因特网工程任务组）很多 SRv6 相关标准的制定工作，不少专家还参与了 SRv6 网络的实际部署，具有丰富的经验。基于这些丰富的研究成果和网络运维经验，我们倾力打造了《SRv6 网络编程：开启 IP 网络新时代》这本书，希望能够较为完整地呈现 SRv6 技术的全貌，帮助大家更好地理解 SRv6 技术的原理以及基于 SRv6 技术构建的网络新技术，希望大家能够跟我们一起投入新技术的研究和应用部署进程中，共同推动通信网络的发展。

本书内容

本书以 IP 技术发展过程中的业务挑战为切入点，详细介绍了 SRv6 技术的产生背景及其承担的历史使命，旨在给读者全面呈现新一代 IP 网络的技术原理、业务应用、规划设计、网络部署以及产业发展等内容。本书共 13 章，分为 4 个部分：第 1 章重点介绍 IP 技术的发展，揭示了 SRv6 技术快速发展的奥秘；第 2 章至第 8 章介绍 SRv6 1.0，也就是 SRv6 技术的基础部分，全面展示了 SRv6 技术如何高效地支持现有业务；第 9 章至第 12 章介绍 SRv6 2.0，包含 SRv6 技术面向 5G 和云业务提供的新的网络技术，展示了 SRv6 技术的网络可编程能力为业务模式带来的革新；第 13 章总结 SRv6 产业的发展情况，展望从 SRv6 到 IPv6+ 的发展趋势，IPv6+ 也让人们对未来的网络充满了无穷的想象。各章内容分别介绍如下。

第 1 章　SRv6 诞生的背景

本章对 IP 技术的发展进行了较为全面的总结，基于 IP 技术发展的历史经验与现实需求提出 SRv6 技术，并从宏观角度总结 SRv6 技术的价值和意义。

第 2 章　SRv6 的基本原理

本章介绍通过 SRv6 技术实现网络编程的基本原理，进一步从微观角度进行技术总结，阐述 SRv6 网络编程的优势。

第 3 章　SRv6 的基础协议

本章介绍 SRv6 基础协议——IS-IS（Intermediate System to Intermediate System，中间系统到中间系统）协议和 OSPFv3（Open Shortest Path First version 3，开放式最短路径优先第 3 版）协议的工作原理和协议扩展。在 SRv6 网络中，不需要维护 RSVP-TE（Resource Reservation Protocol-Traffic Engineering，资源预留协议流量工程）协议、LDP（Label Distribution Protocol，标签分发协议）等，简化了网络控制平面。

第 4 章　SRv6 TE

本章介绍 SRv6 技术的基础特性——TE（Traffic Engineering，流量工程）的工作原理和协议扩展。SRv6 TE 基于 IPv6 的路由可达性，显式地指定转发路径，可以灵活实现跨域 TE。

第 5 章　SRv6 VPN

本章介绍 SRv6 技术的基础特性——VPN（Virtual Private Network，虚拟专用网）的工作原理和协议扩展。SRv6 能够支持现有的 L2VPN（Layer 2 Virtual

Private Network，二层虚拟专用网)/L3VPN(Layer 3 Virtual Private Network，三层虚拟专用网)/EVPN(Ethernet Virtual Private Network，以太网虚拟专用网) 业务，而且通过升级边缘节点使其支持 SRv6，即可部署 SRv6 VPN 业务，缩短了 VPN 业务开通的周期。

第 6 章 SRv6 的可靠性

本章介绍 SRv6 技术的基础特性——可靠性技术的工作原理和协议扩展。这些可靠性技术包括 TI-LFA 保护、Endpoint 的故障保护、尾节点保护和防微环等，确保 SRv6 网络能够达到端到端 50 ms 的故障恢复标准。

第 7 章 SRv6 网络的演进

本章介绍传统网络向 SRv6 网络演进的挑战和技术方案，即如何实现从现有的 IP/MPLS(Multi-Protocol Label Switching，多协议标签交换) 网络向 SRv6 网络演进。SRv6 支持增量部署，既可以保护已有投资，又可以匹配新业务的发展。

第 8 章 SRv6 网络的部署

本章介绍 SRv6 网络部署的相关内容，包括 SRv6 网络的应用场景、TE/VPN/可靠性等特性的设计与配置指导等。网络部署的相关实践表明，SRv6 网络在跨域、可扩展性、协议简化和增量部署等方面比传统网络更具优势。

第 9 章 SRv6 OAM 与随路网络测量

本章介绍 SRv6 OAM(Operation, Administration and Maintenance，操作、管理与维护) 和随路网络测量的工作原理和协议扩展。这些故障管理和性能测量技术能够保障 SRv6 网络的质量，确保用户能够在运营商网络中大规模部署 SRv6 网络。

第 10 章 SRv6 在 5G 业务中的应用

本章介绍 5G 业务场景下的 SRv6 应用，包括 VPN+ 网络切片、确定性网络以及 SRv6 应用到核心网的技术方案和协议扩展。

第 11 章 SRv6 在云业务中的应用

本章介绍云业务场景下的 SRv6 应用。首先介绍电信云的概念、挑战，以及基于 SRv6 技术的解决方案。然后介绍基于 SRv6 技术的 SFC(Service Function Chaining，业务功能链) 和 SD-WAN(Software Defined Wide Area Network，软件定义广域网) 的工作原理和协议扩展。

第 12 章 SRv6 组播 /BIERv6

本章介绍基于 SRv6 技术的组播技术，重点介绍 BIER(Bit Index Explicit Replication，位索引显式复制) 和 BIERv6(BIER IPv6 Encapsulation，位索引显式复制 IPv6 封装) 的工作原理和协议扩展。SRv6 与 BIERv6 结合，可以基于头端显式编程转发路径提供完整的单播与组播业务。

第 13 章　SRv6 产业的发展与未来

本章总结 SRv6 产业的发展情况，并对 SRv6 技术未来的发展进行展望，重点介绍 SRv6 扩展报文头的压缩方案、APN6(Application-aware IPv6 Networking，应用感知的 IPv6 网络)，以及由 SRv6 网络演进到 IPv6+ 网络的 3 个可能的阶段。

SRv6 技术涉及 IPv6 的许多基础知识，为了帮助读者更好地理解 SRv6 技术的原理，本书在附录 A 中介绍了 IPv6 的基础知识。另外，SRv6 技术的实现离不开 IS-IS 协议和 OSPFv3 协议的扩展，为了帮助读者了解 SRv6 的协议细节，本书在附录 B 和附录 C 中分别介绍 IS-IS 协议和 OSPFv3 协议与 SRv6 协议的关系。

在本书的后记“SRv6 之路”部分，李振斌作为亲历者，对 SRv6 技术的发展历史以及华为参与创新和标准推动的过程进行了总结。另外，他在每章结尾部分还提供了一些 SRv6 设计背后的故事，这些故事分别与每章的技术内容对应，有对协议设计经验和设计哲学的总结，有对技术本质的进一步解读，也有对技术和标准产业发展历史的经验教训的总结。希望通过这些内容能够帮助读者在学习 SRv6 技术的基础上，进一步了解一些设计的来龙去脉，加深对 SRv6 技术的理解，其中不免有一些偏主观的内容，一家之言，仅供参考。

本书由李振斌主编，他负责制定全书整体框架、评审修改和统稿，以及撰写每章的“SRv6 设计背后的故事”和后记。第 1 章由李呈编写，第 2 章由胡志波和毛健炜编写，第 3 章和第 4 章由胡志波编写，第 5 章由廖婷、庄顺万和王海波编写，第 6 章由胡志波编写，第 7 章由陈国义和李呈编写，第 8 章由文慧智和肖亚群编写，第 9 章由李呈和周天然编写，第 10 章由董杰、耿雪松和彭书萍编写，第 11 章由李磊、李呈和庄顺万编写，第 12 章由谢经荣编写，第 13 章由李振斌、彭书萍和毛健炜编写，附录 A 由毛健炜编写，附录 B 和附录 C 由胡志波编写。本书编写完成之后，由骆兰军和李呈协助完成了统稿工作，并进行了统一的编辑处理。最后由古锐和闫刚对本书进行了技术审校。

本书编委会集合了华为数据通信研究团队、标准与专利团队、协议开发团队、解决方案团队和技术资料团队的技术骨干。这些团队成员中，有 SRv6 标准的制定者和推动者，有负责设计 SRv6 的研发成员，也有帮助客户成功完成 SRv6 网络设计与部署的解决方案专家。他们的成果和经验经过系统的总结呈现在本书中。骆兰军等技术资料部的同事精心编辑并绘制了图片，最大限度地保证了内容质量。本书的出版是团队努力的成果，也是集体智慧结晶的体现。衷心地感谢本书编委会的每一位成员，一起工作的过程虽然有很多艰辛，但我们非常享受这个过程，和优秀的你们在一起，我们学习得更多，成长得更快！

致谢

在推动 SRv6 标准创新的过程中，从一个技术框架概念到推出真正的产品和解决方案，在此期间的战略决策、技术研究、标准推动、产品开发、商用部署、产业生态构建等一系列工作，无数人为之付出了巨大的努力，我们也得到了来自华为内部和外部广泛的支持和帮助。借本书出版的机会，我们要衷心感谢胡克文、刘少伟、王晨曦、陈金助、左萌、业苏宁、常悦、王建兵、丁兆坤、金闽伟、范大卫、孙建平、解明震、张建东、杨聂锐、刘悦、范志强、张原、唐新兵、刘树成、徐菊华、陈新隽、鲍磊、韦乃文、王肖飞、刘淑英、胡伟、陈帮华、冯苏、郝建武、赵大赫、曹建铭、张亚豪、张敏虎、曾毅、金剑东、金巍巍、黄兴、李晓辉、杨名、史文江、徐小兴、曹毅光、李庆君、赵刚、高晓琦、李佳玲、郑鹏、吴鹏、王效亮、苗甫、苗福友、刘敏、陈霞、顾钰楠、侯杰、宋跃忠、徐玲、刘冰、宗宁、吴钦、夏靓、吴波、王子韬、闫新、沈虹、董文霞、周冠军、孙元义、王乐妍、王述慧、佟晓惠、席明研、王晓玲、毛拥华、黄璐、王开春、李晨、陈江山、孙国友、窦秀忍、李若愚、杨成、刘颖、李泓锟、徐梦玲、田太徐、龚钧、夏阳、赵凤华、杨平安、张永康、郑光迎、方晟、陈闯、张卡、蒋宇、李翰林、谭刃、郑云祥、王焱淼、李维东、尹志东、阴元斌、陈重、刘春、曾昕宗、尹明亮、于凤青、郝卫国、潘曙光、潘灏涛、李巍等华为的领导和同事，衷心感谢田辉、赵锋、陈运清、赵慧玲、解冲锋、史凡、雷波、孙琼、王爱俊、朱永庆、陈华南、段晓东、程伟强、秦凤伟、李振强、耿亮、刘鹏、唐雄燕、曹畅、庞冉、刘莹、李钟辉、李锁刚、黄韬、刘江、杨斌、张凤羽、刘东、顾杜娟等长期支持我们技术创新和标准推动工作的中国 IP 领域的各位技术专家。最后我们还要特别感谢邬贺铨院士和李星教授欣然为本书作序，我们备受鼓舞，未来当更加努力。

我们希望能够通过本书尽可能完整地呈现 SRv6 的基础技术，以及面向 5G 和云业务的新兴技术，帮助读者全面了解 SRv6 的技术原理、产业价值，以及 SRv6 给通信网络带来的深远影响。因为 SRv6 作为新兴技术还处于不断变化的过程中，加之我们能力有限，书中难免存在错误与疏漏，敬请各位专家及广大读者批评指正，有任何建议，请发送邮件至 lizhenbin@huawei.com，在此表示衷心的感谢。

目 录

第 1 章 SRv6 诞生的背景

本章介绍互联网技术发展的历史，从 ATM（Asynchronous Transfer Mode，异步转移模式）与 IP 之争，到 MPLS 的出现、All IP 1.0 时代开启，再到 All IP 1.0 遇到挑战、SDN（Software Defined Network，软件定义网络）思想的出现，最后介绍通向 All IP 2.0 时代的关键技术——SRv6。

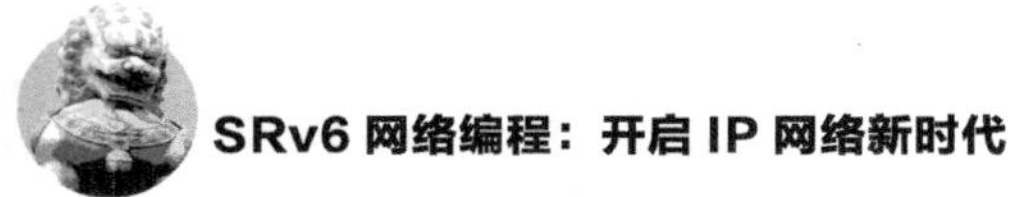

1.1 互联网发展概述

人类的发展不是个体的发展，而是群体的发展，群体的发展需要通过沟通协作来实现。从烽火狼烟到电子邮件，从飞鸽传书到量子纠缠，在人类发展的历史长河中，出现了各种各样的通信方式。人类的通信范围也从身边人，到一个地区，再到整个地球，甚至外太空。但人类对于通信技术的追求从未停歇，通信技术的发展也促进了人类社会的繁荣。如今，通过互联网沟通已经成为人们沟通的主要方式，互联网的发展也有效地促进了人类社会的发展。

互联网发展到现在，几乎已经如同自来水和电力一样，成为人们生活的必需品。互联网让人们享受到了信息时代的便利性，但却鲜有人了解它的技术发展历史。图 1-1 概括展示了互联网发展的历史，简述如下：

- 1969 年，互联网的前身 ARPANET（Advanced Research Projects Agency Network，阿帕网）诞生；
- 1981 年，IPv4（Internet Protocol version 4，第 4 版互联网协议）[1] 诞生；
- 1986 年，致力于制定互联网标准参考建议稿的 IETF 成立；
- 1995 年，下一代互联网协议——IPv6[2] 诞生；
- 1996 年，MPLS[3] 协议诞生；
- 2007 年，SDN[4] 思想出现；

- 2008 年，OpenFlow[5] 协议诞生；
- 2013 年，Segment Routing（段路由）[6] 技术诞生，它包括 SR-MPLS（Segment Routing over MPLS，基于 MPLS 的段路由）[7] 和 SRv6[8]；
- 2014 年，VXLAN（Virtual eXtensible Local Area Network，虚拟扩展局域网）[9] 技术诞生；
- 2019 年 11 月 25 日，IPv4 地址全部耗尽。

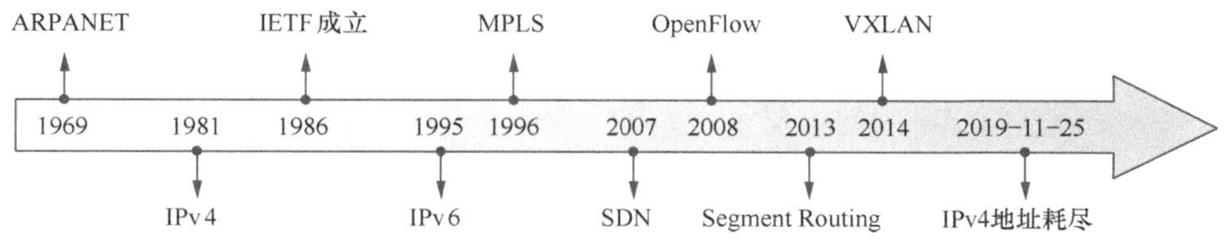

图 1-1　互联网发展历史

1.2　All IP 1.0 的开始：IP 的全面胜利

1. ATM 与 IP 之争

在网络发展初期，为满足不同的业务需求，存在着多种网络形态，如 X.25 网络、FR（Frame Relay，帧中继）网络、ATM 网络和 IP 网络等。这些网络之间不仅不能互联互通，而且一直存在着竞争，其中最主要的是 ATM 网络和 IP 网络之间的竞争。

ATM 是一种采用固定长度信元交换的方式传输数据的技术，采用面向连接的方式建立路径，可以提供更好的 QoS（Quality of Service，服务质量）。它的设计哲学是"以网络为中心，提供可靠传输"。ATM 网络的设计理念充分体现了电信网络对可靠性和可管理性的要求，因此在早期的电信网络中得到了广泛的部署。

而 IP 网络的设计理念与 ATM 网络恰恰相反，IP 是一种无连接的通信机制，仅提供尽力而为的转发能力，报文长度也不固定。IP 网络主要依赖传输层的 TCP（Transmission Control Protocol，传输控制协议）来保证传输可靠性，网络层简单可用即可。IP 网络的设计理念体现了计算机网络的"以端为中心，尽力而为"的思想，满足了计算机网络的业务需求，所以在计算机网

络中被广泛应用。

ATM 网络和 IP 网络的竞争其实是电信网络和计算机网络之间的竞争。电信行业希望通过 ATM 来完成网络互联，保护电信网络的投资。计算机行业希望 ATM 成为 IP 网络的一种承载技术，为 IP 网络提供 QoS 保障，而采用 IP 技术进行网络连接。

后来计算机网络向宽带化、智能化和一体化发展，业务也多为突发性业务。但计算机网络的流量对 QoS 的要求并不像电信网络的流量那样高，报文长度也不固定，所以 ATM 网络固定长度信元交换和 QoS 能力较好的优势无法在计算机网络中得到体现。此外，ATM 网络的 QoS 是基于面向连接的控制，而且会产生一定的报文头开销，所以 ATM 网络在承载计算机网络的流量时显得效率不足，传输和交换成本也较高。

综上所述，随着网络规模变大、网络业务变多，ATM 网络的复杂度和管理成本高于 IP 网络。在成本和收益的双重作用下，ATM 网络逐渐被 IP 网络所取代，慢慢退出了历史舞台。

2. MPLS：实现 All IP 1.0 的关键

虽然 IP 网络比 ATM 网络更适合计算机网络的发展，但计算机网络也确实需要一定的 QoS 保障。为弥补 IP 网络 QoS 能力不足的短板，业界提出过许多 IP 网络和 ATM 网络融合的技术，比如 LANE（Local Area Network Emulation，局域网仿真）、IPoA（IP over ATM，ATM 承载 IP）[10] 和 TAG Switch[11] 等，但它们只能解决部分问题。直到 1996 年，MPLS 的出现才更好地解决了 IP 网络 QoS 能力不足的问题 [3]。

MPLS 是一种介于二层和三层之间的“2.5 层”技术，支持 IPv4 和 IPv6 等多种网络层协议，且兼容 ATM 与以太网等多种链路层技术。MPLS 吸收了 ATM 网络的 VCI（Virtual Channel Identifier，虚拟信道标识符）和 VPI（Virtual Path Identifier，虚拟通路标识符）的交换思想，还具备 IP 路由的灵活性和标签交换的简捷性，为面向无连接的 IP 网络增加了面向连接的属性。通过建立“虚连接”的方法，MPLS 为 IP 网络提供了更好的 QoS 保障能力。

最初提出 MPLS 不仅因为它可以为 IP 网络提供更好的 QoS 保障能力，还因为 MPLS 基于定长 32 bit 的标签交换来转发数据，而 IP 基于最长前缀匹配原则来转发数据，相比而言，前者的转发效率较高。虽然随着硬件能力的提升，MPLS 转发效率高的优点已经不明显，但是它面向连接的标签转发却给 IP 网络提供了很好的 QoS 保障，还可以很好地支持 TE、VPN 和 FRR（Fast Reroute，快速重路由）[12]。这些优点对 IP 网络的继续扩大起到了关键的作用，加速了电信网络的 IP 化。

整体上看，MPLS 的成功离不开它支持的三大特性：TE、VPN 和 FRR。

- TE：基于RSVP-TE[13]可以实现MPLS TE路径标签的申请和分发，可以实现资源保证、显式路径转发等TE特性，弥补了IP网络对TE支持能力差的短板。
- VPN：MPLS标签可用于标识VPN[14]，实现VPN业务的隔离。VPN是MPLS当前最大的应用场景之一，是解决企业互联和多业务承载的关键技术，也是当前运营商营收的重要手段之一。
- FRR：IP网络无法提供完备的FRR保护，导致无法满足电信级业务的需求。MPLS的出现提升了IP网络FRR的能力，在大多数故障场景中满足了50 ms电信级保护倒换的需求。

因为 IP 网络本身成本比较低，MPLS 可以很好地支持 TE、VPN 和 FRR，所以 IP/MPLS 网络就逐渐取代了 ATM、FR 和 X.25 等专用网络。最终，MPLS 被应用于 IP 骨干网、城域网、移动承载网等多种网络场景，用于支持多业务综合承载，实现了互联网的 All IP 化。在本书中，我们将实现了 IP/MPLS 多业务综合承载的这个时代称为 All IP 1.0 时代。

1.3 All IP 1.0 的挑战：IP/MPLS 的困局

虽然 IP/MPLS 使网络进入了 All IP 1.0 时代，但 IPv4 和 MPLS 的技术组合也面临不少挑战。这些挑战随着网络规模的扩大以及云时代的到来更加凸显，阻碍了网络的进一步发展。

1. MPLS 的困局

MPLS 虽然在网络 All IP 化中发挥了重要作用，但是也带来了网络孤岛问题，增加了网络跨域互通的复杂性。

一方面，MPLS 被部署到不同的网络域，例如 IP 骨干网、城域网和移动承载网等，形成了独立的 MPLS 域，也带来了新的网络边界。但很多业务需要端到端部署，所以在部署业务时需要跨越多个 MPLS 域，这带来了复杂的 MPLS 跨域问题。历史上，MPLS VPN 有 Option A/B/C 等多种形式的跨域方案[14-15]，业务部署复杂度都相对较高。

另一方面，随着互联网和云计算的发展，云数据中心越来越多。为满足多

租户组网的需求，业界提出了多种 Overlay 的技术，典型的就是 VXLAN。历史上也有不少人尝试过将 MPLS 引入 DC（Data Center，数据中心）来提供 VPN 服务，但由于网络边界多、管理复杂度大和可扩展性不足等多方面的原因，MPLS 进入数据中心的尝试均告失败。

如图 1-2 所示，从终端用户到云数据中心访问的流量需要先穿过基于 MPLS 的固定、移动融合的承载网，通过 Native IP 网络进入基于 MPLS 的 IP 骨干网，在 IP 骨干网的边缘进入 DC 的 IP 网络，再到达 VXLAN 网关，进入 VXLAN 隧道，到达 VXLAN 的终点 TOR（Top of Rack，架顶模式）交换机，最后访问 VNF（Virtual Network Function，虚拟网络功能）设备。过多的网络域导致了这个业务访问过程过于复杂。

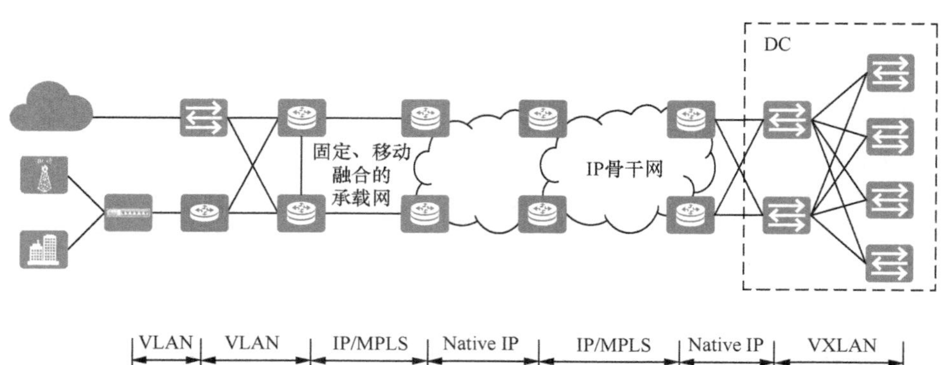

图 1-2 MPLS 网络孤岛

限制 MPLS 发展的主要原因还包括标签空间的可扩展性和封装格式的可扩展性不足。

标签空间方面，如图 1-3 所示，MPLS 只有 20 bit 的标签空间，在网络规模变大时，就会出现标签资源不足的问题。而且在网络规模变大之后，控制平面 RSVP-TE 协议的可扩展性不足，复杂度也过高。

封装格式方面，MPLS 标签的封装格式是 32 bit 的固定编码，MPLS 标签提供了一定的可扩展性，但是面对越来越多需要扩展报文头携带数据的新业务，比如支持 SFC 携带元数据 [16] 和 IOAM（In-situ Operations，Administration and Maintenance，随流操作、管理和维护）[17] 时，MPLS 显得心有余而力不足。

图 1-3 MPLS 标签的封装格式

2. IPv4 的困局

IPv4 最大的问题是地址资源不足。从 20 世纪 80 年代起，IPv4 地址开始以更快的速度被消耗，超出了人们的预期。随着 IANA（Internet Assigned Numbers Authority，因特网编号分配机构）把最后 5 个地址块分配出去，IPv4 主地址池在 2011 年 2 月 3 日耗尽。2019 年 11 月 25 日 15:35（UTC+1），随着欧洲地区的最后一块掩码长度为 22 bit 的公网地址被分配出去，全球所有的 IPv4 公网地址耗尽。虽然有 NAT-PT（Network Address Translation - Protocol Translation，网络地址转换 - 协议转换）等技术使得人们可以通过复用私网地址网段来缓解公网地址耗尽的问题，但使用 NAT 只能治标，并不能治本。

如图 1-4 所示，NAT（Network Address Translation，网络地址转换）技术需要增加新的网络配置，需要维持网络的映射状态，使得网络的复杂度进一步增加，而且使用 NAT 之后，真实地址被隐藏，IPv4 流量不可被溯源，这带来了一定的管理风险。

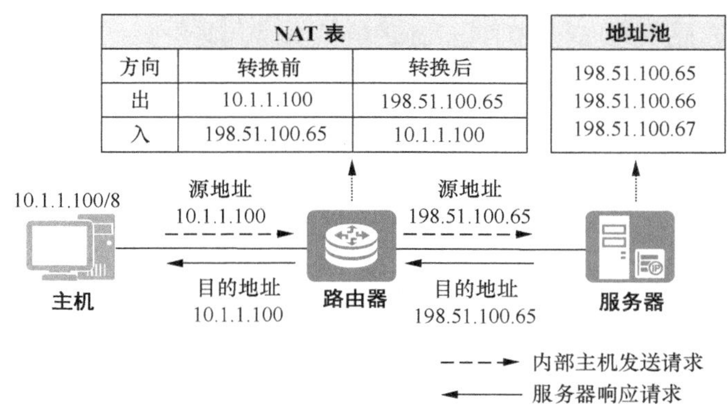

注：图中 IP 地址均为示意。

图 1-4 NAT 的示意

IPv4 还面临另一个困局，即报文头可扩展性不足，导致可编程能力不足。因此很多需要扩展报文头的新业务，比如源路由机制、SFC 和 IOAM 等，都很难由 IPv4 扩展支持。虽然 IPv4 也定义了一些选项（Options）扩展，但这些选项除了用于故障检测，很少有其他应用。IPv4 报文头的可扩展性不足一定程度上限制了 IPv4 的发展。考虑到这一点，IAB（Internet Architecture Board，因特网架构委员会）在 2016 年已经建议 IETF 未来在制定标准时不要基于 IPv4 扩展新的特性。

为了解决 IPv4 地址空间耗尽和可编程能力差的问题，业界设计了 IPv4 的下一代升级方案——IPv6[2]。

3. IPv6 的难题

IPv6 作为 IPv4 的下一代协议，它的提出旨在解决 IPv4 地址空间受限和可扩展性不足这两个主要问题[18]。为此，IPv6 做了一些改进。

一方面，IPv6 扩展了地址空间。与 IPv4 的地址长度只有 32 bit 相比，IPv6 的地址长度是 128 bit，这就提供了非常大的地址空间，甚至可以为地球上的每一粒沙子分配一个 IPv6 地址，有效地解决了 IPv4 地址空间不足的问题。

另一方面，IPv6 设计了扩展报文头机制。根据 RFC 8200[18] 的定义，目前 IPv6 的扩展报文头以及推荐的扩展报文头排列顺序如下（IPv6 的详细介绍请参考附录 A，此处不展开介绍）：

- IPv6基本报文头（IPv6 Header）；
- 逐跳选项扩展报文头（Hop-by-Hop Options Header）；
- 目的选项扩展报文头（Destination Options Header）；
- 路由扩展报文头（Routing Header）；
- 分片扩展报文头（Fragment Header）；
- 认证扩展报文头（Authentication Header）；
- 封装安全有效载荷扩展报文头（Encapsulating Security Payload Header）；
- 目的选项扩展报文头（Destination Options Header），指那些将被IPv6报文的目的地处理的选项；
- 上层协议报文头（Upper-Layer Header）。

一个携带 TCP 报文的 IPv6 扩展报文头封装结构如图 1-5 所示。

IPv6 Header Next Header= Routing	Routing Header Next Header= Fragment	Fragment Header Next Header= TCP	Fragment of TCP Header + Data

图 1-5　携带 TCP 报文的 IPv6 扩展报文头封装结构

扩展报文头的设计给 IPv6 带来了很好的可扩展性和可编程能力，比如，利用逐跳选项扩展报文头可以实现 IPv6 逐跳数据的处理，利用路由扩展报文头可以实现源路由等。

然而一晃 20 多年过去了，IPv6 始终发展得不温不火，直到最近几年，由于技术发展和政策等原因，运营商才开始加速部署 IPv6 网络。回顾历史，IPv6 发展不顺主要有两方面原因。

第一，不兼容 IPv4，网络升级成本高。IPv4 的地址长度只有 32 bit，而 IPv6 的地址长度是 128 bit。虽然地址空间得到了扩展，但是 IPv6 无法兼容 IPv4，使用 IPv6 地址的主机无法和使用 IPv4 地址的主机直接互通，这就需要设计过渡方案，导致网络升级成本大。

第二，业务驱动力不足，网络升级收益小。除了升级成本高之外，业务驱动力不足和网络升级收益小其实也是 IPv6 发展缓慢的重要原因。一直以来，IPv6 的支持者都在宣传 128 bit 的地址空间可以解决 IPv4 地址耗尽的问题，但是解决 IPv4 地址耗尽的方法并不是只有 IPv6，还有 NAT 等技术。NAT 是现在解决 IPv4 地址不足的主要手段，通过使用私网地址和 NAT，IPv4 地址资源不足的问题得到了暂时的缓解，而且并没有影响到网络业务的发展。部署 NAT 的成本也要比升级到 IPv6 网络的成本低。已有的业务在 IPv4 网络中运行良好，升级到 IPv6 网络也不会带来新的收入，这就是运营商迟迟不愿升级到 IPv6 网络的主要原因。

因此，解决 IPv6 发展缓慢问题的关键在于找到 IPv6 支持而 IPv4 不支持的业务，从而通过商业收益驱动运营商升级到 IPv6。

1.4　All IP 1.0 的机遇：SDN 与网络编程

All IP 1.0 时代存在的挑战不仅有 IPv4 和 MPLS 数据平面可扩展性和可编程能力不足，还有其他问题[19]。

- 缺乏网络的全局视角，缺乏流量可视化功能，无法基于全局视角做出全局最优的网络决策，无法快速响应TE需求。
- 数据平面缺乏统一的抽象模型，控制平面无法基于数据平面API（Application Program Interface，应用程序接口）进行编程来支持网络新功能。
- 缺乏自动化工具，业务上线周期长。
- 设备的数据平面和控制平面紧密耦合，相互绑定销售；在演进上相互依赖，不同厂商设备的控制平面无法控制彼此的数据平面。

事实上，All IP 1.0 时代的传统网络设备与 20 世纪 60 年代的 IBM 大型机类似，网络设备硬件、操作系统和网络应用 3 个部分紧密耦合在一起，组成一个封闭的系统。这 3 个部分相互依赖，每一部分的创新和演进都要求其余部分做出相应的升级。这样的架构阻碍了网络的创新进程 [19]。

但计算机终端的发展模式就截然不同。

计算机终端采用通用处理器，并基于通用处理器实现软件定义功能，因此计算机具有更加灵活的编程能力，使软件应用的种类出现了爆炸式的增长。此外，计算机软件的开源模式催生了大量的开源软件，加速了软件开发的进程，推动了整个计算机产业的快速发展，Linux 开源操作系统就是最好的证明。

借鉴计算机领域的通用硬件、软件定义和开源理念，美国斯坦福大学尼克 · 麦基翁（Nick McKeown）教授的团队提出了一个新的网络体系架构——SDN[4]。

在 SDN 架构中，网络的控制平面与数据平面相分离：数据平面变得更加通用化，与计算机通用硬件底层类似，不再需要实现各种网络协议的控制逻辑，只需要接收控制平面的操作指令并执行，比如 OpenFlow[5] 数据平面。网络设备的控制逻辑由 SDN 控制器和应用来定义，从而实现软件定义的网络功能。随着开源 SDN 控制器和开源 SDN 开放接口的出现，网络体系架构也拥有了通用底层硬件、支持软件定义和开源模式 3 个要素。从传统网络体系架构到 SDN 网络体系架构的演进关系如图 1-6 所示。

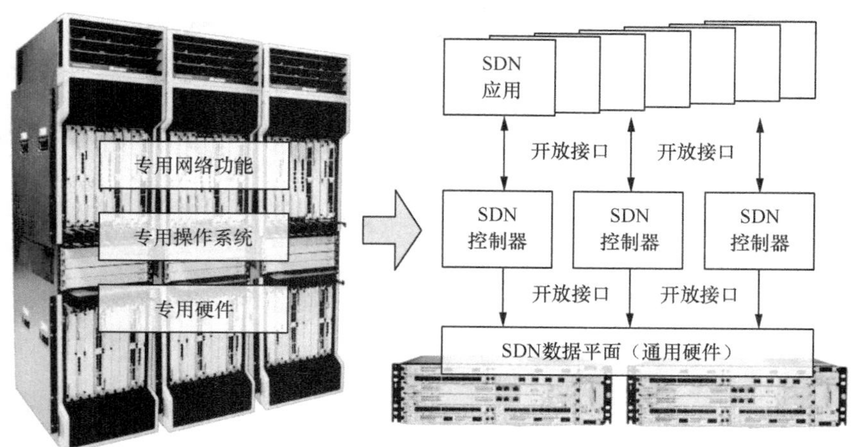

图 1-6　传统网络体系架构向 SDN 网络体系架构的演进

SDN 主要有以下 3 个特征 [18]。

- 网络开放可编程：SDN建立了新的网络抽象模型，为用户提供了一套完整的通用API。用户可以通过在控制器上编程，实现对网络的配置、控制和管理。
- 逻辑上的集中控制：主要是指对分布式网络状态的集中统一控制。逻辑上的集中控制为SDN提供了架构基础，也为网络自动化控制提供了可能。
- 控制平面与数据平面分离：此处的分离是指控制平面与数据平面的解耦，两者可以独立完成演进，只需遵循统一的开放接口进行通信。

符合以上 3 个特征的网络都可以被称为 SDN。在这 3 个特征中，控制平面和数据平面分离为逻辑集中控制创造了条件，逻辑集中控制为网络开放可编程提供了架构基础，而网络开放可编程才是 SDN 的核心特征。

SDN 只是一种网络架构，历史上出现过多种用于实现 SDN 的技术，比如 OpenFlow、POF（Protocol Oblivious Forwarding，协议无关转发）[20]、P4（Programming Protocol-independent Packet Processors，编程协议无关的包处理器）[21] 和本书要介绍的 Segment Routing[7]。

1. OpenFlow

2008 年 3 月 14 日，尼克 · 麦基翁教授等提出了 OpenFlow 这种 SDN 控制平面和数据平面之间交互的通信协议。

如图 1-7 所示，在 OpenFlow 的协议架构中，OpenFlow 交换机和 OpenFlow 控制器之间建立 OpenFlow 协议通道用于交互信息。控制器可以通过 OpenFlow 向 OpenFlow 交换机下发转发流表项。每一条流表项定义了一种流及其对应的转发动作，即在 Match（匹配）成功的条件下，执行对应的 Action（动作）来进行数据处理和转发。

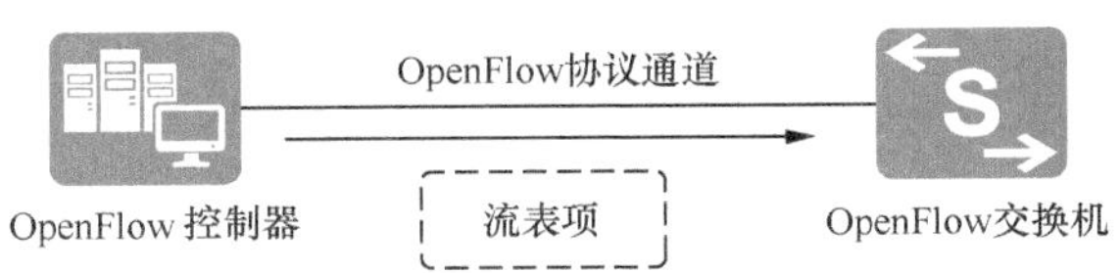

图 1-7　OpenFlow1.0 架构

本质上，网络的转发行为就是“Match + Action”模式的查表转发，比如二层交换机通过查找目的 MAC（Media Access Control，媒体访问控制）地址进行转发，三层路由器通过查找目的 IP 地址进行转发。OpenFlow 的设计理念就是将匹配和转发动作抽象成固定的操作，然后通过控制器向交换机下发转发流表项，指导报文的转发。总体而言，OpenFlow 是一种网络处理规则的抽象通用化，且支持集中编程的 SDN 技术。

OpenFlow 支持匹配以太网、IPv4 和 IPv6 等协议字段，也支持转发报文到指定端口、丢弃报文等动作。控制器可以基于 OpenFlow 协议对匹配规则进行编程，从而实现网络编程。例如，控制器向交换机 A 下发一条流表项，指示交换机 A 将目的 IP 地址为 192.168.1.20 的报文转发到出接口 1。

OpenFlow 的优点在于可以灵活编程转发规则，但问题也比较明显。

第一，OpenFlow 的流表规格受限，导致 OpenFlow 交换机可扩展性不足。OpenFlow 目前更多地被部署在数据中心中，用于比较简单的数据交换，无法被部署在对流表项需求更多的环境中。

第二，OpenFlow 交换机（被当作三层交换机或路由器使用）的优势在于不需要部署 IGP（Interior Gateway Protocol，内部网关协议）等分布式路由协议就可以通过控制器收集的网络拓扑来完成路径计算，指导报文转发。但在实际部署中并没有运营商选择抛弃 IGP 等分布式路由协议，所以 OpenFlow 交换机上一般还需要集成 IGP 等协议。在这种情况下，由于 IGP 已经满足了基础的最短路径转发，OpenFlow 的用途就只剩下对关键业务的流量调优，作用弱化了很多。所以 OpenFlow 交换机不仅没有简化已有的协议，还引入了 OpenFlow 的复杂度。

第三，OpenFlow 只能在现有的转发逻辑上添加对应流表项来指导报文的转发，而无法对交换机的转发逻辑进行编程和修改。为 OpenFlow 添加新特性时，需要重写控制器和交换机两端的协议栈，甚至还需要重新设计交换机的芯片和其他硬件才能支持新特性。因此，每增加一个新的特性，都需要大量的开发工作，增加了支持新特性的成本。

第四，OpenFlow 缺乏足够的能力去维持网络状态，所以 OpenFlow 交换机基本无法自主实现有状态的操作。过度依赖控制器给控制器带来了很大的压力，还带来了可扩展性等性能方面的问题。

受限于以上问题，OpenFlow 还没有被广泛部署。

2. POF

为了解决 OpenFlow 无法对交换机的转发逻辑进行编程和修改的问题，华为提出了 POF。

POF 架构与 OpenFlow 相似，可以分为控制平面的 POF 控制器和数据平面的 POF 转发元件两部分。在 POF 架构中，POF 交换机并没有协议的概念，它仅在 POF 控制器的指导下通过 {offset，length} 来定位数据、匹配并执行对应的操作，从而完成数据处理。这种方式使得交换机可以在处理网络数据时不感知网络协议，在支持新协议时，也不需要对交换机的数据平面进行升级，仅升级控制平面即可。总体而言，POF 是对网络处理流程完全抽象通用化（也即协议无关）、支持对转发逻辑和转发规则完全编程的 SDN 技术。图 1-8 展示了 POF 硬件交换机和 POF 软件交换机的架构。

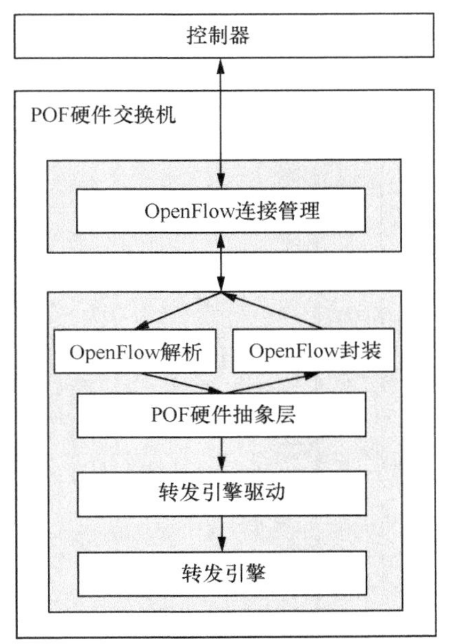

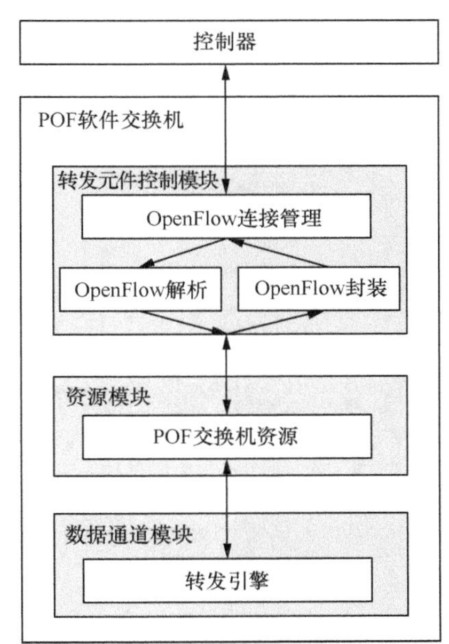

图 1-8　POF 硬件交换机（左）和 POF 软件交换机（右）的架构

由于 POF 支持协议无关的转发，所以可以部署在任意的网络中，包括一些非以太网网络，例如 NDN（Named Data Network，命名数据网络）和 CCN（Content-Centric Network，以内容为中心的网络）这两种未来网络。此外，POF 交换机支持状态机特性，可以实现更多的智能功能，可在网络安全等领域有所作为。

但与 OpenFlow 相比较，POF 的控制流程就要复杂得多，为了实现 POF，还需要定义一套通用指令集，实现复杂的指令调度，这也给转发性能带来了一定的影响，因此 POF 在商业上并没有太好的进展。

3. P4

面对 OpenFlow 存在的可编程能力不足的问题，除了华为提出的 POF 以外，尼克·麦基翁和珍妮弗·雷克斯福德（Jennifer Rexford）教授等人提出了 P4[21]。P4 是一门高级编程语言，其定义了一系列的语法，支持对转发模型的协议解析过程和转发过程进行编程定义，实现了协议无关的可编程网络数据平面。

通过 P4 编程定义报文头格式、解析器、表项、动作和控制程序[21]等组件可以实现对设备报文处理流程的编程，可以做到转发无中断的重配置，满足网络新业务对网络设备可编程的需求。一个 P4 程序可以应用到如图 1-9 所示的通用抽象转发模型中。

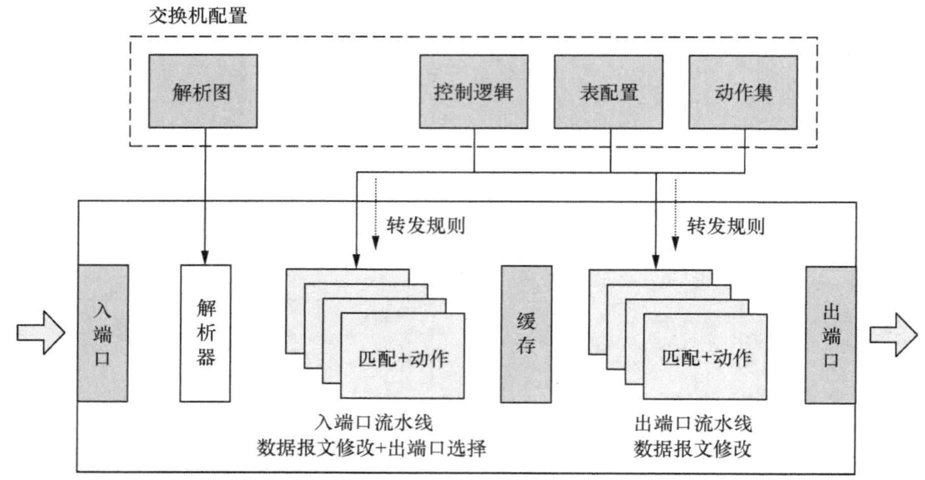

图 1-9　通用抽象转发模型

P4 支持对交换机转发处理逻辑进行编程定义，不需要购买新设备即可支持新特性，只需通过控制器编程并更新交换机的处理逻辑。这种创新解决了 OpenFlow 可编程能力不足的问题。此外，由于 P4 可以编程定义交换机处理逻辑，使得交换机可以转发任意协议，底层交换机更加通用化，适用范围更广，所以更容易降低设备采购成本。总体而言，P4 是对网络处理流程完全抽象通用化（即协议无关）、支持对转发逻辑和转发规则完全编程的 SDN 技术，包含对应的编程语言及对应的转发平面等组件。

虽然 P4 在创新上具有一定的技术优势，可以满足网络创新的需求，但是在商业部署上却进展不佳。一方面，网络的演进速度并不快，在很大的程度上，增加一个网络特性不是一家设备商的事情，它需要运营商和设备商等共同参与，由整个行业共同推动、共同制定标准来实现。这个标准的制定周期相对较长，所以在漫长的标准制定过程中，P4 快速支持网络编程的能力就显得不那么重要了。另一方面，完全集中式的 SDN 在可靠性和响应速度等方面存在问题，且对控制器要求过高。而实际上，现网并不需要通过推翻分布式路由协议架构来完全重新构建连接，而是需要在现有分布智能互联的基础上，提供增强的集中式全局优化的能力，实现全局优化和分布智能的结合。2019 年 6 月 11 日，以 P4 商业化为主营业务的创业公司 Barefoot 被英特尔公司收购，截至目前，P4 也没能被大规模商用。

4. Segment Routing

回顾 OpenFlow、POF 和 P4 等，其初衷都是为网络提供可编程能力。但为了实现网络可编程就必须要进行革命性的创新吗？答案是否定的。

2013 年，由思科公司提出的 Segment Routing 协议就是在已有网络的基础上进行演进式的扩展，提供了网络编程能力。Segment Routing 是一种源路由协议，支持在路径的起始点向报文中插入转发操作指令来指导报文在网络中的转发，从而支持网络可编程。Segment Routing 的核心思想是将报文转发路径切割为不同的分段，并在路径的起始点往报文中插入分段信息指导报文转发。这样的路径分段被称为“Segment”，并通过 SID（Segment Identifier，段标识符）来标识。目前 Segment Routing 支持 MPLS 和 IPv6 两种数据平面，基于 MPLS 数据平面的 Segment Routing 被称为 SR-MPLS，其 SID 为 MPLS 标签；基于 IPv6 数据平面的 Segment Routing 被称为 SRv6，其 SID 为 IPv6 地址。

Segment Routing 的设计理念在现实生活中也屡见不鲜，如乘坐火车、飞机出行。下面举一个例子来进一步解释 Segment Routing 的原理。

假设从海口到伦敦的飞机需要在广州和北京进行两次中转，飞行路线变为 3 段：海口→广州、广州→北京和北京→伦敦。我们只需要在海口买好从海口到广州、广州到北京、北京到伦敦的 3 张票，就可以从海口一站一站地中转飞到伦敦。

在海口，我们要乘坐 HU7009 航班飞往广州；当飞达广州时，根据机票，乘坐 HU7808 航班飞往北京；到了北京，再根据机票乘坐 CA937 航班飞往伦敦。就这样，我们靠着在海口拿到的 3 张机票，顺利换乘飞机逐段飞到了伦敦。

报文在 Segment Routing 网络中的转发过程也是类似的。如图 1-10 所示，报文从节点 A 进入 Segment Routing 网络，节点 A 经过匹配目的地址，知道报文需要经过节点 B 和节点 C 到达节点 D，所以将节点 B、节点 C 和节点 D 对应的 SID 插入报文头中，用于指导报文转发。节点 B 和节点 C 根据报文头中的 SID 信息，将报文一步步地转发到指定的目的节点 D。

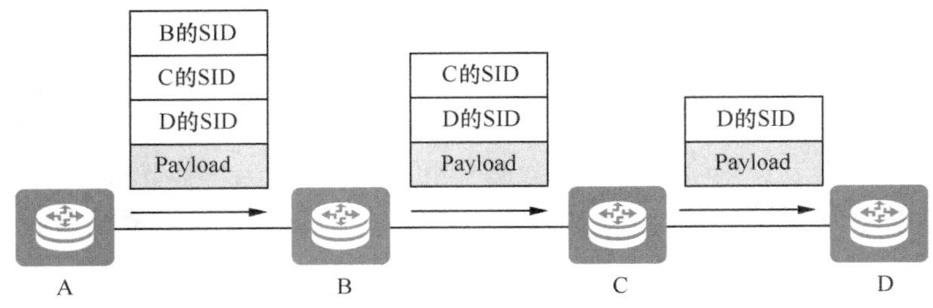

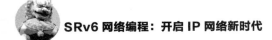

图 1-10　Segment Routing 示例

相比于 RSVP-TE MPLS，SR-MPLS 具有如下优势。

- 简化了控制平面。SR-MPLS不需要RSVP-TE等信令协议，只需对IGP（Interior Gateway Protocol，内部网关协议）和BGP（Border Gateway Protocol，边界网关协议）等协议进行扩展即可。
- 简化了网络的状态。在RSVP-TE MPLS网络中，中间节点需要为每个数据流维持转发状态。而在SR-MPLS网络中，仅需要在头节点维持逐流的转发状态，在中间节点和尾节点不需要维持逐流的转发状态。

在互通方面，由于 SR-MPLS 未对 MPLS 数据封装做任何修改，所以在数据平面可以很容易地与传统的 MPLS 网络互通。相比于 OpenFlow 等革命性的协议，SR-MPLS 考虑了对现网的兼容，支持平滑演进，同时也提供了网络编程的能力。这种演进式的创新更容易得到业界的认可，也更容易落地。此外，Segment Routing 保留了网络的分布式智能，并在此基础上引入 SDN 控制器的全局优化能力，结合了分布智能和全局最优的优势，因此应用的实际落地更具可操作性，也更有生命力。时至今日，Segment Routing 已经成为事实上的 SDN 标准。

虽然基于 MPLS 数据平面的 SR-MPLS 可以提供很好的可编程能力，但是其受限于 MPLS 封装可扩展性不足等问题，无法很好地满足 SFC 和 IOAM 等一些需要携带元数据的业务的需求。而基于 IPv6 数据平面的 SRv6 不仅继承了 SR-MPLS 网络的所有优点，还拥有比 SR-MPLS 更好的可扩展性。

1.5　All IP 2.0 的钥匙：SRv6

前文提到解决 IPv6 问题的关键在于找到 IPv6 支持而 IPv4 不支持的业务，从而通过商业收益驱动运营商升级到 IPv6。那么什么才是 IPv6 支持而 IPv4 不支持的业务呢？那就是 IPv6 的网络编程能力，基于这个能力，可以快速地部署一些新业务，实现商业价值。

虽然 IPv4 的报文结构中也有可编程 Option 字段，但只可用于故障定位和测量等场景，并不适合其他应用。而 IPv6 则从最开始设计的时候就考虑到报文头的可扩展性，设计了逐跳选项扩展报文头、目的选项扩展报文头和路由扩展报文头等[18]，用于支持扩展功能。这个可扩展性正是 IPv4 和 MPLS 所不具备的。

然而，在过去 20 多年的时间里，IPv6 扩展报文头的应用非常有限。随着 5G 和云业务等新业务的兴起和网络编程技术的发展，业务要求网络的转发平面有更强的可编程能力，同时需要更简洁的融合网络解决方案。在这种背景下，SRv6 应运而生。SRv6 是一种基于 IPv6 数据平面实现的 SR 网络架构，支持在头节点插入转发指令指导数据报文转发。如图 1-11 所示，SRv6 结合了 SR-MPLS 头端编程和 IPv6 报文头可扩展性两方面的优势，让人们看到了 IPv6 的转机。

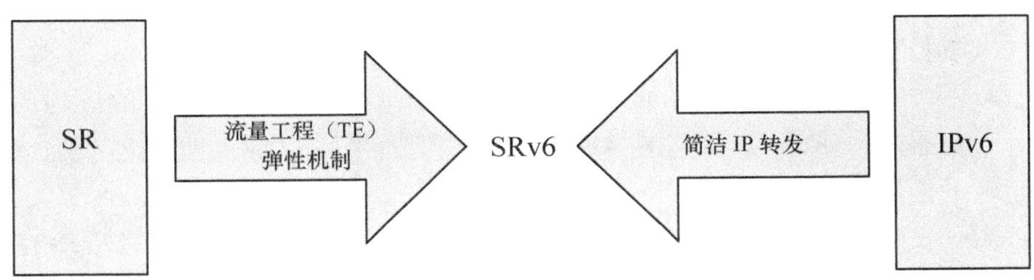

图 1-11　SR + IPv6 = SRv6

SRv6 网络编程标准文稿[22]提出不过两年多的时间，SRv6 已经被部署到多个商业网络中，发展速度之快在 IP 技术的发展历史上并不多见。在推动 SRv6 创新和标准化的过程中，华为与业界专家进行了广泛的交流，对互联网技术发展历史上的经验教训进行了很多反思，因此对 SRv6 的价值和意义也有了更进一步的认识。

总结一下，以 MPLS 为基础的 All IP 1.0 获得了巨大的成功，同时也带来了一些问题和挑战，主要体现在以下 3 个方面。

- IP承载网的孤岛问题。虽然MPLS统一了承载网，但是IP骨干网、城域网、移动承载网之间是分离的，需要使用跨域VPN等复杂的技术来互联，导致端到端业务的部署非常困难。
- IPv4与MPLS封装的可编程空间有限。当前很多新业务需要在转发平面加入更多的转发信息，但IETF已经发表声明，停止为IPv4制定更新的标准，并且MPLS标签的字段格式和长度固定，缺乏可扩展性，这些导致它们很难满足未来业务的网络编程需求。

- 应用与承载网的解耦，导致网络自身的优化十分困难，而且难以提升网络的价值。当前运营商普遍面临被管道化的挑战，无法从增值应用中获得相应的收益；而应用信息的缺失，也使得运营商只能采用粗放的方式进行网络调度和优化，造成资源的浪费。在网络技术发展的历史上，人们也尝试过将网络技术推进到应用侧，例如ATM到桌面，但是都失败了。而MPLS也曾经试图更靠近主机和应用，如MPLS入云，但实际上MPLS很难在数据中心部署，反而是VXLAN成了数据中心的事实标准。

SRv6 技术承担了解决这些关键问题的使命。

- SRv6兼容IPv6的路由转发，基于IP可达性更加容易实现不同网络互联，不需要像MPLS那样使用额外信令，也不需要全网升级。
- SRv6基于SRH（Segment Routing Header，段路由扩展报文头）能够支持更多种类的封装，可以很好地满足新业务的多样化需求。
- SRv6对于IPv6的亲和性使得它能够将IP承载网与支持IPv6的应用无缝融合在一起，通过网络感知应用，使运营商可以提供更多可能的增值业务。

IPv6 这 20 多年的发展历程证明，仅仅依靠地址空间的需求难以推动 IPv6 的规模部署。而 SRv6 技术的快速发展说明了通过新业务的需求引导可以更好地促进 IPv6 的发展应用。如图 1-12 所示，随着 5G、云业务和物联网等新业务的发展，更多网络设备的接入对于地址扩展的需求和网络可编程的需求都在增加。基于 SRv6 可以更好地满足这些业务的需求，推动网络业务的发展，促使网络进入一个新的 All IP 时代，即基于 All IPv6 迎来万物互联的智简网络时代。在本书中，我们称这一时代为“All IP 2.0 时代”。

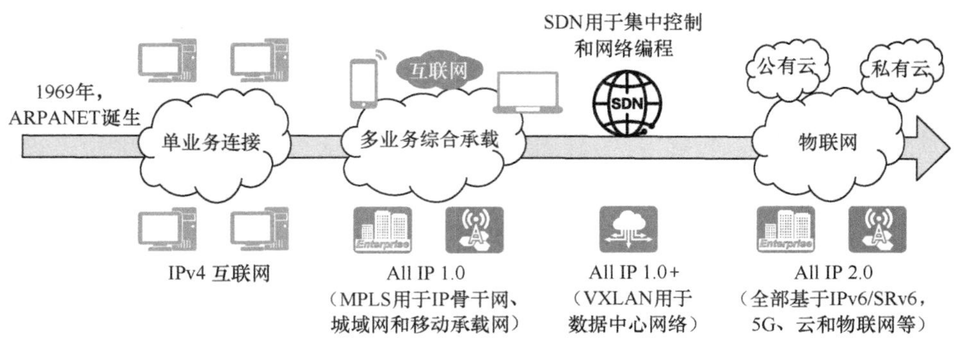

图 1-12　IP 技术发展代际

| SRv6 设计背后的故事 |

1. SRv6 与 SDN

从 2007 年提出 SDN 以来，SDN 对产业的影响直到今天仍未结束，SDN 的概念也更加泛化，从最初激进的基于转发与控制完全分离的 OpenFlow/POF 开始，SDN 在业界激烈的交锋过程中逐步演进。这其中最重要的推手就是 IETF。2013—2016 年，IETF 一项重要的工作就是对 BGP、PCEP（Path Computation Element Protocol，路径计算单元通信协议）、NETCONF/YANG 等 SDN 控制器南向协议的标准化。经过这 4 年多的工作，IETF 完成了控制平面 SDN 演进的主体工作，于 2017 年启动了 SRv6 Network Programming 的工作。SRv6 相对于 SR-MPLS 具有更强的网络编程能力，基于 OpenFlow/POF 的转发平面编程转变为通过 SRv6 这样更具有兼容性的方式来实现，体现的是转发平面的 SDN 演进。也就是说，SDN 演进的工作还在持续进行，工作重心由控制平面转向了转发平面。

2. SR 的价值和意义再思考

在技术探索和交流过程中，笔者常常被一些本质性的结论所打动，从结论中能感受到对技术发展的理解的升华。1.5 节总结了 MPLS 面临的问题和 SRv6 的价值与意义。在与业界专家交流 SRv6 技术的过程中，还有以下几个观点让笔者感受很深，供大家参考。

（1）MPLS 本质上也是对 IP 功能的扩展，只是当年条件有限，采用了 Shim（垫层）的方法来实现，这意味着需要全网升级才能支持这些功能扩展。经过 20 多年软硬件的发展，当年的很多限制条件已经被打破，SRv6 采用新的方式将 IP 和 MPLS 的功能融合为一体（SRv6 SID 同时体现了类 IP 的标识和类 MPLS 的标识），这是符合技术发展潮流的。

（2）SRv6 使能了运营商 IP 网络的 SDN。数据中心网络 SDN 发展的一个重要的基础是 VXLAN，而运营商 IP 网络 SDN 的发展缺乏一个类似 VXLAN 的技术。SRv6 的出现解决了这个问题。

在 SDN 的发展过程中，一个偏颇的倾向就是一味强调 SDN 控制器自身能力的构建，而忽视了网络基础设施对 SDN 控制器能力的影响。相对于数据中心网络，运营商 IP 网络要复杂得多，这与 MPLS 作为基础承载技术密切相关，并由此造成 SDN 控制器功能复杂、难以部署。SRv6 的 Native IP 属性极大地简化了基础承载技术的复杂性，而且可以按照 SRv6 VPN、松散 TE、严格 TE 等由边缘到核心、由局部到全局的渐进式部署，使得运营商也能够按照由简单到复杂的方式逐步构建 IP 网络的 SDN。

（3）5G 改变了连接的属性，云改变了连接的范围，它们为 SRv6 技术的发展带来了最好的机会。

IP 承载网的本质就是连接。因为 5G 业务的发展，对网络连接提出了更多的要求，例如更强的 SLA 保证、确定性时延等，改变（或者说是增强）了连接的属性，需要报文携带更多的信息，通过 SRv6 扩展可以很好地满足这些要求。因为云业务的发展，处理业务的位置更加灵活多变，而一些云服务（如电信云业务）进一步打破了物理和虚拟的网络设备的边界，使得业务与承载融合在一起，这些都改变了网络连接的范围。SRv6 业务与承载的统一编程和 Native IP 属性，都使得它能够快速建立连接，满足灵活调整连接范围的需求。

3. IP 代际发展

以前我们认为 IP 技术都是渐进式、兼容式的发展，不像无线技术一样有明确的 2G/3G/4G/5G 等产业代际定义。我们回溯 IP 几十年的发展历程，还是发现它呈现出了一定的代际特征。

首先是网络协议的兴起和衰落。20 世纪 90 年代，ATM 和 IP 之争的结果是电信的衰落，IP 承载网替代了 ATM、FR、TDM（Time Division Multiplexing，时分复用）等烟囱型网络，实现了网络的统一，随着 SR 的兴起，传统的 MPLS 信令 LDP 和 RSVP-TE 走向了衰落，MPLS 的数据平面被 IPv6 扩展替代，MPLS 将会走向全面的衰落。

其次是 IP 产业呈现出不断“围城圈地”的趋势。IP 最早应用于互联网，后来基于 IP 的 MPLS 应用于 IP 骨干网、城域网、移动承载网等。随着 SDN 的兴起，IP 又广泛应用于数据中心，替代了原来的二层组网。SRv6 的发展，则可以很好地满足 5G 和云业务等新的场景应用。IP 产业的发展与北京建设环城路的过程很类似，从二环、三环，直到六环，城市的范围不断扩大。建设每个“环路”的过程就是一个基于 IP 的新解决方案的发展和完善的过程，同时伴有对已经圈入“环路”的“城市”的改造。就像 SRv6 在满足 5G 和云业务新场景应用的过程中，现有的 IP 承载网也会由 MPLS 替换为 SRv6。

这些网络发展的明显变化为 IP 代际的定义提供了参考。总结网络发展历史、定义 IP 代际有利于我们更好地把握未来。

本章参考文献

[1] POSTEL J. Internet Protocol[EB/OL]. (2013-03-02)[2020-03-25]. RFC 791.

[2] DEERING S, HINDEN R. Internet Protocol, Version 6 (IPv6) Specification[EB/OL]. (2013-03-02)[2020-03-25]. RFC 2460.

[3] ROSEN E, VISWANATHAN A, CALLON R. Multiprotocol Label Switching Architecture[EB/OL]. (2020-01-21)[2020-03-25]. RFC 3031.

[4] CASADO M, FREEDMAN M J, PETTIT J, et al. Ethane: Taking Control of the Enterprise[J]. ACM SIGCOMM Computer Communication Review, 2007, 37(4):1-12.

[5] MCKEOWN N, ANDERSON T, BALAKRISHNAN H, et al. OpenFlow: Enabling Innovation in Campus Networks[J]. ACM SIGCOMM Computer Communication Review, 2008, 38(2):69-74.

[6] FILSFILS C, PREVIDI S, INSBERG L, et al. Segment Routing Architecture[EB/OL]. (2018-12-19)[2020-03-25]. RFC 8402.

[7] BASHANDY A, FILSFILS C, PREVIDI S, et al. Segment Routing with MPLS Data Plane[EB/OL]. (2019-12-06)[2020-03-25]. draft-ietf-spring-segment-routing-mpls-22.

[8] FILSFILS C, DUKES D, PREVIDI S, et al. IPv6 Segment Routing Header (SRH)[EB/OL]. (2020-03-14)[2020-03-25]. RFC 8754.

[9] MAHALINGAM M, DUTT D, DUDA K, et al. Virtual eXtensible Local Area Network (VXLAN): A Framework for Overlaying Virtualized Layer 2 Networks over Layer 3 Networks[EB/OL]. (2020-01-21)[2020-03-25]. RFC 7348.

[10] 黄叔武，刘建新 . 计算机网络教程题解与实验指导 [M]. 北京：清华大学出版社，2006.

[11] REKHTER Y, DAVIE B, KATZ D, et al. Cisco Systems' Tag Switching Architecture - Overview[EB/OL]. (2013-03-02)[2020-03-25]. RFC 2105.

[12] PAN P, SWALLOW G, ATLAS A. Fast Reroute Extensions to

RSVP-TE for LSP Tunnels[EB/OL]. (2020-01-21)[2020-03-25]. RFC 4090.

[13] AWDUCHE D, BERGER L, GAN D, et al. RSVP-TE: Extensions to RSVP for LSP Tunnels[EB/OL]. (2020-01-21)[2020-03-25]. RFC 3209.

[14] ROSEN E, REKHTER Y. BGP/MPLS IP Virtual Private Networks (VPNs)[EB/OL]. (2020-01-21)[2020-03-25]. RFC 4364.

[15] LEYMANN N, DECRAENE B, FILSFILS C, et al. Seamless MPLS Architecture[EB/OL]. (2015-10-14)[2020-03-25]. draft-ietf-mpls-seamless-mpls-07.

[16] HALPERN J, PIGNATARO C. Service Function Chaining (SFC) Architecture[EB/OL]. (2020-01-21)[2020-03-25]. RFC 7665.

[17] BROCKNERS F, BHANDARI S, PIGNATARO C, et al. Data Fields for In-situ OAM[EB/OL]. (2020-03-09)[2020-03-25]. draft-ietf-ippm-ioam-data-09.

[18] DEERING S, HINDEN R. Internet Protocol, Version 6 (IPv6) Specification[EB/OL]. (2020-02-04)[2020-03-25]. RFC 8200.

[19] 杨泽卫，李呈 . 重构网络：SDN 架构与实现 [M]. 北京：电子工业出版社，2017.

[20] SONG H. Protocol-oblivious forwarding: Unleash the power of SDN through a future-proof forwarding plane[C]//FOSTER N, SHERWOOD R. Proceedings of the second ACM SIGCOMM Workshop on Hot Topics in Software Defined Networking(Hot SDN'13). New York: ACM Press, 2013:127-132.

[21] BOSSHART P, DALY D, GIBB G, et al. P4: Programming Protocol-Independent Packet Processors[J]. ACM SIGCOMM Computer Communication Review, 2013, 44(3):87-95.

[22] FILSFILS C, CAMARILLO P, LEDDY J, et al. SRv6 Network Programming[EB/OL]. (2019-12-05)[2020-03-25]. draft-ietf-spring-srv6-network-programming-05.

第 2 章 SRv6 的基本原理

本章介绍SRv6的基本原理，包括SRv6基本概念，SRv6扩展报文头、指令集，报文转发流程和技术优势等内容。SRv6 继承了 IPv6 和源路由的优点，支持存量演进，具有更好的跨域能力、更好的可扩展性和可编程性。正是由于具有以上优点，未来 SRv6 在技术的演进上有更多的想象空间。

| 2.1 SRv6 概述 |

由于 SRv6 提供了很好的 NP(Network Programming，网络编程)能力 [1]，所以当我们讨论 SRv6 时，更多的是在讨论 SRv6 网络编程能力。

我们在第 1 章已经介绍了网络编程的发展历程以及 SRv6 在网络编程方面具备的优势。实际上，网络编程的概念来自计算机编程。在进行计算机编程时，人类可以将自己的意图翻译成计算机可以理解的一系列指令，计算机通过执行指令来完成工作，满足人类的各种需求。类似地，如果网络也能像计算机一样，将网络承载的业务的意图翻译成发给沿途网络设备的一系列转发指令，就可以实现网络编程，满足业务的定制化需求。计算机编程和网络编程的类比关系如图 2-1 所示。

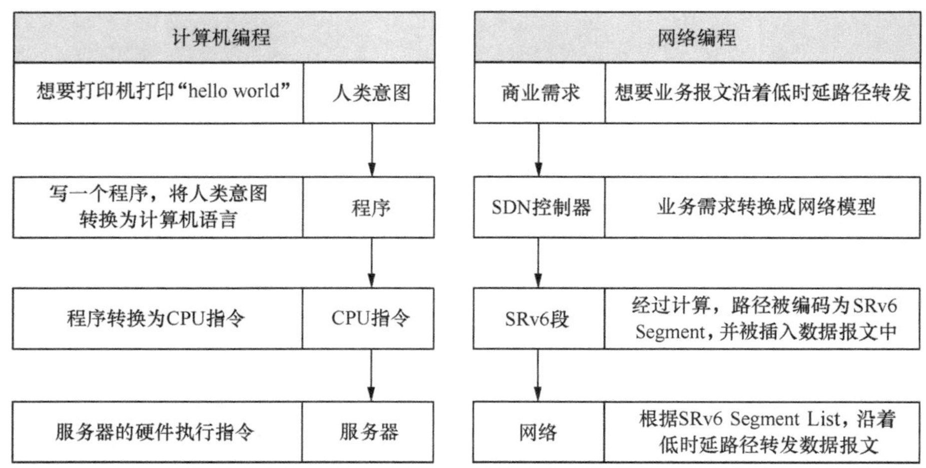

图 2-1　计算机编程和网络编程的类比关系

SRv6 就是基于以上考虑，将网络功能指令化，将表达网络功能的指令嵌入 128 bit 的 IPv6 地址中。在 SRv6 网络里，业务需求可以被翻译成有序的指令列表，由沿途的网络设备去执行，从而达到网络业务的灵活编排和按需定制。

2.2　网络指令：SRv6 Segment

通常一条计算机指令包括两方面的内容：Opcode（操作码）和 Operand（操作数），其中 Opcode 决定要完成的操作，Operand 指参加运算的数据及其所在的单元地址。同样，我们在进行 SRv6 网络编程的时候，也需要定义网络指令：SRv6 Segment。标识 SRv6 Segment 的 ID 被称为 SRv6 SID [2]，SRv6 SID 是一个 128 bit 的值，它通常由 3 个部分组成，如图 2-2 所示。

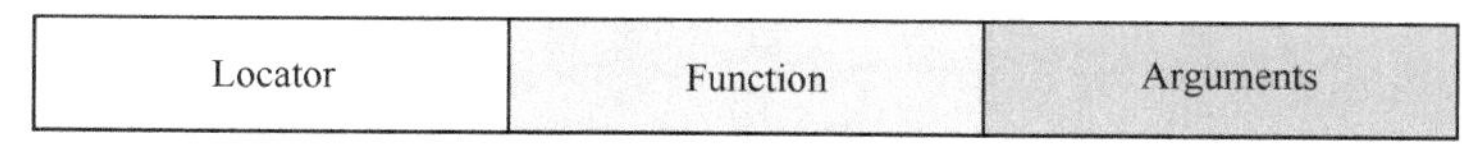

图 2-2　SRv6 SID 的格式

这 3 个部分的详细解释如下。

Locator 是网络拓扑中一个网络节点的标识，用于路由和转发报文到该节点。Locator 标识的位置信息有两个重要的属性：可路由和可聚合。Locator 对应的路由会由节点通过 IGP 发布到网络中，用于帮助其他设备将报文转发到发布该 Locator 的节点。此外，Locator 对应的路由也是可聚合的。可路由和可聚合的属性可以很好地解决网络复杂度过高和网络规模过大等问题，我们会在第 8 章进一步介绍 SRv6 可路由和可聚合在网络中所起的作用。

在 SRv6 SID 中，Locator 的长度可变，用于适配不同规模的网络。

以下是一个 Locator 的配置样例。

```
<HUAWEI> system-view
[~HUAWEI] segment-routing ipv6
[~HUAWEI-segment-routing-ipv6] locator test1 ipv6-prefix 2001:db8:100:: 64
```

通过上述配置完成对一个 Locator 的配置，这个 Locator 的前缀为 2001:db8:100::，前缀长度是 64 bit。Locator 的作用就是将报文路由到执行该指令的网络设备中，实现网络指令的可寻址。

Function 用来表达该指令要执行的转发动作，相当于计算机指令的 Opcode。在 SRv6 网络编程中，不同的转发行为由不同的 Function 来表达。

和计算机的指令类似，按照不同功能将 Function 定义成不同类型的 SID，表达对应的转发行为，如转发报文到指定链路，或在指定表中进行查表转发等。

以下是一个 End.X 类型的 Function 的配置样例。

```
[~HUAWEI-segment-routing-ipv6-locator] opcode ::1 end-x interface
GigabitEthernet3/0/0 next-hop 2001:db8:200::1
```

通过上述配置完成对一个 Function 的配置，这个 Function 是 End.X 类型，对应的 Opcode 是 ::1。如果不带可选的 Arguments 字段，那么 Locator 的前缀 2001:db8:100:: 和 Function 的 Opcode(::1) 组成一个手工配置的 SRv6 SID，其取值是 2001:db8:100::1。End.X SID 用于表征与一个网络节点相连的一个或一组三层网络邻接，它对应的转发动作是将下一条网络指令（SID）更新到 IPv6 目的地址字段，并将报文从 End.X SID 指定的接口转发给对应的邻居节点，例如上述 Function 就是指示本机将报文从接口 GigabitEthernet3/0/0 转发到下一跳为 2001:db8:200::1 的邻居节点。

Arguments(Args) 字段是一个可选字段。它是指令在执行时对应的参数，这些参数可能包含流、服务或任何其他相关的信息。例如，End.DT2M SID 可以携带一个参数 Arg.FE2，该参数可以用于 ESI(Ethernet Segment Identifier，以太网段标识符) 过滤和 EVPN E-Tree 查找二层转发表进行组播复制时排除特定的一个或一组出接口。

对于计算机而言，通过一个有限的指令集可以满足多种多样的计算功能。同样，对于 SRv6，我们也需要定义一个指令集来满足网络的路由和转发等相关功能。

指令是实现网络可编程的基础。基于这些指令，任何业务的端到端的连接需求都可以通过一个有序的指令集来表达。目前的 Segment Routing 技术就是通过在源节点封装一个有序的 Segment List，指示网络在指定节点上执行对应的指令来实现网络的可编程。随着 SRv6 应用场景越来越多，这个指令集会不断演进和扩充。

2.3 网络节点：SRv6 节点

在 SRv6 网络中存在多种类型的节点角色，基本上分为以下 3 类 [3]。

- SRv6源节点（SRv6 Source Node）：生成SRv6报文的源节点。
- 中转节点（Transit Node）：转发SRv6报文但不进行SRv6处理的IPv6节点。

- SRv6段端点节点（SRv6 Segment Endpoint Node）：接收并处理SRv6报文的任何节点，其中该报文的IPv6目的地址必须是本地配置的SID，后文简称其为Endpoint节点。

节点角色与其在 SRv6 报文转发中承担的任务有关。同一个节点可以承担不同的角色，比如节点在某个 SRv6 路径里可能是 SRv6 源节点，在其他 SRv6 路径里可能就是中转节点或者 Endpoint 节点。

1. SRv6 源节点

源节点将数据包引导到 SRv6 Segment List 中，如果 SRv6 Segment List 只包含单个 SID，并且无须在 SRv6 报文中添加信息或 TLV，则 SRv6 报文的目的地址字段设置为该 SID，可以不封装 SRH。源节点可以是生成 IPv6 报文且支持 SRv6 的主机，也可以是 SRv6 域的边缘设备。

2. 中转节点

中转节点是在 SRv6 报文转发路径上不参与 SRv6 处理的 IPv6 节点，即中转节点只执行普通的 IPv6 报文转发。当节点收到 SRv6 报文以后，会解析报文的 IPv6 DA（Destination Address，目的地址）字段。如果 IPv6 目的地址既不是本地配置的 SRv6 SID，也不是本地接口地址，则节点将 SRv6 报文当作普通的 IPv6 报文，按照最长匹配原则查找 IPv6 转发表，进行处理和转发，不处理 SRH，此时该节点就是中转节点。

中转节点可以是普通的 IPv6 节点，也可以是支持 SRv6 的节点。

3. Endpoint 节点

在 SRv6 报文转发过程中，如果节点接收的报文的 IPv6 目的地址是本地配置的 SID，则该节点被称为 Endpoint 节点。因此 Endpoint 节点需要处理 SRv6 SID 和 SRH。

总而言之，生成 SRv6 报文的节点是 SRv6 源节点，只需进行普通 IPv6 报文转发的节点是中转节点，需要处理 SRv6 SID 和 SRH 的节点是 Endpoint 节点，具体如图 2-3 所示。

说明： 根据 RFC 3849 的建议，书籍中一般使用 IPv6 地址前缀 2001:db8::/32 范围内的地址进行举例，防止与实际网络产生冲突。但是 2001:db8::/32 长度较长，图形绘制时不够简洁，所以本书也常常会使用 A1::1 和 1::1 这类较短的地址进行举例，后续如无特殊说明，本书里出现的 IPv6 地址均为示意，不指代任何实际地址。

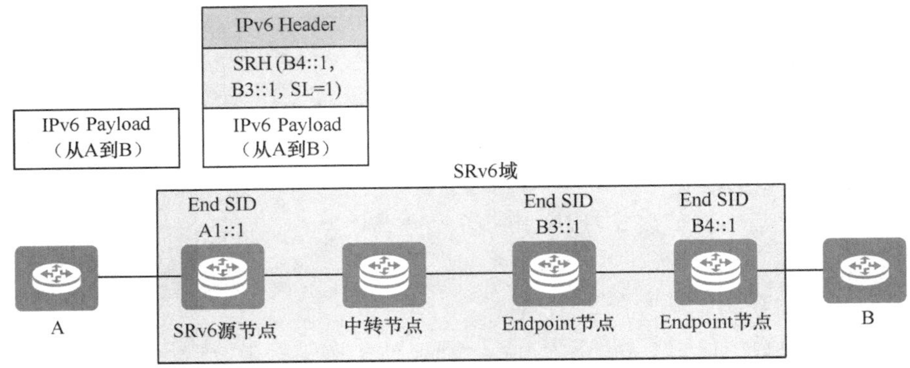

图 2-3　SRv6 网络节点

2.4　网络程序：SRv6 扩展报文头

2.4.1　SRv6 扩展报文头设计

为了实现 SRv6，根据 IPv6 原有的路由扩展报文头定义了一种新类型的扩展报文头，称作 SRH[3]。该扩展报文头通过携带 Segment List 等信息显式地指定一条 SRv6 路径。

SRH 的格式如图 2-4 所示。

Version	Traffic Class	Flow Label		
Payload Length		Next Header=43	Hop Limit	IPv6 Header
Source Address				IPv6 Header
Destination Address				IPv6 Header
Next Header	Hdr Ext Len	Routing Type=4	Segments Left	SRH
Last Entry	Flags	Tag		SRH
Segment List[0] (128 bit IPv6 address)				SRH
···				SRH
Segment List[*n*] (128 bit IPv6 address)				SRH
Optional TLV (variable)				SRH
IPv6 Payload				

图 2-4　SRH 格式

SRH 各字段的说明如表 2-1 所示。

表 2-1 SRH 各字段的说明

字段名	长度	含义
Next Header	8 bit	标识紧跟在 SRH 之后的报文头的类型。常见的几种类型如下。 • 4：IPv4 封装。 • 41：IPv6 封装。 • 43：IPv6 Routing Header。 • 58：ICMPv6（Internet Control Message Protocol version 6，第 6 版互联网控制报文协议）。 • 59：Next Header 为空
Hdr Ext Len	8 bit	SRH 的长度，指不包括前 64 bit（前 64 bit 为固定长度）的 SRH 的长度
Routing Type	8 bit	标识路由扩展报文头类型，标记 SRH 的值为 4
Segments Left	8 bit	剩余的 Segment 数目，简称 SL
Last Entry	8 bit	Segment List 最后一个元素的索引
Flags	8 bit	预留的标志位，用于特殊的处理，比如 OAM
Tag	16 bit	标识同组报文
Segment List[*n*]	128×*n* bit	Segment List 中的第 *n* 个 Segment，Segment 的值是 IPv6 地址的形式
Optional TLV	长度可变	可选 TLV（Type Length Value，类型长度值）部分，例如 Padding TLV 和 HMAC（Hash-based Message Authentication Code，散列消息认证码）TLV

SRH 存储了实现网络业务的有序指令列表，相当于计算机的程序。Segment List[0] ~ Segment List[*n*] 相当于计算机程序的指令，第一个需要执行的指令是 Segment List[*n*]。Segments Left 相当于计算机程序的 PC（Program Counter，程序计数器）指针，指向当前正在执行的指令。SL 初始值为 *n*，每执行完一个指令，将 SL 的值减 1，指向下一条要执行的指令。所以 SRv6 的转发过程可以类比于计算机程序执行过程。

为了便于在后文叙述 SRv6 数据转发过程，SRH 格式可以抽象为图 2-5（a）的形式，进一步简化可以得到图 2-5（b）的形式。

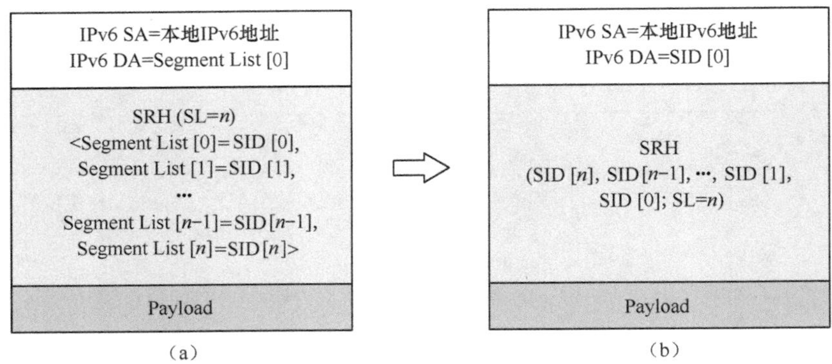

注：SA 即 Source Address，源地址。

图 2-5　SRH 的抽象格式

2.4.2　SRv6 扩展报文头 TLV

从图 2-4 可以看出，SRH 还可以通过携带 TLV 来支持更丰富的网络编程[3]。SRH TLV 提供了更好的扩展性，可以携带长度可变的数据，例如加密、认证信息和性能检测信息等。另外，Segment List 携带的 SID 都是特定节点要执行的指令信息，每个 SID 携带的信息只有在发布该 SID 的节点才会被执行，其他节点只做基本的查表转发动作。与 SID 相比，TLV 携带的信息可以被 Segment List 中包含的任何一个 SID 对应的发布节点处理，而不仅限于某一个节点。为了提升转发效率，需要定义处理 TLV 的本地策略，确定是否处理 TLV。例如，基于接口配置忽略处理所有的 TLV，或者只处理某些类型的 TLV 等。

当前 SRH 定义了两种 TLV，分别是 Padding TLV 和 HMAC TLV[3-4]。

1. Padding TLV

SRv6 扩展报文头定义了两种类型的 Padding TLV，分别是 PAD1 TLV 和 PADN TLV。当后续 TLV 的长度不是 8 Byte 的整数倍时，可以利用 Padding TLV 进行填充，确保 SRH 整体长度是 8 Byte 的整数倍，即 8 Byte 对齐。Padding TLV 没有实际意义，所以节点处理 SRH 的时候需要将其忽略。

PAD1 TLV：该 TLV 只定义了一个 Type 字段，用于填充单个字节，当需要填充两个或两个以上字节的时候，不能使用该 TLV。具体格式如图 2-6 所示。

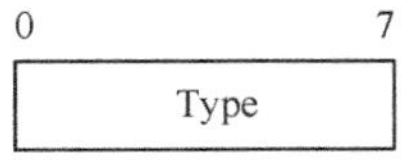

0 … 7
Type

图 2-6　PAD1 TLV 的格式

PADN TLV：用于填充多个字节，具体格式如图 2-7 所示。

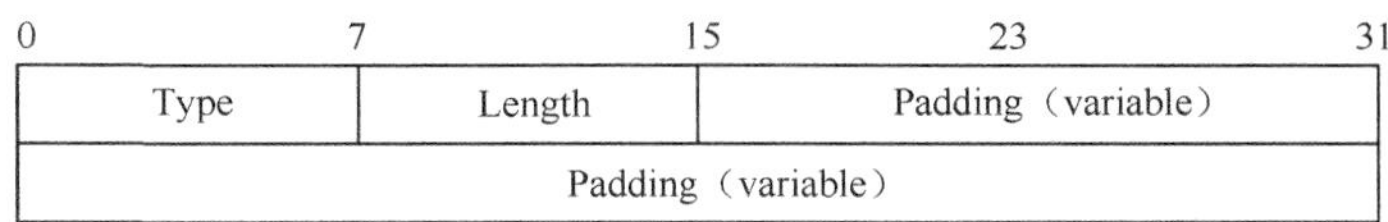

图 2-7　PADN TLV 的格式

PADN TLV 各字段的说明如表 2-2 所示。

表 2-2　PADN TLV 各字段的说明

字段名	长度	含义
Type	8 bit	类型
Length	8 bit	长度
Padding	长度可变	填充位。当报文不足 8 Byte 时，使用填充位补齐，填充位没有实际意义，传输时必须将其值设置为 0，而在接收时将其忽略

2. HMAC TLV

HMAC TLV 被用来防止 SRH 的关键信息被篡改，HMAC TLV 是可选 TLV，8 Byte 对齐。具体格式如图 2-8 所示。

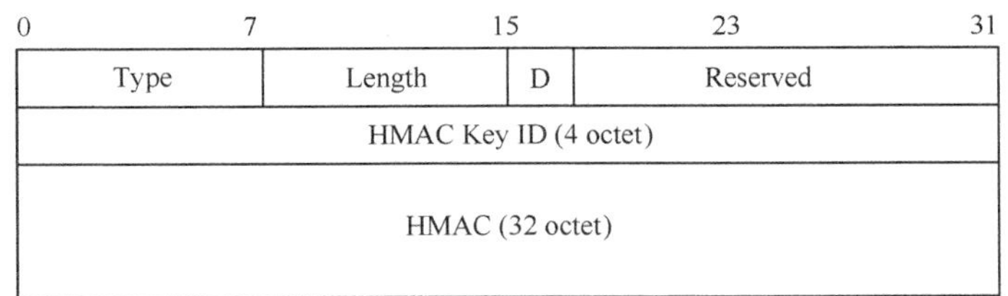

图 2-8　HMAC TLV 的格式

HMAC TLV 各字段的说明如表 2-3 所示。

表 2-3　HMAC TLV 各字段的说明

字段名	长度	含义
Type	8 bit	类型
Length	8 bit	长度
D	1 bit	当置位时，标识目的地址的校验取消，主要用于 Reduced 模式
Reserved	15 bit	预留字段，发送时必须设置为 0，收到时忽略
HMAC Key ID	32 bit	HMAC 的 Key ID，标识用于 HMAC 计算的预共享密钥和算法。如果值为 0，则 TLV 中不包含 HMAC 字段
HMAC	256 bit	填充 HMAC 的计算结果

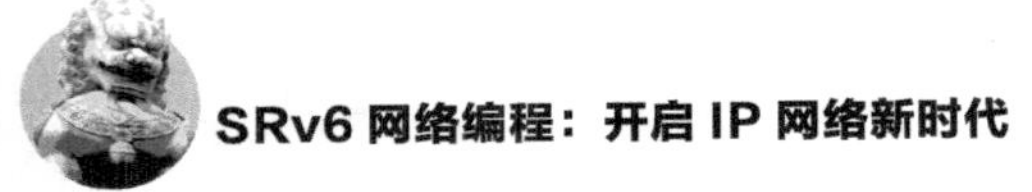

2.4.3 SRv6 指令集：Endpoint 节点行为

以上介绍了 SRv6 指令和 SRH，本节将详细介绍 SRv6 指令的具体含义。在 IETF 的 *SRv6 Network Programming*[1] 文稿中定义了很多 Behavior（行为），它们也被称为指令。每个 SID 都会与一个指令绑定，用于告知节点在处理 SID 时需要执行的动作。SRH 可以封装一个有序的 SID 列表，为报文提供转发、封装和解封装等服务。

在介绍 SRv6 指令前，先了解一下 SRv6 指令的命名规则，它们也是 SRv6 指令的原子功能。

- End：End是最基础的Segment Endpoint执行指令，表示当前指令的终止，开始执行下一个指令。对应的转发动作是将SL的值减1，并将SL指向的SID复制到IPv6报文头的目的地址字段。
- X：指定一个或一组三层接口转发报文。对应的转发行为是按照指定出接口转发报文。
- T：查询路由转发表并转发报文。
- D：解封装。移除IPv6报文头和与它相关的扩展报文头。
- V：根据VLAN（Virtual Local Area Network，虚拟局域网）查表转发。
- U：根据单播MAC查表转发。
- M：查询二层转发表，进行组播转发。
- B6：应用指定的SRv6 Policy。
- BM：应用指定的SR-MPLS Policy。

表 2-4 介绍了常见指令的功能，所有指令都是由上述一个或多个原子功能组合而成的。

表 2-4 常见指令的功能介绍

指令	功能简述	应用场景
End	把下一个 SID 复制到 IPv6 目的地址，进行查表转发	指定节点转发，相当于 SR-MPLS 的节点标签
End.X	根据指定出接口转发报文	指定出接口转发，相当于 SR-MPLS 的邻接标签
End.T	在指定的 IPv6 转发表中进行查表并转发报文	用于多转发表转发场景
End.DX6	解封装报文，向指定的 IPv6 三层邻接转发	L3VPNv6 场景，通过指定的 IPv6 邻接转发到 CE（Customer Edge，用户网络边缘设备）

续表

指令	功能简述	应用场景
End.DX4	解封装报文，向指定的 IPv4 三层邻接转发	L3VPNv4 场景，通过指定的 IPv4 邻接转发到 CE
End.DT6	解封装报文，在指定的 IPv6 转发表中进行查表转发	L3VPNv6 场景
End.DT4	解封装报文，在指定的 IPv4 转发表中进行查表转发	L3VPNv4 场景
End.DT46	解封装报文，在指定的 IPv4 或 IPv6 转发表中进行查表转发	L3VPNv4/L3VPNv6 场景
End.DX2	解封装报文，从指定的二层出接口转发	EVPN VPWS（Virtual Private Wire Service，虚拟专用线路业务）场景
End.DX2V	解封装报文，在指定的二层表中用内层 VLAN 信息进行查表转发	EVPN VPLS（Virtual Private LAN Service，虚拟专用局域网业务）场景
End.DT2U	解封装报文，在指定的二层表中学习内层源 MAC 地址，用内层目的 MAC 地址进行查表转发	EVPN VPLS 的单播场景
End.DT2M	解封装报文，在指定的二层表中学习内层源 MAC 地址，排除指定的接口后向其他二层出接口转发	EVPN VPLS 的组播场景
End.B6.Insert	插入 SRH，应用指定的 SRv6 Policy	Insert 模式下引流入 SRv6 Policy，隧道拼接、SD-WAN 选路等
End.B6.Insert.Red	插入 Reduced SRH，应用指定的 SRv6 Policy	Insert&Reduce 模式下引流入 SRv6 Policy，隧道拼接、SD-WAN 选路等
End.B6.Encaps	封装外层 IPv6 报文头和 SRH，应用指定的 SRv6 Policy	Encaps 模式下引流入 SRv6 Policy，隧道拼接、SD-WAN 选路等
End.B6.Encaps.Red	封装外层 IPv6 报文头和 Reduced SRH，应用指定的 SRv6 Policy	Encaps&Reduce 模式下引流入 SRv6 Policy，隧道拼接、SD-WAN 选路等
End.BM	插入 MPLS 标签栈，应用指定的 SR-MPLS Policy	SRv6 与 SR-MPLS 互通场景，引流入 SR-MPLS Policy

1. End SID

End 是最基本的 SRv6 指令。与 End 指令绑定的 SID 被称为 End SID。

End SID 指示一个节点。End SID 可指引报文转发到发布该 SID 的节点。当报文到达该节点后，该节点执行 End 指令来处理报文。

End 指令执行的动作是将 SL 的值减 1，并根据 SL 从 SRH 取出下一个 SID 更新到 IPv6 报文头的目的地址字段，再查表转发。其他的参数（如 Hop Limit 等）按照正常转发流程处理。

End SID 的逻辑伪码如下。

```
S01. When an SRH is processed {
S02.   If (Segments Left == 0) {
S03.       Send an ICMP Parameter Problem message to the Source Address,
           code 4 (SR Upper-layer Header Error), pointer set to the
           offset of the upper-layer header, interrupt packet processing
           and discard the packet
S04.   }
S05.   If (IPv6 Hop Limit <= 1) {
S06.       Send an ICMP Time Exceeded message to the Source Address,
           code 0 (Hop limit exceeded in transit), interrupt packet
           processing and discard the packet
S07.   }
S08.   max_LE = (Hdr Ext Len / 2) - 1
S09.   If ((Last Entry > max_LE) or (Segments Left > Last Entry+1)) {
S10.       Send an ICMP Parameter Problem to the Source Address, code
           0 (Erroneous header field encountered), pointer set to the
           Segments Left field, interrupt packet processing and discard
           the packet
S11.   }
S12.   Decrement Hop Limit by 1
S13.   Decrement Segments Left by 1
S14.   Update IPv6 DA with Segment List[Segments Left]
S15.   Resubmit the packet to the egress IPv6 FIB lookup and transmission
       to the new destination
S16. }
```

2. End.X SID

End.X 全称为 Layer-3 Cross-connect。End.X 支持将报文从指定的链路转发到三层邻接，可用于 TI-LFA（Topology Independent Loop Free Alternate，拓扑无关的无环路备份）、严格显式路径的 TE 等场景。

End.X 本质上是在 End 的基础上做了一些改变，指令可以被拆解为 End +

X，X 表示交叉连接，即向指定三层邻接直接转发报文。因此 End.X SID 需要与一个或一组三层邻接绑定。

该指令执行的动作是将 SL 的值减 1，并根据 SL 从 SRH 取出下一个 SID 放到 IPv6 报文头的目的地址字段，再直接将 IPv6 报文向 End.X 所绑定的三层邻接转发。

End.X SID 的逻辑伪码是在 End SID 伪码的基础上，将第 S15 行的内容修改为下面这段代码。

```
S15. Resubmit the packet to the IPv6 module for transmission to the new
     IPv6 destination via a member of specific L3 adjacencies
```

3. End.T SID

End.T 全称为 Specific IPv6 Table Lookup，End.T 支持将报文在指定的 IPv6 转发表中进行查表转发，可用于普通 IPv6 路由和 VPN 场景。

End.T 也是在 End SID 的基础上做了一些改变，指令可以被拆解为 End + T，T 表示查表转发。因此 End.T SID 需要与一张 IPv6 转发表绑定。

该指令执行的动作是将 SL 的值减 1，并根据 SL 从 SRH 取出下一个 SID 更新到 IPv6 报文头的目的地址字段，再将 IPv6 报文在指定的转发表中进行查表转发。

End.T SID 的逻辑伪码是在 End SID 伪码的基础上，将第 S15 行的内容修改如下。

```
S15.1. Set the packet's associated FIB table to the specific IPv6 FIB
S15.2. Resubmit the packet to the egress IPv6 FIB lookup and transmission
       to the new IPv6 destination
```

4. End.DX6 SID

End.DX6 全称为 Decapsulation and IPv6 Cross-connect。End.DX6 支持解封装报文，并向指定的 IPv6 三层邻接转发报文，主要用于 L3VPNv6 场景，可作为基于 CE（per-CE）的 VPN 标签使用。

End.DX6 指令可以被拆解为 End + D + X6，D 表示解封装，X6 表示 IPv6 交叉连接，即向指定的 IPv6 三层邻接直接转出报文。因此 End.DX6 SID 需要与一个或一组 IPv6 三层邻接绑定。

该指令执行的动作是将外层 IPv6 报文头和外层 SRH 移除后，再将内层 IPv6 报文向 End.DX6 绑定的 IPv6 三层邻接转发出去。

End.DX6 SID 的逻辑伪码如下。

```
S01. If (Upper-Layer Header type != 41) {
S02.     Send an ICMP Parameter Problem message to the Source Address,
         code 4 (SR Upper-layer Header Error), pointer set to the offset
         of the upper-layer header, interrupt packet processing and discard
         the packet
S03. }
S04. Remove the outer IPv6 Header with all its extension headers
S05. Forward the exposed IPv6 packet to the L3 adjacency a member of
     specific L3 adjacencies
```

5. End.DX4 SID

End.DX4 全称为 Decapsulation and IPv4 Cross-connect。End.DX4 支持解封装报文，并向指定的 IPv4 三层邻接转发报文，主要用于 L3VPNv4 场景，可作为基于 CE（per-CE）的 VPN 标签使用。

End.DX4 指令可以被拆解为 End + D + X4，D 表示解封装，X4 表示 IPv4 交叉连接，即向指定的 IPv4 三层邻接直接转出报文。因此 End.DX4 SID 需要与一个或一组 IPv4 三层邻接绑定。

该指令执行的动作是将外层 IPv6 报文头和外层 SRH 移除后，再将内层 IPv4 报文向 End.DX4 绑定的 IPv4 三层邻接转发出去。

End.DX4 SID 的逻辑伪码如下。

```
S01. If (Upper-Layer Header type != 4) {
S02.     Send an ICMP Parameter Problem message to the Source Address,
         code 4 (SR Upper-layer Header Error), pointer set to the
         offset of the upper-layer header, interrupt packet processing
         and discard the packet
S03. }
S04. Remove the outer IPv6 Header with all its extension headers
S05. Forward the exposed IPv4 packet to a member of specific
     L3 adjacencies
```

6. End.DT6 SID

End.DT6 全称为 Decapsulation and Specific IPv6 Table Lookup。End.DT6 支持解封装报文，在指定的 IPv6 转发表中进行查表转发，主要用于 L3VPNv6 场景，可作为基于 VPN 实例（per-VPN）的 VPN 标签使用。

End.DT6 指令可以被拆解为 End + D + T6，D 表示解封装，T6 表示 IPv6 查表转发。因此 End.DT6 SID 需要与一张 IPv6 转发表绑定。这张转发表可以是

VPN 实例的 IPv6 转发表，也可以是普通的 IPv6 转发表。

该指令执行的动作是将外层 IPv6 报文头和外层 SRH 移除后，再将内层 IPv6 报文在 End.DT6 绑定的 IPv6 转发表中进行查表转发。

End.DT6 SID 的逻辑伪码如下。

```
S01. If (Upper-Layer Header type != 41) {
S02.     Send an ICMP Parameter Problem message to the Source Address,
         code 4 (SR Upper-layer Header Error), pointer set to the
         offset of the upper-layer header, interrupt packet processing
         and discard the packet
S03. }
S04. Remove the outer IPv6 Header with all its extension headers
S05. Set the packet's associated FIB table to the specific IPv6 FIB
S06. Resubmit the packet to the egress IPv6 FIB lookup and transmission to
     the new IPv6 destination
```

7. End.DT4 SID

End.DT4 全称为 Decapsulation and Specific IPv4 Table Lookup。End.DT4 支持解封装报文，在指定的 IPv4 转发表中进行查表转发，主要用于 L3VPNv4 场景，可作为基于 VPN 实例（per-VPN）的 VPN 标签使用。

End.DT4 指令可以被拆解为 End + D + T4，D 表示解封装，T4 表示 IPv4 查表转发。因此 End.DT4 SID 需要与一张 IPv4 转发表绑定。这张转发表可以是 VPN 实例的 IPv4 转发表，也可以是普通的 IPv4 转发表。

该指令执行的动作是将外层 IPv6 报文头和外层 SRH 移除后，再将内层 IPv4 报文在 End.DT4 绑定的 IPv4 转发表中进行查表转发。

End.DT4 SID 的逻辑伪码如下。

```
S01. If (Upper-Layer Header type != 4) {
S02.     Send an ICMP Parameter Problem message to the Source Address,
         code 4 (SR Upper-layer Header Error), pointer set to the
         offset of the upper-layer header, interrupt packet processing
         and discard the packet
S03. }
S04. Remove the outer IPv6 Header with all its extension headers
S05. Set the packet's associated FIB table to the specific IPv4 FIB
S06. Resubmit the packet to the egress IPv4 FIB lookup and transmission
     to the new IPv4 destination
```

8. End.DT46 SID

End.DT46 全称为 Decapsulation and Specific IP Table Lookup。End.DT46 支持解封装报文，在指定的 IPv4 或 IPv6 转发表中进行查表转发，主要用于 L3VPN 场景，可作为基于 VPN 实例（per-VPN）的 VPN 标签使用。

End.DT46 指令可以被拆解为 End + D + T46，D 表示解封装，T46 表示 IPv4 或 IPv6 查表转发。因此 End.DT46 SID 需要与一张 IPv4 转发表或一张 IPv6 转发表绑定。这张转发表可以是 VPN 实例的 IPv4 或 IPv6 转发表，也可以是普通的 IPv4 或 IPv6 转发表。

该指令执行的动作是将外层 IPv6 报文头和外层 SRH 移除后，再依据内层报文的三层协议类型，将内层 IP 报文在 End.DT46 绑定的 IPv4 或 IPv6 转发表中进行查表转发。

End.DT46 SID 的逻辑伪码如下。

```
S01. If (Upper-layer Header type == 4) {
S02.     Remove the outer IPv6 Header with all its extension headers
S03.     Set the packet's associated FIB table to the specific IPv4 FIB
S04.     Resubmit the packet to the egress IPv4 FIB lookup and transmission
         to the new IPv4 destination
S05. } Else if (Upper-layer Header type == 41) {
S06.     Remove the outer IPv6 Header with all its extension headers
S07.     Set the packet's associated FIB table to the specific IPv6 FIB
S08.     Resubmit the packet to the egress IPv6 FIB lookup and transmission
         to the new IPv6 destination
S09. } Else {
S10.     Send an ICMP Parameter Problem message to the Source Address,
         code 4 (SR Upper-layer Header Error), pointer set to the offset
         of the upper-layer header, interrupt packet processing and discard
         the packet
S11. }
```

9. End.DX2 SID

End.DX2 全称为 Decapsulation and L2 Cross-connect。End.DX2 支持解封装报文，将报文从指定的二层出接口转发，主要用于 L2VPN/EVPN VPWS [5] 场景。

End.DX2 指令可以被拆解为 End + D + X2，D 表示解封装，X2 表示交叉连接，即向指定的二层出接口直接转出报文。因此 End.DX2 SID 需要与一个二层出接口绑定。

该指令执行的动作是将外层 IPv6 报文头和外层 SRH 移除后，再将内层以太网帧从 End.DX2 绑定的二层出接口转发出去。

End.DX2 SID 的逻辑伪码如下。

```
S01. If (Upper-Layer Header type != 143) {
S02.     Send an ICMP Parameter Problem message to the Source Address,
         code 4 (SR Upper-layer Header Error), pointer set to the offset
         of the upper-layer header, interrupt packet processing and
         discard the packet
S03. }
S04. Remove the outer IPv6 Header with all its extension headers and
     forward the Ethernet frame to the specific outgoing L2 interface
```

10. End.DX2V SID

End.DX2V 全称为 Decapsulation and VLAN L2 Table Lookup。End.DX2V 支持解封装报文，在指定的二层表中用报文的内层 VLAN 信息进行查表转发，主要用于 EVPN VPWS 等 EVPN 灵活交叉连接的场景 [5]。

End.DX2V 指令可以拆解为 End + D + X2V，D 表示解封装，X2V 表示交叉连接用 VLAN 查二层表。因此 End.DX2V SID 需要与一张二层表绑定。

该指令执行的动作是将外层 IPv6 报文头和外层 SRH 移除后，再利用内层以太网帧的 VLAN 信息在 End.DX2V 绑定的二层表中进行查表转发。

End.DX2V SID 的逻辑伪码是在 End.DX2 SID 伪码的基础上，将第 S04 行的内容修改为以下代码。

```
S04. Remove the outer IPv6 Header with all its extension headers, lookup
     the exposed inner VLANs in the specific L2 table, and forward via
     the matched table entry.
```

11. End.DT2U SID

End.DT2U 全称为 Decapsulation and Unicast MAC L2 Table Lookup。End. DT2U 支持解封装报文，学习内层源 MAC 地址并存入指定的二层表中，再利用内层目的 MAC 地址在该表中进行查表转发，主要用于 EVPN 桥接单播的场景 [5]。

End.DT2U 指令可以拆解为 End + D + T2U，D 表示解封装，T2U 表示查二层表单播转发。因此 End.DT2U SID 需要与一张二层表绑定。

该指令执行的动作是将外层 IPv6 报文头和外层 SRH 移除后，学习内层以太网帧的源 MAC 地址并存入 End.DT2U SID 绑定的二层表中，再利用内层以太网帧的目的 MAC 地址信息在 End.DT2U 绑定的二层表中进行查表转发。

End.DT2U SID 的逻辑伪码如下。

```
S01. If (Upper-Layer Header type != 143) {
S02.    Send an ICMP Parameter Problem message to the Source Address,
        code 4 (SR Upper-layer Header Error), pointer set to the
        offset of the upper-layer header, interrupt packet processing
        and discard the packet
S03. }
S04. Remove the IPv6 header and all its extension headers
S05. Learn the exposed inner MAC Source Address in the specific
     L2 table (T)
S06. Lookup the exposed inner MAC Destination Address in table T
S07. If (matched entry in T) {
S08.    Forward via the matched table T entry
S09. } Else {
S10.    Forward via all outgoing L2 interfaces entries in table T
S11. }
```

12. End.DT2M SID

End.DT2M 全称为 Decapsulation and L2 Table Flooding。End.DT2M 支持解封装报文，学习内层源 MAC 地址并存入指定的二层表中，在排除指定的接口后向其他二层出接口转发。End.DT2M 主要用于 EVPN 桥接 BUM（Broadcast, Unknown-unicast, Multicast，广播、未知单播、组播）[5] 与 EVPN E-Tree（Ethernet Tree，以太网树形）[6] 场景。

End.DT2M 指令可以被拆解为 End + D + T2M，D 表示解封装，T2M 表示查二层表组播转发。因此 End.DT2M SID 既需要与一张二层表绑定，又可能需要在 SID 中携带参数，以指明 EVPN ESI 过滤参数或 EVPN E-Tree 参数，用于在泛洪时排除某些转出接口。

该指令执行的动作是将外层 IPv6 报文头和外层 SRH 移除后，学习内层以太网帧的源 MAC 地址并存入 End.DT2M SID 绑定的二层表中，最后对于内层以太网帧，排除 End.DT2M SID 所带参数指定的接口后，从其他二层出接口转出。

End.DT2M SID 的逻辑伪码如下。

```
S01. If (Upper-Layer Header type != 143) {
S02.    Send an ICMP Parameter Problem message to the Source Address,
```

```
         code 4 (SR Upper-layer Header Error), pointer set to the offset
         of the upper-layer header, interrupt packet processing and
         discard the packet
S03. }
S04. Remove the IPv6 header and all its extension headers
S05. Learn the exposed inner MAC Source Address in the specific L2 table
S06. Forward via all outgoing L2 interfaces excluding the one specified
     in Arg.FE2
```

13. End.B6.Insert SID

End.B6.Insert 全称为 Endpoint Bound to an SRv6 Policy with Insert。End.B6.Insert 支持对报文应用指定的 SRv6 Policy[7]，用于可灵活扩展的跨多域实施 TE 的场景，是 Binding SID 在 SRv6 中的体现。

End.B6.Insert 指令可以被拆解为 End + B6 + Insert，B6 表示应用一个 SRv6 Policy，Insert 表示采用在 IPv6 报文头后插入 SRH 的方式来应用 Policy。因此 End.B6.Insert SID 需要与一个 SRv6 Policy 绑定。

该指令执行的动作是在 IPv6 报文头后插入一个 SRH（包含对应的 Segment List），并设置目的地址为 SRv6 Policy 的第一个 SID。最后对这个新的 IPv6 报文进行查表转发。

End.B6.Insert SID 的逻辑伪码如下。

```
S01. When an SRH is processed {
S02.   If (Segments Left == 0) {
S03.      Send an ICMP Parameter Problem message to the Source Address,
          code 4 (SR Upper-layer Header Error), pointer set to the
          offset of the upper-layer header, interrupt packet processing
          and discard the packet
S04.   }
S05.   If (IPv6 Hop Limit <= 1) {
S06.      Send an ICMP Time Exceeded message to the Source Address,
          code 0 (Hop limit exceeded in transit), interrupt packet
          processing and discard the packet
S07.   }
S08.   max_LE = (Hdr Ext Len / 2) - 1
S09.   If ((Last Entry > max_LE) or (Segments Left > (Last Entry+1))){
S010.     Send an ICMP Parameter Problem to the Source Address, code 0
          (Erroneous header field encountered), pointer set to the
          Segments Left field, interrupt packet processing and discard
```

```
        the packet
S11.    }
S12.    Decrement Hop Limit by 1
S13.    Insert a new SRH after the IPv6 Header and the SRH
        contains the list of segments of the specific SRv6 Policy
S14.    Set the IPv6 DA to the first segment of the SRv6 Policy
S15.    Resubmit the packet to the egress IPv6 FIB lookup and transmission
        to the new IPv6 destination
S16. }
```

此外，End.B6.Insert.Red 指令对 End.B6 Insert 指令进行了优化，二者的区别仅在于 End.B6.Insert.Red 添加的 SRH 不包含 SRv6 Policy 中的第一个 SID，这种去掉第一个 SID 的 SRH 即 Reduced SRH。

14. End.B6.Encaps SID

End.B6.Encaps 全称为 Endpoint Bound to an SRv6 Policy with Encaps。End.B6.Encaps 支持对报文应用指定的 SRv6 Policy[7]，用于可灵活扩展的跨多域实施 TE 的场景，是 Binding SID 在 SRv6 中的体现。

End.B6.Encaps 指令可以被拆解为 End + B6 + Encaps，B6 表示应用一个 SRv6 Policy，Encaps 表示采用封装外层 IPv6 报文头和 SRH 的方式来应用 SRv6 Policy。因此 End.B6.Encaps SID 需要与一个 SRv6 Policy 绑定。

该指令执行的动作是首先将内层 SRH 的 SL 值减 1，再将 SL 指向的 SID 复制到内层 IPv6 报文头的目的地址字段，然后封装上一层 IPv6 报文头与 SRH（包含对应的 Segment List），并设置源地址为当前节点的地址，目的地址为 SRv6 Policy 的第一个 SID，此外还要设置好外层 IPv6 报文头的各个字段，最后对这个新的 IPv6 报文进行查表转发。

End.B6.Encaps SID 的逻辑伪码如下。

```
S01. When an SRH is processed {
S02.   If (Segments Left == 0) {
S03.       Send an ICMP Parameter Problem message to the Source Address,
           code 4 (SR Upper-layer Header Error), pointer set to the offset
           of the upper-layer header, interrupt packet processing and
           discard the packet
S04.   }
S05.   If (IPv6 Hop Limit <= 1) {
S06.       Send an ICMP Time Exceeded message to the Source Address, code
           0 (Hop limit exceeded in transit), interrupt packet processing
```

```
           and discard the packet
S07.    }
S08.    max_LE = (Hdr Ext Len / 2) - 1
S09.    If ((Last Entry > max_LE) or (Segments Left > (Last Entry+1))) {
S10.        Send an ICMP Parameter Problem to the Source Address, code 0
            (Erroneous header field encountered), pointer set to the
            Segments Left field, interrupt packet processing and discard
            the packet
S11.    }
S12.    Decrement Hop Limit by 1
S13.    Decrement Segments Left by 1
S14.    Update the inner IPv6 DA with inner Segment List[Segments Left]
S15.    Push a new IPv6 header with its own SRH containing the list of
        segments of the SRv6 Policy
S16.    Set the outer IPv6 SA to itself
S17.    Set the outer IPv6 DA to the first SID of the SRv6 Policy
S18.    Set the outer Payload Length, Traffic Class, Flow Label and
        Next Header fields
S19.    Resubmit the packet to the egress IPv6 FIB lookup and transmission
        to the new IPv6 destination
S20. }
```

此外，End.B6.Encaps.Red 指令对 End.B6 Encaps 指令进行了优化，二者的区别仅在于 End.B6.Encaps.Red 指令添加的是 Reduced SRH。

15. End.BM SID

End.BM 全称为 Endpoint Bound to an SR-MPLS Policy。End.BM 支持对报文应用指定的 SR-MPLS Policy[7]，用于可灵活扩展的跨多个 MPLS 域实施 TE 的场景，是 SR-MPLS Binding SID 在 SRv6 中的体现。

End.BM 指令可以被拆解为 End + BM，BM 表示应用一个 SR-MPLS Policy。因此 End.BM SID 需要与一个 SR-MPLS Policy 绑定。

该指令执行的动作是首先将内层 SRH 的 SL 值减 1，然后在 IPv6 报文头前插入一个 SR-MPLS Policy 所包含的 MPLS 标签栈，最后对这个新的 MPLS 报文查 MPLS 标签转发表进行转发。

End.BM SID 的逻辑伪码如下。

```
S01. When an SRH is processed {
S02.    If (Segments Left == 0) {
```

```
S03.        Send an ICMP Parameter Problem message to the Source Address
            code 4 (SR Upper-layer Header Error), pointer set to the
            offset of the upper-layer header, interrupt packet processing
            and discard the packet
S04.    }
S05.    If (IPv6 Hop Limit <= 1) {
S06.        Send an ICMP Time Exceeded message to the Source Address, code
            0 (Hop limit exceeded in transit), interrupt packet processing
            and discard the packet
S07.    }
S08.    max_LE = (Hdr Ext Len / 2) - 1
S09.    If ((Last Entry > max_LE) or (Segments Left > (Last Entry+1)) {
S10.        Send an ICMP Parameter Problem to the Source Address,
            code 0 (Erroneous header field encountered),
            pointer set to the segments left field,
            interrupt packet processing and discard the packet
S11.    }
S12.    Decrement Hop Limit by 1
S13.    Decrement Segments Left by 1
S14.    Push the MPLS label stack for SR-MPLS Policy
S15.    Submit the packet to the MPLS engine for transmission to the
        topmost label
S16. }
```

2.4.4 SRv6 指令集：源节点行为

上文介绍的 SRv6 源节点负责将流量引导到 SRv6 Policy，并执行可能的 SRH 封装。下面我们介绍 SRv6 源节点封装扩展报文头的几种模式，如表 2-5 所示。

表 2-5 源节点行为

源节点行为	功能简述
H.Insert	为接收到的 IP 报文插入 SRH，并查表转发
H.Insert.Red	为接收到的 IP 报文插入 Reduced SRH，并查表转发
H.Encaps	为接收到的 IP 报文封装外层 IPv6 报文头与 SRH，并查表转发
H.Encaps.Red	为接收到的 IP 报文封装外层 IPv6 报文头与 Reduced SRH，并查表转发
H.Encaps.L2	为接收到的二层报文封装外层 IPv6 报文头与 SRH，并查表转发
H.Encaps.L2.Red	为接收到的二层报文封装外层 IPv6 报文头与 Reduced SRH，并查表转发

1. H.Insert

H.Insert 全称为 SR Headend with Insertion of an SRv6 Policy，H.Insert 支持对 IP 报文在本地应用一个 SRv6 Policy，使用一个新的路径进行转发，通常用于 TI-LFA 场景。因此 H.Insert 需要与一个 SRv6 Policy 绑定。

该行为需要执行的动作是在数据报文的 IPv6 报文头后插入一个 SRH，并设置目的地址为 SRv6 Policy 的第一个 SID，最后对这个新的 IPv6 报文进行查表转发。

H.Insert 的逻辑伪码如下。

```
S01. insert the SRH containing the list of segments of SRv6 Policy
S02. update the IPv6 DA to the first segment of SRv6 Policy
S03. forward along the shortest path to the new IPv6 destination
```

此外，H.Insert.Red 行为对 H.Insert 行为进行了优化，二者的区别仅在于 H.Insert.Red 行为添加的是 Reduced SRH。

2. H.Encaps

H.Encaps 全称为 SR Headend with Encapsulation in an SRv6 Policy，H.Encaps 支持对 IP 报文在本地应用一个 SRv6 Policy，使用一个新的路径进行转发，通常用于 L3VPNv4 或 L3VPNv6 场景。因此 H.Encaps 需要与一个 SRv6 Policy 绑定。

该行为需要执行的动作是在数据报文的 IP 报文头外面封装一个 IPv6 报文头与 SRH，并设置源地址为当前节点的地址，目的地址为 SRv6 Policy 的第一个 SID，此外还要设置好外层 IPv6 报文头的各个字段，最后对这个新的 IPv6 报文进行查表转发。

H.Encaps 的逻辑伪码如下。

```
S01. push an IPv6 header with its own SRH containing the list of
     segments of SRv6 Policy
S02. set outer IPv6 SA to itself and outer IPv6 DA to the first segment
     of SRv6 Policy
S03. set outer payload length, traffic class and flow label
S04. update the Next-Header value
S05. decrement inner Hop Limit or TTL
S06. forward along the shortest path to the new IPv6 destination
```

此外，H.Encaps.Red 行为对 H.Encaps 行为进行了优化，二者的区别仅在于 H.Encaps.Red 添加的是 Reduced SRH。

3. H.Encaps.L2

H.Encaps.L2 全称为 SR Headend with Encapsulation of L2 Frames。H.Encaps.L2 支持对二层帧在本地应用一个 SRv6 Policy，使用一个新的路径进行转发。因此 H.Encaps.L2 需要与一个 SRv6 Policy 绑定。此外，由于针对的是二层帧，H.Encaps.L2 要求 SRv6 Policy 中的最后一个 SID 必须是 End.DX2、End.DX2V、End.DT2U 或 End.DT2M 类型的指令。

该行为需要执行的动作是在二层帧外面封装上新的 IPv6 报文头，并添加 SRH，使其在新的 SRv6 Policy 隧道中转发。它的逻辑伪码与 H.Encaps 相似。

此外，H.Encaps.L2.Red 行为对 H.Encaps.L2 行为进行了优化，二者的区别仅在于 H.Encaps.L2.Red 添加的是 Reduced SRH。

2.4.5 SRv6 指令集：Flavor 附加行为

本节介绍 3 种为增强 End 系列指令而定义的附加行为。这些附加行为是可选项，它们将会增强 End 系列指令的执行动作，满足更丰富的业务需求。这些附加行为及其功能如表 2-6 所示。

表 2-6　Flavor 附加行为及其功能

附加行为	功能简述
PSP	倒数第二个 Endpoint 节点执行移除 SRH 操作
USP	最后一个 Endpoint 节点执行移除 SRH 操作
USD	最后一个 Endpoint 节点执行解封装外层 IPv6 报文头操作

1. PSP

PSP（Penultimate Segment Pop of the SRH，倒数第二段弹出 SRH）是指在倒数第二个 Endpoint 节点执行移除 SRH 的动作。PSP 需要与 End、End.X 和 End.T 结合使用，是附着在它们之上的额外动作。

该行为需要执行的动作是在执行完相应的 End 动作后，检查被 End 动作更新后的 SL 是否为 0，若为 0，则移除该 SRH。

PSP 的逻辑伪码如下。

```
S14.1. If (updated SL == 0) {
S14.2.     Pop the SRH
S14.3. }
```

使用 PSP Flavor SID 可以在倒数第二跳 Endpoint 节点处提前弹出 SRH，从而减轻尾节点的处理压力。

2. USP

USP（Ultimate Segment Pop of the SRH，倒数第一段弹出 SRH）是指在最后一个 Endpoint 节点执行移除 SRH 的动作。USP 需要与 End、End.X 和 End.T 结合使用，是附着在它们之上的额外动作。

该行为需要执行的动作是在执行相应的 End 动作之前，检查当前的 SL 是否为 0，若为 0，则移除该 SRH。

USP 的逻辑伪码如下。

```
S02. If (Segments Left == 0) {
S03.    Pop the SRH
S04. }
```

3. USD

USD（Ultimate Segment Decapsulation，倒数第一段解封装）是指在最后一个 Endpoint 节点执行解封装外层 IPv6 报文头的动作。USD 需要与 End、End.X 和 End.T 结合使用，是附着在它们之上的额外动作。

该行为需要执行的动作是在执行相应的 End 指令之前，检查当前的 SL 是否为 0，若为 0，则跳过对该 SRH 的处理，直接处理下一个报文头。

USD 的逻辑伪码如下。

```
S02. If (Segments Left == 0) {
S03.    Skip the SRH processing and proceed to the next header
S04. }
```

当下一个报文头是下一层协议头时，检查是否是 IPv4 或 IPv6 报文头，若是，则将外层 IPv6 报文头解封装，对内层报文头执行 End、End.X 或 End.T 对应的查表、转发指令。

End 指令的 USD 逻辑伪码如下。

```
S01. If (Upper-layer Header type == 41 || 4) {
S02.    Remove the outer IPv6 Header with all its extension headers
S03.    Resubmit the packet to the egress IP FIB lookup and transmission
        to the new destination
S04. } Else {
```

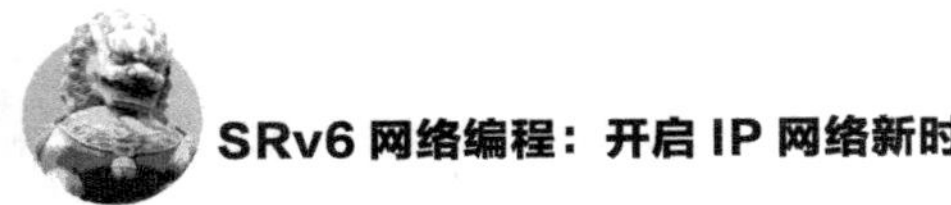


```
S05.    Send an ICMP Parameter Problem message to the Source Address,
        code 4 (SR Upper-layer Header Error), pointer set to the offset
        of the upper-layer header, interrupt packet processing and
        discard the packet
S06. }
```

End.T 指令的 USD 逻辑伪码如下。

```
S01. If (Upper-layer Header type == 41 || 4) {
S02.    Remove the outer IPv6 Header with all its extension headers
S03.    Set the packet's associated FIB table to the specific IP FIB
S04.    Resubmit the packet to the egress IP FIB lookup and transmission
        to the new destination
S05. } Else {
S06.    Send an ICMP Parameter Problem message to the Source Address,
        code 4 (SR Upper-layer Header Error), pointer set to the
        offset of the upper-layer header, interrupt packet processing
        and discard the packet
S07. }
```

End.X 指令的 USD 逻辑伪码如下。

```
S01. If (Upper-layer Header type == 41 || 4) {
S02.    Remove the outer IPv6 Header with all its extension headers
S03.    Forward the exposed IP packet to a member of specific
        L3 adjacencies
S04. } Else {
S05.    Send an ICMP Parameter Problem message to the Source Address,
        code 4 (SR Upper-layer Header Error), pointer set to the offset
        of the upper-layer header, interrupt packet processing and
        discard the packet
S06. }
```

上述 3 种 Flavor 附加行为用于定义 End/End.T/End.X 指令去除 SRH 以及解封装 IPv6 报文头的附加功能。Flavor 附加行为可以组合起来定义，例如，End SID 带上 PSP 和 USP，表明这个指令同时具备 PSP 与 USP 的能力，这条指令的伪码等价于把 PSP 和 USP 的伪码插入 End 指令伪码的相应位置，当该 SID 被封装在 SRH 中的倒数第二个 SID 时，它能执行 PSP 动作，当该 SID 被封装在 SRH 中的最后一个 SID 时，它能执行 USP 动作。

| 2.5　网络程序运行：SRv6 报文转发 |

2.5.1　本地 SID 表

SRv6 节点维护一个本地 SID 表，该表包含所有在该节点生成的 SRv6 SID 信息。本地 SID 表有以下用途。

- 存储本地生成的SID，例如End.X SID。
- 指定绑定到这些SID的指令。
- 存储和这些指令相关的转发信息，例如VPN实例、出接口和下一跳等。

下面列举一些常见类型的本地 SID 表。

End 类型的本地 SID 表内容如下。

```
<HUAWEI> display segment-routing ipv6 local-sid end forwarding

                    My Local-SID End Forwarding Table
                    ---------------------------------

SID        : 2001:DB8:10::1:0:0/128                   FuncType : End
Flavor     : --
LocatorName: as1                                      LocatorID: 1

SID        : 2001:DB8:10::1:0:1/128                   FuncType : End
Flavor     : PSP
LocatorName: as1                                      LocatorID: 1

Total SID(s): 2
```

End.X 类型的本地 SID 表内容如下。

```
<HUAWEI> display segment-routing ipv6 local-sid end-x forwarding

                  My Local-SID End.X Forwarding Table
                  -----------------------------------

SID        : 2001:DB8::101:0:1/128                    FuncType :End.X
Flavor     : --
LocatorName: as2                                      LocatorID: 1
NextHop    :                   Interface :            ExitIndex:
FE80::3A00:10FF:FE03:1         GE2/0/0                0x0000000a
```

```
SID         : 2001:DB8::101:0:2/128                    FuncType :End.X
Flavor      : PSP
LocatorName: as2                                       LocatorID: 1
NextHop     :                      Interface :        ExitIndex:
FE80::3A00:10FF:FE03:0             GE1/0/0            0x00000009

Total SID(s): 2
```

End.DT4 类型的本地 SID 表内容如下。

```
<HUAWEI> display segment-routing ipv6 local-sid end-dt4 forwarding

              My Local-SID End.DT4 Forwarding Table
              -------------------------------------

SID         : 2001:DB8:1234::40/128                   FuncType : End.DT4
VPN Name    : vpn1                                    VPN ID   : 67
LocatorName: locator_1_locator_1_locator_1_3          LocatorID: 7

SID         : 2001:DB8:1234::41/128                   FuncType : End.DT4
VPN Name    : vpn2                                    VPN ID   : 68
LocatorName: locator_1_locator_1_locator_1_3          LocatorID: 7

Total SID(s): 2
```

End.DT6 类型的本地 SID 表内容如下。

```
<HUAWEI> display segment-routing ipv6 local-sid end-dt6 forwarding

              My Local-SID End.DT6 Forwarding Table
              -------------------------------------

SID         : 2001:DB8:12::4/128                      FuncType : End.DT6
VPN Name    : 1                                       VPN ID   : 3
LocatorName: l1                                       LocatorID: 3

Total SID(s): 1
```

End.DX4 类型的本地 SID 表内容如下。

```
<HUAWEI> display segment-routing ipv6 local-sid end-dx4 forwarding

              My Local-SID End.DX4 Forwarding Table
```

```
                    ----------------------------------------

SID          : 2001:DB8:3::13/128                  FuncType : End.DX4
VPN Name     : test2                               VPN ID   : 13
LocatorName: 2                                     LocatorID: 11
NextHop      :                Interface :          ExitIndex:
  3::3                          Vbdif11              0x0000003f

Total SID(s): 1
```

End.DX6 类型的本地 SID 表内容如下。

```
<HUAWEI> display segment-routing ipv6 local-sid end-dx6 forwarding

                    My Local-SID End.DX6 Forwarding Table
                    ----------------------------------------

SID          : 2001:DB8:1::13/128                  FuncType : End.DX6
VPN Name     : test1                               VPN ID   : 3
LocatorName: 1                                     LocatorID: 1
NextHop      :                Interface :          ExitIndex:
  1::3                          Vbdif1               0x0000002c

Total SID(s): 1
```

End.DT2U 类型的本地 SID 表内容如下。

```
<HUAWEI> display segment-routing ipv6 local-sid end-dt2u forwarding

                    My Local-SID End.DT2U Forwarding Table
                    ----------------------------------------

SID                : 2001:DB8:1::8/128           FuncType  : End.DT2U
Bridge-domain ID: 10
LocatorName        : 2                           LocatorID : 1

Total SID(s): 1
```

End.DT2M 类型的本地 SID 表内容如下。

```
<HUAWEI> display segment-routing ipv6 local-sid end-dt2m forwarding

                    My Local-SID End.DT2M Forwarding Table
                    ----------------------------------------
```

```
SID               : 2001:DB8:1::3/128                    FuncType : End.DT2M
Bridge-domain ID: 20
LocatorName       : 2                                    LocatorID: 1

Total SID(s): 1
```

End.DX2 类型的本地 SID 表内容如下。

```
<HUAWEI> display segment-routing ipv6 local-sid end-dx2 forwarding

                    My Local-SID End.DX2 Forwarding Table
                    -------------------------------------


SID          : 2001:DB8:2::1/128                         FuncType : End.DX2
EVPL ID      : 1
LocatorName: l1                                          LocatorID: 1

Total SID(s): 1
```

2.5.2 报文转发流程

本节采用一个示例说明 SRv6 的报文转发流程。

如图 2-9 所示，假设现在有报文需要从主机 H1 转发到主机 H2，H1 将报文发送给节点 A 处理。节点 A、B、D 和 F 均为支持 SRv6 的设备，节点 C 和节点 E 为不支持 SRv6 的设备。

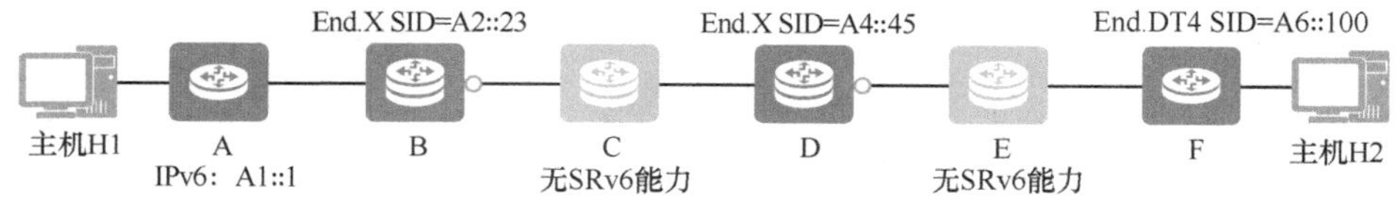

图 2-9 SRv6 的报文转发流程

我们在 SRv6 源节点 A 上进行了网络编程，希望报文经过 B-C 和 D-E 这两条链路，然后送达节点 F，再经节点 F 送达主机 H2。以下是报文从节点 A 到节点 F 的详细处理步骤。

① SRv6 源节点 A 的处理。如图 2-10 所示，节点 A 将 SRv6 路径信息封装在 SRH 中，指定 B-C 链路和 D-E 链路的 End.X SID。另外，节点 A 上还要封装节点 F 发布的 End.DT4 SID A6::100，这个 End.DT4 SID 对应于节点 F 的一

个 IPv4 VPN。按照逆序形式压入 SID 序列，由于有 3 个 SID，所以节点 A 封装后的报文的初始 SL = 2。SL 指向当前需要处理的操作指令，也就是 Segment List[2] 字段，节点 A 将其值 A2::23 复制到外层 IPv6 报文头的目的地址字段，并且按照最长匹配原则查找 IPv6 转发表，将报文转发到节点 B。

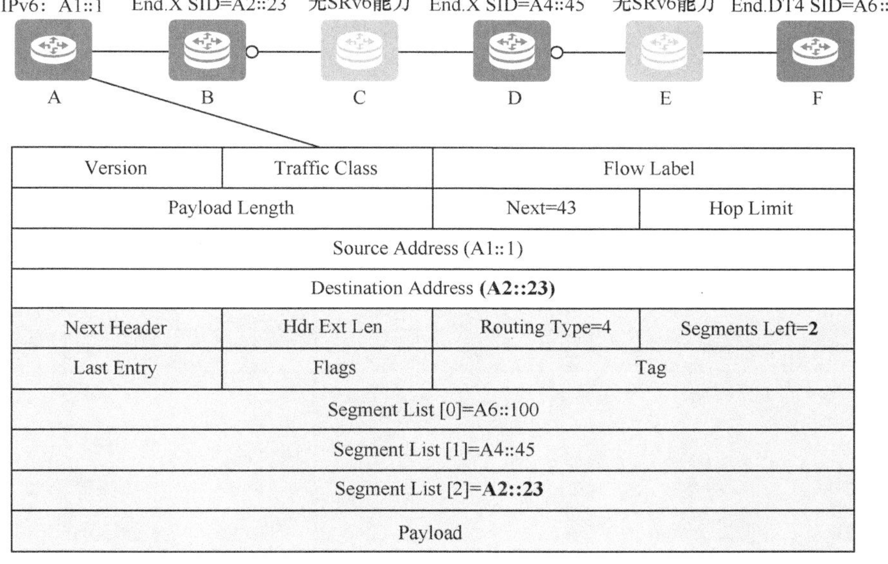

图 2-10　SRv6 源节点 A 的处理

② Endpoint 节点 B 的处理。如图 2-11 所示，节点 B 收到报文以后，根据 IPv6 报文的目的地址 A2::23 查找本地 SID 表，命中 End.X SID。节点 B 执行 End.X SID 的指令动作，将 SL 的值减 1，并将 SL 指示的 SID 更新到外层 IPv6 报文头的目的地址字段，同时将报文从 End.X SID 绑定的链路发送出去。

③ 中转节点 C 的处理。当报文到达节点 C 后，节点 C 只支持处理 IPv6 报文头，无法识别 SRH，此时节点 C 按照正常的 IPv6 报文处理流程，按照最长匹配原则查找 IPv6 转发表，将报文转发给当前的目的地址所代表的节点 D。

④ Endpoint 节点 D 的处理。如图 2-12 所示，节点 D 收到报文以后，根据 IPv6 报文的目的地址 A4::45 查找本地 SID 表，命中 End.X SID。节点 D 执行 End.X SID 的指令动作，将 SL 的值减 1，并将 SL 指示的 SID 更新到外层 IPv6 报文头的目的地址字段，同时将报文从 End.X SID 绑定的链路发送出去。如果 A4::45 是 PSP Flavor 的 SID，则此时可以根据 PSP 的指示将 SRH 弹出，报文就变成了普通的 IPv6 报文。

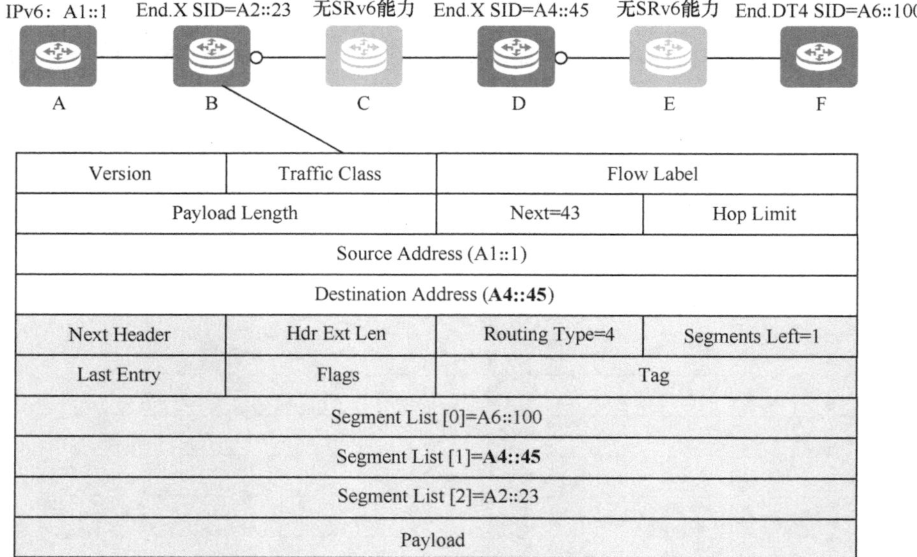

图 2-11 Endpoint 节点 B 的处理

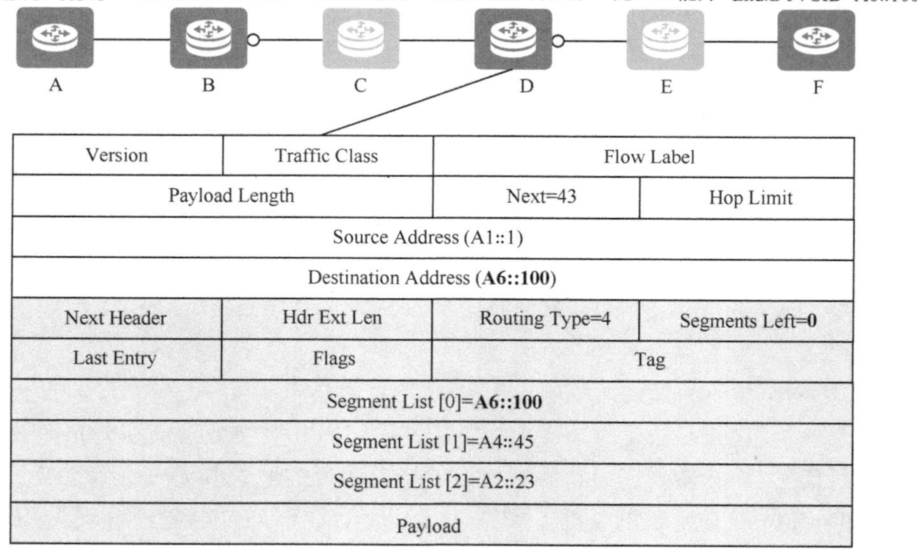

图 2-12 Endpoint 节点 D 的处理

⑤ 中转节点 E 的处理。如图 2-13 所示，节点 E 只支持 IPv6 报文头处理，无法识别 SRH，此时节点 E 按照正常的 IPv6 报文处理流程，按照最长匹配原则查找 IPv6 转发表，将报文转发给当前目的地址所代表的节点 F。

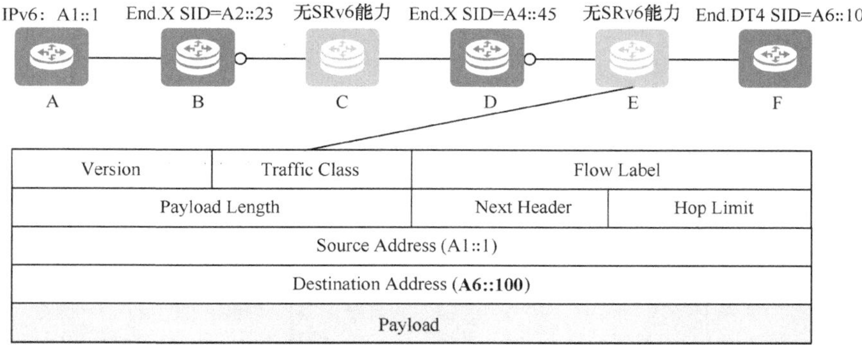

图 2-13 中转节点 E 的处理

⑥ Endpoint 节点 F 的处理。节点 F 收到报文以后，根据外层 IPv6 目的地址 A6::100 查找本地 SID 表，命中 End.DT4 SID。节点 F 执行 End.DT4 SID 的指令动作，解封装报文，去除 IPv6 报文头，再将内层 IPv4 报文在 End.DT4 SID 绑定的 VPN 实例的 IPv4 转发表中进行查表转发，最终将报文发送给主机 H2。

2.6 SRv6 网络编程的优势

第 1 章简要介绍了 SRv6 对于未来网络发展的价值和意义。在理解了 SRv6 网络编程的基本原理之后，我们可以从技术角度进一步分析 SRv6 相对于 MPLS 以及 SR-MPLS 等技术的优势。

1. 后向兼容好，平滑演进

运营商 IP 网络面临设备类型繁多和难以兼容多厂家设备等诸多挑战，在部署过程中，兼容性是非常重要的。

IPv6 技术发展的一个重要教训就是兼容性问题。当时的设想比较简单，32 bit 的地址空间不够，就把它扩展成 128 bit，但是 128 bit 的 IPv6 地址与 32 bit 的 IPv4 地址是无法兼容的，这样就需要全网升级支持 IPv6，由此导致实际部署应用时非常困难。从这个角度看，SRv6 可以兼容 IPv6 路由转发的设计，保证了 SRv6 可以从 IPv6 网络平滑地演进[8]。此外，SRv6 通过 Function 不仅可以实现传统 MPLS 所提供的流量工程能力，还可以定义更加丰富的转发行为，真正使网络可编程。

当前 IP 承载网普遍使用了 MPLS。因为 MPLS 标签自身不带有可达性信息，所以它必须与可路由的 IP 地址进行绑定，这就意味着 MPLS 路径沿途设备均需保持标签与 FEC（Forwarding Equivalence Class，转发等价类）的映射关系。

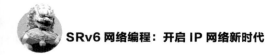

如图 2-14 所示，SR-MPLS 采用 MPLS 作为转发平面，当承载网由 MPLS 向 SR-MPLS 演进时，可能采用两种方式。

方式一：全网升级、保持双栈。这种方式需要全网升级，然后才能部署 SR-MPLS。

方式二：部分升级，粘连互通。这种方式需要在 MPLS 域和 SR-MPLS 域的交界节点部署 SRMS（Segment Routing Mapping Server，段路由映射服务器），实现 MPLS LSP（Label Switched Path，标签交换路径）与 SR LSP 的粘连。

不论采用上述哪种演进方式，都需要在初始阶段对现有网络进行大幅改变，由此导致了现有网络向 SR-MPLS 网络的演进缓慢。而采用 SRv6，则可以实现网络按需升级。当需要基于 SRv6 部署特定业务的时候，只需要升级相关的设备支持 SRv6，其他设备只需要支持普通的 IPv6 路由转发而不需要感知 SRv6。SRv6 具有易于增量部署的优点，可以最大限度地保护用户的投资。关于 SRv6 网络演进的详细内容可以参考第 7 章。

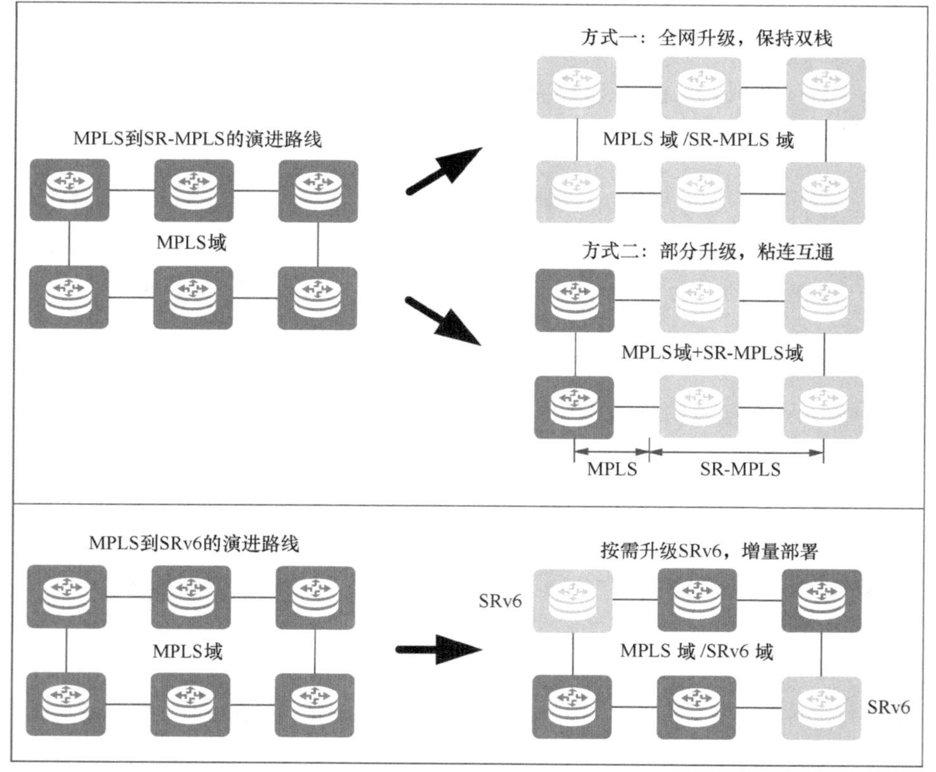

图 2-14 SRv6 按需升级与 MPLS 向 SR-MPLS 网络演进对比

2. 可扩展性强，跨域简单

跨越多个 MPLS 域部署业务一直是运营商面临的一个难题。为了实现跨域部署，运营商不得不采用传统的 MPLS VPN 跨域技术，而这些技术复杂性高，导致业务开通很慢。

MPLS 跨域的其中一个问题是部署复杂。如果采用 SR-MPLS 实现跨域，建立端到端的 SR 路径，则需要将某个域的 SID 引入另外一个域。在 SR-MPLS 中，需要在整网规划 SRGB（Segment Routing Global Block，段路由全局块）和节点 SID，而且在跨域场景中引入 SID 的时候还要避免冲突，进一步提升了规划的复杂性。

MPLS 跨域的另外一个问题是可扩展性差。如图 2-15 所示，采用 Seamless MPLS 或 SR-MPLS 实现跨域时，因为 MPLS 标签自身不含有可达性信息，所以必须与可路由的 IP 地址进行绑定。在跨域场景中，32 bit 主机路由与标签的绑定关系必须跨域传播。在大型网络中，在交界节点需要生成大量的 MPLS 表项，这给控制平面和转发平面造成了极大的压力，影响了网络的可扩展性。

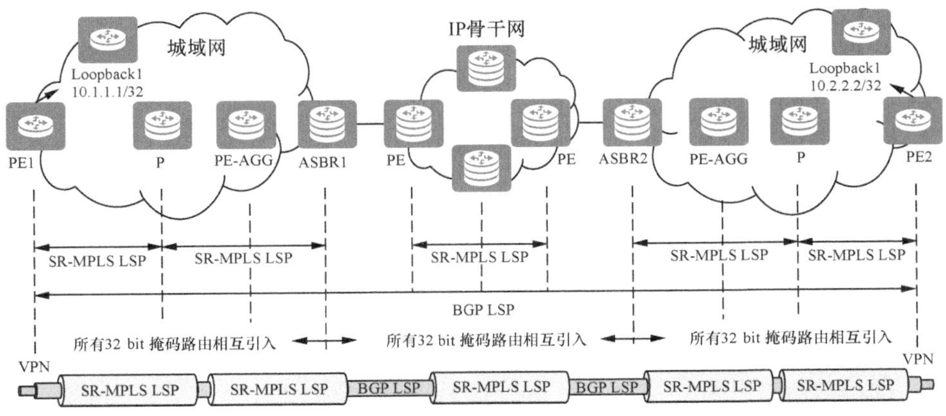

注：PE 即 Provider Edge，运营商边缘设备。
AGG 即 Aggregation，汇聚层设备。
ASBR 即 Autonomous System Boundary Router，自治系统边界路由器。

图 2-15 SR-MPLS 大规模组网

SRv6 的跨域部署相对来说更加简单。因为 SRv6 具有原生 IPv6 的特质（即基于 IPv6 可达性就可以工作），所以在跨域的场景中，只需要将一个域的 IPv6 路由通过 BGP IPv6（BGP4+）引入另外一个域，就可以开展跨域业务部署（如 SRv6 L3VPN，参见第 5 章），由此降低了业务部署的复杂性。

SRv6 跨域在可扩展性方面也具备独特的优势。SRv6 的原生 IPv6 特质使

得它能够基于聚合路由工作。这样即使在大型网络的跨域场景中，只需在边界节点引入有限的聚合路由表项，如图 2-16 所示。这降低了对网络设备性能的要求，提升了网络的可扩展性。

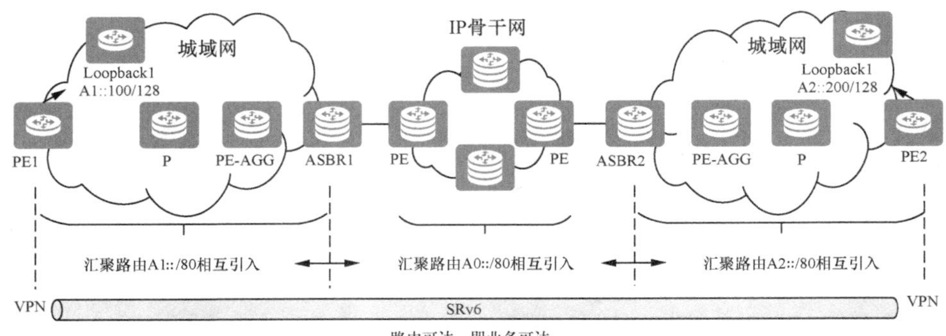

图 2-16　SRv6 大规模组网

3. 网络可编程，智慧网络

SRv6 具有比 SR-MPLS 更强大的网络编程能力，这种能力体现在 SRH 中。整体上看，SRH 有 3 层编程空间，如图 2-17 所示。

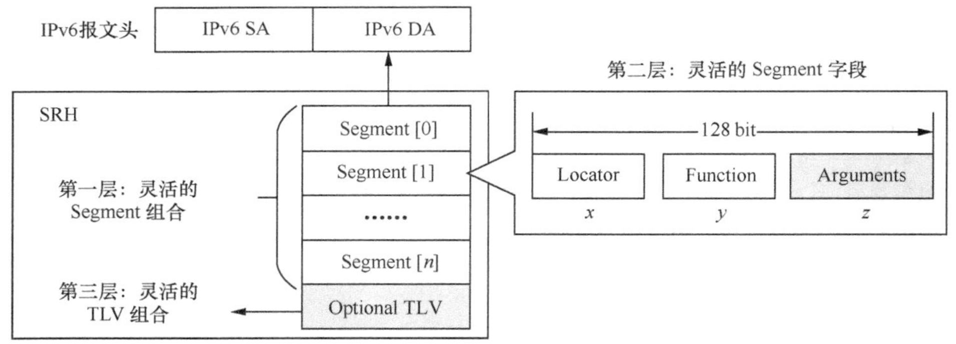

图 2-17　SRH 的 3 层编程空间

第一层是 Segment 序列。它可以将多个 Segment 组合起来，形成 SRv6 路径。这一点跟 MPLS 标签栈比较类似。

第二层是对 SRv6 SID 的 128 bit 地址的运用。众所周知，MPLS 标签封装主要是分成 4 个段，每个段都是固定长度，包括 20 bit 的标签、8 bit 的 TTL（Time to Live，生存时间）、3 bit 的 Traffic Class 和 1 bit 的栈底标志。而 SRv6 的每个 Segment 长度是 128 bit，可以灵活分为多段，每段的长度也可以变化，由此 SRv6 具备更加灵活的可编程能力。

第三层是紧接在 Segment 序列之后的可选 TLV。报文在网络中传送时，如果需要在转发平面封装一些非规则类的信息，可以通过 SRH 中 TLV 的灵活组合来完成。

SRv6 通过 3 层编程空间，具备了更强大的网络编程能力，可以更好地满足不同的网络路径需求，如网络切片、确定性时延、IOAM 等。结合 SDN 的全局网络管控能力，SRv6 可以实现灵活的编程功能，便于更快地部署新的业务，实现真正的智慧网络。

4. 端到端网络，万物互联

当下的网络经常需要跨越多个自治域部署业务。除了上面提到的 MPLS 跨域场景，在图 2-18 所示的数据中心互联场景中，IP 骨干网采用 MPLS/SR-MPLS 技术，而数据中心网络则通常使用 VXLAN 技术，这就需要引入网关设备，实现 VXLAN 到 MPLS 的相互映射，这增加了业务部署的复杂性，却并没有带来相应的收益。

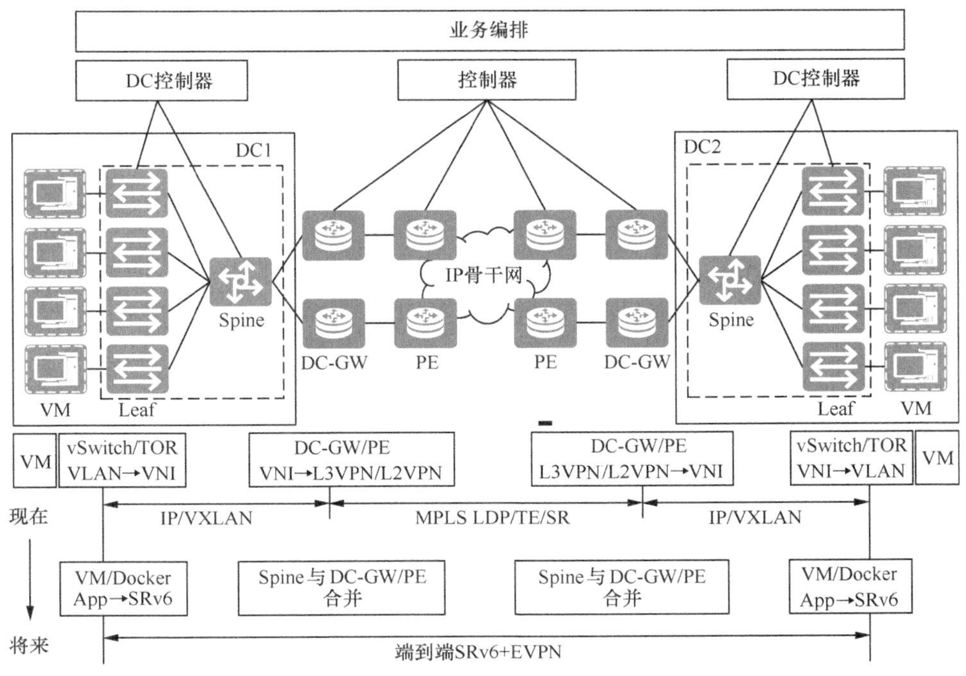

注：VM 即 Virtual Machine，虚拟机。
GW 即 Gateway，网关设备。
VNI 即 VXLAN Network Identifier，VXLAN 网络标识符。

图 2-18　SRv6 端到端网络

SRv6 继承了 MPLS 的 TE、VPN 和 FRR 这 3 个重要特性，使得它能够替代 MPLS/SR-MPLS 在 IP 骨干网中部署。SRv6 具备类似 VXLAN 仅依赖 IP 可达性即可工作的简单性，也可能被部署在数据中心网络内。更进一步，因为主机应用支持 IPv6，SRv6 对于 IPv6 的兼容性使得它在未来有可能直达主机应用。同时，SRv6 将 Overlay 的业务和 Underlay 的承载统一定义为具有不同行为的 SID，通过网络编程实现业务和承载的结合，不仅避免了业务与承载分离带来的多种协议之间的互联互通问题，而且能够更加方便灵活地提供丰富的功能。

SRv6 释放了 IPv6 扩展性的价值，最终可以实现智慧、简化的端到端可编程网络，真正实现网络业务转发的"大一统"，实现"一张网络，万物互联"。这是在网络技术发展历史上，ATM、IPv4、MPLS 和 SR-MPLS 等技术都无法做到的，也是 SRv6 最主要的愿景。

| SRv6 设计背后的故事 |

1. MPLS 和 IPv6 的可扩展性

2008 年底笔者刚开始参加 IP 创新活动，向一位 MPLS 的业界前辈请教，他说可扩展性是协议设计非常重要的一个方面。他认为 IPv6 的可扩展性没有 MPLS 的好，原因是 IPv6 为了扩大地址空间，将 32 bit 的 IPv4 地址扩展为 128 bit 的 IPv6 地址，虽然很多人都认为 IPv6 地址空间已经足够大，"地球上的每一粒沙子都会有一个 IPv6 地址"，但是将来仍然会有 IPv6 地址不够用的可能，那么只有再继续扩大地址空间。而 MPLS 在设计之初就考虑了可扩展性问题，如果把 MPLS 标签看作一个标识，那么通过 MPLS 的标签栈机制，用 MPLS 标签的灵活组合就能形成更大的标识空间。他说的很有道理，也使我们对于协议的可扩展性设计有了新的认识，只是没有想到 10 年之后，随着硬件能力的提升和网络编程技术的发展，IPv6 依靠扩展报文头等机制逐渐替代了 MPLS。

2. SID 设计思考

网络协议设计中，字段的设计还是非常讲究的。当然也有奇怪的故事。ATM 信元长度为 48 Byte，笔者一直觉得很奇怪，为什么信元长度不符合二进制的要求。后来笔者和一位当年参与设计的业界前辈交流，他说就是因为一派坚持32 Byte，另一派坚持64 Byte，最后相持不下，只好折中选择了二者的平均数48 Byte。这个原因真是令人吃惊。

SRv6 SID是一个巧妙的设计。首先它的长度128 bit与IPv6地址的长度保持了兼容，这使SRv6 SID可以作为IPv6地址使用，现有的IPv6实现也能够得到重用（再度使用）。其次，SRv6 SID中“Locator + Function”的设计实际就是一种“路由 + MPLS”的融合。很多人知道MPLS是一种“2.5层”技术，在我们看来，SRv6就是一种“3.5层”技术，同时融合了路由和MPLS技术的优势。最后，SRv6 SID中字段的含义和长度是可自定义的，而不像MPLS标签采用固定字段封装。这实际也是POF的一种体现，只是采用了更加实际的方式来实现。

3. SRH设计思考

SRH在设计发展过程中经历过许多争论，最主要的是以下几点。

（1）SRv6 SRH中的Segment为什么在经过节点处理后不弹出？

熟悉SR-MPLS的人会很自然地想到这个问题。这个问题主要有3个原因：一是最早的IPv6的路由扩展报文头设计跟MPLS没有太多关联，当时的设计并没有弹出这个选项；二是MPLS的每一个标签相对独立，并且位于顶部，可以直接弹出，SRv6 Segment在IPv6报文头后面的SRH中，并且与其他扩展报文头信息存在关联（如安全加密和校验等），不能简单地弹出；三是由于不弹出，SRv6报文头保留了路径信息，可以进行路径回溯。另外有一些创新考虑对SRH中保留的Segment进行重用，进行一些新的功能扩展，例如SRv6 Light IOAM[9]。

（2）SRv6 SRH的长度可能会比较大，如何让它短一点，降低对网络设备的要求？

本书第13章介绍压缩SRv6扩展报文头的研究工作。实际上，在更早的时期，SRv6的设计者们就对这个问题进行了讨论：一方面，当时不是提出SRv6压缩或优化方案的合适时机，因为提出这样的方案，一定程度上就削弱了SRv6方案存在的合理性，分散了产业力量；另一方面，SRv6是面向未来的设计，SRv6标准被业界接受需要时间，同时网络硬件能力也在不断发展，等到SRv6更加成熟的时候，对于硬件性能的挑战性可能也大大降低了。

如果把SRv6方案比作一个满分为100分的方案，那么压缩或优化后的SRv6方案能拿60分，其他方案的选择多种多样。以前笔者并没有觉得这是个问题，后来在制定标准和推动产业发展的过程中，才更加深刻地感受到为解决相同问题而提出的林林总总的方案，在促进创新的同时也分散和消耗了产业力

量，这对于产业发展并不有利。

（3）SRH 为什么需要引入 TLV？

TLV 是设计 IP 控制协议的字段采用的一种方法，可以灵活地定义可变长的协议字段或组合。SRv6 SRH 中引入 TLV 对硬件转发提出了更大的挑战，同时也带来了网络编程能力的提升。SRv6 支持的新的网络业务有一些不规则的参数，难以用 Segment 或 Segment 里面的分段来携带，这些参数可以很方便地通过 TLV 携带。SRH TLV 可能的应用如下。

- 本章介绍的HMAC TLV，用于安全方面的功能。
- 第9章介绍的SRv6 IOAM，TLV可以用于携带IOAM参数。
- 第10章介绍的SRv6 DetNet，TLV可以用于携带报文的Flow ID和Sequence Number来实现冗余保护。

按照 IPv6 的标准定义，一些功能选项可以放在路由扩展报文头前面的目的选项扩展报文头中，该报文头中携带的功能需由路由扩展报文头中所携带的目的地来处理。这种设计也会带来一些问题。

- 功能分离需要分类解析，影响转发性能，而通过SRH来统一携带，使功能更完整，也更为合理。
- 在IOAM等应用场景中，如果在目的选项扩展报文头中逐跳记录SRv6路径的IOAM信息，会导致目的选项扩展报文头长度不断增加，SRH在报文中的位置就会越来越靠后，从而影响报文解析，导致转发性能下降。

总而言之，SRv6 SRH 是面向未来的设计，虽然有挑战，但为硬件的发展打开了空间，获得了更多产业力量的支持，同时考虑到硬件能力发展的速度，其目标也是可以达成的。

本章参考文献

[1] FILSFILS C, CAMARILLO P, LEDDY J, et al. SRv6 Network Programming[EB/OL]. (2019-12-05)[2020-03-25]. draft-ietf-spring-srv6-network-programming-05.

[2] FILSFILS C, PREVIDI S, GINSBERG L, et al. Segment Routing Architecture. (2018-12-19)[2020-03-25]. RFC 8402.

[3] FILSFILS C, DUKES D, PREVIDI S, et al. IPv6 Segment Routing Header (SRH)[EB/OL]. (2020-03-14)[2020-03-25]. RFC 8754.

[4] KRAWCZYK H, BELLARE M, CANETTI R. HMAC: Keyed-Hashing for Message Authentication[EB/OL]. (2020-01-21)[2020-03-25]. RFC 2104.

[5] SAJASSI A, AGGARWAL R, BITAR N, et al. BGP MPLS-Based Ethernet VPN[EB/OL]. (2020-01-21)[2020-03-25]. RFC 7432.

[6] SAJASSI A, SALAM S, DRAKE J, et al. Ethernet-Tree (E-Tree) Support in Ethernet VPN (EVPN) and Provider Backbone Bridging EVPN (PBB-EVPN)[EB/OL]. (2018-01-31)[2020-03-25]. RFC 8317.

[7] FILSFILS C, SIVABALAN S, VOYER D, et al. Segment Routing Policy Architecture[EB/OL]. (2019-12-15)[2020-03-25]. draft-ietf-spring-segment-routing-policy-06.

[8] TIAN H, ZHAO F, XIE C, et al. SRv6 Deployment Consideration[EB/OL]. (2019-11-04)[2020-03-25]. draft-tian-spring-srv6-deployment-consideration-00.

[9] LI C, CHENG W, PREVIDI S, et al. A Light Weight IOAM for SRv6 Network Programming[EB/OL]. (2019-06-27)[2020-03-25]. draft-li-spring-light-weight-srv6-ioam-01.

第 3 章
SRv6 的基础协议

为了实现 SRv6，需要对已有的链路状态路由协议进行扩展。当前 IPv6 网络的链路状态路由协议有两种：IS-IS[1-2] 和 OSPFv3[3]。通过扩展 IS-IS 和 OSPFv3 协议携带 SRv6 信息，可以实现 SRv6 控制平面的功能，不用再维护 RSVP-TE、LDP 等控制平面协议。从这个角度讲，SRv6 简化了网络控制平面。本章介绍 SRv6 控制平面所需的 IS-IS 和 OSPFv3 协议扩展。

| 3.1 IS-IS 扩展 |

3.1.1 IS-IS SRv6 协议原理

链路状态路由协议基于 Dijkstra SPF（Shortest Path First，最短路径优先）算法计算到达指定地址的最短路径。链路状态路由协议的工作原理是相邻节点通过发送 Hello 报文建立邻居关系，并在全网扩散本地链路状态信息，生成全网一致的 LSDB（Link State Database，链路状态数据库），每个节点基于 LSDB 运行 SPF 算法计算出路由。

为了支持 SRv6，IS-IS 协议需要发布两类 SRv6 信息：Locator 信息与 SID 信息。Locator 信息用于帮助网络中的其他节点定位到发布 SID 的节点；SID 信息用于完整描述 SID 的功能，如 SID 绑定的 Function 信息。

在 SRv6 网络中，Locator 具有定位功能，所以在 SRv6 域内 Locator 具有唯一性，但是在一些特殊场景，比如 Anycast 场景，多个设备可能配置相同的 Locator。如图 3-1 所示，IS-IS 协议通过两个 TLV 来发布 Locator 的路由信息[4]：SRv6 Locator TLV 和 IPv6 Prefix Reachability TLV，这两个 TLV 具有不同的作用。

SRv6 Locator TLV 包含 Locator 的前缀和掩码，用于发布 Locator 信

息。通过该 TLV，网络中的其他 SRv6 节点能学习到 Locator 的路由；SRv6 Locator TLV 除了携带用于指导路由的信息外，还会携带不需要关联 IS-IS 邻居节点的 SRv6 SID，例如 End SID。

IPv6 Prefix Reachability TLV 与 SRv6 Locator TLV 拥有相同的前缀和掩码。IPv6 Prefix Reachability TLV 是 IS-IS 协议已有的 TLV，普通 IPv6 节点（不支持 SRv6 的节点）也能处理该 TLV。因此，普通 IPv6 节点也能够通过此 TLV 生成 Locator 路由（指导报文转发到发布 Locator 的节点的路由），进而支持与 SRv6 节点共同组网。

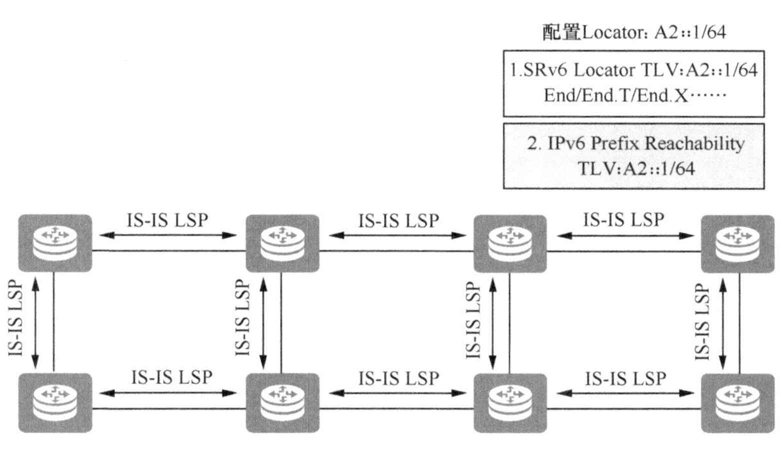

图 3-1　IS-IS SRv6 TLV 的发布

IS-IS 协议的另一个功能就是将 SRv6 SID 信息和 SID 对应的 SRv6 Endpoint 节点行为信息通过 IS-IS 协议的各类 SID Sub-TLV 扩散出去，用于路径 / 业务编程单元对网络进行编程，IS-IS 协议发布的 Endpoint 节点行为如表 3-1 所示。

表 3-1　IS-IS 协议发布的 Endpoint 节点行为

Endpoint 节点行为 / 行为 ID	SRv6 End SID Sub-TLV 是否携带此 Endpoint 节点行为	SRv6 End.X SID Sub-TLV 是否携带此 Endpoint 节点行为	SRv6 LAN End.X SID Sub-TLV 是否携带此 Endpoint 节点行为
End（PSP、USP、USD）/ 1~4，28~31	是	否	否
End.X（PSP、USP、USD）/ 5~8，32~35	否	是	是
End.T（PSP、USP、USD）/ 9~12，36~39	是	否	否

续表

Endpoint 节点行为 / 行为 ID	SRv6 End SID Sub-TLV 是否携带此 Endpoint 节点行为	SRv6 End.X SID Sub-TLV 是否携带此 Endpoint 节点行为	SRv6 LAN End.X SID Sub-TLV 是否携带此 Endpoint 节点行为
End.DX6 / 16	否	是	是
End.DX4 / 17	否	是	是
End.DT6 / 18	是	否	否
End.DT4 / 19	是	否	否
End.DT64 / 20	是	否	否

End、End.X、End.T 定义了 3 种 Flavor 附加行为：PSP、USP、USD，这些 Flavor 附加行为可以进行组合来扩展 End、End.X、End.T 的功能，所以，End、End.X、End.T 对应了多个节点行为 ID。以 End 为例，不同的 ID 代表不同的行为。

- 1：End
- 2：End + PSP
- 3：End + USP
- 4：End + PSP&USP
- 28：End + USD
- 29：End + PSP&USD
- 30：End + USP&USD
- 31：End + PSP&USP&USD

3.1.2 IS-IS SRv6 协议扩展

IS-IS 协议针对 SRv6 的 TLV 扩展如表 3-2 所示[4-5]。

表 3-2 IS-IS 协议针对 SRv6 的 TLV 扩展

名称	作用	携带位置
SRv6 Capabilities Sub-TLV	用于通告 SRv6 能力	IS-IS Router Capability TLV
Node MSD Sub-TLV	用于通告设备能够接受的 MSD（Maximum SID Depth，最大 SID 栈深）	IS-IS Router Capability TLV
SRv6 Locator TLV	用于通告 SRv6 的 Locator 以及该 Locator 相关的 SID	IS-IS 报文，这是 SRv6 引入的唯一一个顶级 TLV
SRv6 End SID Sub-TLV	用于通告 SRv6 的 SID	SRv6 Locator TLV

续表

名称	作用	携带位置
SRv6 End.X SID Sub-TLV	用于通告 P2P（Point-to-Point，点到点）邻接相关联的 SRv6 SID	IS-IS NBR TLV
SRv6 LAN End.X SID Sub-TLV	用于通告 LAN（Local Area Network，局域网）邻接相关联的 SRv6 SID	IS-IS NBR TLV
SRv6 SID Structure Sub-sub-TLV	用于发布 SRv6 SID 格式	SRv6 End SID Sub-TLV、SRv6 End.X SID Sub-TLV 和 SRv6 LAN End.X SID Sub-TLV

1. SRv6 Capabilities Sub-TLV

在 SRv6 中，Segment 列表信息存储在 SRH 中。支持 SRv6 的节点必须能够处理 SRH，而不同节点需要通告自己处理 SRH 的能力。SRv6 Capabilities Sub-TLV 用于通告节点支持的 SRv6 能力，其格式如图 3-2 所示。

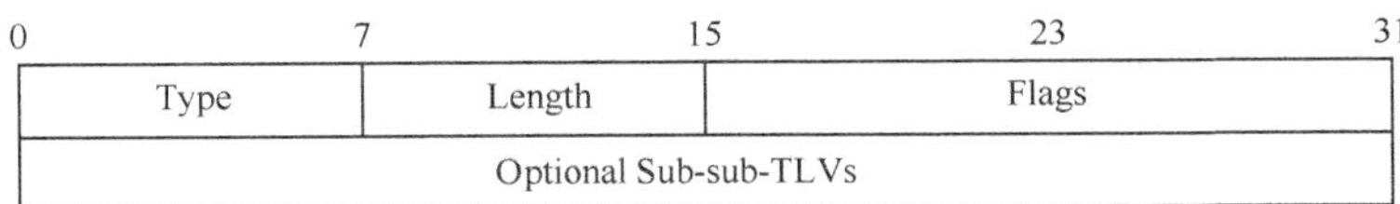

图 3-2　SRv6 Capabilities Sub-TLV 的格式

SRv6 Capabilities Sub-TLV 各字段的说明如表 3-3 所示。

表 3-3　SRv6 Capabilities Sub-TLV 各字段的说明

字段名	长度	含义
Type	8 bit	类型
Length	8 bit	长度
Flags	16 bit	标志位，当前第二个比特用作 OAM 标志位，该字段如果设置，表示节点支持 SRH O 比特
Optional Sub-sub-TLVs	长度可变	可选的 Sub-sub-TLV

2. Node MSD Sub-TLV

Node MSD Sub-TLV 用于通告节点能够处理的最大 SID 栈深，其格式如图 3-3 所示。

Node MSD Sub-TLV 各字段的说明如表 3-4 所示。

0	7	15
Type	Length	
MSD-Type	MSD Value	
…		
MSD-Type	MSD Value	

图 3-3　Node MSD Sub-TLV 的格式

表 3-4　Node MSD Sub-TLV 各字段的说明

字段名	长度	含义
Type	8 bit	类型
Length	8 bit	长度
MSD-Type	8 bit	MSD 类型。 • Maximum Segments Left MSD Type：在应用与 SID 关联的 SRv6 Endpoint Function 指令之前，指定接收报文的 SRH 里 SL 字段的最大值。 • Maximum End Pop MSD Type：节点对 SRH 执行 PSP 或者 USP 操作时，SRH 里 SID 的最大数量。如果值为 0，表示发布节点不能对 SRH 执行 PSP 或 USP 操作。 • Maximum H.Insert MSD Type：执行"H.Insert"操作插入 SRH 信息时，允许插入的 SID 的最大数量。如果值为 0，表示发布节点不能执行"H.Insert"操作。 • Maximum H.Encaps MSD Type：执行"H.Encaps"操作时可以包含的 SID 的最大数量。 • Maximum End D MSD Type：在执行与 End.D 类型（如 End.DX6 和 End.DT6）功能相关的解封装操作之前，指定的 SID 最大数量
MSD Value	8 bit	MSD 取值

3. SRv6 Locator TLV

SRv6 Locator TLV 用于发布 SRv6 Locator 路由和不需要关联 IS-IS 邻居节点的 SRv6 SID，例如 End SID，其格式如图 3-4 所示。

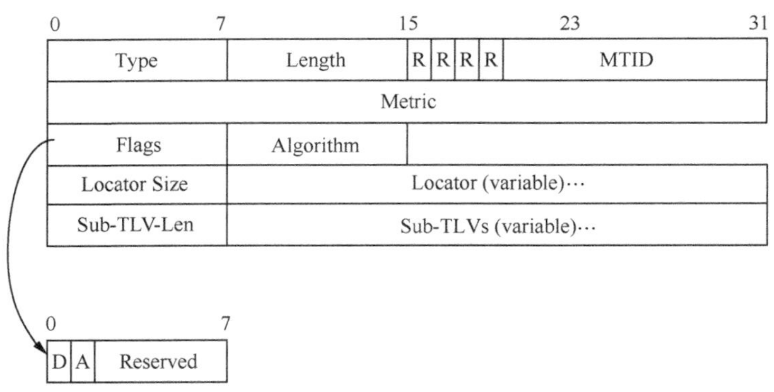

图 3-4　SRv6 Locator TLV 的格式

SRv6 Locator TLV 各字段的说明如表 3-5 所示，Reserved 为预留字段，下文同。

表 3-5 SRv6 Locator TLV 各字段的说明

字段名	长度	含义
Type	8 bit	类型
Length	8 bit	长度
MTID	12 bit	多拓扑标识符
Metric	32 bit	与 Locator 关联的度量值
Flags	8 bit	标志位。 • D：当 SID 从 Level-2 渗透到 Level-1 时，必须置位。D 标志置位后，SID 不能从 Level-1 渗透到 Level-2，这样可以防止路由循环。 • A：Anycast 标志。如果 Locator 被配置成 Anycast 类型，必须置位
Algorithm	8 bit	算法 ID。 • 0：SPF 算法。 • 1：严格 SPF 算法。 • 128~255：用于 Flex-Algo 场景
Locator Size	8 bit	Locator 的长度
Locator	长度可变	表示发布的 SRv6 Locator
Sub-TLV-Len	8 bit	Sub-TLV 的长度
Sub-TLVs	长度可变	包含的 Sub-TLV，例如 SRv6 End SID Sub-TLV

前面提到 SRv6 SID 本身就有路由能力，这个路由能力靠 SRv6 Locator TLV 来实现。网络节点收到 SRv6 Locator TLV 后，生成对应的 Locator 路由。这个 Locator 下分配的所有 SID 通过最长掩码匹配原则就能匹配到该 Locator 路由。

Locator 也可以通过 IPv6 Prefix Reachability TLV 236/237 发布出去。如果 Locator 里 Algorithm 取值为 0，则 Locator 必须通过 IPv6 Prefix Reachability TLV 236/237 发布，以便不支持 SRv6 的设备能够下发转发表项，指导转发 Algorithm 取值为 0 的 SRv6 流量。如果设备同时收到 IPv6 Prefix Reachability TLV 和 SRv6 Locator TLV，则优先安装 IPv6 Prefix Reachability TLV。

4. SRv6 End SID Sub-TLV

SRv6 End SID Sub-TLV 用于发布 SRv6 SID，如 End SID，其格式如图 3-5 所示。

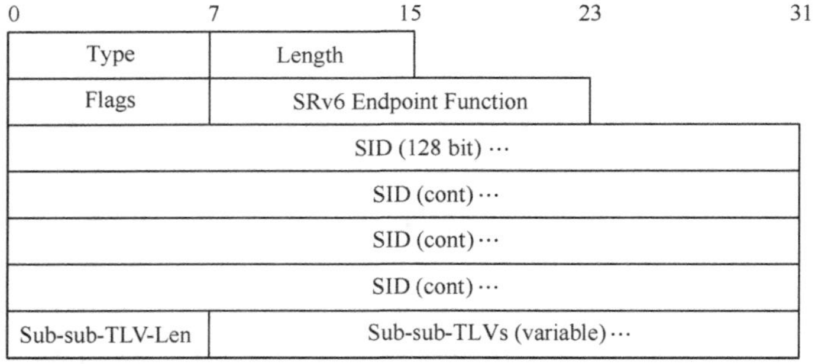

0	7	15	23	31
Type	Length			
Flags	SRv6 Endpoint Function			
SID (128 bit) ···				
SID (cont) ···				
SID (cont) ···				
SID (cont) ···				
Sub-sub-TLV-Len	Sub-sub-TLVs (variable) ···			

注：cont 即 continued，表示后续的其他 SID。

图 3-5　SRv6 End SID Sub-TLV 的格式

SRv6 End SID Sub-TLV 各字段的说明如表 3-6 所示。

表 3-6　SRv6 End SID Sub-TLV 各字段的说明

字段名	长度	含义
Type	8 bit	类型
Length	8 bit	长度
Flags	8 bit	标志位
SRv6 Endpoint Function	16 bit	SRv6 Endpoint 功能指令类型。取值可以参考表 3-1
SID	128 bit	表示发布的 SRv6 SID
Sub-sub-TLV-Len	8 bit	Sub-sub-TLV 的长度
Sub-sub-TLVs	长度可变	包含的 Sub-sub-TLV，例如 SRv6 SID Structure Sub-sub-TLV

SRv6 End SID Sub-TLV 是 SRv6 Locator TLV 的 Sub-TLV，IS-IS 协议发布的SID如果不关联IS-IS邻居，则都在SRv6 End SID Sub-TLV中发布。

5. SRv6 End.X SID Sub-TLV

SRv6 End.X SID Sub-TLV 用于发布一个 P2P 邻接类型的 SRv6 End.X SID。该 TLV 作为 IS-IS 邻居 TLV 的 Sub-TLV，其格式如图 3-6 所示。

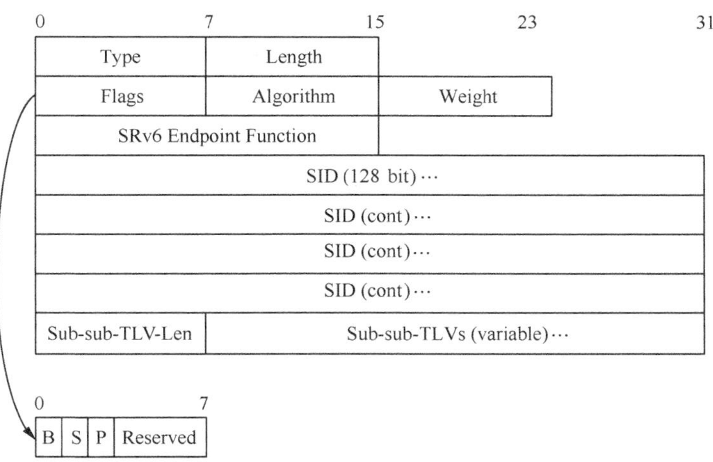

图 3-6　SRv6 End.X SID Sub-TLV 的格式

SRv6 End.X SID Sub-TLV 各字段的说明如表 3-7 所示。

表 3-7　SRv6 End.X SID Sub-TLV 各字段的说明

字段名	长度	含义
Type	8 bit	类型
Length	8 bit	长度
Flags	8 bit	标志位。 • B：备份（Backup）标志，表示该 End.X SID 有备份路径。 • S：集合（Set）标志。如果置位，表示 End.X SID 关联到一组邻接。 • P：永久分配（Persistent）标志。如果置位，表示 End.X SID 被永久分配，邻居震荡、协议重启或者设备重启后能维持 End.X SID 不变
Algorithm	8 bit	算法 ID。 • 0：SPF 算法。 • 1：严格 SPF 算法。 • 128~255：用于 Flex-Algo 场景
Weight	8 bit	权重，用于标示该 End.X SID 参与负载分担的权重
SRv6 Endpoint Function	16 bit	SRv6 Endpoint 功能指令类型。取值可以参考表 3-1
SID	128 bit	表示发布的 SRv6 SID
Sub-sub-TLV-Len	8 bit	Sub-sub-TLV 长度
Sub-sub-TLVs	长度可变	包含的 Sub-sub-TLV，例如 SRv6 SID Structure Sub-sub-TLV

6. SRv6 LAN End.X SID Sub-TLV

SRv6 LAN End.X SID Sub-TLV 用于发布一个 LAN 邻接类型的 SRv6 End.X SID，该 TLV 作为 IS-IS 邻居 TLV 的 Sub-TLV。

如图 3-7 所示，由于 IS-IS 协议在广播网的每个节点只发布到 DIS（Designated Intermediate System，指定中间系统）创建的伪节点的邻接关系 [1]，所以节点 A 只发布到伪节点的邻接关系。但是 End.X SID 需要区分邻居，所以需要增加邻居的 System ID 来区分邻居 B 和邻居 C 的 End.X SID。

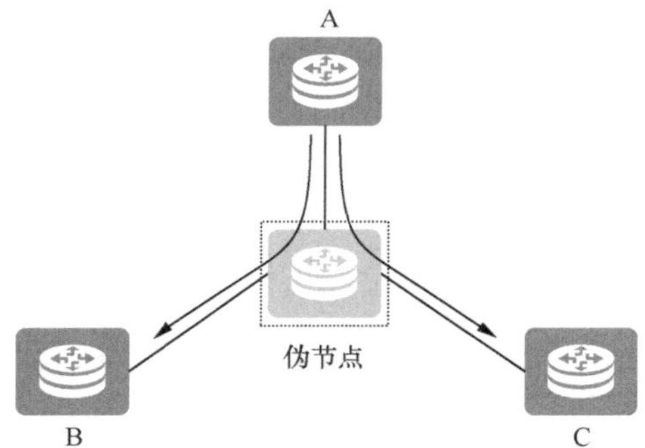

图 3-7 SRv6 LAN End.X SID Sub-TLV 的发布场景

SRv6 LAN End.X SID Sub-TLV 的格式如图 3-8 所示。

0	7	15	23 31
Type	Length	System ID (6 octet)	
Flags	Algorithm	Weight	
SRv6 Endpoint Function			
SID (128 bit)···			
SID (cont)···			
SID (cont)···			
SID (cont)···			
Sub-sub-TLV-Len	Sub-sub-TLVs (variable)···		

图 3-8 SRv6 LAN End.X SID Sub-TLV 的格式

与 SRv6 End.X SID Sub-TLV 相比，该 Sub-TLV 仅多出一个 System ID 字段，说明如表 3-8 所示。

表 3-8　SRv6 LAN End.X SID Sub-TLV 的 System ID 字段的说明

字段名	长度	含义
System ID	6 octet	对端邻居节点的 System ID

7. SRv6 SID Structure Sub-sub-TLV

SRv6 SID Structure Sub-sub-TLV 用于通告 SRv6 SID 不同字段的长度，其格式如图 3-9 所示。

0–7	7–15	15–23	23–31
Type	Length		
LB Length	LN Length	Fun. Length	Arg. Length

图 3-9　SRv6 SID Structure Sub-sub-TLV 的格式

SRv6 SID Structure Sub-sub-TLV 各字段的说明如表 3-9 所示。

表 3-9　SRv6 SID Structure Sub-sub-TLV 各字段的说明

字段名	长度	含义
Type	8 bit	类型，值为 1
Length	8 bit	长度
LB Length	8 bit	Locator 的 Block 的长度，其中 Block 是分配 SID 的地址块
LN Length	8 bit	Locator 的 Node ID 的长度
Fun. Length	8 bit	SID 中 Function 字段的长度
Arg. Length	8 bit	SID 中 Arguments 字段的长度

SRv6 SID Structure Sub-sub-TLV 只能在上级 TLV 的 Sub-TLV 中出现一次。如果出现多个 SRv6 SID Structure Sub-sub-TLV，则需要忽略对应的上级 TLV。

| 3.2　OSPFv3 扩展 |

3.2.1　OSPFv3 SRv6 协议原理

与 IS-IS SRv6 扩展类似，OSPFv3 SRv6 扩展也有两个功能：发布 Locator

信息和 SID 信息。Locator 信息用于帮助其他节点定位到发布 SID 的节点；SID 信息用于完整描述 SID 的功能，比如 SID 绑定的 Function 信息。

在 SRv6 网络中，Locator 具有定位功能，所以在 SRv6 域内 Locator 具有唯一性，但是在一些特殊场景中，比如 Anycast 保护场景中，多个设备可能配置相同的 Locator。为发布 Locator 的路由信息，OSPFv3 需要发布两种 LSA（Link State Advertisement，链路状态通告）[6]：SRv6 Locator LSA 和 Prefix LSA。

SRv6 Locator LSA 包含 SRv6 Locator TLV，TLV 中包括前缀和掩码，以及 OSPFv3 路由类型。网络中的其他节点可以通过该 LSA 学习到 Locator 的路由。SRv6 Locator TLV 除了携带用于指导路由的信息外，还会携带不需要关联 OSPFv3 邻居节点的 SRv6 SID，例如 End SID。

通过 Prefix LSA[例如 Inter-Area Prefix LSA、AS-External LSA、NSSA（Not-So-Stubby Area，非完全末梢区域） LSA、Intra-Area Prefix LSA 及其对应的 Extended LSA] 可以发布 Locator 前缀。这些 Prefix LSA 是 OSPFv3 协议已有的 LSA，普通 IPv6 节点（不支持 SRv6 的节点）也能够通过学习这些 LSA，生成 Locator 路由（指导报文转发到发布 Locator 的节点的路由），进而支持与 SRv6 节点共同组网。

OSPFv3 协议的第二个功能就是将 SRv6 SID 信息和 SID 对应的 SRv6 Endpoint 节点行为信息通过 OSPFv3 协议的各 SID Sub-TLV 扩散出去，用于路径 / 业务编程单元对网络进行编程，OSPFv3 协议发布的 SRv6 Endpoint 节点行为信息与 IS-IS 相同，具体请参考表 3-1。

3.2.2 OSPFv3 SRv6 协议扩展

OSPFv3 协议针对 SRv6 的 TLV 扩展如表 3-10 所示。

表 3-10　OSPFv3 协议针对 SRv6 的 TLV 扩展

名称	作用	携带位置
SRv6 Capabilities TLV	用于通告 OSPFv3 SRv6 能力	OSPFv3 Router Information LSA[7]
SR Algorithm TLV	用于通告 OSPFv3 SRv6 算法	OSPFv3 Router Information LSA[7]
Node MSD TLV	用于通告 OSPFv3 设备能够接受的最大 SID 栈深	OSPFv3 Router Information LSA[8]
SRv6 Locator LSA	用于通告 OSPFv3 SRv6 Locator 信息	OSPFv3 报文

续表

名称	作用	携带位置
SRv6 Locator TLV	用于通告 OSPFv3 SRv6 的 Locator 以及该 Locator 相关的 End SID	OSPFv3 SRv6 Locator LSA
SRv6 End SID Sub-TLV	用于通告 OSPFv3 SRv6 SID	SRv6 Locator TLV
SRv6 End.X SID Sub-TLV	用于通告 P2P/P2MP（Point-to-Multipoint，点到多点）链路的 SRv6 SID 和 Broadcast/NBMA（Non-Broadcast Multiple Access，非广播多重访问）链路上指向 DR（Designated Router，指定路由器）的邻接的 SRv6 SID	OSPFv3 E-Router-LSA Router-Link TLV[9]
SRv6 LAN End.X SID Sub-TLV	用于通告 Broadcast/NBMA[3] 链路上指向 BDR（Backup Designated Router，备份指定路由器）或 DROther（非指定路由器）的邻接的 SRv6 SID	OSPFv3 E-Router-LSA Router-Link TLV[9]
Link MSD Sub-TLV	用于通告 OSPFv3 链路的最大 SID 栈深	OSPFv3 E-Router-LSA Router-Link TLV[9]
SRv6 SID Structure Sub-sub-TLV	用于发布 SRv6 SID 格式	SRv6 End SID Sub-TLV、SRv6 End.X SID Sub-TLV 和 SRv6 LAN End.X SID Sub-TLV

1. SRv6 Capabilities TLV

在 SRv6 中，Segment 列表信息存储在 SRH 中。支持 SRv6 的节点必须能够处理 SRH，而不同节点需要通告自己处理 SRH 的能力和限制。SRv6 Capabilities TLV 就是用于通告节点支持的 SRv6 能力，其格式如图 3-10 所示。

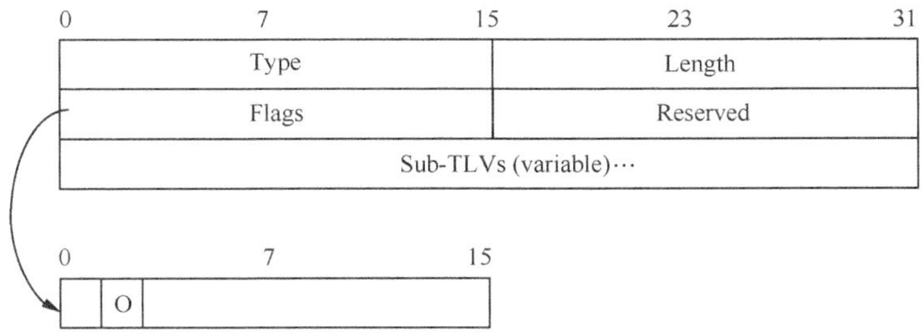

图 3-10 SRv6 Capabilities TLV 的格式

SRv6 Capabilities TLV 各字段的说明如表 3-11 所示。

表 3-11 SRv6 Capabilities TLV 各字段的说明

字段名	长度	含义
Type	16 bit	类型
Length	16 bit	长度
Flags	16 bit	标志位，当前第二个比特用作 OAM 标志位，该字段如果设置，表示节点支持 SRH O 比特
Sub-TLVs	长度可变	可选的 Sub-TLV

2. SR Algorithm TLV

该 TLV 格式复用 OSPFv2 定义的 SR Algorithm TLV 格式。在 OSPFv3 协议里，通过 OSPFv3 Router Information LSA 携带 SR Algorithm TLV，用于通告 OSPFv3 SRv6 使用的算法，其格式如图 3-11 所示。

0 7	15	23 31	
Type		Length	
Algorithm 1	…	Algorithm *n*	

图 3-11 SR Algorithm TLV 的格式

SR Algorithm TLV 各字段的说明如表 3-12 所示。

表 3-12 SR Algorithm TLV 各字段的说明

字段名	长度	含义
Type	16 bit	类型
Length	16 bit	长度
Algorithm	8 bit	SR 算法类型值。 • 0：SPF 算法。 • 1：严格 SPF 算法。 • 128~255：用于 Flex-Algo 场景

3. Node MSD TLV

该 TLV 复用 OSPFv2 定义的 Node MSD TLV 格式。在 OSPFv3 协议里，通过 OSPFv3 Router Information LSA 携带 Node MSD TLV，用于通告 OSPFv3 设备能够接受的最大 SID 栈深，其格式如图 3-12 所示。

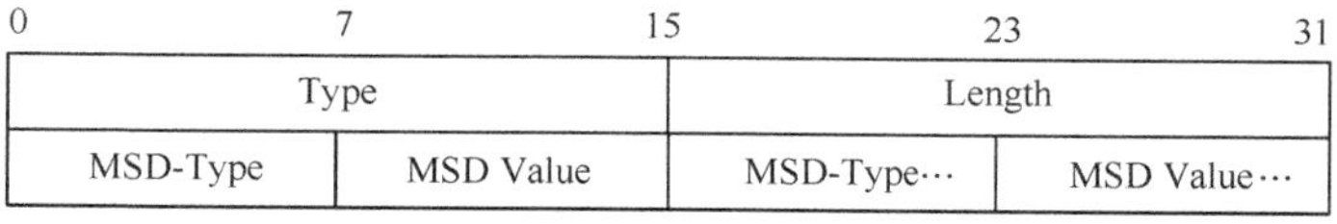

0 7 15 23 31

Type		Length	
MSD-Type	MSD Value	MSD-Type…	MSD Value…

图 3-12 Node MSD TLV 的格式

Node MSD TLV 各字段的说明如表 3-13 所示。

表 3-13 Node MSD TLV 各字段的说明

字段名	长度	含义
Type	16 bit	类型
Length	16 bit	长度
MSD-Type	8 bit	MSD 类型。 • Maximum Segments Left MSD Type：在应用与 SID 关联的 SRv6 Endpoint Function 指令之前，指定接收报文的 SRH 里 SL 字段的最大值。 • Maximum End Pop MSD Type：节点对 SRH 执行 PSP 或 USP 操作时，SRH 里 SID 的最大数量。如果值为 0，表示发布节点不能对 SRH 执行 PSP 或 USP 操作。 • Maximum H.Insert MSD Type：执行"H.Insert"操作插入 SRH 信息时，允许插入的 SID 的最大数量。如果值为 0，表示发布节点不能执行"H.Insert"操作。 • Maximum H.Encaps MSD Type：执行"H.Encaps"操作时可以包含的 SID 的最大数量。 • Maximum End D MSD Type：在执行与 End.D 类型（如 End.DX6 和 End.DT6）功能相关的解封装操作之前，指定 SID 的最大数量
MSD Value	8 bit	MSD 取值

4. SRv6 Locator LSA

SRv6 Locator LSA 用于发布 SRv6 Locator 信息，具有 SRv6 能力的节点如果收到 SRv6 Locator LSA 并且支持 Locator 相应的算法，需要在转发表中安装 Locator 的转发表项，其格式如图 3-13 所示。

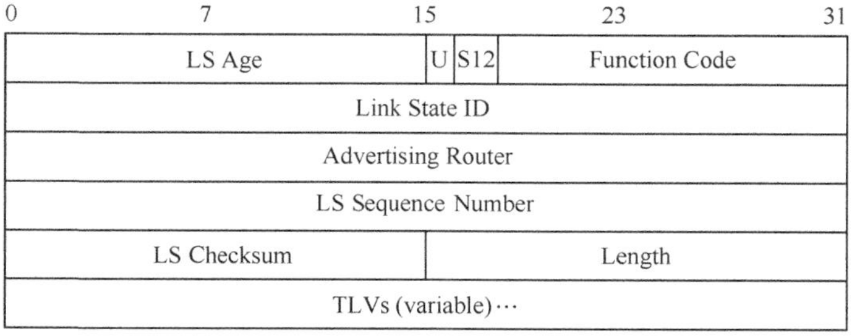

0 7 15 23 31

LS Age	U	S12	Function Code
Link State ID			
Advertising Router			
LS Sequence Number			
LS Checksum			Length
TLVs (variable)…			

图 3-13 SRv6 Locator LSA 的格式

在 OSPFv3 基础协议中已经定义了 OSPFv3 LSA 的格式，这里 U 字段要设置为 1，保证不支持该 LSA 的设备也能正常泛洪 LSA。SRv6 Locator LSA 其他字段的说明如表 3-14 所示。

表 3-14　SRv6 Locator LSA 各字段的说明（U 字段除外）

字段名	长度	含义
LS Age	16 bit	LSA 产生后所经过的时间，单位是 s。无论 LSA 是在链路上传输，还是保存在 LSDB 中，其值都会一直增长
S12	2 bit	代表 S1/S2 比特，用于控制 LSA 的泛洪范围
Function Code	13 bit	标识 LSA 的类型
Link State ID	32 bit	与 LS Type 一起描述路由域中唯一一个 LSA（包含 U 比特、S1/S2 比特以及 Function Code 字段）
Advertising Router	32 bit	产生此 LSA 的设备的 Router ID
LS Sequence Number	32 bit	LSA 的序列号。其他设备根据这个值可以判断哪个 LSA 是最新的
LS Checksum	16 bit	除了 LS Age 外，其他各域的校验和
Length	16 bit	LSA 的总长度，包括 LSA Header
TLVs	长度可变	可以包含的 TLV，例如 SRv6 Locator TLV

该 LSA 的 Function Code 的定义值如表 3-15 所示。

表 3-15　SRv6 Locator LSA Function Code 的定义值

Function Code	定义值
SRv6 Locator LSA	42

也可以通过其他 Prefix LSA 发布 Locator（例如 Inter-Area Prefix LSA、AS-External LSA、NSSA LSA、Intra-Area Prefix LSA 及其对应的 Extended LSA[3]）。如果 Locator 里 Algorithm 取值为 0，则 Locator 必须通过这些 Prefix LSA 发布，以便不支持 SRv6 的设备能够下发转发表项，指导转发 Algorithm 取值为 0 的 SRv6 流量。如果设备同时收到 Prefix LSA 和 SRv6 Locator LSA，则优先安装 Prefix LSA。

5. SRv6 Locator TLV

SRv6 Locator TLV 是 SRv6 Locator LSA 的顶级 TLV，用于发布 SRv6 Locator 以及该 Locator 相关的 End SID。SRv6 Locator TLV 的格式如图 3-14 所示。

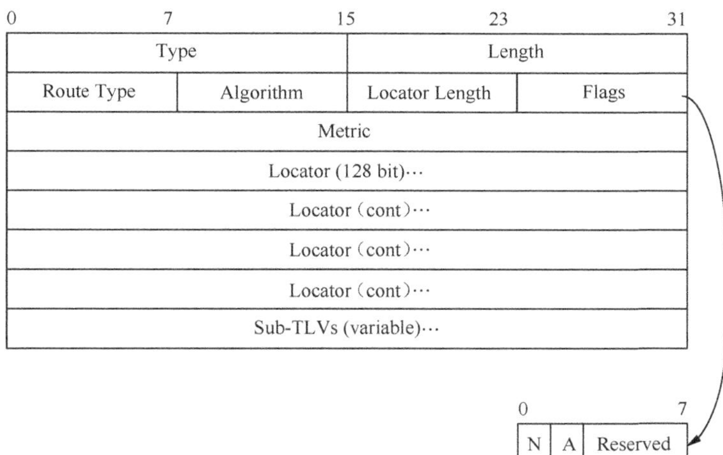

图 3-14　SRv6 Locator TLV 的格式

SRv6 Locator TLV 各字段的说明如表 3-16 所示。

表 3-16　SRv6 Locator TLV 各字段的说明

字段名	长度	含义
Type	16 bit	类型
Length	16 bit	长度
Route Type	8 bit	路由类型。 • 1：Intra-Area。 • 2：Inter-Area。 • 3：AS-External。 • 4：NSSA External
Algorithm	8 bit	算法 ID。 • 0：SPF 算法。 • 1：严格 SPF 算法。 • 128~255：用于 Flex-Algo 场景
Locator Length	8 bit	Locator 长度
Flags	8 bit	标志位。 • N：节点标志。如果置位，表示此 Locator 唯一标识网络中的一个节点。 • A：Anycast 标志。如果置位，表示此 Locator 被配置为 Anycast 类型，也即此 Locator 被配置到多个 Anycast 节点
Metric	32 bit	度量值
Locator	128 bit	表示发布的 SRv6 Locator
Sub-TLVs	长度可变	包含的 Sub-TLV，例如 SRv6 End SID Sub-TLV

6. SRv6 End SID Sub-TLV

SRv6 End SID Sub-TLV 用于发布不需要关联邻接节点的 SRv6 SID，例如 End SID，其格式如图 3-15 所示。

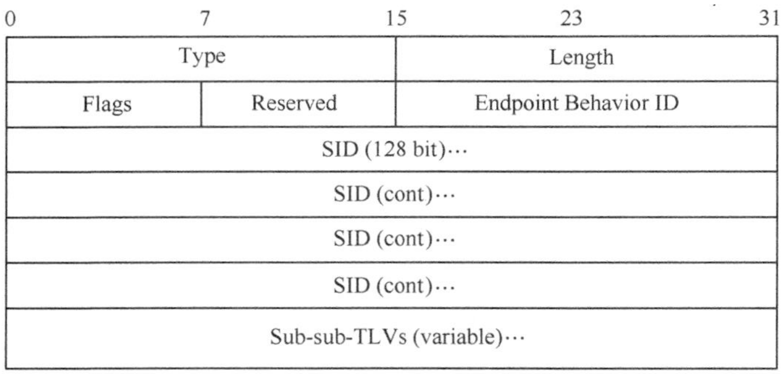

<table>
<tr><td>0</td><td>7</td><td>15</td><td>23　　31</td></tr>
<tr><td colspan="2">Type</td><td colspan="2">Length</td></tr>
<tr><td>Flags</td><td>Reserved</td><td colspan="2">Endpoint Behavior ID</td></tr>
<tr><td colspan="4">SID (128 bit)…</td></tr>
<tr><td colspan="4">SID (cont)…</td></tr>
<tr><td colspan="4">SID (cont)…</td></tr>
<tr><td colspan="4">SID (cont)…</td></tr>
<tr><td colspan="4">Sub-sub-TLVs (variable)…</td></tr>
</table>

图 3-15　SRv6 End SID Sub-TLV 的格式

SRv6 End SID Sub-TLV 各字段的说明如表 3-17 所示。

表 3-17　SRv6 End SID Sub-TLV 各字段的说明

字段名	长度	含义
Type	16 bit	类型
Length	16 bit	长度
Flags	8 bit	标志位
Endpoint Behavior ID	16 bit	SRv6 Endpoint 功能指令类型
SID	128 bit	表示发布的 SRv6 SID
Sub-sub-TLVs	长度可变	包含的 Sub-sub-TLV，例如 SRv6 SID Structure Sub-sub-TLV

7. SRv6 End.X SID Sub-TLV

SRv6 End.X SID Sub-TLV 用于发布一个 P2P/P2MP 邻接类型和 Broadcast/NBMA[3] 链路上指向 DR 的邻接类型的 SRv6 End.X SID。SRv6 End.X SID Sub-TLV 在 OSPFv3 Router-Link TLV[3, 7] 中携带，其格式如图 3-16 所示。

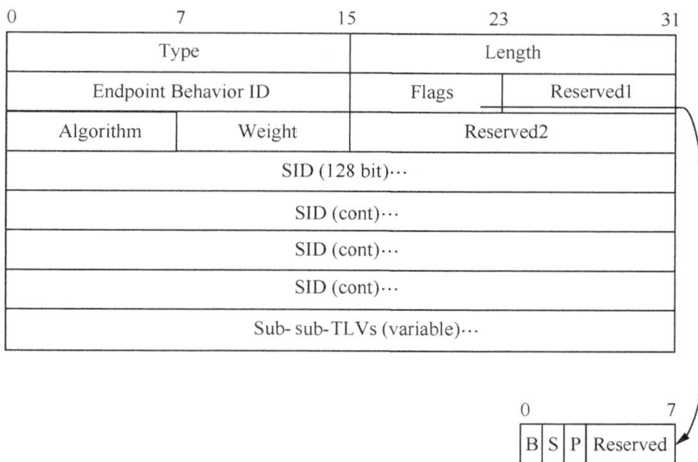

图 3-16　SRv6 End.X SID Sub-TLV 的格式

SRv6 End.X SID Sub-TLV 各字段的说明如表 3-18 所示。

表 3-18　SRv6 End.X SID Sub-TLV 各字段的说明

字段名	长度	含义
Type	16 bit	类型
Length	16 bit	长度
Endpoint Behavior ID	16 bit	SRv6 Endpoint 功能指令类型
Flags	8 bit	标志位。 • B：备份（Backup）标志，表示该 End.X SID 有备份路径。 • S：集合（Set）标志。如果置位，表示 End.X SID 关联到一组邻接。 • P：永久分配(Persistent)标志。如果置位,表示 End.X SID 被永久分配，邻居震荡、协议重启或者设备重启后能维持 End.X SID 不变
Algorithm	8 bit	算法 ID。 • 0：SPF 算法。 • 1：严格 SPF 算法。 • 128~255：用于 Flex-Algo 场景
Weight	8 bit	权重，用于标示该 End.X SID 参与负载分担的权重
SID	128 bit	表示发布的 SRv6 SID
Sub-sub-TLVs	长度可变	包含的 Sub-sub-TLV

8. SRv6 LAN End.X SID Sub-TLV

SRv6 LAN End.X SID Sub-TLV 用于发布 Broadcast/NBMA 链路上

一个指向 BDR 或 DROther 的邻接类型的 SRv6 End.X SID。在 OSPFv3 Router-Link TLV 中携带 SRv6 LAN End.X SID Sub-TLV，其格式如图 3-17 所示。

0 7		15 23	31
Type		Length	
Endpoint Behavior ID		Flags	Reserved1
Algorithm	Weight	Reserved2	
OSPFv3 Router-ID of neighbor			
SID (128 bit)···			
SID (cont)···			
SID (cont)···			
SID (cont)···			
Sub-sub-TLVs (variable)···			

图 3-17 SRv6 LAN End.X SID Sub-TLV 的格式

与 SRv6 End.X SID Sub-TLV 相比，该 Sub-TLV 仅多出一个 OSPFv3 Router-ID of neighbor 字段，该字段的说明如表 3-19 所示。

表 3-19 OSPFv3 Router-ID of neighbor 字段的说明

字段名	长度	含义
OSPFv3 Router-ID of neighbor	32 bit	OSPFv3 邻居的 Router ID

9. Link MSD Sub-TLV

该 Sub-TLV 格式复用 OSPFv2 定义的 Link MSD Sub-TLV 格式。在 OSPFv3 协议里，通过 OSPFv3 E-Router-LSA Router-Link TLV 携带 Link MSD Sub-TLV，用于通告 OSPFv3 链路能够接受的最大 SID 栈深，其格式如图 3-18 所示。

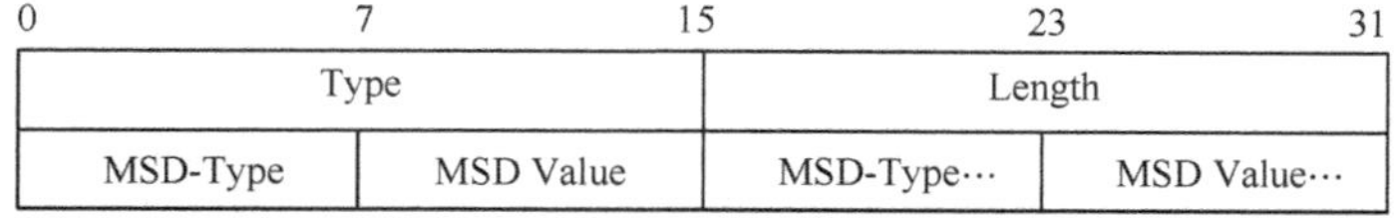

图 3-18 Link MSD Sub-TLV 的格式

Link MSD Sub-TLV 各字段的说明与 Node MSD TLV 一致，在此不再赘述。

10. SRv6 SID Structure Sub-sub-TLV

SRv6 SID Structure Sub-sub-TLV 用于通告 SRv6 SID 不同字段的长度，其格式如图 3-19 所示。

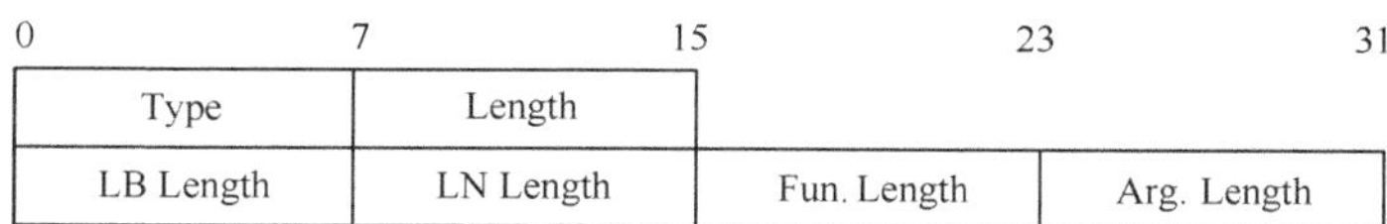

图 3-19　SRv6 SID Structure Sub-sub-TLV 的格式

SRv6 SID Structure Sub-sub-TLV 各字段的说明如表 3-20 所示。

表 3-20　SRv6 SID Structure Sub-sub-TLV 各字段的说明

字段名	长度	含义
Type	8 bit	类型，值为 1
Length	8 bit	长度
LB Length	8 bit	Locator 的 Block 的长度，其中 Block 是分配 SID 的地址块
LN Length	8 bit	Locator 的 Node ID 的长度
Fun. Length	8 bit	SID 中 Function 字段的长度
Arg. Length	8 bit	SID 中 Arguments 字段的长度

SRv6 SID Structure Sub-sub-TLV 只能在上级 TLV 的 Sub-TLV 中出现一次。如果出现多个 SRv6 SID Structure Sub-sub-TLV，则需要忽略对应的上级 TLV。

OSPFv3 LSA 与 TLV 的关联关系请参考附录 C，此处不再展开说明。

| SRv6 设计背后的故事 |

SDN 提出的一个理念就是简化协议，虽然没有达成与 OpenFlow 统一的目标，但是还是驱动产业界发生了变化。IP 的发展整体上呈现了简化统一的趋势。

- 因为SR的发展，传统的MPLS信令LDP和RSVP-TE的功能被IGP替代。
- 因为SRv6的发展，MPLS数据平面的功能由IPv6扩展报文头来完成。
- 因为EVPN的发展，原来各种L2VPN的功能（包括VPLS、VPWS、基于BGP的L2VPN、基于LDP的L2VPN、基于BGP自动发现并通过LDP建立的L2VPN等）走向了统一，并且EVPN还能够支持L3VPN，这样使得VPN功能完全统一成为可能。

过去也存在多种 IGP，经过发展变化，现在主要采用 OSPF（Open Shortest Path First，开放式最短路径优先）和 IS-IS 两种协议。虽然 IS-IS 协议逐渐获得了更为广泛的部署，但是因为历史原因，现有网络中仍然有很多地方部署了 OSPF 协议。IGP 的统一问题没有得到解决，就会造成同样的功能需要分别做两种协议的扩展，增加了设备商的成本。

SRv6 作为一个引领 IP 网络发展代际变化的技术，为解决这个问题创造了契机。一些运营商在部署 SRv6 网络的时候，将 IGP 由 OSPF 协议替换为了 IS-IS 协议。这是因为 OSPFv3 协议（支持 IPv6）和 OSPF 协议（支持 IPv4）不兼容，网络从 IPv4 升级到 IPv6，不论采用 OSPFv3 协议还是采用 IS-IS 协议，都在引入新的协议，那么在这种情况下，运营商更倾向于采用 IS-IS 协议，这样就慢慢统一了 IGP。通过网络代际发展解决历史遗留问题，在无线网络中有很多实践，而 IP 网络一直采用兼容发展的方式，历史包袱很重，造成了 IP 网络复杂的业务部署，也增加了网络的成本。在 IPv6 和 SRv6 发展的过程中，通过产业和标准的引导，减少可能的解决方案选项，更有利于产业聚焦，集中力量加快技术的发展。

本章参考文献

[1] CALLON R. Use of OSI IS-IS for Routing in TCP/IP and Dual Environments[EB/OL]. (2013-03-02)[2020-03-25]. RFC 1195.

[2] HOPPS C. Routing IPv6 with IS-IS[EB/OL]. (2015-10-14)[2020-03-25]. RFC 5308.

[3] COLTUN R, FERGUSON D, MOY J, et al. OSPF for IPv6[EB/OL]. (2020-01-21)[2020-03-25]. RFC 5340.

[4] PSENAK P, FILSFILS C, BASHANDY A, et al. IS-IS Extension to Support Segment Routing over IPv6 Dataplane[EB/OL]. (2019-10-04)[2020-03-25]. draft-ietf-lsr-isis-srv6-extensions-03.

[5] IANA. IS-IS TLV Codepoints[EB/OL]. (2020-02-24)[2020-03-25].

[6] LI Z, HU Z, CHENG D, et al. OSPFv3 Extensions for SRv6[EB/OL]. (2020-02-12)[2020-03-25]. draft-ietf-lsr-ospfv3-srv6-

extensions-00.

[7] LINDEM A, SHEN N, VASSEUR JP, et al. Extensions to OSPF for Advertising Optional Router Capabilities[EB/OL]. (2016-02-01)[2020-03-25]. RFC 7770.

[8] LINDEM A, ROY A, GOETHALS D, et al. OSPFv3 Link State Advertisement (LSA) Extensibility[EB/OL]. (2018-12-19)[2020-03-25]. RFC 8362.

[9] TANTSURA J, CHUNDURI U, ALDRIN S, et al. Signaling Maximum SID Depth (MSD) Using OSPF[EB/OL]. (2018-12-12)[2020-03-25]. RFC 8476.

第4章 SRv6 TE

TE是最重要的网络业务之一，广泛应用于各种网络场景，也是SRv6从MPLS继承的三大特性之一。本章将介绍SRv6 TE的相关知识，包括SR-TE（SRv6 TE）架构、SRv6 Policy，以及BGP、BGP-LS（Border Gateway Protocol - Link State，BGP链路状态协议）和PCEP为了支持SRv6 Policy而进行的扩展等内容。与SR-MPLS/MPLS相比，SRv6 TE基于IPv6路由可达性，通过显式地指定转发路径，可以灵活地实现跨域甚至端到端的TE。

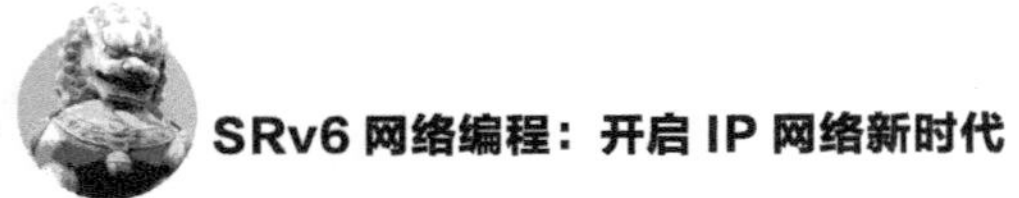

| 4.1 SR-TE 的功能架构 |

传统的路由设备选择最短的路径作为路由，不考虑带宽、时延等因素，即使某条路径发生拥塞，也不会将流量切换到其他路径上。在网络流量比较小的情况下，这种问题不是很严重，但是随着互联网应用越来越广泛，传统的最短路径优先的路由问题暴露无遗。为了适应网络的发展，TE 技术应运而生。

TE 关注网络整体性能的优化，其主要目标是方便地提供高效、可靠的网络服务，优化网络资源的使用，优化网络流量的转发路径。TE 可以分为两个层面：一是面向流量的，即关注如何提高网络的服务质量；二是面向资源的，即关注如何优化网络资源的使用。

历史上比较流行的 TE 技术是基于 MPLS 的，它被称为 MPLS TE。MPLS TE 是一种叠加模型，可以方便地在物理网络拓扑上建立一个专用的虚拟路径，然后将数据流量映射到虚拟路径上。通过 MPLS TE，可以精确地控制流量流经的路径，从而避开拥塞的节点，解决路径负载不均的问题，从而充分利用现有的带宽资源。MPLS TE 在建立 LSP 的过程中，可以预留资源，保证服务质量。另外，为了保证网络服务的可靠性，MPLS TE 还引入路径备份和快速重路由机制，可以在链路或节点出现故障时及时进行切换。

传统的 MPLS TE 采用 RSVP-TE 作为信令[1]，RSVP-TE 需要在沿途路径的各个节点维护逐流的路径状态。随着网络规模的增大，RSVP-TE 需要维护的路径状态不断增加，消耗了过多的设备资源，这也导致其扩展性受到了极大的挑战。

Segment Routing 的出现弥补了 RSVP-TE 的不足。Segment Routing 利用源路由机制，通过在报文头中携带一个有序的指令列表，指导报文在网络中的转发。这些指令不是面向数据流的，而是面向节点和链路的，因此网络设备只需维护有限的节点和链路状态即可。Segment Routing 的路径信息被显式地携带在报文中，中间节点只需按照报文中的路径信息进行转发，无须维护逐流的路径状态，很好地解决了 RSVP-TE 扩展性不佳的问题。因此 Segment Routing 与 TE 结合的 SR-TE，以及面向未来的更为灵活、强大的 SR Policy 已经成为主流。

4.1.1 传统 MPLS TE 的功能架构

在传统的 MPLS 网络中，为了支持 TE，MPLS 节点需要维护一个 TE 功能架构。经典的 MPLS TE 的功能架构如图 4-1 所示。

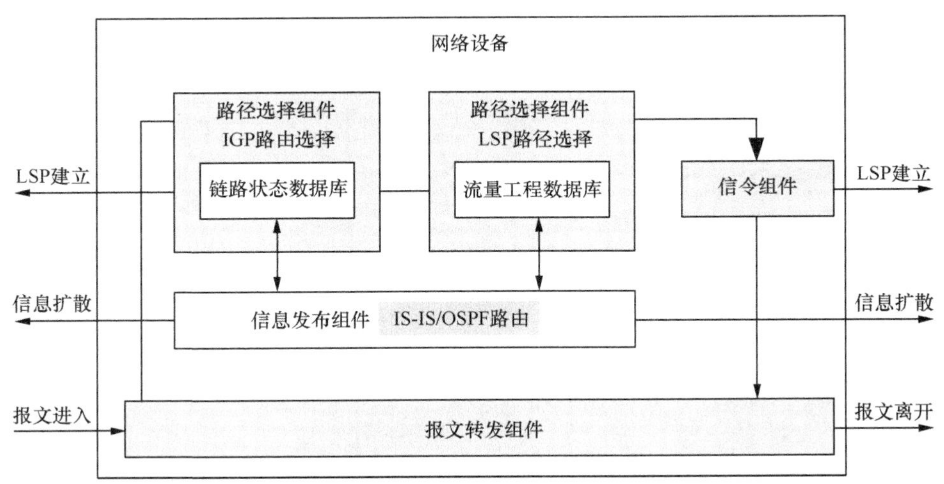

图 4-1 MPLS TE 的功能架构

MPLS TE 功能架构需要如下 4 个组件。

（1）信息发布组件

在 TE 中，网络设备不仅需要获取网络的拓扑信息，还需要获取网络的负载信息。为此，MPLS TE 引入了信息发布组件，即通过对现有的 IGP 进行扩展，比如在 IS-IS 协议中引入新的 TLV[2]，或者在 OSPF 协议中引入新的 LSA[3]，来发布 TE 链路信息，这些信息包括最大链路带宽、最大可预留带宽、当前预留带宽、链路颜色等。

通过 IGP TE 扩展，网络设备可以维护网络的链路属性和拓扑属性，形成 TEDB(Traffic Engineering Database，流量工程数据库)。利用 TEDB，可以计算出满足各种约束的路径。

（2）路径选择组件

路径选择组件是指通过 CSPF(Constrained Shortest Path First，约束最短路径优先) 算法，利用 TEDB 来计算满足指定约束的路径的组件。CSPF 算法是 SPF 算法的变种，它是一种改进的 SPF 算法，在计算网络的最短路径时，将特定的约束（如带宽需求、最大跳转数和管理策略需求等）也考虑进去。CSPF 提供的是一种在线计算的方法，这种方法可以比较及时地响应网络的变化，提供合适的路径。用户也可以自己开发离线的计算工具，基于全网的拓扑结构、链路属性以及 LSP 的需求，计算出所有 LSP 的路径，然后通过配置触发建立 LSP。这种 LSP 可以是严格的，也可以是松散的。可以指定必须经过某个设备，或者不经过某个设备，也可以逐跳指定，或者指定部分跳。

（3）信令组件

信令组件用来动态地建立 LSP，避免了逐跳人工配置的麻烦。通过 RSVP-TE 信令可以建立带约束的 LSP。

（4）报文转发组件

报文转发组件是指基于标签的 MPLS 数据转发平面。报文转发组件根据报文携带的标签进行标签交换，然后把报文转发到指定下一跳。通过这种方式，报文可以沿着预先建立好的 LSP 进行转发。由于 LSP 支持指定路径转发，因而可以解决 IGP 只能基于最短路径转发的问题。

4.1.2 集中式 SR-TE 的功能架构

SR-TE 也可以采用与 MPLS TE 类似的功能架构。因为 SR 也通过 IGP 扩展来扩散 SR 信息，并且由头节点负责建立满足约束的 SR 路径，而不需要使用专门的 RSVP-TE 信令建立 LSP，所以 SR-TE 的信息发布组件和信令组件存在一定的融合，但是在逻辑功能上二者相互独立：信息发布组件包含了 SR 信息扩散功能，信令组件负责建立满足约束的 SR 路径。

传统的 MPLS TE 采用分布式的方法，通常由头节点根据路径约束计算路径，并通过 RSVP-TE 信令建立基于约束的 LSP。随着网络的发展，业务对网络的 SLA 要求越来越多，网络规模也日渐扩大，分布式算路开始出现以下问题。

- 分布式TE采用最短路径或CSPF算路自动计算路径，但是分布式TE缺乏全局的网络视角，每个节点都以自己的视角去计算路径，无法达到全局最优。
- 端到端跨域算路也是个问题。由于IGP拓扑只在域内泛洪，网络节点只能看到域内拓扑，无法计算端到端跨域路径。即使通过BGP扩展跨域泛洪拓扑，也还存在其他问题，比如，大型网络下路径计算需要更多资源，对于设备的CPU（Central Processing Unit，中央处理器）资源消耗较大。

随着 SDN 的兴起，控制器集中控制的优势开始体现。作为集中控制网络的"大脑"，控制器可以收集全局网络拓扑信息和 TE 信息，通过集中算路，把算路结果下发给网络设备。此外，控制器还可以收集端到端跨域拓扑，然后通过集中算路，获得端到端最优跨域路径。所以控制器集中算路能够支持全局流量调优和端到端跨域等功能，解决了分布式 TE 面临的问题。

SR-TE 不仅解决了传统 RSVP-TE 可扩展性差的问题，而且能够满足 SDN 架构的要求，所以促进了 TE 技术的发展以及 SDN 的实际应用。集中式 SR-TE 的功能架构如图 4-2 所示。

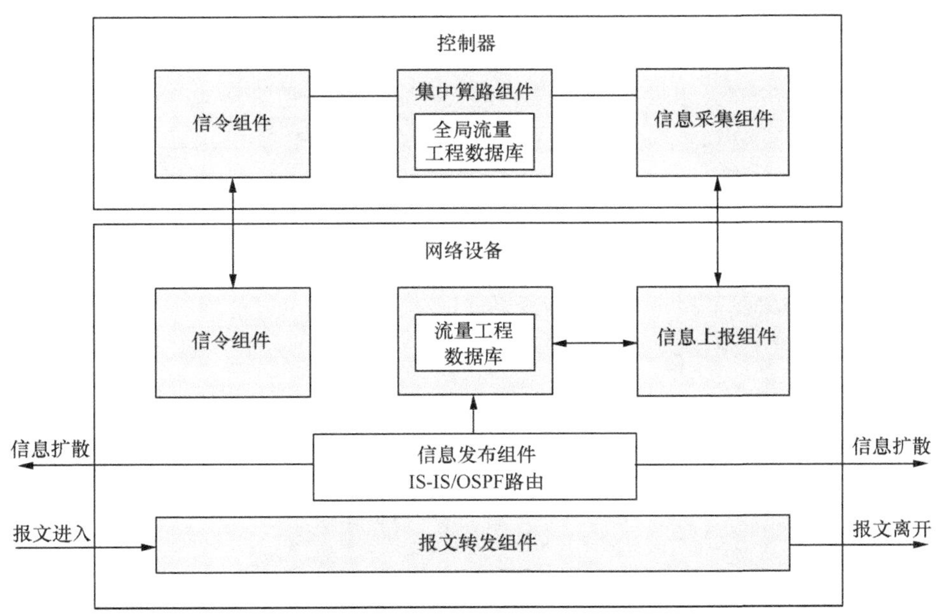

图 4-2　集中式 SR-TE 的功能架构

SR-TE 的功能架构的控制器部分包含如下 3 个组件。

（1）信息采集组件

控制器可以通过 BGP-LS 等协议扩展收集网络拓扑信息、TE 信息以及 SR 信息，建立全局流量工程数据库。

（2）集中算路组件

该组件可以响应网络设备的 TE 算路请求，基于全局网络信息，计算满足约束条件的最优路径。

（3）信令组件

信令组件接收来自网络设备信令组件的路径计算的请求，并把路径计算的结果发送给网络设备。控制器和网络设备一般通过 PCEP 或 BGP SRv6 Policy 协议扩展来进行信令交互。

网络设备包含如下 4 个组件。

（1）信息发布组件

在 SR-TE 中，不仅需要像 MPLS TE 一样获取网络的拓扑信息和 TE 信息，还需要获取网络中的 SR 信息。这些都可以通过 IGP 扩展来完成。

（2）信息上报组件

网络设备会通过 BGP-LS 等协议扩展上报网络的拓扑信息、TE 信息以及 SR 信息等。

（3）信令组件

网络设备的信令组件负责向控制器发送 TE 路径计算请求，并接收来自控制器的路径计算结果。当前主要的信令协议有 PCEP 扩展和 BGP 扩展。

（4）报文转发组件

在 SR-TE 中，报文转发组件基于 SR 的源路由机制对报文进行转发。由于报文中已经显式指定了报文转发的 SR 指令，所以报文会由沿途设备的报文转发组件处理，实现了指定路径报文转发。

作为 SR 的一种实现方式，SRv6 TE 的架构与 SR-TE 一致。

4.2 BGP-LS for SRv6

控制器为了计算 TE 路径，需要了解全网拓扑信息、拓扑的 TE 属性以及 SR 属性等相关信息。一种简单的方法是将控制器作为一个普通路由设备加入 IGP 拓扑，控制器通过侦听 IGP 泛洪的方式可以接收到网络拓扑信息，从而实现网络拓扑信息的收集。这种方式需要和每个域的至少一个路由设备建立 IGP

邻居关系，对于单个 IGP 域或包含少数几个 IGP 域的规模较小的网络来说是可行的，但是如果网络有大量的 IGP 域，控制器就需要维护较多的 IGP 邻居，这在扩展性上会遇到一些挑战。

为了解决这个问题，IETF 引入了 BGP-LS，控制器可以通过 BGP-LS 收集网络拓扑的信息。BGP-LS 继承了 BGP 的很多优秀基因，例如基于 TCP 的可靠传输、基于路由反射器的良好扩展性、基于策略的灵活控制机制等，使得 BGP-LS 已经成为 SDN 控制器收集网络拓扑信息的主要协议。

4.2.1 BGP-LS 概述

BGP-LS 的典型应用场景和架构如图 4-3 所示，其中 Consumer（消费者）相当于控制器[4]。在每个 IGP 域中，只需其中一台路由设备运行 BGP-LS，直接和 Consumer 建立 BGP-LS 邻居关系。路由设备也可以和一个集中的 BGP Speaker（发言者）建立 BGP-LS 邻居关系，然后这个集中的 BGP Speaker 再和最终的 Consumer 建立 BGP-LS 邻居关系，从而实现对网络拓扑信息的收集。引入集中的 BGP Speaker 以后，可以利用 BGP 的路由反射机制，减少 Consumer 的对外连接数。如图 4-3 所示，采用这种集中式的 BGP Speaker 机制后，Consumer 只需对外建立一个 BGP-LS 连接，就可以实现对全网拓扑信息的收集，从而简化了网络的运维和部署。

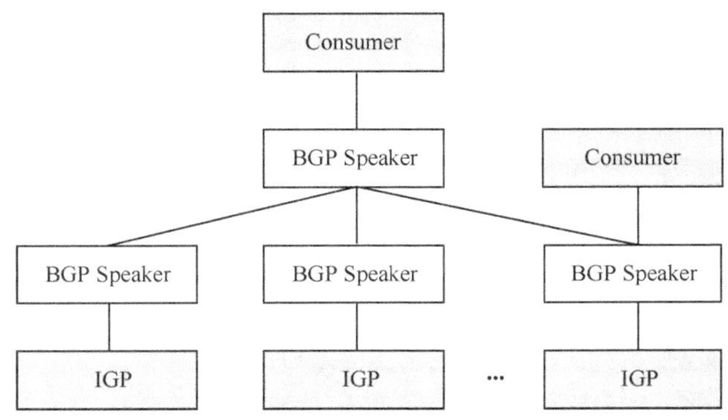

图 4-3　BGP-LS 的典型应用场景和架构

BGP-LS 在原有 BGP 的基础上，引入了一系列新的 NLRI（Network Layer Reachability Information，网络层可达信息）来携带链路、节点和 IPv4/IPv6 前缀相关的信息，这种新的 NLRI 叫作链路状态 NLRI。BGP-LS 采用 MP_REACH_NLRI（多协议可达 NLRI）和 MP_UNREACH_NLRI（多协

议不可达 NLRI）属性作为链路状态 NLRI 的容器，即链路状态 NLRI 是作为 BGP 的 Update 消息中的一种 MP_REACH_NLRI 或 MP_UNREACH_NLRI 属性。

在支持 SR 之前，BGP-LS 主要定义了 4 种链路状态 NLRI。

- Node NLRI（节点NLRI）。
- Link NLRI（链路NLRI）。
- IPv4 Topology Prefix NLRI（IPv4拓扑前缀NLRI）。
- IPv6 Topology Prefix NLRI（IPv6拓扑前缀NLRI）。

与此同时，针对上述 NLRI，BGP-LS 还定义了相应的属性，用于携带链路、节点和 IPv4/IPv6 前缀相关的参数和属性。BGP-LS 属性是以 TLV 的形式和对应的 NLRI 被携带于 BGP-LS 消息中。这些属性都属于 BGP 可选的非传递属性，主要包括以下 3 个属性：Node Attribute（节点属性）；Link Attribute（链路属性）；Prefix Attribute（前缀属性）。

BGP-LS 链路状态 NLRI 和属性的摘要信息如表 4-1 所示 [4]。

表 4-1　链路状态 NLRI 和属性的摘要信息

NLRI 类型	描述	BGP-LS 属性
Node	一条 Node NLRI 由如下 3 部分组成。 • Protocol-ID：协议标识符，例如 IS-IS、OSPFv2、OSPFv3、BGP 等。 • Identifier：标识符，在运行 IS-IS、OSPF 多实例时，用于标识不同的协议实例。 • Local Node Descriptor：本地节点描述符，由一系列节点描述符 Sub-TLV 组成。目前定义的 Sub-TLV 包括如下几个。 ■ Autonomous System Sub-TLV：自治系统 Sub-TLV。 ■ BGP-LS Identifier Sub-TLV：BGP-LS 标识符 Sub-TLV。 ■ OSPF Area-ID Sub-TLV：OSPF 区域标识符 Sub-TLV。 ■ IGP Router-ID Sub-TLV：IGP 路由器标识符 Sub-TLV	节点属性由一系列 TLV 组成。节点属性和 Node NLRI 一起用来描述一个节点。节点属性包括如下 TLV。 • Multi-Topology Identifier：多拓扑标识符，用于携带多拓扑标识。 • Node Flag Bits：节点标志位，采用比特掩码（Bit Mask）的方式来描述一个节点的属性，例如是否为 ABR（Area Border Router，区域边界路由器）等。 • Opaque Node Attribute：不透明节点属性，用于携带一些可选的节点属性信息。 • Node Name：节点名字。 • IS-IS Area Identifier：IS-IS 路由域标识符。 • IPv4 Router-ID of Local Node：本地节点的 IPv4 路由器标识符。 • IPv6 Router-ID of Local Node：本地节点的 IPv6 路由器标识符

续表

NLRI 类型	描述	BGP-LS 属性
Link	一条 Link NLRI 包括如下部分。 • Protocol-ID：协议标识符，例如 IS-IS、OSPFv2、OSPFv3、BGP 等。 • Identifier：标识符，在运行 IS-IS、OSPF 多实例时，用于标识不同的协议实例。 • Local Node Descriptors：本地节点描述符。 • Remote Node Descriptors：远端节点描述符。 • Link Descriptors：链路描述符，目前定义了如下链路描述符。 ■ Link Local/Remote Identifiers：链路本地 / 远端标识符。 ■ IPv4 Interface Address：IPv4 接口地址。 ■ IPv6 Interface Address：IPv6 接口地址。 ■ IPv4 Neighbor Address：IPv4 邻居地址。 ■ IPv6 Neighbor Address：IPv6 邻居地址。 ■ Multi-Topology Identifier：多拓扑标识符。 其中节点描述符用于和节点 NLRI 进行关联	链路属性用于描述一条链路的各种属性和参数。链路属性和链路 NLRI 一起用来描述一条链路。目前已定义的链路属性包括如下部分。 • IPv4 Router-ID of Local Node：本地节点的 IPv4 路由器标识符。 • IPv4 Router-ID of Remote Node：远端节点的 IPv4 路由器标识符。 • IPv6 Router-ID of Local Node：本地节点的 IPv6 路由器标识符。 • IPv6 Router-ID of Remote Node：远端节点的 IPv6 路由器标识符。 • Administrative Group（Color）：链路的管理组属性，有时候也称为链路的“颜色”属性。 • Maximum Link Bandwidth：最大链路带宽。 • Maximum Reservable Link Bandwidth：最大可预留链路带宽。 • Unreserved Bandwidth：未预留带宽
IPv4/IPv6 Topology Prefix	一条 IPv4/IPv6 Topology Prefix NLRI 包括如下部分。 • Protocol-ID：协议标识符，例如 IS-IS、OSPFv2、OSPFv3、BGP 等。 • Identifier：标识符，在运行 IS-IS、OSPF 多实例时，用于标识不同的协议实例。 • Local Node Descriptors：本地节点描述符。 • Prefix Descriptors：前缀描述符，包括如下 Sub-TLV。 ■ Multi-Topology Identifier Sub-TLV：多拓扑标识符 Sub-TLV。 ■ OSPF Route Type Sub-TLV：OSPF 路由类型 Sub-TLV。 ■ IP Reachability Information Sub-TLV：IP 可达性信息 Sub-TLV。 通过以上信息可以唯一标识一条路由前缀	前缀属性和 IPv4/IPv6 Topology Prefix NLRI 一起用来描述一个 IPv4/IPv6 前缀。前缀属性也是由一系列 TLV 组成，目前已定义的前缀属性包括如下部分。 • IGP Flags：用于携带 IS-IS 或 OSPF 协议的相关标志。 • IGP Route Tag：用于携带 IS-IS 或 OSPF 协议的路由标志信息。 • IGP Extended Route Tag：用于携带 IS-IS 或者 OSPF 协议的扩展路由标志信息。 • Prefix Metric：前缀度量属性。 • OSPF Forwarding Address：OSPF 转发地址属性。 • Opaque Prefix Attribute：不透明前缀属性

4.2.2 BGP-LS SRv6 扩展

为了支持 SR，IETF 定义了一系列扩展，这些扩展主要针对节点属性、链路属性和前缀属性，例如支持 SR-MPLS 的 BGP-LS 扩展[5]。本书的主题是 SRv6，所以下面主要介绍 BGP-LS 进行了哪些扩展来支持收集 SRv6 的相关信息。

首先，BGP-LS 新定义了一个 SRv6 SID NLRI，用于通告 SRv6 SID 的网络层可达信息，其内容包括以下部分。

- Protocol-ID：协议标识符。
- Local Node Descriptors：本地节点描述符。
- SRv6 SID Descriptors：SRv6 SID描述符，用于描述一个SRv6 SID的信息。目前定义为一个TLV，即SRv6 SID Information TLV。

其次，BGP-LS 针对 SRv6 SID NLRI，定义了 SRv6 SID NLRI 属性，用于携带与 SRv6 SID 可达性相关的属性。目前定义了以下 3 个相关属性（以 TLV 的形式）。

- SRv6 Endpoint Function：用于携带和某个SID NLRI相关联的Endpoint Function信息（如End.DT4等）。
- SRv6 BGP Peer Node SID：用于携带和某个SID NLRI相关联的BGP Peer（对等体）信息。
- SRv6 SID Structure：用于描述一个SRv6 SID的各部分的长度信息。

最后，BGP-LS 还对既有属性进行了扩展，定义了一系列的属性 TLV。

- Node Attribute扩展，新增了2个属性：SRv6 Capabilities属性用于通告节点支持的SRv6能力；SRv6 Node MSD Types属性用于通告一个SRv6节点处理SID栈的能力。
- Link Attribute扩展：SRv6 End.X SID属性用于通告P2P/P2MP的END.X SID；SRv6 LAN End.X SID属性用于通告广播网的END.X SID。
- Prefix Attribute扩展：SRv6 Locator属性用于通告节点的SRv6 Locator的网段地址。

以下详细介绍相关 NLRI 和各种属性 TLV 的定义与功能。

1. SRv6 SID NLRI

SRv6 SID NLRI 用于描述 SRv6 SID 的网络层可达信息，其格式如图 4-4 所示。

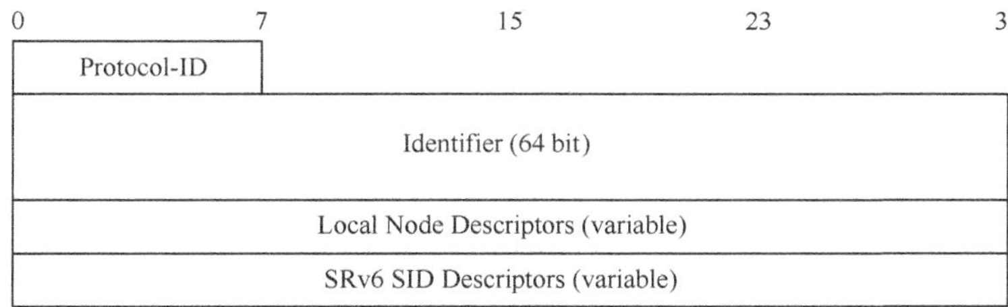

图 4-4　SRv6 SID NLRI 的格式

SRv6 SID NLRI 各字段的说明如表 4-2 所示。

表 4-2　SRv6 SID NLRI 各字段的说明

字段名	长度	含义
Protocol-ID	8 bit	协议 ID，指定 BGP-LS 通过哪个协议组件学习节点的 SRv6 SID 信息
Identifier	64 bit	节点的标识符
Local Node Descriptors	长度可变	本地节点描述信息
SRv6 SID Descriptors	长度可变	SRv6 SID 相关信息。具体参见 SRv6 SID Information TLV 的介绍

2. SRv6 SID Information TLV

SRv6 SID Information TLV 是 SRv6 SID NLRI 的一个 Sub-TLV，用于通告 SID 相关信息。SRv6 SID Information TLV 的格式如图 4-5 所示。

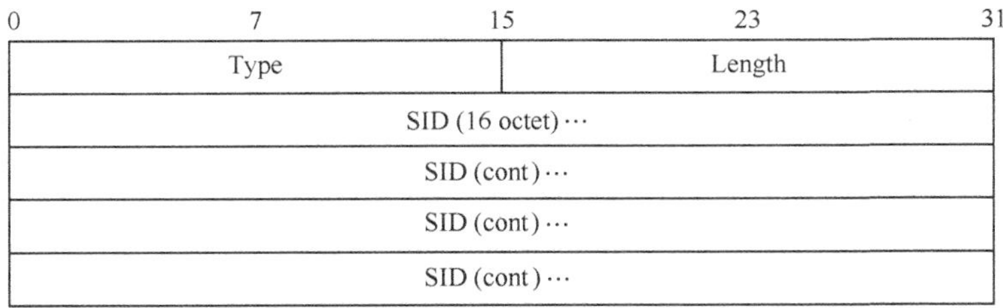

图 4-5　SRv6 SID Information TLV 的格式

SRv6 SID Information TLV 各字段的说明如表 4-3 所示。

表 4-3　SRv6 SID Information TLV 各字段的说明

字段名	长度	含义
Type	16 bit	TLV 的类型
Length	16 bit	TLV 的“值”字段的长度，单位是 Byte
SID	128 bit	表示具体的 SRv6 SID 值

3. SRv6 Endpoint Function TLV

SRv6 Endpoint Function TLV 是一种 SRv6 SID NLRI 属性。每个 SRv6 SID 都对应一个网络功能的指令，SRv6 Endpoint Function TLV 就是用来携带每种 SID 类型的指令的（参见 2.2 节）。SRv6 Endpoint Function TLV 的格式如图 4-6 所示。

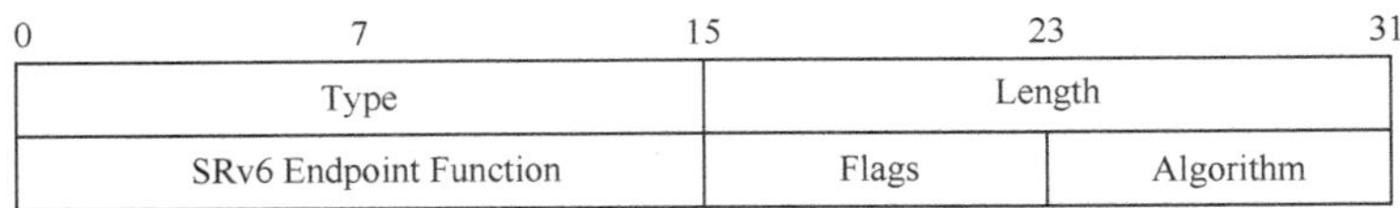

图 4-6　SRv6 Endpoint Function TLV 的格式

SRv6 Endpoint Function TLV 各字段的说明如表 4-4 所示。

表 4-4　SRv6 Endpoint Function TLV 各字段的说明

字段名	长度	含义
Type	16 bit	TLV 的类型
Length	16 bit	TLV 的“值”字段的长度，单位是 Byte
SRv6 Endpoint Function	16 bit	对应网络功能（Function）的 Code 值 [6]
Flags	8 bit	标志位，当前还没有使用
Algorithm	8 bit	算法 ID。 • 0：SPF 算法。 • 1：严格 SPF 算法。 • 128~255：用于 Flex-Algo 场景

4. SRv6 BGP Peer Node SID TLV

SRv6 BGP Peer Node SID TLV 是一种 SRv6 SID NLRI 属性，用于携带和某个 SID NLRI 相关的 BGP Peer 信息。这个 TLV 必须与 BGP Peer Node 或 BGP Peer Set 功能相关联的 SRv6 End.X SID 一起使用。SRv6 BGP Peer Node SID TLV 的格式如图 4-7 所示。

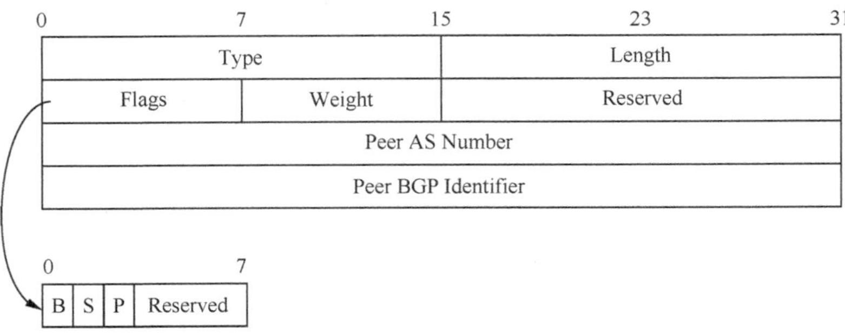

图 4-7　SRv6 BGP Peer Node SID TLV 的格式

SRv6 BGP Peer Node SID TLV 各字段的说明如表 4-5 所示。

表 4-5　SRv6 BGP Peer Node SID TLV 各字段的说明

字段名	长度	含义
Type	16 bit	TLV 的类型
Length	16 bit	TLV 的“值”字段长度，单位是 Byte
Flags	8 bit	标志位。 • B：备份（Backup）标志，表示该 End.X SID 有备份路径。 • S：集合（Set）标志。如果置位，表示 End.X SID 关联到一组邻接。 • P：永久分配(Persistent)标志。如果置位，表示 End.X SID 被永久分配，邻居震荡、协议重启或者设备重启后能维持 End.X SID 不变
Weight	8 bit	权重，用于标示该 End.X SID 参与负载分担的权重
Peer AS Number	32 bit	BGP Peer 的 AS 号
Peer BGP Identifier	32 bit	BGP Peer 的标识符

5. SRv6 SID Structure TLV

SRv6 SID Structure TLV 是一种 SRv6 SID NLRI 属性，用于描述一个 SRv6 SID 的各部分的长度信息。2.2 节介绍了 SRv6 SID 由 Locator、Function 和 Arguments 这 3 部分组成，这个 TLV 就是用于描述各部分在 128 bit 的 SID 中各占多少比特。SRv6 SID Structure TLV 的格式如图 4-8 所示。

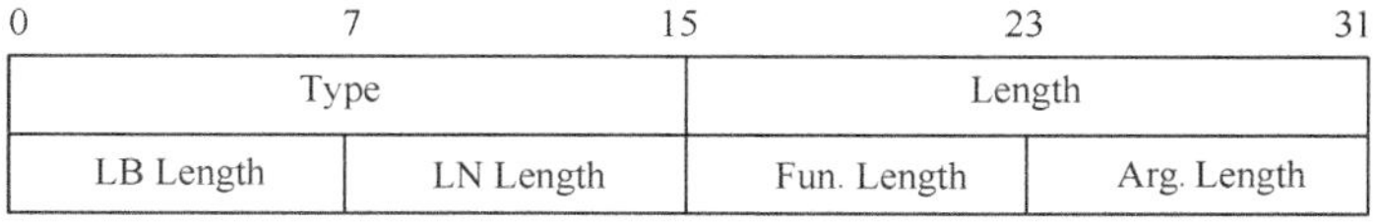

0　　　　　7	15	23	31
Type		Length	
LB Length	LN Length	Fun. Length	Arg. Length

图 4-8　SRv6 SID Structure TLV 的格式

SRv6 SID Structure TLV 各字段的说明如表 4-6 所示。

表 4-6　SRv6 SID Structure TLV 各字段的说明

字段名	长度	含义
Type	16 bit	TLV 的类型
Length	16 bit	TLV 的“值”字段长度，单位是 Byte
LB Length	8 bit	SID 中的 Locator 的 Block 对应的长度，其中 Block 是分配 SID 的地址块，单位是 bit

续表

字段名	长度	含义
LN Length	8 bit	SID 中的 Locator 的 Node ID 对应的长度，单位是 bit
Fun. Length	8 bit	SID 中的 Function 字段对应的长度，单位是 bit
Arg. Length	8 bit	SID 中的 Arguments 字段对应的长度，单位是 bit

6. SRv6 Capabilities TLV

SRv6 Capabilities TLV 是一种 SRv6 Node 属性，用于通告某个网络节点支持的 SRv6 能力。这个属性和 Node NLRI 一起发布。每个支持 SRv6 的节点必须在 BGP-LS 属性中包含这个 TLV。此 TLV 分别和 IS-IS SRv6 Capabilities Sub-TLV[7]、OSPFv3 的 SRv6 Capabilities TLV[8] 相对应。SRv6 Capabilities TLV 的格式如图 4-9 所示。

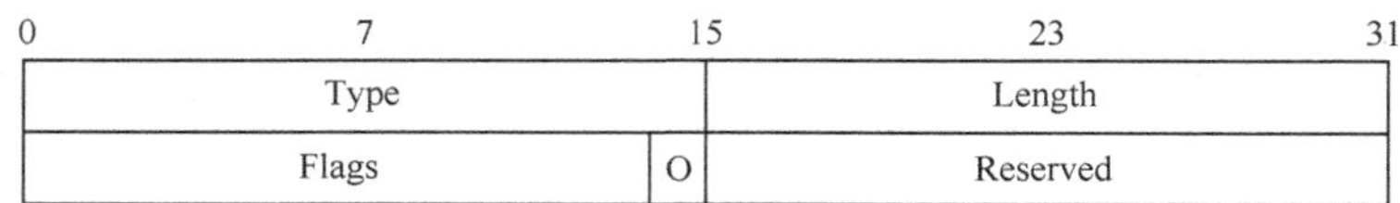

图 4-9　SRv6 Capabilities TLV 的格式

SRv6 Capabilities TLV 各字段的说明如表 4-7 所示。

表 4-7　SRv6 Capabilities TLV 各字段的说明

字段名	长度	含义
Type	16 bit	TLV 的类型
Length	16 bit	TLV 的"值"字段长度，单位是 Byte
Flags	16 bit	标志位。 O 标志：OAM 能力标志，指示该路由设备具有 SRH 中定义的 O 比特对应的 OAM 能力
Reserved	16 bit	预留字段

7. SRv6 Node MSD Types

针对 SR，BGP-LS 定义了两个 TLV：Node MSD TLV 和 Link MSD TLV[9]。Node MSD TLV 是一种 Node 属性 TLV，描述节点最大 SID 栈深；Link MSD TLV 是一种 Link 属性 TLV，描述链路最大 SID 栈深。

Node MSD TLV 和 Link MSD TLV 采用了相同的格式，如图 4-10 所示。

0	7	15	23	31
Type		Length		
MSD-Type	MSD Value	MSD-Type···	MSD Value···	

图 4-10　Node/Link MSD TLV 的格式

Node/Link MSD TLV 各字段的说明如表 4-8 所示。

表 4-8　Node/Link MSD TLV 各字段的说明

字段名	长度	含义
Type	16 bit	类型
Length	16 bit	长度
MSD-Type	8 bit	MSD 类型。针对 SRv6，BGP-LS 重复使用了上述 Node/Link MSD TLV，只是扩展了多个新的 MSD 类型，用于通告一个 SRv6 节点能处理的 SRv6 SID 深度的能力[5]。这些新的 MSD 包括以下几个类型。 • Maximum Segments Left MSD Type：在应用与 SID 关联的 SRv6 Endpoint Function 指令之前，指定接收报文的 SRH 里 SL 字段的最大值。 • Maximum End Pop MSD Type：节点对 SRH 执行 PSP 或者 USP 操作时，SRH 里 SID 的最大数量。如果值为 0，表示发布节点不能对 SRH 执行 PSP 或 USP 操作。 • Maximum H.Insert MSD Type：执行“H.Insert”操作插入 SRH 信息时，允许插入的 SID 的最大数量。如果值为 0，表示发布节点不能执行“H.Insert”操作。 • Maximum H.Encaps MSD Type：执行“H.Encaps”操作时可以包含的 SID 的最大数量。 • Maximum End D MSD Type：在执行与 End.D 类型（比如 End.DX6 和 End.DT6）功能相关的解封装操作之前，指定 SID 的最大数量
MSD Value	8 bit	MSD 取值

8. SRv6 End.X SID TLV

SRv6 End.X SID TLV 是一种 SRv6 链路属性 TLV，用于通告 SRv6 End.X SID。一个 SRv6 End.X SID 和一个 P2P/P2MP 链路或者 IS-IS/OSPF 邻接相对应。同时，这个 TLV 也可以用于通告一个三层捆绑接口（由多个物理接口“捆绑”成一个逻辑接口）的二层成员链路。另外，对于运行了 BGP 的节点，这个 TLV 还可以用于通告 BGP EPE（Egress Peer Engineering，出口对等体工程）Peer 的 END.X SID。SRv6 End.X SID TLV 的格式如图 4-11 所示。

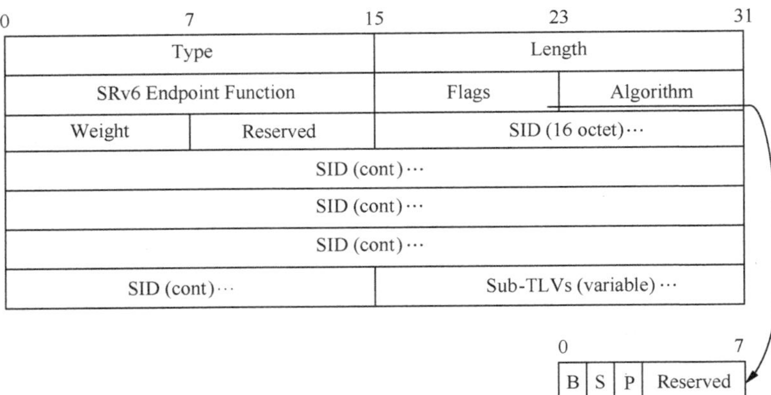

图 4-11 SRv6 End.X SID TLV 的格式

SRv6 End.X SID TLV 各字段的说明如表 4-9 所示。

表 4-9 SRv6 End.X SID TLV 各字段的说明

字段名	长度	含义
Type	16 bit	TLV 的类型
Length	16 bit	TLV 的“值”字段长度，单位是 Byte
SRv6 Endpoint Function	16 bit	与 SRv6 SID 对应的 Endpoint 功能指令
Flags	8 bit	标志位。 • B：备份标志，表示该 End.X SID 有备份路径。 • S：集合标志。如果置位，表示 End.X SID 关联到一组邻接。 • P：永久分配标志。如果置位，表示 End.X SID 被永久分配，邻居震荡、协议重启或者设备重启后能维持 End.X SID 不变
Algorithm	8 bit	算法 ID。 • 0：SPF 算法。 • 1：严格 SPF 算法。 • 128~255：用于 Flex-Algo 场景
Weight	8 bit	权重，用于标示该 End.X SID 参与负载分担的权重
SID	128 bit	待发布的 SRv6 SID
Sub-TLVs	长度可变	可扩展的 Sub-TLV 内容，当前暂未定义

9. SRv6 LAN End.X SID TLV

SRv6 LAN End.X SID TLV 也是一种 SRv6 链路属性 TLV，用于发布一

个广播网邻居类型的 SRv6 End.X SID。SRv6 LAN End.X SID TLV 的格式如图 4-12 所示。

0	7	15	23 31
Type		Length	
SRv6 Endpoint Function		Flags	Algorithm
Weight	Reserved		
IS-IS System-ID (6 octet) or OSPFv3 Router-ID (4 octet) of the neighbor			
SID (16 octet)···			
SID (cont)···			
SID (cont)···			
Sub-TLVs (variable)···			

图 4-12　SRv6 LAN End.X SID TLV 的格式

相比 P2P 的 SRv6 End.X SID TLV，SRv6 LAN End.X SID TLV 增加了“IS-IS System-ID or OSPFv3 Router-ID of the neighbor”字段。下面以 IS-IS 为例说明增加这个字段的原因。

由于 IS-IS 在广播网每个节点只发布到 DIS（伪节点）的邻接关系，但是 End.X SID 是需要区分邻居的，如图 4-13 所示，节点 A 只发布到伪节点的邻接关系，所以需要增加邻居 System-ID 区分邻居 B 和邻居 C 的 SRv6 End.X SID，可用于 SRv6 TI-LFA 和防微环场景。

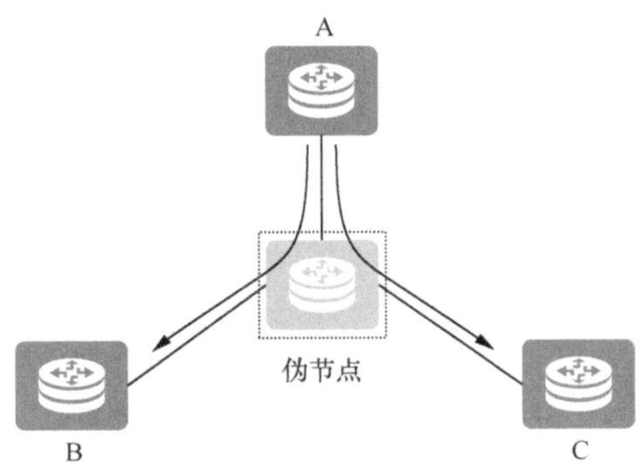

图 4-13　SRv6 LAN End.X SID TLV 的发布场景

SRv6 LAN End.X SID TLV 额外增加的字段的说明如表 4-10 所示，其他字段与 SRv6 End.X SID TLV 相同，请参考表 4-9。

表 4-10　SRv6 LAN End.X SID TLV 额外增加的字段的说明

字段名	长度	含义
IS-IS System-ID or OSPFv3 Router-ID of the neighbor	6 Byte 或 4 Byte	6 Byte 的 System-ID 或 4 Byte 的 Router-ID，用于指定该 End.X SID 是分配给哪个广播网邻居的

10. SRv6 Locator TLV

SRv6 Locator TLV 是一种 SRv6 前缀属性 TLV，BGP-LS 利用 SRv6 Locator TLV 和 SRv6 前缀 NLRI 结合，可以收集 SRv6 节点的 Locator 信息。前文提到 SRv6 SID 本身具有路由能力，这个路由能力就是通过 IGP 通告 SRv6 Locator 来实现的。SRv6 Locator TLV 的格式如图 4-14 所示。

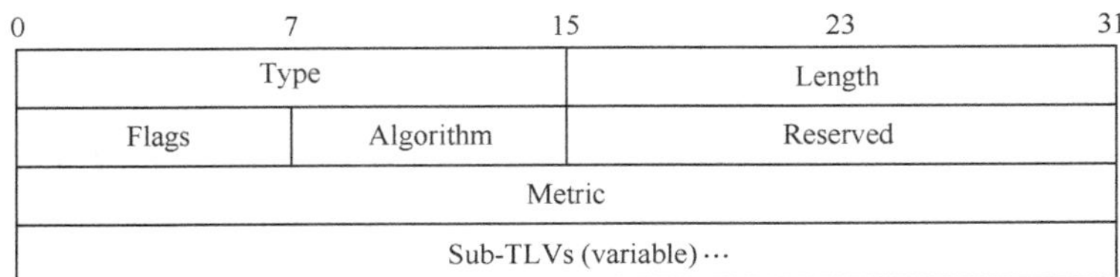

图 4-14　SRv6 Locator TLV 的格式

SRv6 Locator TLV 各字段的说明如表 4-11 所示。

表 4-11　SRv6 Locator TLV 各字段的说明

字段名	长度	含义
Type	16 bit	TLV 的类型
Length	16 bit	TLV 的"值"字段长度，单位是 Byte
Flags	8 bit	标志位。 • D：当 SID 从 Level-2 渗透到 Level-1，必须置位。D 标志置位后，SID 不能从 Level-1 渗透到 Level-2，这样可以防止路由循环。 • A：Anycast 标志。如果 Locator 被配置成 Anycast 类型，必须置位
Algorithm	8 bit	算法 ID。 • 0：SPF 算法。 • 1：严格 SPF 算法。 • 128~255：用于 Flex-Algo 场景
Metric	32 bit	度量值
Sub-TLVs	长度可变	包含的 Sub-TLV，例如 SRv6 End SID Sub-TLV

以上就是 BGP-LS 针对 SRv6 的扩展内容。基于 BGP-LS 的协议扩展，控制器可以在收集全网拓扑信息和 TE 信息的基础上，进一步收集全网 SRv6

信息。基于收集到的信息，控制器可以实现面向全网的 TE 路径计算。

| 4.3 PCEP for SRv6 |

4.3.1 PCE 概述

PCE（Path Computation Element，路径计算单元）架构的提出最早是为了解决大型的多区域网络路径计算问题，通过 PCE 可以为 TE 计算跨域路径。PCE 架构包含以下 3 个部分。

- PCE：PCE是能够基于网络拓扑信息计算满足约束的路径的部件。PCE可以部署在路由设备中，也可以部署在一个独立的服务器中。大多数时候，PCE是和控制器集成在一起的。
- PCC（Path Computation Client，路径计算客户端）：PCC是客户端请求路径计算单元执行路径计算的应用程序。PCC向PCE发送路径请求，并接受PCE返回的路径计算结果。PCC一般部署在路由设备上。
- PCEP：PCEP是PCC和PCE之间的通信协议。PCEP使用TCP端口号4189，由1个公共头和多个强制或可选的对象携带TE路径信息。

PCE 架构与集中式 SR-TE 的体系架构具有一定的相似性，事实上集中式 SR-TE 的体系架构来源于 PCE 架构。传统 PCE 采用的就是集中算路，最初版本的 PCEP 定义了面向 RSVP-TE 的 Stateless PCE（无状态 PCE）的协议扩展和交互流程[10]。Stateless PCE 独立地基于 TE 数据库计算路径，无须维护任何已经计算的路径，但是 Stateless PCE 没有当前活跃的 TE 路径信息，也无法对活跃路径进行任何类型的重优化。另外，由于配合 RSVP-TE 还存在扩展性问题，传统 PCE 没有得到大范围的部署。

随着 SDN 的发展和 Segment Routing 技术的兴起，PCEP 又出现了 Stateful PCE（有状态 PCE）协议[11-12]和针对 Segment Routing 的扩展，可以很好地支持集中式 SR-TE 的功能。

Stateful PCE 服务器会维护一个和网络严格同步的 TE 数据库，包括 IGP 链路状态、TE 信息以及 TE 路径信息，同时还包括 TE 路径在网络中使用的预留资源。相对来说，Stateful PCE 通过和网络进行可靠的状态同步，可以计算出更优的网络路径。

PCE 针对 Segment Routing 的扩展：Segment Routing 能提供与 RSVP-

TE 相同的显式地指定路径的能力，并且由于不需要在中间节点维护基于流的状态，从而具有比 RSVP-TE 更好的扩展性。另外，正是因为中间节点不维护状态，Segment Routing 缺乏在头节点根据带宽使用情况进行算路的能力。基于 PCE 的 Segment Routing 能够解决这一问题，因为 PCE 存储了整网的拓扑信息、TE 信息以及路径信息，所以能够根据整网的资源情况计算路径，达到优化整网资源的目的。

4.3.2 Stateful PCE

Stateful PCE 是 PCE 的一个重要扩展。Stateful PCE 不仅维护用于路径计算的拓扑信息和 TE 信息，而且会保留 TE 路径的信息，这样在路径计算的时候可以基于现有的 TE 路径实现全网的优化，而不仅仅是简单地计算一个满足约束条件的路径。

Stateful PCE 有 Passive 和 Active 两种模式。Passive Stateful PCE 是通过从 PCC 学习到的 LSP 状态信息计算优化路径，不主动更新 LSP 状态，PCC 与 PCE 保持同步。Active Stateful PCE 可以主动向网络下发关于路径的建议，更新路径。例如，Active Stateful PCE 可以通过授权机制将 PCC 对 LSP 的控制权委托给 PCE，由此 PCE 可以更新 PCC 中的 LSP 参数。

为了方便理解，下面以 SRv6 Policy 为例，介绍 Stateful PCE 的路径计算过程，如图 4-15 所示。

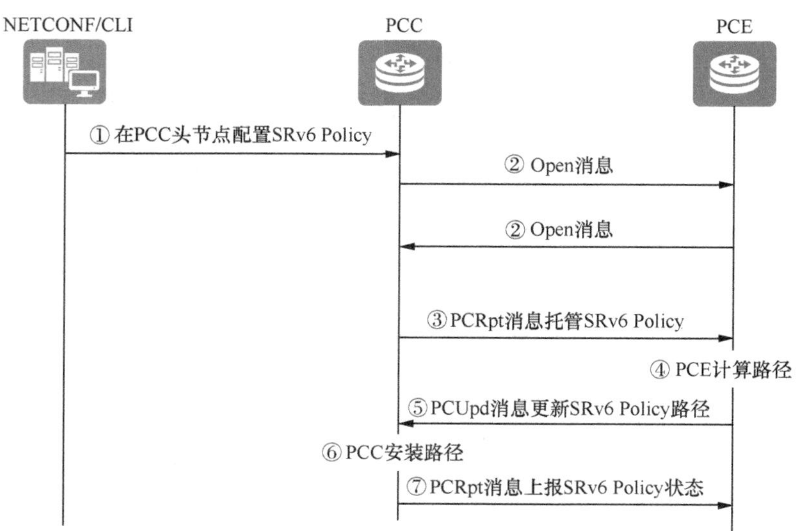

图 4-15　Stateful PCE 的路径计算过程

① 通过 NETCONF 或 CLI（Command Line Interface，命令行接口）在 PCC 头节点配置 SRv6 Policy。关于 SRv6 Policy 的细节请参考本章后续的介绍。

② PCC 和 PCE 互相发送 Open 消息，协商各自支持的能力。为了支持 SRv6，PCEP 扩展支持了 SRv6-PCE-CAPABILITY Sub-TLV，用于 PCC 和 PCE 协商 SRv6 能力。

③ PCC 头节点发送 PCRpt 消息给 PCE（携带托管标记 Delegate = 1），托管 SRv6 Policy，请求 PCE 计算路径。PCRpt 消息中携带了各种对象，这些对象指定了 SRv6 Policy 路径的约束和属性集合。

④ PCE 接收 PCC 发送的 PCRpt 消息，根据其中携带的托管标记以及路径的约束和属性，进行 SRv6 路径计算。

⑤ PCE 路径计算完成后，通过 PCUpd 消息中的 ERO（Explicit Route Object，显式路由对象）携带路径信息发送给 PCC 头节点。为了支持 SRv6，PCEP 扩展了对 SRv6-ERO 子对象携带 SRv6 路径信息的支持。

⑥ PCC 头节点接收 PCE 下发的路径信息，并且安装路径。

⑦ PCC 头节点安装完路径后，发送 PCRpt 消息给 PCE，报告 SRv6 Policy 状态信息，使用 RRO（Record Route Object，记录路由对象）携带 PCC 的实际转发路径，并使用 ERO 对象携带 PCE 计算的路径信息。为了支持 SRv6，PCEP 扩展了对 SRv6-RRO 子对象携带 SRv6 实际路径信息的支持，使用 SRv6-ERO 子对象携带 PCE 计算的 SRv6 路径信息。

除了以上流程里提到的 PCEP 消息，还有其他几种 PCEP 消息。PCEP 消息类型及其作用如表 4-12 所示。

表 4-12　PCEP 消息类型及其作用

消息名称	作用
Open	用于描 PCC/PCE 的 PCEP 能力信息 [10]
Keepalive	用于描述 PCEP 会话保活信息，该信息用于维持 PCEP 会话保持活动状态 [10]
PCReq	在 Stateless PCE 中，由 PCC 向 PCE 发送，用于请求算路 [10]
PCRep	在 Stateless PCE 中，由 PCE 向 PCC 发送，用于回复 PCC 的算路请求 [10]
PCRpt	由 PCC 向 PCE 发送，用于报告 LSP 状态 [11]
PCUpd	由 PCE 向 PCC 发送，用于更新 LSP 属性 [11]
PCInitiate	由 PCE 主动发给 PCC，用于主动初始化路径 [12]
PCErr	用于通知 PCEP 对端请求不符合 PCEP 规范或条件错误 [10]
Close	用于关闭 PCEP 会话 [10]

每一个消息中可能会包含一个或多个 Object（对象），用于描述特定的功能，比如 OPEN 和 LSP。Stateful PCE 模式下的 Object 种类如表 4-13 所示[10-12]。

表 4-13　Stateful PCE 模式下的 PCEP Object 种类

类型名称	作用	携带位置
OPEN	用于建立 PCEP 会话，协商业务能力	Open 消息
SRP（Stateful PCE Request Parameters，有状态 PCE 请求参数）	用于关联 PCE 发送的更新请求以及 PCC 发送的错误报告和状态报告	PCRpt/PCUpd/PCErr 消息
LSP	用于携带 LSP 标识信息	PCRpt/PCUpd 消息
ERO	用于携带 PCE 计算的路径信息	PCUpd 消息
RRO	用于携带 PCC 的实际路径信息	PCRpt 消息
ERROR	用于携带错误信息	PCErr 消息
CLOSE	用于关闭 PCEP 会话	Close 消息

4.3.3　PCEP SRv6 扩展

上文介绍了 PCE 架构和 Stateful PCE 的基本知识，下面将介绍 PCEP 针对 SRv6 的扩展。

PCEP 针对 SRv6 的扩展主要分为 3 部分：支持 SRv6 的 PATH-SETUP-TYPE 新类型、用于通告支持 SRv6 能力的 SRv6-PCE-CAPABILITY Sub-TLV、用于携带 SRv6 SID 的 SRv6 ERO 和 SRv6 RRO Subobject，具体如表 4-14 所示[13]。

表 4-14　PCEP 针对 SRv6 的扩展

类型	名称	作用	携带位置
Type	SRv6 PATH-SETUP-TYPE	用于表示通过 SRv6 创建的 TE 路径	在 PATH-SETUP-TYPE TLV 和 PATH-SETUP-TYPE-CAPABILITIES TLV 中
Sub-TLV	SRv6-PCE-CAPABILITY Sub-TLV	用于通告 SRv6 能力	在 PATH-SETUP-TYPE-CAPABILITIES TLV 中
Subobject	SRv6-ERO Subobject	用于携带 PCE 计算的路径信息	在 ERO 对象中
	SRv6-RRO Subobject	用于携带 PCC 的实际路径信息	在 RRO 对象中

1. SRv6 PATH-SETUP-TYPE

建立 PCEP 连接时，PCC 和 PCE 之间需要通过 OPEN 消息通告各自支持的能力，比如支持创建的路径类型。支持创建路径的能力由 PATH-SETUP-TYPE-CAPABILITIES TLV 描述，其格式如图 4-16 所示 [14]。

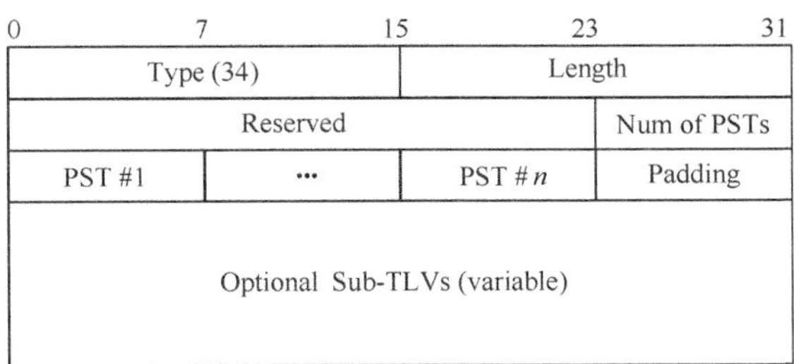

图 4-16 PATH-SETUP-TYPE-CAPABILITIES TLV 的格式

PATH-SETUP-TYPE-CAPABILITIES TLV 各字段的说明如表 4-15 所示。

表 4-15 SRv6 PATH-SETUP-TYPE-CAPABILITIES TLV 各字段的说明

字段名	长度	含义
Type	16 bit	类型
Length	16 bit	长度
Reserved	24 bit	预留字段
Num of PSTs	8 bit	TLV 中总共携带的 PST 的数目
PST #*n*	8 bit	表示支持的 PST（Path Setup Type，路径创建类型）。 • 0：RSVP-TE。 • 1：Segment Routing。 • 2：SRv6
Padding	8 bit	用于对齐字节
Optional Sub-TLVs	长度可变	可选的 Sub-TLV

为支持 SRv6，PCEP 引入了新的 PST 用于标识 SRv6 路径，其类型值为 2。此外，PCEP 还定义了 SRv6-PCE-CAPABILITY Sub-TLV，用于详细描述节点支持 SRv6 的能力 [13]。

在通告能力时，如果 PATH-SETUP-TYPE-CAPABILITIES TLV 携带类型值为 2 的 PST，则表示支持建立 SRv6 路径，此时 PATH-SETUP-TYPE-CAPABILITIES TLV 必须携带一个 SRv6-PCE-CAPABILITY Sub-TLV，用于详细描述其对 SRv6 的支持能力。

此外，在计算请求路径时，SRP Object 需携带 Path-SETUP-TYPE TLV，描述路径的类型[11]。为支持 SRv6 的算路请求，PCEP 也同样扩展了新的 PST 支持 SRv6，类型值同样为 2。

2. SRv6-PCE-CAPABILITY Sub-TLV

SRv6-PCE-CAPABILITY Sub-TLV 详细描述了节点支持 SRv6 的能力，格式如图 4-17 所示。

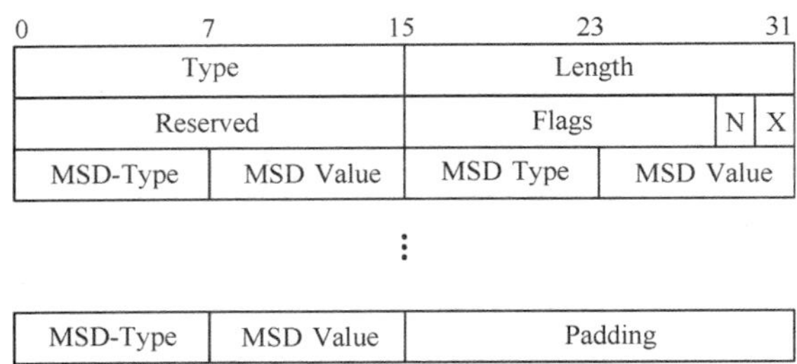

图 4-17　SRv6-PCE-CAPABILITY Sub-TLV 的格式

SRv6-PCE-CAPABILITY Sub-TLV 各字段的说明如表 4-16 所示。

表 4-16　SRv6-PCE-CAPABILITY Sub-TLV 各字段的说明

字段名	长度	含义
Type	16 bit	类型
Length	16 bit	长度
Reserved	16 bit	预留字段
Flags	16 bit	标志位。 • N：如果取值为 1，标识该 PCC 节点具备解析节点或邻接 ID 到 SRv6 SID 的能力。 • X：如果取值为 1，标识该 PCC 节点没有任何 MSD 限制
MSD-Type	8 bit	MSD 的类型。 • Maximum Segments Left MSD Type：PCC 节点能处理的最大 SL。 • Maximum End Pop MSD Type：执行 Pop 动作时支持的 SID 的最大数量。 • Maximum H.Encaps MSD Type：执行 H.Encaps 时支持的 SID 的最大数量。 • Maximum End D MSD Type：执行解封装时支持的 SID 的最大数量
MSD Value	8 bit	MSD 取值
Padding	16 bit	用于对齐字节

3. SRv6-ERO Subobject

在 PCEP 中，ERO 由一系列的 Subobject 组成，用于描述路径 [10]。为了携带 SRv6 SID 和 NAI（Node or Adjacency Identifier，节点或邻接标识符），或是其中之一，PCEP 定义了一个新的子对象，称为"SRv6-ERO Subobject（SRv6-ERO 子对象）"[13]。NAI 与 SRv6 SID 关联，可通过 NAI 解析到对应的 SRv6 SID。

SRv6-ERO Subobject 可以由 PCRep/PCInitiate/PCUpd/PCRpt 消息携带，其格式如图 4-18 所示。

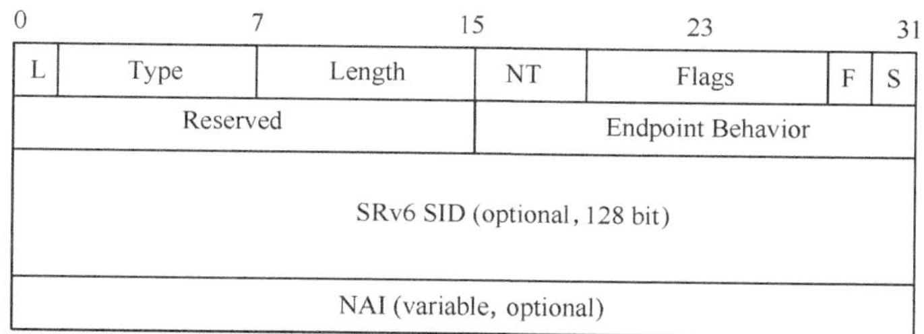

图 4-18　SRv6-ERO Subobject 的格式

SRv6-ERO Subobject 各字段的说明如表 4-17 所示。

表 4-17　SRv6-ERO Subobject 各字段的说明

字段名	长度	含义
L	1 bit	松散路径标记
Type	7 bit	类型
Length	8 bit	长度
NT	4 bit	NT 表示 NAI 类型（NAI Type）。 • NT = 0：NAI 为空 [13]。 • NT = 2：与 SRv6 SID 相关联节点的 IPv6 地址。 • NT = 3：用于描述与 SRv6 End.X SID 相关联的链路的 Global IPv6 地址对。 • NT = 6：用于描述与 SRv6 End.X SID 相关联的链路的 Link Local Global IPv6 地址对
Flags	12 bit	标志位。 • F：如果取值为 1，标识该 Subobject 中不包含 NAI。 • S：如果取值为 1，标识该 Subobject 中不包含 SRv6 SID
Endpoint Behavior	16 bit	标识 SRv6 SID 的 Behavior
SRv6 SID	128 bit	表示 SRv6 Segment
NAI	长度可变	SRv6 SID 对应的 NAI，和 NT 相对应，携带 NT 指示的详细信息

4. SRv6-RRO Subobject

RRO 表示 PCC 使用的 SID 列表，即 LSP 所采取的实际路径。PCC 上报 PATH 状态时，使用此对象报告 PATH 的实际路径。为了携带 SRv6 SID 的信息，PCEP 定义了“SRv6-RRO Subobject”[13]。SRv6-RRO Subobject 的格式如图 4-19 所示，除了没有 L 字段以外，其他字段与 SRv6-ERO Subobject 一致。

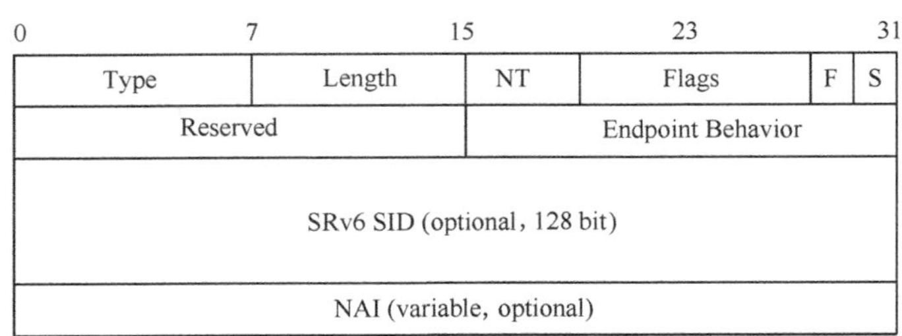

图 4-19　SRv6-RRO Subobject 的格式

SRv6-RRO Subobject 各字段的说明如表 4-18 所示。

表 4-18　SRv6-RRO Subobject 各字段的说明

字段名	长度	含义
Type	8 bit	类型
Length	8 bit	长度
NT	4 bit	NT 表示 NAI 类型（NAI Type）。 • NT = 0：NAI 为空[13]。 • NT = 2：与 SRv6 SID 相关联节点的 IPv6 地址。 • NT = 4：用于描述与 SRv6 End.X SID 相关联的链路的 Global IPv6 地址对。 • NT = 6：用于描述与 SRv6 End.X SID 相关联的链路的 Link local Global IPv6 地址对
Flags	12 bit	标志位。 • F：如果取值为 1，标识该 Subobject 中不包含 NAI。 • S：如果取值为 1，标识该 Subobject 中不包含 SRv6 SID
Endpoint Behavior	16 bit	标识 SRv6 SID 的 Behavior
SRv6 SID	128 bit	表示 SRv6 Segment
NAI	长度可变	SRv6 SID 对应的 NAI，和 NT 相对应，携带 NT 指示的详细信息

以上就是关于 PCEP 支持 SRv6 的主要内容。基于以上的 PCEP 扩展，

PCE 可以接收来自 PCC 的 SRv6 TE 路径算路请求，并计算对应的路径，然后返回给 PCC。结合 PCE 的集中算路能力和 SRv6 的头节点显式路径可编程能力，可以实现灵活可控、全局最优、扩展性更好的 TE。

| 4.4　SRv6 Policy |

SRv6 Policy 利用 Segment Routing 的源路由机制，通过在头节点封装一个有序的指令列表来指导报文穿越网络。SRv6 利用 IPv6 128 bit 地址的可编程能力，丰富了 SRv6 指令表达的网络功能，除了用于标识转发路径的指令外，还能标识 VAS（Value-Added Service，增值服务），例如防火墙、应用加速或者用户网关等。除此之外，SRv6 还有着非常强大的扩展能力，如果要部署一个新的网络功能，只需要定义一个新的指令即可，不需要改变协议的机制或部署，这大大缩短了新网络业务的交付周期。所以说，SRv6 Policy 可以实现业务的端到端需求，是实现 SRv6 网络编程的主要机制。

通过在 SRH 中封装一系列的 SRv6 Segment ID，可以显式地指导报文按照规划的路径转发，实现对转发路径端到端的细粒度控制，满足业务的高可靠、大带宽、低时延等 SLA 需求。如图 4-20 所示，在头节点 1 插入两个 SRv6 Segment ID，分别是节点 4 到节点 5 的 End.X SID 和节点 7 的 End SID，这样就可以指导报文沿着特定的链路转发，或者沿着支持负载分担的最短路径转发。SRv6 就是通过这种方式实现了 TE。

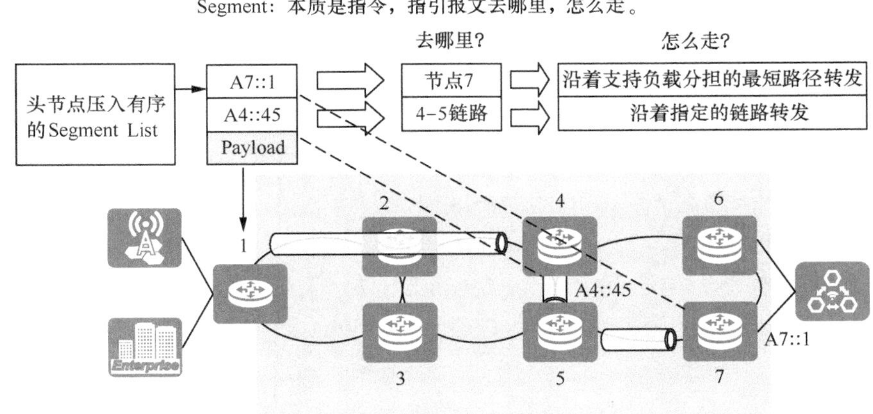

图 4-20　SRv6 Segment 指令

为了实现 SR-TE，业界引入了 SR Policy 的框架[15]。SR Policy 支持描述 SR-MPLS 和 SRv6 的业务路径策略。本节介绍如何利用 SR Policy 实现 SRv6 TE，包括 SR Policy 模型的定义、控制平面如何算路、数据平面如何转发，以及故障场景下的保护措施等。在本节中，将实现 SRv6 TE 的 SR Policy 简称为 SRv6 Policy。

4.4.1 SRv6 Policy 模型

如图 4-21 所示，SRv6 Policy 模型包含如下要素。

Key 值：SRv6 Policy 使用以下三元组作为 Key，全局唯一标识一个 SRv6 Policy。

- Headend（头节点）：标识SRv6 Policy的头节点。头节点可以将流量导入一个SRv6 Policy中。
- Color（颜色）：标识指定头节点和目的节点的不同SRv6 Policy，可与一系列业务属性相关联，例如低时延、高带宽等，可理解为业务需求模板ID。目前没有统一规定的编码规则，其值由管理者分配。例如，端到端时延小于10 ms的策略可分配Color的值为100。Color提供了一种业务和SRv6 Policy的关联机制。
- Endpoint（目的节点）：标识SRv6 Policy的目的地址。

当下发 SRv6 Policy 到头节点时，由于所有 SRv6 Policy 的头节点字段的取值均为表示自身的值，所以在头节点上通过 <Color，Endpoint> 即可唯一标识一个 SRv6 Policy。在头节点上可以通过 <Color，Endpoint> 来引导流量进入 SRv6 Policy。

Candidate Path：Candidate Path 是通过 BGP SRv6 Policy/PCEP 等协议向头节点发送 SRv6 Policy 可选路径的基础单元，不同的协议会下发不同的 Candidate Path。一个 SRv6 Policy 可能关联多个 Candidate Path，每个 Candidate Path 附带 Preference（优先级）。存在多个 Candidate Path 时，SRv6 Policy 选择优先级最高的 Candidate Path 作为主路径。

从图 4-21 可知，<Protocol-origin，Originator，Discriminator> 是在 SRv6 Policy 内部唯一标识一条 Candidate Path 的标识，其中 Protocol-origin 描述 Candidate Path 通过何种协议 / 途径生成，Originator 描述了生成该 Candidate Path 的节点，Discriminator 则是在 <Protocol-origin，Originator> 空间下区分 Candidate Path 的 ID。例如，某节点通过 BGP 发布了属于 SRv6 Policy1 的 3 个 Candidate Path，这 3 个 Candidate Path 可以通过 Discriminator 来区分。

Segment List：Segment List 标识通过 SRv6 Policy 向 Endpoint 发送流量的源路由路径。一个 Candidate Path 可以关联多个 Segment List，通过 Segment List 附带的 Weight（权重）属性来控制流量在多个 SR 路径中的负载比例，从而实现 ECMP/UCMP（Unequal-Cost Multiple Path，非等值负载分担）。

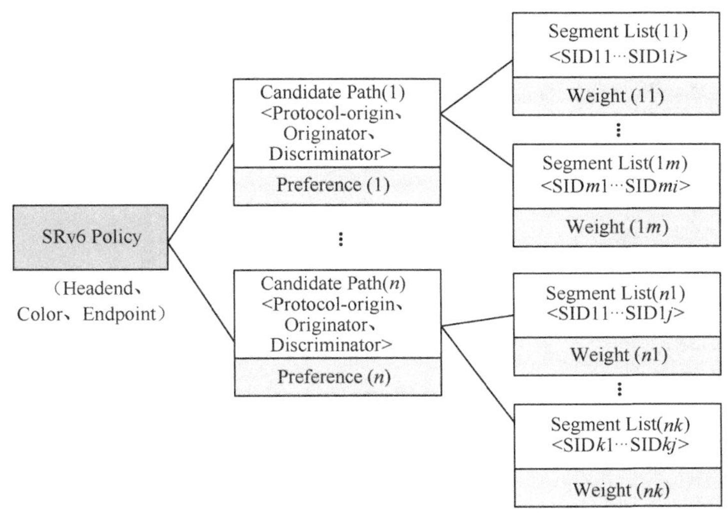

图 4-21　SRv6 Policy 模型

此外，SRv6 Policy 还可以分配 Binding SID（BSID）。Binding SID 也是 Segment Routing 的基础指令，它用于标识整个 SRv6 Policy，提供流量引导、隧道拼接等功能。报文如果携带 SRv6 Policy 对应的 Binding SID，会被引导到对应的 SRv6 Policy。Binding SID 可以理解为业务调用网络功能，选择 SRv6 Policy 的接口。

如果我们把 SRv6 Policy 看成网络服务，那 Binding SID 就是访问这个服务的接口。所以，SRv6 Policy 的这个设计是一个订阅发布模型，业务根据自身的需求来订阅网络服务，网络可以把服务接口提供给业务。Binding SID 既然是接口，就要满足接口的原则。

- 独立性：任何业务都可以调用该接口，而不需要关注系统内部细节。SRv6 Policy把所有的细节都封装在内部，业务在使用SRv6 Policy的时候，只需要查找到这个接口即可。
- 可靠性：在接口已经发布的情况下，接口应该对契约负责。不管多少业务调用这个接口，SRv6 Policy需要保证契约里面承诺的服务，这就要求

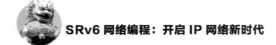

SRv6 Policy具备网络资源的弹性伸缩能力。

- 稳定性：接口需要不易变性，在SRv6 Policy生命周期内，不管网络拓扑发生变化，还是业务本身发生变化或路径发生变化，Binding SID都需要尽量维持不变。

4.4.2 SRv6 Policy 算路

SRv6 Policy 可以通过多种方式生成 Candidate Path，主要包括静态指定路径、头节点算路和控制器算路。不同方式生成的 Candidate Path 可以通过 Protocol-origin 和 Originator 字段来区分。

1. 静态指定路径

静态指定路径是指通过 CLI/NETCONF 等方式人工规划，手动配置 SRv6 Policy。如图 4-22 所示，静态配置显式路径（A4::45，A7::1，A6::1），并在 SRv6 Policy 中引用该显式路径。这样就通过静态配置的方式创建了 SRv6 Policy 的一个路径。静态配置 SRv6 Policy 时，必须配置 Endpoint、Color 以及 Candidate Path 的 Preference 和 Segment List，且不允许配置重复的 Preference。对于静态配置的 SRv6 Policy，在 Locator 的静态段范围内配置 BSID。

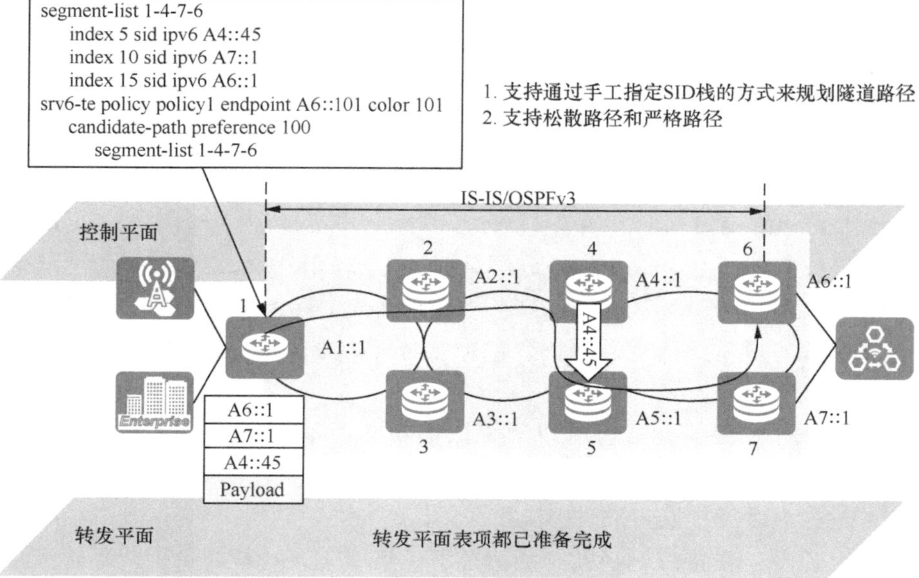

图 4-22 静态指定路径

静态配置路径的方式无法自动响应网络拓扑的变化，当指定的链路或节点发生故障的时候，无法触发 SRv6 Policy 重路由，那会导致流量持续中断。因此在部署的时候，静态配置的 SRv6 Policy 一般需要规划两条不相交的路径，并使用连通性检测机制来检查路径的可达性。当某条路径发生故障的时候，可以快速切换到其他路径，以保证网络可靠性。

2. 头节点算路

如图 4-23 所示，头节点算路和 RSVP-TE 类似。首先头节点利用 IGP 携带的 TE 信息和 IGP 链路状态信息组成 TEDB，然后基于 CSPF 算法，按照带宽、时延、SRLG（Shared Risk Link Group，共享风险链路组）和不相交路径等约束计算满足条件的路径，并安装相应的 SRv6 Policy 指导转发。

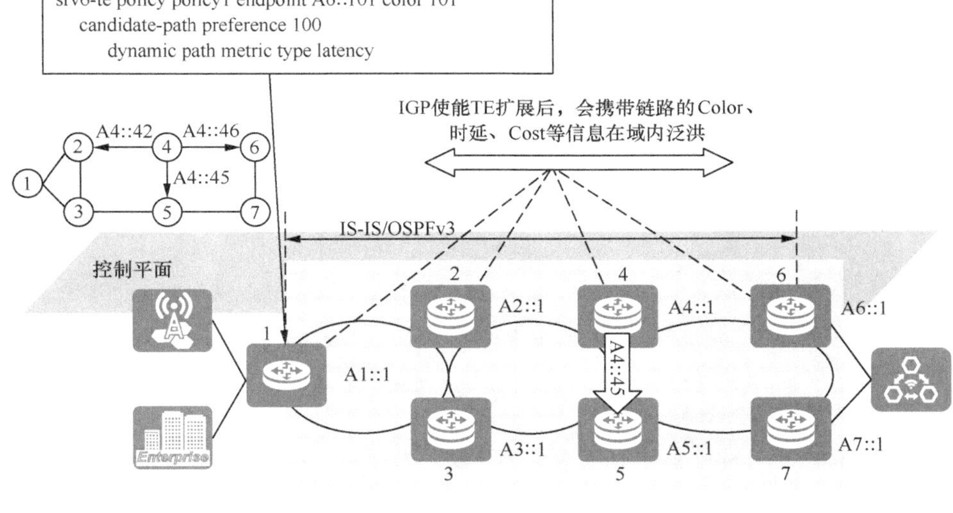

图 4-23　头节点算路

头节点算路有以下限制：由于头节点没有跨域的拓扑，所以只能计算单个 IGP 域的路径，无法支持跨域的路径计算；由于 SR 中间节点不维护连接状态，所以无法支持资源占用，也不支持预留带宽。

3. 控制器算路

如图 4-24 所示，控制器通过 BGP-LS 等收集网络拓扑、TE 信息以及

SRv6 信息，并根据业务需求集中计算路径，然后通过 BGP/PCEP 等协议将 SRv6 Policy 下发到头节点。控制器算路支持全局调优、资源预留和端到端跨域。

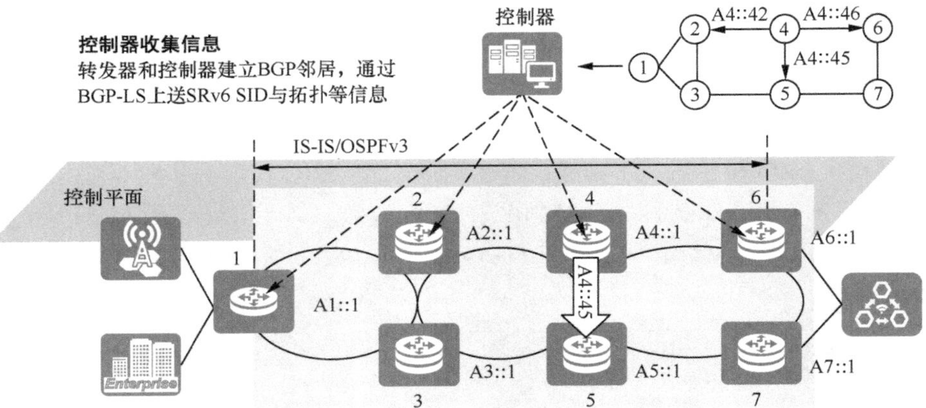

图 4-24　控制器算路

控制器最初下发 SRv6 Policy 时不携带 BSID，转发器接收 SRv6 Policy 后主动在 Locator 的动态段范围内随机分配一个 BSID，然后通过 BGP-LS 上报 SRv6 Policy 状态时携带 BSID。这样控制器就能感知 SRv6 Policy 的 BSID，利用 BSID 编排 SRv6 路径。

不同算路方式的功能对比如表 4-19 所示。

表 4-19　不同算路方式的功能对比

TE 应用场景	是否支持静态指定路径	是否支持头节点算路	是否支持控制器算路
人工规划路径	支持	支持	支持
最小时延路径	支持	支持	支持
带宽预留	不支持	不支持	支持
基于亲和属性计算路径	支持	支持	支持
跳数限制	支持	支持	支持
全局流量调优	不支持	不支持	支持

续表

TE 应用场景	是否支持静态指定路径	是否支持头节点算路	是否支持控制器算路
优先级抢占	不支持	不支持	支持
跨域	支持	不支持	支持
SRLG	不支持	支持	支持

总体而言，由于控制器能够通过 BGP-LS 获取到全局的拓扑和 TE 等信息，所以基于控制器计算 SRv6 Policy 可以实现全局流量的调优，而静态指定路径和头节点算路方式只能实现 IGP 域内的最优路径计算。此外，控制器算路还可以支持带宽预留和优先级抢占，能够更好地支持 TE。

4.4.3 SRv6 Policy 引流

将 SRv6 Policy 部署在头节点之后，还需要完成引流工作，将流量引导到 SRv6 Policy 中。目前有 Binding SID 和 Color 匹配这两大类引流方式。

1. Binding SID 引流

如图 4-25 所示，节点 A 创建 SRv6 Policy，该 SRv6 Policy 的 Binding SID 为 B1::100，Segment List 为 <B3::4，B4::6，B5::55>。上游节点向节点 A 发送了一个报文，报文目的地址为 B1::100。节点 A 收到该报文，发现报文的目的地址是本地 SRv6 Policy 的 Binding SID。节点 A 处理 Binding SID，具体流程如下。

① 将原始报文的 SRH 的 SL 值减 1，指向下一个 SID。

② 为报文封装一个新的 IPv6 报文头，目的地址为对应 SRv6 Policy 的第一个 SID B3::4，源地址为本地的一个接口地址。

③ 然后封装 SRH，携带该 Binding SID 对应的 SRv6 Policy 的 Segment List。

④ 更新对应的其他字段，然后查表转发报文。

通过使用 Binding SID 可以引入 SRv6 Policy 的流量，这种方式一般常用在隧道拼接、跨域路径拼接等场景，可以很好地减小 SRv6 SID 栈深；同时也可以显著地降低不同网络域之间的耦合程度，某个网络域内转发路径的变化也不需要扩散到其他网络域。

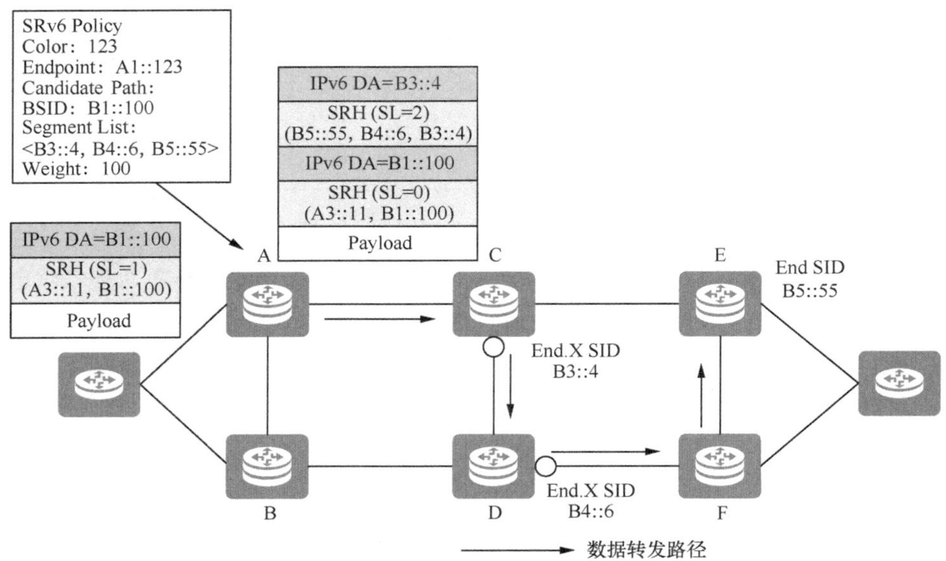

图 4-25　Binding SID 引流

2. Color 引流

因为 SRv6 Policy 引入了 Color，而 Color 可以作为 BGP 路由携带的扩展团体属性，因此在将业务引流到 SRv6 Policy 时，可以精确到逐条路由的控制粒度。

Color 是 SRv6 Policy 非常重要的属性，它是业务和隧道的锚点。如图 4-26 所示，Color 能够关联一个或多个业务需求模板，例如低时延、带宽以及亲和属性等。SRv6 Policy 根据 Color 进行算路。此外，业务也使用 Color 定义网络连接的需求。通过匹配业务和 SRv6 Policy 的 Color，就能实现自动引流。在部署业务的时候，不依赖隧道的定义，只需要定义业务的需求即可，这样实现了业务部署和隧道部署的解耦。

如图 4-27 所示，通过 Color 进行引流的具体流程介绍如下。

① 控制器通过 BGP 或其他方式下发 SRv6 Policy，Color 为 123。

② 节点 E 通过路由策略设置路由的 Color 扩展团体属性值为 123，并在发布路由时携带该属性。

③ 节点 A 收到路由以后，会进行路由迭代。使用 BGP 路由的原始下一跳匹配 SRv6 Policy 的 Endpoint，使用 BGP 路由的 Color 属性匹配 SRv6 Policy 的 Color，这样一条 BGP 路由就能通过 SRv6 Policy 的 Key 值 <Color, Endpoint> 匹配到一个 SRv6 Policy。路由迭代成功之后，节点 A 将路由和关联

的 SRv6 Policy 安装到 FIB（Forwarding Information Base，转发信息库）。

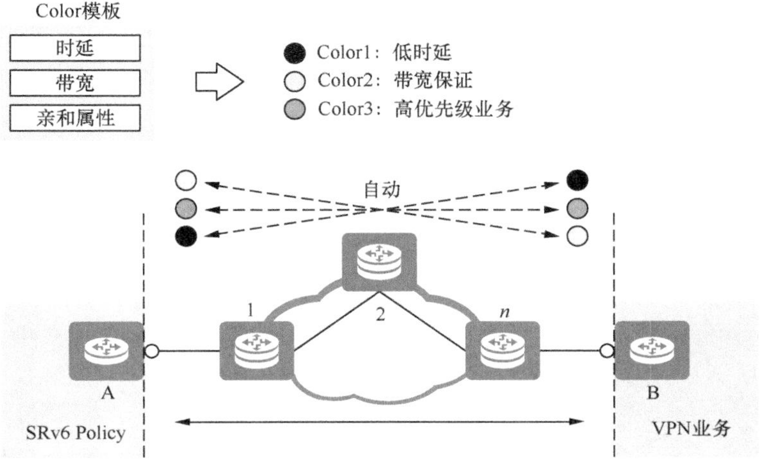

图 4-26　Color 引流示意

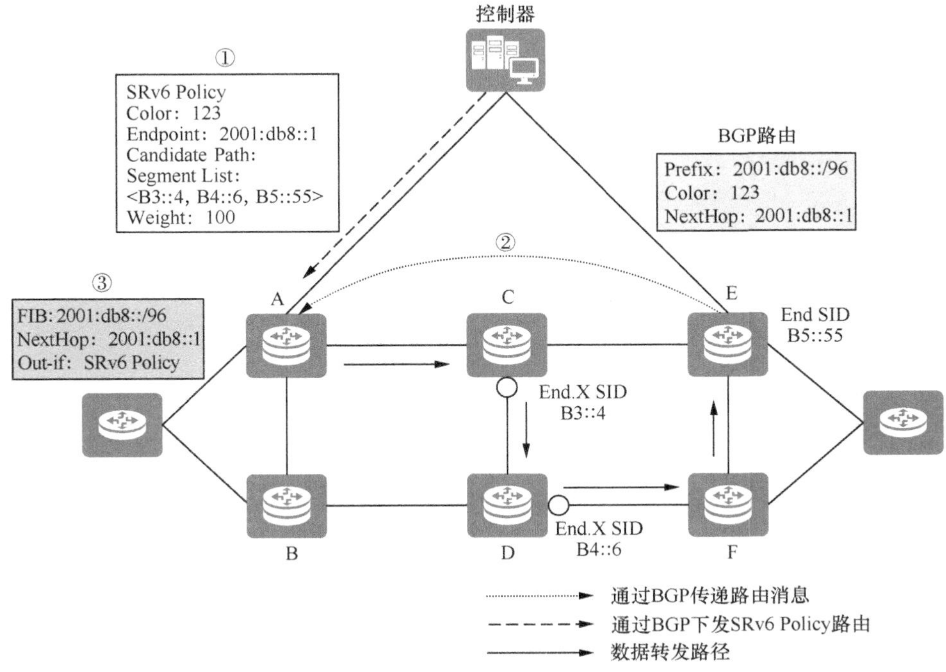

图 4-27　Color 引流流程

通过以上方法，当流量到达节点 A 时，根据目的地址查询路由，得到隧道的出接口为 SRv6 Policy 的隧道接口，然后封装 SRv6 报文并转发，实现 Color 自动引流到 SRv6 Policy。

这种引流模式一般可以通过路由策略控制 BGP 路由携带的 Color 值，这叫作着色。着色策略十分灵活，可以由尾节点、头节点甚至 RR 根据需求修改 Color 值。

3. DSCP 引流

除了 Binding SID 引流和 Color 引流，还可以通过 IP 报文头中封装的 DSCP（Differentiated Services Code Point，区分服务码点）值来引流，这种方式可以对命中同一个路由但不同来源的业务进一步细分。例如，可以在头节点将多个 SRv6 Policy 组成一个 Group（组），并在 Group 内指定每个 SRv6 Policy 和 DSCP 值的映射关系，然后将业务绑定到指定的 Group。这样当头节点收到业务流量时，可以根据 IP 报文头中携带的 DSCP 值，在对应的 Group 中找到对应的 SRv6 Policy，从而完成引流。这种引流方式要求在源头区分业务，并且指定不同的 DSCP 值。

在一些场景下希望结合以上两种引流方式（既要匹配业务的下一跳 + Color，又要区分 DSCP），可以为 Group 引入 Color，将 Group 的标识也定义为 <Color，Endpoint>。通过引流策略指定，一条业务路由根据下一跳和 Color 属性不再去匹配一个 SRv6 Policy，而是匹配一个 Group，同时转发平面再根据收到的业务流量的 DSCP 值，在该 Group 内匹配对应的 SRv6 Policy。

4.4.4 SRv6 Policy 数据转发

前面介绍了如何计算 SRv6 Policy 以及如何向 SRv6 Policy 引流，下面以 L3VPNv4 为例，介绍 SRv6 Policy 的数据转发过程。具体如图 4-28 所示。

① 控制器向头节点 PE1 下发 SRv6 Policy，Color 为 123，Endpoint 为 PE2 的地址 2001:db8::1，只有一个 Candidate Path，且 Candidate Path 也只包含一个 Segment List <2::1，3::1，4::1>。

② 尾节点 PE2 向 PE1 发布 BGP VPNv4 路由 10.2.2.2/32，BGP 路由的下一跳是 PE2 的地址 2001:db8::1/128，Color 为 123，VPN SID 为 4::100。

③ PE1 在接收到 BGP 路由以后，利用路由的 Color 和下一跳迭代到 SRv6 Policy。

④ PE1 接收到 CE1 发送的普通单播报文后，查找 VPN 实例转发表，

该路由迭代到了一个 SRv6 Policy。PE1 为报文插入 SRH 信息，封装 SRv6 Policy 的 Segment List，同时封装 IPv6 报文头信息，并查表转发。

⑤ P1 和 P2 节点根据 SRH 信息逐跳转发。

⑥ 报文到达 PE2 之后，PE2 使用报文的 IPv6 目的地址 4::1 查找本地 SID 表，命中了 End SID，所以 PE2 将报文的 SL 值减 1，将 IPv6 DA 更新为 VPN SID 4::100。

⑦ PE2 使用 VPN SID 4::100 查找本地 SID 表，命中了 End.DT4 SID，PE2 执行 End.DT4 SID 的指令，解封装报文，去掉 SRH 信息和 IPv6 报文头，使用内层报文的目的地址查找 VPN SID 4::100 对应的 VPN 实例转发表，然后将报文转发给 CE2。

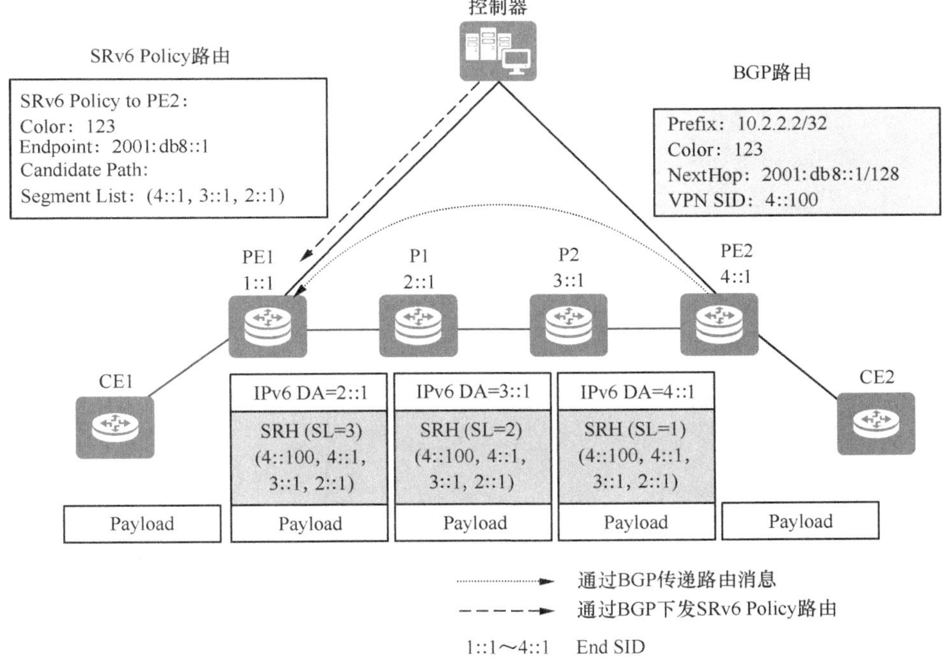

图 4-28　SRv6 Policy 的数据转发

4.4.5　SRv6 Policy 故障检测

前文介绍了正常情况下 SRv6 Policy 的数据转发，下面介绍在发生故障时 SRv6 Policy 的故障检测机制。

1. SBFD for SRv6 Policy

与 RSVP-TE 不同，SR 不会在路由设备之间建立信令连接，所以只要在头节点下发相应的配置，就会成功建立 SRv6 Policy，且除了撤销 SRv6 Policy 以外，SRv6 Policy 不会出现状态变为 Down 的情况。所以 SRv6 Policy 故障检测需要依靠其他手段，例如通过 SBFD（Seamless Bidirectional Forwarding Detection，无缝双向转发检测）快速检测故障并切换到备份路径。SBFD 是一种无缝双向转发检测技术，它提供了一种简化的机制，可以实现灵活的路径检测。SBFD for SRv6 Policy 是一种端到端的快速检测机制，用于快速检测 SRv6 Policy 所经过的链路中所发生的故障。

SBFD for SRv6 Policy 的检测过程如图 4-29 所示。

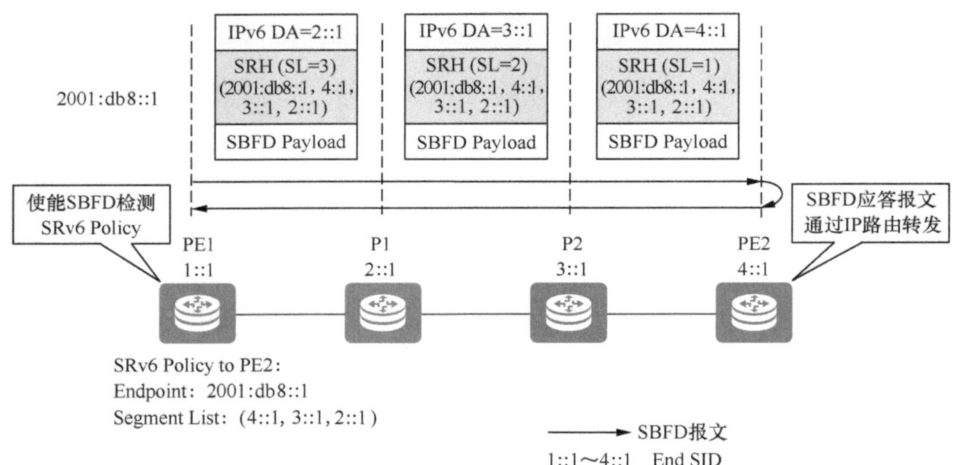

图 4-29 SBFD for SRv6 Policy 的检测过程

① 头节点 PE1 使能 SBFD 检测 SRv6 Policy，并配置 SBFD 的目的地址和描述符。

② PE1 对外发送 SBFD 报文，SBFD 报文封装 SRv6 Policy 对应的 SID 栈。

③ 尾节点 PE2 收到 SBFD 报文后，通过 IPv6 链路，按照最短路径发送 SBFD 应答报文。

④ PE1 如果收到 SBFD 应答报文，则认为 SRv6 Policy 的 Segment List 正常，否则会认为 Segment List 发生故障。如果一个候选路径下所有 Segment List 都发生故障，则 SBFD 触发切换候选路径。

2. 头节点故障感知

如果头节点不支持 SBFD 检测或某些场景要求不配置 SBFD 检测，则当 SRv6 Policy 的 Candidate Path 发生故障时，头节点不能快速感知故障，只能通过控制器感知拓扑变化的收敛来更新 SRv6 Policy。

如果控制器或与控制器连接的通道发生故障，头节点就无法感知故障切换路径，可能会导致流量丢失。因此，为了提升发生故障时切换流量的速度，推出了头节点故障感知功能。通过此功能，头节点能够在 Segment List 的路径发生故障时，触发设备将 Segment List 置为 Down 状态，进而触发 SRv6 Policy 内部切换路径或触发业务切换。

头节点故障感知功能的主要实现原理是要求头节点能够收集网络的拓扑信息，然后根据 Segment List 中的 SRv6 SID 在拓扑中是否存在及路由是否可达，来校验 Segment List 是否有效。

当 Segment List 中的所有 SRv6 SID 都在拓扑中存在并且路由也可达时，将 Segment List 的状态设置为 Up。只要 Segment List 中有一个 SRv6 SID 在拓扑中不存在或者路由不可达，设备就将 Segment List 的状态置为 Down，并删除 Segment List 表项。

当 Segment List 发生故障时，设备根据 SRv6 Policy 及 Candidate Path 的情况进行如下处理。

- 如果SRv6 Policy优选的Candidate Path有多个Segment List进行负载分担，其中一个Segment List发生故障，将发生故障的Segment List从负载分担列表中删除，将流量分担到其他的Segment List。
- 如果SRv6 Policy优选的Candidate Path中所有的Segment List都发生故障，SRv6 Policy有备Candidate Path，则将流量切换到备Candidate Path。
- 如果SRv6 Policy下主备Candidate Path都发生故障，则通告SRv6 Policy状态为Down，触发业务切换。

由于头节点需要对 SRv6 SID 状态和路由状态进行检测，所以头节点需要获取 IGP 域的所有 SRv6 SID 和路由信息。然而，当 Segment List 路径中存在 Binding SID 时，由于 Binding SID 不通过 IGP 泛洪，所以路径校验会失败，因此，在部署了 Binding SID 的场景中不能配置头节点故障感知功能。

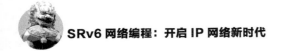

4.4.6 SRv6 Policy 路径切换

采用上述的 SBFD 和头节点故障感知等技术可以检测 Segment List 以及 Candidate Path 的可靠性。当 SRv6 Policy 的所有 Candidate Path 和 Segment List 都发生故障时，需要进行 SRv6 Policy 的保护倒换。下面以一个例子介绍 SRv6 Policy 的保护机制。

目前在 VPN 双归场景下，如果一个 VPN 节点发生故障，所有到达该节点的 SRv6 Policy 都会发生故障，此时需要切换到指向另一个 VPN 节点的 SRv6 Policy。

如图 4-30 和图 4-31 所示，SRv6 Policy1 的 Headend 是 PE1，Endpoint 是 PE2。另外 SRv6 Policy2 的 Headend 是 PE1，Endpoint 是 PE3。SRv6 Policy1 和 SRv6 Policy2 可以形成 VPN FRR，即 PE2 和 PE3 分别互为 VPN 备份节点。

SRv6 Policy1 的主路径和备份路径之间部署了 HSB 保护。Segment List1 指定的路径包含 P1、P2、PE2 的 End SID，并且节点上部署了 TI-LFA 等保护机制。

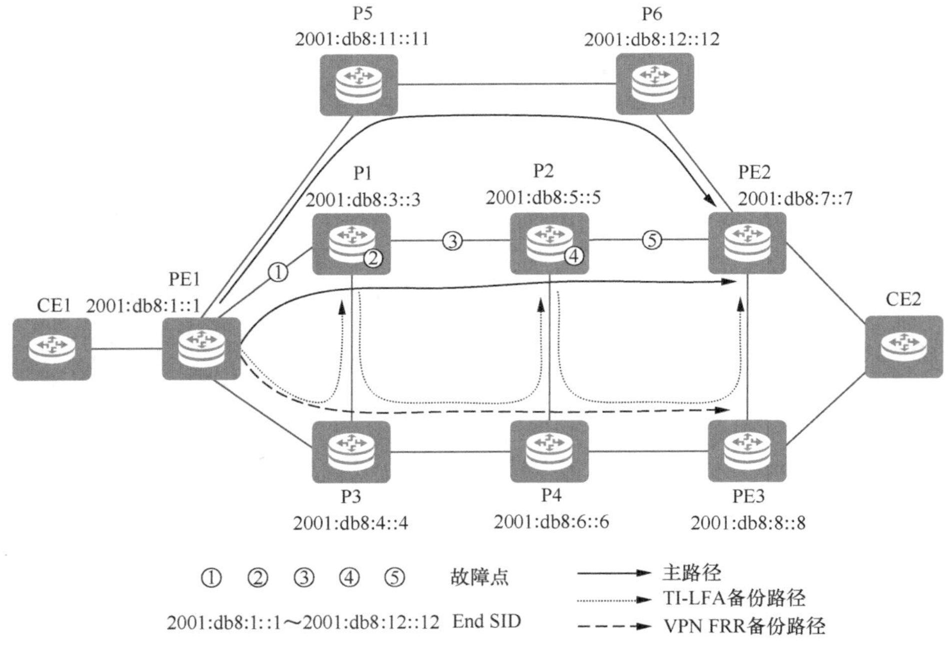

图 4-30 SRv6 Policy 路径切换

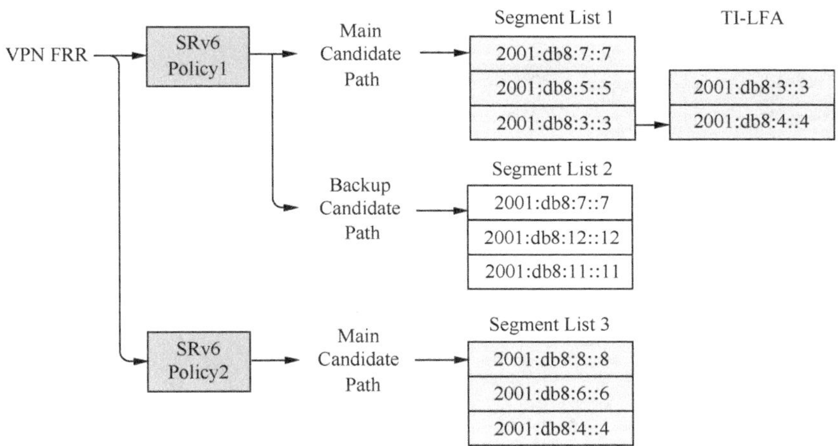

图 4-31 SRv6 Policy SID 栈信息

在图 4-30 中，相关故障切换过程如下。

① 当 P1 和 P2 之间的链路发生故障时，P1、P2 上的 TI-LFA 局部保护生效。PE1 上对应 Segment List1 的 SBFD 如果在局部保护生效之前就检测到故障，则 SBFD 联动将 Segment List1 置为 Down 状态，节点切换到 SRv6 Policy1 的负载分担路径 Segment List2。

② 当 P2 发生故障且局部保护未生效时，PE1 通过 SBFD 感知到 P2 发生故障，将 Segment List1 置为 Down 状态，SRv6 Policy1 切换到备份路径 Segment List2。

③ 当 PE2 发生故障时，通过 SBFD 可以探测到 SRv6 Policy1 的所有 Candidate Path 都不可用，将 SRv6 Policy1 置为 Down 状态，同时触发 VPN FRR 切换到 SRv6 Policy2。

| 4.5 BGP SRv6 Policy |

SRv6 Policy 可以通过 BGP 发布。为了发布 SRv6 Policy，需要扩展 BGP 的 SAFI（Subsequent Address Family Identifier，子地址族标识符）以及对应的 NLRI 和 Tunnel Encaps Attribute 等部分，具体的扩展如表 4-20 所示。

表 4-20　BGP 针对 SRv6 Policy 的扩展

扩展信息	描述
SAFI	SAFI 的 NLRI 标识 SR Policy，当 AFI 为 IPv6 时，NLRI 标识 SRv6 Policy
隧道类型	为 SRv6 Policy 提供了一个新的隧道类型标识符，并将一组 Sub-TLV 插入隧道封装属性中，Sub-TLV 里包含 SRv6 Policy 的 Binding SID、Preference 和 Segment List 等
Color 扩展团体属性	扩展 Color 的 Flags 字段，用于向对应的 SRv6 Policy 引流

这种新的 SAFI 用于标识 SR Policy，支持 IPv4 和 IPv6 两种 AFI（Address Family Identifier，地址族标识符）。当 AFI 为 IPv6，SAFI 为 SR Policy 时，表示下发的是 SRv6 Policy。

在该地址族的 Update 消息中，用 NLRI 标识 SR Policy 的 Candidate Path，用 Path Attribute 来携带 SR Policy Candidate Path 的具体信息，包括对应的 Binding SID、Preference 和 Segment List，等等。

控制器计算出 SRv6 Policy 以后，可以通过 BGP 邻居关系，将 SRv6 Policy 的 Candidate Path 以发布路由信息的形式发布给 SRv6 网络头节点。头节点收到多条相同的 Candidate Path 时会进行 BGP 路由优选，BGP 将选择的结果下发给 SRv6 Policy 的管理模块，并由管理模块安装到数据平面。

下面详细介绍 BGP SRv6 Policy 的协议扩展。

1. SRv6 Policy SAFI and NLRI

BGP 新增了对 SR Policy SAFI 的定义，SAFI 的编码为 73，它只能与 IPv4 或 IPv6 的 AFI 一起出现。当发布 SRv6 Policy 时，AFI 取值为 IPv6，SAFI 取值为 SR Policy。

SRv6 Policy SAFI 使用新的 NLRI 格式描述 SRv6 Policy 的一条 Candidate Path。SRv6 Policy NLRI 的格式如图 4-32 所示。

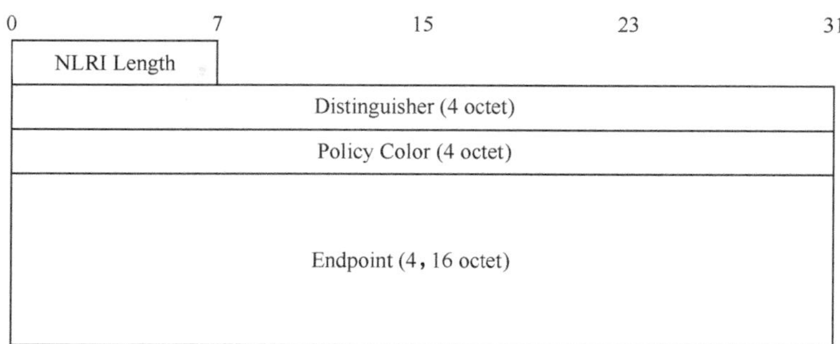

图 4-32　SRv6 Policy NLRI 的格式

SRv6 Policy NLRI 各字段的说明如表 4-21 所示。

表 4-21 SRv6 Policy NLRI 各字段的说明

字段名	长度	含义
NLRI Length	8 bit	NLRI 长度描述。 • AFI = 1 时（IPv4），长度是 12 octet。 • AFI = 2 时（IPv6），长度是 24 octet
Distinguisher	32 bit	用以区分同一个 SRv6 Policy 中的多条不同的 Candidate Path，在同一个 SRv6 Policy 中，该字段的值唯一
Policy Color	32 bit	SRv6 Policy 的颜色，用于和 Endpoint 一起标识一个 SRv6 Policy。Color 可以与目的路由前缀的扩展团体属性匹配，用于将流量引入 SRv6 Policy
Endpoint	32 bit 或 128 bit	SRv6 Policy 的 Endpoint，用于标识 SRv6 Policy 的目的节点。 • 当 AFI 是 IPv4 时，Endpoint 是一个 IPv4 地址 • 当 AFI 是 IPv6 时，Endpoint 是一个 IPv6 地址

2. SR Policy 和隧道封装属性

BGP 为 SR Policy 定义了一种新的隧道类型，编码是 15，其对应的隧道封装属性为 23，SR Policy 就编码在隧道封装属性中。SR Policy 的封装格式如下。

```
SR Policy SAFI NLRI: <Distinguisher, Policy-Color, EndPoint>
Attributes:
Tunnel Encaps Attribute(23)
    Tunnel Type: SR Policy(15)
        Binding SID
        Preference
        Priority
        Policy Name
        Explicit NULL Label Policy(ENLP)
        Segment List
            Weight
            Segment
            Segment
            ...
        ...
```

其中，SR Policy SAFI NLRI 在前面已介绍过。Tunnel Encaps Attribute 里包含 Binding SID、Preference、Priority 和 Segment List 等 Sub-TLV。

3. Binding SID Sub-TLV

Binding SID Sub-TLV 指定了 Candidate Path 关联的 Binding SID。Binding SID Sub-TLV 的格式如图 4-33 所示。

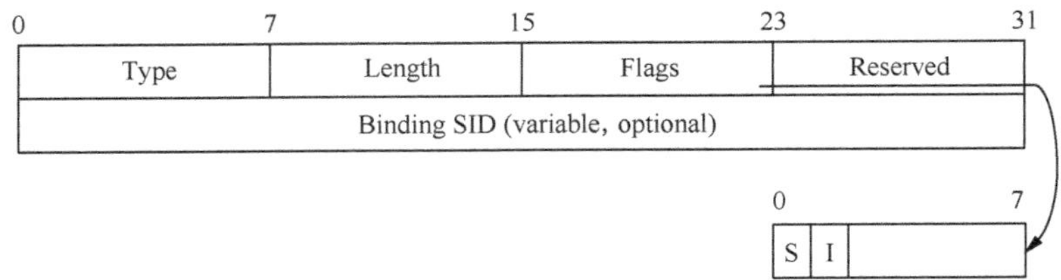

图 4-33 Binding SID Sub-TLV 的格式

Binding SID Sub-TLV 各字段的说明如表 4-22 所示。

表 4-22 Binding SID Sub-TLV 各字段的说明

字段名	长度	含义
Type	8 bit	类型，值是 13
Length	8 bit	长度，取值为 2、6 或 18，对于 SRv6，取值为 18
Flags	8 bit	标志位。 • S：表示 SRv6 Policy 的这条 Candidate Path 必须要有一个指定的合法的 Binding SID，如果不携带 Binding SID 值或者 Binding SID 值不合法，则此条 Candidate Path 被认为不可使用。 • I：表示 SRv6 Policy 不合法，将接收到的目的地址为此 Binding SID 的流量丢弃。 • 其他标识未定义，发送时设置为 0，接收时忽略
Reserved	8 bit	预留字段，发送时必须设置为 0
Binding SID	长度可变	可选。 • Length 为 2，标识未带 Binding SID。 • Length 为 6，Binding SID 长度是 32 bit 的标签格式。 • Length 为 18，Binding SID 长度是 128 bit 的 SRv6 SID

4. Preference Sub-TLV

Preference Sub-TLV 用来指定 SRv6 Policy 中 Candidate Path 的优先级。Preference Sub-TLV 是可选的，未被携带时，Candidate Path 的默认优先级是 100。Preference Sub-TLV 的格式如图 4-34 所示。

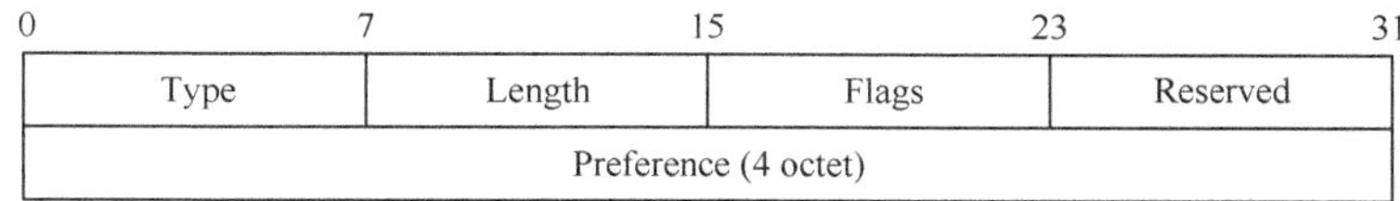

图 4-34 Preference Sub-TLV 的格式

Preference Sub-TLV 各字段的说明如表 4-23 所示。

表 4-23 Preference Sub-TLV 各字段的说明

字段名	长度	含义
Type	8 bit	类型，值是 12
Length	8 bit	长度，值是 6
Flags	8 bit	当前未定义。发送时必须设置为 0，收到时忽略
Reserved	8 bit	预留字段，发送时必须设置为 0
Preference	32 bit	SRv6 Policy Candidate Path 的优选级

5. Segment List Sub-TLV

Segment List Sub-TLV 指定了到 SRv6 Policy 的 Endpoint 节点的显式路径。Segment List Sub-TLV 中包含了路径信息和一个可选的 Weight Sub-TLV。Segment List Sub-TLV 的格式如图 4-35 所示。

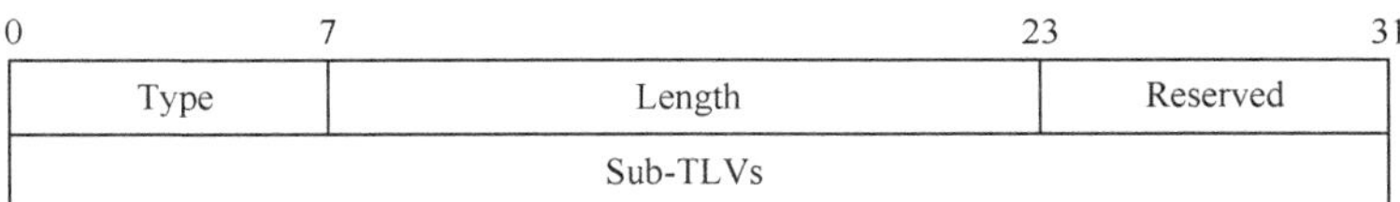

图 4-35 Segment List Sub-TLV 的格式

Segment List Sub-TLV 各字段的说明如表 4-24 所示。

表 4-24 Segment List Sub-TLV 各字段的说明

字段名	长度	含义
Type	8 bit	类型，取值是 128
Length	16 bit	长度，Segment List 中的所有 Sub-TLV 的长度之和
Reserved	8 bit	预留字段，发送时必须设置为 0
Sub-TLVs	长度可变	当前定义的 TLV 包括可选的 Weight Sub-TLV 和若干 Segment Sub-TLV

6. Weight Sub-TLV

Weight Sub-TLV 用来指定一个 Segment List 在 Candidate Path 中的权重。多个 Segment List 权重不同时，按照 Weight 指定的权重进行非等价负载分担。未指定时，Segment List 的权重是 1。Weight Sub-TLV 的格式如图 4-36 所示。

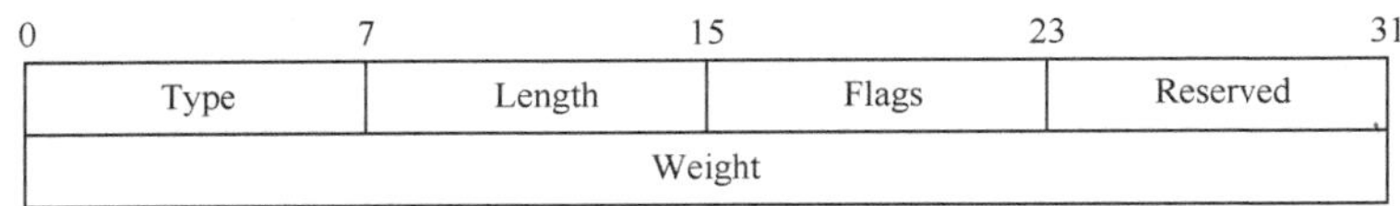

图 4-36　Weight Sub-TLV 的格式

Weight Sub-TLV 各字段的说明如表 4-25 所示。

表 4-25　Weight Sub-TLV 各字段的说明

字段名	长度	含义
Type	8 bit	类型，值是 9
Length	8 bit	长度，值是 6
Flags	8 bit	当前未定义，发送时必须设置为 0，收到时忽略
Reserved	8 bit	预留字段，发送时必须设置为 0
Weight	32 bit	Segment List 在 Candidate Path 中的权重，默认是 1。通过权重可以将流量分担到不同的 Segment List 上

7. Segment Sub-TLV

Segment Sub-TLV 用来定义 Segment List 中的 Segment，一个 Segment List 可以包含多个 Segment Sub-TLV。Segment Sub-TLV 有多种不同的类型，对于 SRv6 Policy，最常用的 Segment 类型是 SRv6 SID 类型。Segment Sub-TLV 的格式如图 4-37 所示。

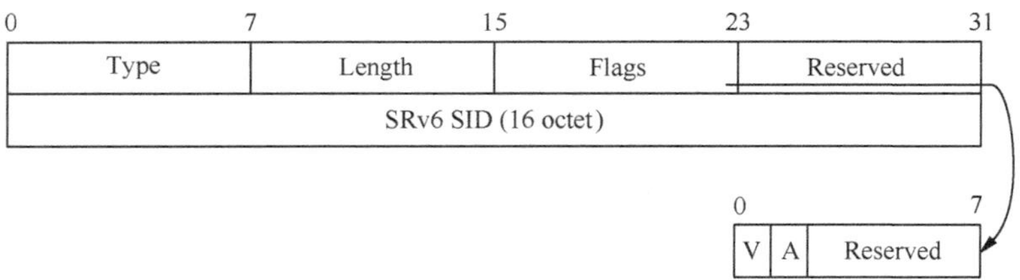

图 4-37　Segment Sub-TLV 的格式

Segment Sub-TLV 各字段的说明如表 4-26 所示。

表 4-26 Segment Sub-TLV 各字段的说明

字段名	长度	含义
Type	8 bit	类型，值是 2
Length	8 bit	长度，值是 18
Flags	8 bit	标志位。 • V：表示需要对 SID 进行校验，确认其是否可以使用。 • A：表示“SR 算法”字段（出现在 Segment Sub-TLV 3/4/9）中的算法 ID 是否应用于当前 Segment。A 标识目前只对类型为 3/4/9 的 Segment 类型有效，对 SRv6 SID 类型的 Segment 无效，须忽略。 • 其他标识未定义，发送时设置为 0，接收时忽略
Reserved	8 bit	预留字段，发送时必须设置为 0
SRv6 SID	128 bit	SRv6 SID 的值，IPv6 地址格式

8. Policy Priority Sub-TLV

Policy Priority Sub-TLV 用来指定拓扑变化时 SRv6 Policy 重算路的优先级。Policy Priority Sub-TLV 的格式如图 4-38 所示。

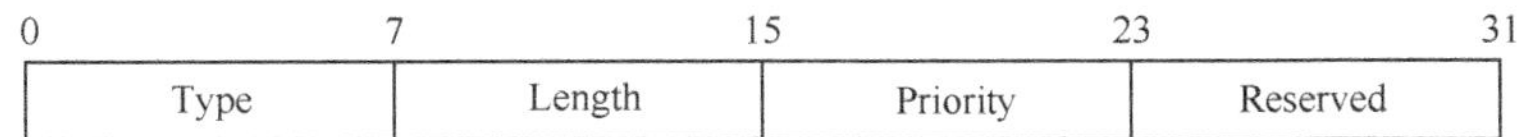

图 4-38 Policy Priority Sub-TLV 的格式

Policy Priority Sub-TLV 各字段的说明如表 4-27 所示。

表 4-27 Policy Priority Sub-TLV 各字段的说明

字段名	长度	含义
Type	8 bit	类型，值是 15
Length	8 bit	长度，值是 2
Priority	8 bit	优先级的值
Reserved	8 bit	预留字段，发送时必须设置为 0，收到时忽略

9. Policy Name Sub-TLV

Policy Name Sub-TLV 用来给 Policy 的 Candidate Path 关联一个名字。Policy Name Sub-TLV 是可选的，格式如图 4-39 所示。

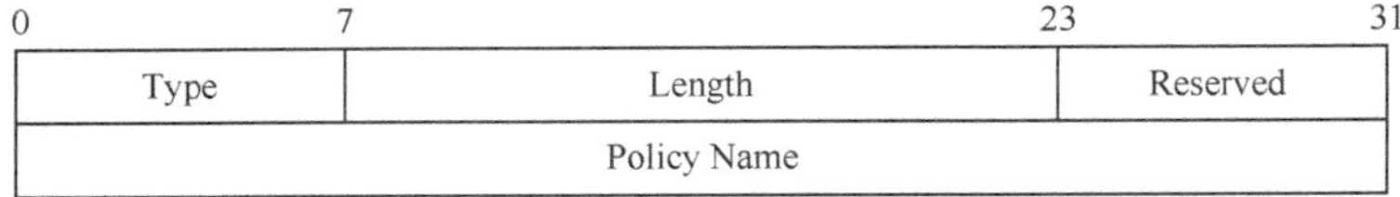

图 4-39 Policy Name Sub-TLV 的格式

Policy Name Sub-TLV 各字段的说明如表 4-28 所示。

表 4-28 Policy Name Sub-TLV 各字段的说明

字段名	长度	含义
Type	8 bit	类型，值是 129
Length	16 bit	长度
Reserved	8 bit	预留字段，发送时必须设置为 0，收到时忽略
Policy Name	长度可变	Policy 的名字，由可输出的 ASCII 字符组成的字符串，不包含 Null 结尾符

| SRv6 设计背后的故事 |

1. BGP 和 PCEP 的选择

在 SDN 的演进过程中，BGP 和 PCEP 成为两个重要的 SDN 控制器南向协议。在这个过程中，选择 BGP 还是 PCEP 一直是一个争论不休的话题。不同的客户和专家因为历史原因和习惯问题会有不同的选择。

来自 IP 领域的客户和专家熟悉 BGP，很自然地选择 BGP。BGP 经过 30 年的发展，功能丰富，互通性好，这都是选择 BGP 的优势。

PCEP 最早是由光传送领域的专家提出的，在其诞生的近 10 年时间里并没有获得实际的规模部署。因为 SDN 的发展，PCEP 获得了新的机会。特别是在移动承载网领域，因为基于 IP 的移动承载网大多由 SDH（Synchronous Digital Hierarchy，同步数字体系）发展而来，具有丰富光传送领域知识的网络运维人员并不习惯 BGP，认为其复杂度高，反而更青睐 PCEP。但是 PCEP 的功能实现相对较新，现网部署验证时间短，互通性和性能等和 BGP 相比都存在劣势。

除了用户习惯和历史原因对于两个协议选择的影响，二者在技术上也有本质的差别：BGP 采用的是“推（Push）”模式，BGP RR（Route Reflector，路由反射器）收到来自某个 Peer 的 BGP 路由会推送给其他的 BGP Peers；PCEP 则采用的是“拉（Pull）”模式，即 PCE 客户请求 PCE 服务器进行路径计算，PCE 服务器返回路径计算结果。因此，一些按需建立 SR Policy 的特性在使用 BGP 时会存在限制。当前一些创新研究工作在推动 BGP 支持请求 SR Policy 的建立，但研究还处于早期阶段，有待于进一步观察[16]。

2. SR Policy 的设计

笔者一直认为华为在研发 MPLS 时对隧道策略的设计是非常成功的。VPN 选择隧道的时候，可以通过隧道策略指定到达特定目的地址的 MPLS TE 隧道，并且可以指定多个隧道进行负载分担。后来在这个基础上又增加了许多新的特性。这个设计非常直观好用，客户方对此也有很多积极的反馈。虽然这个设计也因为和最早实现 MPLS TE 的其他厂商选择隧道的方式不一样而受到过质疑，但是最终还是保留了下来。

笔者并不是特别赞成 SR Policy 这样选取隧道的设计。在华为的设计中，建立隧道和隧道策略是解耦的，隧道下面配置隧道的属性，隧道策略下面配置 VPN 等选用隧道的策略，这样非常清晰。SR Policy 实际将建立隧道（SR 路径）、为隧道分配 Binding SID、隧道策略 3 个过程合在一起，带来了以下潜在的问题。

- SR Policy这个名字就令人费解，说是策略（Policy），实际里面还包含了建立SR路径。
- 耦合导致在更新隧道（SR路径）的一些属性时，没有变化的隧道策略的内容还要一起跟着更新一遍，造成了网络资源的浪费。
- 基于MPLS TE的设计经验，隧道的属性众多，隧道策略也灵活多变。当前的SR Policy看起来还比较简单，但是随着SR特性的完善，SR Policy就可能会逐渐变得臃肿。实际现在已经逐渐呈现出这种趋势，SR Policy的各种增强特性的协议扩展草案随处可见，笔者在IETF会议里面也专门提到了要控制SR Policy的范围。

这种用户策略的设计存在变化过多的风险，解耦设计就显得尤为重要。除了上面提到的策略的功能解耦，IP 操作系统的内部实现也一定要做到和用户界面解耦。因为二者本质的功能集合是类似的，如果内部实现和用户界面强绑定，一旦出现变化，就会造成开发工作量的成倍增加；而通过解耦，则可以通过简单的适配来完成用户界面的变化，由此将这种变化带来的影响减至最小。

本章参考文献

[1] AWDUCHE D, BERGER L, GAN D, et al. RSVP-TE: Extensions to RSVP for LSP Tunnels[EB/OL]. (2020-01-21)[2020-03-25]. RFC 3209.

[2] GINSBERG L, PREVIDI S, GIACALONE S, et al. IS-IS Traffic Engineering (TE) Metric Extensions[EB/OL]. (2019-03-15)[2020-03-25]. RFC 8570.

[3] GIACALONE S, WARD D, DRAKE J, et al. OSPF Traffic Engineering (TE) Metric Extensions[EB/OL]. (2018-12-20)[2020-03-25]. RFC 7471.

[4] GREDLER H, MEDVED J, PREVIDI S, et al. North-Bound Distribution of Link-State and Traffic Engineering (TE) Information Using BGP[EB/OL]. (2018-12-20)[2020-03-25]. RFC 7752.

[5] DAWRA G, FILSFILS C, TALAULIKAR K, et al. BGP Link State Extensions for SRv6[EB/OL]. (2019-07-07)[2020-03-25]. draft-ietf-idr-bgpls-srv6-ext-01.

[6] FILSFILS C, CAMARILLO P, LEDDY J, et al. SRv6 Network Programming[EB/OL]. (2019-12-05)[2020-03-25]. draft-ietf-spring-srv6-network-programming-05.

[7] PSENAK P, FILSFILS C, BASHANDY A, et al. IS-IS Extension to Support Segment Routing over IPv6 Data Plane[EB/OL]. (2019-10-04)[2020-03-25]. draft-ietf-lsr-isis-srv6-extensions-03.

[8] LI Z, HU Z, CHENG D, et al. OSPFv3 Extensions for SRv6[EB/OL]. (2020-02-12)[2020-03-25]. draft-ietf-lsr-ospfv3-srv6-extensions-00.

[9] TANTSURA J, CHUNDURI U, TALAULIKAR K, et al. Signaling MSD (Maximum SID Depth) Using Border Gateway Protocol Link-State[EB/OL]. (2019-08-15)[2020-03-25]. draft-ietf-idr-bgp-ls-segment-routing-msd-05.

[10] VASSEUR JP, LE ROUX JL. Path Computation Element (PCE)

Communication Protocol (PCEP)[EB/OL]. (2020-01-21)[2020-03-25]. RFC 5440.

[11] CRABBE E, MINEI I, MEDVED J, et al. Path Computation Element Communication Protocol (PCEP) Extensions for Stateful PCE[EB/OL]. (2020-01-21)[2020-03-25]. RFC 8231.

[12] CRABBE E, MINEI I, SIVABALAN S, et al. PCEP Extensions for PCE-initiated LSP Setup in a Stateful PCE Model[EB/OL]. (2018-12-20)[2020-03-25]. RFC 8281.

[13] NEGI M, LI C, SIVABALAN S, et al. PCEP Extensions for Segment Routing Leveraging the IPv6 Data Plane[EB/OL]. (2019-10-09)[2020-03-25]. draft-ietf-pce-segment-routing-ipv6-03.

[14] SIVABALAN S, TANTSURA J, MINEI I, et al. Conveying Path Setup Type in PCE Communication Protocol (PCEP) Messages[EB/OL]. (2018-07-24)[2020-03-25]. RFC 8408.

[15] FILSFILS C, SIVABALAN S, VOYER D, et al. Segment Routing Policy Architecture[EB/OL]. (2019-12-15)[2020-03-25]. draft-ietf-spring-segment-routing-policy-06.

[16] LI Z, LI L, CHEN H, et al. BGP Request for Candidate Paths of SR TE Policies[EB/OL]. (2020-03-08)[2020-03-25]. draft-li-ldr-bgp-request-cp-sr-te-policy-01.

第 5 章 SRv6 VPN

本章介绍 SRv6 基础业务的另一个关键业务——VPN，主要内容分为 SRv6 VPN 与 SRv6 EVPN 两部分。VPN 是现网最重要的应用之一，也是运营商赢利的主要方式。SRv6 可以基于 SID 携带 VPN 信息，借助 IPv6 的路由可达性和可聚合性，通过升级边缘节点使其支持 SRv6，即可部署 SRv6 VPN 业务，缩短了 VPN 业务开通的周期。这也是 SRv6 相比 SR-MPLS 具有的一个优势。

| 5.1 VPN 概述 |

VPN 是依靠 ISP(Internet Service Provider，因特网服务提供商) 在公共网络中建立的虚拟专用通信网络，也就是我们常说的私网。VPN 具有专用和虚拟的特征，可以在底层承载网上创建出逻辑隔离的网络。VPN 可以实现跨域站点之间的安全互联，同时支持不同 VPN 之间的隔离。所以 VPN 可以用于解决企业内部的互联问题，如总部和分部的互联；也可以用来隔离不同部门、不同业务的网络，如全部员工可以访问 E-mail 业务，但只有开发员工可以访问代码开发环境。

在 SRv6 之前，VPN 一般承载在 MPLS 网络上，被称为 MPLS VPN。MPLS VPN 里的 VPN 实例由 MPLS 标签标识，这个标签也叫作 VPN 标签。基于 VPN 标签可以实现业务数据的隔离，保证 VPN 资源不被网络中其他不属于本 VPN 的用户使用。在 SRv6 网络中，VPN 实例可以由 SRv6 SID 标识，具体内容将在后文中展开介绍。

5.1.1 VPN 的基本模型

VPN 的基本模型如图 5-1 所示。

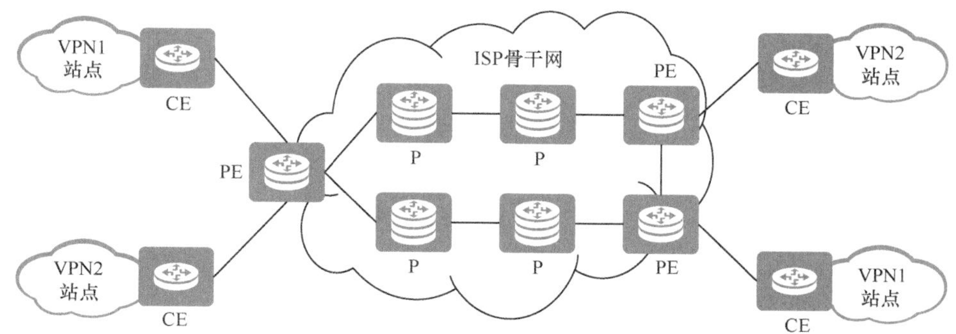

图 5-1 VPN 的基本模型

VPN 由如下 3 部分组成。

- CE：CE是用户网络的边缘设备，与SP（Service Provider，服务提供商）相连。CE可以是路由器或交换机，也可以是一台主机。CE感知不到VPN的存在，也不需要支持VPN的承载协议，如MPLS或SRv6。
- PE：PE是服务提供商网络的边缘设备，与用户的CE直接相连。在VPN中，对VPN的所有处理都发生在PE上。
- P（Provider）：P是服务提供商网络中的骨干设备，不与CE直接相连。P设备不感知VPN，只需要具备基本的网络转发能力（MPLS转发或IPv6转发能力）即可。

5.1.2 VPN 的业务类型

根据 VPN 承载的业务类型和网络特征，可将 VPN 分为 L3VPN[1-2] 和 L2VPN[1, 3] 两类。

- L3VPN：承载三层业务的VPN为L3VPN，L3VPN通过VPN实例实现业务隔离。
- L2VPN：承载二层业务的VPN为L2VPN，主要有VPWS和VPLS[1]，L2VPN通过PW（Pseudo Wire，伪线）实现业务隔离。

当网络 IP 化之后，一般的网络业务都是三层 IP 业务，比如 3G/4G/5G 业务、互联网和 VoIP（Voice over IP，互联网电话）业务，所以 VPN 的部署大多为 L3VPN。当然，对于传统 2G 的 TDM 接口，只能通过 L2VPN 去承载。此外，在企业网或数据中心中，如果低速接口或交换机较多，也可以部署 L2VPN。

1. L3VPN

承载三层业务的 VPN 为 L3VPN。由于 VPN 是一种虚拟私有网络，不同的 VPN 独立管理自己使用的地址空间，所以不同 VPN 的地址空间可能会发生重合。比如，在 L3VPN 中，VPN1 和 VPN2 都使用了地址空间 10.110.10.0/24。为实现这两个 VPN 的正常通信，需要隔离这两个 VPN 的流量。

在 MPLS L3VPN 中，不同 VPN 之间的隔离通过 VPN 实例实现，并由 MPLS 分配的 VPN 标签标识。PE 为每个直接相连的站点建立并维护专门的 VPN 实例。VPN 实例中包含对应站点的 VPN 成员关系和路由规则。

为保证 VPN 数据的独立性和安全性，PE 上每个 VPN 实例都有相对独立的路由表和 LFIB（Label Forwarding Information Base，标签转发表）。整体上，一个 VPN 实例包括 LFIB、IP 路由表、与 VPN 实例绑定的接口，以及 VPN 实例的管理信息，包括 RD（Route Distinguisher，路由标识）、RT（Route Target，路由目标）、成员接口列表等。

L3VPN 利用 BGP 在运营商骨干网上传播 VPN 站点的私网路由信息，使用 MPLS 或 SRv6 来承载 VPN 业务流量，实现运营商网络及用户网络的隔离。

2. L2VPN 和 EVPN

承载二层业务的 VPN 被称为 L2VPN。传统的 L2VPN 主要包含 VPLS 和 VPWS 两种。

- VPLS是一种多点到多点的L2VPN业务，支持在地域上隔离的用户站点通过中间网络相连，连成一个局域网。VPLS是对传统局域网功能的仿真，使它们像一个局域网那样工作。
- VPWS是一种点到点的L2VPN业务，是对传统租用线业务的仿真，使用IP网络模拟租用线，提供非对称、低成本的数据业务。

但是随着网络规模越来越大，业务需求越来越多，传统的 L2VPN 技术遇到了瓶颈，如图 5-2 所示，表现在以下几个方面。

- 业务部署复杂：尤其是对于基于LDP的VPLS业务而言，每新增一个业务接入点，都需要与其他PE新建Remote LDP会话来建立PW。

  说明： 尽管通过 BGP Auto-Discovery 实现了自动建立 PW，但是却在协议扩展的时候丢弃了 PW 冗余保护的功能[4-5]。从 2009 年开始，研究人员提出基于 BGP 的 VPLS 保护方案，但是十多年过去，依然停留在文稿阶段，并未获得广泛的支持与应用[6]。
- 网络规模受限：不管哪种L2VPN技术，都是在PW的基础上实现的，PW

的本质是一种点到点的虚拟连接，为了实现任意两点间的业务互通，需要在任意两点间都建立PW，N个节点两两互通就需要N^2个PW。网络规模越大，PW全连接的问题就越严重。另外，传统VPLS采用交换机的模型，基于数据平面学习MAC地址信息，当网络发生故障时，只能先清除所有相关的MAC地址，然后泛洪流量重新学习MAC地址信息，导致网络发生故障之后收敛速度很慢。

- 带宽利用效率低：在CE双归场景，所有的L2VPN技术都只能支持业务以Active-Standby的方式接入网络，不支持业务以Active-Active的方式接入网络，这就无法实现基于流的负载分担，无法高效利用网络带宽。

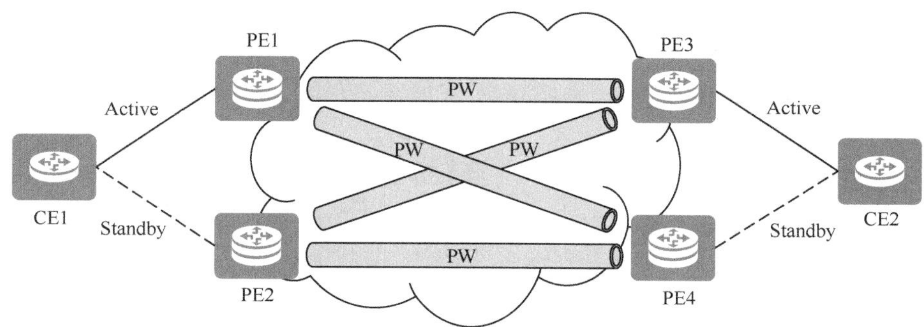

图 5-2 传统 L2VPN 遇到的挑战

为解决 L2VPN 的这些问题，业界提出了 EVPN[7] 技术。EVPN 最初被设计为一个基于 BGP 和 MPLS 的 L2VPN 技术。在 EVPN 技术提出之前，从 2000 年开始，业界就提出了多种 L2VPN 技术，用于在 IP/MPLS 网络中实现二层业务的透明传输，包括：基于 LDP 信令的 VPWS[8]；基于 BGP 信令的 VPLS[4]；基于 LDP 信令的 VPLS[9]，后来又进行优化，支持自动发现，简化部分部署[5]；基于 BGP 信令的 VPWS[10]。

EVPN 结合了 BGP VPLS 和 BGP L3VPN 的优势，通过使用扩展的 BGP 发布 MAC 可达信息，实现 L2VPN 业务的控制平面与转发平面分离。

EVPN 凭借其部署灵活、高效利用带宽、二三层业务共部署、快速收敛等优势，广泛应用于 WAN（Wide Area Network，广域网）和 DC 等多个场景，业界也形成了将 EVPN 作为统一的业务层协议的趋势。使用 EVPN 作为业务层协议，可以提供以下优势，如图 5-3 所示。

- 统一业务协议：使用扩展EVPN作为统一的业务信令协议，可支持E-Line、E-LAN、E-Tree等多种L2VPN业务，可发布IP路由承载L3VPN业务，还可以支持二三层业务共部署，实现IRB（Integrated

Routing and Bridging，集成路由和桥接）。EVPN L2VPN/L3VPN已大量部署在DC和DCI（Data Center Interworking，数据中心互联）的场景，可以统一承载以"云"为中心的所有业务。

- 简洁灵活部署：利用BGP RR特性，所有PE只需与RR建立BGP邻居，实现网络设备天然连接，无PW全连接的困扰。通过RT可实现L2VPN PE自动发现，无须建立额外的Remote LDP会话。使用BGP学习远端MAC地址信息，再利用BGP的路由属性，可以实现灵活的策略控制。
- 高效带宽利用：支持二三层所有业务通过Active-Active模式接入网络，实现基于流的负载分担。
- 流量路径优化：通过ARP（Address Resolution Protocol，地址解析协议）/ND（Neighbor Discovery，邻居发现）代理减少广播流量泛洪。支持分布式网关，跨子网流量可循最优路径转发，不需要都到集中式网关绕行。
- 故障快速收敛：通过BGP学习MAC/IP地址，可实现下一跳分离，故障场景流量快速切换，业务恢复时间与MAC/IP地址数量无关。EVPN内置ARP/ND/IGMP（Internet Group Management Protocol，因特网组管理协议）同步机制，可以在双归PE之间共享信息，故障场景下不需要PE重新学习。

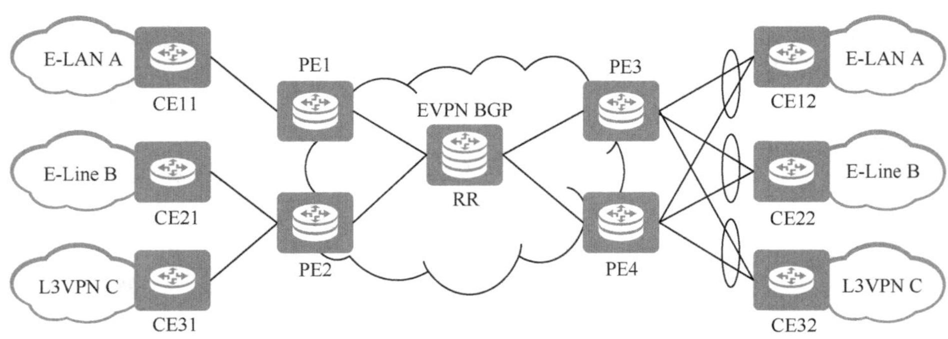

图 5-3　EVPN 统一承载优势

EVPN 设计之初使用 MPLS 作为转发平面。由于 EVPN 实现了控制平面与转发平面的分离，所以当转发平面从 MPLS 切换为 SRv6 时，EVPN 业务的关键技术与优势仍旧可以由 SRv6 天然继承，并在 SRv6 本身的技术优势加持下放大，比如更强大的云网协同能力、更高的可靠性等。

5.2 SRv6 VPN 的协议扩展

前文提到在 MPLS 网络中，一个 VPN 实例可以由 MPLS 分配 VPN 标签来标识，而在 SRv6 网络中，VPN 实例可以使用 SRv6 SID 标识。正如第 2 章中介绍的，VPN 业务需要用到的 SID 中的 Function 类型可以是 End.DX4、End.DT4、End.DX6、End.DT6 等，具体的使用方法取决于 VPN 的类型。比如承载 IPv6 报文的 L3VPN 使用 End.DT6 和 End.DX6 类型的 SID，而承载 IPv4 报文的 L3VPN 使用 End.DT4 和 End.DX4 类型的 SID。

为了支持 VPN，PE 节点需要发布对应的 SRv6 SID，用于标识 VPN 实例。这个发布过程需要扩展相应的控制平面协议。

当私网流量从 CE 设备转发到 PE 设备时，PE 设备从绑定了 VPN 实例的接口上收到私网报文以后，查找对应 VPN 实例的路由转发表，匹配目的地址，查找到该目的地址对应的 VPN 路由的 SRv6 SID、出接口及下一跳信息。在 SRv6 BE 场景下，直接使用该 SRv6 SID 作为目的地址封装成 IPv6 报文。在 SRv6 TE 场景下，将目的路由迭代出来的转发路径 Segment List 和该 SRv6 VPN SID 插入报文中进行转发。

1. SRv6 Services TLV

与 MPLS VPN 一样，SRv6 VPN 的协议扩展也是基于 BGP 来实现的，通过 BGP 来发布相应 SRv6 SID 标识的 VPN 下的 IPv4、IPv6、MAC 等可达信息。

IETF 文稿定义了具体的扩展内容，包括基于 SRv6 的 L3VPN、EVPN 和互联网业务的 BGP 处理流程和相应的协议扩展[11]。在协议扩展方面，IETF 扩展了两个 BGP Prefix-SID 属性 TLV，用于携带业务相关的 SRv6 SID[11]。

- SRv6 L3 Services TLV：用于携带三层业务的SRv6 SID信息，支持携带End.DX4、End.DT4、End.DX6、End.DT6等SID信息。
- SRv6 L2 Services TLV：用于携带二层业务的SRv6 SID信息，支持携带End.DX2、End.DX2V、End.DT2U、End.DT2M等SID信息。

BGP Prefix-SID 属性是专门为 SR 定义的 BGP 路径属性[12]，这个属性是可选和可传递的，类型号为 40，其 Value 字段为实现各种业务功能的一个或多个 TLV，例如本节提及的多种类型的 SRv6 Services TLV。SRv6 Services TLV 的格式如图 5-4 所示。

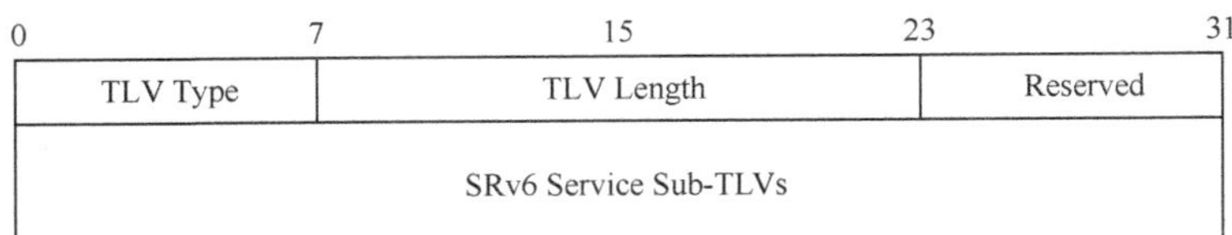

图 5-4　SRv6 Services TLV 的格式

SRv6 Services TLV 各字段的说明如表 5-1 所示。

表 5-1　SRv6 Services TLV 各字段的说明

字段名	长度	含义
TLV Type	8 bit	类型，用于标识不同的 TLV，比如 SRv6 L3 Services TLV 和 SRv6 L2 Services TLV
TLV Length	16 bit	该 TLV 的总长度
Reserved	8 bit	预留字段
SRv6 Service Sub-TLVs	长度可变	可扩展的 Sub-TLV 类型，可携带更具体的 SRv6 业务信息

SRv6 Service Sub-TLVs 的格式如图 5-5 所示。

0	7	15	23	31
SRv6 Service Sub-TLV Type	SRv6 Service Sub-TLV Length		SRv6 Service Sub-TLV Value	

图 5-5　SRv6 Service Sub-TLV 的格式

SRv6 Service Sub-TLV 各字段的说明如表 5-2 所示。

表 5-2　SRv6 Service Sub-TLV 各字段的说明

字段名	长度	含义
SRv6 Service Sub-TLV Type	8 bit	该 Sub-TLV 的类型，取值为 1 时，表示类型为 SRv6 SID Information Sub-TLV
SRv6 Service Sub-TLV Length	16 bit	该 Sub-TLV 的长度
SRv6 Service Sub-TLV Value	长度可变	该 Sub-TLV 的值

2. SRv6 SID Information Sub-TLV

SRv6 Service Sub-TLV 根据 Type 的不同，可以描述不同的业务信息，也拥有不同的格式。目前定义了 1 种 SRv6 Service Sub-TLV，即 SRv6 SID Information Sub-TLV，用于携带 SID 信息，其格式如图 5-6 所示。

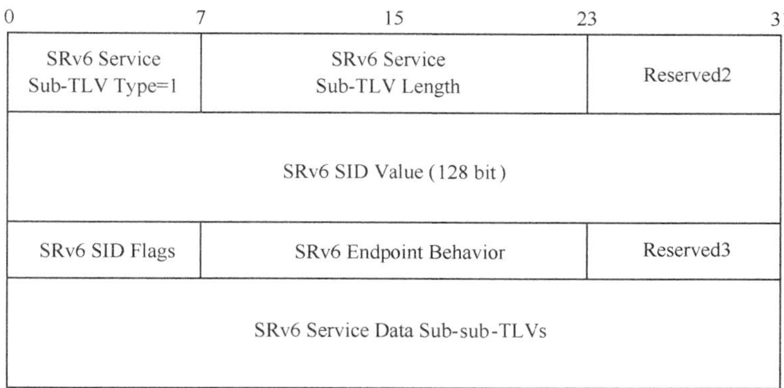

图 5-6 SRv6 SID Information Sub-TLV 的格式

SRv6 SID Information Sub-TLV 各字段的说明如表 5-3 所示。

表 5-3 SRv6 SID Information Sub-TLV 各字段的说明

字段名	长度	含义
SRv6 Service Sub-TLV Type	8 bit	TLV 类型，取值为 1，表示 SRv6 SID Information Sub-TLV
SRv6 Service Sub-TLV Length	16 bit	该 Sub-TLV 的长度
Reserved2	8 bit	预留字段，设置为 0
SRv6 SID Value	128 bit	SRv6 SID 值 [13]
SRv6 SID Flags	8 bit	预留出来的 Flag 字段，暂无定义
SRv6 Endpoint Behavior	16 bit	SRv6 行为 [13]
Reserved3	8 bit	预留字段，设置为 0
SRv6 Service Data Sub-sub-TLVs	长度可变	该字段携带了 SRv6 SID 的可选属性，为一系列的 SRv6 Service Data Sub-sub-TLV

3. SRv6 SID Structure Sub-sub-TLV

SRv6 Service Data Sub-sub-TLV 用于携带可选的服务信息。根据 Type 的不同，可以携带不同的信息。

当前只定义了一种 SRv6 Service Data Sub-sub-TLV，即类型为 1 的 SRv6 SID Structure Sub-sub-TLV，用于携带 SID 格式的描述信息，其格式如图 5-7 所示。

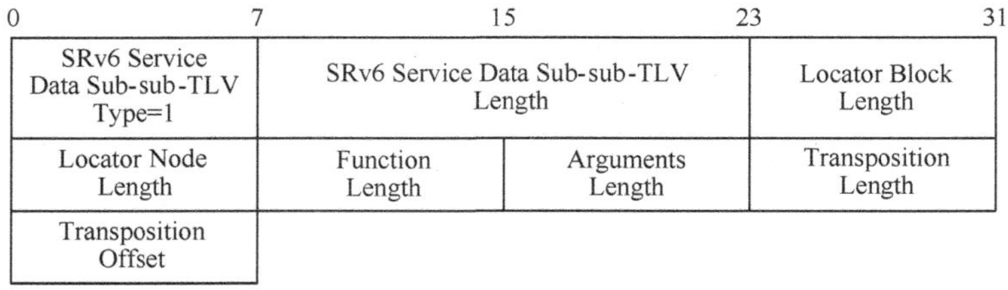

0 7 15 23 31

SRv6 Service Data Sub-sub-TLV Type=1	SRv6 Service Data Sub-sub-TLV Length		Locator Block Length
Locator Node Length	Function Length	Arguments Length	Transposition Length
Transposition Offset			

图 5-7 SRv6 SID Structure Sub-sub-TLV 的格式

SRv6 SID Structure Sub-sub-TLV 各字段的说明如表 5-4 所示。

表 5-4 SRv6 SID Structure Sub-sub-TLV 各字段的说明

字段名	长度	含义
SRv6 Service Data Sub-sub-TLV Type	8 bit	类型值，取值为 1，表示 SRv6 SID Structure Sub-sub-TLV
SRv6 Service Data Sub-sub-TLV Length	16 bit	TLV 长度值，当前固定为 48 bit
Locator Block Length	8 bit	SRv6 SID Locator Block 的长度，单位是 bit。 此字段以及随后 3 个字段的含义如图 5-8 所示
Locator Node Length	8 bit	SRv6 SID Locator Node 的长度，单位是 bit
Function Length	8 bit	SRv6 SID Function 的长度，单位是 bit
Arguments Length	8 bit	SRv6 SID Arguments 的长度，单位是 bit。Arguments 通常只用于某些特定行为，如 End.DT2M。因此当 Arguments 不可用时，Arguments Length 字段必须设置为 0
Transposition Length	8 bit	被移位到 Label 标签字段的 SID 部分的长度，单位是 bit。 • Transposition Length 字段指明被移位的比特数量。 • Transposition Length 字段值为 0 时，表明不进行移位操作，SRv6 SID 值被完整地编码存放进 SID Information Sub-TLV。此时，Transposition 偏移字段必须设置为 0
Transposition Offset	8 bit	Transposition 偏移字段，被移位到 Label 标签字段的 SID 部分的偏移位置，单位是 bit。需要注意的是，因为 BGP 更新报文中的 Label 字段的大小是 24 bit，只有 24 个比特可以从 SRv6 SID 值移位到 Label 字段中。 Transposition Offset 和 Transposition Length 的含义如图 5-9 所示。其中，Transposition Offset 取值是 108，Transposition Length 的取值是 20

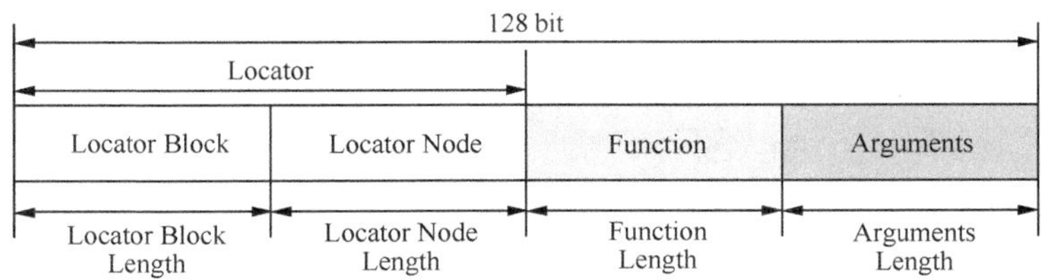

图 5-8 Locator Block Length 及随后 3 个字段的含义

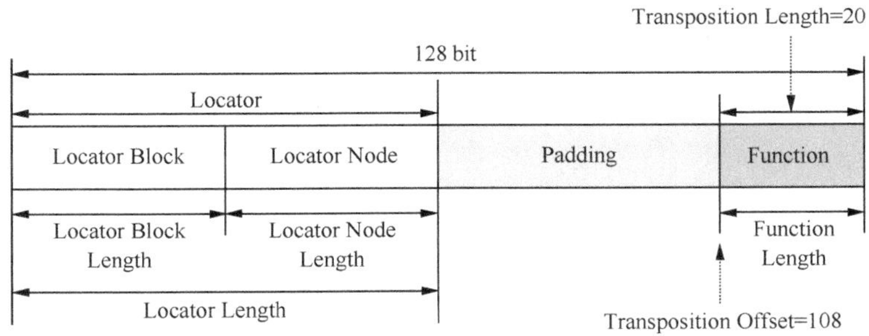

图 5-9 Transposition Offset 和 Transpositon Length 的含义

引入 SRv6 SID Structure Sub-sub-TLV 之后，可以将 SRv6 SID 值的可变部分（Function/Arguments 部分）移位，并存储在已有的 BGP 更新报文的 Label 标签字段中，而多个 SRv6 SID 相同的、固定不变的部分仍被编码在 SID Information Sub-TLV 中。当以上述切分形式通告 SRv6 SID 时，必须正确填写 SRv6 SID Structure Sub-sub-TLV 的各个长度字段，以使接收方能够精确地还原出原始的 SRv6 SID 值。

通过这样的处理，SRv6 SID Structure Sub-sub-TLV 所携带的信息可以被多个 SRv6 SID 多次复用，原本一条 BGP 更新报文只能携带一条路由，现在可以携带多条路由，大大减少了报文数量，提高了 BGP 更新报文发送和接收的处理效率。

5.3 SRv6 L3VPN 的工作原理

本节介绍 SRv6 L3VPN 的工作原理。SRv6 按承载业务路径划分，可以分为 SRv6 BE（Best Effort，尽力而为）和 SRv6 TE 两种类型，我们也将 SRv6

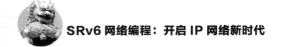

L3VPN 分为 L3VPN over SRv6 BE 和 L3VPN over SRv6 TE 两个部分来介绍。

5.3.1 L3VPN over SRv6 BE 的工作原理

L3VPN over SRv6 BE 是指利用 SRv6 BE 来承载 L3VPN 业务，其工作原理包括控制平面的工作流程和转发平面的工作流程两部分内容。

1. L3VPN over SRv6 BE 控制平面的工作流程

L3VPN over SRv6 BE 控制平面的工作流程如图 5-10 所示，主要流程如下。

① 基础网络连通配置：在 PE 和 P 节点上完成 IPv6 地址、IGP、BGP 等配置，保证设备基础网络连通。

② VPN 配置与 Locator 路由发布：在 PE2 节点上配置 VPN 及 SRv6 SID。该节点的 SRv6 Locator 配置为 A2:1::/64，Loopback 接口 IPv6 地址配置为 A2:2::100。该节点配置 VPN1 接入 CE2 侧的 IPv4 业务，通过给每个 VPN 分配一个 SID 的方式，将该 VPN 配置的 End.DT4 SID 设置为 A2:1::B100。PE2 将 Locator 前缀路由 A2:1::/64 及 Loopback 路由 A2:2::100 通过 IGP 发布到域内各节点，各节点形成对应的路由转发表项。

③ 发布私网路由与 VPN SID：PE2 学习到的来自 CE2 的私网路由 10.1.1.1/32 以后，将路由以及对应的 VPN SID（在 BGP Prefix SID 属性中的 SRv6 L3 Services TLV 中携带）等信息通过 BGP 通告给远端的 PE1。

④ 生成 VPN 转发表：PE1 学习到私网路由 10.1.1.1/32 及 End.DT4 SID 的映射关系，将私网路由 10.1.1.1/32 下发到本机转发表，此路由携带 End.DT4 SID 信息，下一跳地址为 PE2 的地址 A2:2::100。

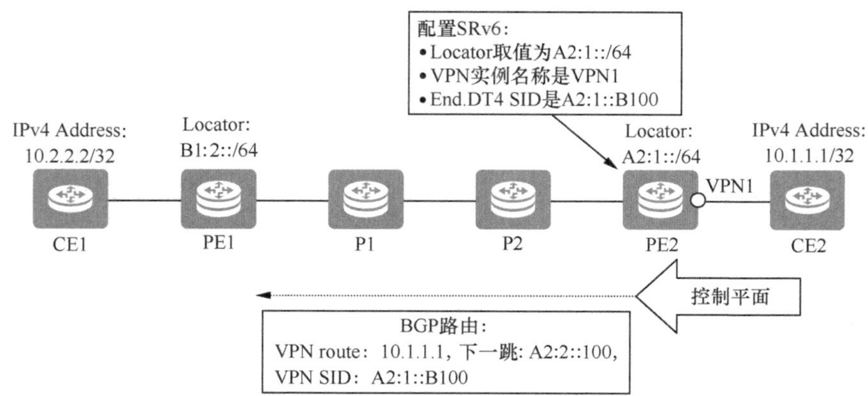

图 5-10　L3VPN over SRv6 BE 控制平面的工作流程

2. L3VPN over SRv6 BE 转发平面的工作流程

控制平面构建完成之后，就可以支持 L3VPN 流量的转发了。L3VPN over SRv6 BE 转发平面的工作流程如图 5-11 所示，主要流程如下。

① 当 PE1 收到从 CE1 发往 CE2 的报文时，PE1 会根据报文的入接口绑定的 VPN，查找相应的 VPN 实例转发表，并通过 CE2 的路由 10.1.1.1/32 获取远端 PE2 上 VPN 的 End.DT4 SID 信息，然后将原始报文封装一层 IPv6 报文头往外转发，报文的目的地址为远端 PE2 上 VPN 实例的 End.DT4 SID。

② 网络中间的转发节点 P1 和 P2 可以是 SRv6 节点，也可以是不支持 SRv6 的普通 IPv6 节点。由于报文的目的地址不是本机的 SID，也不是本机的接口地址，所以 P1 和 P2 节点将按照 IPv6 目的地址 A2:1::B100，采用普通的最长掩码匹配原则查找 IPv6 路由转发表，最终匹配到 IGP 发布的 SRv6 Locator 路由 A2:1::/64，P1 和 P2 节点最终将报文沿最短路径转发至 PE2。

③ PE2 收到目的地址为 End.DT4 SID 的 IPv6 报文时，查找本地 SID 表，命中一个 End.DT4 SID，PE2 按照 End.DT4 SID 的功能指令处理报文：弹出外层 IPv6 报文头，然后使用内层报文的目的地址 10.1.1.1，在 SID 所对应的 VPN 实例转发表中查找转发表项，并根据查找到的转发表项将报文转发到 CE2。

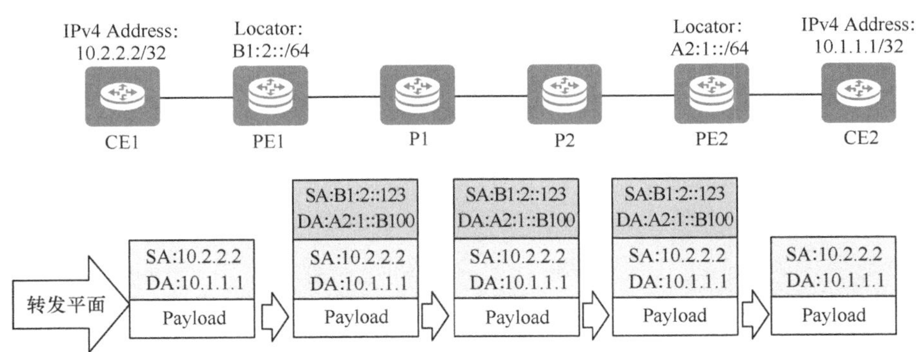

图 5-11　L3VPN over SRv6 BE 转发平面的工作流程

由此可见，部署 SRv6 来支持 VPN 对现网的改动很小，只需将 PE 节点升级至支持 SRv6 即可。因此在现网向 SRv6 演进的方案中，初始阶段一般只需升级 PE 节点支持 SRv6 VPN，然后再按需进行部分节点升级，支持松散路径的 TE，最后才需要全网演进到 SRv6，支持严格路径的 TE。更多的现网演进案例将在第 7 章中详细介绍。

5.3.2 L3VPN over SRv6 TE 的工作原理

上一节介绍了 L3VPN over SRv6 BE 的例子，VPN 流量在转发时是基于最短路径转发的。但在某些场景下，VPN 数据需要经过指定的路径转发以实现 QoS 保障。下面将以 L3VPN over SRv6 Policy 为例，介绍 VPN 流量如何通过指定的 SRv6 TE 路径进行转发。为方便读者理解，将使用仅包含一个 End.X SID 的松散的 SRv6 Policy 为例进行介绍。

1. L3VPN over SRv6 Policy 控制平面的工作流程

L3VPN over SRv6 Policy 控制平面的工作流程如图 5-12 所示，主要流程如下。

① 基础网络连通配置：在 PE 和 P 节点上完成 IPv6 地址、IGP、BGP 等配置，保证设备基础网络连通。

② 配置与发布 SRv6 Locator：在 PE3 节点上配置相关的 SRv6 SID。该节点的 SRv6 locator 配置为 A2:1::/64，Loopback 接口 IPv6 地址配置为 A2:2::124。PE3 将 Locator 前缀路由 A2:1::/64 及 Loopback 路由 A2:2::124 通过 IGP 发布到域内各节点，各节点形成对应的路由转发表项。此外，PE3 还需要将 Locator 和 SID 等信息通过 BGP-LS 通告给控制器。

③ 配置 VPN 与发布 SID：在 PE3 上配置 VPN1，接入 CE2 侧 IPv6 业务，并为连接 CE2 的三层邻接配置 End.DX6 SID A2:1::C100。

④ 通告 VPN 路由：PE3 学习到来自 CE2 的 IPv6 地址为 2000::1 的私网路由，并将这些私网路由、VPN SID、下一跳以及可选的 Color 属性（用来匹配不同的业务需求）等信息通过 BGP 通告给远端的 PE。

⑤ 配置与发布 SRv6 SID：配置 P2 的 SRv6 locator 为 A1:2::/64，Locator 路由通过 IGP 发布，其他节点学习到此路由以后，将生成 A1:2::/64 网段的路由转发表项。为 P2 与 P4 之间的链路配置 End.X SID A1:2::100，并通过 BGP-LS 通告给控制器。

⑥ 下发控制器算路：控制器通过 BGP-LS 收集到网络拓扑和 SID 等信息，结合业务需求，计算出 SRv6 Policy 路径，然后通过 BGP 将 SRv6 Policy 信息下发给头节点 PE1。其中 TE 路径需经过 P2 到 P4 的链路，所以 Segment List 中包含对应的 End.X SID A1:2::100。头节点 PE1 存储该 SRv6 Policy 的相关信息，包括 Color 属性、Endpoint 地址以及途经 P2 到 P4 链路的 SRv6 Segment List <A1:2::100> 等。

⑦ 头节点PE1学习到PE3通告的私网路由，利用该私网路由携带的Color属性和下一跳迭代SRv6 Policy。迭代成功后，私网路由的出接口设置为SRv6 Policy隧道接口。

说明： SRv6 TE场景的VPN路由迭代是指根据VPN路由的Color和下一跳地址匹配SRv6 Policy的Color和Endpoint地址，如果匹配成功，则VPN路由成功迭代到SRv6 Policy，VPN数据流量可以通过该SRv6 Policy转发到下一跳节点。

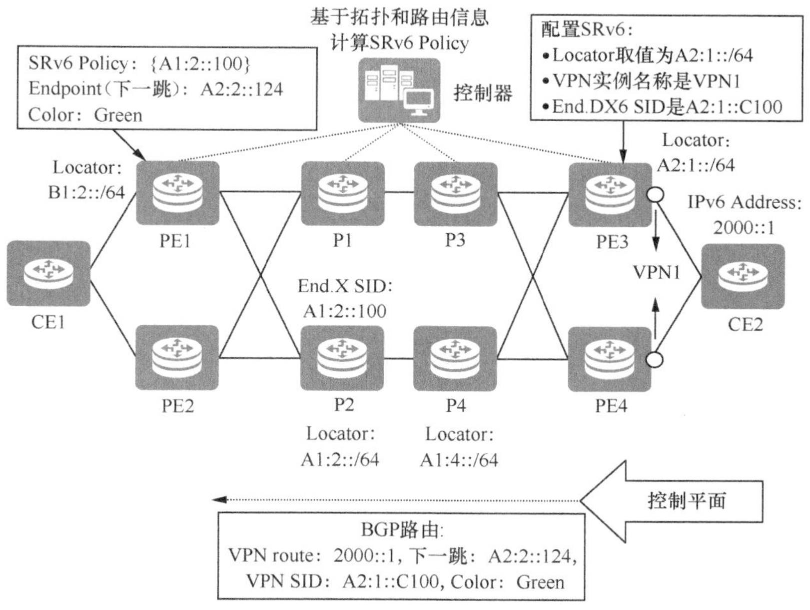

图5-12　L3VPN over SRv6 Policy控制平面的工作流程

2. L3VPN over SRv6 Policy转发平面的工作流程

控制平面构建完成之后，就可以进行L3VPN over SRv6 Policy转发了。L3VPN over SRv6 Policy转发平面的工作流程如图5-13所示，主要流程如下。

① 当PE1收到从CE1发往CE2的报文时，PE1上会根据报文的入接口绑定的VPN，查找相应的VPN实例转发表，从而获取到远端VPN实例的End.DX6 SID信息，并根据转发表项中的信息确定该VPN路由的出接口为SRv6 Policy隧道，PE1在原始报文中封装一层SRH及IPv6报文头后往外转发。该SRH中将携带两个SRv6 SID，包括节点P2到节点P4链路的End.X SID A1:2::100及目的PE3上VPN1中私网路由2000::1对应的End.DX6

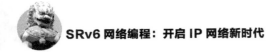

SID A2:1::C100。报文从 PE1 发出时，SRH 中指针指向下一跳 A1:2::100，对应的外层 IPv6 报文目的地址为该指针指向的 A1:2::100。

② 节点 P2 收到目的地址是 End.X SID 的 IPv6 报文时，查找本地 SID 表，命中一个 End.X SID，节点 P2 需要执行 End.X SID 的指令：处理携带了 SRH 的 IPv6 报文头，指针偏移指向下一跳 A2:1::C100，对应的外层 IPv6 报文头目的地址替换为指针指向的 A2:1::C100，并按照 End.X SID A1:2::100 指示的出接口沿节点 P2 到节点 P4 的链路转发至节点 P4。

③ 节点 P4 可以是普通 IPv6 转发节点，收到的目的地址是 End.DX6 SID A2:1::C100 的 IPv6 报文时，由于报文的目的地址不是本机的 SID，也不是本机的接口地址，所以节点 P4 将按照 IPv6 目的地址 A2:1::C100，采用普通的最长掩码匹配原则查找 IPv6 路由转发表，最终匹配到 IGP 发布的 SRv6 Locator 路由 A2:1::/64，节点 P4 将 IPv6 报文沿最短路径转发至 PE3。

④ PE3 收到目的地址是 End.DX6 SID A2:1::C100 的 IPv6 报文时，查找本地 SID 表，命中一个 End.DX6 SID，PE3 按照 End.DX6 SID 的功能指令处理报文，弹出该 IPv6 报文头，恢复原始报文，并按照 End.DX6 SID A2:1::C100 指示的出接口将报文转发到 CE2。

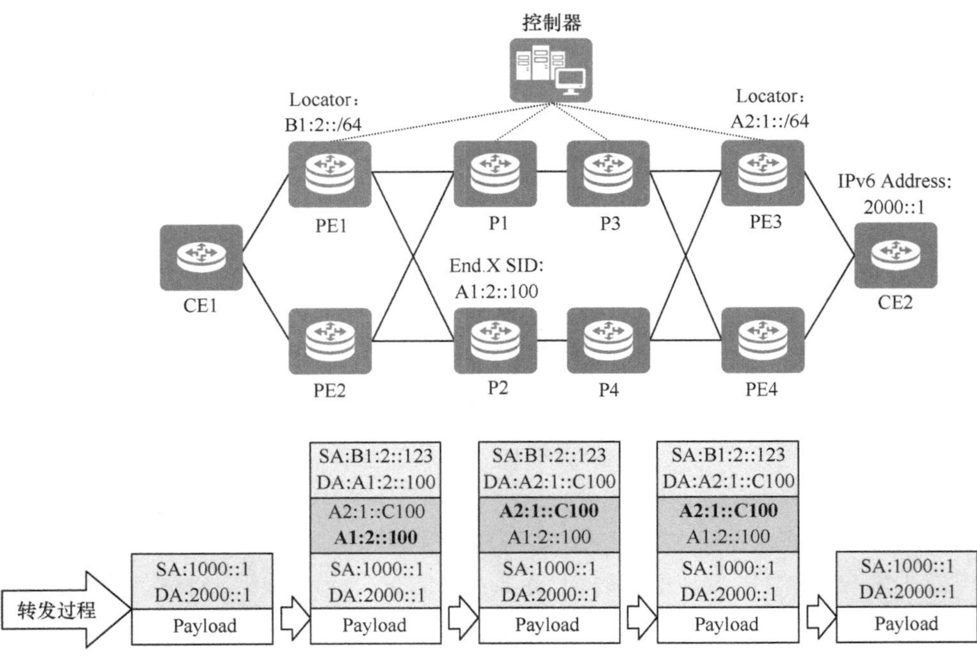

图 5-13 L3VPN over SRv6 Policy 转发平面的工作流程

| 5.4 SRv6 EVPN 的工作原理 |

前面介绍到 EVPN 支持包括 SRv6 的多种数据平面。而实际上，基于 EVPN 控制平面的 SRv6 解决方案是当下 SRv6 部署的最典型应用之一，可以简称为 SRv6 EVPN。在介绍 SRv6 EVPN 的工作原理之前，为方便读者理解，首先结合图 5-14，简要介绍一下 EVPN 的相关术语。

- EVI（EVPN Instance，EVPN实例）：指一个EVPN实例。
- MAC-VRF：用于MAC地址的VRF表。
- ES（Ethernet Segment，以太网段）：当一个CE通过一组链路连接到一个或者多个PE时，这组链路就被称为Ethernet Segment。
- ESI：标识一个ES的ID，当CE单归到一个PE时，ESI = 0，当CE多归到多个PE时，ESI的值不为0。
- Ethernet Tag：标识一个广播域，比如一个VLAN域。一个EVPN实例可能包含多个广播域，所以一个EVI可能会对应多个Ethernet Tag。

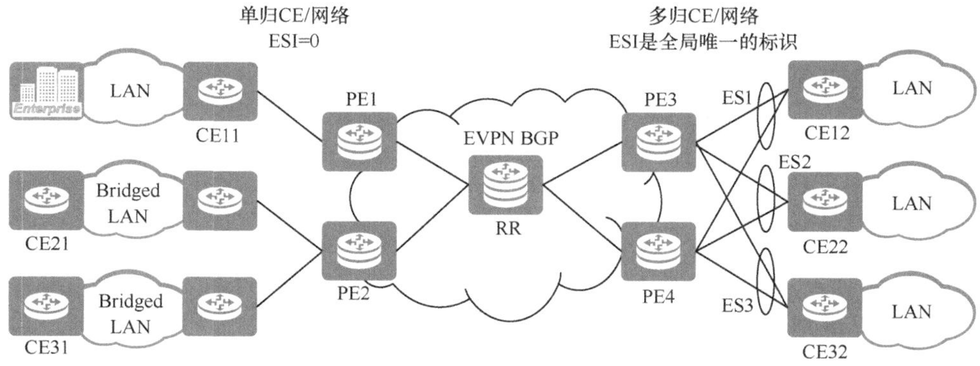

图 5-14 SRv6 EVPN 的典型组网

与传统的 L2VPN 相比，EVPN 通过 BGP 通告 MAC 地址，使 L2VPN 学习和发布 MAC 地址的过程从数据平面转移到控制平面。这种方式与 L3VPN 的 BGP/MPLS IP VPN 机制相似。

为了支持 EVPN，定义了新的 EVPN NLRI，包含表 5-5 中的 Type-1 ~Type-4 这 4 种路由类型，用于携带 MAC/IP 路由等信息[7]。此外，EVPN 还定义了

Type-5 路由，用于携带 EVPN IP 前缀[14]；还有其他文稿定义了更多路由类型，比如 Type-6、Type-7 和 Type-8 路由[15]，用于 EVPN 的组播场景，这 3 类路由可直接用于 SRv6 EVPN。本节重点介绍 Type-1~Type-5 这 5 类路由适配 SRv6 EVPN 的情况，具体如表 5-5 所示，其他几种路由的情况请查阅相关标准草案。

表 5-5 SRv6 EVPN 相关的前 5 类路由

类型	路由全称	简称	相关标准文稿	应用场景	用途
Type-1	Ethernet Auto-Discovery Route（以太自动发现路由）	A-D Route	RFC 7432	Multi-homing（多归）	• 水平分割 • 别名 • 快速收敛
			RFC 8214	EVPN VPWS（E-Line）	建立点到点连接
Type-2	MAC/IP Advertisement Route（MAC/IP 地址通告路由）	MAC/IP Route	RFC 7432 RFC 8365	EVPN E-LAN IRB	• 通告 MAC 可达信息 • 通告主机 ARP/ND 信息 • 通告主机 IRB 信息
Type-3	Inclusive Multicast Ethernet Tag Route（集成组播以太网标签路由）	IMET Route	RFC 7432 RFC 8365	EVPN E-LAN	建立 BUM 泛洪树
Type-4	Ethernet Segment Route（ES 路由）	ES Route	RFC 7432	Multi-homing	• 自动发现 ES • DF 选举
Type-5	IP Prefix Route（IP 前缀路由）	Prefix Route	draft-ietf-bess-evpn-prefix-advertisement	EVPN L3VPN	通告 IP 前缀

为了支持基于 SRv6 的 EVPN，在发布 Type-1、Type-2、Type-3 和 Type-5 路由的同时，还需要通告其中一个或多个 SRv6 Service SID，包括 End.DX4、End.DT4、End.DX6、End.DT6、End.DX2、End.DX2V、End.DT2U 等。每种路由类型的 SRv6 Service SID 被编码在 BGP Prefix-SID 属性的 SRv6 L2/L3 Services TLV 字段中。通告 SRv6 Service SID 的目的在于将 EVPN 实例与 SRv6 Service SID 绑定，从而使 EVPN 流量通过 SRv6 数据平面转发。

根据 CE 接入方式及不同 PE 的互访诉求，EVPN 有以下几种常见的部署方式。

- EVPN E-LAN：适用于二层VPLS业务接入场景。在这种部署方式下，需要使用Type-2 MAC/IP路由来通告MAC可达信息，也有可能需要使用Type-3集成组播路由来建立PE之间的BUM组播分发树。Type-1以太自动发现路由和Type-4 ES路由主要用于CE多归场景中的PE自动发现和快速收敛。
- EVPN E-Line：适用于点到点的二层VPWS业务接入场景，通常使用Type-1以太自动发现路由建立点到点的连接。
- EVPN L3VPN：适用于三层VPN业务接入场景，使用Type-5 IP前缀路由通告IP前缀或主机地址路由。

5.4.1 EVPN E-LAN over SRv6 的工作原理

在典型的 EVPN E-LAN 业务中，PE 需要部署 EVI 和 BD（Bridge Domain，桥域），AC（Attachment Circuit，接入电路）接口需要绑定 BD，BD 也需要绑定到 EVI。此外，还需要为该 EVPN 实例中的所有 PE 配置相同的 RT，用于实现业务 MAC/IP 路由的相互导入导出，进而实现多点到多点互联。

下面以单播和组播为例，介绍 EVPN 使用 SRv6 BE 路径承载报文的工作原理。

1. MAC 学习与单播流量转发

在转发 EVPN 数据之前，EVPN 实例需要通过控制平面来通告 Type-2 MAC/IP 路由，构建 MAC 转发表。如图 5-15 所示，所有 PE 配置 EVI1，RT 是 100:1，同时配置 BD1，AC 侧属于 VLAN 10，接入各自的 CE 设备。PE 节点学习 MAC/IP 路由的流程如下。

① CE1 发起 ARP 请求，查询 CE3 的 MAC 地址。

② PE1 从 AC 接口收到 ARP 请求报文以后，会执行如下动作。

- 学习到CE1的MAC地址MAC1；
- 将ARP请求向其他PE广播；
- 将CE1的MAC地址MAC1在EVPN MAC/IP路由中通告，携带End.DT2U类型的VPN SID A1:1::B100。

③ PE2 和 PE3 接收到 PE1 的 ARP 广播，各自向自己的 AC 接口广播。

④ PE2 和 PE3 从 BGP 控制平面学习到 MAC1，使用 VPN SID A1:1::B100

作为下一跳进行路由迭代，并生成目的 MAC 地址为 MAC1 的转发表项。

⑤ CE3 向 CE1 进行 ARP 应答，目的 MAC 地址为 CE1 的 MAC1。PE3 从 AC 接口接收到 ARP 应答，学习到 CE3 的 MAC 地址 MAC3，并将 ARP 应答按照单播流量转发给 PE1。

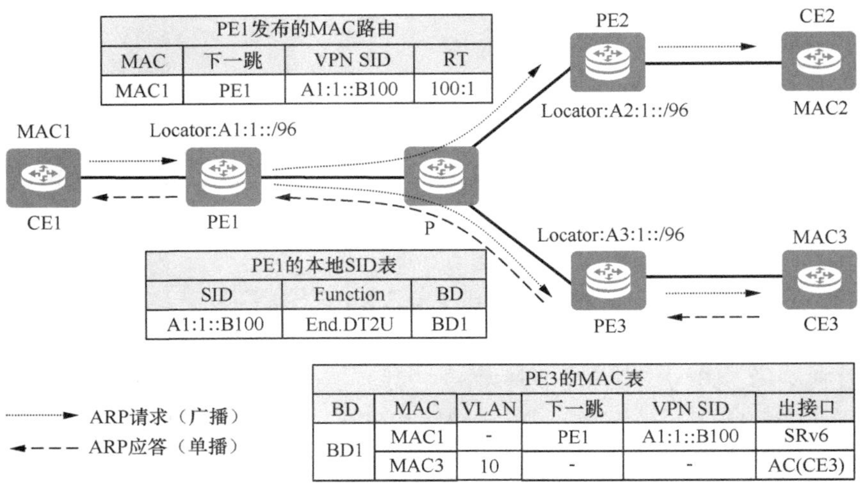

PE3的MAC表					
BD	MAC	VLAN	下一跳	VPN SID	出接口
BD1	MAC1	-	PE1	A1:1::B100	SRv6
	MAC3	10	-	-	AC(CE3)

图 5-15 EVPN E-LAN over SRv6 MAC 路由学习的流程

如图 5-16 所示，从 CE1 到 CE3 的单播流量转发的流程描述如下。

① PE1 从 BD 接口上收到 CE1 发送到 CE3 的报文，然后会执行如下动作。

- 使用目的MAC地址MAC3在BD中查询MAC表项，查询到MAC3对应的VPN SID A3:1::B300；
- PE1进行SRv6封装，其中以自己的Loopback接口IPv6地址作为源地址，以VPN SID A3:1::B300为目的IPv6地址；
- 使用VPN SID A3:1::B300作为目的地址查询IPv6路由转发表，找到对应的出接口并转发报文。

② P 设备收到报文，进行 Native IPv6 转发，按照最长匹配原则查询 IPv6 路由转发表，最终匹配到 IGP 发布的 SRv6 Locator 路由 A3:1::/96，按最短路径转发到 PE3。

③ PE3 收到报文，通过报文 IPv6 目的地址 A3:1::B300 查找本地 SID 表，结果命中一个 End.DT2U SID，PE3 需要执行 End.DT2U SID 的指令：解封装 SRv6，找到 VPN SID A3:1::B300 对应的 BD，使用目的 MAC 地址 MAC3

在 BD 的 MAC 转发表中查询，获取 AC 出接口以及 VLAN，将报文转发到 CE3。

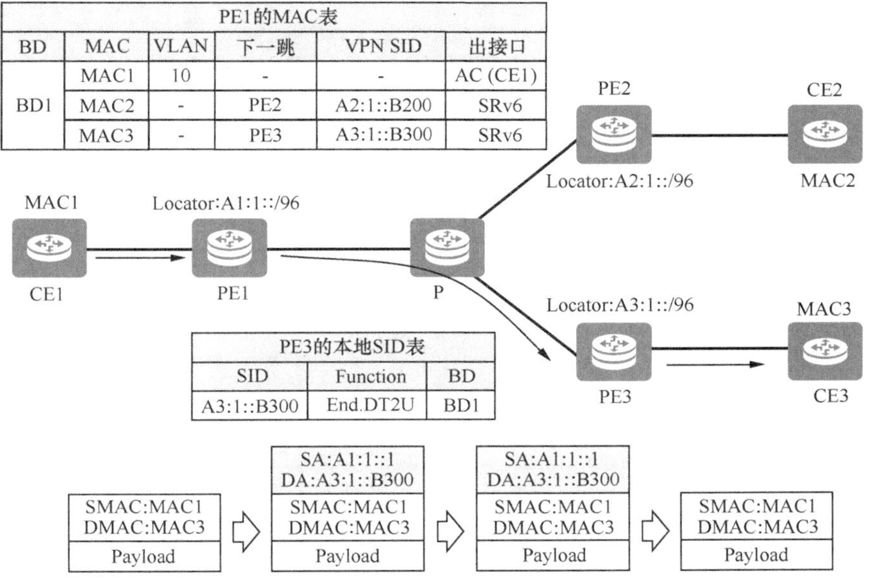

图 5-16　EVPN E-LAN over SRv6 单播流量转发流程

2. 组播分发树建立与 BUM 流量转发

如图 5-17 所示，组播分发树建立流程如下。

① 各个 PE 部署了 BD 与 EVPN 实例之后，互相发布 Type-3 集成组播路由，发布 PE 的 Originator-IP、PMSI(Provider Multicast Service Interface，运营商组播服务接口) 属性以及 End.DT2M VPN SID 信息，PE 在本地生成 End.DT2M 类型的 SID 表项，该 SID 对应的动作为：解封装 SRv6 报文后，在 End.DT2M SID 对应的 BD 中进行广播。

② 各个 PE 从其他 PE 接收到 Type-3 集成组播路由，找到与 RT 匹配的 EVPN 实例与 BD，根据 Originator-IP 与 VPN SID 建立组播分发树。当有该 EVPN 下的 BUM 流量进来时，依据组播分发树的 Originator-IP 来复制组播流量。

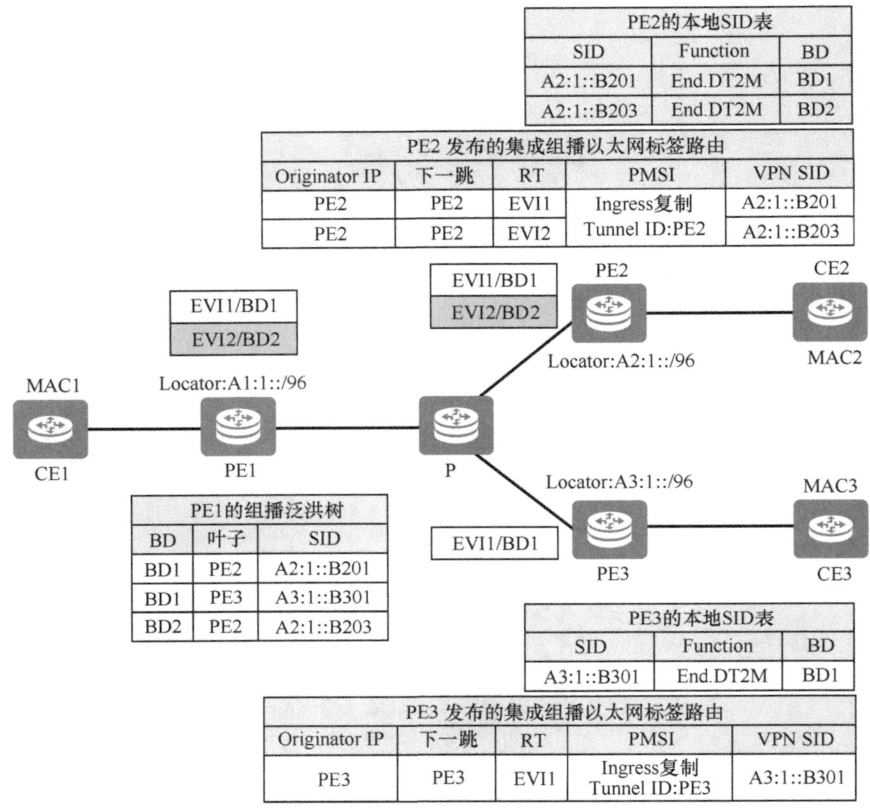

图 5-17　EVPN E-LAN over SRv6 组播分发树建立流程

如图 5-18 所示，组播分发树建立好之后，就可以转发 BUM 流量，具体的转发流程如下。

① CE1 向 PE1 发送一个二层广播报文，目的 MAC 地址可以为广播 MAC 地址、组播 MAC 地址或未知单播 MAC 地址，图 5-18 中使用的是广播 MAC 地址。

② PE1 从 BD 接口接收到 BUM 流量，根据已经建立好的组播分发树，复制 BUM 流量到所有叶子，发送给其他 PE。

- PE1对BUM流量进行SRv6封装，可以以自己的Loopback接口地址作为源IPv6地址，组播分发树转发表中的VPN SID为目的IPv6地址，对于从CE1到CE2的BUM流量，SRv6 VPN SID是A2:1::B201，对于从CE1到CE3的BUM流量，SRv6 VPN SID是A3:1::B301。
- PE1使用VPN SID作为目的地址查询IPv6路由转发表，找到对应的出接口并转发流量，对于从CE1到CE2的BUM流量，转发表项是A2:1::/96，对于从CE1到CE3的BUM流量，转发表项是A3:1::/96。

③ P 节点收到流量，进行 Native IPv6 转发，按照最长匹配原则查询 IPv6 路由转发表，匹配到 IGP 发布的 Locator 路由，按最短路径发送给 PE2 和 PE3。

④ PE2 和 PE3 收到流量，通过报文 IPv6 目的地址查找本地 SID 表，结果命中一个 End.DT2M SID，PE2 和 PE3 需要执行 End.DT2M SID 的指令：解封装 SRv6 报文，找到 VPN SID 对应的 BD，并向 BD 中的所有 AC 接口广播流量。

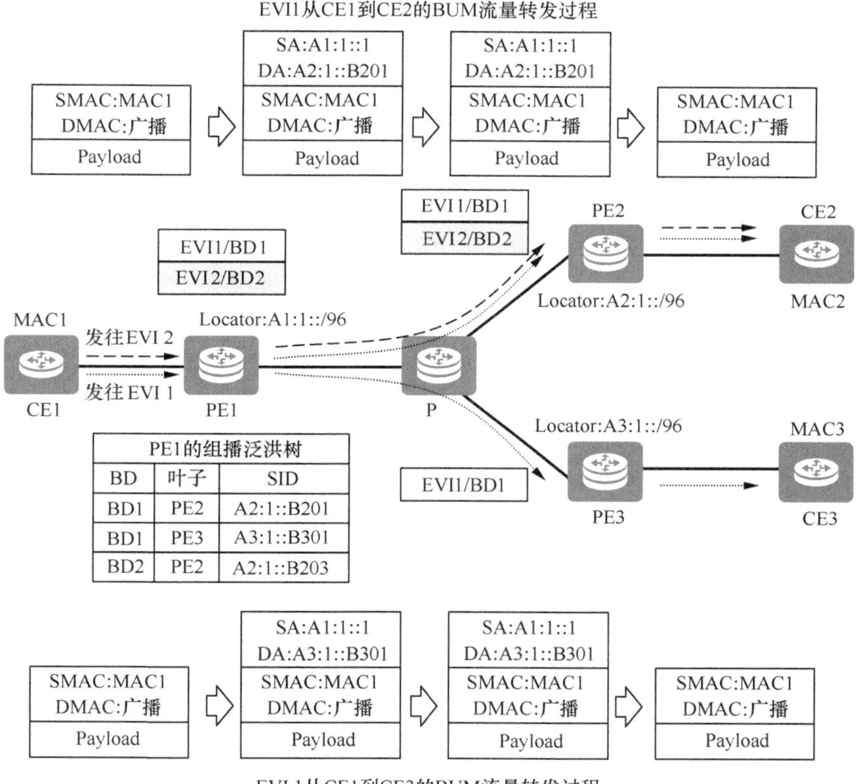

图 5-18 EVPN E-LAN over SRv6 BUM 流量转发流程

在多归场景下，建立组播分发树之后，需要用到水平分割技术来实现 BUM 流量剪枝，防止 BUM 流量环路。下面以双归场景为例，具体描述水平分割相关的控制转发流程。如图 5-19 所示，CE2 双归到 PE2 和 PE3，CE3 单归到 PE3。现在 CE2 对外发送一份 BUM 流量。

控制表项建立流程如下。

① 双归场景下的 PE2、PE3 会为 CE2 多归接入的接口分配一个本地唯一

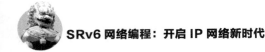

的 Arg.FE2 标识，如 PE3 通过 Per-ES Ethernet A-D Route 携带该 Arg.FE2 标识发布给 PE1 和 PE2。

② PE1 接收到该路由信息时，PE1 上没有同一 ES 的配置，该路由不做处理。

③ PE2 接收到该路由信息时，PE2 上有同一 ES 的配置，PE2 保存 PE3 通告过来的 Arg.FE2(::C2) 信息。在转发时，PE2 将 Arg.FE2 与 PE3 的 End.DT2M SID(A3:1B::F300) 进行"Or"操作来修改本地的组播分发树目的地址为 A3:1B::F3C2。

数据转发流程如下。

① 入口 PE2 节点在接收到 BUM 流量时，基于 EVI 形成的组播分发树复制流量给其他 PE 节点；其中，通告 BUM 流量给 PE1 时，目的地址是 PE1 的 End.DT2M 值；通告 BUM 流量给 PE3 时，目的地址是 End.DT2M SID 和 Arg.FE2 进行"Or"操作之后的值 A3:1B::F3C2。

② PE1 从网络侧接收到 BUM 流量时，PE1 执行普通 End.DT2M 操作。

③ PE3 上会预先形成一个泛洪剪枝表，以 Arg.FE2 为索引，查 AC 出接口。

PE3 在接收到目的地址为 A3:1B::F3C2 的 BUM 流量时，使用目的地址的最后 8 bit(配置的 Arg.FE2 长度) 去查泛洪剪枝表，确定剪枝接口，最终 PE3 向除了 Arg.FE2 绑定的 AC 接口外的其他所有 AC 接口复制 BUM 流量，防止了 BUM 流量环路。

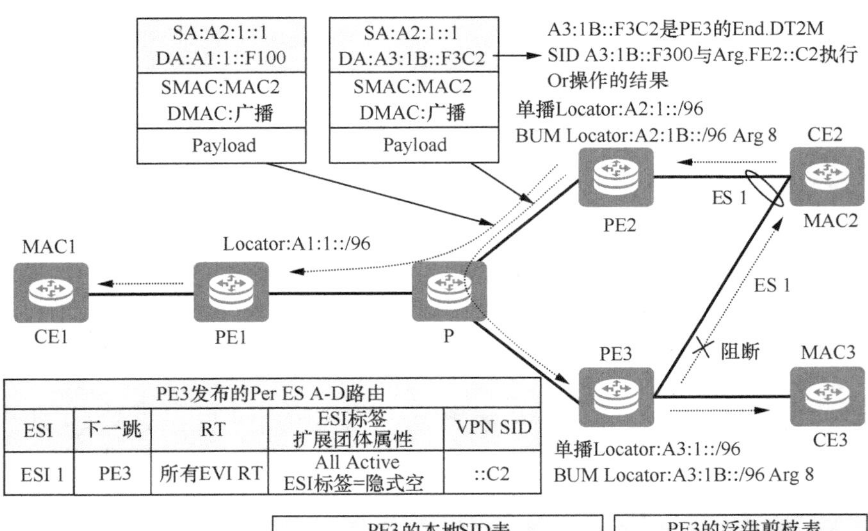

PE3发布的Per ES A-D路由				
ESI	下一跳	RT	ESI标签扩展团体属性	VPN SID
ESI 1	PE3	所有EVI RT	All Active ESI标签=隐式空	::C2

PE3的本地SID表		
SID	Function	BD
A3:1B::F300	End.DT2M	BD1

PE3的泛洪剪枝表		
Arg.FE2	叶子	BD
::C2	AC to E2	BD1

图 5-19 CE 双归场景 EVPN E-LAN over SRv6 BUM 流量转发流程

5.4.2 EVPN E-Line over SRv6 的工作原理

EVPN E-Line 在 EVPN 业务架构基础上提供了一种点到点的 L2VPN 服务方案。在典型的 EVPN E-Line 业务中，业务接入 AC 接口，AC 接口绑定到 E-Line 的 EVPL（Ethernet Virtual Private Line，以太网虚拟专线）实例；在 EVPL 实例中配置本地 AC ID 与远端 AC ID，两端 PE 对称配置，形成点到点业务模型。EVPN E-Line over SRv6 分为单归场景、双归单活和双归双活场景，以下仅以单归场景为例进行介绍。

如图 5-20 所示，EVPN E-Line over SRv6 BE 的连接建立流程如下。

① PE1 和 PE2 分别配置 EVPL 实例和 EVPN VPWS 实例，其中 EVPL 实例需要分别与 AC 接口及 EVPN VPWS 实例绑定，并且每个 EVPL 实例需要配置本地 AC ID 和远端 AC ID。配置完成后，本地 PE 上将生成 AC 接口和 EVPL 实例的转发关联表项。

② PE1 和 PE2 分别向对端发送 Type-1 以太自动发现路由，Type-1 以太自动发现路由携带本地 AC ID（对应报文里的 Ethernet Tag ID），以及类型为 End.DX2 的 VPN SID，PE 在本地生成 End.DX2 类型的 SID 表项，动作为解封装 SRv6 后把流量转发到对应 AC 接口。

③ PE1 和 PE2 分别从对端收到 Type-1 以太自动发现路由，匹配 RT 以后，交叉到对应的 EVPN VPWS 实例，根据以太自动发现路由中的 Ethernet Tag ID 匹配 EVPL 实例中配置的远端 AC ID，如果匹配成功，则下发 EVPN E-Line 转发表。转发表中包含对端发布的 VPN SID，当有该 E-Line 业务时，根据该 VPN SID 进行报文封装并转发。

EVPN E-Line over SRv6 BE 单归场景数据转发如图 5-21 所示，具体的转发流程如下。

① PE1 接收到 CE1 发来的流量，根据流量入接口绑定的 E-Line 查找相应的 EVPN E-Line 转发表，得到 SRv6 VPN SID，然后对原始报文进行 SRv6 封装，其报文目的地址为对应的 SRv6 VPN SID A2:1::150，最后使用 SRv6 VPN SID 查询 IPv6 路由转发表，找到对应的出接口并转发流量。

② P 节点收到流量，进行 Native IPv6 转发，按照最长匹配原则查询 IPv6 路由转发表，匹配到 IGP 发布的 Locator 路由 A2:1::/96，按最短路径转发给 PE2。

③ PE2 收到流量，通过报文 IPv6 目的地址查找本地 SID 表，结果命中一

个 End.DX2 SID，PE2 需要执行 End.DX2 SID 的指令，解封装 SRv6 报文，找到 VPN SID 对应的 EVPL 实例，将流量通过 EVPL 实例对应的 AC 接口直接转发给 CE2。

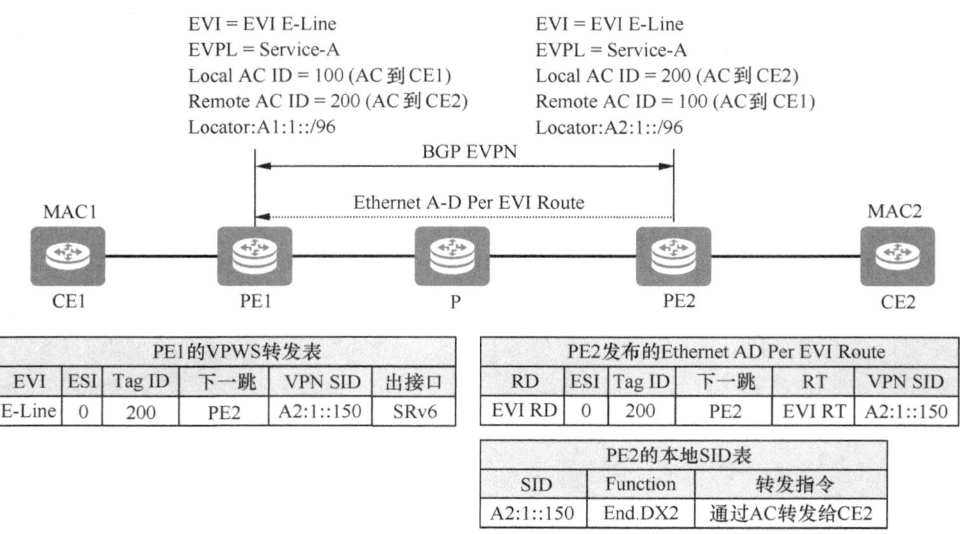

PE1的VPWS转发表					
EVI	ESI	Tag ID	下一跳	VPN SID	出接口
E-Line	0	200	PE2	A2:1::150	SRv6

PE2发布的Ethernet AD Per EVI Route					
RD	ESI	Tag ID	下一跳	RT	VPN SID
EVI RD	0	200	PE2	EVI RT	A2:1::150

PE2的本地SID表		
SID	Function	转发指令
A2:1::150	End.DX2	通过AC转发给CE2

图 5-20　EVPN E-Line over SRv6 BE 单归场景的路由发布流程

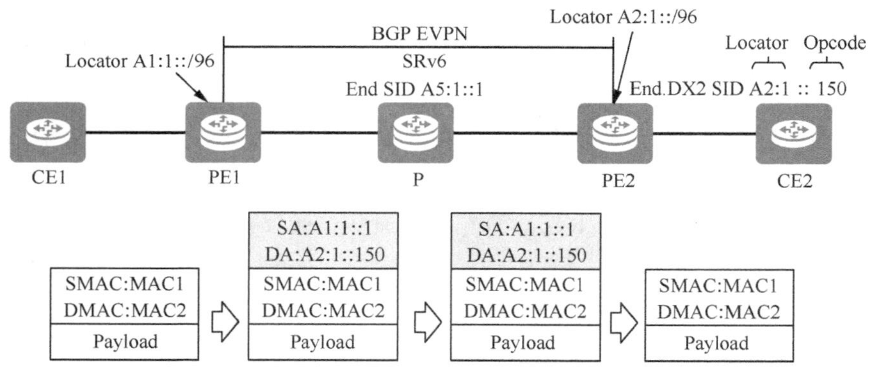

图 5-21　EVPN E-Line over SRv6 BE 单归场景数据转发流程

5.4.3　EVPN L3VPN over SRv6 的工作原理

EVPN L3VPN over SRv6 的数据转发方式与 L3VPN over SRv6 相同，二

者的差别仅仅在于发布路由的方式不同。普通的 L3VPN over SRv6 通过传统 BGP VPNv4/VPNv6 地址族来通告 End.DT4、End.DT6 等 VPN SID，而 EVPN 通过 BGP EVPN 地址族发送 EVPN Type-5 IP 前缀路由来通告 VPN SID。L3VPN over SRv6 的转发流程在上文中已经介绍，所以对于 EVPN L3VPN over SRv6 的工作原理不再赘述。

5.4.4 SRv6 EVPN 的协议扩展

上文介绍了 SRv6 EVPN 的工作原理，本节将详细介绍 SRv6 EVPN 主要类型路由的协议扩展及其发布过程。

1. 以太自动发现路由

EVPN Type-1 以太自动发现路由可用于实现水平分割过滤、快速收敛和别名等功能[7]。EVPN Type-1 路由也被用在 EVPN VPWS 以及 EVPN 灵活互联场景，主要作用是通告点对点 Service ID。

EVPN Type-1 路由的编码格式如图 5-22 所示。

Route Distinguisher (8 Byte)
Ethernet Segment Identifier (10 Byte)
Ethernet Tag ID (4 Byte)
MPLS Label (3 Byte)

图 5-22 EVPN Type-1 路由的编码格式

根据发布路由的不同用途，以上的字段值也会有差异，主要分为 ES 和 EVI 两种粒度。

ES 粒度的以太自动发现路由：CE 多归属场景下的 PE 设备会为每个 ES 通告一条 Ethernet Tag ID 为全 F 的 ES 粒度的以太自动发现路由，携带 ESI 标签扩展属性，通过 ESI 值区分连接相同 CE 的其他 PE 设备[7]，用作水平分割和快速收敛。

EVI 粒度的以太自动发现路由：PE 设备也会通告一条 Ethernet Tag ID 非全 F 的 EVI 粒度的自动发现路由，用作 E-LAN 场景下的别名来实现负载分担或备份路径，以及携带 VPWS 场景下的点到点 Service ID 信息。

ES 粒度的自动发现路由各字段的说明如表 5-6 所示。

表 5-6 ES 粒度的自动发现路由各字段的说明

字段名	长度	含义
Route Distinguisher	8 Byte	ES 粒度路由的该字段包含 PE 的 IP 地址，例如 X.X.X.X:0
Ethernet Segment Identifier	10 Byte	ES ID，标识一个 ES
Ethernet Tag ID	4 Byte	ES 粒度路由的该字段值为最大值 MAX-ET，即 FFFFFFFF
MPLS Label	3 Byte	该字段在有 SRv6 SID Structure Sub-sub-TLV 移位（Transpostion Length 不为 0）时，填充为 Arguments 值，其他情况下取值为 3（隐式空标签）

在发布 ES 粒度自动发现路由时，还需要在 BGP Prefix-SID 属性的 SRv6 L2 Services TLV 中携带一个 Service SID。此 SID 对应的行为完全由发布者定义，而其实际作用是指明 End.DT2M SID 的 Arg.FE2 SID 参数，用以实现多归场景下的 BUM 流量的剪枝，防止 BUM 流量环路。

EVI 粒度的自动发现路由各字段的说明如表 5-7 所示。

表 5-7 EVI 粒度的自动发现路由各字段的说明

字段名	长度	含义
Route Distinguisher	8 Byte	EVI 粒度路由的该字段为 EVPN 实例下设置的 RD 值
Ethernet Segment Identifier	10 Byte	ES ID，标识一个 ES
Ethernet Tag ID	4 Byte	在 EVPN VPWS 场景中取值为本端 Service ID；在 VLAN-aware Bundle 模式接入 VPLS 场景中时，取值为标识特定广播域的 BD-Tag；以 Port-based、VLAN-based 和 VLAN Bundle Interface 3 种模式接入 VPLS 时取值为 0
MPLS Label	3 Byte	当路由中不包含 SRv6 SID Structure Sub-sub-TLV 时，该字段取值为 3（隐式空标签）；如果路由中包含 SRv6 SID Structure Sub-sub-TLV，该字段标识 SRv6 SID 中的 Function 部分，用于和 SRv6 SID Structure Sub-sub-TLV 中的 Locator 部分拼接成一个完整的 128 bit SID

同理，在发布 EVI 粒度的以太自动发现路由时，也需要在 BGP Prefix-SID 属性的 SRv6 L2 Services TLV 中携带一个 Service SID。这个 Service SID 的行为可以由发布者定义，在实际情况中，它一般是 End.DX2、End.DX2V 或 End.DT2U 的行为。

2. MAC/IP 通告路由

EVPN Type-2 MAC/IP 通告路由用于将单播流量的 MAC/IP 地址可达性通告给同一个 EVPN 实例中的其他所有边缘设备。

EVPN Type-2 路由的编码格式如图 5-23 所示。

Route Distinguisher (8 Byte)
Ethernet Segment Identifier (10 Byte)
Ethernet Tag ID (4 Byte)
MAC Address Length (1 Byte)
MAC Address (6 Byte)
IP Address Length (1 Byte)
IP Address (0，4，16 Byte)
MPLS Label1 (3 Byte)
MPLS Label2 (0，3 Byte)

图 5-23 EVPN Type-2 路由的编码格式

EVPN Type-2 路由各字段的说明如表 5-8 所示。

表 5-8 EVPN Type-2 路由各字段的说明

字段名	长度	含义
Route Distinguisher	8 Byte	EVPN 实例下设置的 RD 值
Ethernet Segment Identifier	10 Byte	ES ID，标识一个 ES
Ethernet Tag ID	4 Byte	在 VLAN-aware Bundle 模式接入 VPLS 场景中时，取值为标识特定广播域的 BD-Tag；以 Port-based、VLAN-based 和 VLAN Bundle Interface 3 种模式接入 VPLS 时，取值为 0
MAC Address Length	1 Byte	MAC 地址长度
MAC Address	6 Byte	MAC 地址
IP Address Length	1 Byte	IP 地址掩码长度
IP Address	0、4、16 Byte	IPv4/IPv6 地址
MPLS Label1	3 Byte	转发二层业务流量使用的标签。当路由中不包含 SRv6 SID Structure Sub-sub-TLV 时，该字段取值为 3（隐式空标签）；如果路由中包含 SRv6 SID Structure Sub-sub-TLV，该字段标识 SRv6 SID 中的 Function 部分，用于和 SRv6 SID Structure Sub-sub-TLV 中的 Locator 部分拼接成一个完整的 128 bit 的 SID
MPLS Label2	0 或 3 Byte	转发三层业务流量使用的标签。当路由中不包含 SRv6 SID Structure Sub-sub-TLV 时，该字段取值为 3（隐式空标签）；如果路由中包含 SRv6 SID Structure Sub-sub-TLV，该字段标识 SRv6 SID 中的 Function 部分，用于和 SRv6 SID Structure Sub-sub-TLV 中的 Locator 部分拼接成一个完整的 128 bit 的 SID

当发布 MAC/IP 通告路由时，Service SID 需要随着 MAC/IP 通告路由一起通告出去。在 BGP SID Attribute 的 SRv6 L2 Services TLV 中必须携带 Service SID，在 SRv6 L3 Services TLV 中是可选的。

根据是否通告 IP 地址将 MAC/IP 通告分为两类，不同类型的通告报文内容如下。

仅通告 MAC 地址：MAC/IP 通告路由仅包含 MPLS Label1。同时，也需要在 BGP Prefix-SID 属性的 SRv6 L2 Services TLV 中携带一个 Service SID 一起通告出去。这个 Service SID 的行为可以由发布者定义。在实际情况中，它一般是 End.DX2 或 End.DT2U 的行为。

通告 MAC + IP 地址：MAC/IP 通告路由包含 MPLS Label1 和 MPLS Label2。同时，也需要在 BGP Prefix-SID 属性的 SRv6 L2 Services TLV 中携带一个 L2 Service SID 一起通告出去。也可能在 BGP SID 属性的 SRv6 L3 Services TLV 中携带一个 L3 Service SID 随该路由一起通告出去。这些 SRv6 Service SID 的行为可以由发布者定义。实际上，对于 L2 Service SID，这个行为应该是 End.DX2 或 End.DT2U；对于 L3 Service SID，这个行为应该是 End.DX4/6 或 End.DT4/6。

3. 集成组播路由

EVPN Type-3 集成组播路由由前缀和 PMSI 属性组成，用于建立组播流量的转发通道。当 PE 之间建立 BGP 邻居关系以后，PE 之间会传递集成组播路由，集成组播路由可以携带本端 PE 的 IP 前缀（一般为本端 PE 的 Loopback 地址）和 PMSI 信息，其中 PMSI 用于携带组播报文传输所使用的隧道类型和隧道标签信息。组播流量包括广播流量、组播流量和未知目的地址的单播流量。当一台 PE 设备收到组播流量后，通过集成组播路由建立的通道，将组播流量以点到多点的形式转发给其他 PE 设备。

EVPN Type-3 路由的编码格式如图 5-24 所示。

Route Distinguisher (8 Byte)
Ethernet Tag ID (4 Byte)
IP Address Length (1 Byte)
Originating Router's IP Address (4, 16 Byte)

图 5-24　EVPN Type-3 路由的编码格式

EVPN Type-3 路由各字段的说明如表 5-9 所示。

表 5-9 EVPN Type-3 路由各字段的说明

字段名	长度	含义
Route Distinguisher	8 Byte	EVPN 实例下设置的 RD 值
Ethernet Tag ID	4 Byte	在 VLAN-aware Bundle 模式下接入 VPLS 场景时，取值为标识特定广播域的 BD-Tag；以 Port-based、VLAN-based 和 VLAN Bundle Interface 这 3 种模式接入 VPLS 时，取值为 0
IP Address Length	1 Byte	PE 上配置的源地址长度
Originating Router's IP Address	4 或 16 Byte	PE 上配置的源地址

EVPN Type-3 路由携带 PMSI 属性，用来传递隧道信息。PMSI 的编码格式如图 5-25 所示。

Flags (1 Byte)
Tunnel Type (1 Byte)
MPLS Label (3 Byte)
Tunnel Identifier (variable)

图 5-25 PMSI 的编码格式

PMSI 各字段的说明如表 5-10 所示。

表 5-10 PMSI 各字段的说明

字段名	长度	含义
Flags	1 Byte	标志位，标识当前隧道是否需要叶子节点信息，在 SRv6 中设置为 0[7]
Tunnel Type	1 Byte	路由携带的隧道类型，对于 SRv6 EVPN，目前仅支持取值为 6，即 Ingress Replication（头端复制）
MPLS Label	3 Byte	当路由中不包含 SRv6 SID Structure Sub-sub-TLV 时，该字段取值为 3（隐式空标签）；如果路由中包含 SRv6 SID Structure Sub-sub-TLV，该字段标识 SRv6 SID 中的 Function 部分，用于和 SRv6 SID Structure Sub-sub-TLV 中的 Locator 部分拼接成一个完整的 128 bit 的 SID
Tunnel Identifier	长度可变	在头端复制隧道下，为隧道出口边缘设备的地址

在发布此路由的同时，需在 BGP Prefix-SID 属性的 SRv6 L2 Services TLV 中携带 Service SID。Service SID 对应的行为由路由发布者定义，实际上，这个行为一般是 End.DT2M 行为。

4. ES 路由

EVPN Type-4 ES 路由用于实现连接到相同 CE 的 PE 设备之间互相自动

发现，也可以用于选举 DF（Designated Forwarder，指定转发者）。在 SRv6 网络中，EVPN Type-4 路由的编码格式如图 5-26 所示。

Route Distinguisher (8 Byte)
Ethernet Segment Identifier (10 Byte)
IP Address Length (1 Byte)
Originating Router's IP Address (4，16 Byte)

图 5-26　EVPN Type-4 路由的编码格式

EVPN Type-4 路由各字段的说明如表 5-11 所示。

表 5-11　EVPN Type-4 路由各字段的说明

字段名	长度	含义
Route Distinguisher	8 Byte	EVPN 实例下设置的 RD 值
Ethernet Segment Identifier	10 Byte	ES ID，标识一个 ES
IP Address Length	1 Byte	PE 上配置的源地址长度
Originating Router's IP Address	4 或 16 Byte	PE 上配置的源地址

值得注意的是，在发布 EVPN Type-4 路由的过程中，不会发布 BGP SID 属性中的 SRv6 Services TLV。这就意味着该路由在 SRv6 网络中的处理过程中仍然维持了 RFC 7432 中描述的过程。

5. IP 前缀路由

EVPN Type-5 IP 前缀路由用于将 IP 地址可达性通告给该 EVPN 实例中的所有边缘路由设备。IP 地址可能包含主机 IP 前缀或任何特定的子网前缀路由。

EVPN Type-5 路由的编码格式如图 5-27 所示。

Route Distinguisher (8 Byte)
Ethernet Segment Identifier (10 Byte)
Ethernet Tag ID (4 Byte)
IP Address Length (1 Byte)
IP Prefix (4，16 Byte)
GW IP Address (4，16 Byte)
MPLS Label (3 Byte)

图 5-27　EVPN Type-5 路由的编码格式

EVPN Type-5 路由各字段的说明如表 5-12 所示。

表 5-12 EVPN Type-5 路由各字段的说明

字段名	长度	含义
Route Distinguisher	8 Byte	EVPN 实例下设置的 RD 值
Ethernet Segment Identifier	10 Byte	ES ID，标识一个 ES
Ethernet Tag ID	4 Byte	在此 TLV 内，该字段当前仅支持置为 0
IP Prefix Length	1 Byte	IP 地址前缀掩码长度
IP Prefix	4 或 16 Byte	IP 地址前缀
GW IP Address	4 或 16 Byte	网关地址
MPLS Label	3 Byte	当路由中不包含 SRv6 SID Structure Sub-sub-TLV 时，该字段取值为 3（隐式空标签）；如果路由中包含 SRv6 SID Structure Sub-sub-TLV，该字段标识 SRv6 SID 中的 Function 部分，用于和 SRv6 SID Structure Sub-sub-TLV 中的 Locator 部分拼接成一个完整的 128 bit 的 SID

EVPN Type-5 路由对应的 SRv6 Service SID 被编码在 BGP Prefix-SID 属性的 SRv6 L3 Services TLV 之中，与 NLRI 信息合在一起发布，其行为由发布者指定。在实际应用中，这个行为应该是 End.DT4/6 或 End.DX4/6。

以上就是关于 SRv6 EVPN 协议扩展的全部内容，读者也可以阅读 SRv6 EVPN 的标准文稿来进一步了解更多的细节 [11]。

| SRv6 设计背后的故事 |

运营商一直以来面临来自 OTT 厂商的竞争，营收方面面临很大的压力。在技术层面上，OTT 厂商的云计算业务在基础设施资源的虚拟化和池化方面做得很好，运维的自动化程度也很高。以数据中心网络为例，通过控制器可以很方便地完成网络业务的部署，VXLAN 本质是基于 IP 的 VPN 技术，只需要在两端配置 VXLAN 就可以实现多租户业务。而作为运营商最具价值的 VPN 业务，因为要基于 MPLS 部署，复杂度比 IP VPN 高，在跨域场景下则更加复杂。因为业务部署的自动化程度高，向 OTT 厂商申请 IAAS（Infrastructure as a Service，基础设施即服务）虚拟资源，可以在分钟级的时间内完成，而运营商部署 VPN 的周期则可能要以月计。

采用 SRv6 VPN，基于 IPv6 的可达性就可以部署 VPN 业务，这样免去了域内部署 MPLS 的复杂性和跨域 VPN 的复杂性，可以真正实现两端配置，一跳可达。这样在技术层面上，SRv6 将运营商部署 VPN 的难度跟 OTT 部署数据中心 VPN 的难度基本拉平，为运营商快速部署 VPN 提供了坚实的基础。

笔者在 2018 年宣讲时提到了 SRv6 简化网络的优势，但是在 2019 年初中国电信四川分公司实际部署 SRv6 VPN 时，笔者还是受到了震撼，感受到了其魅力所在。视频业务在省中心和市中心之间传递，需要跨越数据中心网络、城域网、国家 IP 骨干网，按照传统的 MPLS VPN 进行部署，不可避免地需要跟省骨干网、国家骨干网的主管单位进行协调。得益于我国推动 IPv6 规模部署的努力，IP 网络之间已经具备 IPv6 的可达性。这样在省中心和市中心部署两台支持 SRv6 VPN 的 PE 设备，通过 SRv6 BE 路径承载，很快就开通了业务。这种业务部署的简化让人发自内心地感到高兴，技术的进步简化了各部门协调的繁复流程。笔者跟运营商的朋友开玩笑说，2017 年 11 月起政府要求运营商 IP 网络全面部署 IPv6，运营商还很难想到 IPv6 的实用价值，因为绝大多数的互联网业务仍然是基于 IPv4 的。而 SRv6 的出现意味着可以基于 IPv6 网络更好地支持新的业务，并且获得了相对于 IPv4/MPLS 的技术优势，这实在是一个意外的收获。笔者也相信，SRv6 一定会促进 IPv6 应用的部署。

本章参考文献

[1] ANDERSSON L, MADSEN T. Provider Provisioned Virtual Private Network (VPN) Terminology[EB/OL]. (2018-12-20)[2020-03-25]. RFC 4026.

[2] CALLON R, SUZUKI M. A Framework for Layer 3 Provider-Provisioned Virtual Private Networks (PPVPNs)[EB/OL]. (2015-10-14)[2020-03-25]. RFC 4110.

[3] ANDERSSON L, ROSEN E. Framework for Layer 2 Virtual Private Networks (L2VPNs)[EB/OL]. (2015-10-14)[2020-03-25]. RFC 4664.

[4] KOMPELLA K, REKHTER Y. Virtual Private LAN Service (VPLS) Using BGP for Auto-Discovery and Signaling[EB/OL]. (2018-12-20)[2020-03-25]. RFC 4761.

[5] ROSEN E, DAVIE B, RADOACA V, et al. Provisioning Auto-

Discovery and Signaling in Layer 2 Virtual Private Networks (L2VPNs)[EB/OL]. (2015-10-14)[2020-03-25]. RFC 6074.

[6] KOTHARI B, KOMPELLA K, HENDERICKX W, et al. BGP based Multi-homing in Virtual Private LAN Service[EB/OL]. (2020-03-12)[2020-03-25]. draft-ietf-bess-vpls-multihoming-05.

[7] SAJASSI A, AGGARWAL R, BITAR N, et al. DRAKE J, HENDERICKX W. BGP MPLS-Based Ethernet VPN[EB/OL]. (2020-01-21)[2020-03-25]. RFC 7432.

[8] MARTINI L, ROSEN E, EL-AAWAR N, et al. Pseudowire Setup and Maintenance Using the Label Distribution Protocol (LDP)[EB/OL]. (2015-10-14)[2020-03-25]. RFC 4447.

[9] LASSERRE M, KOMPELLA V. Virtual Private LAN Service (VPLS) Using Label Distribution Protocol (LDP) Signaling[EB/OL]. (2020-01-21)[2020-03-25]. RFC 4762.

[10] KOMPELLA K, KOTHARI B, CHERUKURI R. Layer 2 Virtual Private Networks Using BGP for Auto-Discovery and Signaling[EB/OL]. (2015-10-14)[2020-03-25]. RFC 6624.

[11] DAWRA G, FILSFILS C, RASZUK R, et al. SRv6 BGP based Overlay Services[EB/OL]. (2019-11-04)[2020-03-25]. draft-ietf-bess-srv6-services-01.

[12] PREVIDI S, FILSFILS C, LINDEM A, et al. Segment Routing Prefix Segment Identifier Extensions for BGP[EB/OL]. (2019-12-06)[2020-03-25]. RFC 8669.

[13] FILSFILS C, CAMARILLO P, LEDDY J, et al. SRv6 Network Programming[EB/OL]. (2019-12-05)[2020-03-25]. draft-ietf-spring-srv6-network-programming-05.

[14] RABADAN J, HENDERICKX W, DRAKE J, et al. IP Prefix Advertisement in EVPN[EB/OL]. (2018-05-29)[2020-03-25]. draft-ietf-bess-evpn-prefix-advertisement-11.

[15] SAJASSI A, THORIA S, PATEL K, et al. IGMP and MLD Proxy for EVPN[EB/OL]. (2019-11-18)[2020-03-25]. draft-ietf-bess-evpn-igmp-mld-proxy-04.

第 6 章 SRv6 的可靠性

本章介绍 SRv6 的可靠性技术，具体包括 SRv6 TI-LFA [1]、SRv6 Endpoint 节点故障保护 [2]、SRv6 尾节点保护 [3] 和 SRv6 防微环等。在分布式算路转发网络中，利用 SRv6 的路径可编程能力以及 SRv6 指令可路由的能力，可以很容易地构建出端到端的本地保护方案，实现端到端故障点的 50 ms 收敛能力。另外，对于微环现象，SRv6 也可以针对各种不同场景提供防环算法，消除网络中暂态的微环，进一步提升网络的可靠性。

| 6.1 IP FRR 与端到端保护 |

交互式多媒体服务应用（如 VoIP）对网络丢包非常敏感，通常只能容忍数十毫秒的网络丢包，而网络中的链路或节点发生故障时，节点硬收敛时间通常为数百毫秒甚至达到数秒，无法满足业务要求。为了最大限度地减少流量损失，节点可以预先安装一条备份路径，当故障发生的时候，由邻近故障点的节点（也被称为本地修复节点）[1] 快速切换到备份路径，从而最大限度地减少网络发生故障时的丢包，提升收敛性能，这种机制被称为快速重路由 [4]。

说明：与快速重路由相关的技术还有重路由。重路由是指在故障发生时，头节点在 IGP 收敛之后再重新计算路由的过程。而快速重路由的特点在于故障发生前预先计算或配置并安装好备份路径，中间节点感受到故障后直接倒换，而无须等待 IGP 收敛。因为它的反应比重路由快，所以被称为快速重路由。

传统的 FRR 技术受限于保护范围以及场景限制，通常会配合多跳 BFD（Bidirectional Forwarding Detection，双向转发检测）[5] 实现端到端保护，例如，BFD + HSB 实现 TE 的端到端保护，BFD + VPN FRR 实现 PE 的故障保护。但是依赖 BFD 实现端到端保护存在以下问题。

- 层次化BFD依赖不同的BFD发包间隔分层切换，无法满足50 ms切换性能的要求。
- 设备的BFD容量会限制网络业务部署。
- 部署复杂，需要基于每个业务连接部署多跳BFD。

SRv6 提供针对网络端到端故障点的本地保护技术，从而实现端到端 50 ms 本地保护。

SRv6 端到端 50 ms 本地保护技术在网络发生故障的时候，先由邻近故障点的设备切换到次优路径，然后依次通过 IGP 收敛、BGP 收敛、TE 路径重优化这 3 个过程，收敛到最优路径。SRv6 本地保护技术可以极大地增强 IP 网络的可靠性，扩大 FRR 的保护范围。

6.1.1 TI-LFA 保护

在了解 TI-LFA 之前，我们先介绍一下传统的 FRR 技术。最早出现的 FRR 技术是 LFA（Loop Free Alternate，无环路备份）[6]，之后出现了 RLFA（Remote Loop Free Alternate，远端无环路备份）[7]。

1. LFA

LFA 的原理是找到一个非主下一跳（即不是最短转发路径上的下一跳）的邻居节点，如果这个邻居节点到目的节点的最短路径不经过源节点，则将邻居节点设为无环备份下一跳。

链路保护场景：当链路发生故障时，流量需要从其他最短路径绕过该链路。可用如下公式计算无环备份下一跳（其中，N 为邻居节点，D 为目的节点，S 为运行 LFA 计算的源节点）。

```
Distance_opt(N, D) < Distance_opt(N, S) + Distance_opt(S, D)
```

Distance_opt(N，D) 表示从邻居节点 N 到目的节点 D 的最短路径的距离（通常以开销来度量）。该公式的意思是从邻居节点 N 到目的节点 D 的距离比从邻居节点 N 到节点 S 然后再从节点 S 到目的节点 D 的距离短，即从邻居节点 N 到目的节点 D 的最短路径不会经过节点 S。如果邻居节点满足上述公式，则该邻居满足链路保护条件，即流量不会从 LFA 节点重新回到节点 S。

节点保护场景：当节点发生故障时，流量需要从最短路径上节点 S 的下一跳节点绕行。所以如果邻居节点同时满足下述公式，则该邻居满足节点保护条件（其中，N 为邻居节点，D 为目的节点，E 为主下一跳节点）。

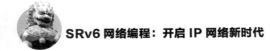

```
Distance_opt(N, D) < Distance_opt(N, E) + Distance_opt(E, D)
```

该公式的意思是从邻居节点 N 到达目的节点 D 的距离比先到主下一跳节点 E 然后再从节点 E 到目的节点 D 的距离短，即从邻居节点 N 到目的节点 D 的最短路径不会经过故障节点 E。这种情况下，节点 N 可以作为节点 E 发生故障时的 LFA 节点，从而使流量可以从计算 LFA 的节点 S 转发到邻居节点 N，然后再从邻居节点 N 转发到目的节点 D，绕过故障的主下一跳节点 E。

由以上的两个公式可知，节点保护 LFA 节点均能成为链路故障保护 LFA 节点，但链路故障保护 LFA 节点不一定能成为节点保护 LFA 节点。

以图 6-1 为例，节点 1 要访问节点 3，初始路径为节点 1→节点 3，节点 1 的主下一跳为节点 3，使用 LFA 算法计算备份下一跳，由于只有一个可用的备份下一跳节点 2，我们就使用节点 2 代入上述两个 LFA 公式进行计算，计算结果是节点 2 能满足无环 LFA 公式，所以，节点 2 是满足 LFA 保护的备份下一跳。节点 1 将备份下一跳节点 2 预安装到 FIB 表，当图 6-1 中所示链路发生故障的时候，节点 1 在转发平面直接切换到备份下一跳节点 2，而不需要等待控制平面收敛。

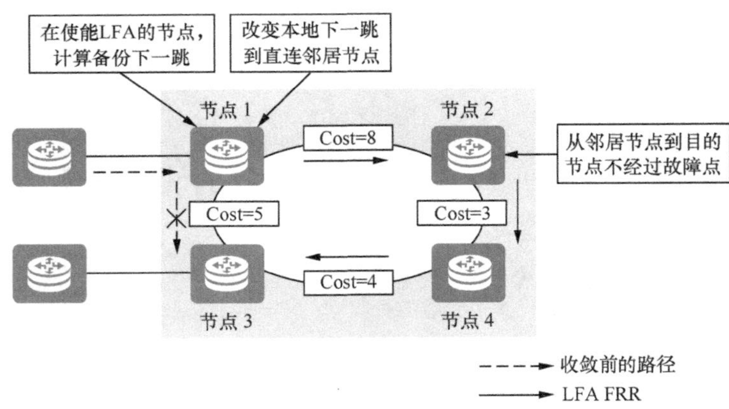

图 6-1　LFA 保护原理

LFA 的问题在于它不能覆盖所有场景。在很多拓扑下，LFA 无法计算合适的备份下一跳。根据 RFC 6571 的统计，LFA 只能覆盖 80%~90% 的

拓扑 [8]。如图 6-2 所示，如果节点 2 和节点 4 间链路的 Cost=10，LFA 保护就失效了。

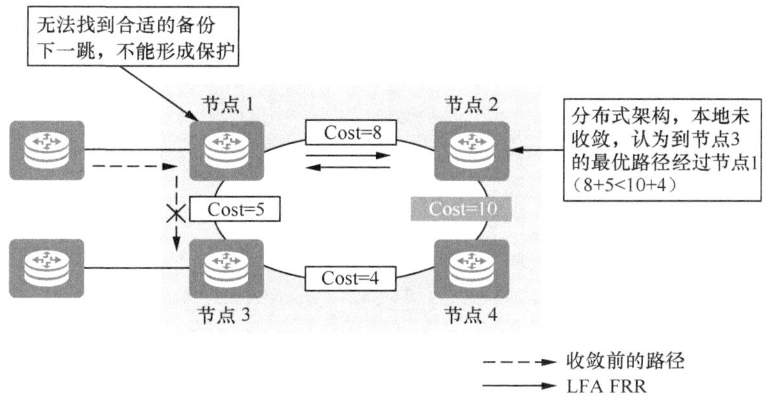

图 6-2 LFA 保护失效

2. RLFA

虽然 LFA 在网格状拓扑中通常能够获得较好的覆盖范围，但是针对环网，LFA 的覆盖范围很小。为了扩大 FRR 保护范围，RFC 7490 定义了一种 RLFA 技术 [7]。

RLFA 是 LFA 的一种增强技术。与 LFA 相比，RLFA 将 LFA 节点的计算范围扩大到了远端节点，而不仅限于邻居节点，从而提高了 LFA 计算成功的概率。RLFA 的基本原理是在远端找到一个 LFA 节点（通常称为 PQ 节点），这个节点需要满足以下两个条件。

第一，该节点从 LFA 计算源节点（也即受保护链路的源端节点）通过故障收敛前的最短路径可达，且路径（包括 ECMP 路径）不经过受保护链路。

第二，从该节点可以通过最短路径到达受保护链路的对端节点，且路径不经过受保护链路。

为便于读者理解，使用图 6-3 的拓扑来介绍这个节点的计算过程。在图 6-3 中，假设故障链路为 S-E 链路，则 PQ 节点的特点为：从节点 S 可以通过最短路径到达 PQ 节点，且路径不经过 S-E 链路；从 PQ 节点可以通过最短路径到达节点 E，且路径不经过 S-E 链路。

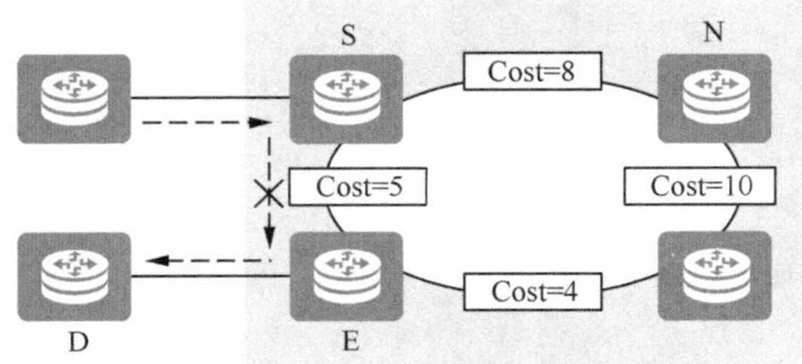

图 6-3　PQ 节点的计算拓扑

为计算这个 PQ 节点，需要引入 P 空间和 Q 空间的概念，而这个 PQ 节点就是 P、Q 空间交集中的节点[7]。

- P空间：一个节点对应于某条受保护链路的P空间是指从受保护链路的源节点通过最短路径能到达该节点，且路径不经过受保护链路的节点的集合。以图6-3为例，节点S相对于受保护的S-E链路的P空间可以表达为P（S，S-E），指拓扑中所有能从节点S通过最短路径访问到该节点且不经过受保护的S-E链路的节点的集合。源节点的邻居的P空间的合集被称为扩展P空间。P空间或扩展P空间中的节点被称为P节点。P节点的计算公式如下（其中，N为邻居节点，S为运行LFA计算的源节点）。

```
Distance_opt(N, P) < Distance_opt(N, S) + Distance_opt(S, P)
```

即从节点 N 到 P 节点的最短路径不会绕回节点 S，而是通过受保护链路到达 P 节点。

- Q空间：一个节点对应于某条受保护链路的Q空间是指可以通过最短路径访问到该节点而不会经过受保护链路的节点的集合。以图6-3为例，节点E相对于受保护的S-E链路的Q空间可以表达为Q（E，S-E），指拓扑中所有能通过最短路径访问到节点E且不会经过受保护的S-E链路的节点的集合。Q空间中的节点被称为Q节点。Q节点的计算公式如下（其中，D为最短生成树算法中的目的节点，S为运行LFA计算的源节点）。

```
Distance_opt(Q, D) < Distance_opt(Q, S) + Distance_opt(S, D)
```

即从 Q 节点到节点 D 的最短路径不会绕回节点 S，所以是一个无环路径。

计算 RLFA 的节点 S 对应于受保护的 S-E 链路的 PQ 节点就是扩展 P(S，S-E）和 Q(E，S-E）的交集中的节点（此处需要注意，考虑到为每一个目的节点计算 Q 空间的可扩展性问题，此处计算 Q 空间时，对应的目的节点是受保护链路的对端节点 E 而非目的节点 D[7]）。所以 PQ 节点是一个不经过受保护的 S-E 链路、可以通过最短路径到达节点 S 的节点，也是一个不经过受保护节点 S、可以通过最短路径到达节点 E 的节点。

在图 6-4 的拓扑中，LFA 无法计算出可用的备用节点，但通过 RLFA 就可以计算出 PQ 节点为节点 4。这个 PQ 节点的计算流程如下。

① 计算源节点 1 的扩展 P 空间，以所有节点 1 的邻居（除了通过受保护链路才可达的邻居，比如节点 3）为根计算 SPF 树，每棵 SPF 树中从根节点不经过节点 1→节点 3 之间链路可达的节点构成 P 空间，所有邻居的 P 空间集合得到扩展 P 空间｛节点 2，节点 4｝。

② 计算以节点 3 为根节点的反向 SPF 树，根据 Q 节点计算公式得到 Q 空间｛节点 4｝。

③ 既在扩展 P 空间又在 Q 空间的节点只有节点 4，所以 PQ 节点是节点 4。

PQ 节点 4 满足从节点 2（源节点的邻居节点）到节点 4 不经过故障点和从节点 4 到目的节点 3 不经过故障点的两个条件。所以计算出 PQ 节点后，RLFA 在源节点 1 与 PQ 节点 4 之间建立一条隧道（例如 LDP 隧道），同时指定该隧道的下一跳为节点 2。这条隧道作为虚拟的 LFA 备份下一跳预安装在 FIB 中，当主下一跳故障的时候，节点 1 快速切换到备份下一跳，从而实现 FRR 保护。

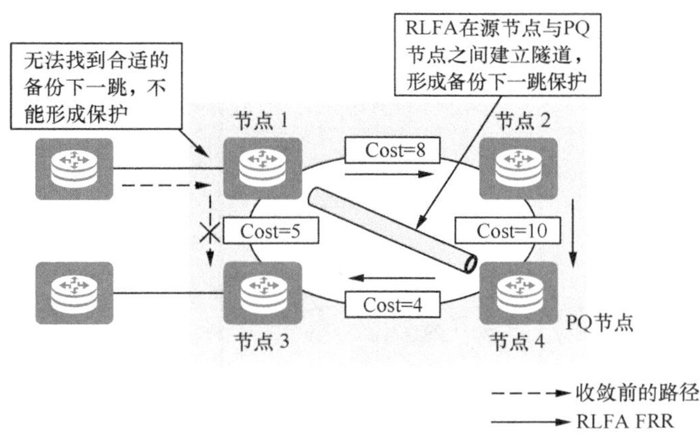

图 6-4　RLFA 保护原理

RLFA 作为 LFA 的一种增强，弥补了 LFA 无法满足一些场景的问题，但是该技术依然受限于拓扑。因为 RLFA 算法要求网络中必须存在 PQ 节点，算法才能生效。还是图 6-4 的这个拓扑，我们再改一下 Cost，将节点 4 到节点 3 的链路 Cost 调整为 30，如图 6-5 所示。此时节点 4→节点 2→节点 1→节点 3 的开销是 10 + 8 + 5 = 23，小于节点 4→节点 3 的开销 30，所以节点 4 到节点 3 需要经过受保护链路，节点 4 不再是 Q 节点，也不再是 PQ 节点，此时 RLFA 保护就失效了。

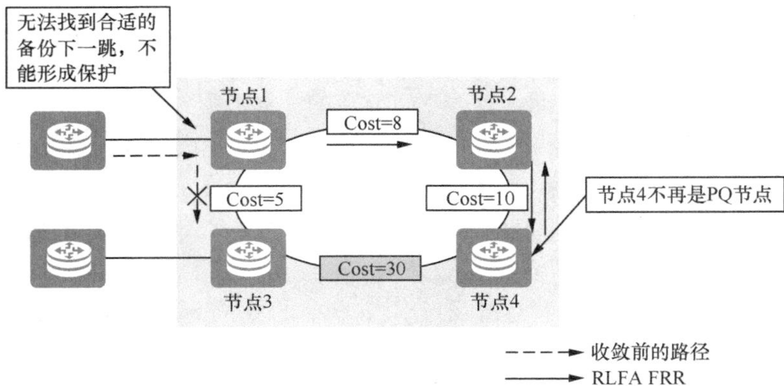

图 6-5 RLFA 保护失效

RFC 7490 介绍了使用 LFA 和 RLFA 对不同拓扑进行链路保护和节点保护的成功概率，如表 6-1 所示[7]。从表 6-1 中可以看出，使用 RLFA 可以把链路故障的保护成功概率提升到接近 100% 的水平，但依然无法达到 100% 保护。

表 6-1 使用 LFA 和 RLFA 对不同拓扑进行链路保护和节点保护的成功概率

拓扑	链路保护的成功概率 /%		节点保护的成功概率 /%	
	使用 LFA	使用 RLFA	使用 LFA	使用 RLFA
1	78.5	99.7	36.9	53.3
2	97.3	97.5	52.4	52.4
3	99.3	99.999	58	58.4
4	83.1	99	63.1	74.8
5	99	99.5	59.1	59.5
6	86.4	100	21.4	34.9
7	93.9	99.999	35.4	40.6
8	95.3	99.5	48.1	50.2
9	82.2	99.5	49.5	55
10	98.5	99.6	14.9	14.1
11	99.6	99.9	24.8	24.9
12	99.5	99.999	62.4	62.8
13	92.4	97.5	51.6	54.6
14	99.3	100	48.6	48.6

RFC 8102介绍了基于RLFA进行节点保护的方法，提高了节点保护的成功率[9]，其主要思路在于计算P空间和Q空间时，假设主下一跳节点E发生故障，这就要求将节点E和最短路径经过节点E的节点都删除，所以最终的备份路径不会经过主下一跳节点E。在RFC 8102中，PQ节点计算需要满足以下两个条件。

第一，从受保护链路源端节点到PQ节点的转发路径不会经过受保护路径。

第二，从PQ节点到达目的节点的转发路径不会经过受保护链路的对端节点。

即便如此，RLFA依然存在找不到PQ节点的情况，无法实现100%的链路和节点保护。而且RLFA在应用时还需要创建Target LDP会话[7]，这引入了大量的隧道状态。此外，无论LFA还是RLFA，都是基于故障发生之前的IGP LSDB计算最短路径，但这个备份路径可能并不是IGP收敛之后重路由的最短路径，因此可能还需要再次将流量从备份路径切换回重路由收敛路径。

3. TI-LFA

有没有一种算法可以做到不依赖拓扑？或者说与拓扑无关，即可做到100%的故障保护？答案是肯定的。下面介绍SRv6中一项非常重要的故障保护技术——TI-LFA[1]。

TI-LFA是一种FRR保护机制，是LFA的增强方案，TI-LFA具有以下特点。

第一，TI-LFA可以在网络拓扑中不存在PQ节点的情况下，实现对任意拓扑的保护。具体原理是：TI-LFA在计算备份路径时，如果网络存在PQ节点，则在PLR（Point of Local Repair，本地修复节点）插入对应的Repair Segment List，将流量转发到对应的PQ节点；如果不存在PQ节点，则计算备份路径上距离PLR最远的P节点和距离PLR最近的Q节点之间的Repair Segment List，指导报文从P空间转发到Q空间，从而可以在任意拓扑上计算无环备份路径。

第二，TI-LFA基于故障收敛之后的拓扑计算FRR备份路径，使得FRR备份路径与最终网络收敛后的重路由路径一致，避免了转发路径的再次切换。即TI-LFA在计算FRR路径时，排除故障节点或链路，然后计算出FRR备份路径。

第三，由于SRv6支持在PLR插入Repair Segment List，显式地指定转发路径，所以基于SRv6的TI-LFA无须创建Target LDP会话，减少了网络节点维护的隧道状态。

下面以RLFA无法保护的拓扑图6-6为例，详细探讨一下TI-LFA如何解决网络中不存在PQ节点的问题。

TI-LFA首先假设节点1和节点3之间的链路发生故障，计算故障收敛之后的最短路径为节点1→节点2→节点4→节点3。然后根据P空间和Q空间的计算算法可知节点 4 是一个 P 节点，但不是 Q 节点；而 Q 空间中只有节点 3，因此无法找到 PQ 节点。如果可以把流量从 P 空间转发到 Q 空间，就实现了 FRR，所以问题的关键是如何将流量从 P 空间的节点 4 转发到 Q 空间的节点 3。基于 SR 的 TI-LFA 可以计算从节点 4 到节点 3 的 Repair Segment List，然后利用 Repair Segment List 指导报文转发，由此可以实现此拓扑的 FRR 保护，例如，在本例中，一个 SRv6 End.X SID 即可指导网络将流量从节点 4 转发到节点 3。

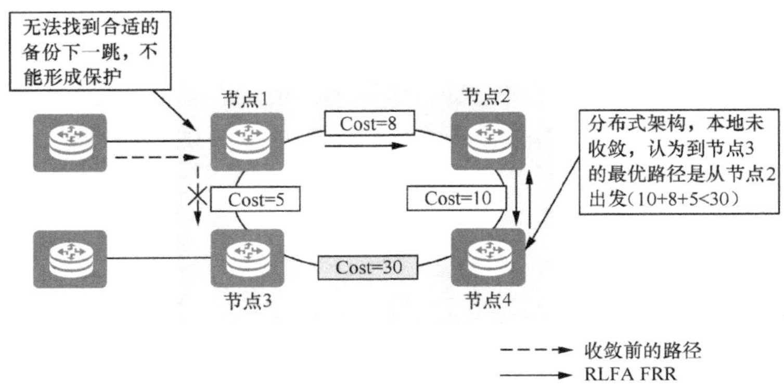

图 6-6 RLFA 无法形成保护的拓扑

下面通过图 6-7 介绍 SRv6 TI-LFA 的工作原理。在图 6-7 中，节点 A 到节点 F 的最短路径为 A → B → E → F，节点 B 需要计算到节点 F 的备份路径，步骤如下。

① 排除主下一跳（B-E 链路）计算收敛后的最短路径为 B → C → D → E → F。

② 计算 P 空间。按照上文介绍的方法计算，可知 P 空间中的节点为节点 B 和节点 C。

③ 计算 Q 空间。按照上文介绍的方法计算，可知 Q 空间中的节点为节点 D、节点 E 和节点 F。

④ 计算 Repair Segment List。我们可以把任意路径表示为源节点→ P 节点→ Q 节点→目的节点。其中源节点到 P 节点是无环路径，Q 节点到目的节点也是无环路径。如果存在 PQ 节点，则将流量转发到 PQ 节点即可，整条路径均为无环路径，此时 Repair Segment List 可以是 P 节点的 End SID[1]。如果不存在 PQ 节点，则需要指定 P 节点到 Q 节点的无环转发路径，此时 P 节点到 Q 节点的 Repair Segment List 可能是 End SID 和 End.X SID 的组合。本例中最远的 P 节点 C 到最近的 Q 节点 D 之间的 Repair Segment List 可以为 End.

X SID 3::1。

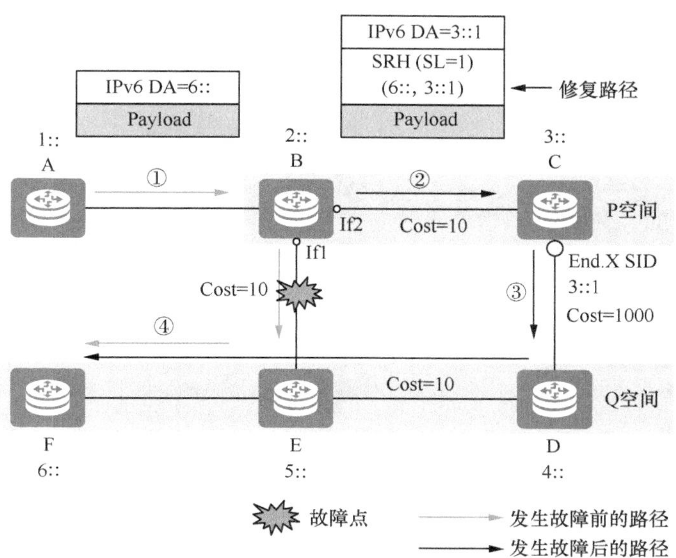

图 6-7 SRv6 TI-LFA 的工作原理

如表 6-2 所示，节点 B 根据 TI-LFA 计算结果预先安装备份转发表，用于主下一跳发生故障的时候激活备份下一跳，确保到目的节点 F 的可达性。

表 6-2 节点 B 的 TI-LFA 备份转发表参数

路由前缀	出接口	Segment List	角色
6::	If1	-	主用
	If2	3::1	备份

当 B-E 链路发生故障时，数据转发过程如下。

① 节点 B 收到目的地址为 6:: 的报文，根据 6:: 查找转发表，主出接口为 If1。

② 节点 B 查询到 If1 接口状态为 Down，使用备份表项转发，备份出接口为 If2，并使用“H.Insert”的方式封装 Segment List 3::1，新增 1 个 SRH，将用于修复故障的 Segment List 和目的地址 6:: 封装在 SRH 中，SL 初始化为 1。

③ 节点 C 收到报文以后，识别出目的地址 3::1 是 End.X SID，所以需要执行 End.X SID 对应的指令：将 SL 的值减 1，外层 IPv6 地址更新为 6::，并按 3::1 绑定的出接口和下一跳沿着 C-D 链路转发到节点 D。由于 SL = 0，节点 C 可以按照 PSP 操作去掉 SRH。

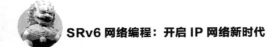

④ 节点 D 收到报文以后，根据报文的目的地址 6:: 查找 IPv6 转发表，沿着最短路径转发到目的地址 F。

根据上述过程可以看出，TI-LFA 可以满足 100% 拓扑的故障保护，而且还具有以下优势。

优势一： TI-LFA 备份路径和网络故障收敛后的最短路径在大多数情况下都是一致的，这减少了转发路径的切换次数。TI-LFA 算法是基于收敛后的最短路径计算的，只有在少数情况下才会出现备份路径和收敛后路径不一致的情况。

优势二： TI-LFA 备份路径依赖 IGP SRv6 实现，这样减少了为部署可靠性技术而额外引入的协议。

优势三： TI-LFA 利用已有的 End.X SID 或 End SID 建立备份路径，不需要维护额外的转发状态。

6.1.2 SRv6 Endpoint 的故障保护

在 SRv6 TE 场景中，经常要约束数据报文在网络中的转发路径，需要指定报文沿途经过的节点或链路。如图 6-8 所示，节点 A 要发送报文到节点 F，要求转发路径经过节点 E。当节点 E 发生故障的时候，由于备份路径仍旧必须经过节点 E，TI-LFA 也无法达到保护的效果。

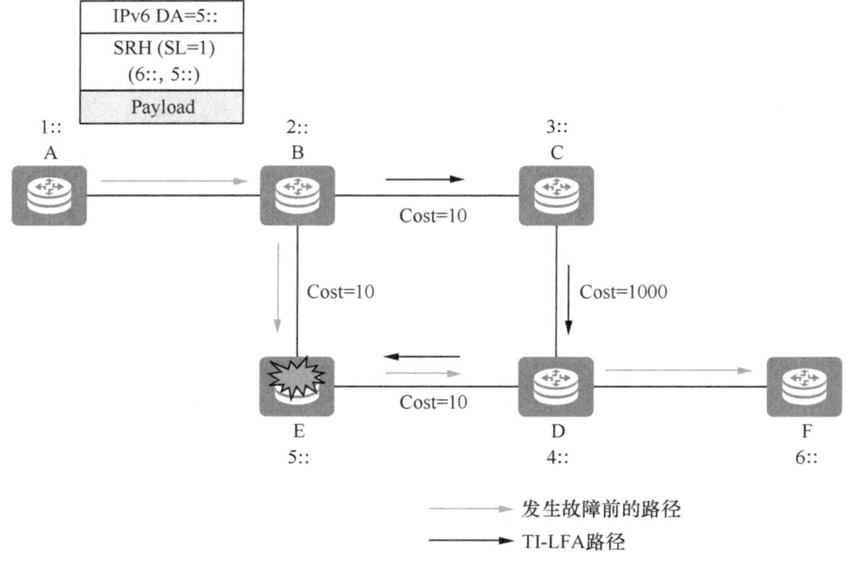

图 6-8　TI-LFA 保护失效的场景

本节介绍对 SRv6 Endpoint 节点发生故障时的保护方法。前面介绍过，Endpoint 节点在处理 SRv6 报文时，需要执行的转发行为是将 SL 的值减 1，并将下层 SID 复制到 IPv6 报文头的目的地址字段。但是当某个 Endpoint 节点发生故障时，它就无法完成对应 SID 的处理动作，造成转发失败。

为了解决上述问题，需要由 Endpoint 节点的上游节点代替它完成这个转发处理，我们称这个上游节点为代理转发节点。代理转发节点感知到报文的下一跳接口发生故障，并且下一跳是报文目的地址，且 SL > 0，则代替 Endpoint 节点执行 End 行为，将 SL 的值减 1，并将下层要处理的 SID 更新到外层 IPv6 报文头，然后按照下层 SID 的指令进行转发，从而绕过故障节点，实现对 SRv6 Endpoint 故障节点的保护。

以图 6-9 为例，对 SRv6 Endpoint 故障节点的保护过程如下。

① 节点 A 向目的节点 F 转发报文，并在 SRv6 SRH 中指定经过中间节点 E。

② 节点 E 发生故障的时候，节点 B 感知到报文下一跳接口发生故障，而下一跳正好是报文当前的目的地址 5::，且 SL > 0，所以节点 B 执行代理转发行为，将 SL 的值减 1，并将下层 SID 6:: 复制到外层 IPv6 报文头的目的地址字段。此时由于 SL = 0，节点 B 可以去掉 SRH，然后根据目的地址 6:: 查表转发。

③ 由于目的地址 6:: 的主下一跳依然是节点 E，且 SL = 0 或不存在 SRH，所以节点 B 不再符合代理转发条件，而是按照正常 TI-LFA 转发流程切换到备份路径转发，备份路径的 Repair Segment List 为 <3::1>，所以节点 B 使用 “H.Insert” 的方式封装 Segment List <3::1>，新增 1 个 SRH，经过备份路径转发到节点 F。

④ 在节点 A 感知到节点 E 故障，且 IGP 完成收敛后，节点 A 删除到节点 E 的路由转发表项，所以节点 A 根据 5:: 查表转发的时候，无法命中路由，此时节点 A 就要作为代理转发节点执行代理转发行为，将 SL 的值减 1，并将下层 SID 6:: 更新到外层 IPv6 报文头，然后根据目的地址 6:: 查表转发到节点 B。节点 B 如果完成收敛，则按照收敛后的最短路径将报文转发到节点 F；节点 B 如果未完成收敛，则按照 TI-LFA 流程经过备份路径转发到节点 F。通过上述方式，就绕过了故障节点 E。

为了支持 SRv6 Endpoint 故障保护，需要在 SRv6 SID 转发伪码里插入一段转发流程[2]，Endpoint 节点发生故障时，用于指导代理转发节点执行的转发动作。

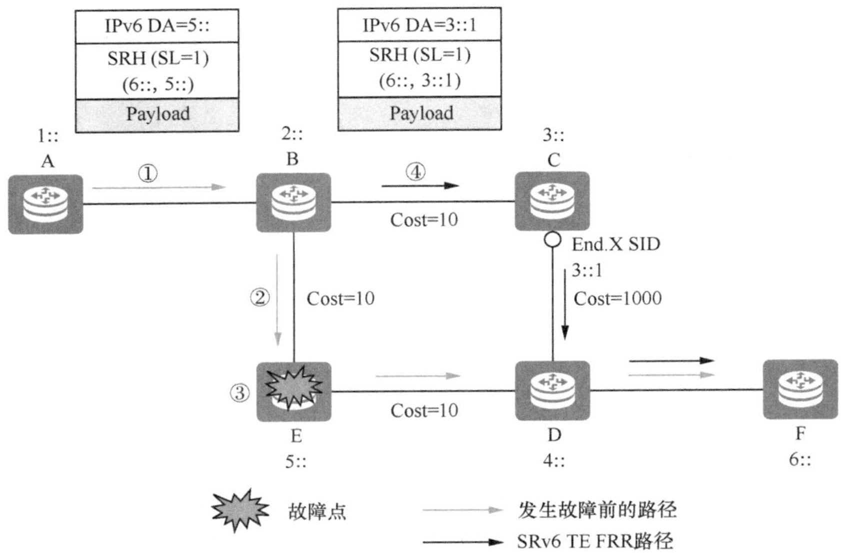

图 6-9　对 SRv6 Endpoint 故障节点的保护

详细内容如下。

```
IF the primary outbound interface used to forward the packet failed
  IF NH = SRH && SL != 0,
     IF the failed endpoint is directly connected to the PLR THEN  //注1
        SL--; update the IPv6 DA with SRH[SL];
        FIB lookup on the updated DA;
        forward the packet according to the matched entry;
     ELSE
        forward the packet according to the backup nexthop;         //注2
ELSE // there is no FIB entry for forwarding the packet
  IF NH = SRH && SL != 0 THEN
    SL--; update the IPv6 DA with SRH[SL];
    FIB lookup on the updated DA;
    forward the packet according to the matched entry;
  ELSE
    drop the packet;
```

```
ELSE
   forward accordingly to the matched entry;
```

注 1：SRv6 Endpoint 节点故障保护。
注 2：SRv6 TI-LFA 保护。

初学者可能不太容易理解普通 TI-LFA 和 Endpoint 保护的区别，本质上二者的区别在于下一跳节点是中转节点还是目的地址中的 Endpoint 节点。

如图 6-10 所示，节点 A 发送报文携带 Segment List <E，F>。由于 TI-LFA 是根据报文目的地址计算一条备份路径，所以 TI-LFA 计算的备份路径也经过节点 E。如果节点 E 发生故障，普通 TI-LFA 无法实现保护作用。而 SRv6 Endpoint 保护是根据下层 SID 计算的备份转发路径，所以它能绕过故障的 Endpoint 节点，从而实现了对 SRv6 TE 的 Endpoint 故障节点的保护。

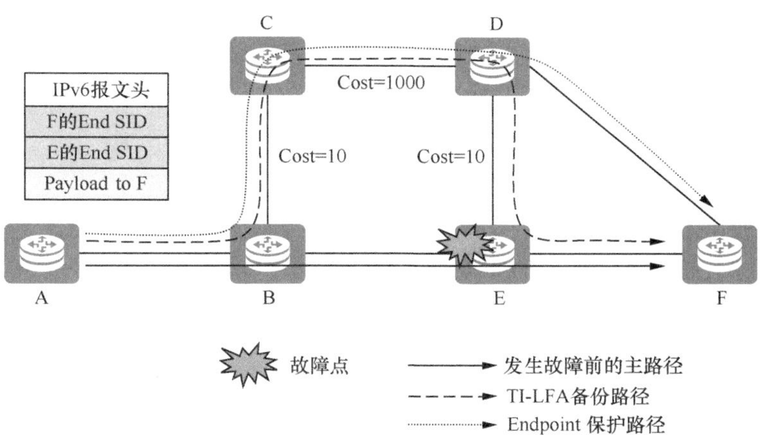

图 6-10　TI-LFA 和 Endpoint 保护的区别

6.1.3　尾节点保护

在 SRv6 网络中，一条转发路径上的节点都有各自的角色，如 SRv6 头节点、中转节点、Endpoint 节点，还有尾节点。前面已经介绍了对中转节点和 Endpoint 节点的保护方法，下面介绍应对尾节点故障的 FRR 技术。

图 6-11 描述了一个 SRv6 L3VPN 场景，节点 A 是头节点 PE，节点 F 和 G 是尾节点 PE，CE 双归到节点 F 和节点 G。在这个场景中，P 节点不能维护到私网的路由表，业务报文必须要在 PE 节点进行终结才能继续往 CE 转发。所

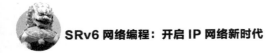

以，对于 PE 节点故障，必须通过冗余保护才能确保业务不中断。

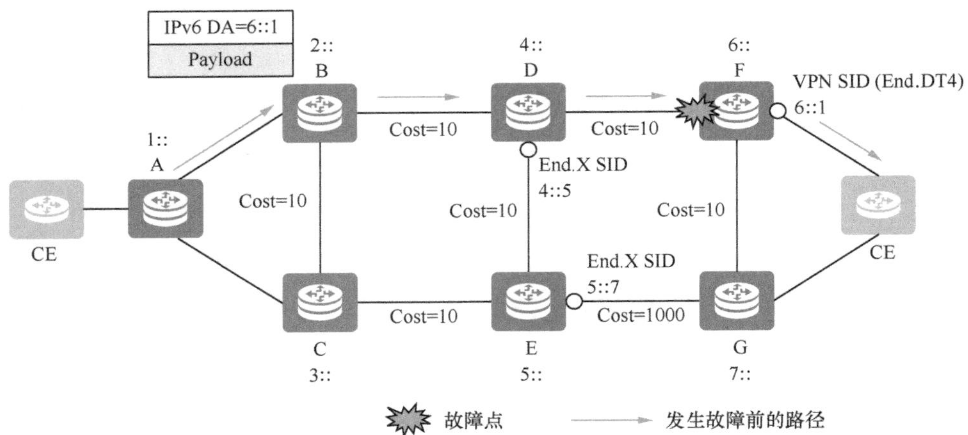

图 6-11 对 SRv6 L3VPN 场景的保护

当前有两种方法可以实现尾节点保护：Anycast FRR 和镜像保护。

1. Anycast FRR

Anycast FRR 方法是在 CE 双归的 PE 节点配置相同的 SID 来实现 FRR。

如图 6-12 所示，CE 双归的 PE 节点 F 和节点 G 配置了相同的 Locator 和 VPN SID，网络节点在计算 Anycast 前缀的时候，会将 Anycast 前缀虚拟成一个节点并归属到发布 Anycast 的节点，我们只需计算到虚拟节点的备份下一跳，就等价于到该 Anycast 前缀的备份下一跳。节点 D 预安装到目的地址 6:: 的备份路径，形成 FRR 主备表项，其中主路径为 D→F，备份路径为 D→E→G，计算的 Repair Segment List 为 <5::7>。

节点 F 发生故障前，节点 D 将报文转发给节点 F，节点 F 执行 VPN SID 的指令，通过私网接口将报文转发到 CE 节点。节点 F 发生故障后，节点 D 感知到下一跳直连接口的故障，快速切换到备份路径，并且封装 Repair Segment List <5::7>，然后将报文转发到节点 G。由于节点 G 和节点 F 的 VPN SID 配置一致，所以节点 G 也能处理 VPN SID 6::1，节点 G 利用 VPN SID 6::1 查找本地 SID 表，然后执行 VPN SID 的指令，通过私网接口将报文转发到 CE 节点。

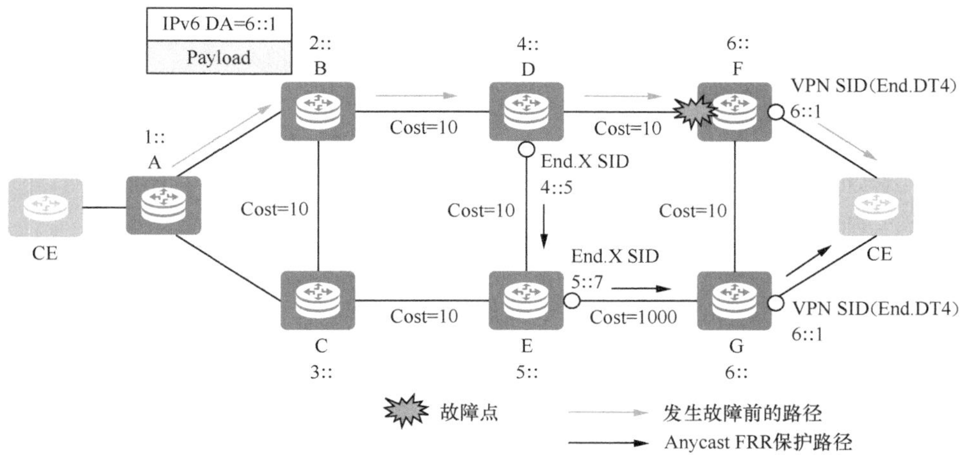

图 6-12 Anycast FRR 保护

Anycast FRR 能够实现对 PE 故障节点的保护，但是 Anycast FRR 存在以下问题。

- Anycast FRR需要保证两个PE上相同VPN的SID一致，所以必须静态指定VPN SID。VPN数量较多时，配置工作量很大。
- 为了实现Anycast FRR，两个PE需要发布相同前缀的路由，但是受限于IGP层面的路由优选，无法进行VPN层面的选路。例如，如果VPN业务希望在节点F和节点G形成负载分担，或者优选节点F发布的路由，但IGP到6::的路径优选的是节点G，这样就无法控制VPN层面的选路。
- 当私网侧接口发生故障的时候，例如节点F到CE的链路发生故障的时候，报文还是会转发到节点F，如果节点F使用Anycast VPN SID访问节点G，也可能出现环路。所以，这种场景下无法收敛。
- 当多个CE多归到不同的PE组的时候，不同的多归集合需要规划不同Locator，部署难度大。

2. 镜像保护

鉴于 Anycast FRR 存在的一系列问题，业界提出了另外一种尾节点保护技术：镜像保护 [3]。在双归 PE 场景下，我们可以认为这两个 PE 节点能够提供相同的 VPN 转发服务，所以这一对 PE 节点可以配置成镜像组，并通过 IGP 在网络里扩散镜像关系。当镜像组内的某个节点发生故障的时候，可以通过 FRR 到达镜像组内的其他节点，以达到快速收敛的目的。

如图 6-13 所示，SRv6 L3VPN 场景下，CE 双归到节点 F 和节点 G，节点 F 和节点 G 上配置的 Locator 分别为 6::/64 和 7::/64，VPN SID 分别为 6::100 和 7::100，同时在节点 G 上针对节点 F 的 Locator 6::/64 配置 Mirror SID（镜像 SID），取值为 7::1。节点 G 收到节点 F 发布的 VPN 路由时，会根据 Mirror SID 的配置生成双归 PE 的 VPN SID 的镜像表项 <7::1, 6::100>：<7::100>，这个镜像表项表示 <7::1, 6::100> 这两层 SID 与 7::100 这个 SID 是等价的。

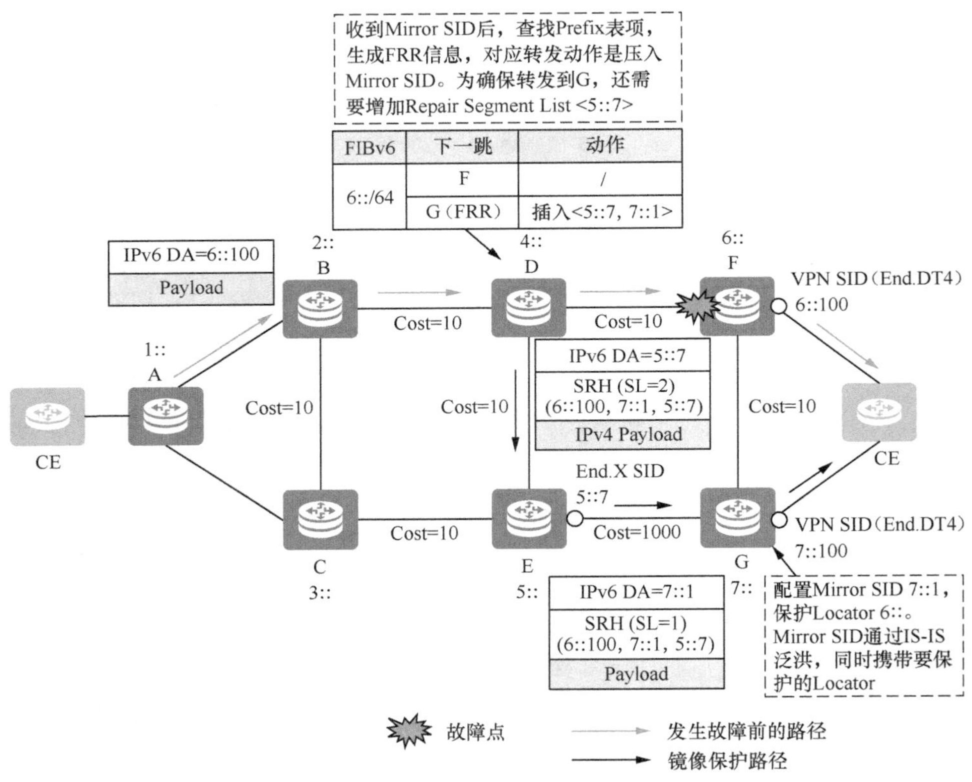

图 6-13 镜像保护

节点 G 配置 Mirror SID 以后，会在 IGP 发布一个 Mirror SID TLV，将 Mirror SID 泛洪出去，Mirror SID TLV 同时还携带该 Mirror SID 要保护的 Locator。IS-IS 定义的 Mirror SID TLV 的格式如图 6-14 所示[3]。

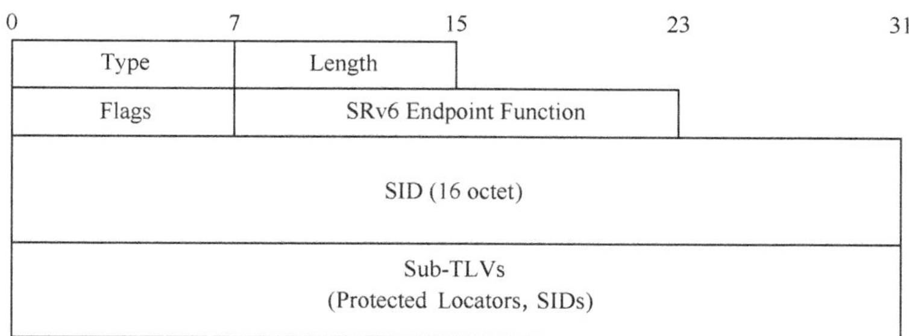

图 6-14 Mirror SID TLV 的格式

Mirror SID TLV 各字段的说明如表 6-3 所示。

表 6-3 Mirror SID TLV 各字段的说明

字段名	长度	含义
Type	8 bit	类型
Length	8 bit	长度
Flags	8 bit	标志位
SRv6 Endpoint Function	16 bit	SRv6 Endpoint 功能指令类型
SID	128 bit	表示发布的 SRv6 SID
Sub-TLVs	长度可变	包含的 Sub-TLV，在 Mirror SID TLV 中，该 Sub-TLVs 字段用于封装该 Mirror 要保护的节点的 Locator 信息

Mirror SID TLV 作为 SRv6 Locator TLV 的 Sub-TLV 发布，同时，文稿还定义了 End.M SID 的转发行为。

```
End.M: Mirror protection
When N receives a packet destined to S and S is a local End.M SID,
N does:
IF NH=SRH and SL = 1;;
   SL--
   Map to a local VPN SID based on Mirror SID and SRH[SL];;
   forward according to the local VPN SID;;
ELSE
 drop the packet
```

IGP 网络节点收到该 TLV 以后，会做如下处理。

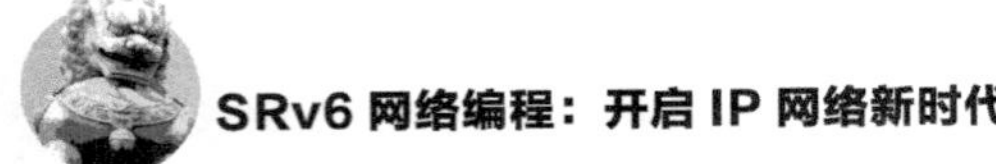

在备份表项计算阶段，如果接收到 TLV 的网络节点是被保护 Locator 对应节点的直连节点，该节点计算 Mirror SID 要保护的 Locator 路由的备份路径时，会使用 Mirror SID 作为备份，也就是将报文引导到该节点的镜像保护节点。如图 6-13 所示，节点 D 在计算路由 6::/64 的备份路径的时候，会使用 7::1 作为备份路径的最后一个 SID，从而将流量引导到节点 G。此外，为确保流量能够转发到节点 G，还需要增加 Repair Segment List <5::7>，这样节点 D 计算出来的完整 Repair Segment List 就是 <5::7，7::1>。

在数据转发阶段，节点 A 作为头节点 PE，会对 VPN 路由进行优选。正常情况下，根据下一跳 IGP 路由的开销，节点 A 会优选节点 F 发布的路由。在报文转发时，节点 A 将报文目的地址封装为 6::100（VPN SID），并转发到节点 F。节点 F 收到报文以后，根据 6::100 关联到对应的 VPN 实例路由转发表，根据内层 IP 目的地址查表转发到 CE。

当节点 F 发生故障时，节点 D 先感知到故障，激活备份路径，封装 Repair Segment List <5::7，7::1>，指导报文无环转发到节点 G。节点 G 根据 7::1 查找本地 SID 表，命中一个 Mirror SID，节点 G 执行 Mirror SID 的指令，根据下层 SID 6::100 查找映射表，映射到本地的 SID 7::100，然后根据内层报文的 IP 地址，在 SID 7::100 关联的本地 VPN 实例路由转发表中进行查表转发到 CE。

相对于 Anycast FRR，镜像保护具有以下优势。

- 镜像保护通过规划节点保护对来实现尾节点的保护，并根据BGP同步的信息自动创建Mapping表项，从而无须保证两个PE上相同VPN的SID一致，可以动态生成VPN SID。
- 镜像保护不要求双归PE配置相同的Locator，所以保留了VPN层面选路的能力。
- 当私网侧接口发生故障的时候，头节点可以感知，镜像保护通过VPN FRR切换到另外一个PE。相比而言，在这种场景下，如果用Anycast的方式，会形成环路，无法收敛。

镜像保护能解决 Anycast FRR 的一些问题，但还存在和 Anycast FRR 一样的问题，例如需要人工规划保护组、无法支持多个 CE 多归到不同的 PE 组等。

以上就是当前 SRv6 网络中 FRR 和端到端保护的相关内容，包括普通的链路和节点保护方法 TI-LFA、Endpoint 节点保护和尾节点保护等内容。下一节将介绍从故障发生到故障恢复的过程中可能导致的“微环”问题。

6.2 防微环

本节介绍 SRv6 网络发生故障时和故障恢复后产生的微环现象，以及 SRv6 如何解决这些微环问题。

6.2.1 微环产生的原因

IP 网络里 IGP 的链路状态数据库是分布式的，这样 IGP 在无序收敛时可能会产生环路。以 IS-IS/OSPF 链路状态为例，每次网络拓扑发生变化时，都需要一些路由设备基于新拓扑更新其 FIB，由于收敛时间和顺序不同，不同设备会存在短时间的不同步。根据设备能力、配置参数和承载业务量等指标的不同，可能存在毫秒级到秒级的数据库不同步暂态。在此期间，报文转发路径上的各个设备可能处于收敛前的状态，也可能处于收敛后的状态，这样的状态不同步，可能会导致转发路由的不一致，导致转发环路。但这种环路会在转发路径的设备都完成收敛之后消失，这种暂态的环路被称为 Microloop（微环）。微环可能导致网络丢包、时延抖动和报文乱序等一系列问题，所以必须予以重视。

如图 6-15 所示，节点 A 沿着路径 A → B → E → D 发送报文给节点 D。当 B-E 链路发生故障时，节点 B 先收敛，将下一跳收敛到节点 G。此时如果节点 G 未完成收敛，它到节点 D 的下一跳还是节点 B，那么就会有一段时间，报文在节点 B 和节点 G 之间形成微环。

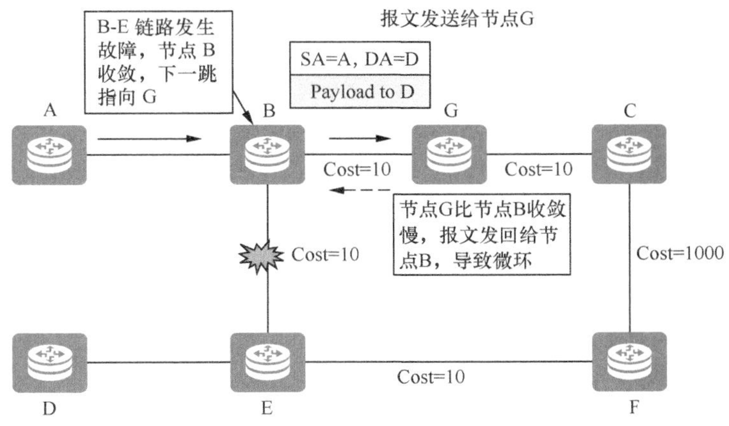

图 6-15　微环现象

微环可能发生在任何拓扑变更的情况下，如链路或节点的状态变为 Up、链路或节点的状态变为 Down、链路开销值变化等。微环普遍存在于 IP 网络中，在 Segment Routing 技术出现之前，业界针对如何消除微环已经做了大量的研究，例如 Order FIB[10] 和 Order Metric 等。它们的基本原理都是通过控制网络节点的收敛顺序（例如，正切时离故障点最远的节点最先收敛，离故障点最近的节点最后收敛；回切时离故障点最近的节点最先收敛，离故障点最远的节点最后收敛），使得网络节点有序地进行收敛，从而达到消除环路的目的。但是这种方式普遍会使得整网的收敛过程复杂化，而且整体收敛时间会变得很长，因此一直没有在网络中得到部署。

说明：通常情况下，正切是指网络发生故障后，数据流量从主路径切换到备份路径；而回切是指网络故障恢复后，数据流量从重路由路径切换到重新收敛后的主路径。

Segment Routing 使得我们可以采用一种对网络影响比较小的方式来消除网络中潜在的环路。它的原理是如果网络拓扑变化引发环路，网络节点就通过创建一个无环的 SRv6 Segment List，引导流量转发到目的地址，等待网络节点全部完成收敛以后再回退到正常转发状态，从而能有效地消除网络中的环路。

6.2.2 SRv6 本地正切防微环

本地正切微环指的是紧邻故障节点的节点收敛后引发的环路。如图 6-16 所示，全网节点都部署 SRv6 TI-LFA，当节点 B 发生故障的时候，节点 A 针对目的地址 C 的收敛过程如下。

① 节点 A 感知到故障，进入 TI-LFA 的快速重路由切换流程，向报文插入 SRv6 Repair Segment List <5::1>，将报文转向 TI-LFA 计算的 PQ 节点 E。因此报文会先转发到下一跳节点 D。此时 Segment List 中的 SID 为 <5::1, 3::1>。

② 当节点 A 完成到目的地址节点 C 的路由收敛，则直接查找节点 C 的路由，将报文转发到下一跳节点 D，此时不再携带 SRv6 Repair Segment List，而是直接基于目的地址 3::1 进行转发。

③ 如果此时节点 D 还未完成收敛，当节点 A 向节点 D 转发报文时，节点 D 的转发表中到节点 C 的路由下一跳还是节点 A，这样就在节点 A 和节点 D 之间形成了环路。

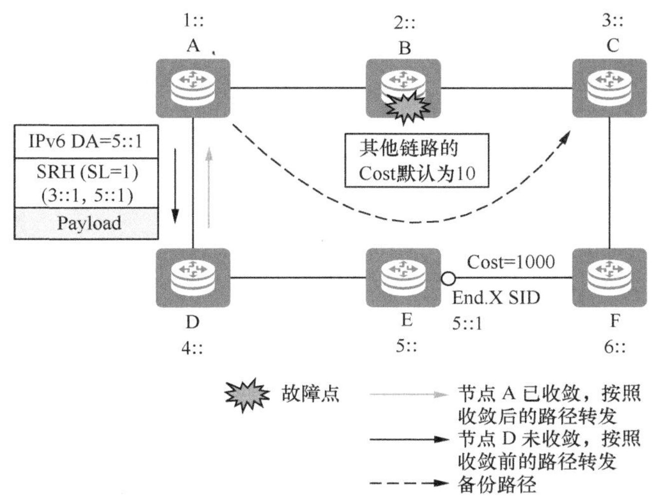

图 6-16 SRv6 本地正切微环

通过上述收敛过程，我们知道本地正切微环发生在节点 A 完成收敛、退出 TI-LFA 流程、变成正常转发，而网络中其他节点还未完成收敛的时候。因此解决这个场景下的环路问题，只需要让节点 A 延时收敛。因为 TI-LFA 一定是个无环路径，所以只需要维持一段时间按照 TI-LFA 路径转发，待网络中其他节点完成收敛以后再退出 TI-LFA，正常收敛，即可避免正切微环。

如图 6-17 所示，部署正切防微环后的收敛流程如下。

① 节点 A 感知到故障，进入 TI-LFA 流程，报文沿着备份路径转发，下一跳为节点 D，并封装 SRv6 Repair Segment List <5::1>。

② 节点 A 启动一个定时器 T1。在 T1 期间，节点 A 不响应拓扑变化，转发表不变，报文依旧按照 TI-LFA 策略转发。网络中其他节点正常收敛。

③ 节点 A 的定时器 T1 超时，此时网络中其他节点都已经完成收敛，节点 A 也正常收敛，退出 TI-LFA 流程，按照正常收敛后的路径转发报文。

通过上述步骤能够有效地避免 PLR 的正切微环问题，但是需要注意，该方案只能解决 PLR 的正切微环问题。这是因为只有在 PLR 才能进入 TI-LFA 转发流程，才可以通过延时收敛继续使用 TI-LFA 路径实现防微环。此外，该方案只限于单点故障场景，如果是多点故障场景，TI-LFA 备份路径可能也会受影响。

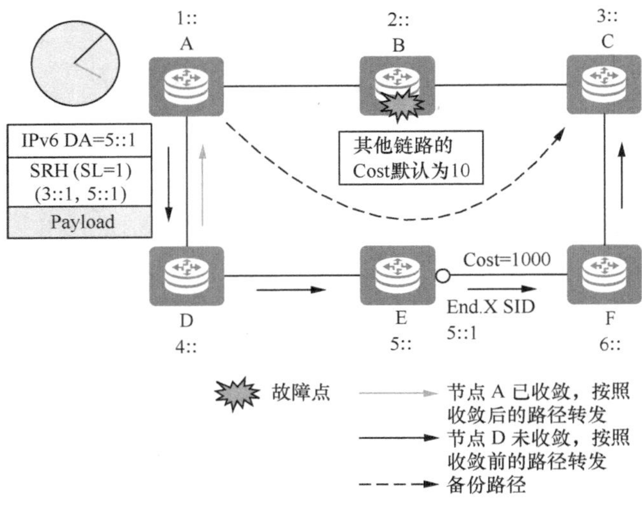

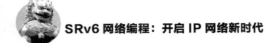

图 6-17　SRv6 本地正切防微环

6.2.3　SRv6 回切防微环

微环不但可能在路径正切时产生，也可能在故障恢复后、路径回切时出现。下面以图 6-18 为例，介绍回切时产生环路的场景。

① 节点 A 将报文按照路径 A → B → C → E → F 发送到目的节点 F。当 B-C 链路发生故障时，节点 A 会将报文按照重新收敛之后的路径 A → B → D → E → F 发送到目的节点 F。

② 节点 B 和节点 C 之间的链路故障恢复后，假设节点 D 率先完成收敛。

③ 节点 A 将报文转发给节点 B，由于节点 B 未完成收敛，依然按照图 6-18 中故障恢复前的路径转发，转发给节点 D。

④ 节点 D 已经完成收敛，所以节点 D 按照故障恢复后的路径转发到节点 B，这样就在节点 B 和节点 D 之间形成了环路。

由于回切不会进入 TI-LFA 转发流程，所以无法像正切一样使用延时收敛的方式解决回切微环问题。

从上述回切微环产生的过程中，我们了解到，当故障恢复的时候，节点 D 先于节点 B 收敛会产生短暂的环路。由于节点 D 无法预估网络中的链路 Up 事件，所以也无法预先安装针对链路 Up 事件计算的无环路径。为了消除回切过程中潜在的环路问题，节点 D 需要能够收敛到一条无环路径。

如图 6-19 所示，节点 D 感知到 B-C 链路 Up 事件以后，重新收敛到 D→B→C→E→F 路径。

此外，B-C 链路 Up 事件不会影响节点 D 到节点 B 的路径，所以该路径一定是一个无环路径。

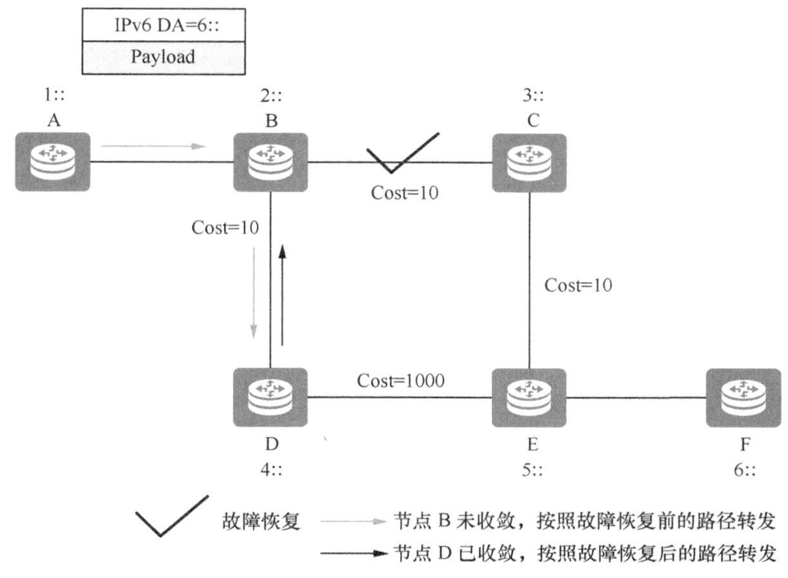

图 6-18　SRv6 回切微环

说明： 链路 Up 事件触发的拓扑变化只会影响收敛后经过该链路的转发路径，如果收敛后节点 D 到节点 B 的路径不经过 B-C 链路，那么该路径一定不会受 B-C 链路 Up 事件的影响。同样的原理，链路 Down 事件触发的拓扑变化只会影响收敛前经过该链路的转发路径。

因此，在构造节点 D 到节点 F 的无环路径的时候，无须指定节点 D 到节点 B 的路径。同理，节点 C 到节点 F 也不会受 B-C 链路 Up 事件的影响，节点 C 到节点 F 的路径也一定是无环路径。唯一受影响的是节点 B 到节点 C 的路径，所以要计算节点 D 到节点 F 的无环路径，只需要指定节点 B 到节点 C 的路径即可。根据上述分析，我们只需要在节点 D 收敛后的路径中插入一个节点 B 到节点 C 的 End.X SID，指示报文从节点 B 转发到节点 C，就可以保证节点 D 到节点 F 的路径无环。

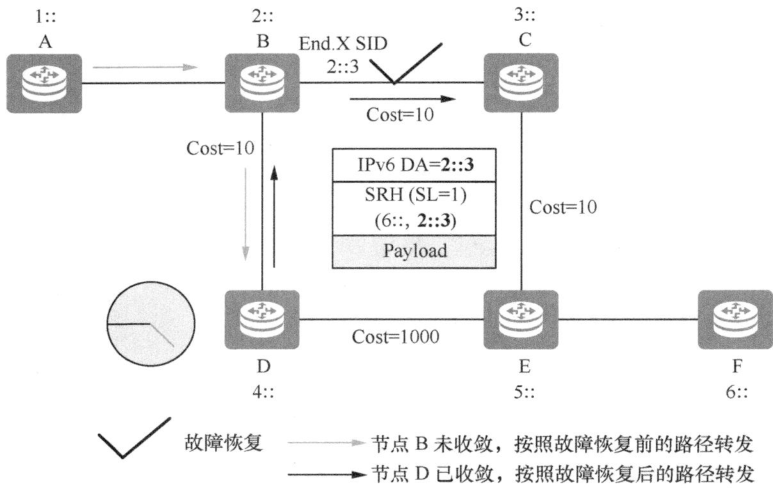

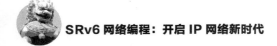

图 6-19 SRv6 回切防微环

部署回切防微环后的收敛流程如下。

① 节点 B 和节点 C 之间的链路发生故障后恢复，假设节点 D 率先完成收敛。

② 节点 D 启动定时器 T1，在 T1 超时前，节点 D 针对访问节点 F 的报文计算的防微环 Segment List 为 <2::3>。

③ 节点 A 将报文转发给节点 B，由于节点 B 未完成收敛，依然按照故障恢复前的路径将报文转发给节点 D。

④ 节点 D 在报文中插入防微环 Segment List <2::3>，并转发到节点 B。

说明：报文在节点 B 和节点 D 之间往返了一次，但是由于在节点 D 上修改了报文的目的地址为 End.X SID 2::3，所以不会形成环路。

⑤ 节点 B 根据 End.X SID 2::3 的指令执行转发动作，沿着 End.X SID 2::3 指定的出接口转发到节点 C，并将 SL 的值减 1，然后将外层 IPv6 报文头的目的地址字段更新为 6::。

⑥ 节点 C 按最短路径将报文转发到目的地址 F。

从以上过程可以看出，由于节点 D 转发报文的时候插入了防微环 Segment List <2::3>，所以消除了网络中潜在的环路。

当节点 D 的定时器 T1 超时后，网络中的其他节点也都已经完成收敛，头节点 A 按照收敛后的正常路径 A → B → C → E → F 转发报文。

6.2.4　SRv6 远端正切防微环

前面介绍了本地正切防微环，实际上正切时不仅会导致本地微环，也可能引起远端节点之间形成环路，即沿着报文转发路径，如果离故障点更近的节点先于离故障点远的节点收敛，就可能会导致环路。下面我们以图 6-20 为例，描述远端正切微环产生的过程。

① 节点 C 和节点 E 之间的链路发生故障，假设节点 G 率先完成收敛，节点 B 未完成收敛。

② 节点 A 和节点 B 沿着发生故障前的路径将报文转发到节点 G。

③ 由于节点 G 已经完成收敛，根据路由下一跳转发到节点 B。这样报文就在节点 B 和节点 G 之间形成了环路。

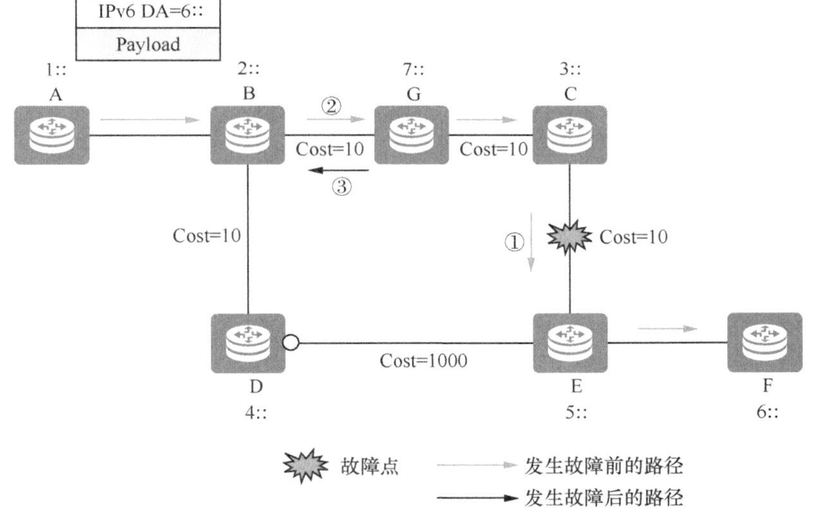

图 6-20　SRv6 远端正切微环

由于计算量的关系，通常网络节点只能针对本地直连的链路或节点故障预先计算无环路径，而无法针对网络中任何其他潜在的故障预先计算无环路径。因此要解决此场景的微环问题，只能在节点 G 收敛以后安装一条无环路径。

在上一节中我们已经提到，链路 Down 事件触发的拓扑变化只会影响收敛前经过该链路的转发路径，如果收敛前某节点到目的节点的路径不经过故障链路，那该路径一定不会受该链路故障事件的影响。从图 6-20 展示的拓扑我们知道，节点 G 到节点 D 的路径不会受 C-E 链路故障的影响，所以节点 G 到节点 F 的无环路径不需要指定节点 G 到节点 D 这段路径。同样，节点 E 到节点 F 也不会受 C-E 链路故障的影响，所以我们也无须指定节点 E 到节点 F 的路径。这样一来，只有节点 D 到节点 E 的路径受 C-E 链路故障的影响，所以无环路径只需要指定节点 D 到节点 E 的 End.X SID 4::5 即可，具体如图 6-21 所示。

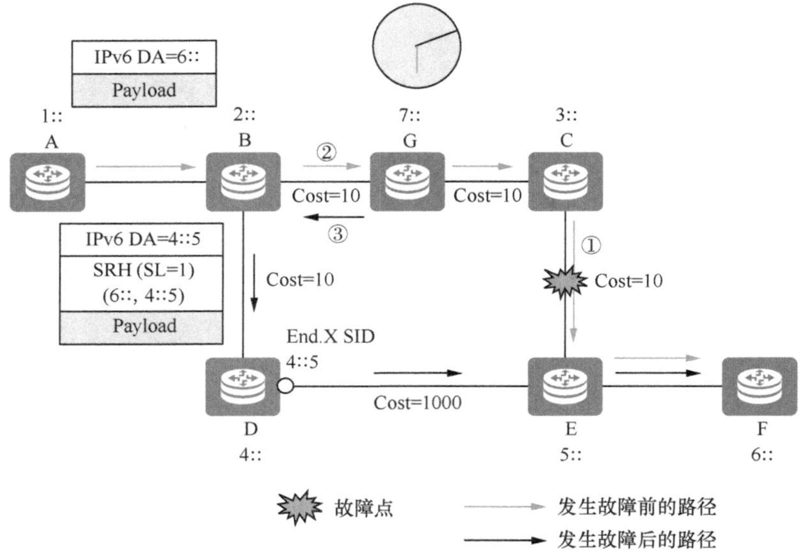

图 6-21　SRv6 远端正切防微环

使能远端正切防微环后的收敛流程如下。

① 节点 C 和节点 E 之间的链路发生故障，假设节点 G 率先完成收敛。

② 节点 G 启动定时器 T1，在 T1 超时前，节点 G 针对访问节点 F 的报文计算的防微环 Segment List 为 <4::5>。

③ 节点 A 将报文转发给节点 B，由于节点 B 未完成收敛，依然按照之前的路径将报文转发给节点 G。

④ 节点 G 在报文中插入防微环 Segment List <4::5>，并转发到节点 B。

说明：报文在节点 B 和节点 G 之间往返了一次，但是由于在节点 G 上修改了报文的目的地址为 End.X SID 4::5，所以不会形成环路。

⑤ 节点 B 根据目的地址 4::5 查询转发表转发给节点 D。

⑥ 节点D根据End.X SID 4::5的指令执行转发动作，沿着End.X SID 4::5指定的出接口转发到节点 E，并将 SL 的值减 1，然后将外层 IPv6 报文头的目的地址段更新为 6::。

⑦ 节点 E 按最短路径将报文转发到目的地址 F。

从以上过程可以看出，由于节点 G 转发报文的时候插入了防微环 Segment List <4::5>，所以消除了网络中潜在的环路。

当节点 G 的定时器 T1 超时后，网络中的其他节点也都已经完成收敛，头节点 A 按照收敛后的正常路径 A → B → D → E → F 转发报文。

| SRv6 设计背后的故事 |

我们在 2010 年将 IP 网络 100% 覆盖的 FRR 作为一个重点研究课题，但是在确定无环备份路径方面始终未能取得突破，直到后来遇到一位业界专家，他给了笔者一些提示："想一下，在拓扑确定的情况下，要都能够找到备份路径，数学上肯定是无解的。"笔者反复考虑这句话的含义，数学上无解，那对立的有解的那一面是什么呢？最后终于想到了只有通过工程的办法产生出新的路径才能解决问题，于是我们开始研究基于 LDP 多拓扑解决 FRR 问题。

业界出现了多个解决网络 100% 覆盖问题的 FRR 的工程方法。

- 基于MRT（Maximally Redundant Trees，最大冗余树）算法的LDP多拓扑的方法[11]。
- LFA方法：包括LFA、R-LFA以及后来基于SR的TI-LFA;
- 通过RSVP-TE LSP保护LDP路径的方法[12]。

IP FRR 查找备份路径从本质上来讲还是一个流量工程问题，方案 2 和方案 3 都是通过流量工程路径来保护最短路径的。本来传统 MPLS 是有可能提供一个较为完美的解决方案：LDP 支持通过最短路径建立 LSP，也支持 CR-LDP 扩展建立 MPLS TE LSP，这样可以通过将 CR-LDP 建立的 MPLS TE LSP 作为备份路径来保护 LDP LSP，并且 CR-LDP 的可扩展性也优于 RSVP-TE，可以满足建立海量 MPLS TE LSP 的需求。然而 IETF MPLS 工作组早年决定 MPLS TE 功能基于 RSVP-TE 信令扩展，而不再支持 CR-LDP[13]。MPLS 本来可能统一于 LDP，最后分化成 LDP 和 RSVP-TE。在简化协议的背景下，基于 IGP 的 SR 替代了 LDP 和 RSVP-TE，而 SR TI-LFA 也成为 FRR 解决方案的胜者。

本章参考文献

[1] LITKOWSKI S, BASHANDY A, FILSFILS C, et al. Topology Independent Fast Reroute using Segment Routing[EB/OL]. (2019-09-06)[2020-03-25]. draft-ietf-rtgwg-segment-routing-ti-lfa-01.

[2] CHEN H, HU Z, CHEN H. SRv6 Proxy Forwarding[EB/OL]. (2020-03-16)[2020-03-25]. draft-chen-rtgwg-srv6-midpoint-protection-01.

[3] HU Z, CHEN H, CHEN H, et al. SRv6 Path Egress Protection[EB/OL]. (2020-03-18)[2020-03-25]. draft-ietf-rtgwg-srv6-egress-protection-00.

[4] SHAND M, BRYANT S. IP Fast Reroute Framework[EB/OL]. (2015-10-14)[2020-03-25]. RFC 5714.

[5] KATZ D, WARD D. Bidirectional Forwarding Detection (BFD)[EB/OL]. (2020-01-21)[2020-03-25]. RFC 5880.

[6] ATLAS A, ZININ A. Basic Specification for IP Fast Reroute: Loop-Free Alternates[EB/OL]. (2020-01-21)[2020-03-25]. RFC 5286.

[7] BRYANT S, FILSFILS C, PREVIDI S, et al. Remote Loop-Free Alternate (LFA) Fast Reroute (FRR)[EB/OL]. (2015-10-14)[2020-03-25]. RFC 7490.

[8] FILSFILS C, FRANCOIS P, SHAND M, et al. Loop-Free Alternate (LFA) Applicability in Service Provider (SP) Networks[EB/OL]. (2015-10-14)[2020-03-25]. RFC 6571.

[9] SARKAR P, HEGDE S, BOWERS C, et al. Remote-LFA Node Protection and Manageability[EB/OL]. (2018-12-20)[2020-03-25]. RFC 8102.

[10] SHAND M, BRYANT S, PREVIDI S, et al. Framework for Loop-Free Convergence Using the Ordered Forwarding Information Base (oFIB) Approach[EB/OL]. (2018-12-20)[2020-03-25]. RFC 6976.

[11] ATLAS A, BOWERS C, ENYEDI G. An Architecture for IP/LDP Fast Reroute Using Maximally Redundant Trees (MRT-FRR)[EB/OL]. (2016-06-30)[2020-03-25]. RFC 7812.

[12] ESALE S, TORVI R, FANG L, et al. Fast Reroute for Node Protection in LDP-based LSPs[EB/OL]. (2017-03-13)[2020-03-25]. draft-esale-mpls-ldp-node-frr-05.

[13] ANDERSSON L, SWALLOW G. The Multiprotocol Label Switching (MPLS) Working Group Decision on MPLS Signaling Protocols[EB/OL]. (2003-02-28)[2020-03-25]. RFC 3468.

第 7 章 SRv6 网络的演进

兼容性和平滑演进能力是任何一项新技术能够获得成功的关键。SRv6在设计之初就充分考虑了对现网的兼容性，可以在 IPv6 网络或 SR-MPLS 网络进行升级，且可以按需升级部分节点，增量部署，平滑演进。本章着重介绍 SRv6 网络演进过程中面临的挑战，SRv6 如何做到增量部署、平滑演进，现网设备如何兼容 SRv6 以及如何保证 SRv6 网络安全等方面的内容。

| 7.1　SRv6 网络演进面临的挑战 |

总体来说，现网演进到 SRv6 网络面临的挑战主要包括 3 点：一是要求网络设备支持 IPv6，二是需兼容现网设备，三是安全方面的挑战。

7.1.1　网络设备支持 IPv6

支持 SRv6 的前提是网络设备支持 IPv6。目前主流的网络还是 IPv4/MPLS 网络，随着 IP 技术的发展和成熟，以及运营商、内容提供商和设备商的共同努力，IPv6 的普及程度越来越高。根据谷歌的统计，截至 2019 年，在全球范围，IPv6 的普及率已经接近 30%，而且这种向 IPv6 的迁移还在不断地加速。可以预见，全 IPv6 网络离我们越来越近。

事实上，现网绝大多数的网络设备已经具备了 IPv4/IPv6 的双栈能力，这也为向 SRv6 演进打下了坚实的基础。

7.1.2　SRv6 网络如何兼容现网设备

向 SRv6 网络演进要实现对现网设备的兼容。网络的升级需要大量的投资，特别是网络更新换代，例如从 IPv4 升级到 IPv6、从 SR-MPLS 升级到 SRv6。兼容现网设备是任何新协议获得成功的关键。

支持 SRv6 需要同时对网络设备的软硬件进行升级。软件需要升级支持 SRv6 相关的控制协议，例如升级 IGP、BGP 扩展支持 SRv6 等，这对现有网络设备的影响可控。

硬件设备的升级则存在比较大的挑战。SRv6 赋予了 IPv6 地址更为丰富的含义，引入了 SRH 和转发平面 TLV 封装等机制。这些技术带来丰富的网络编程能力的同时，也对网络设备的处理能力提出了更高的要求。通常，为了实现高性能的报文处理和转发，对 SRH、TLV 的处理一般都需要相应的硬件功能来实现。另外，为了支持更精细化的 TE、SFC 和 IOAM 等功能，网络硬件设备需要具备处理更深 SRv6 SID 栈的能力。这些都对现网设备提出了一定程度的挑战。图 7-1 展示了不同 SRv6 业务的 SID 栈深。

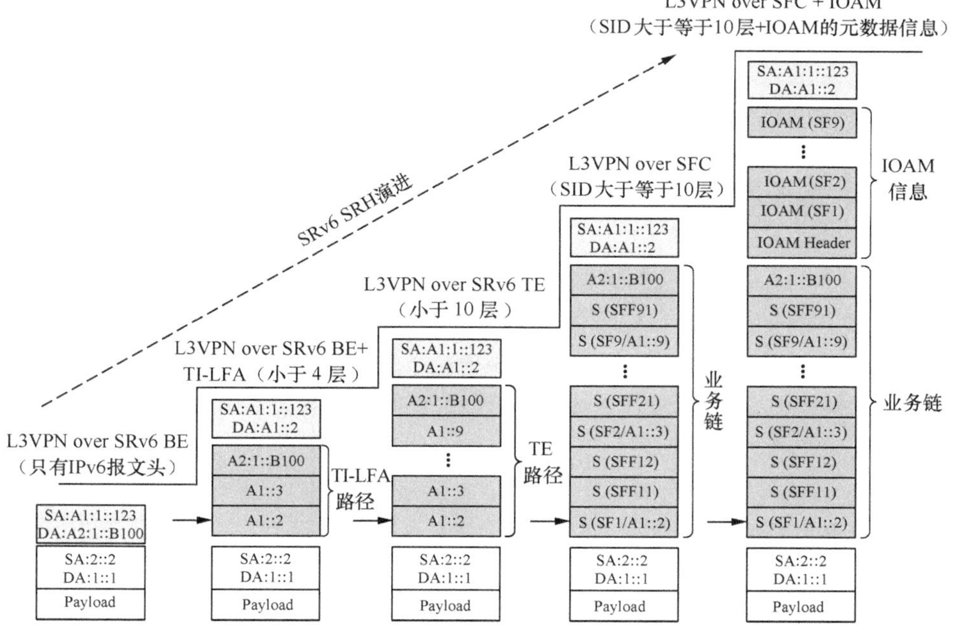

图 7-1　不同 SRv6 业务的 SID 栈深

我们可以看到，支持 L3VPN over SRv6 BE 不需要引入 SRH；支持 L3VPN over SRv6 BE + TI-LFA 需要设备具备大约 4 层 SRv6 SID 栈的处理能力；如果要支持 L3VPN over SRv6 TE，可能需要设备具备 10 层的 SRv6 SID 栈的处理能力；如果要支持基于 SRv6 的 SFC 和 IOAM，则需要更高的

SRv6 SID 栈的处理能力。

7.1.3 SRv6 网络面临的安全挑战

网络安全和我们每一个人的利益密切相关，也是网络运营商最关心的话题之一。部署任何一种新技术都需要考虑安全保护的问题，SRv6 也不例外。与其他网络一样，SRv6 网络也面临如下可能的网络安全威胁 [1]。

- 窃听：若报文未采用加密等手段，则入侵者可能在报文经过的设备上截获传送的数据，并通过多次窃取和分析，找到信息的规律和格式，进而获取传输信息的内容，造成信息的泄露。
- 报文篡改：入侵者掌握了信息的格式和规律后，通过一定的技术手段和方法，在信息传递的途中对信息进行篡改，然后再发向目的节点，进行欺骗或攻击。
- 仿冒：由于掌握了数据格式篡改的方法，攻击者可以冒充合法用户，主动发送假冒信息或者主动获取信息，从而欺骗远端用户，非法窃取信息或攻击网络。
- 回放攻击：通过非法截获报文，过一段时间再重新发送该报文来造成攻击。比如截获携带登录账号密码的报文，过一段时间再回放报文，完成登录。
- DoS（Denial of Service，拒绝服务）/DDoS（Distributed Denial of Service，分布式拒绝服务）攻击：一个或多个攻击者不断发送攻击报文，使得被攻击目标不停地为其需求提供服务，从而耗尽被攻击者的资源，使其无法为其他用户提供服务的攻击类型。
- 恶意报文攻击：攻击者发送具有攻击性的可执行代码或报文，直接攻击目标主机。

此外，SRv6 作为一种源路由技术，同样存在源路由机制的安全问题。比如，源路由机制允许入节点指定转发路径给攻击者提供了定点攻击的手段。Routing Type 0（RH0）类型的 IPv6 Routing Header 被弃用的主要原因就是没有解决这些安全问题 [2]。RH0 遇到的源路由机制的安全问题也是 SRv6 SRH 需要解决的。RH0 存在的安全问题主要包含以下几种。

- 远程网络发现：主要是基于已有的Tracing技术获取最短路径转发的沿途节点信息，再通过在RH0中插入指定的节点地址，让报文按照指定的路径转发，继续探明其他网络节点，不断遍历，最终获得全网拓扑。
- 绕过防火墙：利用防火墙只基于五元组匹配的策略漏洞来绕过防火墙。比如防火墙丢包规则中丢弃源地址为节点A、目的地址为节点D的报文，只需要向RH0中插入节点B的地址，使得报文先以节点B为目的地址通过防火墙，再在节点B更换目的地址为节点D，这样就绕过了防火墙。

- DoS攻击：由于RH0不限制插入重复的地址，所以如果往路由扩展报文头中插入多组重复的SID，就可以让数据在网络中来回转发，从而实现放大攻击，最终耗尽设备资源实现DoS攻击。比如RH0中插入了50组节点A的地址和节点B的地址，就可以在节点A和节点B之间创造50倍的攻击流量。

以上是 RH0 带来的主要的安全问题，也是源路由机制带来的公共安全问题，这些问题也是 SRv6 SRH 需要解决的问题。为解决 SRv6 网络面临的这些安全挑战，需要设计对应的安全解决方案。

7.2　SRv6 网络的增量部署

虽然 SRv6 网络的演进面临一些挑战，但是在 SRv6 网络设计之初就充分考虑了与现网的兼容性，确保现有网络可以向 SRv6 网络平滑演进。

SRv6 网络构建在标准的 IPv6 基础之上。从封装的角度来看，不携带 SRH 时，一个采用 SRv6 SID 作为目的地址的 SRv6 报文和一个普通的 IPv6 报文没有什么区别。如果是基于 SRv6 BE 路径支持 L3VPN，那么根本就不需要引入 SRH。对于 VPN 业务来说，如果网络内的 P 设备已经具备 IPv6 能力，那么只需要升级 PE 设备就能开通 SRv6 VPN 业务。

只有在需要引入更多、更高级的 SRv6 功能时（如 L3VPN over SRv6 TE、SFC、IOAM 等），才要求硬件设备具有更强的处理能力。不过随着网络技术的发展和 SRv6 的不断普及，性能更强的相关设备和硬件会不断出现，并走向成熟，这是网络发展的历史规律。

SRv6 网络兼容 IPv6，这也使得网络能够按需升级部分节点，部署更高级的 SRv6 功能。对于不支持这些高级 SRv6 功能的节点，可以通过 IPv6 路由转发穿越。

7.2.1　SRv6 网络的演进路线

图 7-2 是两条典型的 SRv6 网络的演进路线。第一条是从 IPv4/MPLS 网络→ SRv6 网络，第二条是 IPv4/MPLS 网络→ SR-MPLS 网络→ SRv6 网络。

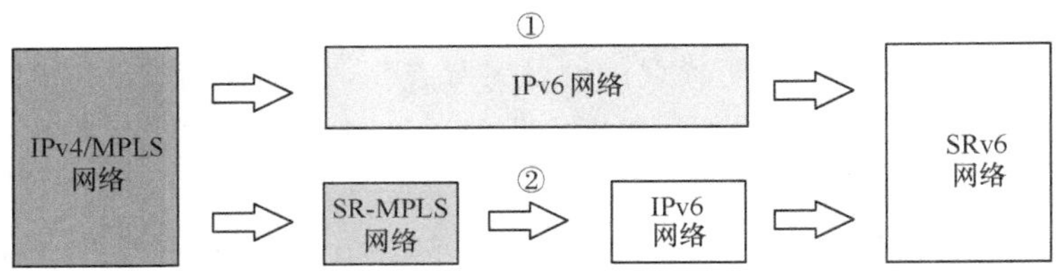

图 7-2　典型的 SRv6 网络演进路线

路线①：从 IPv4/MPLS 网络直接演进到 SRv6 网络。实现这一演进路线的关键是网络要先从 IPv4 网络升级到 IPv6 网络。如果网络已经具备 IPv4/IPv6 能力，那么这一演进路线就非常简单。网络升级到 IPv6 网络以后，只要按需为相关的网络节点引入 SRv6 能力，就可以轻松实现向 SRv6 网络的演进。按需增量升级演进是 SRv6 网络最大的优点。例如，基于 SRv6 BE 的 L3VPN 只需要升级网络边缘节点支持 SRv6，中间设备不需要支持 SRv6，仅支持 IPv6 转发即可。

即使后续想引入更高级的网络功能，如 SRv6 TE，也只需要升级一些关键的节点（例如 ASBR 和 PE）支持 SRv6 即可，不需要全网、端到端的升级。这些都得益于 SRv6 网络支持平滑演进的能力。

从网络发展演进的角度来看，IPv6 网络是 IP 网络的未来，这一点已经成为业界共识。因此这条路线是笔者推荐的 SRv6 网络演进路线。

路线②：IPv4/MPLS 网络→ SR-MPLS 网络→ SRv6 网络。SR-MPLS 网络当前标准的成熟度和产业界准备的充分程度相对较高。同时，由于大部分现网都是 IP/MPLS 网络，运营商对 IP/MPLS 网络的运维有较丰富的经验。因此，部分运营商选择先从 IPv4/MPLS 网络演进到 SR-MPLS 网络，等 SRv6 技术普及后再逐渐演进到 SRv6 网络。

从 SR-MPLS 网络演进到 SRv6 网络也需要网络升级支持 IPv6。具备 IPv6 能力之后，可以逐步、平滑升级到 SRv6 网络。不过在演进过程中，需要在很长时间内同时支持 SR-MPLS 网络和 SRv6 网络。有些场景还需要 SRv6 网络和 SR-MPLS 网络的互通，需要定义专门的协议和标准来实现 SR-MPLS 网络和 SRv6 网络的互通。网络协议、设备和网络运营的复杂度都会相应提高。

在目前业界崇尚极简网络的背景下，相较于第一种演进路线（直接从 IPv4/MPLS 网络演进到 SRv6 网络），这一演进路线显得有点复杂。

7.2.2　SRv6 网络的部署流程

增量部署是 SRv6 网络平滑演进的关键。下面给出一个典型的 SRv6 网络部署思路，这也是目前业界普遍采用的方式。

首先，将 IP 承载网升级到 IPv6 网络，一般是升级到 IPv4/IPv6 双栈，具体如图 7-3 所示。

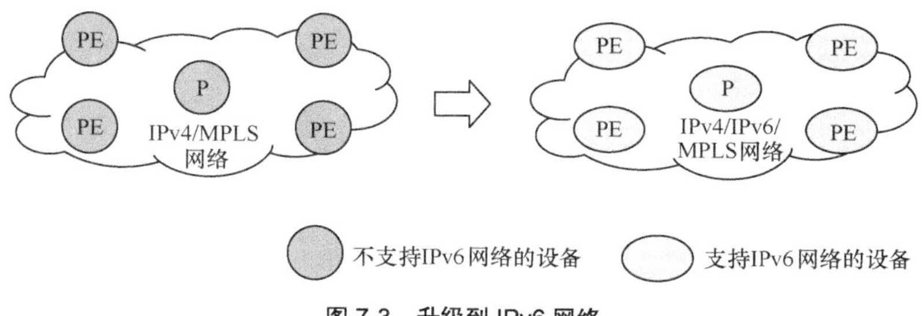

图 7-3　升级到 IPv6 网络

其次，按需升级 IP 承载网边缘的 PE 节点，使之支持 SRv6 VPN 等应用，具体如图 7-4 所示。

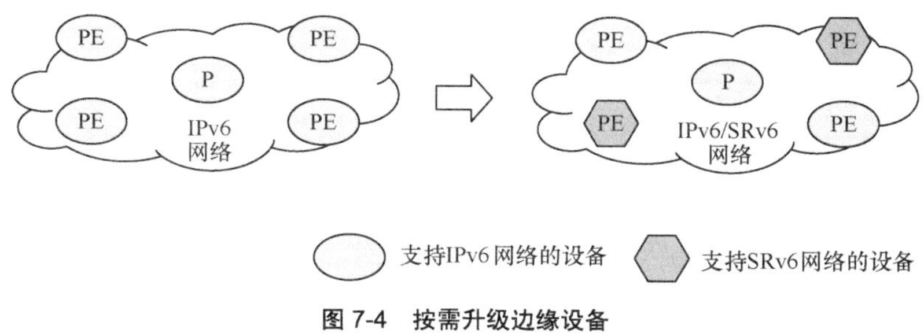

图 7-4　按需升级边缘设备

再次，按需升级 IP 承载网的部分中间设备，使之支持 SRv6 网络，从而可以通过 SRv6 TE 路径实现流量路径优化，或者是支持 SFC 等网络功能，具体如图 7-5 所示。

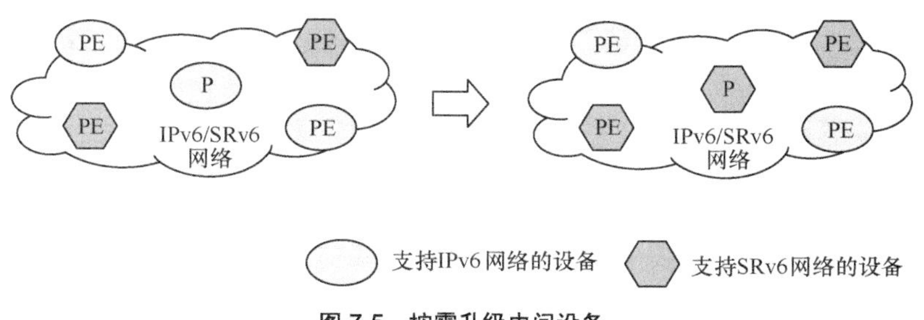

图 7-5　按需升级中间设备

最后，端到端支持 SRv6 网络，全网升级到 SRv6 网络，从而充分利用 SRv6 带来的网络编程能力，具体如图 7-6 所示。

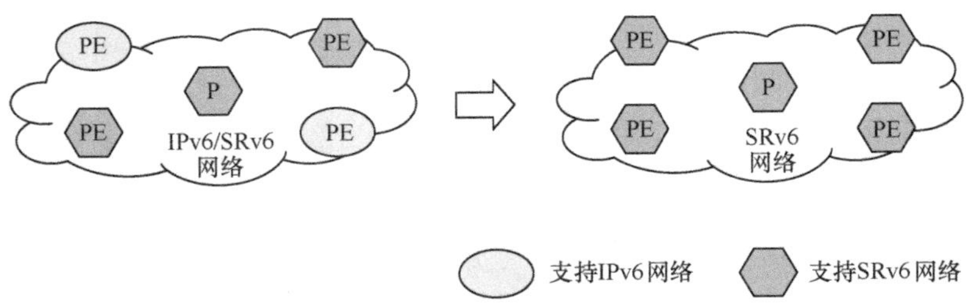

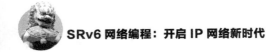

图 7-6　端到端支持 SRv6

7.2.3　SRv6 网络的演进实践

全球多个运营商网络已经陆续开展对 SRv6 网络的部署。中国电信和中国联通等运营商已经率先在其网络中引入了 SRv6。本节介绍中国电信和中国联通的 SRv6 网络部署实践，由此读者可以更好地了解 SRv6 网络的平滑演进能力。

1. 中国电信的 SRv6 网络部署实践

图 7-7 是中国电信某分公司的视频回传项目 SRv6 网络部署的示意图。这个项目通过引入 SRv6，将该省各地市数据中心采集的视频传至省中心，实现了视频的实时传送以及省中心和地市数据中心的视频数据动态调度。例如，可以通过省中心按需将一个或多个地市数据中心的视频数据推送到其他地市的数据中心。

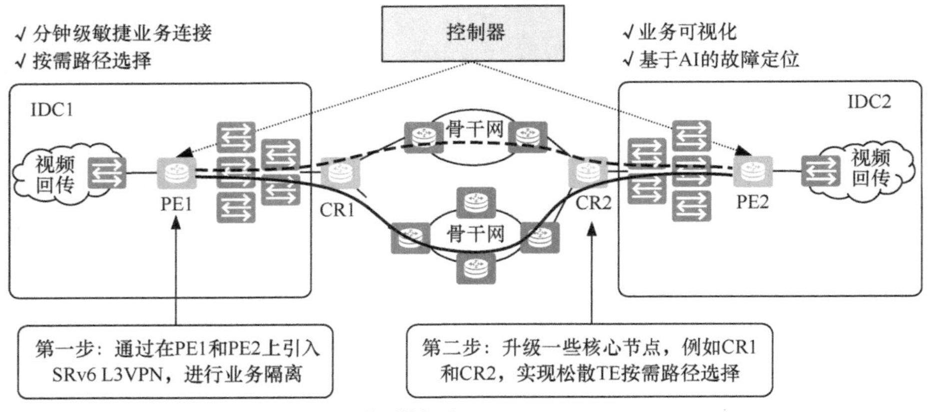

注：IDC 即 Internet Data Center，互联网数据中心。

图 7-7　中国电信某分公司的视频回传项目 SRv6 网络部署

为了实现上述需求，就需要一种能实现快速建立、拆除 VPN 以及按需控制的方案。传统方案一般是基于 MPLS VPN 技术实现的，但因为要跨越多个网络域，MPLS VPN 方案不仅需要使用复杂的 MPLS VPN 跨域技术，配置量大，运维开销高，而且还需要在不同的网络管理部门之间进行协调，开通流程复杂。这些都导致业务开通时间很长，一般可达数月，很难满足客户的业务需求。

因此该分公司希望引入 SRv6 来解决传统 MPLS VPN 方案的问题。中国电信的 ChinaNet 和 CN2 网络都已经支持了 IPv6，基于 SRv6 的 VPN 方案只需要在每个数据中心的出口设备（如图 7-7 中的 PE1 和 PE2）引入 SRv6 L3VPN 功能即可。配合网络控制器，业务在几分钟内就能开通。网络中间设备无须感知业务，也避免了协调不同网络管理部门的困难。如果在部分中间节点，例如 ChinaNet/CN2 的边缘节点（CR1、CR2）上引入 SRv6，还可以实现按需的路径选择，根据业务服务需求，引导流量通过 CN2 或 ChinaNet，轻松实现网络路径优化。

2. 中国联通的 SRv6 网络部署实践

中国联通基于 SRv6 技术，跨 169 骨干网成功构建了从城市 A 至城市 B 的南北两大核心城市的跨域云专线网络，可以为企业用户提供灵活快速的跨省专线访问服务。

如图 7-8 所示，中国联通采用 SRv6 Overlay 方案，仅升级了城市 A 的城域设备和城市 B 的数据中心出口设备，就可以部署 SRv6 功能。通过 SRv6 VPN 跨越联通 169 骨干网，从而快速构建了城市 A 和城市 B 两大核心城市之间的跨省云专线。

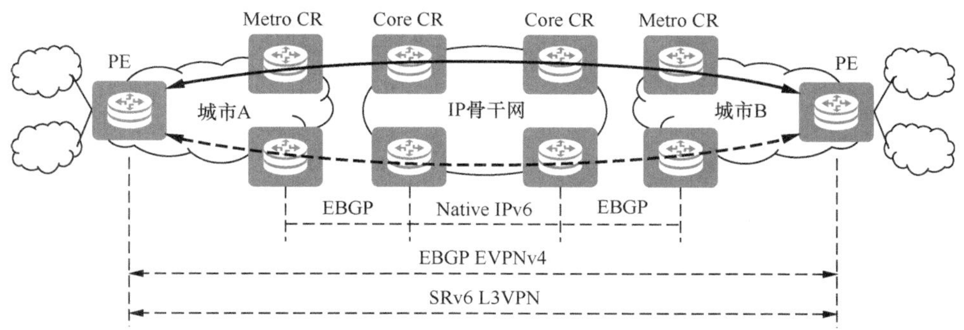

注：EBGP 即 External Border Gateway Protocol，外部边界网关协议。

图 7-8　中国联通 SRv6 Overlay 方案

7.3　现网设备兼容 SRv6 网络演进

SRv6 网络兼容 IPv6，可以很方便地通过普通的 IPv6 路由转发穿越现有的网络设备。现网设备兼容 SRv6 网络演进有利于网络平滑演进，也可以有效地保护投资。目前业界也提出了一些解决方案，可以通过对现网设备的软件升级或者基于现网设备有限的网络硬件能力的升级来兼容 SRv6 网络，主要有两种思路：一种是通过减少 SRv6 SRH 里 SID 栈深，从而让现有硬件支持 SRv6 功能；另一种是通过结合一些现有的流量调度方法（例如 Flowspec、引流规则），在不要求端到端升级的情况下实现端到端的流量调度。下面我们分别介绍一下这两种解决思路，读者也可以参考相关文稿 [3] 获得更多详细的内容。

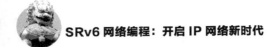

1. 利用 Binding SID 减小 SRv6 SID 栈深

利用 Binding SID 可以减小 SRv6 SID 栈深，其思路是将一条很长的 SRv6 TE 路径分割成多段较短的路径，这些较短的路径叫作 SRv6 子路径 [4-5]。通过 Binding SID 将各个子路径串接起来，隐藏各个子路径的 SID 栈的细节，从而降低了对设备处理 SID 栈深的要求。图 7-9 是一个利用 Binding SID 降低 SRv6 SID 栈深的例子。

在图 7-9 中，一条从 R1 到 R6 的显式路径 <R2，R3，R4，R5，R6> 如果不使用 Binding SID，需要 5 层 SID，即 <A2::1，A3::1，A4::1，A5::1，A6::1>，这里的 A2::1、A3::1、A4::1、A5::1、A6::1 分别代表 R2、R3、R4、R5、R6。但如果 R1 的 SID 栈处理能力只能达到 3 层，那么 R1 就无法处理深度超过 3 层的 SID。

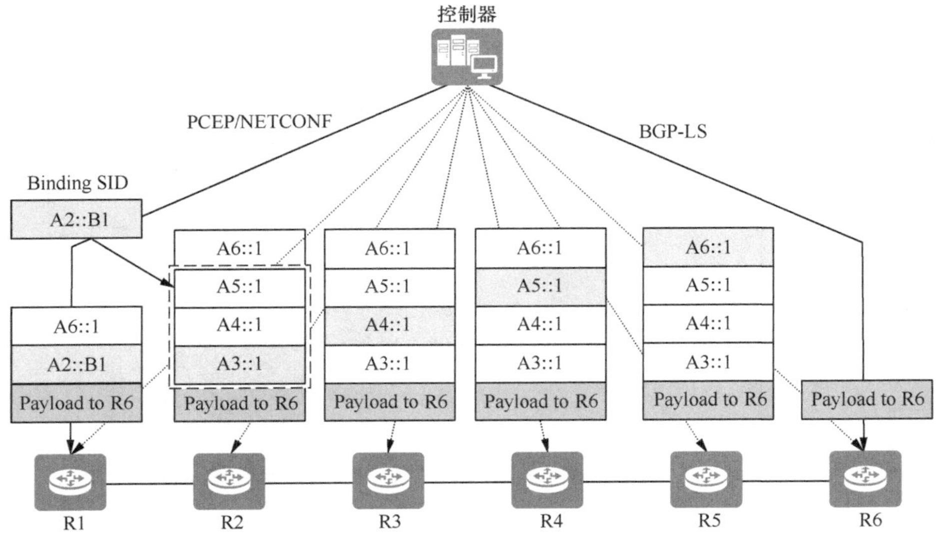

图 7-9 利用 Binding SID 减小 SRv6 SID 栈深的原理示意

引入 Binding SID 后，网络控制器首先通过 IGP/BGP-LS 收集网络中各节点的 SID 栈处理能力，然后在计算路径时，就针对路径上各节点对 SID 栈的处理能力计算出不超出相关节点处理能力的 SRv6 路径。针对 R1（只有 3 层 SID 栈的处理能力），计算出一条只包含两层 SID 的路径 <A6::1，A2::B1>，这里的 A2::B1 是一个 Binding SID，代表 <R3，R4，R5> 这条子路径。这样，就只需向 R1 下发一条包含两层 SID 的 SRv6 路径，同时在 R2 下发 <R3，R4，R5> 这条子路径，并和 A2::B1 形成映射关系。

在报文转发阶段，对于经过显式路径 <R2，R3，R4，R5，R6> 到达 R6 的报文，R1 只需要在 SRH 中压入两层 SID 栈 <A6::1，A2::B1>。当这个报文转发到 R2 之后，根据 A2::B1 这个 SID，R2 会附加一个新的 SRH 到报文上，其 SID 栈为 <A3::1，A4::1，A5::1>。这个新的 SRH 会将报文从 R2 经过 R3 和 R4 转发到 R5。如果使能 PSP，这个 SRH 会在 R4 上被剥掉，到达 R5 的报文就剩下内层的 SRH，而且 SL 指向 A6::1。A6::1 会引导网络节点报文转发到最终的目的地 R6。

2. 将 Flowspec 应用于 SRv6 网络

目前 IETF 定义了两种与 Flowspec 相关的标准和方案：BGP Flowspec 和 PCE Flowspec。BGP Flowspec 通过引入一种新的 BGP NLRI 来携带防止 DDoS 攻击以及流量过滤的引流规则 [6]。PCE Flowspec 定义如何通过 Flowspec 实现向特定隧道的自动引流。PCE Flowspec 继承了 BGP Flowspec 的思想，不同之处是 PCE Flowspec 通过扩展 PCEP 来实现 Flow Specification 的分发，即 PCE 在完成路径计算后将路径信息和引流规则（Flowspec）信息一起下发给路径的入节点，从而将路径 / 隧道和引流规则有机地结合起来，实现自动化引流，简化网络的配置和管理。

一个引流规则包括一系列的流过滤条件以及对应的处理规则和动作。这些规则和动作包括流量过滤、流量限速、流重定向、流量标记、流量采样和流量监控等。因此，通过在网络中应用 Flowspec，可以控制相关节点按需处理相关流量。

本节主要介绍如何利用 SRv6 加上 Flowspec 的流重定向功能实现端到端的流量调度。核心思想就是对于支持 SRv6 网络的节点，通过 SRH 实现流量调度；对于不支持 SRv6 的节点，通过 Flowspec 的重定向功能实现流量疏导。

如图 7-10 所示，用户希望建立一条端到端 SRv6 TE 路径，从 R1 经 R2、R6、R7、R3 到达 R4。但是只有 R1 和 R4 支持 SRv6 网络，中间设备都不支持 SRv6 网络。这样我们就可以结合网络控制器和 Flowspec，在不支持 SRv6

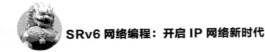

网络的设备上实现流量调度的效果。

① 在 R2 上，针对目的地址（A1::4/64，报文的外层 IPv6 头地址，代表 R4）下发一条重定向 Flowspec 规则 A1::4/64 → R6，代表将目的地址为 A1::4/64 的报文发送到 R6。

② 如果控制器知道 R6 去往 A1::4/64 的下一跳是 R7，就不必在 R6 上再下发一条 Flowspec 规则，R6 会按照最短路径将报文发送到 R7。

③ R7 到 R4 有两条路径：<R8，R4> 和 <R3，R4>，我们希望经过 <R3，R4> 这条路径，因此就会在 R7 上下发一条重定向 Flowspec 规则 A1::4/64 → R3，将报文送到 R3。

④ 报文到达 R3 后，通过最短路径转发直接到达目的 R4。

这样通过 SRH 和 Flowspec 的结合就可以实现端到端的流量调度，这在 SRv6 网络部署初期，在网络中还有大量不支持 SRv6 网络的设备的情况下，不失为一种过渡的方案，可以帮助运营商逐步演进到 SRv6 网络。

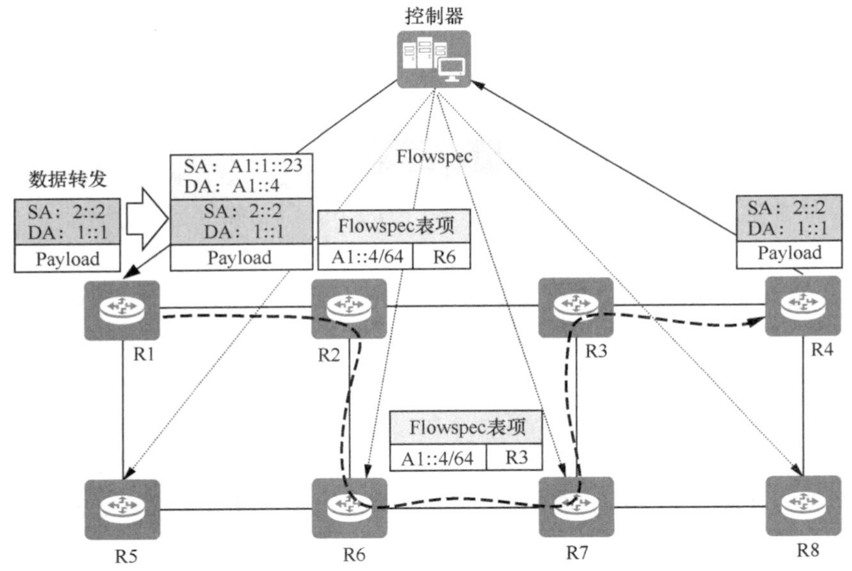

图 7-10 Flowspec 应用于 SRv6

另外，IETF 文稿 *I-D.peng-spring-srv6-compatibility* 中还介绍了在 IOAM 和 SFC 的场景下，如何减少 SRv6 网络编程能力对于硬件的需求，通过有限的硬件可编程能力满足相应的功能需求，从而使得现网设备通过较小的升级代价就能够兼容 SRv6 的发展 [3]。

总之，这些方案的本质都是一种在网络状态和 SRv6 网络编程能力之间的折中平衡。在 SRv6 网络部署初期，通过在网络中间节点引入和维护一定的网络状态，降低了网络设备对 SRv6 SID 栈处理能力的要求，可以最大化地利用现网存量设备。后续随着网络设备的升级、更强性能的网络硬件的普及，这些过渡方案就可以逐渐退出历史舞台，实现真正意义上的端到端 SRv6 网络。

7.4　SRv6 网络安全问题

7.1 节提到 SRv6 网络与其他网络一样存在被窃听，报文被篡改、仿冒、回放攻击，DoS/DDoS 攻击和恶意报文攻击等安全攻击风险。总体来看，这些攻击手段主要是通过伪装通信源发送攻击报文，或在报文传输过程中非法截获、篡改、仿冒 SRv6 报文来实现攻击。因此为保障 SRv6 网络安全，需要确保以下两点：确认通信源可信；确保报文在传输过程中不被篡改等非法使用。所以 SRv6 的安全解决方案将围绕这两点展开设计。

此外，由于 SRv6 是一种部署在 IPv6 数据平面的源路由机制，自然 SRv6 网络就存在来自 IPv6 和源路由两方面的安全隐患。所以设计 SRv6 网络安全方案时，需要从 IPv6 和源路由两方面入手，解决上面提到的“确认通信源可信”和“确保报文在传输过程中不被篡改等非法使用”的问题。接下来的内容将从 IPv6 和源路由两个方面对 SRv6 的安全方案展开介绍。

7.4.1　IPv6 的安全措施

IPv6 采用 IPsec（Internet Protocol Security，互联网络层安全协议）作为其网络安全的基础协议[7]。IPsec 是 IETF 制定的一种 IP 数据加密、认证的协议族。

IPsec 协议主要由 3 部分组成。

① AH（Authentication Header，认证头）[8]。AH 是一个 IP 扩展报文头，可为 IPv4/IPv6 报文提供数据完整性检查、数据源身份验证以及防重放攻击保护等功能。

② ESP（Encapsulating Security Payload，封装安全载荷）[9]。ESP 也是一个 IP 扩展报文头，可为 IPv4/IPv6 报文提供加密、数据源身份认证、完整性验证、防重放等功能。

③ SA（Secure Association，安全关联），指通信两端构建的单向的安全关

系，用于指定 IPsec 所需的算法和参数等信息。常用的建立 SA 的机制是 IKE（Internet Key Exchange，互联网秘钥交换）协议。

在使用时，IPsec 的 AH 和 ESP 可以独立使用，也可以一起使用。AH 只支持完整性验证，不支持加密，其验证范围是整个报文，包括报文头和 Payload（载荷）。ESP 既支持完整性验证也支持加密，ESP 的验证范围从 ESP 到 ESP Trailer，校验值填在 ESP ICV（Integrity Check Value）字段中，ESP 的加密范围覆盖从 ESP 到 ESP Trailer 的数据。

根据 IPsec 报文头的添加位置，可以将 IPsec 分为 Transport（传输）模式和 Tunnel（隧道）模式两种工作方式。在传输模式中，AH 或 ESP 将被插入原有的 IP 报文头之后，完整的 IP 报文都需要参与 AH 认证摘要计算，而 ESP 的加密范围只针对传输层报文。在隧道模式中，完整的用户 IP 报文将被作为外层隧道报文头的载荷进行传输，AH/ESP 报文头将插入外层 IP 报文头之后，所以完整的用户 IP 报文会被用于 AH 认证摘要或被 ESP 加密。

传输模式与隧道模式的 IPsec 封装如图 7-11 和图 7-12 所示，本书对具体机制不再展开讨论。

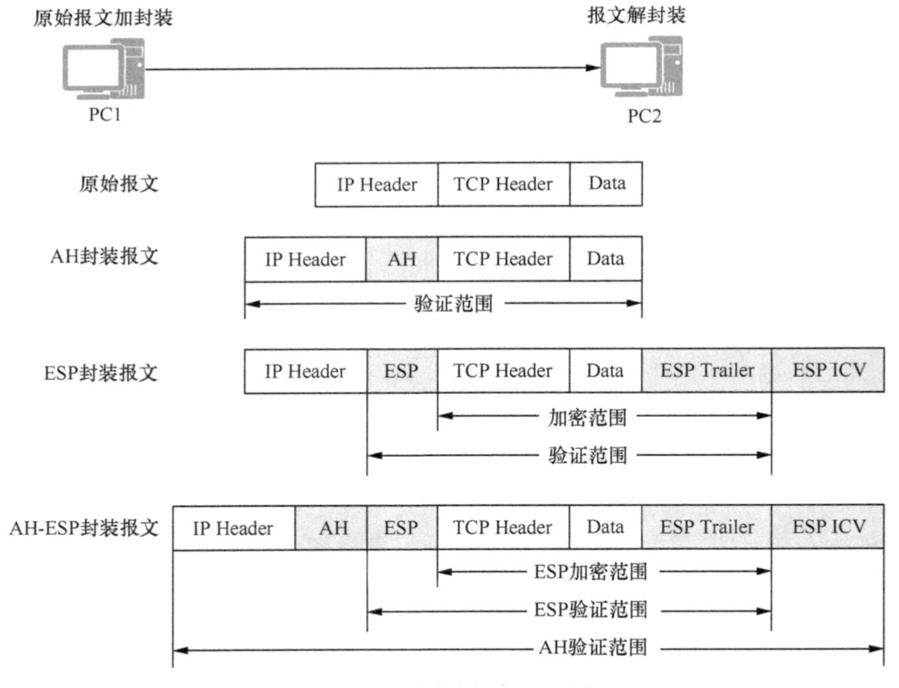

图 7-11　传输模式的 IPsec 封装

图 7-11 的 ESP 字段为 ESP 报文头，包含安全相关的参数；ESP Trailer 部分包含了 Padding、Next Header Fields 等字段；ESP ICV 携带完整性校验值 [8-9]。

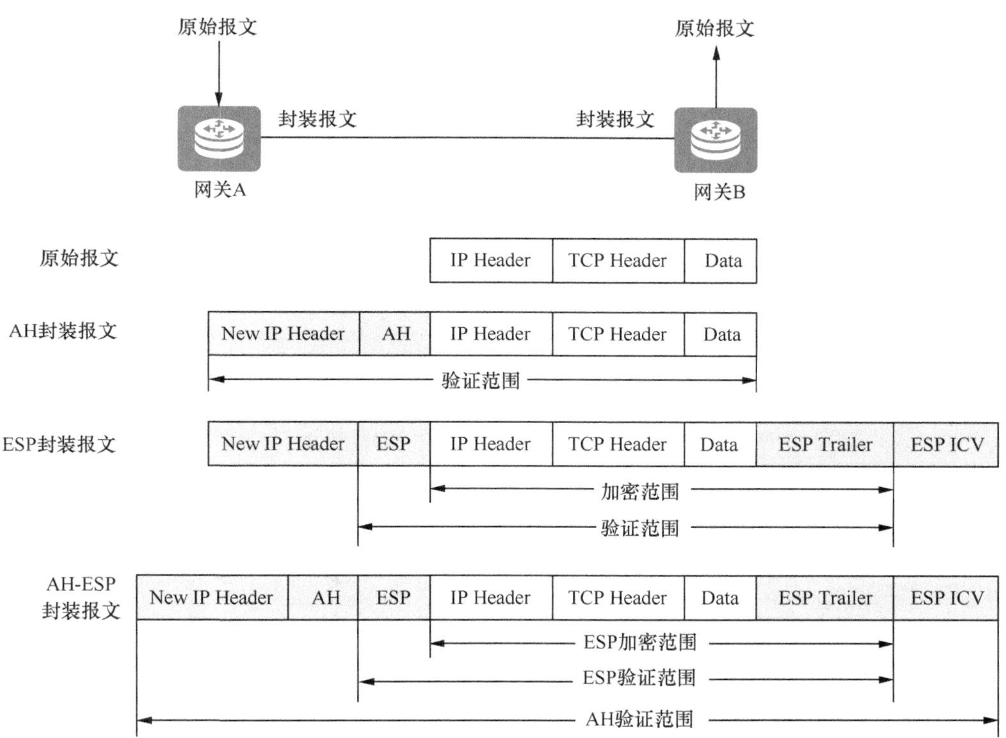

图 7-12　隧道模式的 IPsec 封装

通过 IPsec 可以验证 IP 报文的通信源，也可以对 IP 报文进行加密和校验，确保 IP 报文在网络传输过程中不被修改，所以 IPsec 是当前网络协议层最主要的安全手段之一。

基于 IPv6 数据平面的 SRv6 也可以用 IPsec 来对报文进行加密和验证，提高网络安全性。但为了提供更灵活的可编程能力，当前文稿定义 SRH 的字段均为可变字段 [10]，所以计算 AH 认证摘要时，需要跳过 SRH，这样 AH 就无法确保 SRH 不被非法篡改。

7.4.2　源路由的安全措施

源路由的安全问题在于如果内部信息被攻击者获取，则可被用于发现远程网络，攻击者可绕过防火墙和进行 DoS/DDoS 等攻击。

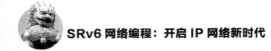

究其原因，主要是因为网络内部信息泄露给了攻击者。要解决这个问题，关键在于解决如下两个问题：一是可信网络边界问题，即信息边界问题[11]，域内信息不应发布到可信网络之外，我们称这个可信的网络域为可信域；二是来自可信域外流量的可信性问题，当接收到域外的流量时如何判断通信源可信、流量未被篡改。

一个 SRv6 网络可以被称为一个 SRv6 可信域，在这个域内的设备默认是可信的。SRv6 可信域如图 7-13 所示。在可信域内的路由器被称为 SRv6 内部路由器，在边缘的被称为 SRv6 边缘路由器。在网络边缘，连接到可信域外设备的接口被称为 SRv6 外部接口，而用于连接可信域内设备的接口被称为 SRv6 内部接口。SID 地址从指定的地址块分配，被称为 SID Space，如图 7-13 中定义的内部 SID 地址空间 A2::/64。接口地址也从指定的地址块分配，如图 7-13 中定义的内部接口地址空间 A1::/64。

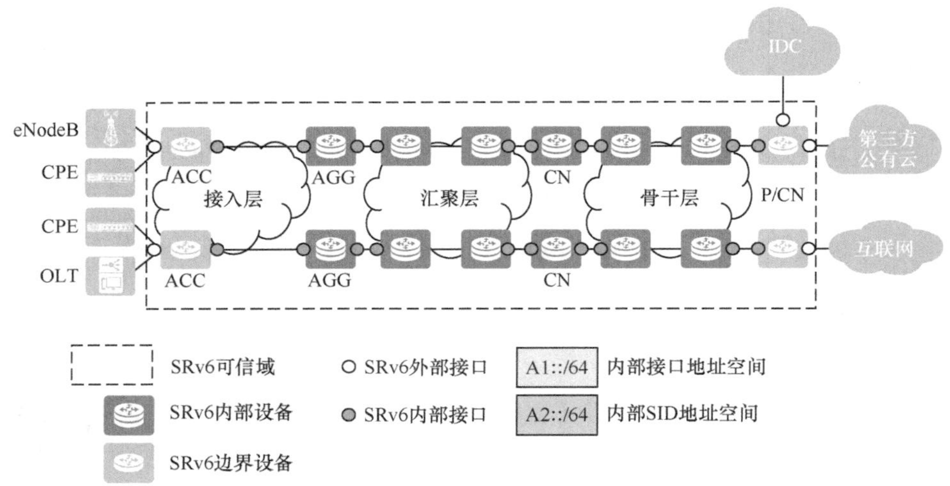

注：OLT 即 Optical Line Terminal，光线路终端。
ACC 即 Access Equipment，接入设备。
CN 即 Core Node，核心节点。
eNodeB 即 4G 基站。

图 7-13　SRv6 可信域

在发布 SRv6 信息时，默认只能将 SID 等信息发布给域内的设备，而不允许泄露给可信域外的设备，除非有意发布。同样，当报文离开 SRv6 可信域时，也不能将域内的信息带到域外。因此，理论上，域外设备无法获取 SRv6 可信域内部的源路由信息，从而确保了攻击者无法获取域内源路由的相关信息，也就确保了通信源的可信。

此外，面对一些特殊的情况，SID 需要被发布到域外。为了确保来自域外的流量安全可信，还需要在网络的边缘和内部部署对应的过滤规则或安全校验，比如 ACL（Access Control List，访问控制列表）或者 HMAC 进行安全校验，将非法携带域内信息的流量丢弃。

7.4.3　SRv6 网络的安全解决方案

当前解决 SRv6 网络源路由安全的方案主要分为基础方案和增强方案两部分[5]。

- 基础方案：基于ACL进行流量过滤，丢弃非法访问内部信息的流量。
- 增强方案：基于HMAC[12]对通信源进行身份验证，并对SRv6报文进行校验，防止报文被篡改带来的攻击。

RFC 7855 和 RFC 8402 等标准文稿定义了 SR 网络需要规定明确的网络边缘，确定了明确的网络可信域，可信域内的设备将被认定为是安全的。基于可信域的前提，基础方案是通过部署 ACL 策略对可信域外进入的报文进行防范[4,11]。基础方案大致包括 3 个方面，详情见图 7-14。

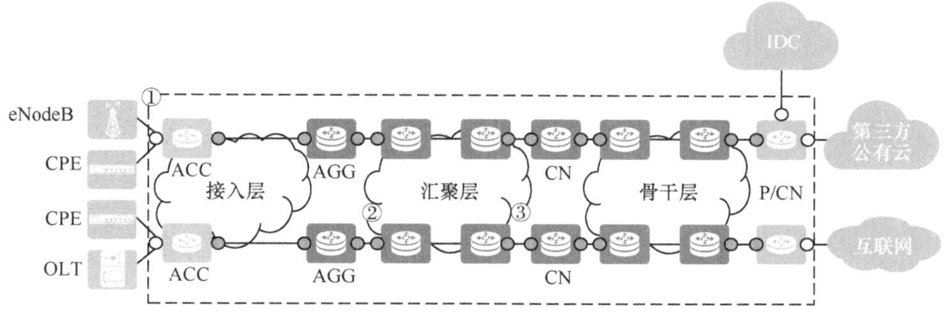

① 在外部接口上配置ACL，丢弃所有源地址或目的地址为内部SID空间范围内地址的流量。

② 配置ACL，如果目的地址为本地SID，源地址不是内部地址，或者不在SID空间范围内，丢弃流量。

③ SRv6只对显式发布为SID的本地IPv6接口地址进行End操作。

图 7-14　SRv6 网络安全基础方案

① 对外接口上需配置 ACL 规则。若收到的 SRv6 报文的源地址或目的地址

来自分配 SID 的地址块，则丢弃报文。这是因为正常情况下不应该将内部 SID 泄露到域外，若被域外获取，则认定携带该地址的报文为攻击报文。

在对外接口上配置 ACL 规则的方式如下。

```
IF DA or SA in internal address or SID space:
drop the packet
```

② 对外接口和对内接口上均需配置 ACL 规则。当 SRv6 报文的目的地址为本地 SID 时，且源地址不是内部 SID 或内部接口地址，或不在 SID 空间范围内时，则将报文丢弃。这是因为只有内部的设备才能进行 SRv6 报文封装，所以当目的地址是 SID 时，源地址必须是内部的 SID 或者内部接口地址。

对外接口和对内接口上配置 ACL 规则的方式如下。

```
IF (DA == LocalSID) && (SA != internal address or SID space)
drop the packet
```

③ SRv6 只对显式发布为 SID 的本地 IPv6 接口地址进行 End 操作。即未声明成 SID 的本地 IPv6 接口地址如果被插入 Segment List，将匹配到接口地址路由，而不会触发 SID 的处理操作。如果本地 IPv6 接口地址插入最后一个 SID，即 SL = 0 时，节点需跳过 SRH 的处理。如果该地址被插入 Segment List 中间，即 SL > 0，则它被当作错误处理，丢弃该报文。

在理想情况下，禁止内部 SID 等信息泄露到 SRv6 可信域外，所以以上的安全策略能够在一定程度上保障 SRv6 网络的安全。

不过，在一些情况下，也会有意将域内的 SID 泄露到外域，比如通过泄露 Binding SID 用于 TE 选路。对于这样的例外，需要在边缘设备的对外接口上部署对应的 ACL 规则，允许携带 Binding SID 的流量通行。出于安全考虑，Binding SID 也仅会在有限的范围内泄露，例如一些可信的 SRv6 域，不会造成大的安全问题。

此外，为了提高安全保障，解决泄露 SID 到外域时带来的风险，SRv6 网络增加了 HMAC 机制对 SRH 进行验证，确保从域外进来的 SRv6 报文来自可信数据源。我们称这些安全措施为 SRv6 安全增强方案，如图 7-15 所示。

除了 Binding SID 场景可能用到 SRH 以外，在一些特定场景下，例如在云数据中心中，管理者可能将封装 SRH 的能力从路由器委托给主机，从而实现主机自主选路、应用级别精细调优等功能，此时就需要在接入层设备上增加一定的安全机制来确定接收到的 SRv6 报文安全可信[10]，这同样需要用到增强方案的 HMAC 机制。

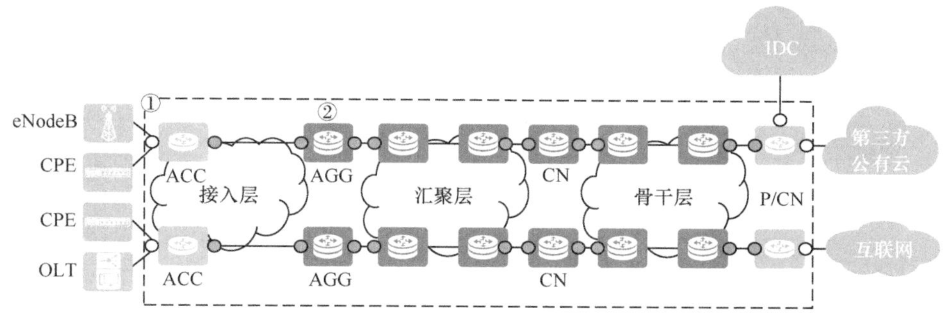

① 更新边缘节点上的ACL规则，放行发送到Binding SID节点的流量。

② 将SRH添加到SR域内的主机节点内，使用HMAC验证SRv6封装以防止其被篡改。

图 7-15　SRv6 网络安全增强方案

一般地，HMAC 用于在边缘路由器上校验 SRH，防止 SRH 等数据被篡改，同时也对数据发送源进行身份验证。所以在增强方案中，需要在边缘路由器上配置对应的 HMAC 策略。

当携带 SRH 的报文进入 SRv6 可信域时，将触发 HMAC 处理。如果 SRH 不携带 HMAC TLV 或 HMAC 校验失败（计算摘要与携带摘要不一致），则丢弃报文。当且仅当 HMAC 校验成功时，才能放行。SRH 中的 HMAC TLV 格式如图 7-16 所示。

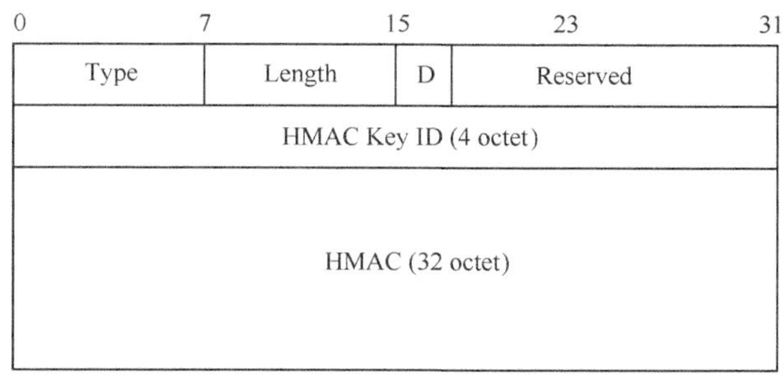

图 7-16　SRH 中的 HMAC TLV 格式

SRH 中的 HMAC TLV 各字段的说明如表 7-1 所示。

表 7-1　HMAC TLV 各字段的说明

字段名	长度	含义
Type	8 bit	类型
Length	8 bit	长度
D	1 bit	当置位时，标识目的地址的校验取消，主要用于 Reduced 模式
Reserved	15 bit	预留字段，发送时必须设置为 0，收到时忽略
HMAC Key ID	32 bit	HMAC 的 Key ID。Key ID 是验证节点分配的算法类型描述 ID，只有交换密钥的通信两端知道其代表的算法类型
HMAC	256 bit	HMAC 摘要。可选字段，只有当 HMAC Key ID 不为 0 的时候才存在且有意义。HMAC 摘要字段的值是基于 HMAC Key ID 标识的算法计算出来的以下字段的校验和摘要。 • IPv6 Header：源地址字段。 • SRH：Last Entry。 • SRH：Flags。 • SRH：HMAC Key-ID。 • SRH：Segment List 中的所有地址

路由器在处理 HMAC 时，需要先检测 IPv6 报文头的目的地址字段与 Segment List 中 SL 指向的 SID 地址是否一致，然后检测 SL 是否大于 Last Entry，最后才基于以上的字段计算校验和，并进行校验。具体的校验和计算方法在 RFC 2104 中定义，此处不再展开[12]。

通过 HMAC，不仅可以确认 SRv6 报文来自可信主机，还可以确保 SRv6 SRH 等相关数据在传输的过程中没有被篡改，从而有效保护 SRv6 网络。

基于当前的 IPsec，可以为基础网络提供一定程度的安全保障。在此基础上，通过配置 ACL 规则的 SRv6 安全基础方案和使用 HMAC 校验的安全增强方案，可以确保 SRv6 域的通信源可信以及报文不被篡改，从而保障了 SRv6 域安全，解决了窃听、报文篡改、仿冒、DoS/DDoS 等网络安全问题，为当前的 SRv6 部署提供了充足的保障。更多关于 SRv6 安全考虑的内容，读者可以阅读相关文稿[1]，此处不再展开。

| SRv6 设计背后的故事 |

1. 增量演进

IP 网络的增量演进对于运营商是非常重要的，这里有几个方面的原因。

• 作为承载综合业务的公众网络，IP网络影响范围大，更适宜采用稳健的演进路线。

- 运营商需要保护投资，增量演进有利于利旧。
- IP设备需要互联互通，由于特性支持的情况不同，网络中经常出现新老设备混存的情况，不可避免地需要“插花组网”的解决方案。

网络增量演进的实现依赖于协议的兼容性。IPv6 网络设计的一个重点就是要保证兼容性。IPv6 网络的设计者们采用了与 IPv4 地址完全不兼容的 128 bit 的 IPv6 地址，看起来很简单，但这意味着所有基于 IPv4 的协议全部要升级到支持 IPv6，再加上繁复的 IPv4/IPv6 过渡技术，严重影响了 IPv6 网络的实际应用部署。

笔者在前面的章节中讨论了 MPLS 网络和 IPv6 网络的可扩展性。如果历史能够重来，那么在 IPv4 地址的基础上扩充一些标识可能也是一种选择。MPLS 可以看成 IPv4 的标识的扩充，考虑一下 MPLS VPN，它用 MPLS 标签指示了特定的 VPN 转发实例，再通过 IPv4 查找 IP 转发表转发。但是 MPLS 网络采用的“垫层”方式，使得它一样需要全网升级。

正是因为这些经验和教训，SRv6 网络在设计过程中重点考虑了与 IPv6 网络的兼容性。SRv6 网络的兼容性设计最终也成为 SRv6 网络的一个重要优势，对 SRv6 网络的应用部署起到了重要的作用，这些在书中已经多处体现，不再赘述。

2. 以状态换空间

作为一种以工程为本质的工作，协议设计的折中和平衡是一个非常重要的设计原则。我们在协议设计和开发过程中，也经常为这种折中和平衡感到痛苦。如果是自然科学，那么答案经常是唯一的，但是作为工程技术，则存在多种选择，其满足的目标并不完全相同，多个目标的优先级顺序也会不一致，而且这些优先级还有可能发展变化，这些都给最终的设计带来了困难。

从本章中介绍的现网设备兼容 SRv6 网络的技术中，我们可以看到协议设计的折中处理，即为了降低硬件支持的难度，采用了增加网络状态的方法。RSVP-TE 的网络状态多，可扩展性差，但是对硬件要求最低，采用一层标签即可，而采用 SR，网络状态少，可扩展性好，但是对硬件要求高，需要能够支持高达 10 层以上 SID 栈的处理能力。而 Binding SID 和 Flowspec 路由的方法，则是在这两种方法中间进行折中。将要在第 9 章介绍的网络随路检测的 Passport 模式和 Postcard 模式，以及第 11 章介绍的有状态的 SRv6 SFC 和无状态的 SRv6 SFC，也是这种“以控制平面网络状态换转发平面编程空间”的体现。天下没有免费的午餐。控制平面和转发平面、硬件和软件、网络状态与编程空间，因为有不同的目标和限制，所以会采用不同的方法，但是也需要控制这些方法的数量，否则方法太多，也会造成系统复杂性的增加，不利于产业聚焦。

本章参考文献

[1] LI C, LI Z, XIE C, et al. Security Considerations for SRv6 Networks[EB/OL]. (2019-11-04)[2020-03-25]. draft-li-spring-srv6-security-consideration-03.

[2] ABLEY J, SAVOLA P, NEVILLE-NEIL G. Deprecation of Type 0 Routing Headers in IPv6[EB/OL]. (2015-10-14)[2020-03-25]. RFC 5095.

[3] PENG S, LI Z, XIE C, et al. SRv6 Compatibility with Legacy Devices[EB/OL]. (2019-07-08)[2020-03-25]. draft-peng-spring-srv6-compatibility-01.

[4] FILSFILS C, PREVIDI S, INSBERG L, et al. Segment Routing Architecture[EB/OL]. (2018-12-19)[2020-03-25]. RFC 8402.

[5] FILSFILS C, CAMARILLO P, LEDDY J, et al. SRv6 Network Programming [EB/OL]. (2019-12-05)[2020-03-25]. draft-ietf-spring-srv6-network-programming-05.

[6] MARQUES P, SHETH N, RASZUK R, et al. Dissemination of Flow Specification Rules[EB/OL]. (2020-01-21)[2020-03-25]. RFC 5575.

[7] KENT S, ATKINSON R. Security Architecture for the Internet Protocol[EB/OL]. (2013-03-02)[2020-03-25]. RFC 2401.

[8] KENT S, ATKINSON R. IP Authentication Header[EB/OL]. (2013-03-02)[2020-03-25]. RFC 2402.

[9] KENT S. IP Encapsulating Security Payload[EB/OL]. (2020-01-21)[2020-03-25]. RFC 4303.

[10] FILSFILS C, DUKES D, PREVIDI S, et al. IPv6 Segment Routing Header (SRH)[EB/OL]. (2020-03-14)[2020-03-25]. RFC 8754.

[11] PREVIDI S, FILSFILS C, DECRAENE B, et al. Source Packet Routing in Networking (SPRING) Problem Statement and Requirements[EB/OL]. (2020-01-21)[2020-03-25]. RFC 7855.

[12] KRAWCZYK H, BELLARE M, CANETTI R. HMAC: Keyed-Hashing for Message Authentication[EB/OL]. (2020-01-21)[2020-03-25]. RFC 2104.

第 8 章 SRv6 网络的部署

本章介绍 SRv6 网络部署的相关内容，具体包括 IPv6 地址规划、IGP 路由设计、BGP 路由设计、隧道设计、VPN 业务设计和网络演进设计等几方面的内容。SRv6 网络可以部署在 IP 骨干网、城域网、移动承载网和数据中心网络等典型场景，也支持部署在跨域 VPN 和 Carrier's Carrier（运营商的运营商）等网络场景。在部署 SRv6 网络时，需要为 SRv6 规划相应的地址段，用于分配 SID。在完成地址规划的基础上，可以对节点进行 IGP 和 BGP 的设计，发布对应的 SID，用于支持 TE 和 VPN 等业务。

| 8.1 SRv6 网络解决方案 |

SRv6 可以应用于单个网络域，如 IP 骨干网、城域网、移动承载网和数据中心等单自治域网络，也可以应用于端到端网络，如跨域 VPN 和运营商的运营商。

8.1.1 SRv6 网络在单自治域网络中的典型部署场景

本节介绍 SRv6 网络在单自治域网络（如 IP 骨干网 / 城域网、移动承载网和数据中心网络等）中的典型部署场景。

1. IP 骨干网中的典型部署场景

典型的 IP 骨干网如图 8-1 所示，其中 PE 节点是业务接入节点，连接 CE 或者城域网 / 数据中心网，P 节点负责各 PE 节点之间的连通性，RR 节点用于反射 BGP 路由，IGW（Internet Gateway，互联网网关）用于和互联网进行连接。

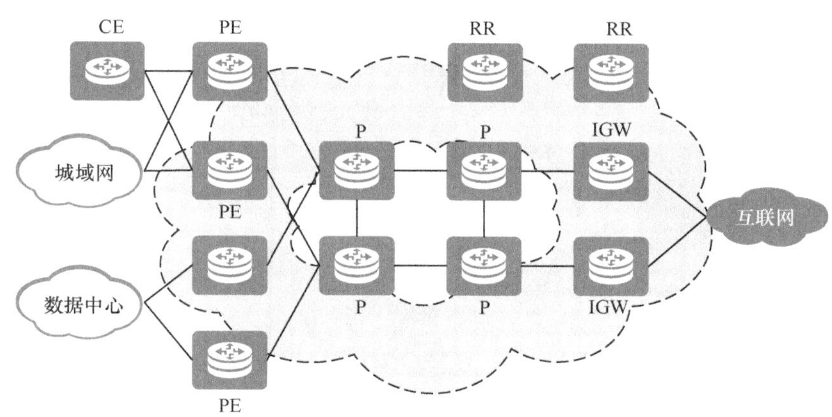

图 8-1　IP 骨干网典型组网

SRv6 网络在 IP 骨干网中可以用于承载全业务，包括上网业务、专线业务、语音业务等。不同业务的 SLA 需求各不相同，可根据具体的业务需求选择使用 SRv6 BE 路径或者 SRv6 TE 隧道承载。例如，上网业务和普通专线可以采用 SRv6 BE 路径；语音和高价值专线可以采用 SRv6 TE 隧道。

此外，某些互联网业务也可以采用 SRv6 TE 隧道来实现精细化调度，以满足流量清洗或在线游戏等高价值业务保障场景的需求。

在 IP 骨干网中，不同的业务通常通过不同类型的 VPN 进行承载，这些 VPN 根据承载的业务类型，可以选择使用对应的 SRv6 承载方案。

- 互联网业务可以通过SRv6 L3VPN承载，或者通过IP over SRv6的方式承载（即公网业务直接使用SRv6隧道进行承载），也可以直接通过Native IP承载。
- 企业三层专线可以通过SRv6 L3VPN承载。
- 企业二层专线可以通过SRv6 EVPN E-Line/SRv6 EVPN E-LAN/SRv6 EVPN E-Tree承载。
- 语音业务可以通过SRv6 L3VPN承载。

SRv6 网络可以用于承载 IP 骨干网中的所有业务，在高价值业务 SLA 保证、精细化调优、流量清洗等场景中有较大的优势。对于未使能 MPLS 的 IP 骨干网络，用 SRv6 网络承载 VPN 业务更有优势。

2. 城域网中的典型部署场景

城域网也是 SRv6 网络部署的重要场景，其典型组网如图 8-2 所示。城域网连接接入网和 IP 骨干网，通常分为 BNG(Broadband Network Gateway，宽带网络网关）/SR（Service Router，业务路由器）和 CR（Core Router，核心路由器）两层，其中 BNG 和 SR 分别用于固定宽带和企业专线业务，CR 用于汇聚所有业务接入 IP 骨干网。以下这些城域网承载的固定宽带和企业专线等业务都可以通过 SRv6 网络承载。

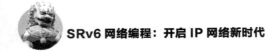

- 固定宽带：普通业务可以通过SRv6 BE承载；高价值业务（如游戏等）可以通过SRv6 TE提供SLA保证。
- 固定宽带中的BTV（Broadcast Television）业务：可以通过BIERv6承载。关于BIERv6的介绍，请参考第12章。
- 企业专线业务：普通专线可以通过SRv6 BE路径承载；高价值专线可以通过SRv6 TE隧道承载。

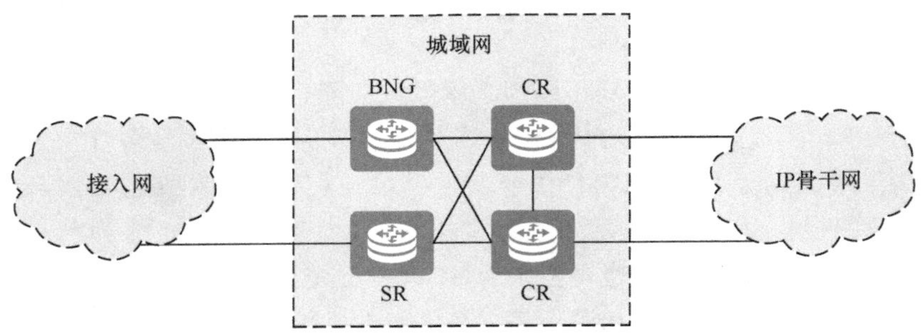

图 8-2　城域网典型组网

城域网通常用 L3VPN/L2VPN 承载业务，VPN 业务可采用的 SRv6 承载方案如下。

- 固定宽带的接入侧（接入网到BNG）：可以通过SRv6 EVPN E-LAN/SRv6 EVPN E-Tree承载。
- 固定宽带的网络侧（BNG到互联网）：可以通过SRv6 L3VPN承载。
- 企业三层专线：可以通过SRv6 L3VPN承载。
- 企业二层专线：可以通过SRv6 EVPN E-Line/SRv6 EVPN E-LAN/SRv6 EVPN E-Tree承载。

SRv6 网络可以用于承载城域网中的所有业务，在高价值业务 SLA 保证、简化组播业务部署等方面有较大的优势。

3. 移动承载网

移动承载网是 SRv6 网络部署的重要网络场景，典型的移动承载网如图 8-3 所示。移动承载网通常包括 3 个角色。

- CSG（Cell Site Gateway，基站侧网关）：位于接入层，负责基站的接入。
- ASG（Aggregation Site Gateway，汇聚侧网关）：位于汇聚层，负责对CSG业务流进行汇聚。
- RSG（Radio Network Controller Site Gateway，基站控制器侧网关）：作为承载网出口和IP骨干网对接。

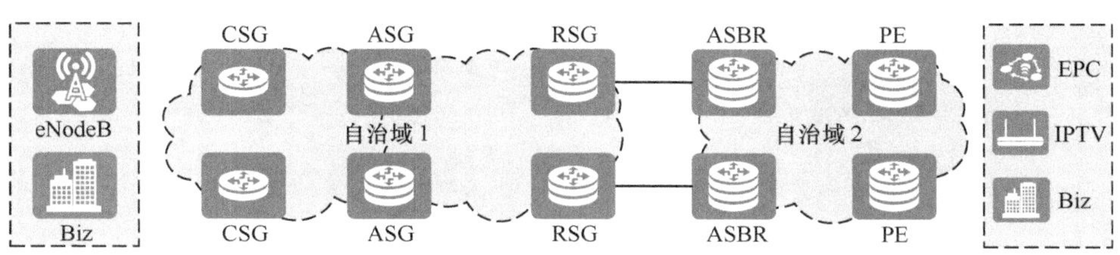

注：Biz 即 Business，商业。
EPC 即 Evolved Packet Core，演进型分组核心网。
AS 即 Autonomous System，自治系统。
IPTV 即 Internet Protocol Television，互联网电视。

图 8-3　移动承载网典型组网

移动承载网承载的主要业务是无线语音和上网业务，部分移动承载网也会承载企业专线，这些业务都可以被 SRv6 承载。

- 无线语音业务：SLA要求比较高，一般通过SRv6 TE承载。
- 无线上网业务：通常可以通过SRv6 BE承载，游戏等高价值业务也可以通过SRv6 TE承载。
- 企业专线业务：普通专线可以通过SRv6 BE承载；高价值专线可以通过SRv6 TE承载。

一般情况下，移动承载网的无线业务通过 SRv6 L3VPN 承载，企业专线业务用 SRv6 EVPN E-Line/SRv6 EVPN E-LAN/SRv6 EVPN E-Tree 承载。

可以看到，SRv6 网络可以用于承载移动承载网中的所有业务，在高价值专线 SLA 保证、语音承载等高价值应用场景中有较大的优势。

4. 数据中心网络中的典型部署场景

SRv6 也可以部署在数据中心网络中。典型的数据中心网络如图 8-4 所示。其中 Border Leaf 是数据中心出口，和 WAN 相连，Server Leaf 是连接数据中心内服务器的设备，Spine 则是用于汇聚 Server Leaf 节点。

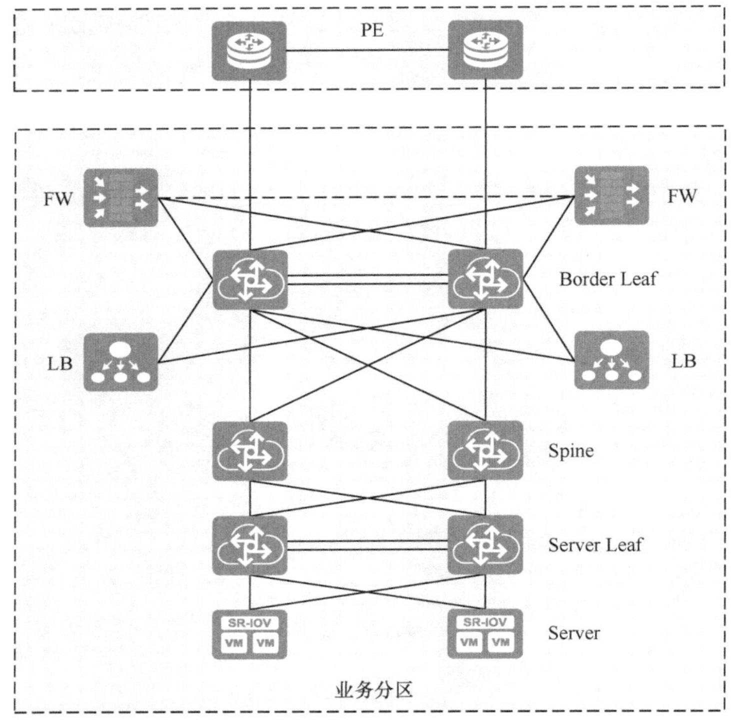

注：FW 即 Firewall，防火墙。
LB 即 Load Balancer，负载均衡器。

图 8-4　数据中心网络典型组网

数据中心是一整套集中对外提供信息服务的设施，包括计算、存储和网络三大组成部分。数据中心网络当前主要通过部署 VXLAN 来实现租户的连通和多租户之间的流量隔离。但 VXLAN 只能基于 IP 实现尽力而为的转发，无法提供 TE 功能，例如基于指定路径转发等。

采用 SRv6 EVPN 可以实现 VXLAN 提供的多租户隔离功能，而且还可以基于 SRv6 TE 实现租户流量的指定路径转发。数据中心网络也是当下 SRv6 网络部署的典型场景之一，比如，目前 Line 公司在日本的数据中心网络就已经部署了 SRv6 网络。

8.1.2　端到端网络上的应用

端到端网络的业务承载是 SRv6 的一个非常重要的应用。在第 2 章，我们简单介绍了 SRv6 在跨域场景中相对于 MPLS 和 SR-MPLS 的技术优势，这里进一步予以说明。端到端网络典型的应用包括跨域 VPN 和运营商的运营商。

1. 跨域 VPN

传统的网络业务部署如果跨越了多个网络自治域，可以选择采用 Option A、Option B 和 Option C 这 3 种 VPN 跨域方式来承载业务，这 3 种跨域方式在实际网络中均有部署，但部署起来都比较复杂。

Option A 是目前跨域网络中应用比较广泛的一种方式。对于一个端到端的专线业务，如果采用 Option A 方式进行部署，典型部署方式如图 8-5 所示。

说明：Option A VPN 跨域是指 VRF-to-VRF 的形式，跨域连接的两个节点互为 PE/CE，彼此学习对方的详细 VPN 路由，基于 IP 转发。

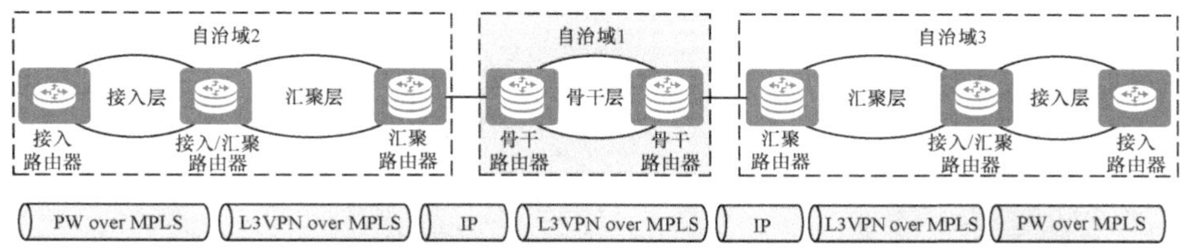

图 8-5　Option A 跨域网络

在上面这个场景中，接入层和汇聚层采用 PW + L3VPN 的方式承载业务，汇聚层和骨干层之间采用 Option A 方式跨域部署 VPN。因此，在这个跨域场景中，开通一个业务需要 8 个业务配置点（图 8-5 中的 8 个节点），而且全网业务的资源划分（如 VLAN）都需要在 IP 骨干网上统一进行分配和管理，这样使得业务部署的复杂性非常高。

Seamless MPLS 是用来解决跨域网络互通的一种技术，也是现网常用的一种跨域业务承载方式[1]。Seamless MPLS 借鉴了 Option C 方式的跨域 VPN 技术的思想，其核心是在网络任意两点之间提供端到端的连通性。通过 Seamless MPLS，VPN 业务只需要在两个端点部署，而不需要在跨域的边界路由器上都部署 VPN。Seamless MPLS 和 Option A 的 VPN 跨域技术相比，减少了业务配置点，但是 Seamless MPLS 在支持大规模网络时仍然存在不足，其主要原因是 Seamless MPLS 需要依赖 BGP 建立跨域 LSP。

如图 8-6 所示，为了建立端到端的 BGP LSP，需要将一端设备的 Loopback

地址（即 32 bit 路由）渗透到另外一端设备并分发相应的标签。全网所有 Loopback 接口路由都要互相传播，这对于网络节点（特别是边缘节点）的路由控制平面和转发平面的性能要求非常高。如果网络中有 10 万个节点，按照 Seamless MPLS 的网络可扩展性的要求，需要网络节点至少能够支持 10 万条路由和 LSP。

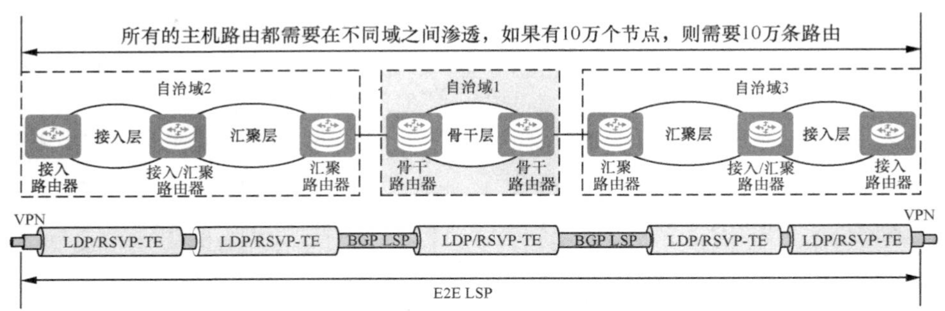

图 8-6 Seamless MPLS 跨域网络

部署 Seamless MPLS 时，为了减少接入节点的压力，通常采取的方法是在建立业务的时候，在网络域的边界节点配置路由策略，将从域外渗透到本域的 Loopback 接口路由按需分发到接入节点，但是这种部署方式大大增加了配置的复杂性。

与传统的 VPN 跨域和 Seamless MPLS 相比，SRv6 基于 IPv6 转发，天然支持跨域连通，且 IPv6 路由支持聚合，所以接入节点的路由数量更少。采用端到端 SRv6 VPN 技术实现跨域，不仅可以减少业务配置点，而且可以通过聚合路由打通业务，显著降低对网络节点的性能要求，具体如图 8-7 所示。

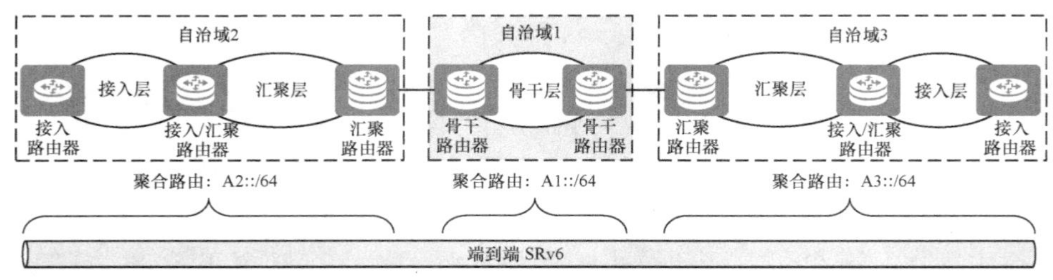

图 8-7 端到端 SRv6 网络

在端到端 SRv6 网络中，在规划 IPv6 地址时，每个网络域配置可聚合的一个网段地址作为 Locator 空间，用于给本网络域的设备分配 Locator，对外可以只发布 Locator 聚合路由。如果网络中之前未配置过 IPv6 Loopback 接口，也可以将 Loopback 接口地址和 Locator 分配在同一个大网段中，对外只发布 Locator 和 Loopback 接口地址共同的聚合路由，进一步减少路由数量。如图 8-7 所示，在接入层和汇聚层分配一个独立的网段，在骨干层分配一个独立的网段，在汇聚层和骨干层之间发布 IPv6 路由（Locator 和 Loopback 接口地址）时，只发布聚合路由。SRv6 业务节点只需要学习聚合路由和本区域内路由即可进行端到端 SRv6 业务承载，同时业务配置点从多个端点减少到只有业务接入头尾节点。因此，某个域的明细路由不会扩散到其他域，同时某个域内的路由变化，比如路由震荡，也不会引起其他域的路由的频繁变化。在增强安全性的同时，网络的稳定性也得到了提高。这也使得 SRv6 在跨域 VPN 承载中，相对于其他技术具有非常明显的优势。

2. 运营商的运营商

在 VPN 中，VPN 服务提供商的用户本身可能也是一个服务提供商。在这种情况下，前者被称为 Provider Carrier（提供商运营商）或 First Carrier（一级运营商），后者被称为 Customer Carrier（客户运营商）或 Second Carrier（二级运营商），如图 8-8 所示。这种组网模型被称为运营商的运营商，二级运营商是一级运营商的 VPN 客户。

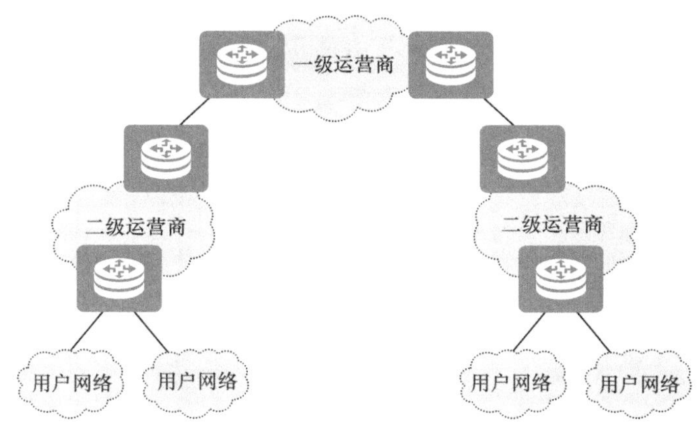

图 8-8 运营商的运营商组网

如图 8-9 所示，为保持良好的可扩展性，一级运营商 CE（也就是二级运营商 PE）只把二级运营商网络内部的路由发布给一级运营商的 PE，不发布二级运营商客户的路由，即二级运营商客户的路由不会被发布到一级运营商网络中。因此，需要在一级运营商的 PE（PE1 和 PE2）和一级运营商的 CE（CE1 和 CE2）之间运行 MPLS（LDP 或者 Labeled BGP），在一级运营商的 CE（CE1 和 CE2）和二级运营商的 PE（PE3 和 PE4）之间部署 MPLS 网络，同时需要在二级运营商的两个 PE（PE3 和 PE4）之间部署 MP-BGP，业务部署非常复杂。

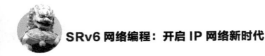

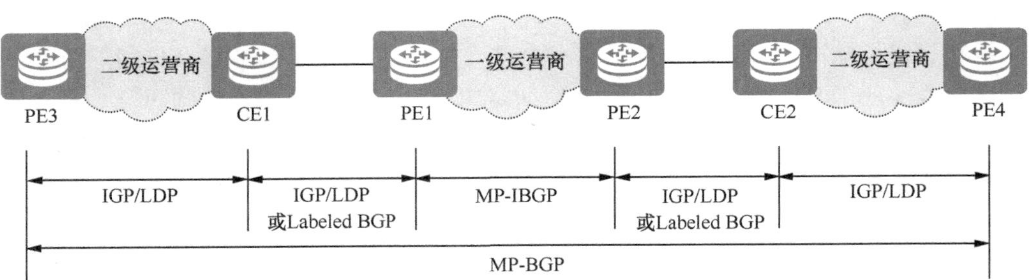

图 8-9　运营商的运营商传统业务模式

但 SRv6 VPN 可以基于 Native IP 转发，如果二级运营商使用 SRv6 VPN 技术，那么二级运营商和一级运营商之间不再需要运行 MPLS，只需将二级运营商的 Locator 路由和 Loopback 路由通过一级运营商扩散来建立连通，二级运营商就可以基于 IPv6 的连通提供端到端的 VPN 服务了。对于一级运营商来说，CE1/CE2 和普通 VPN 场景下的 CE 是一样的，这样极大地简化了 VPN 业务部署的复杂性和工作量，如图 8-10 所示。

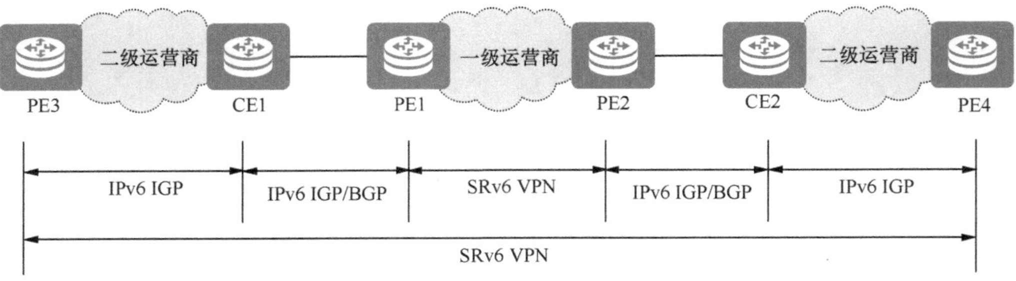

图 8-10　运营商的运营商 SRv6 业务模式

基于 SRv6 业务模式的运营商的运营商，一级运营商的 PE 和一级运营商的 CE 之间只需要部署普通的 IGP 或者 BGP，用于扩散二级运营商网络的路由，无须部署 MPLS 网络。一级运营商将学习到的二级运营商的网络 IPv6 路由作为一级运营商的 VPN 路由在一级运营商不同站点之间发布。

在二级运营商的网络 IPv6 路由发布完成之后，二级运营商的 PE 之间直接配置 IBGP（Internal Border Gateway Protocol，内部边缘网关协议）邻居，建立 SRv6 VPN，即可发布二级运营商客户路由，承载二级运营商的用户业务。因此，采用 SRv6 实现运营商的运营商组网，可将业务配置点减少到只有头尾节点，也无须再维护多段的 MPLS 网络，显著降低了部署难度。

8.2　IPv6 地址规划

IP 地址规划是网络设计中非常重要的一个环节，地址规划的设计直接影响到路由设计、隧道设计和安全设计等内容，一个好的地址规划可以给业务的开通以及网络的运维带来极大的便利。

如果网络中已经部署了 IPv6，并且已经预先规划好了 IPv6 网段，那么只需要在预留的网段中选择一个作为 SRv6 的 Locator，在网络中分配 Locator，原有的 IPv6 地址规划不需要做任何改动。

如果网络中还没有部署 IPv6，并且也没有规划过 IPv6 网段，那么可以通过以下几个步骤来进行 IPv6 地址规划：明确本网络的 IPv6 地址规划原则；确定 IPv6 地址分配方法；进行 IPv6 地址的逐级分配。

8.2.1　IPv6 地址规划的原则

在 SRv6 网络中，IPv6 地址规划建议遵循如下原则。

- 统一性原则：统一规划全网的所有IPv6地址，包括业务地址（分配给最终用户的地址）、平台地址[如IPTV平台，DHCP（Dynamic Host Configuration Protocol，动态主机配置协议）服务器的地址]、网络地址（网络设备互联用到的地址）等。
- 唯一性原则：每个地址都是全网唯一的。
- 分离原则：分别规划业务地址和网络地址，方便在网络边缘进行路由控制和流量安全控制；分别规划SRv6 Locator网段、Loopback接口地址和链路地址，这几部分互不重叠，方便控制和管理路由。
- 层次化和可聚合性原则：地址规划（如SRv6 Locator网段/Loopback网

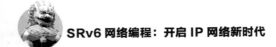

段规划）要能够在IGP/BGP域间发布时进行路由聚合，方便引入路由。

■ 建议为每个 IP 骨干网分配单独的网段。

■ 建议为每个城域网分配单独的网段。

■ 建议从所属城域网网段中为每对城域汇聚设备分配单独的子网段，方便在城域的不同汇聚域之间发布路由时进行路由汇聚。

■ 建议从所属汇聚设备网段中为每个城域接入域分配单独的子网段，方便在不同接入域互相引入路由时进行路由汇聚。

■ 建议从城域接入域所属网段中为每个接入设备分配单独的子网段。

一个典型的分配样例如图 8-11 所示，分别为两个骨干承载网规划单独的网段，为城域网下挂的所有设备规划单独的网段，为每对 AGG 下挂的所有设备规划单独的网段，为每个接入 IGP 域规划单独的网段。

- 安全性原则：可以快速地对地址进行溯源，并且方便地按地址过滤流量。
- 可演进性原则：规划地址时，应在每个地址段内预留一定的地址空间，用于未来业务的发展。

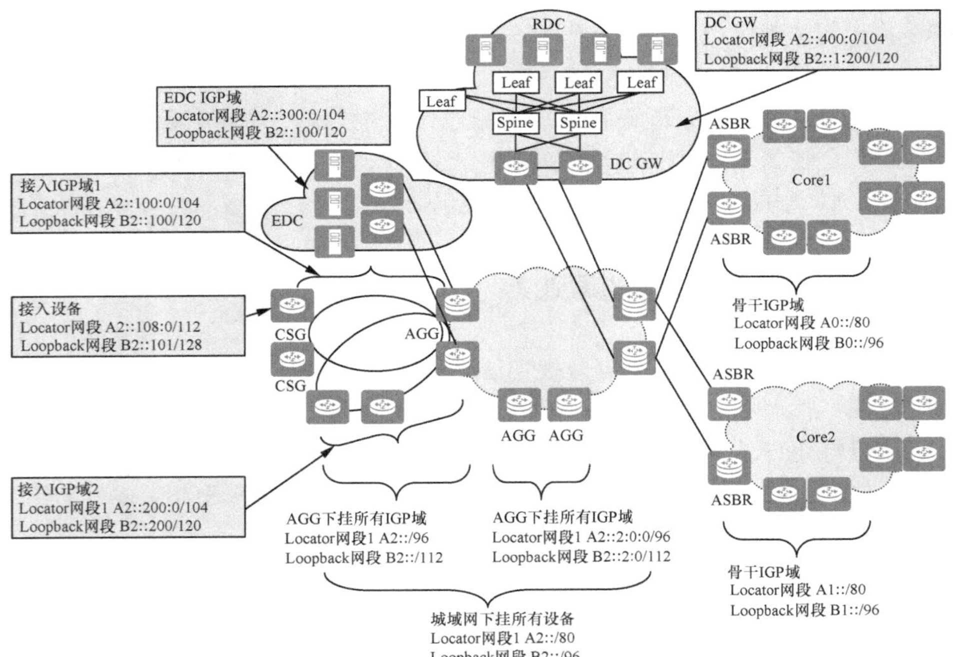

注：RDC 即 Regional Data Center，区域数据中心。

图 8-11 IPv6 网段规划的一个分配样例

8.2.2 IPv6 地址的分配方法

IPv6 地址的分配方法通常包含以下几种：顺序分配、离散分配、最佳分配和随机分配 [2]。

1. 顺序分配

在地址块内按照相同的掩码从右向左（数值从低到高）分配地址，这种分配方法简单，但在分配时需要充分考虑可扩展性，提前预留足够的地址，避免后期增加地址后无法聚合，导致路由数量过多。如图 8-12 所示，对于 2001:db8:1a::/48 的源地址块，如果要划分为多个掩码为 52 的地址块，按照顺序分配的方法，将第 49 ~ 52 个比特从 0 开始从右到左分配，0000、0001、0010……按照这种分配方法，第 1 个地址块分配为 2001:db8:1a::/52，第 2 个地址块分配为 2001:db8:1a:1000::/52（需注意此处采用十六进制表达，1000 中的 1 代表第 49 ~ 52 个比特中的 0001），依次类推。

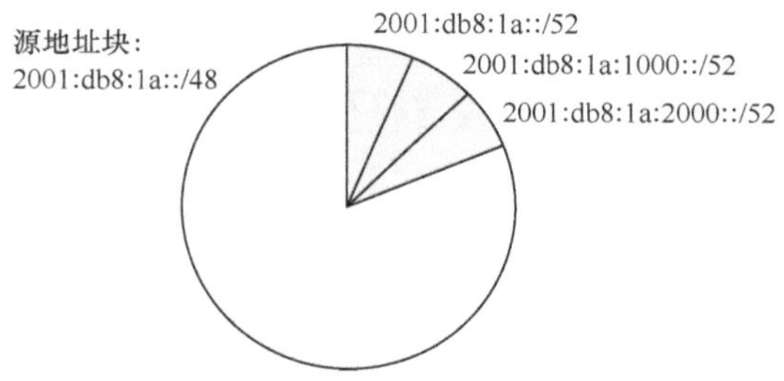

图 8-12　IPv6 地址顺序分配

2. 离散分配

在地址块内按照相同的掩码进行顺序分配，但从左向右进行分配，最初分配的数据块是离散的，但后续地址扩充后仍然可以进行地址聚合。如图 8-13 所示，对于 2001:db8:1a::/48 的源地址块，如果要划分为多个掩码为 52 的地址块，按照离散分配的方法，将第 49 ~ 52 个比特从 0 开始从左到右分配，也就是 0000，1000，0100，1100……按照离散分配的方法，第 1 个地址块分配为 2001:db8:1a::/52，第 2 个地址块分配为 2001:db8:1a:8000::/52（需注意此处采用十六进制表达，8000 中的 8 代表第 49 ~ 52 个比特中的 1000），依次类推。这种分配方式最大的好处可以为后续的扩容留出足够的空间。

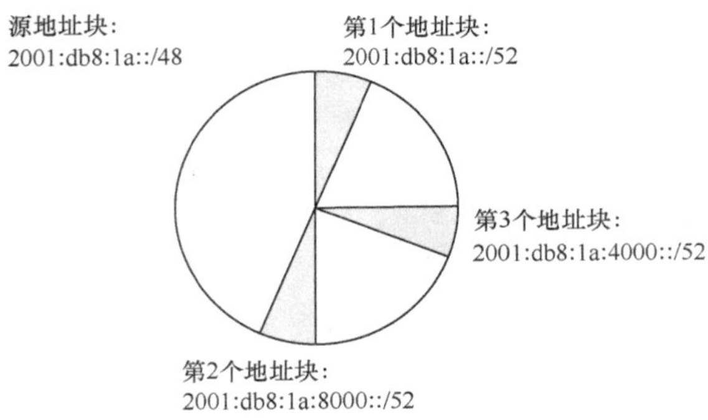

图 8-13　IPv6 地址离散分配

3. 最佳分配

类似 IPv4 的 CIDR（Classless Inter-Domain Routing，无类别域间路由）技术，在地址分配时不按照相同的掩码进行下一级分配，而是按照顺序分配的方式，根据地址需求分配合适的可用地址块。如图 8-14 所示，对于 2001:db8:1a::/48 的源地址块，第 1 个应用场景需要 52 bit 掩码的地址数量，则为第 1 个应用场景分配 52 bit 掩码的地址段（2001:db8:1a::/52），第 2 个和第 3 个应用场景与其相同，第 4 个场景需要 51 位掩码的地址数量，则为第 4 个应用分配 51 位掩码的地址段。

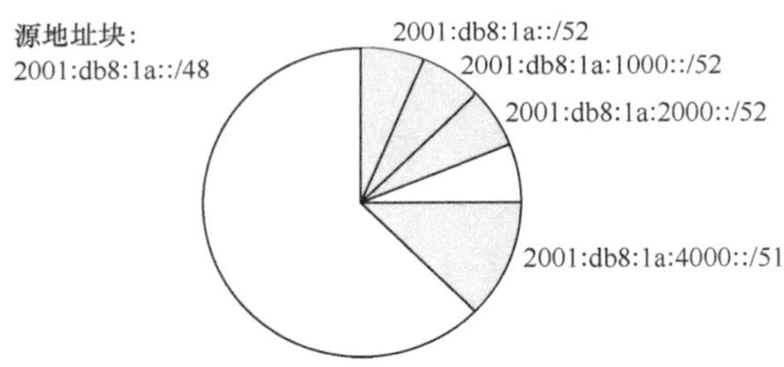

图 8-14　IPv6 地址最佳分配

4. 随机分配

随机分配地址块。如图 8-15 所示，对于 2001:db8:1a::/48 的源地址块，定义一个 0 ~ 15 的十六进制随机数。在每次进行地址块分配的时候，生成一个随机数，如果对应的地址块还没有被分配，就将这个地址块分配出去，例如，第 1 次分配时生成的随机数为 5，第 2 次分配时生成的随机数为 15（十六进制显示为 f），第 3 次分配时生成的随机数为 8。随机分配可以用于对安全性要求较高的场景。

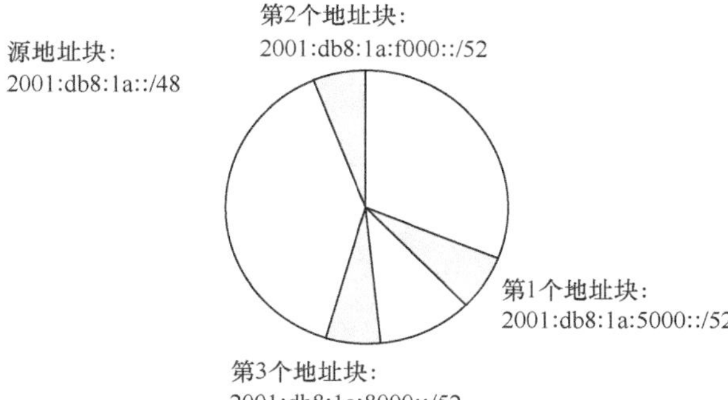

图 8-15　IPv6 地址随机分配

这几种地址分配方式有各自的优缺点和适用场景，在规划网络地址时可以在不同的层级选用不同的分配方式，例如在 IP 骨干网中采用顺序分配，在城域网中采用最佳分配。

8.2.3　IPv6 地址的逐级分配

根据已经定义好的原则和方法，可以逐级分配 IPv6 地址。一个 IPv6 地址规划的样例如图 8-16 所示。

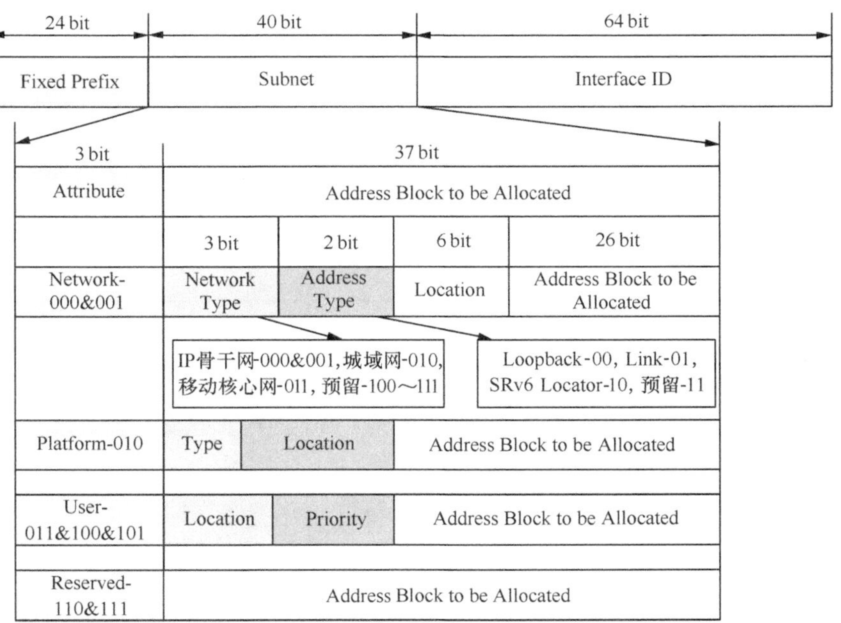

图 8-16　IPv6 地址规划样例

各字段的含义如表 8-1 所示。

表 8-1　IPv6 地址规划样例各字段的含义

字段名	含义
Fixed Prefix	从地址分配机构申请的前缀，长度固定，本例中申请的固定前缀为 24 bit
Subnet	子网字段，可供运营商规划的 IPv6 地址段。 • Attribute（属性标识）：作为地址的第一级分类，用于区分地址类型，包括网络地址（用于网络设备互联的地址）、平台地址（用于业务平台的地址）、用户地址（用于给用户分配的地址，包括家庭用户、企业用户等）。长度一般为 1~4 bit。图 8-16 中用 3 bit 作为属性标识，000 和 001 标识网络地址，010 标识平台地址，011/100/101 标识用户地址，110/111 作为预留地址，根据需要分配。 • Network（网络地址）000/001：用于网络设备互联的地址，可以进一步分解为以下字段。 ■ Network Type（网络类型）：表示骨干网、城域网和移动核心网等，一般为 1~3 bit。图 8-16 中使用了 3 bit 来标识，000 或 001 标识骨干网，010 标识城域网，011 标识移动核心网，100/101/110/111 作为预留。 ■ Address Type（地址类型）：在网络中继续标识地址的类型，如 Loopback 地址、链路地址、Locator 地址等。图 8-16 中使用了 2 bit 来标识，00 标识 Loopback 地址，01 标识链路地址，10 标识 SRv6 Locator 地址，11 作为预留。 ■ Location（地域标识）：在网络中标识不同的地域，一般为 3~6 bit。图 8-16 中使用了 6 bit 来标识。 • Platform（平台地址）010：和网络地址类似，可以分解为 Type 和 Location。 • User（用户地址）011/100/101：可以分解为 Type 和 Priority（用户优先级）。 • Reserved（可分配地址块）110/111：各地域可继续分配的地址块
Interface ID（接口 ID）	IPv6 地址后 64 bit，用于标识链路，可以基于链路层地址生成，或者配置生成。主要用于非 P2P 类型的互联接口

采用逐级展开方式对图 8-16 的地址规划样例进行展示，如图 8-17 所示。

从 24 bit 掩码的固定前缀中分出多个 27 bit 网段，将其分配给不同属性的地址，如果一个 27 bit 网段的地址不够用，可以分配多个 27 bit 网段，如图 8-17 中为用户地址分配了 3 个 27 bit 的地址块。最后预留了两个 27 bit 网段用于未来扩展。

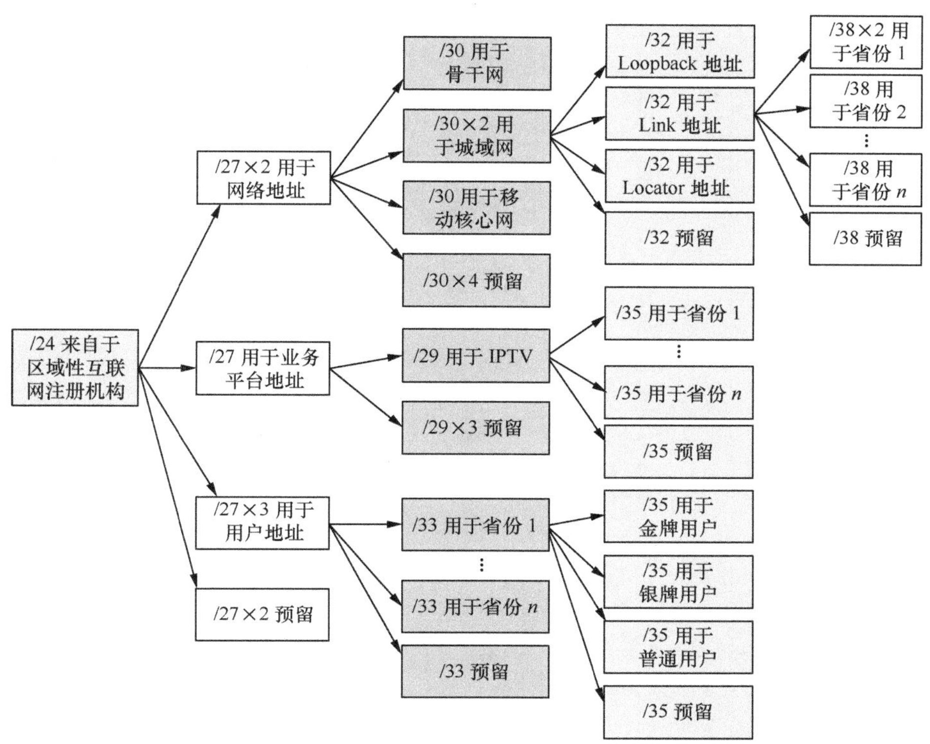

图 8-17 采用逐级展开方式的地址规划

- 对于Network（网络地址），可以从27 bit掩码前缀中分出多个30 bit网段分配给不同的网络类型。同样地，可以给一种网络类型分配多个30 bit网段。在不同的网络类型中继续分出多个32 bit网段分配给不同的地址类型，然后在不同的地址类型中继续分出多个38 bit网段分配给不同的地域。
- 对于Service Platform（业务平台地址），可以从27 bit掩码前缀中分出多个29 bit网段分配给不同的业务，再进一步分出35 bit地址给不同的地域。
- 对于Users（用户地址），可以从27 bit掩码前缀中分出多个33 bit网段分配给不同地域，然后在每个地域用户中再分出多个35 bit地址用来区分不同优先级的用户。

说明：在实际的网络部署中，建议以 4 bit 为单位进行 IPv6 地址的规划，方便后续的运维。

通过确定原则，确定分配方法，并基于原则和方法逐级分配 IPv6 地址，可以得到一个相对合理的 IPv6 地址规划结果，为后续的 IPv6 和 SRv6 网络设计打下坚实的基础。

| 8.3 SRv6 网络设计 |

上文介绍了 SRv6 在 IP 骨干网、城域网和移动承载网中的应用以及 IPv6 地址规划的内容，接下来介绍在实际部署 SRv6 时如何进行设计，包括 SRv6 基础配置、IGP 设计、BGP 设计、隧道（SRv6 BE/TE）设计和 VPN 业务设计等。

8.3.1 SRv6 网络基础配置

在配置 SRv6 网络之前，需要先配置接口的 IPv6 地址，配置样例如下。

```
<HUAWEI> system-view
[~HUAWEI] interface GigabitEthernet 1/0/0
[~HUAWEI-GigabitEthernet1/0/0] ipv6 enable
[*HUAWEI-GigabitEthernet1/0/0] ipv6 address 2001:db8::1 127
[*HUAWEI-GigabitEthernet1/0/0] commit
```

上述样例使能了一个接口的 IPv6 功能，并且配置该接口的 IPv6 地址为 2001:db8::1/127。

SRv6 基础配置包括使能 SRv6；配置封装源地址，该源地址用作 SRv6 封装中 IPv6 报文头的源地址；配置 Locator，Locator 的配置中会指定前缀、掩码，以及为静态配置的 Function 预留的长度。配置样例如下。

```
[~HUAWEI] segment-routing ipv6
[*HUAWEI-segment-routing-ipv6] encapsulation source-address 1::1
[*HUAWEI-segment-routing-ipv6] locator SRv6_locator ipv6-prefix A1::
64 static 32
[*HUAWEI-segment-routing-ipv6] commit
```

在上述样例中，IPv6 报文头的源地址配置为 1::1，Locator 的名称是 SRv6_locator，对应的 IPv6 前缀为 A1::/64，static 32 指的是为静态配置 SID 的 Function ID 预留的长度为 32 bit。

说明：静态 Function ID 预留长度用于手工配置 SID 值的场景，例如，为了运维方便，希望 End SID 和 End.X SID 是手工配置的，这样在设备重启或者链路震荡之后 SID 不会发生变化，此时可以配置静态的 SID。动态 Function ID 用于系统自动分配 SID 值的场景，比如系统自动为本机的 VPN 实例分配相应的 SID。

在配置完成之后，可以使用以下命令查看 Locator 状态。

```
[~HUAWEI] display segment-routing ipv6 locator verbose

                         Locator Configuration Table
                         ---------------------------

LocatorName    : SRv6_locator                         LocatorID    : 1
IPv6Prefix     : A1::                                 PrefixLength : 64
StaticLength   : 32                                   Reference    : 4
ArgsLength     : 0
AutoSIDPoolID  : 8193
AutoSIDBegin   : A1::1:0:0
AutoSIDEnd     : A1::FFFF:FFFF:FFFF:FFFF

Total Locator(s): 1
```

上述信息中包含配置的 Locator 名称、IPv6 前缀和掩码、静态段长度以及动态 SID 的起始范围。

8.3.2 IGP 设计

在完成节点的本地配置之后，还需要通过 IGP 把接口地址、SRv6 SID 等信息发布到网络中，连通基础网络。在 SRv6 网络中，IGP 可以选用 IS-IS IPv6 协议或者 OSPFv3 协议。

以单 AS 网络为例，一个典型的 IGP 设计如图 8-18 所示，不同的网络层次部署了不同的 IGP 域。

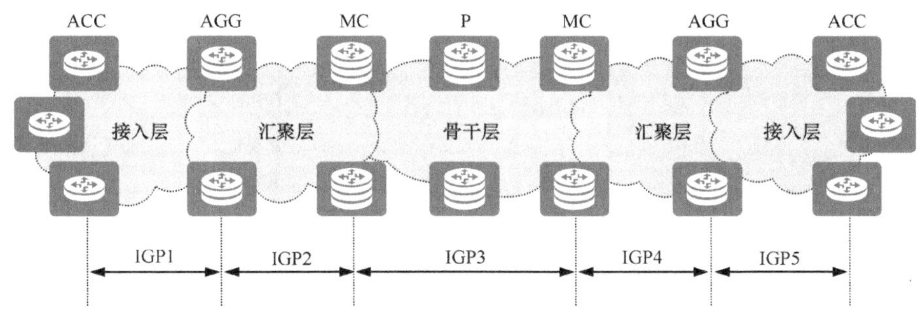

图 8-18　IGP 设计

整网在一个 AS 内，接入层、汇聚层和骨干层分为 3 个 IGP 域，可以有以下两种部署方式。

方式一：在骨干层部署 IS-IS Level-2/OSPFv3 Area 0，在汇聚层部署 IS-IS Level-1/OSPF Area X，在接入层部署单独的 IS-IS/OSPFv3 进程，此方式是比较常见的部署方式。

方式二：在骨干层、汇聚层、接入层分别部署不同的 IGP 进程。

无论选用哪种部署方式，不同 Level/Area 或者不同进程的 IGP 域之间只会按需发布聚合后的路由，这样可以有效减少每个节点需要维护的 IGP 路由，减轻设备压力并提升收敛速度，而且通过路由聚合可以有效地降低边缘节点的路由表规模。

SRv6 使用 IPv6 地址代替了 MPLS 标签，可以更好地利用 IPv6 地址可路由、可聚合的特性，用少量的路由即可在整网中发布 Locator 网段，形成端到端可达的 SRv6 BE 路径。

以 IS-IS 为例，必要的基础配置包括 Network-entity 配置、Level 配置和 Cost-style 配置。为了使能 IS-IS 支持 SRv6，需要先在 IS-IS 进程下配置 IPv6，为了隔离 IPv4 IS-IS 邻居和 IPv6 IS-IS 邻居之间的影响，建议 IPv6 IS-IS 使用独立拓扑，然后引用之前配置的 SRv6 的 Locator。配置样例如下。

```
[~HUAWEI] isis 1
[~HUAWEI-isis-1] display this
#
isis 1
 is-level level-2
 cost-style wide
 network-entity 01.0000.0000.0007.00
 #
 ipv6 enable topology ipv6
 segment-routing ipv6 locator SRv6_locator
#
```

在该样例中 **ipv6 enable topology ipv6** 命令表示使用了独立的 IPv6 拓扑，SRv6_locator 是在前面 SRv6 基础配置中的 Locator 名称。

在 IS-IS 中引用了 Locator 之后，系统将会自动分配 End SID，并在 IS-IS 中发布 Locator 子网路由。下面这个样例是系统分配的 End SID，总计有两个，Flavor 字段为“PSP”的 SID 用于倒数第二跳弹出，Flavor 字段为空的 SID 用于最后一跳弹出。

```
[~HUAWEI] display segment-routing ipv6 local-sid end forwarding

                 My Local-SID End Forwarding Table
                 ---------------------------------

SID         : A1::1:0:72/128                        FuncType : End
Flavor      : PSP
LocatorName : SRv6_locator                          LocatorID: 1

SID         : A1::1:0:73/128                        FuncType : End
Flavor      : --
LocatorName : SRv6_locator                          LocatorID: 1

Total SID(s): 2
```

以下是节点在 IS-IS 中发布的 Locator 路由信息。

```
[~HUAWEI] display ipv6 routing-table A1::
Route Flags: R - relay, D - download to fib, T - to vpn-instance, B -
black hole route
---------------------------------------
 Routing Table : _public_
 Summary Count : 1

 Destination   : A1::                        PrefixLength  : 64
 NextHop       : ::                          Preference    : 15
 Cost          : 0                           Protocol      : ISIS-L2
 RelayNextHop  : ::                          TunnelID      : 0x0
 Interface     : NULL0                       Flags         : DB
```

除了 IS-IS 进程的配置之外，接口下的配置与普通的 IS-IS IPv6 接口下的配置相同，典型配置包括使能 IS-IS IPv6、配置 IS-IS IPv6 Cost 和配置 IS-IS Circuit-type 等。样例如下。

```
[~HUAWEI] interface gigabitethernet 1/0/1
[~HUAWEI-GigabitEthernet1/0/1] display this
#
interface GigabitEthernet1/0/1
 undo shutdown
 ipv6 enable
 ipv6 address 2001:db8::1/127
```

```
 isis ipv6 enable 1
 isis circuit-type p2p
 isis ipv6 cost 10
#
```

在该样例中，在接口下使能 IPv6 IS-IS 进程 1，接口 Circuit-type 配置为 P2P，接口 IS-IS IPv6 Cost 配置为 10。

接口下使能 IS-IS IPv6 之后，系统会自动为每个接口生成 End.X SID。下面是生成的 End.X SID 样例。此样例中一共有两个接口，每个接口各分配两个 End.X SID，Flavor 字段为 PSP 的 SID 用于倒数第二跳弹出，Flavor 字段为空的 SID 用于最后一跳弹出。

```
[~HUAWEI] display segment-routing ipv6 local-sid end-x forwarding

                My Local-SID End.X Forwarding Table
                -----------------------------------

SID         : A1::1:0:74/128                      FuncType :End.X
Flavor      : PSP
LocatorName: SRv6_locator                         LocatorID: 1
NextHop     :                  Interface :        ExitIndex:
FE80::82B5:75FF:FE4C:2B1A      GE1/0/1            0x0000001d

SID         : A1::1:0:75/128                      FuncType :End.X
Flavor      : --
LocatorName: SRv6_locator                         LocatorID: 1
NextHop     :                  Interface :        ExitIndex:
FE80::82B5:75FF:FE4C:2B1A      GE1/0/1            0x0000001d

SID         : A1::1:0:76/128                      FuncType :End.X
Flavor      : PSP
LocatorName: SRv6_locator                         LocatorID: 1
NextHop     :                  Interface :        ExitIndex:
FE80::82B5:75FF:FE4C:326A      GE1/0/2            0x0000001e

SID         : A1::1:0:77/128                      FuncType :End.X
Flavor      : --
LocatorName: SRv6_locator                         LocatorID: 1
NextHop     :                  Interface :        ExitIndex:
```

```
FE80::82B5:75FF:FE4C:326A      GE1/0/2               0x0000001e

Total SID(s): 4
```

End SID 和 End.X SID 也支持手工配置，在配置了 Locator 之后，使用 **opcode** 命令可以手工配置 Function，Opcode 是在 Locator 前缀的基础上继续指定后面的 Function 值。配置样例如下。

```
[~HUAWEI-segment-routing-ipv6] display this
#
segment-routing ipv6
 encapsulation source-address 1::1
 locator SRv6_locator ipv6-prefix A1:: 64 static 32
  opcode ::1 end
  opcode ::2 end-x interface GigabitEthernet1/0/1 nexthop 2001:db8:
12::1
#
```

上面的配置样例是在 Locator 前缀 A1::/64 的基础上将 End SID 的 Function ID 配置为 ::1，最终得到的 End SID 为 A1::1；将 GigabitEthernet1/0/1 接口的 End.X SID 的 Function ID 配置为 ::2，最终得到的 End.X SID 配置为 A1::2。手工静态配置 SID 之后，IGP 会直接使用手工配置的 SID。

8.3.3　BGP 设计

在 SRv6 网络中，除了传统的路由发布功能外，BGP 还承担了转发器和控制器之间信息交互的功能。转发器会通过 BGP-LS 向控制器上报网络拓扑、时延、隧道状态等信息，用于计算路径。为了支持 SR，转发器还需要通过 BGP-LS 向控制器上报 SR 信息。此外，控制器会通过 BGP SR Policy 下发 SR 路径信息。因此，在 SRv6 网络中，BGP 设计除了需要考虑传统网络设计中的 IPv6 单播地址族邻居和 VPN/EVPN 地址族邻居外，还需要考虑 BGP-LS 地址族和 BGP IPv6 SR Policy 地址族邻居的设计。

BGP IPv6 单播地址族邻居在单 AS 网络中不是必要的元素，可以通过互相引入路由来实现 Locator/Loopback 网段路由在不同 IGP 域的传递，不需要通过 BGP 传递。但是在多 AS 网络中，跨 AS 的 Locator/Loopback 网段路由还是需要通过 BGP 来传送，路由发布方式和传统方式一样，可以通过将 IGP 路由引入 BGP 进行聚合发布，也可以通过配置静态聚合路由，再引入 BGP 中进行聚合发布。

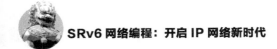

BGP-LS 和 BGP IPv6 SR Policy 主要用于转发器和控制器之间的交互，对应的设计参考 8.3.5 节。BGP L3VPN/EVPN 设计主要用于传送 L3VPN/EVPN 私网路由，对应的设计参考 8.3.6 节。

8.3.4 SRv6 BE 设计

完成上述的网络基础配置后，需要配置 SRv6 路径，为不同的业务提供差异化服务。SRv6 的路径分为两种类型：SRv6 BE 和 SRv6 TE。SRv6 BE 不需要控制器即可基于 IGP 最短路径和 BGP 最优路由来自动计算路径，适用于对路径规划无特殊要求的业务，如普通上网业务、普通专线业务等。SRv6 TE 隧道需要用控制器规划路径，适用于对路径 SLA 要求高的业务。

1. Locator 路由发布

在 SRv6 BE 路径中，报文根据 Locator 路由按照最短路径转发，该路径天然支持 ECMP。

为了减小边缘节点的路由表规模，需要提前规划好整网的 Locator，逐级分配。给每对 MC(Metro Core，城域核心) 节点分配一个独立的较大网段，并预留一定的扩展性，从 MC 下的网段中给每对 AGG 分配一个子网段，从 AGG 的网段中给每个 ACC 分配一个子网段。

单 AS Locator 对应的网段路由的发布过程如图 8-19 所示。

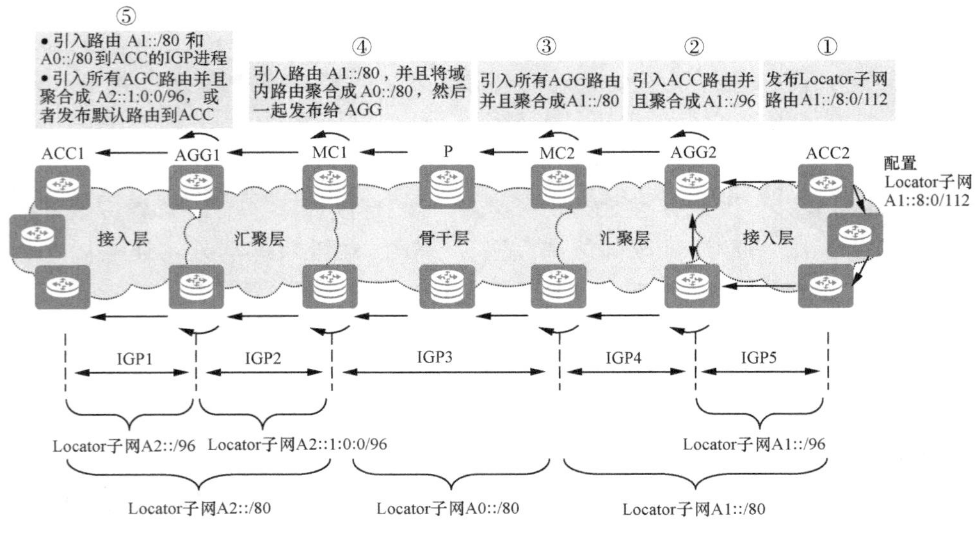

图 8-19 单 AS Locator 对应的网段路由发布

详细过程如下。

① 配置 ACC2 的 Locator 为 A1::8:0/112，并在 IGP 中引入该 Locator 路由，然后向 AGG2 发布本地的路由 A1::8:0/112。

② AGG2 上收到所有 ACC 的 Locator 路由后，聚合为汇聚路由 A1::/96，然后在汇聚层 IGP 域（IGP4）中发布。在相反方向，也需要通过 AGG2 将 Locator 路由引入接入层 IGP 域（IGP5）中，并向 ACC2 发布，所以为了防止路由来回引入造成环路，需要在引入路由时配置 Tag。

③ MC2 将所有 AGG 的 Locator 网段路由引入骨干层 IGP 域中，聚合为汇聚路由 A1::/80，并在核心层 IGP（IGP3）域中发布。

④ MC1 向另外一端的汇聚层 IGP 域（IGP2）中发布两类路由：MC2 渗透的 Locator 网段路由 A1::/80 和核心层 IGP（IGP3）中的 Locator 聚合路由 A0::/80。

⑤ AGG1 向接入层 IGP 域（IGP1）的 ACC1 发布路由，可以有两种方式：渗透全网的 Locator 网段路由或发布默认路由。鉴于路由已经做过逐层聚合，渗透全网的 Locator 网段路由的数量有限。两种方式都适合用于建立 SRv6 BE 路径。

ACC1 的 Locator 路由发布过程与上述过程相同。

发布完所有 Locator 网段路由后，就可以在全网所有节点间建立端到端的 SRv6 BE 路径。从 Locator 网段路由的发布过程可以看出，需要在不同 IGP 域中引入和聚合来完成 Locator 路由在全网的发布。下面介绍如何引入和聚合 IS-IS 路由。

2. IS-IS 路由的引入和聚合

下面列举了一个 IS-IS 路由引入和聚合的配置样例。通过下面的配置，可以从 isis 100 引入路由到 isis 1 并聚合，在引入的时候为路由设置 tag 为 100，并设置路由策略，拒绝从 isis 1 向 isis 100 引入的路由（tag 为 1 的路由），以防止路由互引时成环。

```
[~HUAWEI] isis 1
[*HUAWEI-isis-1] ipv6 import-route isis 100 route-policy 100TO1
[*HUAWEI-isis-1] ipv6 summary A1::1:0:0 96
[*HUAWEI-isis-1] quit
[*HUAWEI] route-policy 100TO1 deny node 10
[*HUAWEI-route-policy] if-match tag 1
[*HUAWEI-route-policy] quit
[*HUAWEI] route-policy 100TO1 permit node 20
[*HUAWEI-route-policy] apply tag 100
```

3. SRv6 BE TI-LFA 保护

在设计 SRv6 解决方案的时候，还需要考虑网络的可靠性，所以需要设计保护和故障恢复方案。

SRv6 BE 路径的中间节点在 IGP 域内可以通过 TI-LFA FRR 实现对网络的保护，这种保护与拓扑无关。对于可能存在的微环场景，可以通过防微环技术实现快速切换。在进行网络设计时，不需要对 TI-LFA 和防微环进行特殊的设计，只需要在 IGP 下部署这两个功能即可。业务尾节点可以通过 Mirror SID 进行快速保护。端到端的可靠性保护场景和技术如图 8-20 所示。

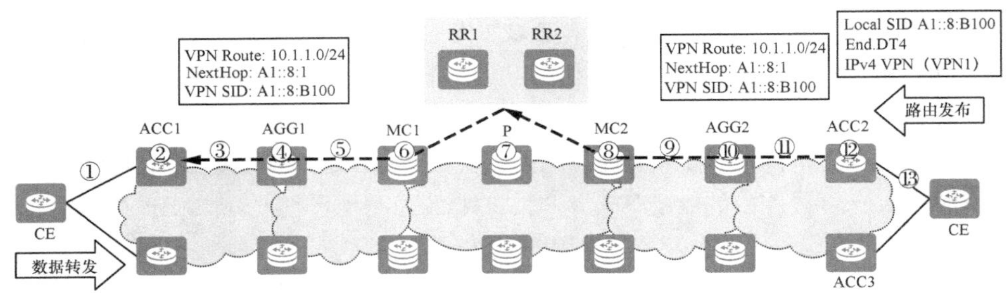

故障点[注]	检测机制	保护方案
1、2	链路检测	ECMP/IP FRR
3、4、5、6、7、8、9、10、11	链路检测或BFD for IGP	TI-LFA FRR
12	链路检测或BFD for IGP	Mirror SID(需要支持SRv6)
13	链路检测	L3VPN：ECMP/ IP FRR EVPN：ECMP/Local-remote-FRR

注：图中以带圈数字标识故障点。

图 8-20　端到端的可靠性保护场景和技术

在图 8-20 中，不同位置发生的故障都有相应的保护技术。

- 对于故障点1和2，可以通过链路检测感知故障，通过ECMP/IP FRR进行保护。
- 对于故障点3～10，可以通过链路检测或者BFD for IGP感知故障，使用TI-LFA FRR进行保护，触发FRR切换。
- 对于故障点11和12，可以通过链路检测或者BFD for IGP感知故障，使用Mirror SID进行保护，触发FRR切换。
- 对于故障点13，可以通过链路检测感知故障。对于L3VPN，使用ECMP或者VPN下的IP FRR（也被称为混合FRR，当ACC2去往CE的路由下一跳不可达时，流量可以通过隧道转发到其他ACC，然后查私网路由转发到达目的地）进行保护。对于EVPN，使用ECMP或者Local-

remote-FRR（当ACC2与CE之间的链路发生故障，流量发到ACC2后，可以绕行其他ACC再发送到CE，减少丢包）进行保护。

TI-LFA FRR 和防微环的样例如下。

```
[~HUAWEI-isis-1] display this
#
isis 1
 is-level level-2
 cost-style wide
 network-entity 01.0000.0000.0007.00
 avoid-microloop frr-protected
 avoid-microloop frr-protected rib-update-delay 5000
 #
 ipv6 enable topology ipv6
 segment-routing ipv6 locator SRv6_locator
 ipv6 avoid-microloop segment-routing
 ipv6 avoid-microloop segment-routing rib-update-delay 10000
 ipv6 frr
  loop-free-alternate level-2
  ti-lfa level-2
#
```

其中 **ti-lfa level-2** 命令使能了 TI-LFA 功能，**avoid-microloop frr-protected** 和 **ipv6 avoid-microloop segment-routing** 命令分别使能本地防微环和远端防微环功能。

配置之后，路由就生成了备份路径。

验证 TI-LFA FRR 和防微环的配置样例如下。

```
[~HUAWEI] display isis route ipv6 A1:: verbose

                      Route information for ISIS(1)
                      -----------------------------

                     ISIS(1) Level-1 Forwarding Table
                     --------------------------------


IPV6 Dest   : A1::/128             Cost: 20          Flags: A/-/-/-
Admin Tag   : -               Src Count: 1        Priority: Low
NextHop     :                 Interface:        ExitIndex :
FE80::82B5:75FF:FE4C:3268       GE1/0/2          0x0000001e
```

```
SRv6 TI-LFA:
Interface : GE1/0/1
Nexthop   : FE80::82B5:75FF:FE4C:2B1A   IID:0x01000227
Backup sid Stack(Top->Bottom): {A2::5}
Flags: D-Direct, A-Added to URT, L-Advertised in LSPs, S-IGP Shortcut,
       U-Up/Down Bit Set, LP-Local Prefix-Sid
```

以上就是 SRv6 BE 部署方案需要考虑和设计的内容，主要包含路由发布和保护方案部署两部分。

8.3.5 SRv6 TE 设计

对路径 SLA 要求较高的业务，需要通过控制器约束算路，部署 SRv6 TE 隧道来确保网络满足业务需求。

控制器对 SRv6 TE 的算路结果可以是严格的显式路径（每一跳都指定出口链路），也可以是松散的显式路径（只指定部分节点的出口链路）。

在松散的显式路径的场景中，未指定的节点可以不支持 SRv6，只需要支持普通的 IPv6 路由转发即可。这是 SRv6 相对于 SR-MPLS 的一个较大的优势，这个优势使得传统 IP/MPLS 网络更容易向 SRv6 网络演进。

1. SRv6 Policy

SRv6 Policy 是建立 SRv6 TE 隧道的一种方式。SRv6 Policy 统一了隧道模型的定义，可以支持负载分担和主备路径保护，可靠性更高。同时 SRv6 Policy 通过引入 Color 属性来定义应用级的网络 SLA 策略。Color 可以理解为 SLA 模板 ID，对应一组 SLA 参数要求，例如网络时延、带宽等。控制器可以基于 Color 统一规划网络时延、带宽等路径约束。此外，正如第 4 章中介绍的，在发布 BGP 路由时也可以携带 Color 属性。节点可以通过比较 BGP 路由的 Color 属性和 SRv6 Policy 的 Color 属性，完成业务和隧道的关联。

如第 4 章所介绍的，SRv6 Policy 路径的计算过程如下。

① 控制器通过 BGP-LS 收集网络拓扑和链路 SLA 信息。

② 控制器根据定义好的 Color 规则和头尾节点信息，计算一条满足 SLA 要求的路径。

③ 控制器通过 BGP 扩展向入节点下发 SRv6 Policy，携带 Color 和 Endpoint 信息。

④ BGP VPN 路由发布时，携带 Color 属性和 Endpoint（对应 BGP VPN 路由，实际是 BGP VPN 路由的下一跳）信息。

⑤ 入节点收到 BGP VPN 路由以后，根据 BGP VPN 路由的下一跳和

Color 迭代到某个 SRv6 Policy。

⑥ 控制器实时监测业务或者路径的 SLA，如果 SLA 劣化，则重新算路并下发新的 SRv6 Policy 到入节点。

2. BGP-LS 和 BGP SRv6 Policy

在 SRv6 Policy 路径编程中提到过，控制器需要通过 BGP-LS 从网络收集状态信息，然后控制器基于这些状态和业务需求进行算路，最后通过 BGP IPv6 SR Policy 下发算路结果。下面以图 8-21 为例，介绍具体的设计方法。

BGP-LS 用来向控制器上报拓扑信息、TE 信息和 SRv6 信息。为了减少控制器的 BGP 邻居数量，建议由控制器和 RR 建立 BGP-LS 邻居，再由 RR 和各节点建立 BGP-LS 邻居。

控制器用 BGP IPv6 SR Policy 向转发器下发隧道路径。为了减少控制器的 BGP 邻居数量，建议由控制器和 RR 建立 BGP IPv6 SR Policy 邻居，再由 RR 和各节点建立 BGP IPv6 SR Policy 邻居。同时，一个 BGP IPv6 SR Policy 消息只会在某个指定的网络节点上生效，为了减少 BGP IPv6 SR Policy 消息的扩散范围，需要 RR 只向指定的网络节点转发控制器下发的 BGP IPv6 SR Policy 消息。

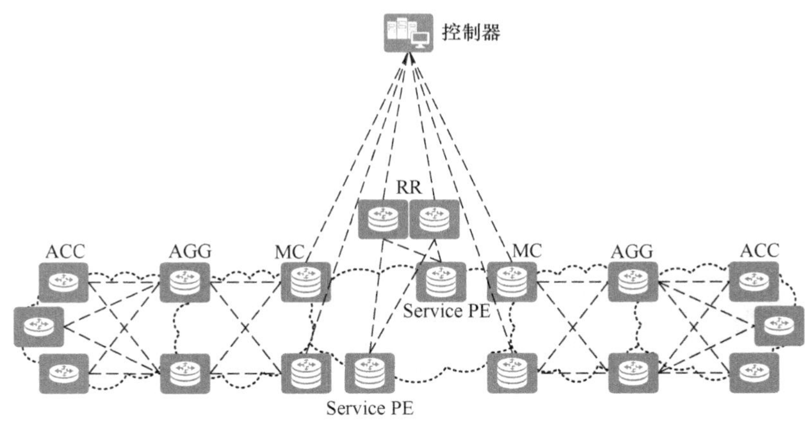

图 8-21　BGP SRv6 Policy 邻居关系的设计方法

BGP-LS 的配置样例如下。

```
[~HUAWEI] bgp 100
[*HUAWEI-bgp] peer 100::100 as-number 100
```

```
[*HUAWEI-bgp] link-state-family unicast
[*HUAWEI-bgp-af-ls] peer 100::100 enable
```

BGP SRv6 Policy 的配置样例如下。

```
[~HUAWEI] bgp 100
[*HUAWEI-bgp] ipv6-family sr-policy
[*HUAWEI-bgp-af-ipv6-srpolicy] peer 100::100 enable
```

3. SRv6 Policy 路径计算

为了满足业务的 SLA 需求，需要基于约束条件计算 SRv6 Policy 路径，这些约束条件包括优先级、带宽、亲和属性、显式路径、时延门限、主备路径和路径分离等。

在满足约束条件的情况下，最优的算路结果可能是开销最小、时延最小或带宽均衡的算路。

SRv6 Policy 的路径计算可以在控制器上集中进行，控制器根据定义的 Color 信息和头尾节点，计算一条满足约束条件的路径，并将算路结果通过 BGP IPv6 SR Policy 下发到入节点的业务节点。除了通过控制器下发 SRv6 Policy 之外，设备也支持使用命令行直接静态配置 SRv6 Policy。

SRv6 Policy 的配置样例如下。

```
[~HUAWEI] segment-routing ipv6
[~HUAWEI-segment-routing-ipv6] segment-list list1
[*HUAWEI-segment-routing-ipv6-segment-list-list1] index 5 sid ipv6 A2::1:0:0
[*HUAWEI-segment-routing-ipv6-segment-list-list1] index 10 sid ipv6 A3::1:0:0
[*HUAWEI-segment-routing-ipv6-segment-list-list1] commit
[~HUAWEI-segment-routing-ipv6-segment-list-list1] quit
[~HUAWEI-segment-routing-ipv6] srv6-te-policy locator SRv6_locator
[*HUAWEI-segment-routing-ipv6] srv6-te policy policy1 endpoint 3::3 color 101
[*HUAWEI-segment-routing-ipv6-policy-policy1] binding-sid A1::100
[*HUAWEI-segment-routing-ipv6-policy-policy1] candidate-path preference 100
[*HUAWEI-segment-routing-ipv6-policy-policy1-path] segment-list list1
```

该样例中首先配置一个 Segment List list1，在 Segment List 中指定路径要经过的两个节点（A2::1:0:0，A3::1:0:0），然后配置一个 SRv6 Policy，包括 Endpoint、Color 和 Binding SID 等，最后在 SRv6 Policy 下配置一个优先级为 100 的 Candidate Path，并在该 Candidate Path 下引用前面配置的 Segment List list1。

4. SRv6 Policy 的可靠性

与 SRv6 BE 一样，SRv6 TE 也需要设计可靠性方案。如图 8-22 所示，可以通过 TI-LFA 对控制器计算的 SRv6 Policy 的 Segment List 进行路径保护；同时为了确保极端场景下的可靠性，建议将 SRv6 BE 作为 SRv6 Policy 的逃生路径，也就是说 SRv6 Policy 发生故障，业务切换到 SRv6 BE 路径上尽力转发。与 SRv6 BE 一样，可以通过 Mirror SID 保护业务尾节点。

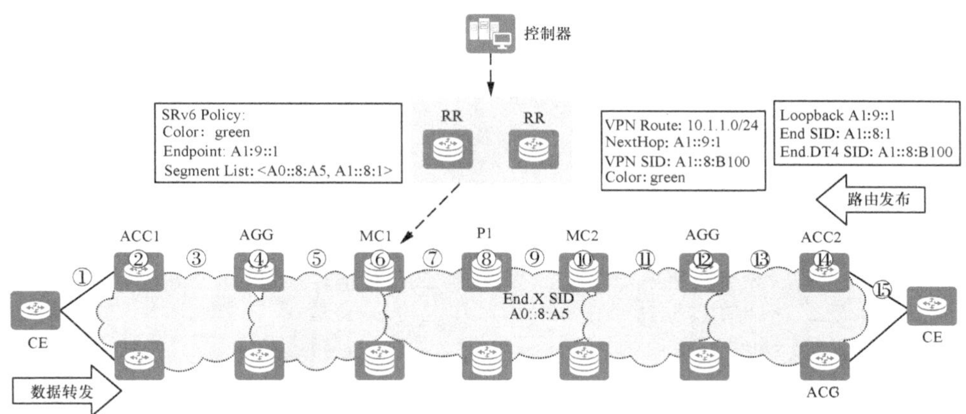

故障点[注]	检测机制	保护方案
1、2	链路检测	ECMP/IP FRR(L3VPN)
3、4、5、6、7、10、11、12	链路检测或BFD for IGP	TI-LFA FRR
8、9	链路检测或BFD for IGP	TI-LFA中间节点保护
13、14	链路检测或BFD for IGP	Mirror SID
15	链路检测	L3VPN：ECMP/ IP FRR EVPN：ECMP/Local-remote-FRR

注：图中以带圈数字标识故障点。

图 8-22　SRv6 TE 的 SRv6 Policy 隧道可靠性设计

在图 8-22 中，不同位置发生的故障都有相应的保护技术。

- 对于故障点1和2，可以通过链路检测感知故障，使用ECMP/IP FRR进行保护。
- 对于故障点3～7和故障点10～12，可以通过链路检测或者BFD for IGP感知故障，使用TI-LFA FRR进行保护，触发FRR切换。
- 对于故障点8和9，可以通过链路检测或者BFD for IGP感知故障，使用TI-LFA FRR中间节点保护技术进行保护，触发FRR切换。
- 对于故障点13和14，可以通过链路检测或者BFD for IGP感知故障，使用Mirror SID进行保护，触发FRR切换。
- 对于故障点15，可以通过链路检测感知故障。对于L3VPN，使用ECMP或者VPN下的IP FRR进行保护；对于EVPN，使用ECMP或Local-remote-FRR进行保护。

以上就是 SRv6 TE 部署方案需要考虑和设计的内容，相比于 SRv6 BE 设计，SRv6 TE 增加了 TE 路径计算和部署的设计。

8.3.6 VPN 业务设计

基于 SRv6 部署 VPN 业务，可以使用 BGP 作为统一的信令控制平面，同时提供二层或三层业务连接，不再需要 MPLS LDP。

部署 VPN 业务的建议如下。

- 二层业务：使用EVPN作为承载协议。
- 二、三层混合的业务（VPN内既有二层业务，又有三层业务）：使用EVPN作为承载协议。
- 三层业务：可以使用传统L3VPN，也可以使用EVPN L3VPN作为承载协议。

从简化协议的角度出发，建议在 SRv6 中使用 EVPN 统一承载 L3VPN 与 L2VPN。

现网的 VPN 部署模式通常分为 E2E（Edge to Edge，端到端）VPN 和分层 VPN。在 MPLS 网络中，为了减少边缘接入设备的路由数量，很多网络会部署分层 VPN。分层 VPN 业务配置点多，需要中间节点感知业务。在 SRv6 网络中，推荐部署 E2E VPN，因为 E2E VPN 只需要配置业务接入点，不需要配置任何中间节点，中间节点也不用感知业务，更易于部署和维护。

E2E VPN 的部署场景如表 8-2 所示。

表 8-2　E2E VPN 的部署场景

业务类型	技术	应用场景
L3VPN	• L3VPNv4/L3VPNv6 • EVPN L3VPNv4/L3VPNv6	• 4G/5G 接入 • 上网业务 • IP 语音 • 视频点播 • 企业三层专线
二层 E-Line	EVPN VPWS[3]	• 企业二层点到点专线
二层 E-LAN	EVPN[4]	• 企业二层多点到多点专线
二层 E-Tree	EVPN E-Tree[5]	• 企业二层点到多点专线 • 家庭宽带接入
二层 / 三层混合	EVPN IRB[6]	• 电信云 • 数据中心互联

典型的 VPN 业务部署模型如图 8-23 所示。

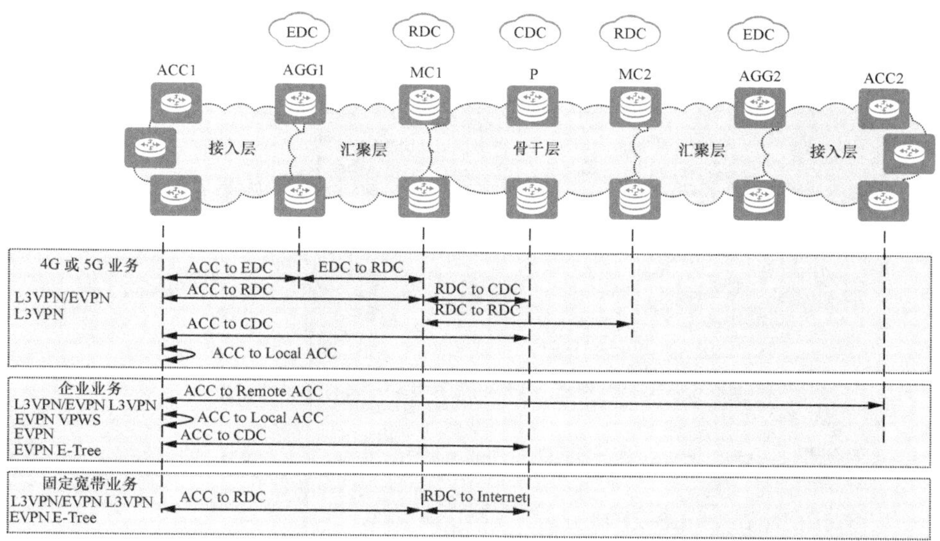

图 8-23 典型的 VPN 业务部署模型

在上述模型中，网络分为 3 层，分别是接入层、汇聚层和骨干层。DC 分为三级，分别是 EDC（Edge Data Center，边缘数据中心）、RDC（Regional Data Center，区域数据中心）和 CDC（Central Data Center，核心数据中心）。

- 对于4G或5G业务，可以使用L3VPN或者EVPN L3VPN承载，典型业务方向包括ACC到EDC、ACC到RDC、ACC到CDC、EDC到RDC、RDC到CDC、RDC到RDC、ACC到本地ACC。
- 对于企业业务，可以根据业务诉求不同，使用L3VPN/EVPN L3VPN、EVPN E-Line、EVPN E-LAN或EVPN E-Tree承载。典型业务方向包括ACC到远端ACC、ACC到本地ACC、ACC到CDC。
- 对于固定宽带业务，在ACC到RDC的业务方向采用EVPN E-Tree或EVPN E-Line承载，在RDC到互联网的业务方向采用L3VPN/EVPN L3VPN承载。

为了部署 VPN，首先要在业务接入点建立 MP-BGP VPNv4/EVPN 邻居来传递 VPN 路由。为了实现较好的可扩展性，通常在网络中部署分层 RR 来传递 VPN 路由，汇聚层和接入层的 RR 可以由 MC/AGG 兼任（又称 Inline RR）。单 AS 网络的 BGP L3VPN/EVPN 邻居的典型设计如图 8-24 所示。

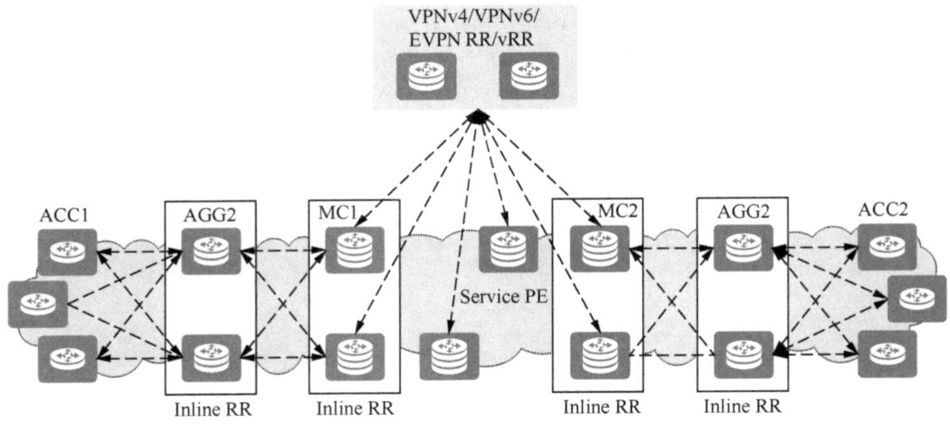

图 8-24　单 AS 网络的 BGP L3VPN/EVPN 邻居的典型设计

以上就是 SRv6 VPN 在现网部署时的基础信息。接下来介绍如何配置 SRv6 VPN。

1. SRv6 EVPN L3VPN

SRv6 EVPN L3VPN 是实际部署中常用的 SRv6 VPN 技术，也是我们推荐的部署方式。对于 SRv6 EVPN L3VPN，配置过程如下。

① 配置 EVPN L3VPN 实例和接口接入 L3VPN 实例，配置样例如下。

```
[~HUAWEI-vpn-instance-srv6_vpn2] display this
#
ip vpn-instance srv6_vpn2
 ipv4-family
  route-distinguisher 100:2
  vpn-target 100:2 export-extcommunity evpn
  vpn-target 100:2 import-extcommunity evpn
#
[~HUAWEI-GigabitEthernet1/0/0.2] display this
#
interface GigabitEthernet1/0/0.2
 vlan-type dot1q 2
 ip binding vpn-instance srv6_vpn2
 ip address 10.78.2.2 255.255.255.0
#
```

② 配置 BGP IPv6 邻居，并在 EVPN 地址族下使能邻居，配置样例如下。

```
[~HUAWEI-bgp] display this
#
```

```
bgp 100
 peer 2::2 as-number 100
 peer 2::2 connect-interface LoopBack0
 #
 l2vpn-family evpn
  policy vpn-target
  peer 2::2 enable
  peer 2::2 advertise encap-type srv6
#
```

为了应用 SRv6，需要用 IPv6 地址建立 BGP 邻居，并且需要在邻居上配置 **peer 2::2 advertise encap-type srv6** 命令使能 SRv6 封装。

③ 配置 VPN 路由迭代 SRv6 BE 路径，需要在 BGP VPN 实例视图下进行配置。配置样例如下。

```
[~HUAWEI-bgp-srv6_vpn1] display this
#
ipv4-family vpn-instance srv6_vpn1
 import-route direct
 advertise l2vpn evpn
 segment-routing ipv6 locator SRv6_locator
 segment-routing ipv6 best-effort
 peer 10.78.1.1 as-number 65002
#
```

其中 **segment-routing ipv6 locator** 命令用来指定使用的 Locator，并且从该 Locator 动态分配 End.DT4 SID 给 EVPN L3VPN 实例。**segment-routing ipv6 best-effort** 命令用来指定使用 SRv6 BE 路径承载 VPN 业务。

可以通过以下命令行查看本地 SID 表中的 End.DT4 SID 表项。

```
[~HUAWEI] display segment-routing ipv6 local-sid end-dt4 forwarding

                    My Local-SID End.DT4 Forwarding Table
                    -------------------------------------

SID         : A1::1:0:9B/128                          FuncType : End.DT4
VPN Name    : srv6_vpn1                               VPN ID   : 2
LocatorName: SRv6_locator                             LocatorID: 1

SID         : A1::1:0:9C/128                          FuncType : End.DT4
VPN Name    : srv6_vpn2                               VPN ID   : 5
```

```
LocatorName: SRv6_locator                          LocatorID: 1

Total SID(s): 2
```

④ 也可以静态配置 VPN 使用的 End.DT4 SID，样例如下。

```
[~HUAWEI-segment-routing-ipv6-locator] display this
#
locator SRv6_locator ipv6-prefix A1:: 64 static 32
 opcode ::80 end-dt4 vpn-instance srv6_vpn1
#
```

通过以下命令查看静态配置的 End.DT4 SID。

```
[~HUAWEI] display segment-routing ipv6 local-sid end-dt4 forwarding

                  My Local-SID End.DT4 Forwarding Table
                  -------------------------------------

SID         : A1::80/128                           FuncType : End.DT4
VPN Name    : srv6_vpn1                            VPN ID   : 2
LocatorName: SRv6_locator                          LocatorID: 1

SID         : A1::1:0:9C/128                       FuncType : End.DT4
VPN Name    : srv6_vpn2                            VPN ID   : 5
LocatorName: SRv6_locator                          LocatorID: 1

Total SID(s): 2
```

可以看到，为 VPN 配置了静态 SID 后，系统自动使用静态 SID，不再动态分配 SID。

配置完成之后，查看对端 PE 的路由表项，可以看到路由携带了 Prefix SID:A1::80。

```
<HUAWEI> display bgp vpnv4 vpn-instance srv6_vpn2 routing-table
10.7.7.0
BGP local router ID : 10.37.112.122
Local AS number :100

VPN-Instance srv6_vpn2 Router ID 10.37.112.122:
Paths:   1 available, 1 best, 1 select, 0 best-external, 0 add-path
BGP routing table entry information of 10.78.1.0/24:
```

```
Route Distinguisher: 100:1
Remote-Cross route
Label information (Received/Applied): 3/NULL
From: 2::2 (10.37.112.119)
Route Duration: 0d00h29m01s
Relay IP NextHop: FE80::E45:BAFF:FE28:7258
Relay IP Out-Interface: GigabitEthernet1/0/2
Relay Tunnel Out-Interface:
Original NextHop: 1::1
Qos information : 0x0
Ext-Community: RT <100:1>
Prefix-sid: A1::80
AS-path Nil, origin incomplete, MED 0, local preference 100, pref-val
0, valid, internal, best, select, pre 255, IGP cost 20
Originator: 10.37.112.117
Cluster List: 10.37.112.119
Advertised to such 1 peers:
  10.79.1.1
```

2. SRv6 EVPN E-line

对于 EVPN E-Line over SRv6，配置过程如下。

① 配置 EVPN 实例，配置样例如下。

```
[~HUAWEI-vpws-evpn-instance-srv6_vpws] display this
#
evpn vpn-instance srv6_vpws vpws
 route-distinguisher 100:2
 segment-routing ipv6 best-effort
 vpn-target 100:2 export-extcommunity
 vpn-target 100:2 import-extcommunity
#
```

② 配置 EVPL 实例（EVPN E-Line 实例），并指定为 SRv6 模式，配置样例如下。

```
[~HUAWEI-evpl-srv6-1] display this
#
evpl instance 1 srv6-mode
 evpn binding vpn-instance srv6_vpws
 local-service-id 100 remote-service-id 200
 segment-routing ipv6 locator SRv6_locator
#
```

其中 **segment-routing ipv6 locator** 命令用来指定本 EVPL 实例使用的 Locator，并且从该 Locator 中动态分配 End.DX2 SID 给 EVPN E-Line 实例。可以通过以下命令查看 SID 信息。

```
[~HUAWEI] display segment-routing ipv6 local-sid end-dx2 forwarding

               My Local-SID End.DX2 Forwarding Table
               -------------------------------------

SID         : A1::82/128                          FuncType : End.DX2
EVPL ID     : 1
LocatorName: SRv6_locator                         LocatorID: 1

Total SID(s): 1
```

也可以静态配置 EVPL 实例的 SID，配置样例如下。

```
[~HUAWEI-segment-routing-ipv6-locator] display this
#
 locator SRv6_locator ipv6-prefix A1:: 64 static 32
  opcode ::82 end-dx2 evpl-instance 1
#
```

③ 配置接口绑定 EVPL 实例，配置样例如下。

```
[~HUAWEI-GigabitEthernet1/0/0.100] display this
#
interface GigabitEthernet1/0/0.100 mode l2
 encapsulation dot1q vid 100
 rewrite pop single
 evpl instance 1
#
```

④ 配置完成后，执行以下命令，在远端 PE 上查看 A-D 路由。可以看到 A-D 路由中携带了 Prefix SID：A1::82。

```
[~HUAWEI] display bgp evpn vpn-instance srv6_vpws routing-table ad-
route 0000.0000.0000.0000.0000:100
BGP local router ID : 10.37.112.122
 Local AS number : 100

 EVPN-Instance srv6_vpws:
 Number of A-D Routes: 1
```

```
 BGP routing table entry information of 0000.0000.0000.0000.0000:100:
 Route Distinguisher: 100:2
 Remote-Cross route
 Label information (Received/Applied): 3/NULL
 From: 2::2 (10.37.112.119)
 Route Duration: 0d06h07m06s
 Relay IP NextHop: FE80::82B5:75FF:FE4C:326D
 Relay IP Out-Interface: GigabitEthernet1/0/2
 Relay Tunnel Out-Interface:
 Original NextHop: 1::1
 Qos information : 0x0
 Ext-Community: RT <100 : 2>, EVPN L2 Attributes <MTU:1500 C:0 P:1 B:0>
 AS-path Nil, origin incomplete, localpref 100, pref-val 0, valid,
internal, best, select, pre 255, IGP cost 20
 Originator: 10.37.112.117
 Cluster list: 10.37.112.119
 Prefix-sid: A1::82
 Route Type: 1 (Ethernet Auto-Discovery (A-D) route)
 ESI: 0000.0000.0000.0000.0000, Ethernet Tag ID: 100
     Not advertised to any peer yet
```

EVPN E-LAN over SRv6 的配置和上述的 E-Line 配置大致相同，由于篇幅限制，此处不再展开介绍，读者可以阅读华为相关的产品文档。

3. EVPN SRv6 Policy

如果希望EVPN流量通过SRv6 TE路径转发，还需要以下几个步骤的操作。

- 配置EVPN业务迭代SRv6 Policy隧道的功能。
- 配置隧道策略。
- 在VPN下引用隧道策略。
- 为路由添加Color属性。

详细配置介绍如下。

① 配置 EVPN 业务迭代 SRv6 Policy 隧道的功能。

EVPN L3VPN 对应的配置样例如下。

```
[*PE1] bgp 100
[*PE1-bgp] ipv4-family vpn-instance srv6_vpn2
[*PE1-bgp-srv6_vpn2] segment-routing ipv6 traffic-engineering evpn
```

EVPN E-Line 对应的配置样例如下。

```
[*PE1] evpn vpn-instance srv6_vpws vpws
[*PE1-vpws-evpn-instance-srv6_vpws] segment-routing ipv6 traffic-engineering
```

② 配置隧道策略，配置样例如下。

```
[*PE1] tunnel-policy p1
[*PE1-tunnel-policy-p1] tunnel select-seq ipv6 srv6-te-policy load-
balance-number 1
```

③ 在 VPN 下引用隧道策略。

EVPN L3VPN 对应的配置样例如下。

```
[*PE1] ip vpn-instance srv6_vpn2
[*PE1-vpn-instance-srv6_vpn2] ipv4-family
[*PE1-vpn-instance-srv6_vpn2-af-ipv4] tnl-policy p1 evpn
```

EVPN E-Line 对应的配置样例如下。

```
[*PE1] evpn vpn-instance srv6_vpws vpws
[*PE1-vpws-evpn-instance-srv6_vpws] tnl-policy p1
```

④ 为路由添加 Color 属性。路由中的 Color 要和 SRv6 Policy 中的 Color 一致，才能将流量引入对应的 SRv6 Policy 中。可以在路由发送端 PE 的出口路由策略中添加 Color 属性，也可以在路由接收端 PE 的入口路由策略中添加。此处以在路由接收端 PE 的入口路由策略中添加为例，样例如下。

```
[~PE1] route-policy color100 permit node 1
[*PE1-route-policy] apply extcommunity color 0:100
[*PE1-route-policy] quit
[*PE1] commit
[~PE1] bgp 100
[*PE1-bgp] l2vpn-family evpn
[*PE1-bgp-af-evpn] peer 2::2 route-policy color100 import
[*PE1-bgp-af-evpn] quit
[*PE1-bgp] quit
[*PE1] commit
```

配置完成后查看 EVPN L3VPN 的路由表，可以看到远端私网路由（10.7.7.0）迭代到了 SRv6 Policy。

```
[~PE1] display ip routing-table vpn-instance srv6_vpn2 10.7.7.0 verbose
Route Flags: R - relay, D - download to fib, T - to vpn-instance,
             B - black hole route
------------------------------------------------------------------------------
Routing Table : srv6_vpn2
Summary Count : 1

Destination: 10.7.7.0/24
```

```
     Protocol: IBGP                    Process ID: 0
   Preference: 255                           Cost: 0
      NextHop: 2::2                     Neighbour: 2::2
        State: Active Adv Relied              Age: 00h03m15s
          Tag: 0                         Priority: low
        Label: 3                          QoSInfo: 0x0
   IndirectID: 0x10000E0                 Instance:
 RelayNextHop: 0.0.0.0                  Interface: SRv6-TE Policy
     TunnelID: 0x000000003400000001         Flags: RD
```

通过查看 EVPN E-Line 状态，可以看到对应的 EVPL 实例中迭代到了 SRv6 Policy。

```
[~PE1] display bgp evpn evpl
Total EVPLs: 1       1 Up      0 Down
EVPL ID : 1
State : up
Evpl Type : srv6-mode
Interface : GigabitEthernet1/0/0.100
Ignore AcState : disable
Local MTU : 1500
Local Control Word : false
Local Redundancy Mode : all-active
Local DF State : primary
Local ESI : 0000.0000.0000.0000.0000
Remote Redundancy Mode : all-active
Remote Primary DF Number : 1
Remote Backup DF Number : 0
Remote None DF Number : 0
Peer IP : 2::2
 Origin NextHop IP : 2::2
 DF State : primary
 Eline Role : primary
 Remote MTU : 1500
 Remote Control Word : false
 Remote ESI : 0000.0000.0000.0000.0000
 Tunnel info : 1 tunnels
  NO.0   Tunnel Type : srv6te-policy, Tunnel ID : 0x000000003400000001
Last Interface UP Timestamp : 2019-8-14 3:21:34:196
Last Designated Primary Timestamp : 2019-8-14 3:23:45:839
Last Designated Backup Timestamp : --
```

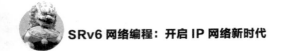

以上就是关于 SRv6 配置 VPN 业务的介绍，包含了 SRv6 EVPN L3VPN、EVPN E-Line 以及相关的样例的介绍。

8.4 MPLS 网络向 SRv6 网络演进

下面以 MPLS L3VPN 为例，介绍 L3VPN 业务如何从 MPLS 网络向 SRv6 网络演进。

MPLS 网络向 SRv6 网络的演进如图 8-25 所示，整网以 AGG 为界分为两个 IGP 域。在两个 IGP 域内分别部署了 LDP/RSVP-TE 隧道和 BGP LSP，在 ACC 和 MC 之间建立 E2E 的 BGP VPNv4 邻居，发布 VPNv4 路由，流量封装在 MPLS 隧道中进行转发。

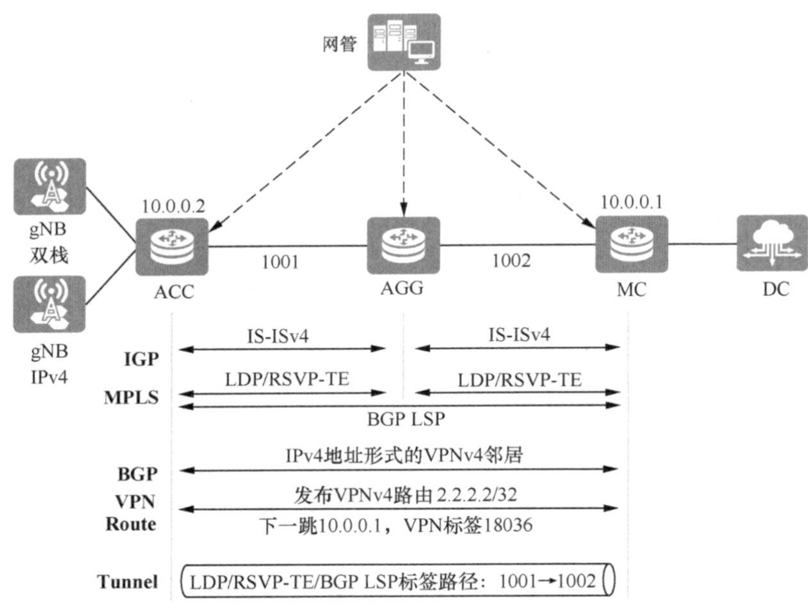

图 8-25　MPLS 网络向 SRv6 网络的演进

当升级节点支持 SRv6 之后，此 L3VPN 业务从 MPLS 网络向 SRv6 网络迁移的步骤如下。

① 配置接口 IPv6 地址和 Locator 网段。

② 配置 IS-IS IPv6，使能 SRv6 功能，发布 Locator 路由。

③ 转发器和控制器建立 BGP IPv6 单播地址族邻居，使能 BGP-LS 和 BGP IPv6 SR Policy 功能，控制器下发 SRv6 Policy 路径，节点安装 SRv6 TE 路径。

④ 在业务节点上配置 IPv6 地址的 BGP VPNv4 邻居，相互通告私网路由，且路由的 Color 属性与 SRv6 Policy 的 Color 属性对应，确保路由可以迭代到 SRv6 Policy。

⑤ 此时业务节点上存在两条路由，一条是从 IPv4 地址的 BGP 邻居接收携带私网 MPLS 标签的路由，一条是从 IPv6 地址的 BGP 邻居接收携带 VPN SID 的路由。两条路由的属性完全一致时，设备默认优选从 IPv4 地址的 BGP 邻居接收的路由，业务仍然通过 MPLS 隧道承载。

⑥ 配置路由策略，使得设备优选从 IPv6 地址的 BGP 邻居接收的路由，则流量会自动切换到 SRv6 承载，将 L3VPN 业务迁移到 SRv6 隧道上。

⑦ 删除 MPLS 隧道，删除 BGP IPv4 单播地址族邻居，删除 MPLS 协议。

从以上过程可以看到，在 SRv6 隧道建立完成之后，业务可以从 MPLS 网络平滑迁移到 SRv6 网络。迁移后的网络架构如图 8-26 所示。

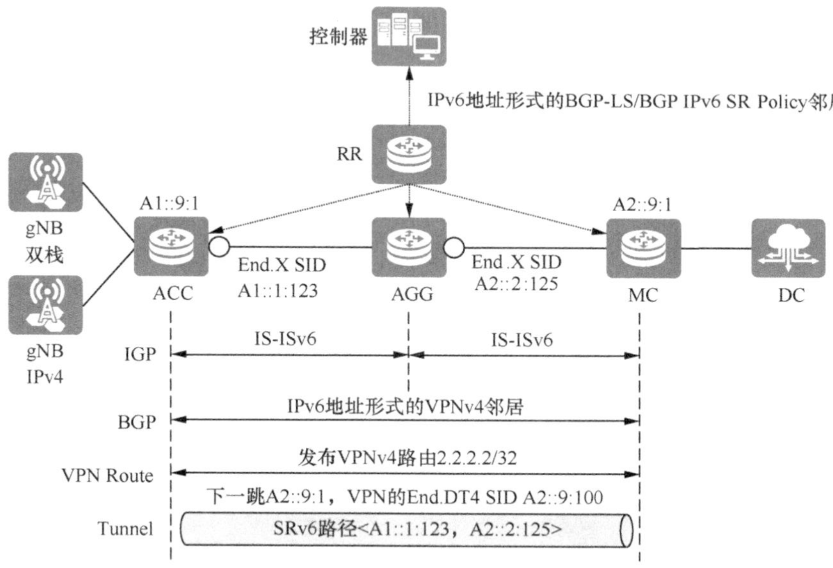

图 8-26 业务从 MPLS 网络向 SRv6 网络迁移后的网络架构

与 MPLS 网络相比，SRv6 网络基于 IPv6 的可达性就可以完成数据的转发，控制平面也只需要 IGP/BGP 等基础协议，不用再维护 MPLS 网络，也不用维护 LDP/RSVP-TE 等控制平面信令协议，业务部署更简单。

| SRv6 设计背后的故事 |

协议是 IP 网络解决方案的基础和重要组成部分。

网络场景变化多样，对于协议有不同的需求，网络解决方案则要能够将这些协议特性综合在一起，满足客户的需求。前面讲了协议设计中选择的困难，为了能够较好地解决这个问题，就要将实际应用场景和客户需求紧密结合在一起。例如移动承载网通常采用环形组网，由此发展了环网保护技术，而数据中心网络的 Spine-Leaf 架构则触发了负载分担的设计和优化。

网络解决方案包含了多协议特性的综合应用，需要形成有机的整体。本章提供了一个范例，SRv6 网络设计包含了 IGP、BGP、PCEP 等多个协议特性。

网络解决方案包含多个方面，有些方面可能不涉及互通，严格来讲，不属于协议的范畴。典型的例子就是本地的一些策略，如路由策略等，可以做得非常灵活，在 IETF 的标准定义中，对于这些策略经常简单地使用“Out of Scope（超出范围）”来描述。为了能够统一这些策略，特别是随着 SDN 的发展，需要在控制器和设备之间传递这些策略，IETF 也给出了许多协议的标准化定义。

除了功能，在网络解决方案设计、协议设计、协议实现等场景中，设计思路的维度存在相似性，这就是架构的质量属性（例如可扩展性、可靠性、安全性、易用性、可维护性等）。网络解决方案的质量属性与协议设计、协议实现的质量属性是相辅相成的关系。例如 5G 承载网所使用的隧道数量（可扩展性）和协议设计的可扩展性有关系，也与协议实现的可扩展性有关系。从协议设计的角度看，SR 相对于 RSVP-TE 有更好的可扩展性；从协议实现的角度看，为了能够支持更多的 SR Policy，控制器采用分布式架构比集中式架构更有优势。

本章参考文献

[1] LEYMANN N, DECRAENE B, FILSFILS C, et al. Seamless MPLS Architecture[EB/OL]. (2015-10-14)[2020-03-25]. draft-ietf-mpls-seamless-mpls-07.

[2] ROONEY T. IPv6 Address Planning: Guidelines for IPv6 Address

Allocation[EB/OL]. (2013-09-24)[2020-03-25].

[3] BOUTROS S, SAJASSI A, SALAM S, et al. Virtual Private Wire Service Support in Ethernet VPN[EB/OL]. (2018-12-11)[2020-03-25]. RFC 8214.

[4] SAJASSI A, AGGARWAL R, BITAR N, et al. BGP MPLS-Based Ethernet VPN[EB/OL]. (2020-01-21)[2020-03-25]. RFC 7432.

[5] SAJASSI A, SALAM S, DRAKE J, et al. Ethernet-Tree (E-Tree) Support in Ethernet VPN (EVPN) and Provider Backbone Bridging EVPN (PBB-EVPN)[EB/OL]. (2018-01-31)[2020-03-25]. RFC 8317.

[6] SAJASSI A, SALAM S, THORIA S, et al. Integrated Routing and Bridging in EVPN[EB/OL]. (2019-10-04)[2020-03-25]. draft-ietf-bess-evpn-inter-subnet-forwarding-08.

第 9 章 SRv6 OAM 与随路网络测量

本章介绍 SRv6 OAM 和数据平面 Telemetry 的关键技术：随路网络测量。SRv6 可以基于已有的 IPv6 OAM 机制进行简单扩展，支持故障管理和性能测量。在性能测量方面，本章介绍随路网络测量的基本知识和实现随路网络测量的 IFIT（In-situ Flow Information Telemetry，随流检测）框架等内容。随路网络测量不引入额外的测量报文，与主动性能测量相比，能更准确地测量网络的性能。IFIT 框架支持多种随路网络测量技术的数据平面封装，使得随路网络测量技术能够真正大规模地部署在 IP 网络中。

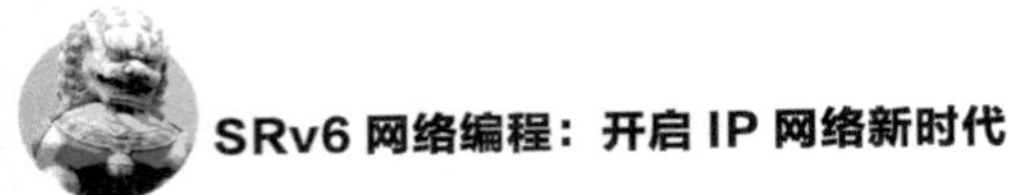

| 9.1 SRv6 OAM |

9.1.1 OAM 概述

OAM 一般指用于网络故障检测、网络故障隔离、网络故障上报以及网络性能检测的工具，被广泛运用于网络运维和管理中。根据功能划分，OAM 主要包含两大部分，具体如图 9-1 所示[1-2]。

(1)FM(Fault Management，故障管理)

- CC（Continuity Check，连续性检测）：主要用于地址可达性检测，主要的机制有IP Ping[3]、BFD[4]、LSP Ping等。
- CV（Connectivity Verification，连通性校验）：主要用于路径验证和故障定位，主要机制有IP Traceroute[3]、BFD、LSP Ping等。

(2)PM(Performance Measurement，性能测量)

- DM（Delay Measurement，时延测量）：测量时延、时延抖动等参数。
- LM（Loss Measurement，丢包测量）：测量丢包数、丢包率等参数。
- Throughput（吞吐量）：测量网络接口和链路的带宽、单位时间报文处理能力等参数。

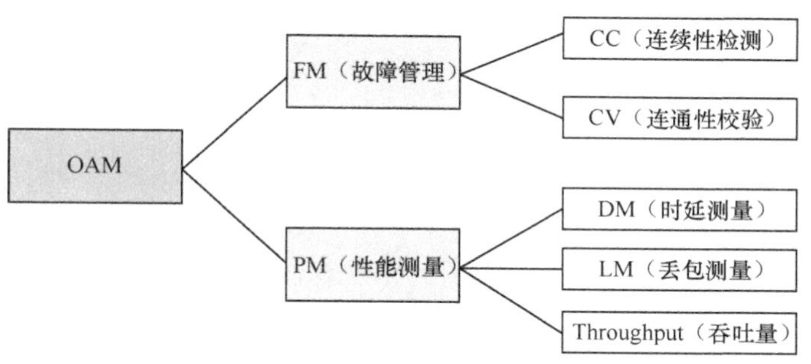

图 9-1 OAM 功能分类

在不同的网络场景中，OAM 的机制也各不相同。例如，在 IP 网络中，可以基于 IP Ping 和 IP Traceroute 实现 IP 网络的连续性检测、连通性校验等 FM 功能。在 MPLS 网络中，可以用 LSP Ping/IP Traceroute 来实现 LSP 的连续性检测和连通性校验。BFD 是另外一个可以实现快速的连续性检测和连通性校验的工具，它可以应用在 IP 网络中，也可以应用在 MPLS 网络中。

对于性能测量，根据是否需要主动发送 OAM 报文，可以将性能测量分为 3 类。

- 主动（Active）性能测量：主动性能测量需要在网络中发送探测报文，然后通过对探测报文的测量，推测出网络的性能。例如，TWAMP（Two-Way Active Measurement Protocol，双向主动测量协议）就是一种典型的主动性能测量方法[5]。
- 被动（Passive）性能测量：被动性能测量方法与主动性能测量方法不同，它通过直接监测业务数据流本身得到性能参数，不需要发送额外的探测报文，也不需要改动业务报文，所以能准确、真实地反映出网络的性能。
- 混合（Hybrid）性能测量：混合性能测量是一种主动性能测量和被动性能测量相结合的方法。它可以不用在网络中发送额外的探测报文，只需对业务报文的某些字段进行一定的改动，比如通过对报文头的某些字段进行“染色”的方式，来实现对网络性能的测量。IPFPM（IP Flow Performance Measurement，IP流性能测量）就是一种典型的混合性能测量方法，这种方法通过对报文进行染色从而实现对真实数据流的直接监测[6]。由于不引入额外的测量报文，其性能测量的准确度和被动性能测量相当。

上文提到 OAM 主要分为故障管理和性能测量两部分，本节也将从这两个方面介绍 SRv6 当前的 OAM 功能。

9.1.2 SRv6 故障管理

上文提到故障管理包含连续性检测和连通性校验两部分。在 IP 网络中，连续性检测的主要方法是基于 ICMP（Internet Control Message Protocol，因特网控制报文协议）的 Ping。由于 SRv6 的转发基于 IPv6，所以传统的 IP OAM 工具都可用于 SRv6。比如 IPv6 Ping 可以直接应用于 SRv6 网络，实现对某个 IPv6 地址的连续性检测。同时，SRv6 还引入了一些增强的 OAM 功能，用于满足对 SRv6 SID 的 Ping 和 Traceroute，例如指定路径的 Ping、SRv6 SID Traceroute 等。

1. 经典 IP Ping

SRv6 基于标准 IPv6 数据平面转发数据，所以可以直接使用 ICMPv6 Ping 实现对普通 IPv6 地址的连续性检测[3]，而无须对硬件或软件进行任何的改变。当前 ICMPv6 Ping 支持报文按照最短转发路径转发到目的地址，实现目的地址的可达性检测。

此外，如果希望 ICMPv6 Echo 报文通过指定的路径转发到对应的 IPv6 目的地址，完成对指定路径的 Ping，则可以通过在 IPv6 报文头中增加 SRH 携带指定的路径（Segment List），实现按指定路径转发的 Ping。经典 Ping 和按照指定路径 Ping 的对比如图 9-2 所示，按照指定路径 Ping 时，H1 发出的 ICMPv6 Echo 报文通过 SRH 携带 Segment List <R3，R4，R5> 指定报文，按 R3→R4→R5 路径转发到 H2，实现对 H2 的 Ping。

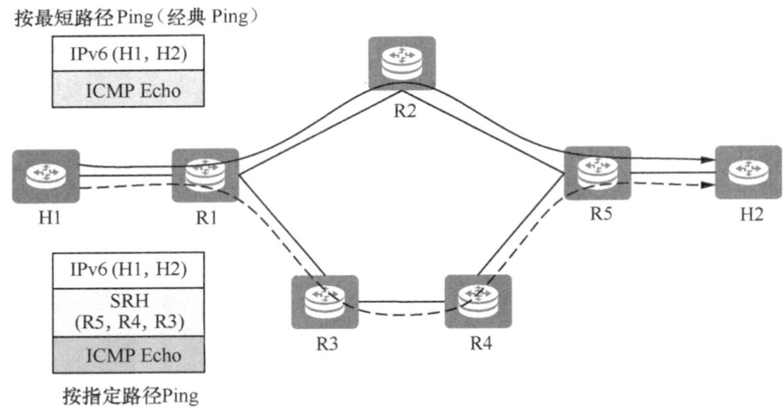

图 9-2 经典 Ping 和按照指定路径 Ping 的对比

2. Ping SRv6 SID

当被检测的目的地址是一个 SRv6 SID，则无法直接通过 ICMPv6 Ping 完成，

需要使用 SRv6 的 OAM 扩展才能实现。这是因为按照目前 SRv6 的规定，若目的地址是一个 SRv6 SID，报文到达这个 SID 对应的节点时，节点需要按照 SID 指示进行处理，例如进行替换目的地址、解封装外层报文头等操作。而这些操作对应的 SRH 的 Next Header（NH）应该是 SRH（对应最后一个 SID 为 End/End.X/End.T 等 SID 的多 SRH 情况）或者 IPv4/IPv6/Ethernet（对应 End.DT4、End.DT6 等 SID），而非 ICMPv6。所以如果按照普通的 Ping 封装 SRv6 报文，则会因为 Next Header 值不匹配而出现错误，导致报文被丢弃[7]。

比如，主机 H1 需要 Ping End SID B:4::1，所以主机 H1 需要构造一个 ICMPv6 报文，具体如图 9-3 所示。

当报文到达节点 R4 时，节点判断 B:4::1 为本节点发布 End SID，然后处理 SID，根据 End SID 的语义，需要更新下一个 SID 到 DA，但 SL 的值此时已为 0，所以此时 SRH 的 Next Header 应为 SRH，从而从下一个 SRH 中获取一个 SID。但此时的 Next Header 指向 ICMPv6 而非 SRH，处理出错，报文被丢弃，Ping 失败。

为解决这些问题，SRv6 在 SRH 中引入了 O 比特（OAM bit），用于标识一个报文是否为 OAM 报文；同时还引入了两个新的 SRv6 Function（End.OP 和 End.OTP），来标识是否需要对报文进行 OAM 处理。

SRH.Flag.O 比特用于指示是否进行 OAM 处理。若 O 比特置位，则每一个 Segment Endpoint 节点需要复制一份报文并打上时间戳，然后上送复制的报文和时间戳到控制平面处理，比如由控制平面发送到指定的分析器进行对应的分析处理。为了防止重复处理报文，控制平面停止响应 IPv6 上层的协议，例如 ICMP Ping。

SRH.Flag.O 比特位于图 2-4 中 SRH 的 Flags 字段中，Flags 字段的格式如图 9-4 所示。

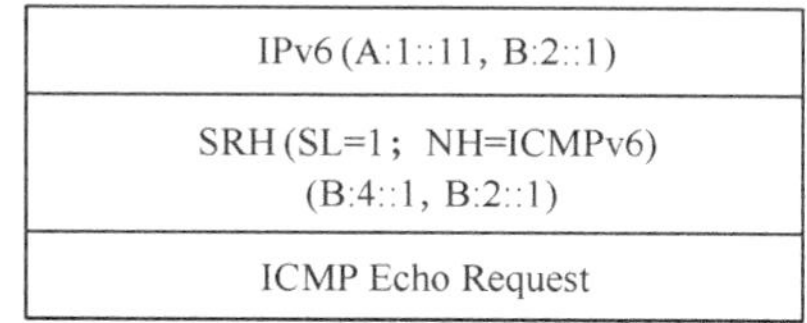

图 9-3 ICMPv6 报文

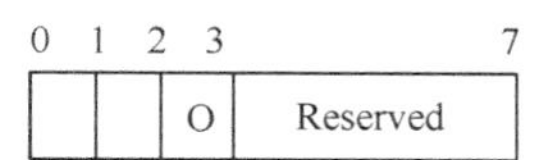

图 9-4 SRH 的 Flags 字段格式

OAM Function 用于实现在指定节点进行 OAM 处理的 Function。根据是否记录时间戳，分为以下两种。

- End.OP（OAM Endpoint with Punt）：End的一种变种功能，指示将报文上送到控制平面进行OAM处理。
- End.OTP（OAM Endpoint with Timestamp and Punt）：End的一种

变种功能，指示将报文打上时间戳，然后上送控制平面进行OAM处理。

可见，将 End.OP 或者 End.OTP 插入 Ping 的目的 SID 前面，用于指示需要对报文进行 OAM 处理，就可以解决前面所述的 Ping SRv6 SID 的问题。依然以图 9-3 的例子为例，B:4::1 是一个 SRv6 SID，可构建 IPv6 报文，Payload 为 ICMPv6 Echo Request，其中 B:4::100 为节点 R4 发布的 End.OP SID，将其插在 Ping 的目的 SID 之前，具体如图 9-5 所示。

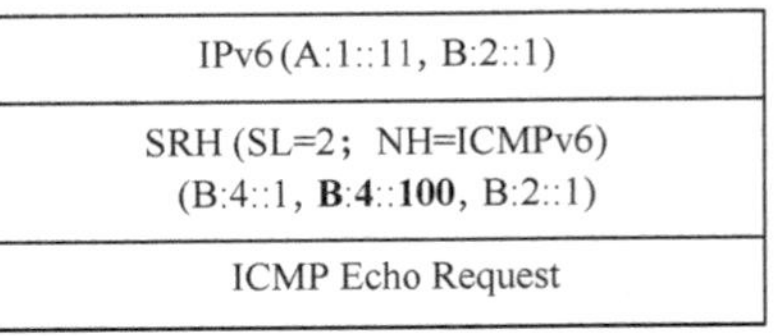

图 9-5 增加 End.OP SID 的 ICMPv6 报文

如图 9-6 所示，当报文到达节点 R4 时，节点 R4 处理 End.OP SID B:4::100 的指令，将报文上送给控制平面。控制平面程序检测 SRH 中下一个 SID 是否是本地初始化的 SID，若是，返回一个 ICMPv6 成功报文，否则返回 ICMPv6 错误报文 [Type: "SRv6 OAM(TBA)", Code: "SID not locally implemented （TBA)"]，从而实现对 SRv6 SID 的可达性检测 [7]。

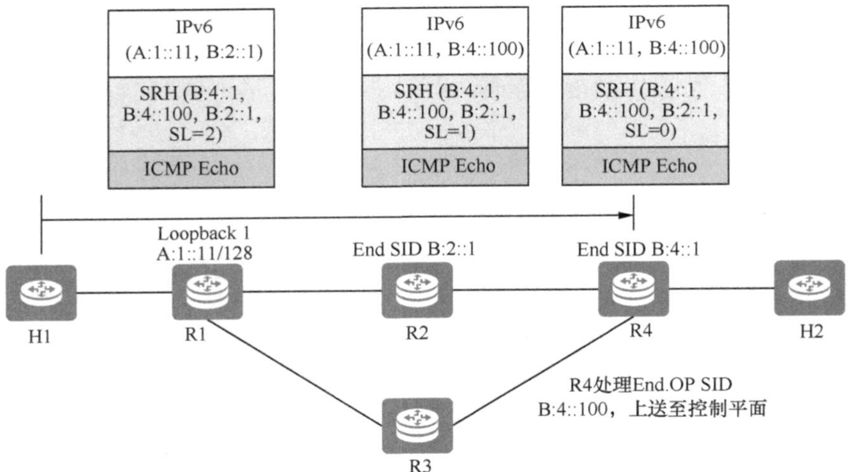

图 9-6 增加 End.OP SID 实现 Ping SRv6 SID

3. 经典 Traceroute

与 ICMPv6 Ping 同理，在 SRv6 网络中也不需要任何改动，即可对普通 IPv6 地址进行 Traceroute。由于 SRv6 引入了 SRH，可以实现指定路径的转发。对于 Traceroute，通过在 Traceroute 的报文头中插入 SRH，携带指定的路径，就可以实现指定路径的 Traceroute。

经典 Traceroute 的原理是发送多个探测报文 [ICMP Echo 报文或 UDP（User Datagram Protocol，用户数据报协议）报文] 到被检测的目的地址，通过 TTL 控制数据报文的 Hop Count，使报文在转发路径的指定跳数上超时，然后上送报文到控制平面进行处理。控制平面处理超时报文，向源地址返回 ICMP 超时报文，从而得出报文转发到目的地址的每一跳的信息。以图 9-7 为例，经典 Traceroute 的实现过程如下。

① H1 发送目的地址为 H2 的 ICMP Echo 报文，TTL = 1，则报文在 R1 上超时，上送控制平面，返回 H1 一个 ICMP 超时报文，通过分析超时报文可得 R1 的地址。

② H1 发送目的地址为 H2 的 ICMP Echo 报文，TTL = 2，则报文在 R2 上超时，上送控制平面，返回 H1 一个 ICMP 超时报文，通过分析超时报文可得 R2 的地址。

③ H1 发送目的地址为 H2 的 ICMP Echo 报文，TTL = 3，则报文在 R4 上超时，上送控制平面，返回 H1 一个 ICMP 超时报文，通过分析超时报文可得 R4 的地址。

④ H1 发送目的地址为 H2 的 ICMP Echo 报文，TTL = 4，则报文到达目的节点 H2，上送控制平面，返回 H1 一个 ICMP Echo Reply 报文，结束 Traceroute。可得 H1 到 H2 的路径为 H1 → R1 → R2 → R4 → H2，通过记录收到的 ICMP 返回报文的时间，还可以得知 H1 到各个中间节点的 RTT（Round-Trip Time，往返时延）。

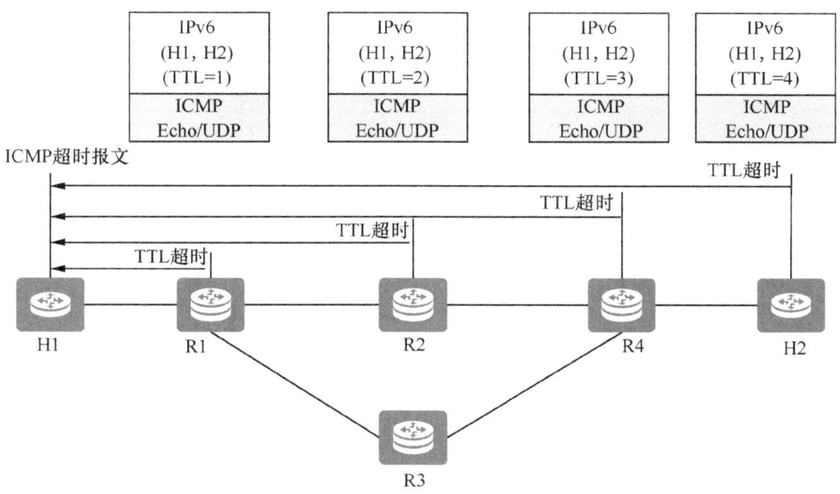

图 9-7　经典 Traceroute 的实现过程

不过出于安全的考虑，一些网络设备已经禁止回复 ICMP 报文，或者直接丢弃 ICMP 报文，所以采用 ICMP 探测可能无法探测到所有的沿途设备。另一种可选的方式是通过携带 UDP 报文来探测，因为 UDP 报文更容易通过防火墙，所以能够得到更全的沿途设备信息，其原理如下：在使用 UDP 报文的方案中，需要将 UDP 的端口设置为大于 30000 的非法值；当探测报文为 UDP 报文时，原理与 ICMP 相同，中间节点依然因为报文 TTL 超时而返回源地址一个 ICMP 超时报文；当报文到达目的节点时，报文在上送传输层的处理结果时，会因为 UDP 端口大于 30000 而返回一个 ICMP 端口不可达报文，从而实现 Traceroute。

在 SRv6 网络中，如果对一个普通 IPv6 地址进行 Traceroute，基于已有的 Traceroute 机制即可，不需要进行额外的改动。但如果对 SRv6 SID 进行 Traceroute，依然面临和 Ping 同样的问题。

4. SRv6 SID Traceroute

与 SRv6 Ping 同理，SRv6 Traceroute 也是通过插入 End.OP/End.OTP SID 来指示是否需要进行 OAM 操作，其原理与普通 IPv6 地址的 Traceroute 没有太大差异，仅在对最后的 SRv6 节点或最后的 SID 发布节点的处理上有所不同。以图 9-8 为例，H1 想要 Traceroute 到 SID B:4::1 的路径，其中需要经过 B:2::1。

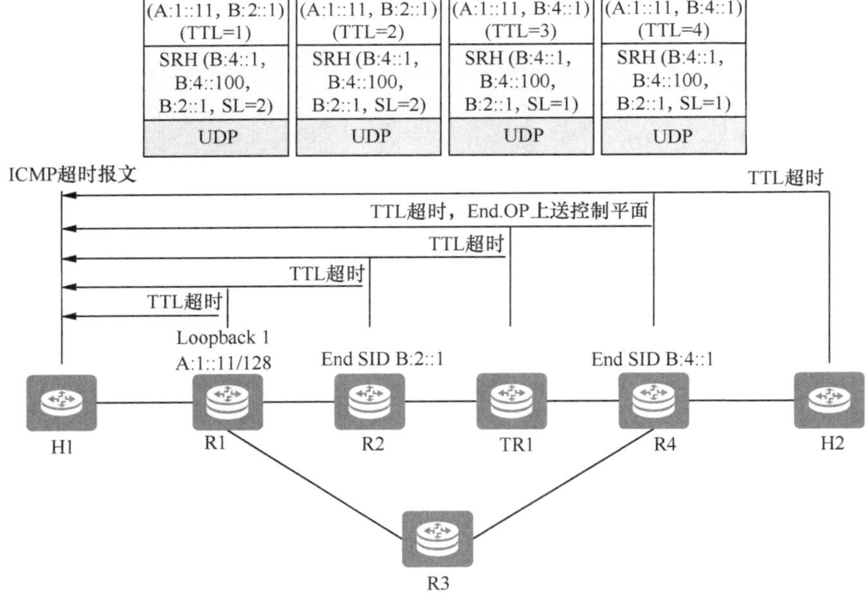

图 9-8　SRv6 SID Traceroute 的过程

详细步骤描述如下。

① H1 依次构造 TTL 递增的报文并发送给 R1，报文的内容为（A:1::11, B:2::1, TTL = *n*）(B:4::1, B:4::100, B:2::1, SL=2; NH=UDP)

（Traceroute probe），其中 B:4:100 为节点 R4 发布的 End.OP SID。

② R1 收到报文，TTL = 1，进入超时处理流程，R1 会向 H1 返回一个 ICMPv6 超时报文，其中消息类型是 Time Exceeded，错误码是"Time to Live exceeded in Transit"。若 TTL > 1，报文被转发到 R2。

③ 重复步骤②的过程，若 R2 上 TTL 超时，返回 H1 一个 ICMPv6 超时报文。若未超时，则转发报文到下一跳 TR1。

④ 重复步骤②的过程，若中转节点 TR1 上 TTL 超时，返回 H1 一个 ICMPv6 超时报文。未超时，则转发报文到下一跳 R4。

⑤ 到达 R4 时，报文为（A:1::11，B:4::100）（B:4::1，B:4::100，B:2::1，SL=1；NH = UDP）（Traceroute probe），节点 4 处理 End.OP SID，将报文复制一份上送给控制平面。然后检测下一个 SID 是否是本地初始化的 SID，若是，则继续处理传输层 UDP 报文，因为 UDP 端口过大，返回 ICMPv6 端口不可达报文（Type：Destination Unreachable，Code：Port Unreachable），完成 SID Traceroute；若不是本地 SID，则返回一个 ICMP 错误报文到 H1，然后丢弃报文，Traceroute 失败。

SRv6 OAM 可以结合 ICMPv6 以及 SRv6 新增的 End.OP 和 End.OTP 等机制来实现故障管理。整体上，SRv6 网络不会引入太多故障管理方面的 OAM 新机制，这也使得 SRv6 的部署更容易。

不过在 IETF 邮件列表中，业界也在讨论 End.OP 和 End.OTP 引入的必要性。因为引入这两个 SID 使得 Ping 的报文和原始的报文不一样。比如单独使用一个 SID 时无须为数据包插入 SRH，而为了 Ping 该 SID，就需要引入 SRH 来携带 End.OP 和该 SID，这使得数据包发生变化，影响了检测结果。

可选的方案是更新 SID 的处理流程。处理最后一个 SID 时，如果数据报文携带了 SRH 且 SRH 的 Next Header 指向 ICMP，或数据报文不携带 SRH 且 IPv6 报文头中存在 ICMP，则将数据报文当作 OAM 数据报文处理，继续处理 ICMP，而不报错。

9.1.3 SRv6 性能测量

OAM 的另一个主要功能是性能测量，包括丢包测量、时延测量、时延抖动测量以及吞吐量测量。

SRv6 的性能测量方案还在标准化的过程中，目前业界提出多种方案：基于 RFC 6374 的性能测量方案[8]、基于 TWAMP 的性能测量方案和基于染色的性能测量方案。基于 RFC 6374 的方案和基于 TWAMP 的方案都是主动性能测量，基于染色的方案是混合测量。对于主动性能测量的两个方案，基于 RFC 6374 的方案仅适用于 MPLS 封装的场景，而基于 TWAMP 的方案可以用于 SR-MPLS、SRv6 和 IP/MPLS 等各种场景，比较通用。所以本章在介绍主动性能测量方案时，仅介绍基于 TWAMP 的性能测量方案。

1. TWAMP 测量的基础原理

当前 SRv6 的主动性能测量方案主要采用 TWAMP 的 Light 架构，即轻量级的 TWAMP[5]。TWAMP 是一种主动性能测量的方法，其基于五元组（源 IP、目的 IP、源端口、目的端口、协议号）构造测试流，根据收到的 UDP 应答报文，测量 IP 链路的性能和状态。

TWAMP 具有 4 种逻辑实体，包括 Session-Sender、Session-Reflector、Control-Client、Server。其中 Control-Client、Server 为控制平面角色，负责测量任务的协商（初始化）、启动、停止等管理工作。Session-Sender、Session-Reflector 为数据平面角色，用于执行测量。Session-Sender 发送 TWAMP Test 报文，Session-Reflector 响应 TWAMP Test 报文。

在实际应用中，根据 4 种逻辑实体的部署位置，TWAMP 分为 Full 架构和 Light 架构。

- Full架构：Session-Sender与Control-Client合为一个实体，被称为Controller；Session-Reflector与Server合为一个实体，被称为Responder，如图9-9所示。Controller通过TCP类型的TWAMP Control报文和Responder交互，建立测试会话。会话建立后，Controller发送UDP类型的TWAMP Test报文给Responder，Responder中的Session-Reflector响应TWAMP Test报文。
- Light架构：Session-Sender、Control-Client和Server合为一个实体，被称为Controller；Session-Reflector为一个实体，被称为Responder，如图9-10所示。Light架构下，关键信息通过界面配置直接下发给Controller，不需要控制平面的TCP报文协商过程，简化Controller为Sender；Responder只负责接收TWAMP Test报文并回复应答报文，从而简化了整体架构。

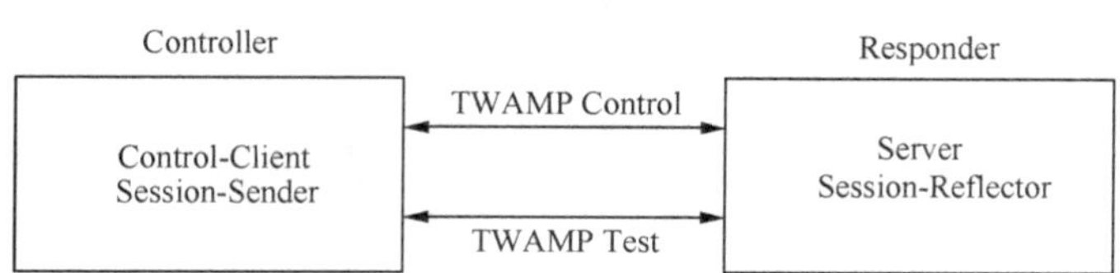

图 9-9　TWAMP Full 架构

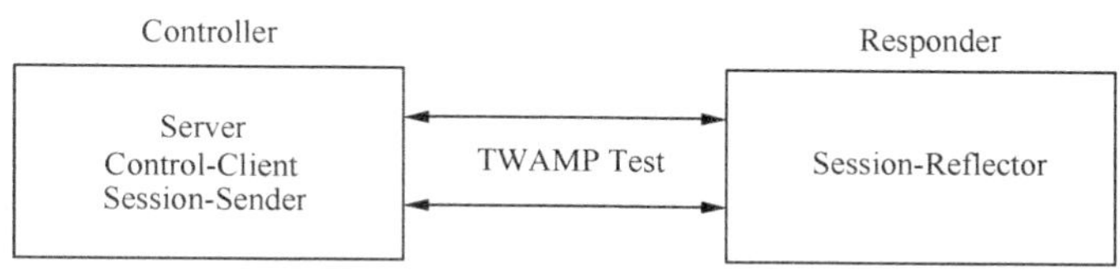

图 9-10　TWAMP Light 架构

如图 9-11 所示，以时延测量为例，SRv6 节点 A 作为 Session-Sender 发送 Test 报文，携带发送时间戳 T_1，另一个 SRv6 节点 B 作为 Session-Reflector 收到报文时，记录接收时间戳 T_2，然后将报文发送时间戳 T_3 记录到报文中之后，发送报文返回 Session-Sender，Session-Sender 接收到应答报文时，记录接收时间戳 T_4。所以单个周期的时延数据通过 4 个时间戳来计算。

$$前向时延 = T_2 - T_1$$

$$反向时延 = T_4 - T_3$$

$$往返时延 = (T_2 - T_1) + (T_4 - T_3)$$

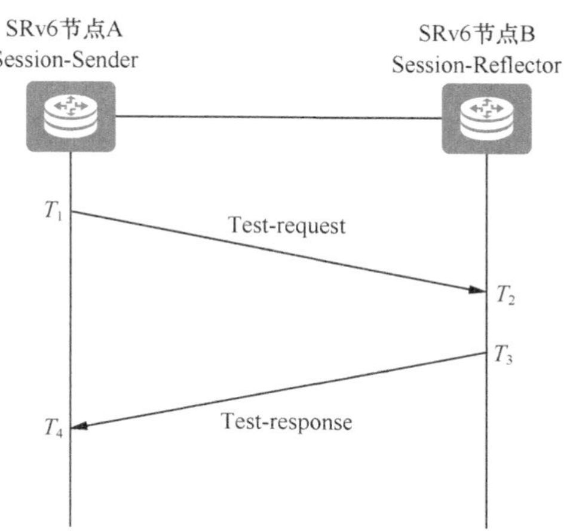

图 9-11　TWAMP Light 架构的报文交互流程

Session-Sender 发送的 TWAMP Test 报文中携带报文的序列号和时间戳等信息，格式如图 9-12 所示。

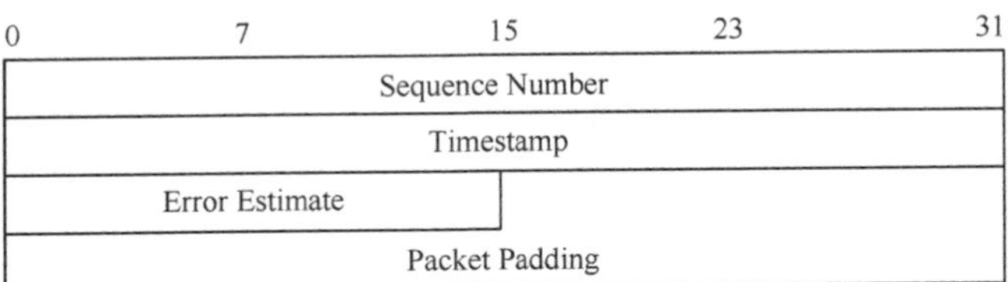

图 9-12　TWAMP Light 架构 Test 报文的格式

各字段的说明如表 9-1 所示。

表 9-1　TWAMP Light 架构 Test 报文各字段的说明

字段名	长度	含义
Sequence Number	32 bit	报文序号，从 0 开始，随发送报文数不断递增
Timestamp	64 bit	测试报文的发送时间戳
Error Estimate	16 bit	用于矫正时间戳误差
Packet Padding	长度可变	报文填充

Responder 回应的应答报文将携带发送端的发送时间戳、接收端的接收时间戳和发送时间戳等信息，格式如图 9-13 所示。

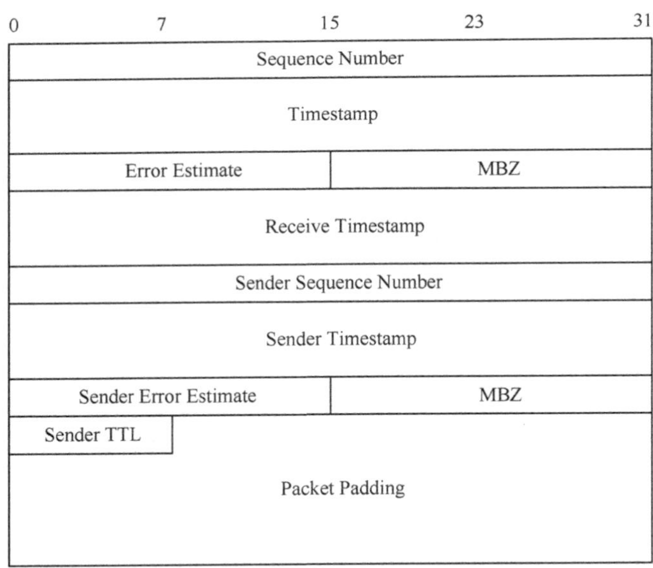

图 9-13　TWAMP Light 架构应答报文格式

各字段的说明如表 9-2 所示。

表 9-2　TWAMP Light 架构应答报文各字段的说明

字段名	长度	含义
Sequence Number	32 bit	报文序号，Light Stateless 模式下，与接收报文序号相同，Stateful 模式下独立加 1 递增生成[9]
Timestamp	64 bit	发送应答报文时的时间戳
Error Estimate	16 bit	用于矫正时间戳误差
MBZ	16 bit	Must Be Zero，预留字段，固定为全 0
Receive Timestamp	64 bit	接收报文时的时间戳
Sender Sequence Number	32 bit	Sender 报文中的报文序列号，从接收到的 Sender 报文中复制
Sender Timestamp	64 bit	Sender 报文中的时间戳，从接收到的 Sender 报文中的相应字段复制
Sender Error Estimate	16 bit	Sender 报文中的时钟误差估计，从接收到的 Sender 报文中的相应字段复制
Sender TTL	8 bit	Sender 报文中的 TTL（Hop Limit），从接收到的 Sender 报文 IP 头中的 TTL（Hop Limit）字段复制
Packet Padding	长度可变	报文填充。该字段可重复使用发送报文的填充字段，为保证应答报文与发送报文有效长度一致，需缩短反射端的 Packet Padding 字段的长度

发送端接收到应答报文之后，根据报文里面的 3 个时间戳和自己的接收时间戳，就可以计算出往返时延以及对应的两个方向的时延。以上就是 TWAMP 时延测量的基础原理，这个原理其实是时延测量的通用原则。其他的时延测量协议基本都是用这个通用的方法，只是协议扩展的细节不同，相比之下，基于 UDP 的 TWAMP 更通用。

2. 基于 TWAMP 的主动 SRv6 性能测量

TWAMP Light 可以直接应用在 SRv6 网络上，实现性能测量。

可以通过控制器配置 TWAMP Light 架构来使能 SRv6 的性能测量。配置模型如图 9-14 所示，需配置测量协议、目的 UDP 端口、测量类型等参数。

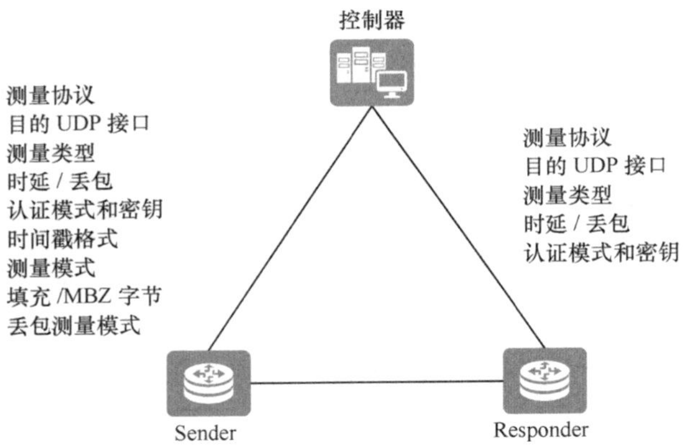

图 9-14　SRv6 网络下 TWAMP Light 架构的配置模型

控制平面建立完连接后，SRv6 Sender 向 Responder 发送 TWAMP Test 报文，对报文进行 UDP 封装，其 Payload 携带对应的时间戳或计数值，报文格式遵循 RFC 5357 定义的格式。以时延测量为例，报文格式如下所示。

```
------------------------------------------------------------
 IP Header
  Source IP Address = Session-Sender 的 IPv6 地址
  Destination IP Address = Responder 的 IPv6 地址
  Next Header = RH
------------------------------------------------------------
  Routing Header (Type = 4, SRH, Next Header = UDP)
  SID[0]
  SID[1]
  …
------------------------------------------------------------
 UDP Header
  Source Port = Session-Sender 选择端口
  Destination Port = 用户配置的时延测量端口
------------------------------------------------------------
Payload = 报文格式如图 9-12 所示
Payload = 报文格式如图 9-13 所示
------------------------------------------------------------
```

若要测量 SRv6 网络的丢包，原理与测量时延类似：Sender 向 Responder 发送 Test 报文，报文中携带对应流的报文计数值；Responder 将对应的接收报文的计数值记录到报文中，并将报文发送回 Sender。发送报文数目减去接收报文数目即可得到丢包数，进而可以用它计算丢包率。丢包测量的报文格式如下所示。

```
------------------------------------------------------------
IP Header
 Source IP Address = Session-Sender 的 IPv6 地址
 Destination IP Address = Responder 的 IPv6 地址
 Next Header = RH
------------------------------------------------------------
 Routing Header (Type = 4, SRH, Next Header = UDP)
 SID[0]
 SID[1]
 …
------------------------------------------------------------
UDP Header
 Source Port = Session-Sender 选择端口
 Destination Port = 用户配置的时延测量端口
------------------------------------------------------------
Payload = 报文格式如图 9-15 所示
Payload = 报文格式如图 9-16 所示
------------------------------------------------------------
```

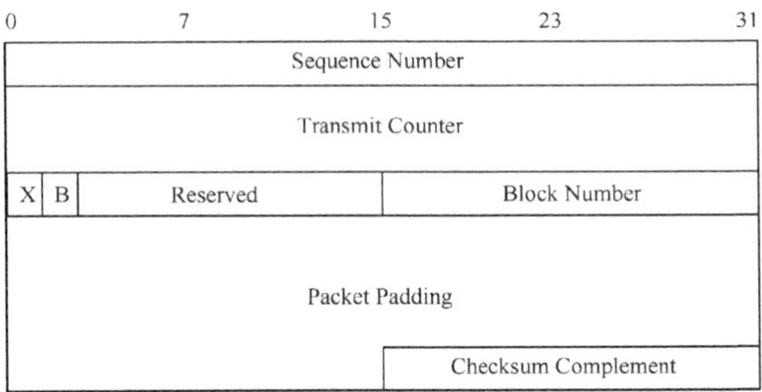

图 9-15　LM 探测请求报文的格式

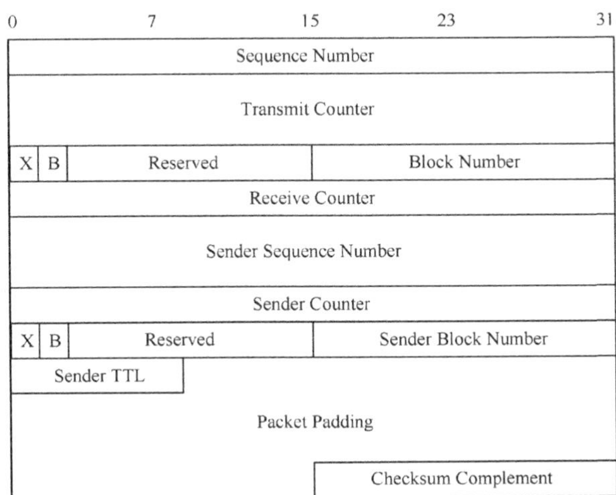

图 9-16　LM 探测应答报文的格式

其中，Transmit Counter 携带对应流的报文计数值，Block Number 用于记录报文所属 Block 的信息，用于实现基于染色的丢包统计 [6]。发送端基于收到的丢包探测应答报文内的发送计数值与对端的接收计数值即可计算出对应的丢包数和丢包率。由于篇幅限制，此处不再展开介绍，可以参考相关文稿 [10]。

3. 基于染色的混合 SRv6 性能测量

由于主动性能测量方法是通过测量 OAM 报文的性能来推测真实网络的性能，所以不够准确。直接观测真实流量的被动性能测量或对真实流量进行修改后直接观测的混合测量可以得到更准确的结果。SRv6 被动性能测量可以选择 IPFIX(IP Flow Information Export，IP 数据流信息输出)[11] 将报文上送给分析器进行流量分析和性能测量。混合测量可以选择基于染色的 IPFPM[6]，也可以选择 IFIT。此处由于篇幅限制，将不介绍 SRv6 被动性能测量的方法，仅以 IPFPM 为例介绍 SRv6 的混合测量，另一种方案 IFIT 将在下一节进行介绍。

基于染色的 IPFPM 的工作原理是将数据流的报文按照一定的 Block(区块) 进行染色，并对区块内染色的报文进行性能测量，比如每个 Block 的报文固定，则可以根据收到对应颜色报文的数目计算丢包率，其工作原理如图 9-17 所示。

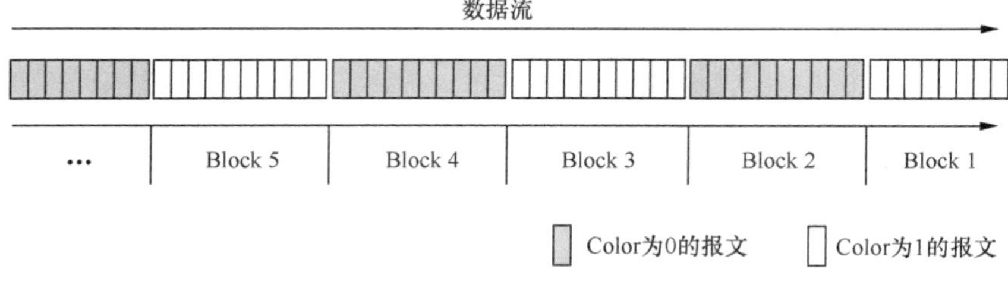

图 9-17　IPFPM 的工作原理

首先，可以基于报文数目设置染色的区块，如将连续 1000 个报文设置为一个颜色区块；也可以基于时间设置，如将 1 s 内的连续报文设置为一个颜色区块。使用报文的某个字段的某个值指定颜色，如可以使用 IPv6 的 Flow Label 字段来进行染色，则 Flow Label 取值为 0 时是一种颜色，取值为 1 时是另一种颜色。

以丢包测量为例，染色节点对报文进行染色并发送。每 1000 个报文为一种颜色，颜色以 0、1 交替。统计节点在记录报文时根据颜色进行统计，如设备连续收到 998 个颜色为 1 的报文，则丢包数目为 2，进而计算出丢包率为 0.2%[6]。

在 SRv6 网络中，IPFPM 可以基于 IPv6 的染色字段进行染色，也可以基于 SRv6 的 Path Segment 进行染色 [12]。通过替换 Path Segment 的值，可以实现对 SRv6 报文的染色，从而支持基于 IPFPM 的性能测量。

SRv6 Path Segment 是一种用于标识 SRv6 Path 的 Segment[12]，仅用于标识路径和服务，不用于路由，所以 Path Segment 不会被复制到目的地址中。目前 SRv6 Path Segment 的位置在 Segment List 的最顶部，即 Last Entry 指向的位置，格式如图 9-18 所示，其中 P-flag 用于指示是否携带了 Path Segment。

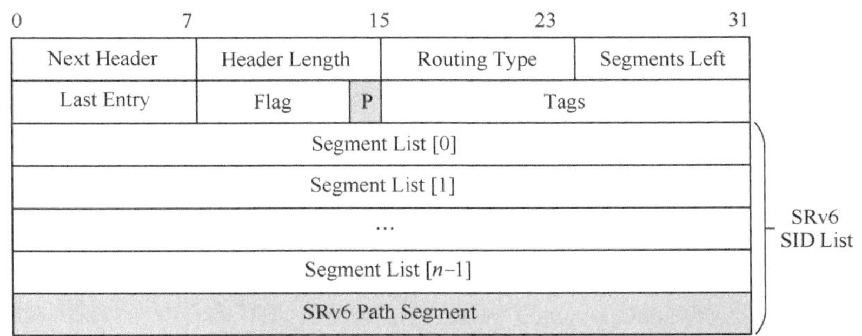

图 9-18　SRv6 Path Segment 的格式

SRv6 虽然可以用 Segment List 作为路径标识，但由于 Segment List 的长度与 SID 的数目相关，是一个变长的 ID，且 Segment List 长度过长，节点在识别路径时需要比较完整的 Segment List，识别效率较低，所以它不适合作为路径标识。为了解决这个问题，业界提出了用 SRv6 Path Segment 作为标识。

9.2　随路网络测量

9.2.1　随路网络测量概述

随着自动化网络运维的兴起，网络 Telemetry（遥测）技术变得越来越重要。顾名思义，遥测就是一种在远距离获取测量数据的技术，比如航天和地质领域可以通过遥测来获取卫星或者传感器的数据。

Telemetry 应用到网络中时，就可以在远端收集网络节点的数据。网络 Telemetry 是一种自动化的网络测量和数据采集技术，支持测量并收集远端节点的信息，为信息分析系统提供可靠、实时、丰富的数据，是构建闭环网络业务控制系统的重要组成部分。

根据网络中数据源的不同，网络 Telemetry 可以分为管理平面、控制平面和数据平面的 Telemetry[13]。随路网络测量是数据平面的 Telemetry 所使用的一种关键技术，可以提供数据平面逐包的信息。

上文提到主动网络测量方法需要在网络中发送探测报文，然后通过对探测报文的统计，获得网络的性能信息。例如，TWAMP 通过测量 OAM 探测报文来推断网络的丢包率，并不能准确地捕获业务流量的真实丢包。

区别于主动的性能测量方法，随路网络测量并不会发送主动探测报文，而是在用户报文中携带 OAM 的指令。在报文转发的过程中，OAM 信息跟随报文一起转发，完成测量，这也是随路网络测量这一名称的由来。按照上文的性能测量分类方法，随路网络测量是一种混合测量方法。在随路网络测量中，处理节点需根据报文中的 OAM 指令信息，收集数据并处理。相较于主动性能测量，随路网络测量具备诸多的好处，包括测量的是真实的用户流量；可实现逐报文的监控；可以获得更多的数据平面信息。

基于随路网络测量，还可以获得更详细的 OAM 信息，例如，报文在网络转发中所经过的路径，包括设备和出入接口；报文在每一个网络设备的转发过程中命中的规则；报文在每一个网络设备中缓存所消耗的时间（可以达到纳秒精度）；报文在排队过程中和哪些其他的流同时竞争队列。

9.2.2 随路网络测量模式

业界已提出许多随路网络测量的技术方案，如 IOAM [14]、PBT（Postcard-Based Telemetry，基于 Postcard 的遥测）[15]、EAM（Enhanced Alternate Marking，增强交替染色）方法 [16]。这些技术根据对收集数据的处理方式不同，分为两种基本模式，即 Passport 和 Postcard，两种模式处理方式的对比如图 9-19 所示。

对于 Passport 模式，测量域的入节点需要为被测量报文添加一个 TIH（Telemetry Information Header，Telemetry 指令头），包含数据收集指令。中间节点根据数据收集指令，逐跳收集沿途数据，并将数据记录在报文里。在测量域的出节点处，上送收集的所有沿途数据，并剥离指令头和数据，还原数据报文。Passport 模式就好像一个周游世界的游客，每到一个国家就在护照上盖上一个出入境的戳。

Postcard 模式区别于 Passport 模式的地方在于测量域中的每个节点在收到包含指令头的数据报文时，不会将采集的数据记录在报文里，而是生成一个上送报文，将采集的数据发送给收集器。Postcard 模式就好比游客到了一个景点，就寄一张明信片回家。

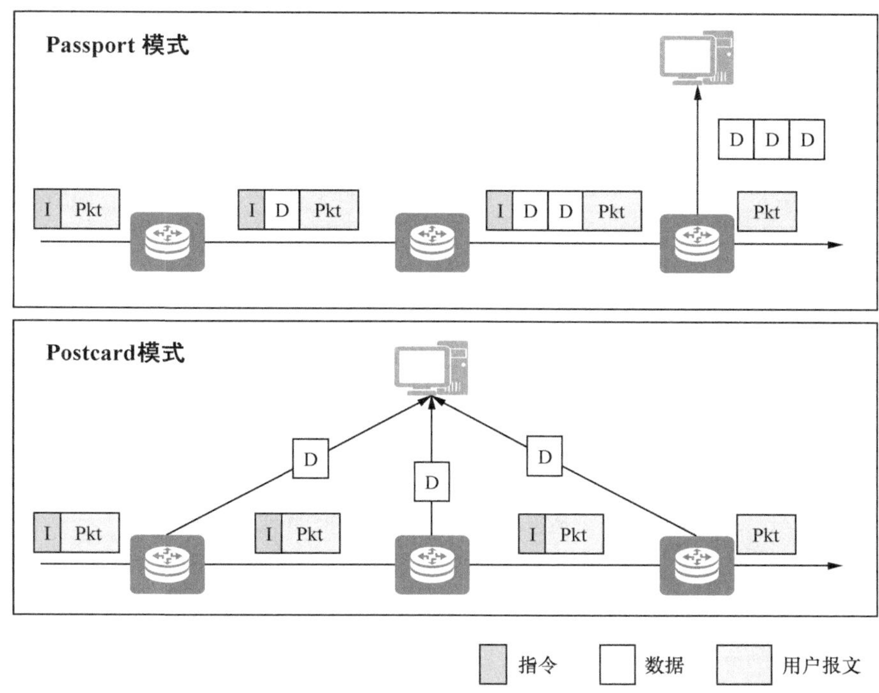

图 9-19　Passport 模式和 Postcard 模式处理方式的对比

Passport 模式和 Postcard 模式各有优劣，适用于不同的场景。两种模式的优缺点对比如表 9-3 所示。

表 9-3　Passport 模式和 Postcard 模式的优缺点对比

模式	优点	缺点
Passport 模式	• 逐跳的数据关联，减少收集器的工作 • 只需要出节点上送数据，上送开销少	• 无法定位丢包 • 报文头随跳数增加而不断膨胀（Tracing 模式）
Postcard 模式	• 可以检测到丢包位置 • 报文头的长度固定且很短 • 硬件容易实现	需要收集器将报文与路径节点产生的数据进行关联

9.2.3　IFIT 的架构与功能

虽然随路网络测量有很多好处，但是在实际的网络部署中却存在着诸多挑战。

- 随路网络测量需要在网络设备上指定被监控的流对象，并分配对应的监控资源，用于在报文中插入数据收集指令、收集数据、剥离指令和数据等。受限于处理能力，网络设备只能监控有限规模的流对象，这为随路网络测量的大规模部署提出了挑战。

- 随路网络测量会在设备转发平面引入额外的处理工作，可能影响正常的转发性能。随之产生的“观测者效应”（指“观测”行为对被观测对象造成一定影响的效应），使得网络测量的结果不能够真正反映被测量对象的状态。
- 逐包的监控会产生大量的OAM数据，全部上送这些数据会占用大量的网络传输带宽。考虑到数据的分析器可能需要处理网络中成百上千的转发设备，海量的数据接收、存储和分析将给服务器造成极大的冲击。
- 基于意图的自动化是网络运维的演进方向，网络虚拟化、网络融合、“IP + 光”的融合将会产生更多数据获取的需求。这些数据会交互式地按需提供给数据分析应用。预定义的数据集仅能提供有限的数据，不能满足未来的数据需求。因此，需要有一种方式，能够实现灵活可扩展的数据定义，并将所需的数据交付给数据分析的应用。

IFIT 提供了随路网络测量的架构和方案，支持多种数据平面，通过智能选流、高效数据上送、动态网络探针等技术，融合隧道封装，使得在实际网络中部署随路网络测量成为可能[17]。

图 9-20 描述了 IFIT 的网络部署架构。IFIT 应用给网络设备下发监控和测量任务，包括但不限于指定测量的流对象和收集的数据，并且选择随路网络测量的数据平面封装。数据报文在进入 IFIT 域的时候，入节点为指定的流对象加入相应的指令头。沿途节点根据 IFIT 中的指令收集和上送数据。在数据报文流出 IFIT 域的时候，出节点将测量过程中报文添加的所有指令和数据去除。

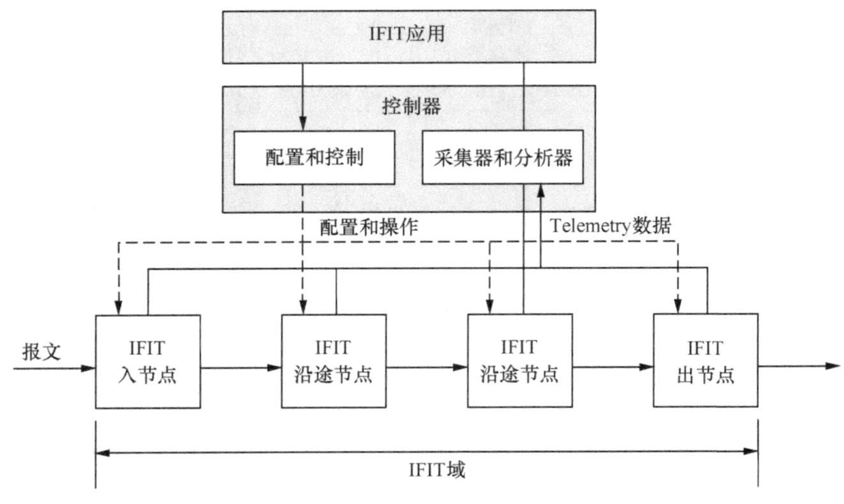

图 9-20　IFIT 的网络部署架构

1. 智能选流

在很多情况下，硬件的资源是有限的，不可能对网络中的所有流量进行逐包监控和数据收集，这不仅会影响设备的正常转发，还会消耗大量的网络带宽。因此，一种可行的方式是对一部分流量进行重点监控。

智能选流技术采用一种从粗到细、以时间换空间的模式，辅助用户选出感兴趣的流量。用户可以根据自己的意图，在网络中部署智能选流的策略。这些策略或基于采样技术或许存在一定的错误概率，但通常只需较小的资源开销。

例如，如果用户的意图是重点监控前 100 个大流量，就可以采用一种典型的智能选流策略 Count-Min Sketch 技术 [18]，该技术使用多次哈希算法，避免了存储流 ID，只存储计数值，从而可以利用非常小的内存空间，获得很高的识别准确率。控制器根据智能选流的结果生成 ACL，下发到设备上，从而实现对大流量的重点监控。

2. 高效数据上送

逐包的随路网络测量可以捕获网络中细微的动态变化。然而，不可避免的是这些报文包含了大量的冗余信息。直接全量上送这些信息会消耗大量的网络带宽，同时给数据的分析造成极大的负担，特别是当一个分析器需要管理上万个网络节点的时候。

实现高效数据上送的一个方法是使用二进制的数据传输编码。当前基于 NETCONF 的网管信息通常使用 XML（eXtensible Markup Language，可扩展标记语言）格式的文本编码，然而，文本编码会占用大量网络带宽，不适合上送基于流的随路网络测量信息。采用二进制的编码，如 GPB（Google Protocol Buffer，谷歌协议缓冲区），可极大地减少数据传输量。

数据过滤机制也是减少数据传输量的重要方法。网络设备利用自身的处理能力，将数据按照条件进行过滤，并转化为事件通知上层的应用。以对流路径的跟踪为例，在实际网络中，通常使用基于流的负载均衡，流路径不会轻易改变，因而路径的改变可以被认为是一种异常信号。大量重复的路径数据（包括每一跳的节点和出入接口等）是正常的数据，无须进行冗余上报，可以被网络设备直接过滤，而仅上送新发现的流路径或者发生变更的流路径，从而减少数据传输量。

对于实时性要求不高的数据，网络设备还可以对一段时间内的数据进行缓存，应用算法压缩后再批量上送。这样不仅可以减少数据传输量，还可以减少数据上送的频率，从而减轻对数据采集设备的压力。

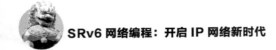

3. 动态网络探针

数据平面的资源（如数据存储空间和指令空间）比较有限，很难持续进行绝对全量的数据监控和上送。此外，应用对数据的需求量是会变化的。例如，长期平稳运行时，只需要执行少量的巡检；而当发现潜在风险的时候，需要精确地实时监控。如果将所有的网络测量功能都安装和运行在数据平面，会消耗很多资源，影响数据转发，而且这样做也不会带来更多的收益。因此需要提供一种动态加载的机制，按需加载网络测量功能，从而利用有限的资源来满足多种业务需求。

动态网络探针是一种动态可加载的网络测量技术，支持按需地在设备上加载或卸载网络测量功能，从而在满足业务需求的情况下尽量减少数据平面的资源消耗[19]。例如，用户希望对某一条流的性能进行测量时，通过配置或动态编程的方式，使设备加载对应的测量应用，执行检测。而不需要此功能时，可以将其从设备上卸载，释放所占用的指令空间和数据存储空间。

动态网络探针技术为 IFIT 提供了足够的灵活性和可扩展性，丰富的智能选流和数据上送过滤功能都可以作为策略动态地加载到设备上。

9.2.4 IFIT 的封装模式

隧道技术被广泛应用在网络中，特别是在跨越多个自治域的场景。通常，隧道技术需要在原始的报文外封装一层新的隧道协议。报文在隧道转发的过程中，只处理外层的封装。因此将 IFIT 指令插入外层封装协议还是内层原始报文，需要设备通过不同的行为对 IFIT 指令进行处理。

为了满足不同的网络隧道的监控需求，IFIT 提供了 Uniform Mode（一致模式）和 Pipe Mode（管道模式）[20]。运维人员能够根据业务需求，灵活地选择是否监控隧道经过的网络设备。

在一致模式下，隧道入节点会将报文中的 IFIT 指令头复制到隧道的外层封装上，从而使 IFIT 指令在隧道内的节点和隧道外的节点得到一致的处理，实现逐跳的数据收集，具体如图 9-21 所示。

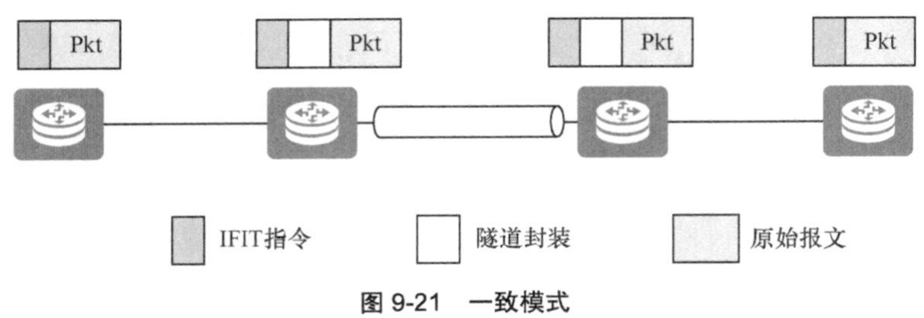

图 9-21　一致模式

在管道模式下，隧道入节点处理 IFIT 指令，并收集相应的数据。报文进入隧道后，IFIT 指令保留在原来的报文封装中。在转发过程中，隧道的中间节点不会处理 IFIT 指令。报文到达隧道出节点后，出节点将去除隧道封装，继续处理 IFIT 指令，并将整个隧道的数据作为一个节点数据记录。从宏观的角度来看，整个隧道会被当作一跳处理，具体如图 9-22 所示。

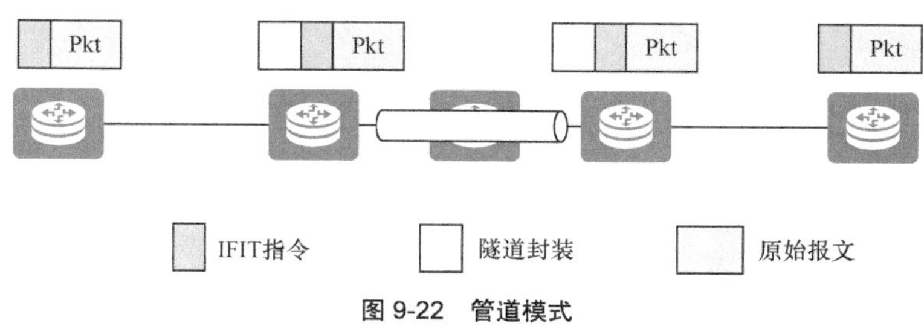

图 9-22　管道模式

9.2.5　SRv6 支持的 IFIT 功能

SRv6 可以支持 IFIT 的 Passport 和 Postcard 模式，同时提供多种封装方式（例如逐跳选项扩展报文头或 SRH），从而支持多种场景的网络测量需求。

1. Passport 模式

IOAM 是一种随路网络测量的实现方式，其支持在报文中携带 OAM 指令指示是否进行 OAM 操作，也支持在数据报文中记录运维和 Telemetry 等信息，并跟随数据报文转发这些信息[14]。当前 IOAM 支持 Passport 和 Postcard 两种模式的随路网络测量。IOAM 定义的 Trace Option（跟踪选项）实现了一种 Passport 模式的随路网络测量，其格式如图 9-23 所示。

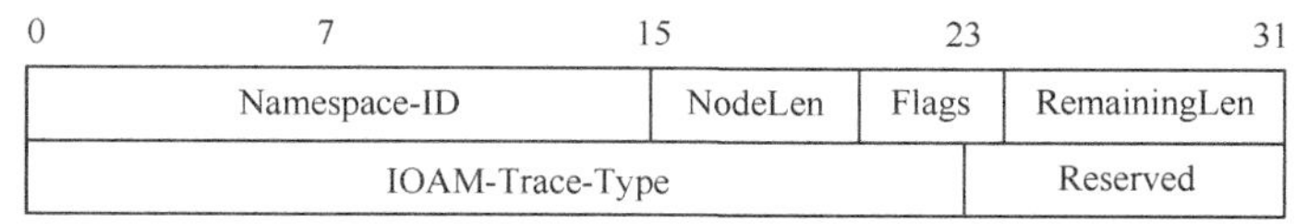

图 9-23　跟踪选项指令的格式

跟踪选项指令各字段的说明如表 9-4 所示。

表 9-4　跟踪选项指令各字段的说明

字段名	长度	含义
Namespace-ID	16 bit	IOAM 的命名空间，用于区别不同厂商定义的 IOAM 数据收集类型。0x0000 是命名空间的默认值，必须能够被所有支持 IOAM 的设备识别
NodeLen	5 bit	定义了跟踪选项所携带的数据长度，但是不包括无格式的不透明数据部分
Flags	4 bit	定义了一系列的标志位，用于指示数据收集之外的额外操作
RemainingLen	7 bit	用于指示剩余的数据携带空间。当 RemainingLen 为 0 时，不允许网络节点插入新的数据
IOAM-Trace-Type	24 bit	用于描述收集的数据，每一比特代表一种需要收集的数据类型。不同厂商可以在指定的命名空间下定义支持的数据种类。这些数据通常包括节点的标识、接收报文接口的标识、发送报文接口的标识、报文在设备中的处理时间、无格式的不透明数据等
Reserved	8 bit	预留字段，必须设置为全 0

IOAM 的数据空间按照每个节点收集的数据组织。节点收集的数据根据 IOAM-Trace-Type 中指示的数据收集类型和先后顺序依次排列，如图 9-24 所示。

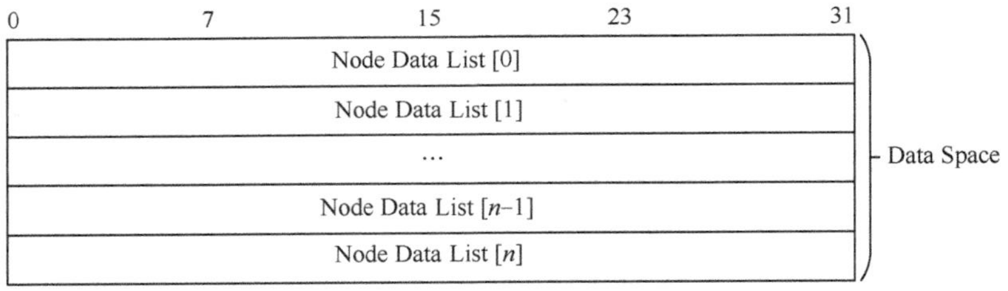

0　　7　　15　　23　　31
Node Data List [0]
Node Data List [1]
…
Node Data List [n–1]
Node Data List [n]

Data Space

图 9-24　节点收集的数据

在 Passport 模式中，IOAM 域的入节点为监控的流封装 IOAM 的跟踪选项指令报文头；当报文到达节点时，节点根据 IOAM-Trace-Type 中指示的类型收集数据，并将数据插入 IOAM 指令头之后；当报文转发到 IOAM 域的出节点时，出节点将所有收集的数据上送收集器，并且将 IOAM 的指令和数据从报文中删除，继续转发报文。

2. Postcard 模式

EAM 是一种简单高效的随路网络测量技术，通过简短的报文头，提供了对丢包、时延和抖动的监控 [16]。EAM 属于 Postcard 模式的随路网络测量，其指令的格式如图 9-25 所示。

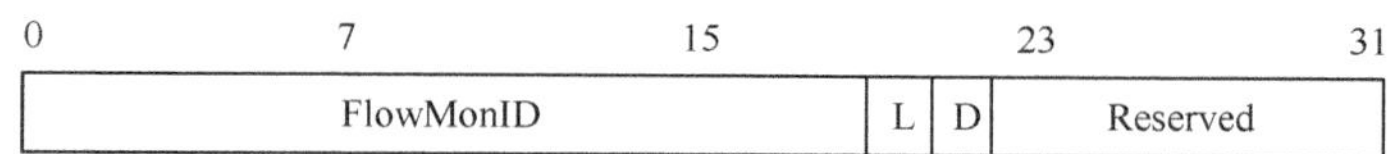

图 9-25　EAM 指令的格式

EAM 指令各字段的说明如表 9-5 所示。

表 9-5　EAM 指令各字段的说明

字段名	长度	含义
FlowMonID	20 bit	监控流 ID，用于标志测量域内的一个指定流。该字段由测量域的入节点写入
L	1 bit	RFC 8321 中描述的丢包标志位 [6]
D	1 bit	RFC 8321 中描述的时延标志位 [6]
Reserved	10 bit	预留字段，必须设置为全 0

EAM 会在测量域的入节点加上上述指令头，为监控的流分配一个 FlowMonID，并且将 L 比特周期性交替设置成 1 或 0（这被称为交替染色）。中间节点根据 FlowMonID 识别出检测流，并统计一个周期内收到的报文 L 比特为 1 或者 0 的数量，然后通过 Postcard 方法将 FlowMonID、周期号以及周期内的计数值上送数据分析节点。数据分析节点可以根据不同网络设备上报的相同周期内的报文计数，比对出丢包数以及丢包位置。D 比特用于标记采样时延。入节点会将需要监控时延的报文的 D 比特设置为 1，则中间各节点将为 D 比特设置为 1 的报文记录时间戳，并上报数据分析节点。数据分析节点可以根据不同网络设备上报的标记报文的到达时间戳计算出单向的时延。

在 *Postcard-based On-Path Flow Data Telemetry* 文稿中，描述了一种通过指令头指示收集数据，并且将数据逐跳上送给收集器的选项，它被称为 PBT-I（Postcard-Based Telemetry with Instruction Header，基于 Postcard 的指令头遥测）[15]。这种方式也在 IOAM 里得到了支持。IOAM 新增了一种 IOAM-DEX（Directly EXport）的选项实现了 PBT-I，指令头的格式如图 9-26 所示。

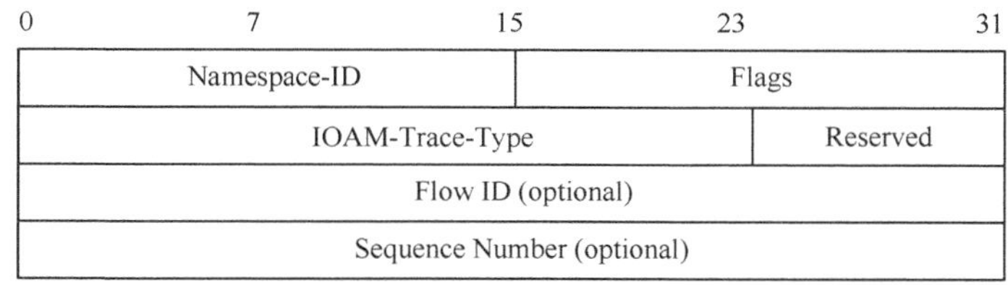

图 9-26　IOAM 的 PBT-I 的格式

其中 Namespace-ID、Flags、IOAM-Trace-Type、Reserved 字段的含

义和 IOAM 的跟踪选项相同。其他字段的说明如表 9-6 所示。

表 9-6　IOAM 的 PBT-I 部分字段的说明

字段名	长度	含义
Flow ID	32 bit	由测量域的首跳节点生成并封装在指令头中，用于唯一地标识测量的流信息
Sequence Number	32 bit	从 0 开始，用于标记监控流的报文顺序。由测量域的首跳节点生成并封装在指令头中，每发送一个报文，序列号加 1

在 Postcard 模式下，IOAM 域的入节点为监控的流封装 IOAM 的 DEX 选项指令头；当报文到达某个节点时，节点根据 IOAM-Trace-Type 中指示的类型收集数据，并将数据直接上送到可配置的收集节点；报文转发到 IOAM 域的出节点时，出节点将 IOAM 的指令从报文中删除，继续转发报文。

3. SRv6 IFIT 封装

SRv6 技术在数据平面为应用提供了丰富的可编程功能。IFIT 的指令头可以被封装在 IPv6 的逐跳选项扩展报文头中，也可以被封装在 SRH 的 Optional TLV 中，如图 9-27 所示。不同的封装形式具有不同的处理语义，也为 SRv6 的 OAM 带来了丰富的特性。

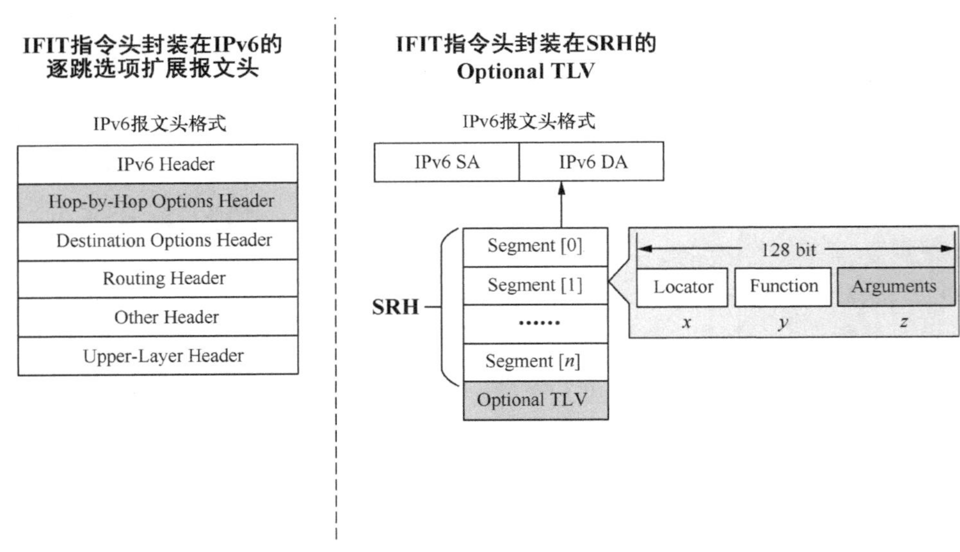

图 9-27　SRv6 IFIT 的封装形式

封装在逐跳选项扩展报文头中的 IFIT 指令会被所有的 IPv6 转发节点处理。在 SRv6 BE 或者是在 SRv6 TE 松散路径的场景下，报文的转发路径并不固定。

使用这种封装方式可以让运维人员知道报文是怎么逐跳转发的，在网络出现故障时也方便对问题进行定位。

IOAM 在逐跳选项扩展报文头中的参考封装形式如图 9-28 所示[21]。

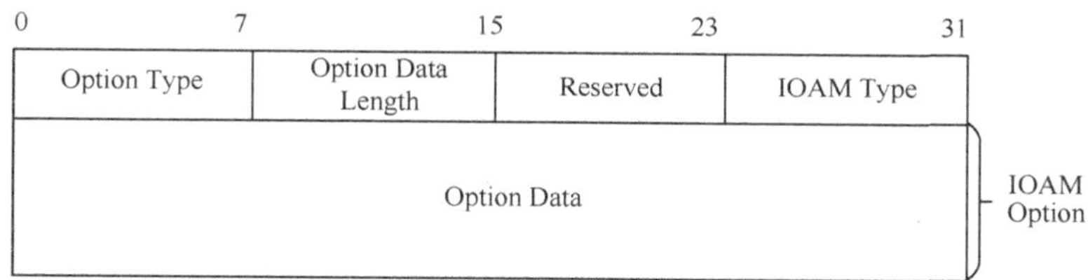

图 9-28　IOAM 在逐跳选项扩展报文头中的参考封装形式

各字段的说明如表 9-7 所示。

表 9-7　IOAM 在逐跳选项扩展报文头中的参考封装形式中部分字段的说明

字段名	长度	含义
Option Type	8 bit	选项类型，IOAM 需要定义一种新的逐跳选项扩展报文头中的选项类型
Option Data Length	8 bit	选项数据长度（以 Byte 为单位）
IOAM Type	8 bit	IOAM 类型，对应 IOAM 的封装选项，如 IOAM 的跟踪选项、路径验证选项和端到端选项

封装在 SRH 中的 IFIT 指令只会由指定的 Endpoint 节点处理。通过这种方式，运维人员能够在指定的、具备 IFIT 数据收集能力的节点上运行随路网络测量，从而有效地兼容传统网络。在 SRv6 TE 严格路径的场景下，该封装效果等同于 IFIT 在逐跳选项扩展报文头中的封装。

IOAM 在 SRH 中的参考封装形式如图 9-29 所示[22]。

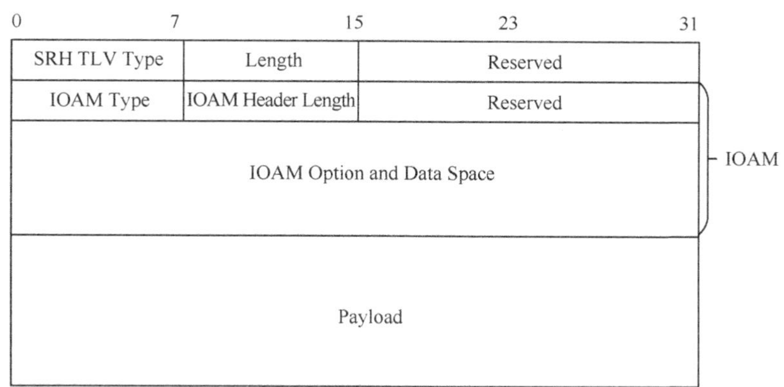

图 9-29　IOAM 在 SRH 中的参考封装形式

图 9-29 中部分字段的说明如表 9-8 所示。

表 9-8　IOAM 在 SRH 中的参考封装形式中部分字段的说明

字段名	长度	含义
SRH TLV Type	8 bit	TLV 类型，IOAM 需要定义一种新的 SRH 的 TLV 类型
IOAM Type	8 bit	IOAM 类型，对应 IOAM 的封装选项，如 IOAM 的跟踪选项、路径验证选项和端到端选项
IOAM Header Length	8 bit	IOAM 头长度，以 4 Byte 为单位，描述 IOAM 头的长度

相对于传统的主动 OAM，随路网络测量是一项新兴的、十分有前景的数据平面 Telemetry 技术。SRv6 强大的数据平面可编程能力进一步推动了随路网络测量技术的应用。IFIT 框架支持多种随路网络测量技术的数据平面封装，可结合控制器，提供智能选流、高效数据上送和动态探针等多种功能。

| SRv6 设计背后的故事 |

1. Path Segment 与 IFIT

Path Segment 是 SR OAM 的一个重要基础。因为不同的 SR 路径可以共享 Segment，出节点就无法通过 Segment 识别报文是否来自特定的 SR 路径。Path Segment 为 SR 路径提供了唯一的标识符，这样保证了出节点根据 Path Segment 可以确定报文来自特定的 SR 路径，从而可以计算丢包率和时延。

Path Segment 不仅能够用于解决 SR 性能检测的问题，而且基于 Path Segment 可以实现双向 SR 路径和保护切换。实际上，最初是想给 Path Segment 起名为 SR-TP（Transport Profile，传输规范）的，与当年的 MPLS-TP 对应。然而 MPLS-TP 对于很多参加 IETF 的人来讲是一段梦魇一般的历史，因为 MPLS-TP 和 T-MPLS 之争，IETF 和 ITU-T 两个标准组织进行了激烈的交锋，结果是两败俱伤。IETF 虽然赢回了主导地位，但是基于 BFD 扩展的 MPLS-TP 基本上很少有厂家支持。为了避免重新撕开伤口，最后在制定标准的时候选择了 Path Segment 来命名。

我们在研究 IFIT 时也为命名动了一番脑筋。IFIT 是基于 IOAM 的研究，但是在研究的过程中，我们发现仅有 IOAM 是不够的，出现了 IOAM Trace 模式

导致报文长度增加、IOAM导致设备向分析器上报海量数据等问题，这些问题都需要有解决方案。由此形成的完整的可商用IOAM的解决方案怎么命名？开始大家没有意识到这个问题，然而在讨论中，因为没有简洁通用的术语定义，讨论的过程变得非常复杂，甚至造成了混乱。于是笔者专门召集了一次会议讨论命名。说来很有意思，因为当时研究小组内多个成员正在减肥或有成功减肥的经历，所以在多个备选的缩略语中很快就锁定了“IFIT”。IP网络的运维一直是一件令人痛苦的事情，在业界也经常被诟病：网络产品越来越先进，但是网络运维的方式却还是很传统，效率非常低。通过IFIT的研究，我们希望能够有更好的IP运维技术和方案，让网络能够更加健康。

统一了名词，我们在讨论中就有了更多的共同语言，也大大提高了讨论的效率。后来笔者在网易公开课中学习麻省理工学院的《人工智能》课程，教授在一堂课中提到了Rumpelstiltskin Principle：Once you can name something, you get power over it（大致意思是，给某种事物命名后，你就能控制它）。为IFIT命名的经历加深了笔者的感悟。笔者对IFIT的定义是，IFIT是以东西向的IOAM报文随路信息检测机制，叠加南北向的智能选流和上报抑制可编程策略，从而形成的面向大规模IP网络可商用的数据平面Telemetry解决方案框架。这应该是笔者在华为多年工作中所提出的最学术化的一个定义了。

2. Network Telemetry Framework草案的制定

笔者认为IETF在OAM方面做得一直都不是很好。这一定程度上与IP领域专家的背景和IETF的工作方式相关，习惯采用打补丁的方式，缺乏整体设计。早期的IP基本上就是Ping/Traceroute这些按需的通断检测技术，后来逐渐发展出了BFD技术，然后向MPLS-TP引入了性能检测。这些技术相对独立，难以形成统一的体系。相比之下，OAM还是具有电信领域背景的专家的强项，以ITU-T的Y.1731规范为例，体系定义就非常统一清晰。

Telemetry作为新兴技术，对于网络的运维非常重要。笔者认为IP网络运维的困难很大程度上与运维数据相关，存在以下3个方面的问题：

- 网络设备上报的数据量不足；
- 网络设备上报数据的性能低、速度慢；
- 网络设备上报的数据种类不全。

因此我们将Telemetry作为一种可能解决这些问题的重点课题进行研究。但是Telemetry面临与OAM类似的问题：Telemetry是个很热门的话题，但是概念体系并不清晰，甚至存在混淆。有人将Telemetry等同于gRPC，又有人提出

INT（In-Band Network Telemetry），实际二者根本就是两种不同的技术。为了理清概念，建立统一的体系，我们提交了 Network Telemetry Framework 草案，将 Telemetry 分为三层：管理面 Telemetry（基于 gRPC/NETCONF 等采集网络管理数据）；数据平面 Telemetry（基于 IOAM 等采集数据平面的数据，一般通过 UDP 等机制上报）；控制平面 Telemetry（基于 BMP 等上报控制协议数据）。同时该草案对相关术语进行了定义，对不同的技术也进行了分类。通过这个草案，可以较为清晰地了解 Telemetry 框架体系以及在 IETF 不同工作组推动的相关技术的区别与联系。

IETF 不喜欢定义 Usecase 和 Requirement 草案。这一定程度上也是受了 SPRING 工作组的影响。与 SR 密切相关的协议扩展由 IETF LSR、IDR、PCE 等工作组定义，SR 研究的初期在 SPRING 工作组定义了许多 Usecase 和 Requirement 的草案，这些草案被认为是"数量众多而用处有限"，于是后来 IETF 路由域小组专门开会说明不提倡制定这些类型的草案。然而 IETF 按照工作组运作的方式也存在问题，很容易将一个整体方案切割成不同部分分散在不同工作组，对那些不清楚这其中关联的人来说，会很容易造成盲人摸象的错觉。为了解决这种问题，一些框架类的草案就显得尤为必要，这也是我们推动制定 Network Telemetry Framework 草案的动力。

3. 网络编程的分类

IP 网络编程从本质上可以细分为两类：一类是提供网络路径服务；另一类是记录网络监控的信息。SRv6 的 Segment 携带的是网络服务的指令，通过 Segment 构建的 SRv6 Path 就是网络服务指令的一个集合，包括提供 VPN 的业务隔离、流量工程的 SLA 保证、FRR 的可靠性保证等。而网络随路测量则记录了网络路径监控的信息，可以更好地实现路径可视，这也是坚持要在 SRH 中定义 TLV 的一个重要原因。通过 SRH TLV 能够记录可变长的不规则的随路测量信息，这是不适合 SRv6 Segment List 的功能。

在推出 SRv6 和随路测量之前，对于 IP 报文的处理基本都是针对每个路径的，对于 IP 报文的监控通常都是端到端和基于统计的。得益于硬件能力的发展和系统处理性能的提升，基于 SRv6 和随路测量等技术，我们能够实现针对每个报文的精确控制和监控，这意味着网络中的基本单元（报文）变得更加智能，一如社会中的个体，如果能够对自己有准确的定位（测量监控），并富有谋生的手段（网络服务），一定能够更好地掌控自己的命运（更精确的 SLA 保证等）。

本章参考文献

[1] ITU-T. Operation, Administration and Maintenance (OAM) Functions and Mechanisms for Ethernet-based Networks[EB/OL]. (2019-08-29)[2020-03-25]. G.8013/Y.1731.

[2] MIZRAHI T, SPRECHER N, BELLAGAMBA E, et al. An Overview of Operations, Administration, and Maintenance (OAM) Tools[EB/OL]. (2018-12-20)[2020-03-25]. RFC 7276.

[3] CONTA A, DEERING S, GUPTA M. Internet Control Message Protocol (ICMPv6) for the Internet Protocol Version 6 (IPv6) Specification[EB/OL]. (2017-07-14)[2020-03-25]. RFC 4443.

[4] KATZ D, WARD D. Bidirectional Forwarding Detection (BFD)[EB/OL]. (2020-01-21)[2020-03-25]. RFC 5880.

[5] HEDAYAT K, KRZANOWSKI R, MORTON A, et al. A Two-Way Active Measurement Protocol (TWAMP)[EB/OL]. (2020-01-21)[2020-03-25]. RFC 5357.

[6] FIOCCOLA G, CAPELLO A, COCIGLIO M, et al . Alternate-Marking Method for Passive and Hybrid Performance Monitoring[EB/OL]. (2018-01-29)[2020-03-25]. RFC 8321.

[7] ALI Z, FILSFILS C, MATSUSHIMA S, et al. Operations, Administration, and Maintenance (OAM) in Segment Routing Networks with IPv6 Data plane (SRv6)[EB/OL]. (2020-01-09)[2020-03-25]. draft-ietf-6man-spring-srv6-oam-03.

[8] FROST D, BRYANT S. Packet Loss and Delay Measurement for MPLS Networks[EB/OL]. (2020-01-21)[2020-03-25]. RFC 6374.

[9] MIRSKY G. Simple Two-way Active Measurement Protocol[EB/OL]. (2020-03-19)[2020-03-25]. draft-ietf-ippm-stamp-10.

[10] GANDHI R, FILSFILS C, VOYER D, et al. Performance Measurement Using TWAMP Light for Segment Routing Networks[EB/OL]. (2019-12-05)[2020-03-25]. draft-gandhi-spring-twamp-srpm-05.

[11] CLAISE B, TRAMMELL B, AITKEN P. Specification of the IP

Flow Information Export (IPFIX) Protocol for the Exchange of Flow Information[EB/OL]. (2020-01-21)[2020-03-25]. RFC 7011.

[12] LI C, CHENG W, CHEN M, et al. Path Segment for SRv6 (Segment Routing in IPv6)[EB/OL]. (2020-03-03)[2020-03-25]. draft-li-spring-srv6-path-segment-05.

[13] SONG H, QIN F, MARTINEZ-JULIA P, et al. Network Telemetry Framework[EB/OL]. (2019-10-08)[2020-03-25]. draft-ietf-opsawg-ntf-02.

[14] BROCKNERS F, BHANDARI S, PIGNATARO C, et al. Data Fields for In-situ OAM[EB/OL]. (2020-03-09)[2020-03-25]. draft-ietf-ippm-ioam-data-09.

[15] SONG H, ZHOU T, LI Z, et al. Postcard-based On-Path Flow Data Telemetry[EB/OL]. (2019-11-15)[2020-03-25]. draft-song-ippm-postcard-based-telemetry-06.

[16] ZHOU T, LI Z, LEE S, et al. Enhanced Alternate Marking Method[EB/OL]. (2019-10-31)[2020-03-25]. draft-zhou-ippm-enhanced-alternate-marking-04.

[17] SONG H, LI Z, ZHOU T, et al. In-situ Flow Information Telemetry Framework[EB/OL]. (2020-03-09)[2020-03-25]. draft-song-opsawg-ifit-framework-11.

[18] CORMODE G, MUTHUKRISHNAN S. Approximating Data with the Count-Min Data Structure[EB/OL]. (2011-08-12)[2020-03-25].

[19] SONG H, GONG J. Requirements for Interactive Query with Dynamic Network Probes[EB/OL]. (2017-12-21)[2020-03-25]. draft-song-opsawg-dnp4iq-01.

[20] SONG H, LI Z, ZHOU T, et al. In-situ OAM Processing in Tunnels[EB/OL]. (2018-12-29)[2020-03-25]. draft-song-ippm-ioam-tunnel-mode-00.

[21] BHANDARI S, BROCKNERS F, PIGNATARO C, et al. In-situ OAM IPv6 Options[EB/OL]. (2019-09-25)[2020-03-25]. draft-ioametal-ippm-6man-ioam-ipv6-options-02.

[22] ALI Z, GANDHI R, FILSFILS C, et al. Segment Routing Header encapsulation for In-situ OAM Data[EB/OL]. (2019-11-03)[2020-03-25]. draft-ali-spring-ioam-srv6-02.

第 10 章 SRv6 在 5G 业务中的应用

经过几年的快速发展，5G 网络完成了从概念设计到标准制定的过程，目前已经进入商用部署阶段。5G 网络的演进不仅仅包含了无线端的演进，也包含了移动承载网、固定承载网等配套设施的演进。基于 SRv6 的移动、固定承载网为实现 5G 丰富的业务场景，满足 5G 严苛的服务需求提供了重要的基础能力。本章将介绍 SRv6 在 5G 业务中的应用，包括在网络切片、确定性网络以及 5G 移动网络中的应用。

| 10.1 5G 网络的演进 |

相比于以人为中心的 4G 网络，5G 网络将实现真正的“万物互联”，缔造规模空前的新兴产业，为移动通信带来无限生机。

物联网扩展了移动通信的服务范围，从人与人的通信延伸到物与物、人与物的智能互联，使移动通信技术渗透至更加广阔的行业领域。5G 还将进一步发展出更为丰富多样的垂直行业业务，包括移动医疗、车联网、智能家居、工业控制、环境监测等，从而推动各类行业应用的快速增长。

5G 中各种垂直行业的业务特征差异巨大。对于智能家居、环境监测、智能农业和智能抄表等业务，需要网络支持连接海量设备和转发大量小报文；视频监控和移动医疗等业务对传输速率提出了很高的要求；车联网、智能电网和工业控制等业务则要求毫秒级的时延和接近 100% 的可靠性。因此为了渗透到更多垂直行业的业务中，5G 应具备更强的灵活性和可扩展性，以适应海量的设备连接和多样化的用户需求，在满足移动宽带的基础上，以垂直行业需求为导向，构建灵活、动态的网络，从而满足不同行业的需求。运营商也从售卖流量逐步向面向垂直行业需求提供服务进行转变。按需、定制、差异化的服务将是未来运营商业务提供的主要模式，也是运营商新的价值增长点。

综上所述，产业环境对 5G 网络提出了以下需求。

业务多样性：如图 10-1 所示，5G 时代的主要业务需求划分为 3 类[1]：eMBB（enhanced Mobile Broadband，增强型移动宽带）聚焦对带宽要求高的业务，如高清视频、虚拟现实 / 增强现实业务；uRLLC（ultra-Reliable&Low-Latency Communication，低时延高可靠通信）聚焦对时延和可靠性极其敏感的业务，如自动驾驶、工业控制、远程医疗、无人机控制；mMTC（massive Machine Type Communication，海量机器类通信，也称大连接物联网）则覆盖了具有高连接密度的场景，如智慧城市、智慧农业。它们对网络具有完全不同的性能要求，这些多样的需求难以用一套网络解决。

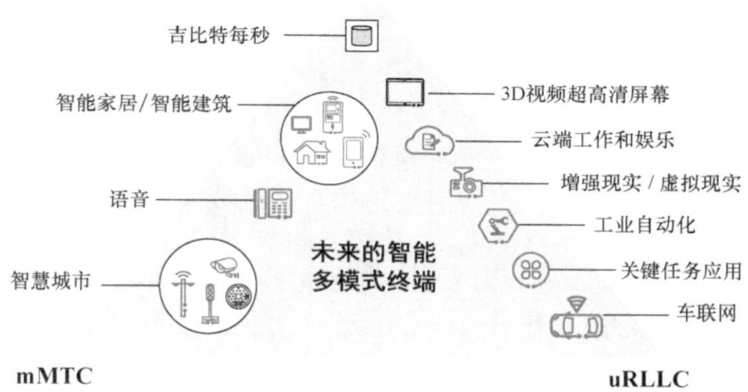

图 10-1 5G 的业务划分

高性能：5G 面向的业务场景往往需要同时满足多个高性能指标。例如，虚拟现实 / 增强现实业务，对带宽和时延同时有很高的要求；垂直行业中终端用户是“机器”，对网络性能的感知是建立在“0”和“1”的信号之上的，比人要敏感很多；车联网的全自动驾驶场景，如果数据的传输时延大、可靠性不够高，就很难真正实现商用。

快速部署：传统的业务网络部署一个新的网络功能往往需要 10~18 个月，这很难满足运营商面向垂直行业提供服务时对业务快速部署的需求。

网络切片和安全隔离：网络切片是 5G 的关键特征之一。5G 网络将基于一套共享的网络基础设施来为多租户提供不同的网络切片服务。各垂直行业客户将会以切片租户的形式来使用 5G 网络，因此为租户提供服务的网络切片之间需要实现安全隔离。这一点对垂直行业至关重要，一方面是从安全性的角度出发，需要有效隔离租户之间的数据、信息；另一方面从可靠性角度出发，可以防止某一租户的网络异常情况或故障影响同一网络中的不同租户。

自动化： 5G 网络面向多样化的业务和网络形态，网络管理的复杂度和规模将难以依赖人工的网络管理方法，需要引入自动管理技术，以实现有效和动态的网络管理，如自诊断、自治愈、自配置、自优化、自安装、即插即用等。随着网络管理自动化的进一步发展，人工智能技术可能会被更广泛地应用。

新的生态系统和商业模式： 5G 网络服务垂直行业，将向产业生态中引入新的角色，从而带来新的商业模式。新的角色包括基础设施网络提供商、无线网络运营商、虚拟网络运营商等。不同的角色及其之间的商业关系将在 5G 网络时代构成新的电信生态系统、商业关系以及商业模式。对于运营商来讲，商业关系也将变得多元化。

为了满足未来丰富的业务场景和多样化的业务需求，5G 网络应该由当前的网络（包括接入网、核心网和承载网）进一步演进，如图 10-2 所示。

接入网： 5G 接入网可以根据需求提供不同形态的接入技术，包括 D-RAN（Distributed Radio Access Network ，分布式无线电接入网）和 C-RAN（Cloud Radio Access Network ，云化无线电接入网）。D-RAN 是指 BBU（Baseband Unit，基带单元）和 RRU（Remote Radio Unit，射频拉远单元）都部署在无线基站侧的无线接入网组网方式。C-RAN 对 BBU 进行了拆分和重构，分为 DU（Distributed Unit，分布单元）和 CU（Central Unit，中央单元）。其中 DU 主要处理物理层功能和有实时性需求的功能，而 CU 主要负责非实时的无线高层协议栈功能。通过采用云化集中方式部署 CU，实现对 RAN（Radio Access Network，无线电接入网）的重构，可以满足 5G 时代无线接入网功能按需部署的需求。

核心网： 5G 核心网的控制平面采用 SBA（Service-based Architecture，服务化架构），对其原有控制平面功能进行解耦、聚合并且实现服务化，从而可以实现网络功能的即插即用，提供按需部署网络功能和资源的能力。在云化基础设施上，构建逻辑隔离的网络切片来服务不同的业务（eMBB、uRLLC 或 mMTC）或不同租户。此外，5G 核心网通过分离控制平面与用户平面的功能，简化了网络结构，并且可以根据业务的需求，将核心网功能灵活地部署在不同层级的数据中心。

承载网： 5G 之前的承载网一般使用 MPLS 作为承载技术，通过 MPLS L3VPN 承载三层业务，通过 MPLS L2VPN VPWS 等承载二层业务。SRv6 出现之后，可以更好地用于 5G 承载网。前面介绍的 SRv6 易于部署的优势可以很

好地满足对快速部署 5G 业务和自动化等方面的需求，并且通过 SRv6 的扩展，可以很好地满足业务多样性的需求。

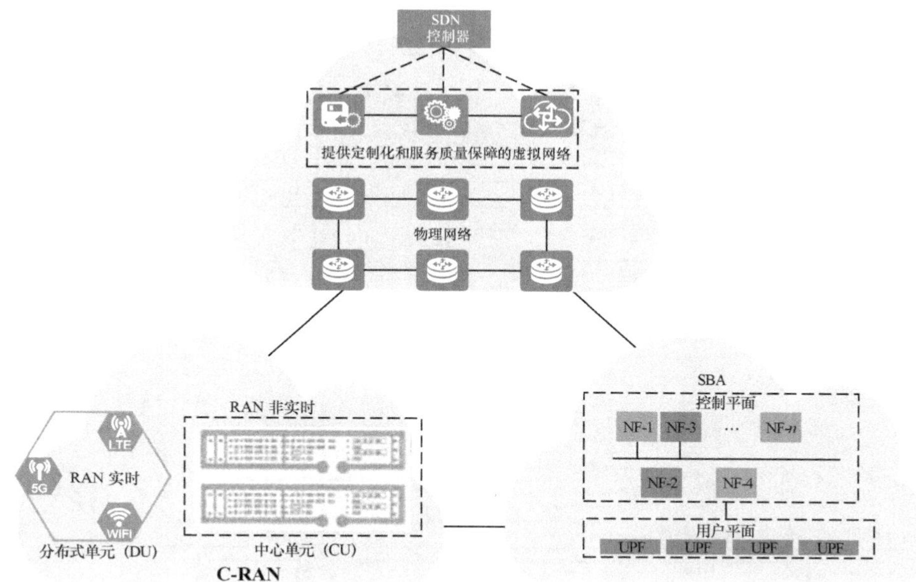

图 10-2　5G 网络演进

10.2　SRv6 在网络切片中的应用

10.2.1　5G 网络切片

5G 中不同类型的业务会存在千差万别的服务要求，在带宽、时延、可靠性、安全性和移动性等方面都存在极大的差异。其中垂直行业是 5G 的重要业务场景，各种垂直行业对网络提出了差异化且十分严苛的需求。为了在一张物理网络中同时满足不同业务的差异化需求，网络切片的理念应运而生，成为 5G 的关键技术特征之一。学界、工业界和标准领域均对其展开了大量的研究和讨论。

综合各个标准和行业组织对网络切片的定义可知，网络切片是在一张物理网络上切分出多张包含特定网络功能，由定制网络拓扑和网络资源组成的虚拟网络，用于满足不同网络切片租户的业务功能需求，提供服务质量 SLA 保证。

网络切片的示例如图 10-3 所示，可以在同一张物理网络上为智能手机上网业务、自动驾驶业务、海量物联网业务分别划分不同的网络切片，同时还可以为其他类型的业务或是不同的网络租户划分更多的网络切片。

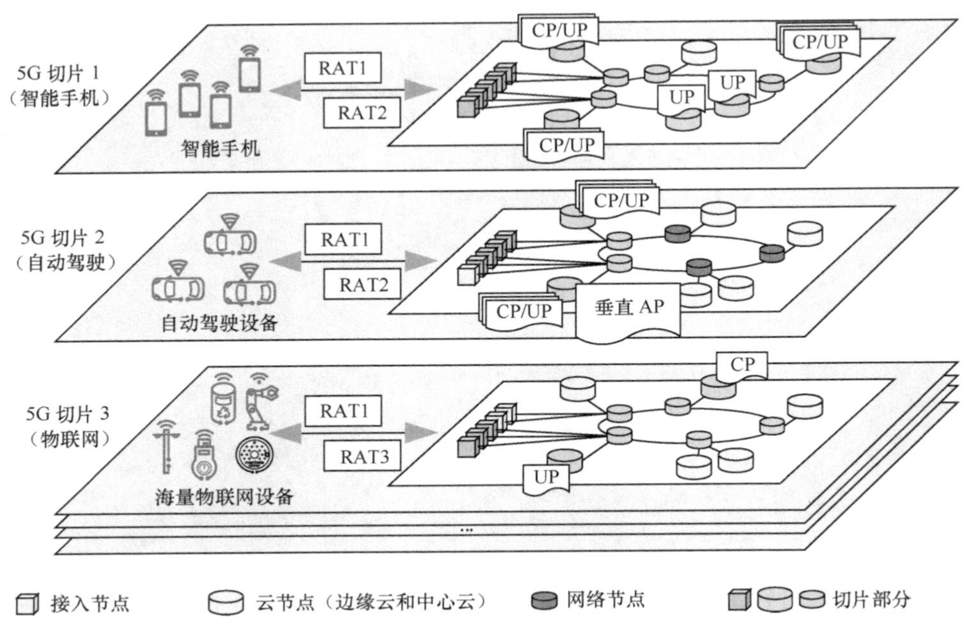

注：RAT 即 Radio Access Technology，无线电接入技术。

图 10-3　5G 网络切片的示例

5G 端到端网络切片包括接入网切片、核心网切片和承载网切片。其中无线接入网和移动核心网的网络切片架构和技术规范由 3GPP 制定，承载网的网络切片架构和技术规范主要由 IETF、BBF（Broadband Forum，宽带论坛）、IEEE（Institute of Electrical and Electronics Engineers，电气电子工程师学会）、ITU-T（International Telecommunication Union-Telecommunication Standardization Sector，国际电联电信标准化部门）等标准组织定义。本章主要介绍承载网切片的需求、架构和技术方案。

在 5G 端到端网络切片中，承载网切片的主要功能是为接入网与核心网的网络切片中的网元和服务之间提供定制化的网络拓扑连接，以及为不同网络切片的业务提供差异化的服务质量 SLA 保证。此外，为了实现与接入网切片和核心网切片的端到端网络切片协同管理，以及将网络切片作为一项新业务提供给垂直行业的租户，承载网还需要对外提供开放的网络切片管理接口，用于网络切片的生命周期管理。

为了在一张物理网络上切分出多个差异化的网络切片，不同网络切片之间的隔离是对承载网切片的一项关键需求。隔离的主要目的是让同一张物理网络中的不同网络切片在整个业务的生命周期中互不影响。按照隔离程度的不同，承载网切片可以提供 3 个层次的隔离：业务隔离、资源隔离和运维隔离，具体如图 10-4 所示。

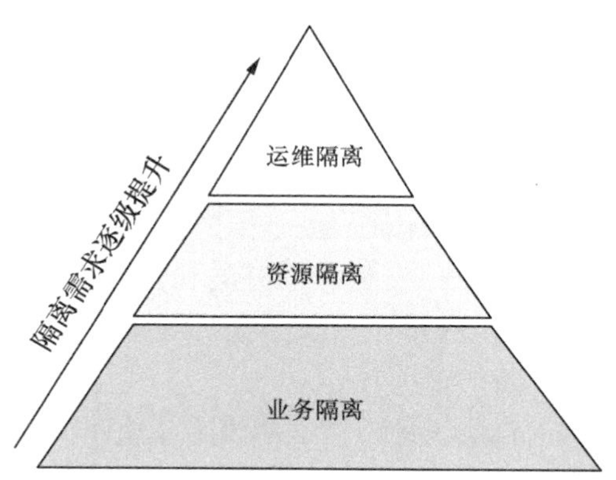

图 10-4　承载网切片的隔离层次

业务隔离：是指某一网络切片的业务报文不会被发送给同一网络中的另一网络切片的业务节点，即提供不同网络切片之间的业务连接和访问的隔离，使不同网络切片的业务在网络中互不可见。业务隔离本身不提供服务质量 SLA 保证，只使用业务隔离的不同网络切片的业务性能可能相互影响。业务隔离可以满足部分对服务质量的要求相对宽松的传统业务的隔离需求。

资源隔离：用于描述某一网络切片所使用的网络资源与其他网络切片所使用的资源之间是否存在共享。这对于 5G 的 uRLLC 类业务尤其重要，因为 uRLLC 业务通常对服务质量有着十分严格的要求，不允许存在任何来自其他业务的干扰。资源隔离按照隔离程度可以分为硬隔离和软隔离 [2]。硬隔离是指为不同的网络切片在网络中分配完全独享的网络资源，从而可以保证不同网络切片内的业务在网络中不会互相影响。与硬隔离相对应的是软隔离，即不同的网络切片既拥有部分独立的资源，同时对网络中的另一些资源也存在共享，从而在提供满足业务需求的隔离特性的同时，也可保持一定的统计复用能力。结合软、硬隔离技术，可以灵活选择哪些网络切片需要独享资源，在哪些网络切片之间可以共享部分资源，从而实现在同一张网络中满足不同业务对服务质量的差异化要求。

运维隔离：对于一部分网络切片租户来说，在获得业务隔离和资源隔离的基础上，还要求能够对运营商分配的网络切片进行独立的管理和维护操作，即做到对网络切片的使用近似于使用一张专用网络。这对于开放网络切片的管理平面接口和呈现切片信息提出了更高要求。

10.2.2 承载网的切片架构

承载网的切片架构主要包括 3 层，即网络基础设施层、网络切片实例层和网络切片管理层，具体如图 10-5 所示。在每层中，通过使用一些现有技术和新技术来满足租户对承载网切片的需求。

网络基础设施层： 为了满足网络切片的资源隔离需求，需要网络基础设施支持将物理网络的资源划分为相互隔离的多份，再分别提供给不用的网络切片使用。一些可选的资源隔离技术包括 FlexE（Flexible Ethernet，灵活以太网）子接口、信道化逻辑子接口，以及为不同网络切片分配独立的队列和缓存资源等。根据业务需求和网络设备的能力，对网络中的其他资源也可以进一步划分，分配给不同的网络切片使用。

网络切片实例层： 主要功能是在物理网络中生成不同的逻辑网络切片实例，提供按需定制的逻辑拓扑连接，并将切片的逻辑拓扑与为切片分配的网络资源整合在一起，构成满足特定业务需求的网络切片。

网络切片实例层由上层的虚拟业务网络与下层的 VTN（Virtual Transport Network，虚拟承载网络）组成。虚拟业务网络提供网络切片内业务的逻辑连接，以及不同网络切片之间的业务隔离，即传统的 VPN 功能。VTN 提供用于满足切片业务连接所需的定制网络拓扑，以及满足切片业务的服务质量要求所需的独享或部分共享的网络资源。因此网络切片实例是在 VPN 业务的基础上集成了 VTN。由于上层的各种 VPN 技术已经是成熟且广泛采用的技术，本节重点描述网络切片实例层中的 VTN 的功能。

VTN 的功能进一步包括控制平面的功能和数据平面的功能。其中数据平面的功能是在数据业务报文中携带网络切片的标识信息，指导不同网络切片的报文按照该网络切片定义的拓扑、资源等约束进行转发处理。数据平面需要提供一种通用抽象的标识，从而能够与网络基础设施层具体实现技术解耦。控制平面的功能是定义和收集不同网络切片的逻辑拓扑、资源属性和状态信息，从而为生成不同网络切片独立的切片视图提供基础信息。控制平面还需要根据切片租户的业务需求，以及分配给切片的数据平面资源，为不同网络切片提供独立的路由计算和业务路径发放等功能，从而支持不同切片的业务使用定制的拓扑和资源进行转发。网络切片的控制平面需要使集中式控制器与分布式控制协议相结合，这样既能够具有集中式控制的全局规划和优化能力，同时也可以具备分布式协议的灵活快速响应、高可靠性和扩展性的优势。

网络切片管理层： 网络切片的管理平面主要提供网络切片的生命周期管理功能，包括网络切片的规划、创建、监控、调整和删除等。为了满足垂直行业日益增多的切片需求，网络切片管理面需要支持动态按需的网络切片的生命周期管理。为了实现 5G 的端到端网络切片，承载网切片的管理平面还需要提供开放接口，与 5G 端到端 NSMF（Network Slice Management Function，网络切片管理器）交互网络切片需求、能力和状态等信息，并完成与无线接入网切片和移动核心网切片之间的协商和对接。

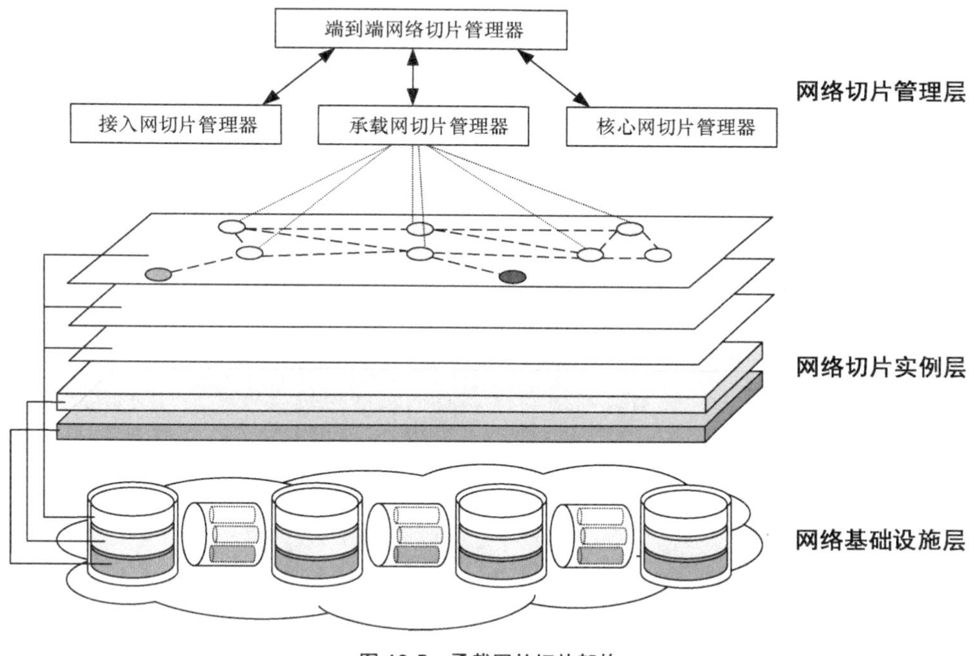

图 10-5 承载网的切片架构

综上所述，承载网切片涉及网络的基础设施层、数据平面、控制平面和管理平面的功能。针对不同的网络切片需求，需要在相应的层面选择合适的技术以及相应的扩展与增强，组合成完整的网络切片方案。

描述承载网切片架构的标准文稿“VPN+ Framework”正在 IETF 进行标准化，目前已经成为工作组文稿[2]。VPN+（Enhanced VPN，增强型虚拟专用网）的含义是在现有 VPN 业务的功能、部署方式和商业模式的基础上进行演进和能力增强。传统 VPN 业务主要提供不同租户之间的业务隔离，在服务质量 SLA 保证和开放管理方面仍存在不足。VPN+ 通过引入资源隔离技术，基于上层的 VPN 业务与 VTN 的映射实现业务逻辑连接与底层网络拓扑及资源的按需集成，支持为不同类型业务提供差异化的服务质量 SLA 保证。此外，通过对管理接口的增强和扩展，支持提供更加灵活、可动态调整的虚拟网络服务，满足不同 5G 业务的差异化需求。VPN+ 架构文稿描述了承载网切片的分层网络架构，以及各层可供选择的关键技术，包括现有技术、对现有技术的扩展以及一系列的技术创新。基于 VPN+ 架构以及对各层可选技术的组合搭配，可以提供满足不同需求的网络切片。

10.2.3 基于 SRv6 的网络切片

SRv6 灵活的可编程能力、良好的可扩展性以及实现端到端统一承载的潜力，使其成为 5G 承载的关键技术之一。SRv6 的这些优势同样可以应用到网络切片上，用于创建网络切片实例。

在数据平面，SRv6 SID 可以用于指示数据报文所属的网络切片，沿途的网络设备根据 SRv6 SID 识别出报文所属的网络切片，并按照该网络切片定义的规则执行相应的转发处理。为了能区分不同网络切片的报文，需要为不同的网络切片分配不同的 SRv6 SID。对于有资源隔离需求的网络切片，SRv6 SID 还可用于指示在沿途网络设备和链路上分配给该网络切片的网络资源，从而保证不同网络切片的报文只使用该网络切片专属的资源进行转发处理，为切片内的业务提供可靠的和确定性的服务质量 SLA 保证。

如图 10-6 所示，SRv6 的 SID 由 Locator 和 Function 字段组成，还可能包括可选的 Arguments 字段。在数据报文的转发过程中，SRv6 的中转节点只会根据 SID 的 Locator 字段进行查表匹配和转发，不识别和解析 SID 中的 Function 字段。因此，为了实现网络切片端到端处理的一致性，需要在 SRv6 SID 的 Locator 中包含网络切片标识信息，即 Locator 可以标识一个网络节点以及它所属的网络切片。SID 中的 Function 和 Arguments 字段可以用于指示该网络切片中定义的功能和参数信息。

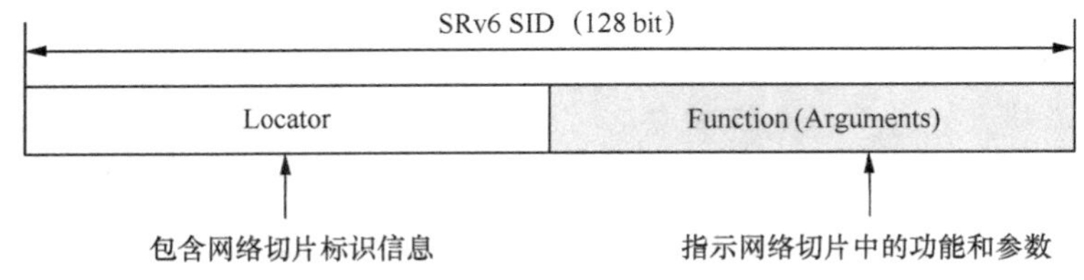

图 10-6　SRv6 SID 的结构

图 10-7 展示了一个基于 SRv6 的网络切片示例。运营商收到网络切片租户

的业务需求（包括业务连接需求、服务质量需求和隔离需求等）后，需要将业务需求转换为对网络切片的拓扑和资源的需求。运营商使用网络控制器，通知网络切片拓扑范围内的各网络节点为该网络切片分配所需要的网络资源（包括节点和链路资源），根据网络切片对隔离程度的要求，设备转发平面可以使用不同的方式分配资源，包括但不限于 FlexE 子接口、信道化逻辑子接口以及独立的转发队列和缓存等。

除了为网络切片分配指定的网络资源之外，各网络节点还需要为网络切片分配专属的 SRv6 Locator，用于在指定的网络切片内标识该节点。这里对 SRv6 Locator 的含义进行了扩展，使它不只用于标识网络节点，同时还指示了该节点所属的网络切片，而通过 Locator 所对应的网络切片信息，可以确定节点为该网络切片分配的资源。由于 Locator 标识了节点所属的网络切片，因此 SRv6 中间节点可以在转发报文时，根据 Locator 确定需要使用的对应该网络切片的转发表项信息，并使用本地为该网络切片分配的资源进行转发处理。

对于网络节点所参与的每个网络切片来说，需要使用该网络切片对应的 Locator 作为前缀，为该网络切片内的各种 SRv6 功能分配对应的 SRv6 SID，用于指示在该网络切片内使用为该切片分配的资源执行的转发处理。例如，对于一个属于多个网络切片的物理接口，为不同网络切片分配了不同的 FlexE 子接口来划分切片资源，同时还需要为每个网络切片分配不同的 End.X SID，每个 End.X SID 用于指示该网络切片使用对应的 FlexE 子接口转发报文给邻居节点。通过对不同网络切片分配所需的网络资源，以及分配对应不同网络切片的 SRv6 Locator 和各种类型的 SRv6 SID，可以实现将一张物理网络切分为多个相互隔离的基于 SRv6 的网络切片。

网络切片中的每个网络节点需要计算生成该节点到该网络切片内其他节点的转发表项。对于同一目的节点来说，对应不同的网络切片需要有独立的转发表项，其中每个转发表项使用该节点在对应网络切片中分配的 Locator 作为路由前缀。由于同一节点为不同网络切片分配的 Locator 各不相同，因此设备也可以将对应不同网络切片的转发表项放在同一张转发表中。转发表中的 IPv6 前缀用于匹配数据报文目的地址字段中携带的 SID 的 SRv6 Locator 字段，确定报文的下一跳和出接口信息。对于出接口为不同网络切片划分了独立资源的情况，转发表还进一步确定了该出接口下对应该网络切片的子接口。

以图 10-7 为例，节点 B 同时属于网络切片 1 和网络切片 2，节点 B 的 IPv6 转发表如表 10-1 所示。

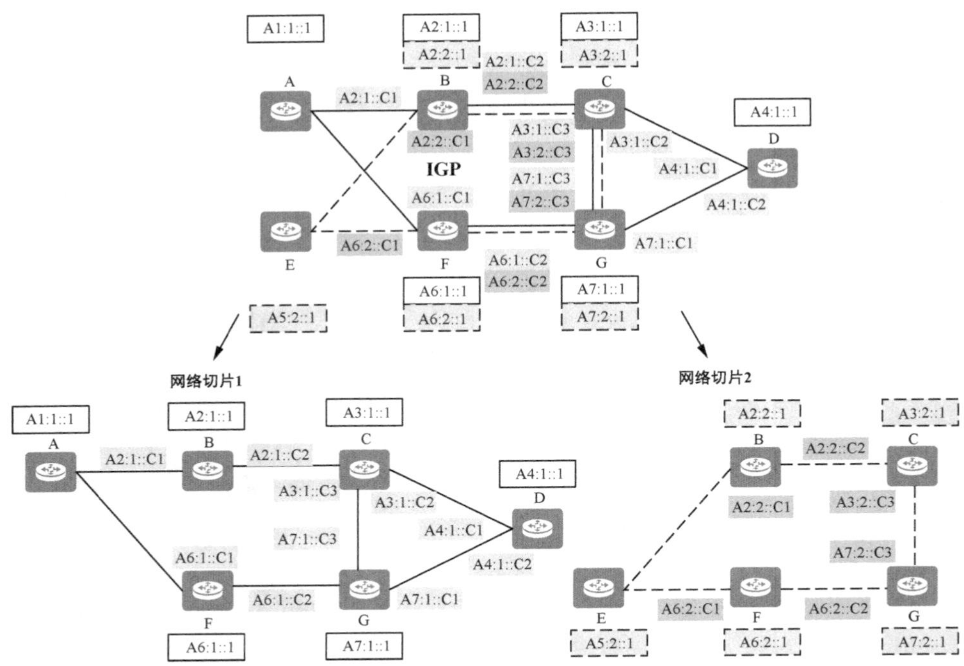

图 10-7　基于 SRv6 的网络切片示例

表 10-1　节点 B 的 IPv6 转发表

IPv6 前缀	下一跳	出接口 / 子接口
A1:1（网络切片 1 中的节点 A）	节点 A	B-A 接口
A3:1（网络切片 1 中的节点 C）	节点 C	B-C 子接口 1
A3:2（网络切片 2 中的节点 C）	节点 C	B-C 子接口 2
A4:1（网络切片 1 中的节点 D）	节点 C	B-C 子接口 1
A5:2（网络切片 2 中的节点 E）	节点 E	B-E 接口
A6:1（网络切片 1 中的节点 F）	节点 A	B-A 接口
A6:2（网络切片 2 中的节点 F）	节点 E	B-E 接口
A7:1（网络切片 1 中的节点 G）	节点 C	B-C 子接口 1
A7:2（网络切片 2 中的节点 G）	节点 C	B-C 子接口 2

每个网络节点为不同网络切片分配的 SRv6 SID 存放在节点的本地 SID 表中。由于节点为不同网络切片分配的 SRv6 SID 使用不同网络切片的 Locator 作为前缀，因此不同网络切片的 SID 可以放在同一张本地 SID 表中。每个

SID 指示了在指定的网络切片内，使用为该网络切片分配的资源执行 SID 所标识功能的转发处理。例如，图 10-7 中，节点 B 所分配的 End.X SID A2:2::C2 指示节点 B 在网络切片 2 中，将数据报文使用 B-C 子接口 2 转发给节点 C。

在每个 SRv6 网络切片内，数据报文的 SRv6 转发路径可以是由控制器集中计算得出的显式路径，也可以是由网络节点分布式计算得出的最短路径。这两种路径都需要基于网络切片的拓扑和资源等约束进行计算。图 10-8 给出了在网络切片 1 中的 SRv6 显式路径转发和 SRv6 最短路径转发示例。对于在网络切片 1 中使用 SRv6 显式路径 A → F → G → D 进行转发的数据报文，需要在报文头中封装 SRH，并携带该切片内标识逐跳链路的 SRv6 End.X SID，来显式指定报文转发经过的路径，以及每一跳所使用的子接口。对于使用 SRv6 最短路径转发的数据报文，其报文头中不需要封装 SRH，只需要将 IPv6 报文头的目的地址填为目的节点 D 在该网络切片中的 End SID 即可。这时沿途的各网络节点根据 IPv6 报文头的目的地址查找转发表，使用匹配该 End SID 的转发表项进行转发。该转发表项对应的下一跳和出接口是在该 End SID 对应的网络切片中计算得到的。

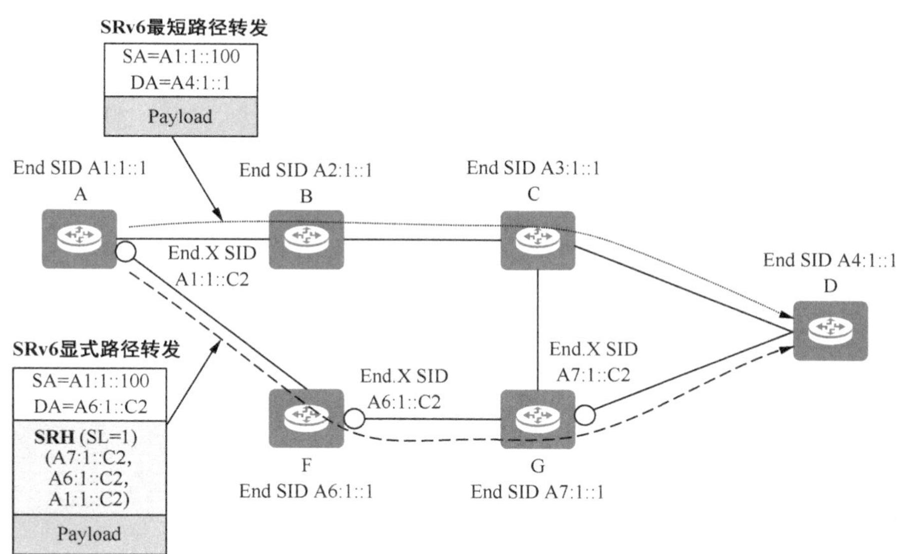

图 10-8　网络切片 1 中的 SRv6 显式路径转发和 SRv6 最短路径转发示例

如图 10-9 所示，在控制平面，得益于 SRv6 对网络协议的简化，无须引入 RSVP-TE 等信令协议建立路径和预留资源，而是通过网络切片控制器与网络节点的交互，以及网络节点之间的分布式控制平面相互配合，提供网络切片信息的下发、分发、收集和基于网络切片的集中式或分布式路径计算。其中涉及的协议包括 IGP、BGP-LS、BGP SR Policy、PCEP 和 NETCONF/YANG 等。用于控制器采用 NETCONF/YANG 向网络节点下发网络切片相关的配置信息，在网络节点之间采用 IGP 泛洪不同网络切片的定义、网络切片的 SID 和对应的资源属性信息，网络节点采用 BGP-LS 向控制器上报不同网络切片的定义、SID 和状态信息，控制器采用 BGP SR Policy 向网络节点提供基于网络切片的属性和约束条件算路得到的 SR 路径信息，网络节点与控制器之间的交互采用 PCEP 在特定网络切片内的路径计算请求和下发路径计算结果。SRv6 网络切片的 IGP 扩展由“IGP SR VPN+”文稿给出定义[3]，对 BGP-LS 的扩展由“BGP-LS SR VPN+”文稿进行定义[4]，IETF 也将制定其他控制协议的扩展。

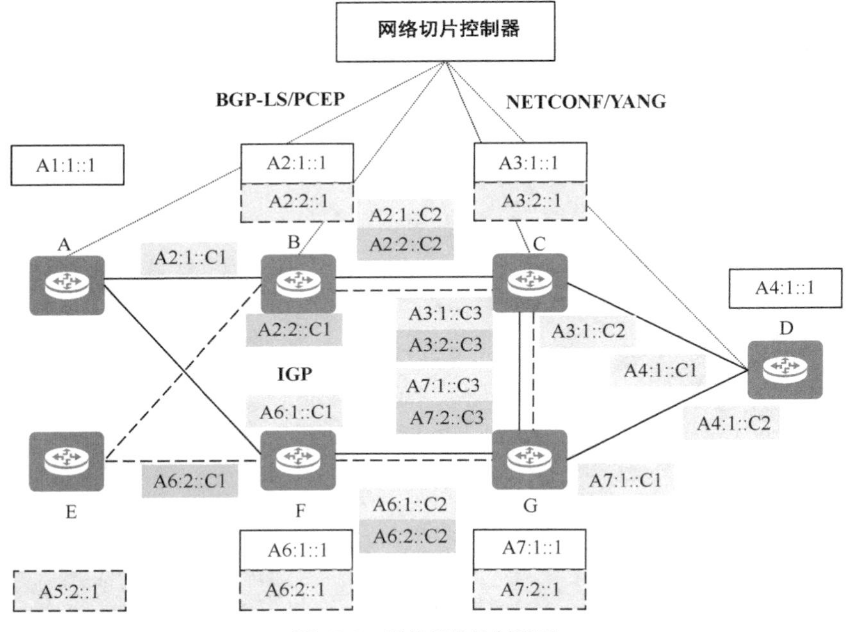

图 10-9　网络切片控制平面

基于 SRv6 的网络切片创建流程由 IETF 的“SR VPN+”文稿进行定义[5]，其主要流程如下。

① 网络切片控制器根据网络切片的需求（业务连接关系、服务质量需求、隔离程度等），结合所收集的物理网络拓扑、资源和状态信息，计算出满足需求的网络切片逻辑拓扑以及需要为该网络切片分配的资源。

② 网络切片控制器通知网络切片中包含的各网络设备加入网络切片，并指示各网络设备为该切片分配相应的网络资源和 SID。

③ 网络设备为该网络切片分配所需的本地资源，并分配 SRv6 Locator 和 SID，作为该网络设备在该网络切片内呈现的虚拟节点、虚拟链路和网络功能标识。该切片的 SRv6 Locator 和 SID 同时指示了网络设备为网络切片分配的资源。网络设备通过控制协议，向网络切片控制器和网络中其他设备发布自身所属的网络切片标识，同时发布为该网络切片分配的 SRv6 Locator 和 SID 信息，作为该节点在网络切片内的虚拟节点、虚拟链路和网络功能的标识。网络设备还可以进一步发布为网络切片分配的资源信息和切片的其他属性信息。

④ 网络切片控制器和各网络设备根据收集到的网络切片拓扑、资源信息和 SRv6 SID 信息计算网络切片内的路径，生成基于切片约束的 SRv6 BE 转发表项。网络控制器和边缘网络节点还可以根据运营商指定的约束条件计算生成 SRv6 TE 转发表项。

⑤ 将网络中的业务映射到 SRv6 网络切片上。根据不同租户对业务服务质量和连接的需求，以及业务的流量特征，可以将网络中不同租户的业务映射到独享或共享的 SRv6 网络切片上。

10.2.4　网络切片的扩展性

在一张网络中需要切分出多少个网络切片？现阶段，不同的人会给出不同的答案。一个普遍的观点是，在 5G 的早期主要是发展 eMBB 类业务，网络中需要的切片数量会比较少，可能在 10 个左右，用于提供粗粒度的基于业务类型的网络切片隔离。而随着 5G 的不断成熟，uRLLC 类业务的发展以及各种垂直行业业务的兴起将带来更大的网络切片需求，网络切片的数量可能达到成百上千个，需要网络提供更精细和定制化的网络切片。网络切片方案既需要满足早期对切片数量的要求，同时也需要具备向更大规模演进的能力。

网络切片的扩展性主要分为控制平面和数据平面的扩展性。

1. 网络切片控制平面的扩展性

网络切片的控制平面包括上层 VPN 业务层的控制平面以及下层 VTN 的控制平面。其中 VPN 业务层的控制平面基于 MP-BGP（多协议扩展 BGP）完成对业务连接关系和业务路由信息的分发，其扩展性已获得广泛的部署验证。本节主要对网络切片中的下层 VTN 的控制平面扩展性进行分析。

网络切片 VTN 的控制平面的主要功能是分发和收集网络切片的拓扑和各类属性信息，之后为每个网络切片独立计算路由，并将计算结果下发存储到转发表中。当网络切片的数量较多时，控制平面的信息分发和路由计算开销都会大大增加，需要考虑采用一些优化技术来降低控制平面的开销。对 VTN 的控制平面的扩展性优化主要有以下两种方式。

其一，多个网络切片共享同一个控制平面会话。当相邻的网络设备同属于多个网络切片时，可以使用同一个控制平面会话来分发多个网络切片的信息。这一方式可以防止由网络切片数量增加带来的控制平面会话数量的成倍增加，从而避免额外的控制平面会话维护开销和信息交互开销。当多个网络切片使用共享的控制平面会话时，需要在控制消息中通过不同的切片标识来区分属于不同网络切片的信息。

其二，对网络切片的不同属性进行解耦，从而实现控制平面对不同类型属性信息相对独立的分发和计算处理。网络切片具有多种类型的属性，其中一些信息在控制平面的处理是相对独立的。在 IETF 的“VPN+IGP”控制协议扩展文稿中，提出了网络切片的两个基本属性，分别是网络切片的拓扑属性和资源属性[3]。

在图 10-10 中，针对不同网络切片的连接需求，在一个物理网络中定义了两个不同的逻辑网络拓扑。进一步根据每个网络切片对服务质量和隔离的需求，确定需要为每个网络切片分配的资源。每个网络切片是切片的拓扑和资源属性的组合。对应同一个网络拓扑，通过叠加网络中的不同资源，可以形成不同的网络切片。在控制平面发布信息和进行计算处理，可以对网络切片的拓扑属性和资源属性实现一定程度的解耦。对于拓扑相同的多个网络切片，可以在控制平面指定网络切片与拓扑之间的映射关系，之后便可以只发布一份拓扑属性。该拓扑属性可以由具有相同拓扑的多个网络切片引用，且基于该拓扑的路径计算结果也可以由这些网络切片共享。

例如，在图 10-10 中，网络切片 1、2、3 的拓扑相同，而网络切片 4、5、6 的拓扑相同。这时只需要指定网络切片 1、2、3 对应拓扑 1，网络切片 4、5、6 对应拓扑 2，再分别发布拓扑 1 和拓扑 2 的属性，就可以使网络节点获得所有 6 个网络切片的拓扑信息。这与为每个网络切片单独发布拓扑属性相比，大大减少了需要交互的消息数量。对网络切片拓扑信息的发布可以采用多拓扑技术[6]，或者使用 Flex-Algo（灵活算法）定义路径计算的拓扑约束[7]。网络拓扑信息用于计算网络设备生成到网络切片中指定目的节点的转发表项中的下一跳节点信息。例如，对于拓扑相同的网络切片 1、2 和 3 来说，从节点 A 到目的节点 D 的下一跳节点均为节点 B，出接口均为 A-B 接口，具体如表 10-2 所示。只是由于不同网络切片使用的转发资源不同，即不同网络切片在该出接口上可以使用不同的子接口或不同的队列转发报文。

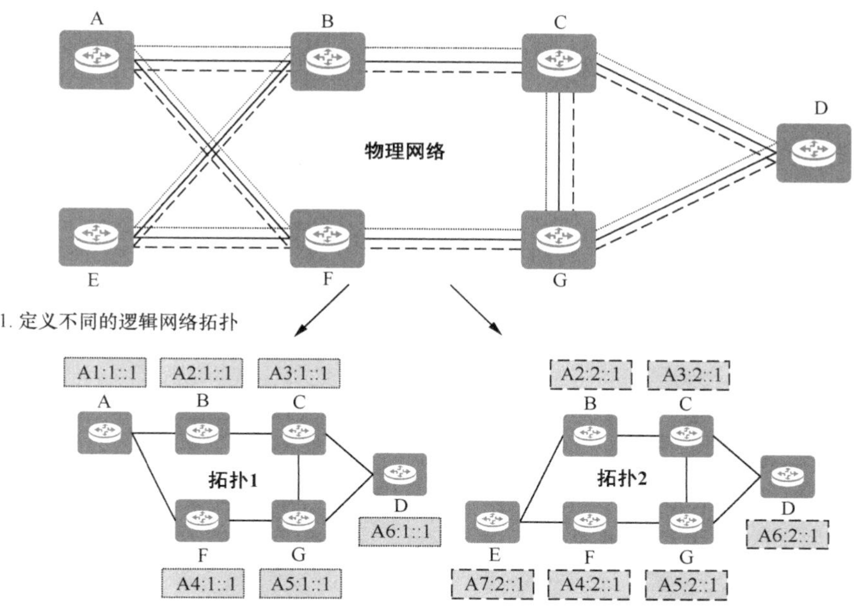

2. 定义相同拓扑的不同切片

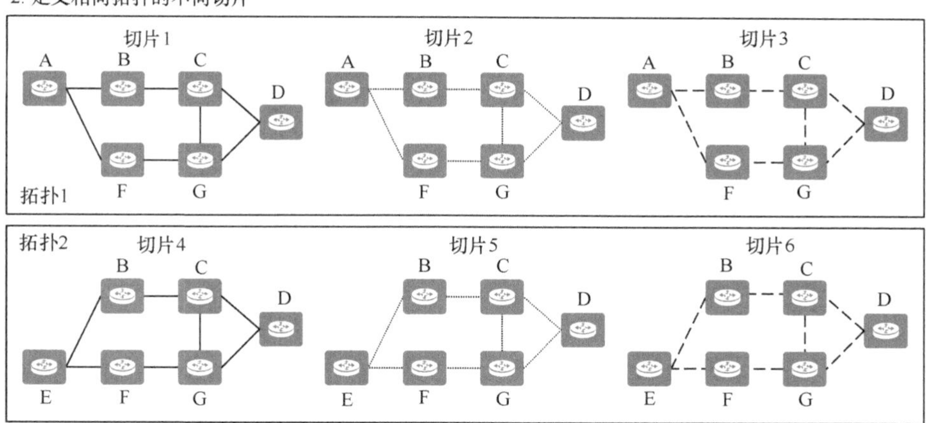

图 10-10 物理网络中定义两个不同的切片网络拓扑

表 10-2 节点 A 到目的节点 D 的转发表项

目的前缀	下一跳节点	出接口
切片 1 中的节点 D	节点 B	A-B 接口
切片 2 中的节点 D	节点 B	A-B 接口
切片 3 中的节点 D	节点 B	A-B 接口

如果在设备上维护切片与拓扑之间的映射关系，如表 10-3 所示。此时在设备的转发表中只需为拓扑 1 建立一条转发表项，如表 10-4 所示。

表 10-3 切片与拓扑之间的映射关系

切片标识	拓扑标识
切片 1	拓扑 1
切片 2	拓扑 1
切片 3	拓扑 1

表 10-4 拓扑 1 的转发表项

目的前缀	下一跳节点	出接口
拓扑 1 中的节点 D	节点 B	A-B 接口

类似地，也可以独立于网络切片发布每个网络节点上为网络切片分配的资源信息。对于网络节点上的一组被多个网络切片共享的网络资源，在控制平面可以只发布一份资源信息，同时指示各个网络切片对该资源的引用关系，而不是为多个网络切片重复发布同一份资源信息。例如，网络切片 1 与网络切片 4 在节点 B 到节点 C 之间的链路上共享同一个子接口，则该子接口只需发布一份资源信息，并在发布时指示该资源同时被切片 1 和切片 4 引用。所发布的网络切片资源信息可通过入节点收集并生成网络切片的完整信息，从而进行基于网络切片的约束算路。

在转发网络切片中的数据报文时，需要根据报文所属的网络切片找到该切片对应的本地资源，即用于转发报文的出接口的子接口（如表 10-5 所示）或队列。

表 10-5 转发报文的出接口的子接口

下一跳节点	切片标识	出接口的子接口
节点 B	切片 1	A-B 子接口 1
	切片 2	A-B 子接口 2
	切片 3	A-B 子接口 3

在 IETF 的“VPN+IGP”控制协议扩展文稿中，网络切片的定义包括切片的拓扑属性等一系列属性的组合，通过对控制协议的扩展在网络中发布切片的定义 [3]。确保整个网络对于每个网络切片的定义是一致的。

除了使用控制协议的扩展发布网络切片的定义之外，可以分别使用不同的

协议扩展发布网络切片对应的各种属性。例如，对网络切片的拓扑属性可以使用多拓扑或 Flex-Algo 的方式发布[6]，并通过 SRv6 的控制平面扩展，为不同的切片和拓扑分配不同的 Locator 和 SID。网络切片的资源属性则可以通过对 IGP L2 Bundle 的扩展来发布每个接口下不同子接口或队列的资源信息[8]，以及子接口或队列与切片之间的对应关系。这些对 IGP 的扩展可以进一步延续到 BGP-LS 的扩展，从而使切片中的网络设备或控制器可以收集到网络切片的各种属性信息，进而组合获得完整的网络切片信息。

2. 网络切片数据平面的扩展性

从网络基础设施层的资源分配能力来看，每种网络资源能够切分的数量是相对有限的。为了能支持更大规模的网络切片，首先需要提升底层网络资源的切分能力，通过引入新技术，支持更大规模和更细粒度的资源划分。此外，也需要考虑网络切片的经济性，在资源隔离的基础上引入一定程度的资源共享，也就是需要基于软、硬隔离相结合的方式，提供网络切片的资源分配，满足不同业务、不同等级的服务质量和隔离需求。

另外，由于不同的网络切片需要生成不同的路由表项和转发表项信息，网络切片数量的增加也带来了数据平面表项数量的增加。对于基于 SRv6 的网络切片方案，为每个切片分配不同的 SRv6 Locator 和 SID 需要更多的 Locator 和 SID 资源，对网络规划也会带来一定的挑战。

一种优化网络切片数据平面的方式是将数据平面单一网络切片标识的扁平化结构转换为基于多个数据平面标识的多级层次化结构，从而减少需要整网维护的转发表项数量，将部分转发信息放在单个网络节点进行本地维护。例如，可以为网络切片的 VTN 层提供独立于数据平面的路由和拓扑信息标识的数据平面切片标识。在转发数据报文时先通过匹配报文中的路由和拓扑信息找到对应的转发下一跳节点，再通过数据报文中的切片 VTN 标识找出该网络切片到下一跳节点使用的子接口或队列。在数据平面引入多级标识信息，对于数据平面封装和转发处理的灵活性和可扩展性提出了更高要求，而 SRv6 的数据平面可编程能力以及 IPv6 报文头灵活的可扩展性可以很好地满足这一要求。一种可行的方式是在 SRv6 报文的 IPv6 固定报文头和扩展报文头（包含 SRH）中使用不同字段，分别携带网络切片的路由拓扑标识和网络切片 VTN 标识。网络设备需要针对这两类数据平面标识生成对应的转发表，通过匹配不同标识实现完整的报文转发处理。基于 SRv6/IPv6 的网络切片拓扑和资源标识封装格式如图 10-11 所示。

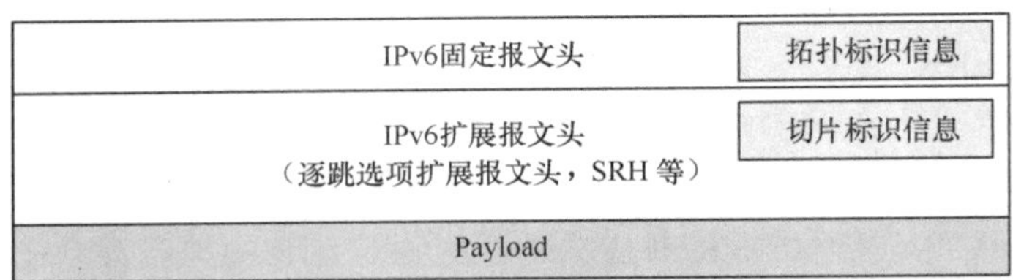

图 10-11　基于 SRv6/IPv6 的网络切片拓扑和资源标识封装格式

总之，通过提升网络设备资源切分隔离能力，使用软、硬隔离相结合的网络切片规划，结合对网络切片控制平面的功能解耦和优化处理，以及在网络切片数据平面引入多级转发标识和转发表项，可以在一张网络中支持更大规模和数量的网络切片，满足 5G 时代不断增长的网络切片业务需求。

10.3　SRv6 在确定性网络中的应用

10.3.1　5G 超可靠低时延通信

5G 网络不仅能够提供超高带宽，还能够为一些高价值业务，如 3GPP 定义的 5G 三大场景之一 uRLLC 业务[1]，提供更加可靠的 SLA 保证。5G uRLLC 业务将为电信运营商拓展新的商业边界，从传统 eMBB 业务渗透到垂直行业的各类业务，从面向消费者用户过渡到面向行业用户，从而催熟行业应用、提高社会生产效率，实现万物互联。

垂直行业的蓬勃发展是 5G uRLLC 业务的主要需求来源，其中智能电网、车联网和 Cloud VR 都是典型的应用场景。

1. 智能电网

电力行业经过最近几年的发展，其数字化、信息化的水平得到了明显的提升，并逐步显现出对无线通信的需求，以进一步实现智能化和自动化，其需求主要体现为以下 3 类应用：远程抄表以及远程设备监控，用于保障供电的可靠性；输电 / 配电自动化，用于实现配电网调度、监视、控制的统一集中管理；能源互联网，代表了智能电网的未来愿景。

智能电网应用对时延和可靠性要求较为苛刻，在某些场景下，如差动保护和精准负控，要求网络端到端双向时延不超过 10 ms，对可靠性也有很高的诉求，

是典型的 uRLLC 业务。

2. 车联网

IoV（Internet of Vehicle，车联网）是指车与车、车与路、车与人、车与传感设备之间交互，实现车辆与公众网络通信的动态移动通信系统。它可以实现以下功能。

- 通过车与车、车与人、车与传感设备的互联互通实现信息共享，收集车辆、道路和环境的信息。
- 在信息网络平台上对多源采集的信息进行加工、计算、共享和安全发布。
- 根据不同的功能需求对车辆进行有效的引导与监管。
- 提供专业的多媒体与移动互联网应用服务。

车联网要求网络广泛部署，具有高可靠性、低时延和大带宽能力。

目前业界普遍认为，网络服务车联网的主要应用可能包括编队行驶和远程遥控驾驶等。而绝大多数车联网场景要求端到端双向时延小于 10 ms，可靠性达到 5 个 9（99.999%）。

3. 虚拟现实

VR（Virtual Reality，虚拟现实）是利用计算机模拟产生一个三维空间的虚拟世界，提供使用者关于视觉、听觉、触觉等感官的模拟。VR 沉浸式体验给网络提出了更短时延的要求。在日常生活中，人体主要依靠前庭去感受身体位置的变化，当前庭的感知和身体位置的变化不同步时，人就会产生眩晕的感觉。业界的主流观点认为头动时延和 MTP（Motion-to-Photons，运动至显示）时延都不能超过 20 ms，对于敏感者来说，甚至要低于 17 ms。而考虑到去除画面渲染和拼接的时延、终端处理时延、画面成像显示时延等因素，留给网络的处理和传输时延只有 5 ms 左右。因此 VR 对网络的低时延提出了更高的要求。

10.3.2 确定性网络的基本原理

承载网作为 5G 端到端服务的重要组成部分，需要有能力满足 5G 业务不同级别 SLA 保证的需求。SLA 保证和承载网使用的多路复用技术紧密相关，传统承载网的多路复用技术主要有时分复用和统计复用。

- 时分复用是一种基于时间的多路复用技术，时域被分成周期循环的等长区间，两个以上的数据流轮流使用等长区间，对外表现为同一通信信道的子信道。时分复用可以提供严格的SLA保证，但是部署成本较高、灵活性较差，且信道的最小粒度受限。

- 统计复用是一种基于统计规律的多路复用技术，信道资源可以被任意多的流量共享，且信道的占用情况随实时流量的变化而变化；分组交换网（IP/Ethernet）提供了基于统计复用的转发，具有带宽利用率高、部署简单的特点，但是无法提供严格的服务质量SLA保证。

DetNet(Deterministic Networking，确定性网络）技术是一种提供可承诺 SLA 的网络技术，它能够综合统计复用和时分复用的技术优势，在 IP/Ethernet 分组网络中提供类似 TDM 转发的服务质量，保证高价值流量在传输过程中低抖动、零丢包，具有可预期的端到端时延上限。

IEEE 802.1 Time Sensitive Networking(TSN)Task Group(时间敏感网络任务组）和 IETF Deterministic Networking(DetNet)Working Group（确定性网络工作组）分别制定了应用于以太网的 TSN 标准和应用于三层 IP/MPLS 网络的 DetNet 的标准。本书主要介绍 DetNet 相关技术。

DetNet 代表的是一个技术合集，包括了以下很多相对独立的单点技术 [9]。

资源分配：在统计复用网络中，拥塞是指报文在某一个出端口堆积，严重超过端口的转发能力。它导致报文在缓存中长时间停滞而无法转发，甚至在缓存溢出时被丢弃。拥塞是造成分组网络时延不确定以及丢包的重要原因。DetNet 依靠资源预留和队列管理算法来避免高优先级报文之间的冲突，避免网络中出现拥塞，同时提供可保证的端到端时延上限。资源预留可以在中间设备为不同流量预留出端口资源，队列管理算法可以调度可能发生冲突的报文，按照资源预留分配带宽，二者互相配合可以达到避免拥塞的效果。网络中队列时延和丢包主要是由报文拥塞造成的，通过避免拥塞，可以有效地提升网络服务质量。

显式路径：为了保证业务的网络质量稳定，不受网络拓扑变化的影响，确定性网络需要提供显式路径，对报文的路由进行约束，以防止路由震动或其他因素对传输质量的影响。IP 网络中提供了丰富的显式路径协议，包括 RSVP-TE、SR 等，尤其是 SR 只在源节点维护逐流的转发状态，中间网络节点无须维护逐流的转发状态，只需按照当前 Segment 的指示进行转发即可，因此 SR 具有很好的可扩展性，得到了越来越广泛的应用。

冗余保护：冗余保护是指复制一份业务报文后，在网络中选取两条或多条不重合的路径同时传输，并在汇聚节点保留先到达的报文，即在网络中实现多发选收。这种机制能够在某条路径发生断路丢包时无损切换到另一条路径，保证业务的高可靠传输。

这些单点技术互相结合，可以形成完整的解决方案，其中涉及转发平面的队列管理算法、数据平面的报文封装设计，以及控制平面的资源预留和路径管理等。

下面主要介绍两种典型的解决方案：冗余保护方案（结合显式路径和冗余保护）和确定性时延方案（结合显式路径、资源分配和队列管理）。

1. 冗余保护的基本原理

冗余保护的基本原理是为 DetNet 数据流量建立两条或两条以上的路径，同时传输复制的报文，即多发选收，来防止某一链路失效或者其他故障导致报文丢失。如图 10-12 所示，一条 DetNet 数据流在复制节点被复制，分别经过多条不重合的路径发送，冗余报文到达汇聚节点会根据报文中携带的报文编号转发先收到的报文，丢弃冗余报文。冗余保护可以规避传统路径保护中主备倒换过程中的丢包问题，在网络出现链路故障时，进行无损倒换。

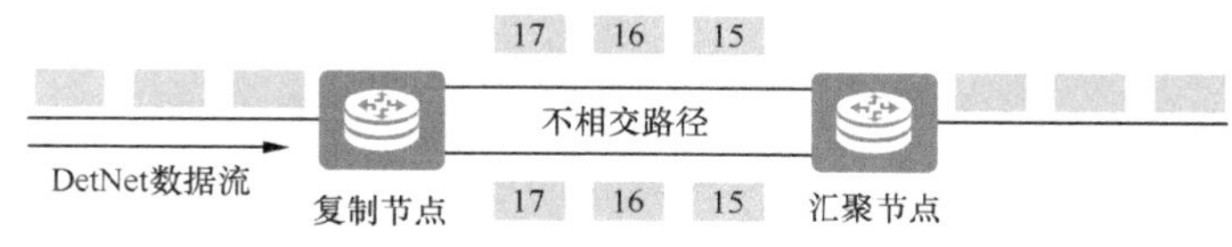

图 10-12　冗余保护的基本原理

相对于一般的主备倒换模式的保护机制，冗余保护的主要优势是无倒换时间，可以实现无损的倒换。传统的主备倒换在主链路失效时，需要一定的倒换时间（一般为 50 ms 左右），业务才能够切换到备用路径上。在倒换的过程中，有可能出现报文丢失，从应用侧来看业务会出现中断。冗余保护的过程中没有主备路径之分，两条路径同时传输数据，当其中一条业务中断时，汇聚节点会自动选收另外一条正常链路的报文，从应用侧来看，业务不会中断。

2. 确定性时延的基本原理

DetNet 通过合理规划资源，避免 DetNet 流量之间的资源冲突，配合队列管理算法，实现确定性时延，其基本原理如图 10-13 所示。

IP 网络是统计复用网络，报文的转发行为符合统计规律。如前文所述，当网络出现拥塞，报文堆积在转发设备的缓存中，导致报文的单跳时延大大增加。拥塞在网络中出现的概率较小，但是它直接导致了 IP 网络难以提供可靠的网络质量保证，即 IP 网络的“长尾效应”，其时延概率分布如图 10-13(a) 所示。

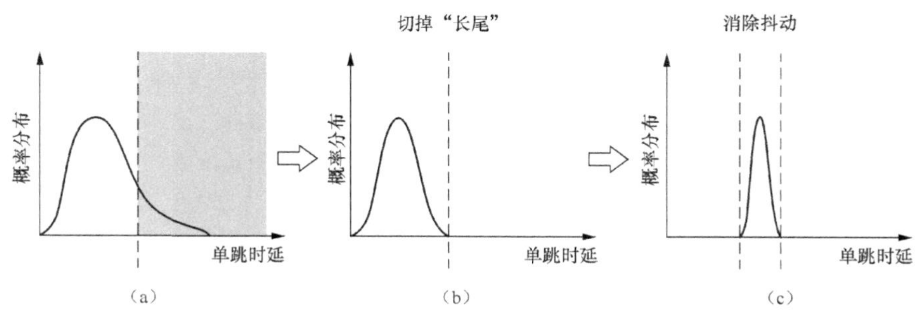

图 10-13　实现确定性时延的基本原理

实现确定性时延主要分两步。

第一步：切掉“长尾”。

在出端口队列中，将 DetNet 流量设为最高优先级流量，保证非 DetNet 流量不会影响 DetNet 流量的转发；利用控制器的资源规划，保证 DetNet 流之间不会互相影响；避免因为拥塞出现的时延“长尾”，如图 10-13(b) 所示。

第二步：消除抖动。

在上一跳设备发送报文时间确定的前提下，报文到达转发设备出端口队列的时间依然存在不确定性，主要是因为报文处理带来了抖动。设备中的缓存需要有能力消除设备其他部分带来的抖动，确保报文能在一个可预期的时间区间内被转发，如图 10-13(c) 所示。

在 DetNet 技术体系中引入了新的设备功能，如 IEEE 802.1 Qbv 定义了新的整形机制，即 TAS(Time Aware Shaping，基于时间的整形机制)，其基本原理如图 10-14 所示。

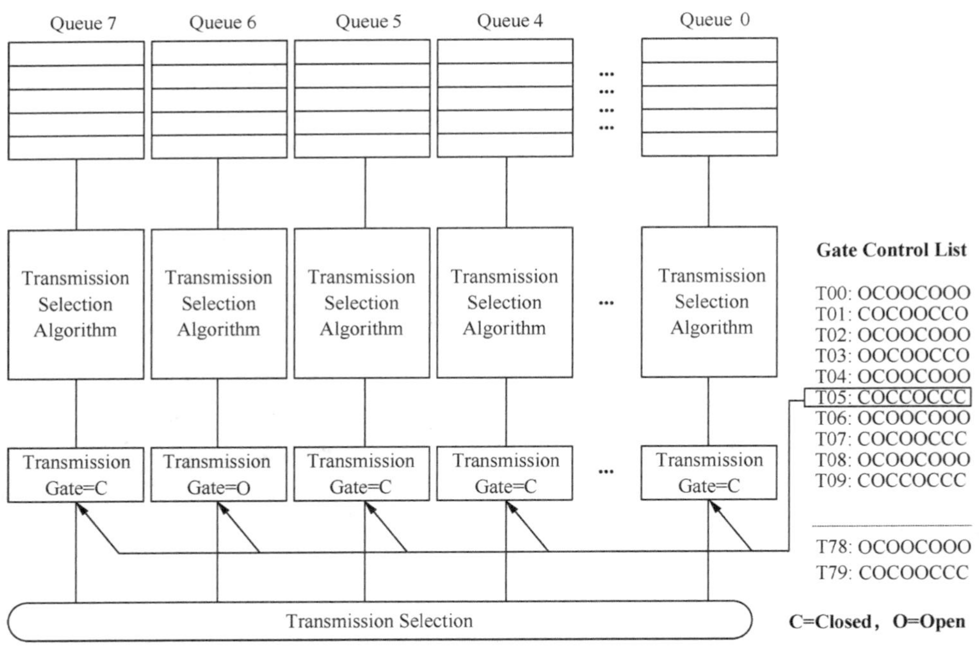

图 10-14　TAS 的基本原理

报文进入 Transmission Selection(传输选择)模块后，TAS 在每个队

列（Queue）前增加一个 Transmission Gate（时间门控）机制，该门控的开关遵循 Gate Control List（时间门控表），该表规定了每个时间段内（T*n*）每个门控的开关状态。TAS 提供了基于时间的整形能力，为保证时延提供了硬件基础。报文进入某一队列（Queue 0 ~ 7）中，Transmission Selection Algorithm（传输选择算法）决定了队列之间的调度规则，当该队列被调度时，如当前时刻 Transmission Gate 的状态为 C（Closed），表明整形器关闭，报文被缓存；如 Transmission Gate 的状态为 O（Open），表明整形器开启，报文可以被发送。

按照图 10-14 中所示的机制，当一个报文到达出端口队列，会根据其流量优先级选择相应的队列，该报文在队列中进行缓存，直到排在该报文之前的所有报文转发完成。当 Transmission Selection Algorithm 判断该队列可以出队，且当前的 Transmission Gate 的状态为 O 时，该报文被转发。

10.3.3　基于 SRv6 的确定性网络

本节介绍基于 SRv6 的冗余保护和确定性时延方案，分别用于保证确定性网络的极低丢包和可承诺的时延上限。

1. 基于 SRv6 的冗余保护

为了支持基于 SRv6 的多发选收，需要对 SRv6 进行以下扩展。

（1）扩展 SRH，携带汇聚节点所需的流标识和序列号 [10]。

（2）定义新的 Segment ID，定义冗余 SID 和汇聚 SID，分别用于指示在对应的节点进行报文复制和删除冗余 [11]。

（3）定义新的冗余策略，可同时实例化多个 Segment List，指示报文在复制之后，沿着不重合的路径进行转发 [12]。

扩展 SRH 中的 Optional TLV 是一种可能的流标识和序列号封装形式。用于携带流标识的 Optional TLV 的格式如图 10-15 所示。

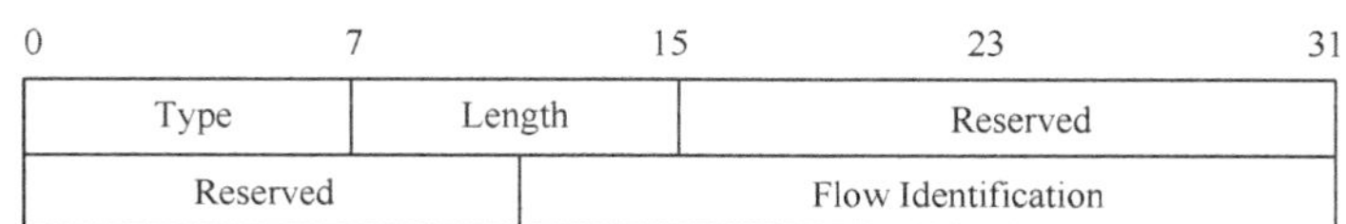

图 10-15　用于携带流标识的 Optional TLV 的格式

用于携带流标识的 Optional TLV 各字段的说明如表 10-6 所示。

表 10-6　用于携带流标识的 Optional TLV 各字段的说明

字段名	长度	含义
Type	8 bit	类型，由 IANA 分配
Length	8 bit	TLV 长度
Reserved	28 bit	保留字段，默认值为 0
Flow Identification	20 bit	流标识，用于识别 DetNet 流

用于携带序列号的 Optional TLV 的格式如图 10-16 所示。

0	7	15	23	31
Type	Length	Reserved		
Reserved	Sequence Number			

图 10-16　用于携带序列号的 Optional TLV 的格式

用于携带序列号的 Optional TLV 各字段的说明如表 10-7 所示。

表 10-7　用于携带序列号的 Optional TLV 各字段的说明

字段名	长度	含义
Type	8 bit	类型，由 IANA 分配
Length	8 bit	TLV 长度
Reserved	20 bit	预留字段，默认值为 0
Sequence Number	28 bit	序列号，用于标识一条 DetNet 流中的报文顺序

下面介绍 SRv6 的转发流程。图 10-17 表示一条承载在 SRv6 路径上的 DetNet 流从入节点到出节点的转发过程，中继节点 1 是多发选收的复制节点，中继节点 2 是多发选收的汇聚节点。

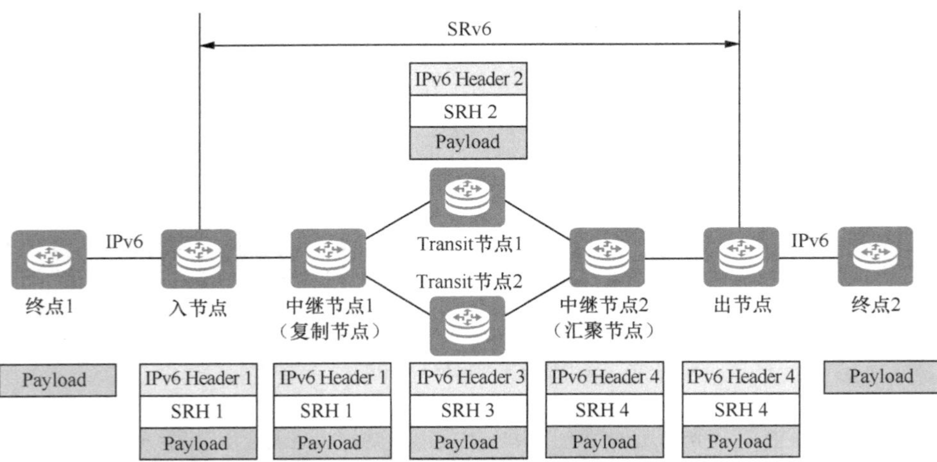

图 10-17　基于 SRv6 的 DetNet 流转发过程

基于SRv6的多发选收工作过程如下。

① 入节点封装包含SRH1的外层IPv6报文头，其中SRH1指示入节点到中继节点1的路径信息。

② 复制节点对DetNet流进行复制，并为复制报文分别重新封装包含SRH2和SRH3的外层IPv6 Header，SRH2和SRH3中携带流标识和报文的序列号。SRH2和SRH3分别指示从中继节点1到中继节点2的两条不重合路径信息。

③ 汇聚节点接收到报文，根据报文SRH中的流标识和序列号判断报文是否为冗余报文，先收到的报文会被转发，后收到的报文被判断为冗余报文，然后被丢弃。被转发的报文重新封装包含SRH4的外层IPv6报文头，指示从汇聚节点到出节点的路径。

以上就是基于SRv6实现的DetNet多发选收的冗余保护机制，通过这个机制，可以保障数据传输的高可靠性。

2. 基于SRv6的确定时延

CSQF（Cycle Specified Queuing and Forwarding，循环指定队列和转发）是一种基于SRv6的确定性时延解决方案，它通过控制器计算来指定报文在每一跳的出端口时间。

传统的TE以带宽为单位来进行资源预留。带宽是一段时间的平均速率，无法反映流量基于时间的变化。这种资源预留方法可以在一定程度上改善服务质量，但是无法处理短时间的流量突发和报文冲突。

CSQF方法以时间为单位进行资源预留，利用控制器为流量在设备上分配出端口的时间，可以精确地规划流量、避免拥塞。Cycle是CSQF方法中引入的一个时间概念，指网络设备的一个时间区间。Cycle的概念来源于IEEE 802.1 Qch，Cycle的长度就是时间区间的大小，如20 min、10 μs等；Cycle的编号是指在一个网络系统内，从开始计时起，具体某一个时间区间，例如，网络系统开始时间是0 μs，Cycle长度是10 μs，则Cycle10就是指90~100 μs这个时间区间。

控制器需要维护全网的流量状态并预计占用端口时间，当有新的传输请求时，它会计算一条满足用户时延需求的路径，并规定流量在沿途设备上的出端口时间，即Cycle编号，并用SRv6 SID表示。这样的SID组合形成的SID列表代表了一条确定性时延的路径，并由控制器下发给入口设备。该确定性时延路径上的设备会按照SRv6 SID列表中对应SID的指示，在规定的时间转发报文，以确保端到端的时延满足用户需求，如图

10-18 所示。

在资源预留的基础上，CSQF 还需要配合出端口队列调度算法，保证队列时延的确定性，并且吸纳报文处理时延可能带来的抖动。如图 10-18(c) 所示，当报文从 A 设备到达 B 设备，经过一个长度已知的链路时延，报文处理可能存在一定的抖动，进入某一队列后，利用 TAS 可以吸纳抖动。使用 CSQF 方法，可以提供有保证的端到端时延上限和抖动上限。

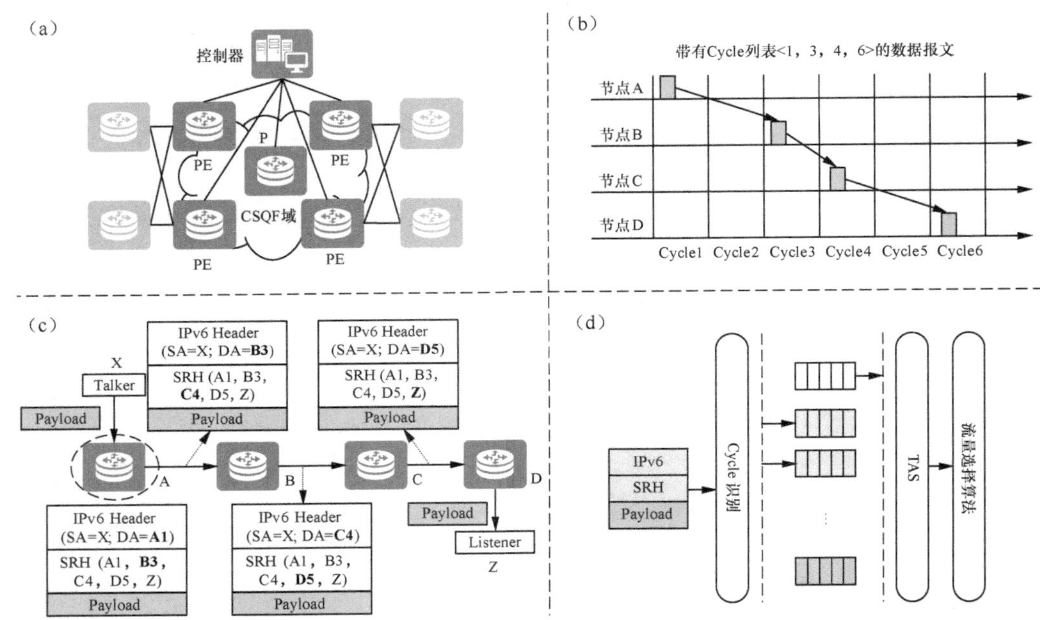

图 10-18 CSQF 的解决思路

图 10-18 展示了实现 CSQF 的一般流程。

① 图 10-18(a) 展示了控制器收集网络拓扑和 Cycle 信息。

② 图 10-18(b) 展示了控制器根据新增流量的流量模型和时延需求为其规划路径，并在沿途节点发送 Cycle。

③ 图 10-18(c) 展示了控制器为该流量下发相应的 SRv6 封装，报文按照封装指示的内容进行转发。

④ 图 10-18(d) 展示了在设备中利用 TAS 保证报文在一定时间内被转发。由于篇幅限制，有兴趣的读者可以继续查阅相关参考文献。

| 10.4　SRv6 在 5G 移动网络中的应用 |

当前的移动通信网络主要由 3 部分组成：无线接入网、移动核心网和承载网。不同网络之间缺少有效的协同配合，这导致端到端移动通信网络难以满足 5G 业务严格的服务质量要求（如低时延）。为了有效地支持 5G 端到端新业务，一些运营商正在积极地部署基于 SRv6 的承载网，并尝试将 SRv6 从承载网延伸到移动核心网中，构建具有可扩展性的新一代移动通信网络架构，提高网络的可靠性、灵活性和敏捷性，进而帮助运营商减少 CAPEX（Capital Expenditure，资本支出）和 OPEX（Operating Expense，运营支出）。在 5G 移动通信网络中部署 SRv6，基于 IPv6 协议构建端到端的用户平面功能，可以简化网络层级，使网络变得更加简单、可控和灵活。

10.4.1　5G 移动网络的架构

2016 年底，3GPP（3rd Generation Partnership Project，第 3 代合作伙伴计划）确定了 5G 网络架构，如图 10-19 所示，包括 RAN/AN（Access Network，接入网）和核心网。UE（User Equipment，用户终端）经由 RAN/AN（5G 基站 gNB）接入 5G 核心网 [13]。

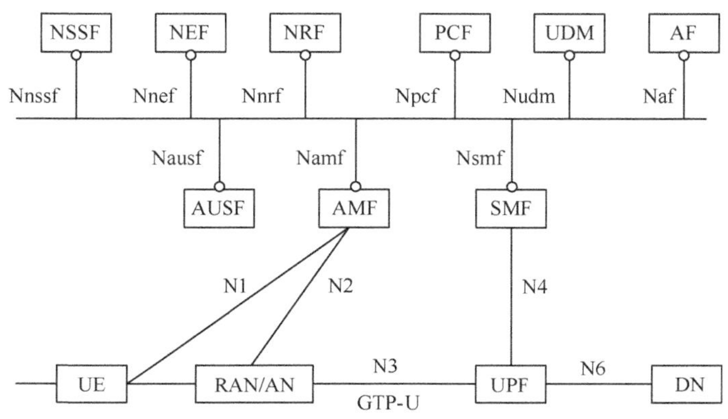

图 10-19　5G 移动网络架构

5G 核心网分为 CP(Control Plane，控制平面)和 UP(User Plane，用户平面)。UP 只包含 UPF(User Plane Function，用户平面功能模块)，其余部分为 CP。

5G 核心网的 CP 采用 SBA，对其原有 CP 功能进行解耦、聚合并且实现服务化。如图 10-19 所示，CP 包含以下功能模块：

- AMF（Access and Mobility Management Function，接入和移动管理功能）；
- SMF（Session Management Function，会话管理功能）；
- AUSF（Authentication Server Function，鉴权服务器功能）；
- PCF（Policy Control Function，策略控制功能）。

这些功能模块用于用户移动接入、会话、策略管理，向 UP 下发流量控制策略和引流规则。CP 不同功能模块之间通过 Restful API 直接互相灵活调用。

5G 核心网 CP 通过标准化接口分别与 UE、RAN/AN、UPF 连接。

具体的接口如下。

- N1：UE直接连接核心网AMF的接口。
- N2：RAN/AN接入核心网AMF的接口，UE流量可以间接地从此接口访问AMF。
- N3：RAN/AN与UPF之间的接口，RAN通过N3接口，经由GTP-U隧道[14]穿越承载网连接到UPF。
- N4：连接UPF与SMF的管理接口，用于对UPF下发策略，UPF根据CP下发策略执行引流和QoS。
- N6：连接UPF和DN（Data Network，数据网络）的接口。

CP 服务化可以实现网络功能的即插即用，提供按需部署网络功能和资源的能力，通过分离 CP 与 UP 的设计，简化网络 CP 与 UP 之间的连接，可以提升 CP 与 UP 的扩展性，并且可以根据业务的需求，将核心网络功能灵活地部署在不同层级的数据中心中。例如，为了满足低时延业务（如自动驾驶）需求，可以将其 UP 下沉至 EDC，部署在用户与应用服务器附近。

10.4.2 SRv6 在 5G 移动网络中的部署方式

根据 5G 基站 gNB 是否支持 SRv6，SRv6 在移动通信网络中的具体部署方式可分为两种 [15]。

方式一： gNB 和 UPF 都支持 SRv6 时的部署方式，如图 10-20 所示。当 5G 基站 gNB 和 UPF 都支持 SRv6 时，可以在 gNB 和 UPF 之间建立端到端的

SRv6 隧道。gNB 和 UPF 对业务报文分别进行 SRv6 封装与解封装。在上行方向，gNB 可以作为 SRv6 隧道的入节点，对接收到的业务报文直接进行 SRv6 封装，进入相应的 SRv6 隧道。每条 SRv6 隧道可以指定途经的 C1（承载网设备）和 S1（云原生网络功能）。到达 UPF 后，对报文进行 SRv6 解封装。之后报文经过 N6 接口进入 DN。这种 gNB 与 UPF 之间端到端建立 SRv6 隧道的方式，使得承载网能够感知上层业务及其需求，并为其提供 SRv6 TE 显式路径的规划，从而满足其 SLA 需求，如为 uRLLC 业务提供一条从 gNB 到 UPF 的低时延路径。

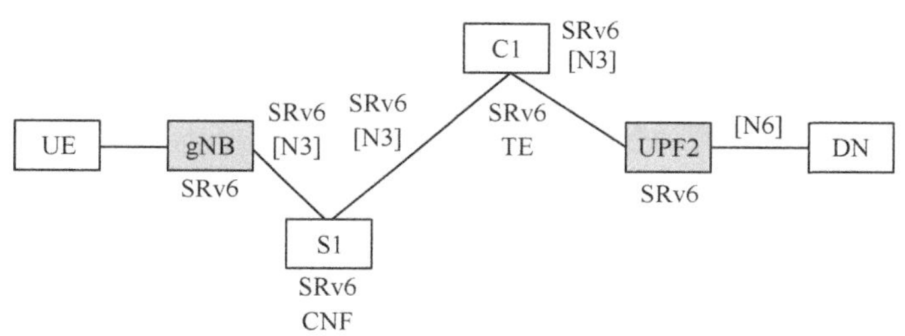

图 10-20　支持 SRv6 的 5G 承载网部署方式（gNB 支持 SRv6）

方式二： gNB 不支持 SRv6 但 UPF 支持 SRv6 的部署方式，如图 10-21 所示。当 gNB 不支持 SRv6，而 UPF 支持 SRv6 时，可以在 gNB 与 UPF1 之间（即 N3 接口）仍然使用 GTP-U 隧道，而 UPF 之间（即 N9 接口）使用 SRv6 隧道，从而使 GTP-U 隧道与 SRv6 隧道对接。这样 UPF1 可以作为 SRv6 网关，对通过 GTP-U 隧道接收到的业务报文进行 GTP-U 解封装和 SRv6 封装，让报文进入相应的 SRv6 隧道。每条 SRv6 隧道可以指定途经的 C1 和 S1，其中 S1 也可以由 VNF 实现。

采用这种方式时，需要在第一个 UPF 节点拼接 GTP-U 隧道与 SRv6 隧道，即进行报文携带的信息映射、传递参数并转换封装格式。相应地，也需要定义一些新的 SRv6 功能，下一节将介绍这些内容。

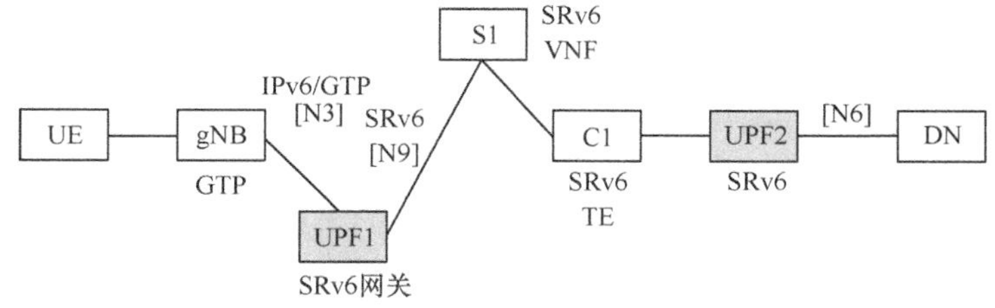

图 10-21　支持 SRv6 的 5G 承载网部署方式（gNB 不支持 SRv6）

10.4.3 SRv6 在 5G 移动网络中的关键功能

将 5G 移动网络功能融合在具有 SRv6 功能的端到端 IPv6 网络层中，对于部署简单且可扩展的 5G 网络至关重要。本节介绍用于移动网络 UP 的 SRv6 的主要功能扩展，目前这些扩展正在 IETF 进行标准化[15]。

1. Args.Mob.Session

SRv6 SID 的 Arguments（Args）字段可以用来携带报文数据单元会话信息，如 PDU（Packet Data Unit，分组数据单元）Session ID、QFI（QoS Flow Identifier，QoS 流标识符）和 RQI（Reflective QoS Indicator，反射 QoS 标识）等，这个字段在移动网络中被称为 Args.Mob.Session[15]，可以用于移动终端计费和缓存，具体格式如图 10-22 所示。

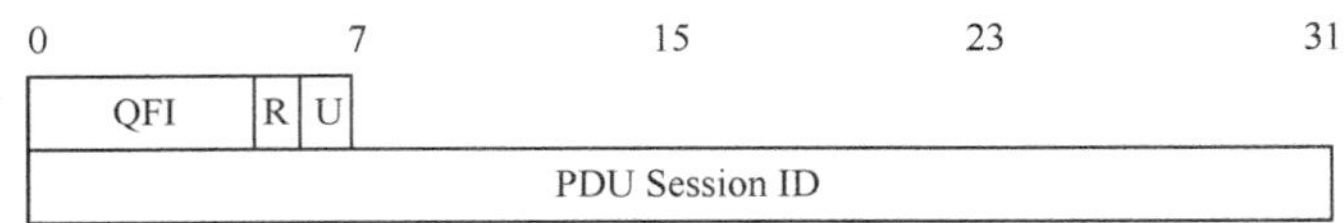

图 10-22　Args.Mob.Session 的封装格式

Args.Mob.Session 各字段的含义如表 10-8 所示。

表 10-8　Args.Mob.Session 各字段的含义

字段名	含义
QFI	标识 QoS 流[16]
R	反射 QoS 标识[13]。这个参数用来指示发往移动终端的报文的反射 QoS。反射 QoS 使得移动终端可以将上行用户业务映射至相应的 QoS 流，而不用借助 SMF 提供的 QoS 规则
U	预留字段，在传输过程中设置为 0，在接收端被忽略
PDU Session ID	用来指示 PDU 会话。对于 GTP-U 隧道，该字段为 TEID（Tunnel Endpoint Identifier，隧道端点标识符）

Args.Mob.Session 通常与 End.Map、End.DT 和 End.DX 等功能结合使用。

通常情况下，多个会话可以使用一个相同的聚合 SRv6 功能，而 Args.Mob.Session 携带了每个会话的信息参数，可以帮助 UPF 实现对每个会话粒度的精细化功能控制。

2. End.M.GTP6.D/End.M.GTP6.E

当 gNB 支持 IPv6/GTP（GPRS Tunneling Protocol，GPRS 隧道协议）而不支持 SRv6 时，SRv6 Gateway（UPF1）需要支持拼接 IPv6/GTP 与 SRv6 隧道。End.M.GTP6.D（Endpoint Function with IPv6/GTP Decapsulation into SR Policy）和 End.M.GTP6.E（Endpoint Function with IPv6/GTP Encapsulation for IPv6.GTP Tunnel）就是 UPF1 上需要支持的隧道拼接功能。

针对上行业务，UPF1 需要支持 End.M.GTP6.D 来实现 IPv6/GTP 向 SRv6 的转换；针对下行业务，UPF1 需要支持 End.M.GTP6.E 来实现 SRv6 向基于 IPv6 的 GTP 的转换。

以 End.M.GTP6.D 为例，假设该 SID 与 SRv6 Policy <S1，S2，S3> 和 IPv6 源地址 A 对应。当 UPF1 接收到目的地址为 S 的业务报文，而 S 为本地的 End.M.GTP6.D SID 时，UPF1 上处理过程的逻辑伪码如下所示。

```
IF NH=UDP & UDP_DST_PORT = GTP THEN
   copy TEID to form SID S3
   pop the IPv6, UDP and GTP headers
   push a new IPv6 header with a SR policy in SRH <S1, S2, S3>
   set the outer IPv6 SA to A
   set the outer IPv6 DA to S1
   set the outer IPv6 NH   //每个 PDU 会话类型都会有一个 End.M.GTP6.D SID，所以根据该 SID，已经可以预知下一个报文头（Next Header，NH）类型
   forward according to the S1 segment of the SRv6 Policy
ELSE
  Drop the packet
```

3. End.M.GTP4.E

当 gNB 支持 IPv4/GTP 而不支持 SRv6 时，SRv6 Gateway（UPF1）需要支持拼接 IPv4/GTP 与 SRv6 的隧道。针对下行业务，UPF1 需要支持 End.M.GTP4.E（Endpoint Function with IPv4/GTP Encapsulation for IPv4.GTP Tunnel）来实现 SRv6 报文封装格式向 IPv4/GTP 报文封装格式的转换。

当 UPF1 接收到报文目的地址为 S，而 S 为本地的 End.M.GTP4.E SID 时，UPF1 使用该 SID 中携带的信息来构造一个基于 IPv4 的 GTP 报文，UPF1 上处理过程的逻辑伪码如下所示。

```
IF (NH=SRH and SL = 0) or ENH=4 THEN
   store IPv6 DA in buffer S
```

```
    store IPv6 SA in buffer S'
    pop the IPv6 header and its extension headers
    push UDP/GTP headers with GTP TEID from S
    push outer IPv4 header with SA, DA from S' and S
ELSE
    Drop the packet
```

End.M.GTP4.E SID 的封装格式如图 10-23 所示。

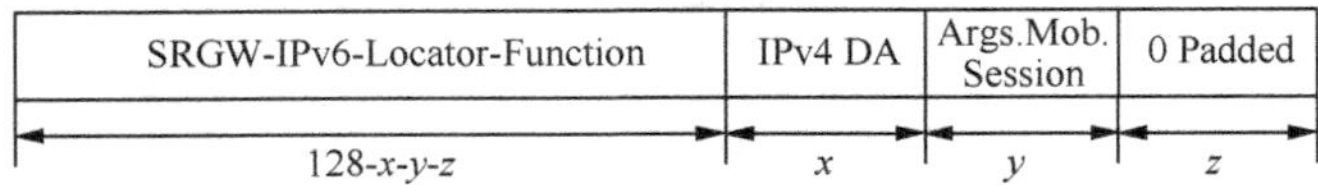

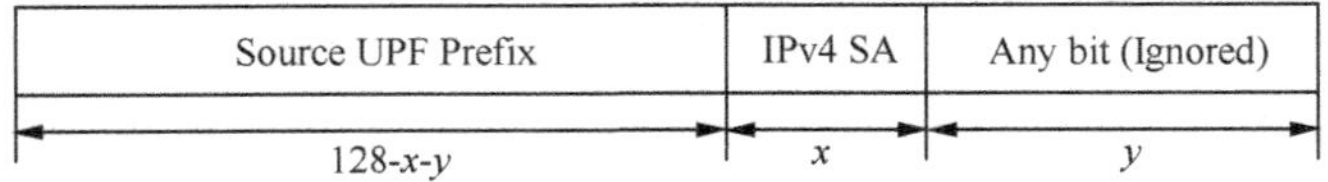

图 10-23　End.M.GTP4.E SID 的封装格式

End.M.GTP4.E SID 各字段的含义如表 10-9 所示。

表 10-9　End.M.GTP4.E SID 各字段的含义

字段名	含义
SRGW-IPv6-Locator-Function	为 SRv6 网关的 Locator 和 Function 部分
IPv4 DA	IPv4 目的地址
Args.Mob.Session	用来携带报文数据单元会话信息
Source UPF Prefix	源 UPF 前缀
IPv4 SA	IPv4 源地址
Any bit (Ignored)	用于填充

4. End.Limit SID

End.Limit 的定义是为了支持移动 UP 的限速功能特性。

End.Limit SID 的格式如图 10-24 所示，其中 Group-ID 用来指定一组具有相同 AMBR（Aggregate Maximum Bit Rate，聚合最大比特率）的多个数据流，Limit-Rate 作为该 SID 的 Arguments 部分来指示需要为该报文施加的实际限速值。

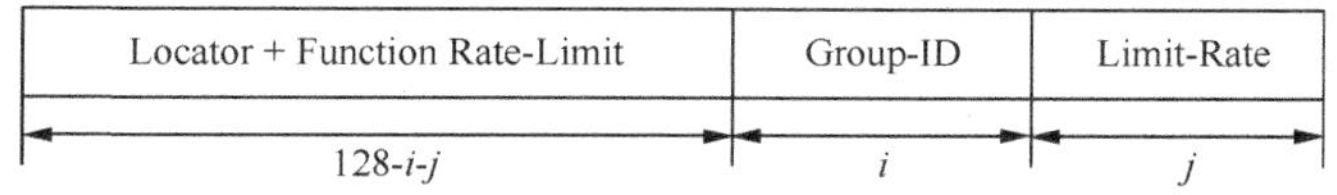

图 10-24　End.Limit SID 的封装格式

End.Limit SID 各字段的含义如表 10-10 所示。

表 10-10　End.Limit SID 各字段的含义

字段名	含义
Locator + Function Rate-Limit	限速功能的 Locator 和 Function 部分
Group-ID	执行限速的报文所属的 AMBR 组
Limit-Rate	限速值参数

10.4.4　5G 移动网络的控制平面

移动网络的 CP 与 UP 是相对独立的。采用 SRv6 支持移动 UP 时，CP 可以是现有 3GPP 定义的 CP，但是需要对 N4 接口 [17] 进行一些修改，来支持向 UP 下发针对特定 SID 的相关策略 [18]。

| SRv6 设计背后的故事 |

1. 网络切片的设计之路

（1）SR 网络切片的缘起

2013 年，华为提交了一篇基于 SR 的虚拟网络的草案 [19]。当时提交这篇草案有两个出发点。

- RSVP-TE 能够支持在数据平面上预留带宽资源，而 SR 则没有对应的能力，因此要扩展 Segment，不仅要能指示节点和链路，还要能指示保证服务的资源。
- 运营商需要给用户提供定制网络的能力，以前是在边界提供 VPN 服务，现在在域内也要能提供定制的网络。

对于 SR 的理解要从两个角度来看。

一方面，众所周知，SR 是一种具有高可扩展性的路径服务，通过节点 Segment、链路 Segment 等的组合提供了不同的 SR 路径，可以满足客户特定的需求，这也是我们常说的网络编程。

另一方面，换一个角度看，节点 Segment 是一个虚拟节点，链路 Segment 是一个虚拟链路，将节点 Segment 和链路 Segment 组合在一起，就是一个虚拟节点和虚拟链路的集合，这样就形成了一个虚拟网络。从这个意义上讲，SR 也是一个很方便地提供虚拟网络的技术。

虽然这个草案很早被提交给 IETF，但是客户需求还没有发展起来，于是 IETF 没有推动这个草案的研究。直到 2017 年左右，网络切片在 IETF 兴起，这篇草案又有了用武之地。

（2）带宽接入控制与资源预留

在 SR 设计之初，出于对 Bandwidth Guarantee（带宽保证）的考虑，只是在控制器中为业务计算路径的时候可以将所使用的链路带宽扣除，如果链路带宽不足，那么路径计算失败。这种为业务保证带宽的路径计算是不足的，更准确的名称应该是 Bandwidth Admission Control（带宽接入控制）。因为在实际的网络中，SR 路径并没有预留相应的带宽，这样很难保证其总能获得所预想的保证带宽服务。网络轻载的情况下，问题并不突出，但是网络中一旦发生了拥塞，因为没有资源隔离，不同业务之间会相互竞争资源，由此会影响服务质量。这种问题的出现是必然的，归根到底是 IP 流量具有突发性，且控制器无法得到所有业务流量的准确信息，那么控制器完成带宽接入控制的情况与网络的实际状况不可避免地存在偏差。为了更好地提供保证带宽的服务，还需要在网络中提供针对 SR 路径的 Bandwidth Resource Reservation（带宽资源预留）。

后来发展的 Flex-Algo 等技术，虽然基于 SR 可以提供多个虚拟网络，也可以按照不同的 Metric（度量）和路径计算算法来计算满足不同约束的 SR BE 路径，并将其应用于网络切片。但是这个技术在一开始并不是为网络切片设计的，当前的 Flex-Algo 技术可以支持多个采用不同拓扑的切片，但是在转发平面上，多个切片共享资源，这样会相互影响，不能完全实现带宽保证。因此需要引入额外的机制，将 Flex-Algo 与为每个切片分配的资源关联起来。

（3）IGP 的可扩展性

网络切片对 IGP 的可扩展性提出了很大的挑战。原来 IGP 发布的一般只是一个物理网络的拓扑信息，如果只是简单地按照 SR 切片增加 Node SID 和 Adjacency SID 等，可以认为发布的网络拓扑信息随着切片数量倍乘增加，而且基于虚拟网络拓扑的路径计算也是倍乘增加。如果 IP 承载网要支持大量的切片，那么 IGP 的可扩展性就成了瓶颈。

华为负责 SR 研究的专家胡志波首先意识到了这个问题，他率先提出了网络切片与拓扑分离的理念，也就是多个网络切片可以共享相同的拓扑，这样只需要一次拓扑计算的结果就可以为多个切片服务，由此降低了 IGP 的负载，提升了可扩展性。这个想法确实很精妙，很快获得了认同，但是在实现方案上出现了分歧。

一种方案是网络切片与 IGP 多拓扑或 IGP Flex-Algo 绑定，然后再发展一个 Common Topology（公共拓扑）的概念出来，用于为多个网络切片进行共享拓扑的信息发布和路径计算。

另一种方案是 IGP 新增发布网络切片信息的功能，共享拓扑采用 IGP MT 或 IGP Flex-Algo。

第二种方案的反对者认为 IGP 不应该用于分发特定的业务信息（网络切片）。第一种方案的反对者认为 IGP 多拓扑等已经用于拓扑隔离了，如果再搞一个公共拓扑的概念出来，会影响 IGP 多拓扑现有的行为。经过多次讨论，第二种方案逐渐赢得了更多的支持，这背后的原因是 IGP 由一个单纯的用于路由 / 路径计算的协议向支持业务的协议的转变，就像 BGP 首先用于互联网路由传播，后来被广泛用于支持 VPN 等业务。

解决 IGP 可扩展性的另一种方法就是通过 BGP 来替代 IGP。某些 OTT 厂商使用 BGP 作为数据中心的 Underlay 技术协议，并获得了成功，这种设计出乎很多人的意料，但是确实有很好的可扩展性。BGP 也有自己的问题，相对于 IGP，BGP 的配置量大，复杂度高，需要解决自动化配置的问题，这也是一个值得研究的课题。

2. SRv6 应用到核心网的挑战

SRv6 应用到核心网实际是延伸 SRv6 的应用范围，是实现业务和承载统一编程的一个很好的范例，可以极大地简化网络的层次、降低业务部署的复杂性。2018 年 1 月，SRv6 应用到核心网的研究在 3GPP 的 CT4 组进行了立项，该研究于 2019 年 9 月结束，未能获得批准继续研究或并入 R16 标准，主要有以下两个方面的原因。

第一，5G 标准急需冻结。当前工作的重点是空口部分，而核心网部分早早确定了 GTP，并非关键路径。如果更换为 SRv6，还需要重新标准化，由此会拖慢 5G 标准化的进程。

第二，SRv6 作为 GTP 的可替代方案并不完善。GTP 经过多年的发展，相对成熟，SRv6 替代 GTP 是一种可能，但是在满足 GTP 的具体需求方面还有很多亟须完善和标准化的地方。

因为上述原因，最后5G标准未能接受SRv6。SRv6应用到核心网的研究和标准推动工作在IETF的DMM（Distributed Mobility Management）工作组仍在继续。未来SRv6经过更好的发展和完善，可以由3GPP进一步推动其发展。

本章参考文献

[1] ITU-R. IMT Vision – Framework and Overall Objectives of the Future Development of IMT for 2020 and Beyond[EB/OL]. (2015-09-29)[2020-03-25]. ITU-R M.2083.

[2] DONG J, BRYANT S, LI Z, et al. A Framework for Enhanced Virtual Private Networks (VPN+) Services[EB/OL]. (2020-02-18)[2020-03-25]. draft-ietf-teas-enhanced-vpn-05.

[3] DONG J, HU Z, LI Z, et al. IGP Extensions for Segment Routing based Enhanced VPN[EB/OL]. (2020-03-09)[2020-03-25]. draft-dong-lsr-sr-enhanced-vpn-03.

[4] DONG J, HU Z, LI Z. BGP-LS Extensions for Segment Routing based Enhanced VPN[EB/OL]. (2020-03-09)[2020-03-25]. draft-dong-idr-bgpls-sr-enhanced-vpn-01.

[5] DONG J, BRYANT S, MIYASAKA T, et al. Segment Routing for Resource Guaranteed Virtual Networks[EB/OL]. (2020-03-09)[2020-03-25]. draft-dong-spring-sr-for-enhanced-vpn-07.

[6] PRZYGIENDA T, SHEN N, SHETH N. M-ISIS: Multi Topology (MT) Routing in Intermediate System to Intermediate Systems (IS-ISs)[EB/OL]. (2015-10-14)[2020-03-25]. RFC 5120.

[7] PSENAK P, HEGDE S, FILSFILS C, et al. IGP Flexible Algorithm[EB/OL]. (2020-02-21)[2020-03-25]. draft-ietf-lsr-flex-algo-06.

[8] GINSBERG L, BASHANDY A, FILSFILS C, et al. Advertising L2 Bundle Member Link Attributes in IS-IS[EB/OL]. (2019-12-06)[2020-03-25]. RFC 8668.

[9] FINN N, THUBERT P, VARGA B, et al. Determinstic Networking Architecture[EB/OL]. (2019-10-24)[2020-03-25]. RFC 8655.

[10] GENG X, CHEN M. SRH Extension for Redundancy Protection[EB/

OL]. (2020-03-09)[2020-03-25]. draft-geng-spring-redundancy-protection-srh-00.

[11] GENG X, CHEN M. Redundancy SID and Merging SID for Redundancy Protection[EB/OL]. (2020-03-09)[2020-03-25]. draft-geng-spring-redundancy-protection-sid-00.

[12] GENG X, CHEN M. Redundancy Policy for Redundant Protection[EB/OL]. (2020-03-23)[2020-03-25]. draft-geng-spring-redundancy-policy-01.

[13] 3GPP. System Architecture for the 5G System (5GS)[EB/OL]. (2019-12-22)[2020-03-25]. 3GPP TS 23.501.

[14] 3GPP. General Packet Radio System (GPRS) Tunnelling Protocol User Plane (GTPv1-U)[EB/OL]. (2019-12-20)[2020-03-25]. 3GPP TS 29.281.

[15] MATSUSHIMA S, FILSFILS C, KOHNO M, et al. Segment Routing IPv6 for Mobile User Plane[EB/OL]. (2019-11-04)[2020-03-25]. draft-ietf-dmm-srv6-mobile-uplane-07.

[16] 3GPP. Draft Specification for 5GS Container (TS 38.415)[EB/OL]. (2019-01-08)[2020-03-25]. 3GPP TS 38.415.

[17] 3GPP. Interface between the Control Plane and the User Plane Nodes[EB/OL]. (2019-12-20)[2020-03-25]. 3GPP TS 29.244.

[18] 3GPP. Study on User-plane Protocol in 5GC[EB/OL]. (2019-09-23)[2020-03-25]. 3GPP TR 29.892.

[19] LI Z, LI M. Framework of Network Virtualization Based on MPLS Global Label[EB/OL]. (2003-10-21)[2020-03-25]. draft-li-mpls-network-virtualization-framework-00.

第 11 章 SRv6 在云业务中的应用

本章介绍 SRv6 在云业务中的应用。SRv6 可以用于连接边缘电信云场景，实现网络可编程。基于 IPv6 的可达性，SRv6 在跨域时无须再采用背靠背等形式拼接，可直接跨越多域，简化了跨域业务的部署。此外，SRv6 基于入节点显式地指定转发路径的能力也为 SFC 提供了很好的实现方式。SRv6 也可以很好地支持 SD-WAN，通过发布对应不同路径的 Binding SID，SRv6 可让 CPE（Customer Premises Equipment，客户终端设备，也称客户驻地设备）等基于 Binding SID 进行选路，实现 SD-WAN。

| 11.1 SRv6 在电信云中的应用 |

11.1.1 电信云概述

传统电信网络建设一直秉承软硬件一体化的思路，使用由设备供应商提供的专用硬件设备 [如移动数据业务的 MME(Mobility Management Entity，移动性管理实体)/SGW/PGW、固定业务的 BNG 等] 组网为用户提供电信服务。随着电信业务的高速发展（如 5G 等新兴业务的兴起），电信网络不得不面对网络需要快速响应、业务场景更加多样、新业务上线频率更高等挑战。传统专用硬件的电信设备极大地依赖设备供应商，网络扩容或新版本上线周期一般至少需要数月的时间，极大地增加了新业务上线时间和经济成本。

随着 NFV(Network Functions Virtualization，网络功能虚拟化) 技术以及 IT 领域 Cloud Native 设计的成功应用与发展，虚拟化以及云化逐步成熟，并演变为一种新的生产力，为电信网络提供了新的建设思路。

电信运营商也想借鉴 IT 领域的创新，实现电信设备软件和硬件的分离。通过采购通用或简化的硬件，能够提升网络性能和转发通量，降低成本；通过开发与硬件解耦的软件，能够快速开通新功能、上线新业务，提高响应速度。

因此，云化电信网络即电信云成为建设电信网络的新架构。电信云的建设

即将原有电信业务网元节点 NFV 化，通常认为其发展趋势分 3 个阶段，具体如图 11-1 所示。

说明：3 个阶段并不一定体现时间上的演进关系，部分电信网络根据需求，并不一定完成全部 3 个阶段的演进。

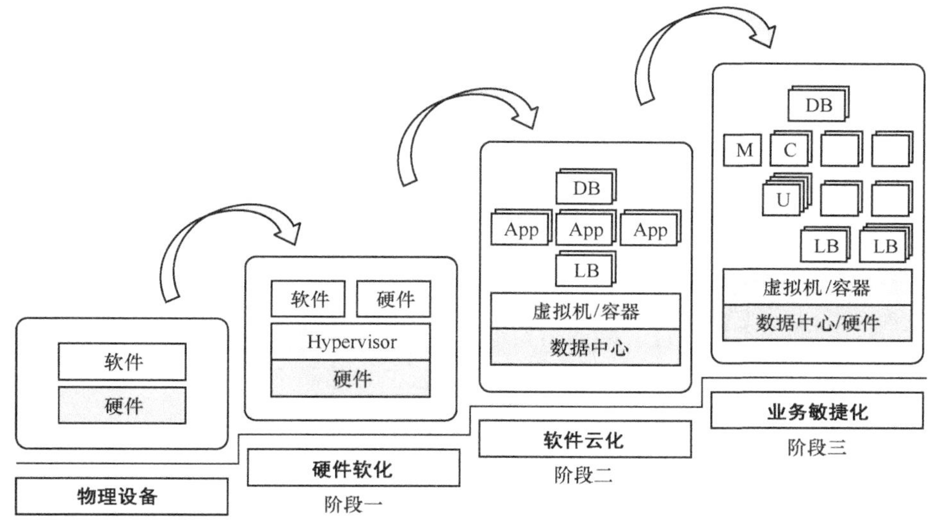

图 11-1　NFV 发展趋势

阶段一：硬件软化——重构硬件。软、硬件解耦，功能软件化，能力从专用硬件迁移至通用服务器上。

阶段二：软件云化——重构软件。针对云化环境重构软件架构，整体资源池化、虚拟化，统一调度和编排计算、存储、网络资源。业务与状态数据分离，形成 LB - APP - DB（Load Balancer - Application - Database，负载均衡器 - 应用 - 数据库）的 3 级架构。支持分布式、弹性伸缩、弹性部署等关键云化能力。

阶段三：业务敏捷化——重构业务。针对云化环境进一步优化软件架构，进一步以细粒度解构业务，例如将 CP 与 UP 解耦分离，MP（Management Plane，管理平面）与 CP 分离等。进一步支持跨云灵活部署、业务按需组装、业务切片等高级云化业务及未来业务。

当前繁多的电信网元基于本身不同的处理特征，处于不同的 NFV 阶段，以业务处理为主的 CPU 密集的电信网元（如核心网的 IMS 等）基本处于阶段二；具有高带宽转发诉求的电信网元（如核心网的 EPC、UPF 等网关类网元）等，主要处于阶段三。

电信网元通常分为 3 种关键类型。

传统主机型业务 VNF： VNF 的 IP 地址作为业务流量的源 / 目的地址，基础设施网络里的其他设备通过查找 VNF 的主机路由或 MAC 路由向 VNF 转发报文。

静态路由型业务 VNF： 例如 vFW（virtual Firewall，虚拟防火墙）和 vWOC（virtualized WAN Optimization Controller，虚拟广域网优化控制器）等。VNF 的 IP 地址不是流量的源 / 目的地址，基础设施网络无法通过路由寻路的方式将流量引导到这些 VNF（通常是增值业务的 VNF）上，通常需要通过业务功能链指导报文转发。

动态路由型业务 VNF： 例如 vEPC（virtualized Evolved Packet Core，虚拟演进型分组核心网）、vBNG（virtualized Broadband Network Gateway，虚拟宽带网络网关）和 CSLB（Cloud Service Load Balancer，云业务负载均衡）等。VNF 的 IP 地址不是流量的源 / 目的地址，VNF 内部注册的用户地址才是业务流量的源 / 目的地址，因此需要通过在 VNF 与基础设施网络之间运行动态路由协议交换路由进行转发，这一类 VNF 被称为动态路由型业务 VNF。

采用当前网络架构承载电信云有两种可能的设计思路。

沿用成熟的 IT 云承载架构方案： 由于公有云业务、数据中心托管业务等已经蓬勃发展多年，现有云承载架构已经比较成熟。因此电信云的承载可以借用已有数据中心 / 云承载架构，将电信云网元当作一个新的应用进行支撑。

这种承载方案能够较好地满足第一类电信 VNF（传统主机型业务 VNF）的诉求，但是无法满足第二类（静态路由型业务 VNF）及第三类（动态路由型业务 VNF），尤其是第三类的路由型 VNF 网元的诉求，如动态路由能力、大路由表项能力、连通性检测能力等诉求都是现有成熟 IT 云承载架构无法满足的。

沿用传统的 CT 承载架构方案： 通过传统 CT（Communication Technology，通信技术）承载架构如 MPLS VPN 等方案完成 VNF 的互联互通，可以较好地满足第二类和第三类的电信 VNF 的诉求，但是如何提供云化弹性扩缩容、动态迁移、云化管理虚机、VNF 动态拉起和动态配置等自动化能力仍然是该方案需要解决的问题。

基于以上分析可以看到，不论是沿用传统 IT 的云承载架构（支撑电信功能），还是沿用传统 CT 承载架构（支撑云化功能）承载电信云都存在一些问题，所以还需要针对电信云的网络架构进行全新的架构设计。

11.1.2 电信云承载网架构

当前典型的端到端的电信云承载网的架构如图 11-2 所示。

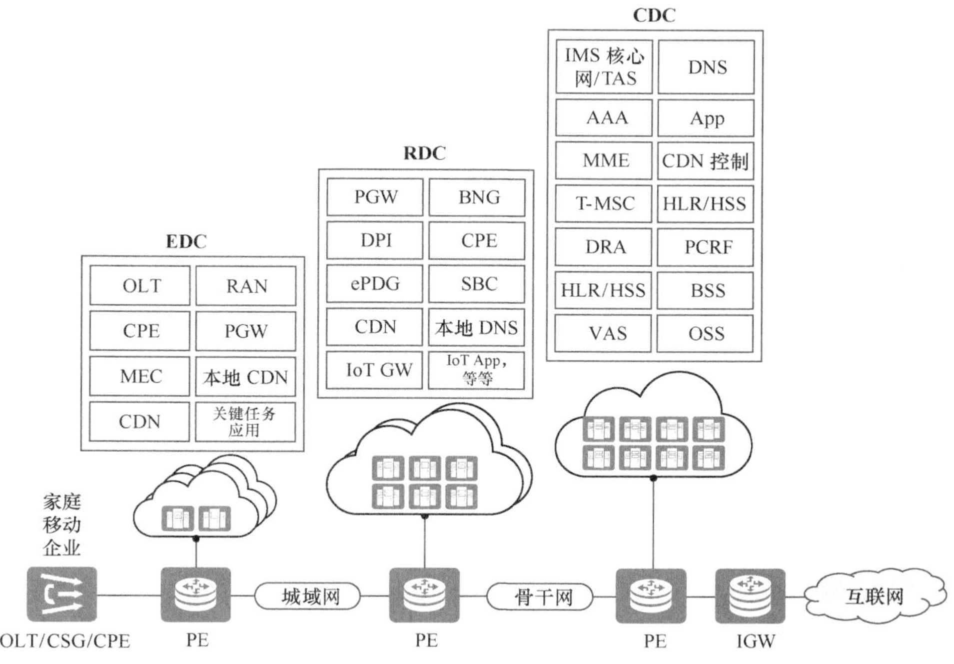

图 11-2 典型的端到端的电信云承载网的架构

电信云分为边缘电信云（部署在 EDC 或 RDC）和中心电信云（部署在 CDC），如表 11-1 所示。

表 11-1 电信云的分类及特点

分类		典型业务场景	端到端时延	部署位置
中心电信云	CDC	4K Cloud AR/VR	< 30 ms	地市核心机房或者一般机房（时延 / 带宽诉求较低）
边缘电信云	RDC	8K Cloud VR	< 10 ms	按需下移到综合业务机房（时延 / 带宽诉求较高）
	EDC	V2X（Vehicle to Everything，车辆外联）、电力、其他垂直行业应用	< 5 ms	进一步将 UP 按需下移到接入网机房（时延 / 带宽诉求极高，部分行业有数据不出区的诉求）

不同位置的电信云 DC 的规模和对性能的诉求不同，因此也会有不同的承载方案。

中心电信云需要承载的业务和使用的服务器规模较大，因此需要部署独立的 DCN（Data Center Network，数据中心网络）进行承载，与运营商的 WAN 的承载网通常通过跨域 VPN Option A 背靠背的模式进行对接，即基于

MPLS/SRv6 VPN 技术的广域网（WAN）+ 基于 VXLAN 的电信云数据中心网络，其承载网的架构如图 11-3 所示。

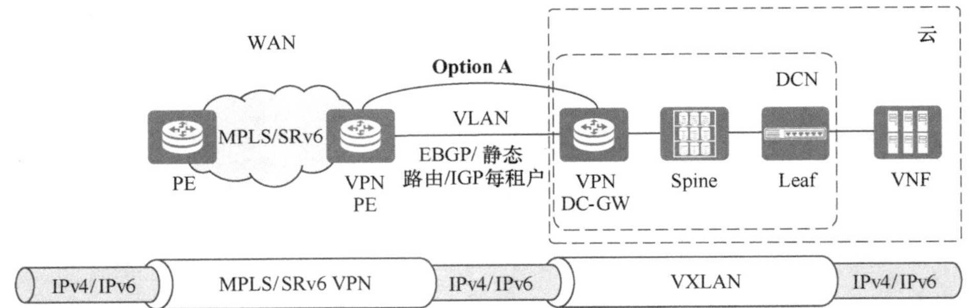

图 11-3　中心电信云承载网的架构

对于运营商的 WAN，组网模型以环形（IP 接入网）、树形（城域网）、全连接（骨干网）为主。当前运营商网络通常使用 MPLS VPN 作为业务承载技术，并使用 MPLS LDP/RSVP-TE 隧道承载 VPN。未来承载网可以使用 SRv6 VPN 作为业务承载技术，并使用 SRv6 BE 路径或 SRv6 Policy 承载 VPN。

对于电信 DCN，组网模型以 DC-GW/Spine/Server Leaf 三层架构为主，其中传统 DCN 中的 DG-GW 有时也被称为 Border Leaf，如图 11-4 所示。当前通常采用 VXLAN 作为业务承载技术。

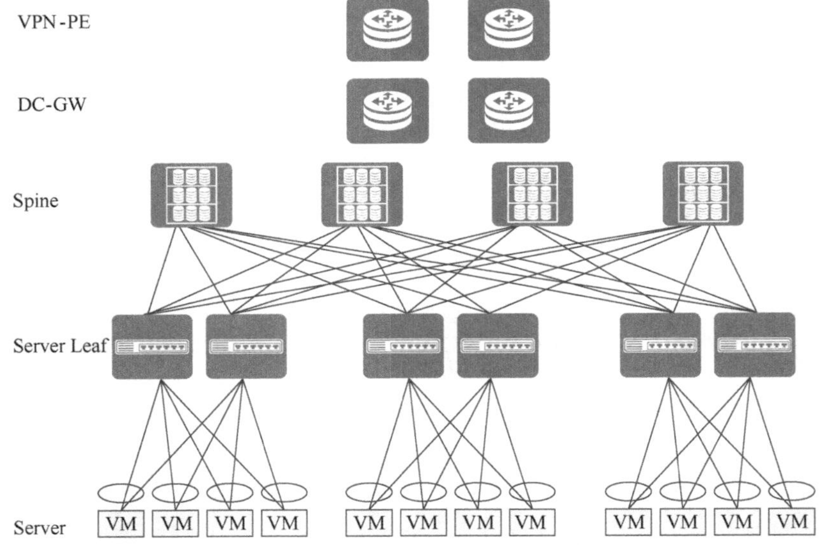

图 11-4　电信 DCN 网络的三层架构

如图 11-5 所示，中心电信云的背靠背承载方案在应用到边缘电信云时面临一些关键挑战。

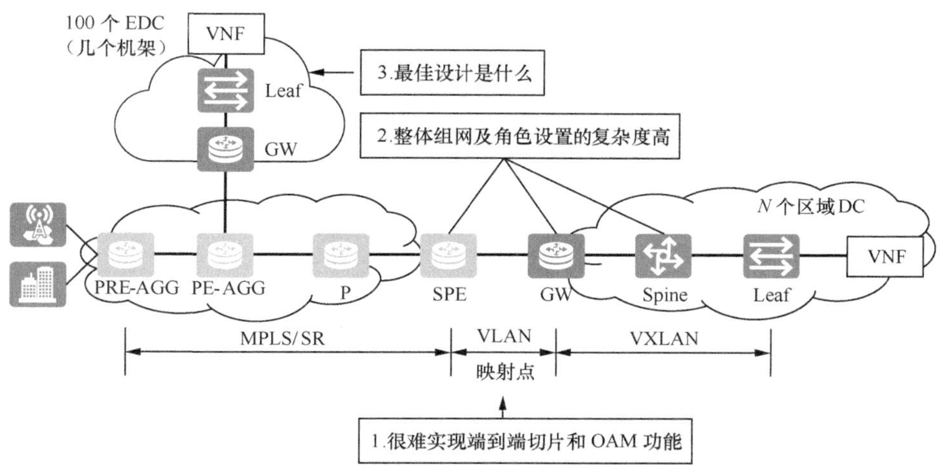

图 11-5 边缘电信云承载网的架构

这些挑战包括以下几个方面。

第一，边缘电信云通常承载的是用户平面的大量实际业务流量，相较于中心电信云重点承载控制平面的数据业务，边缘电信云的 DC 需要承载的业务量要高很多。而传统中心电信云使用广域网 MPLS/SR VPN 技术 +DCN 内 VXLAN 技术背靠背组网，增加了在边缘电信云上提供真正端到端的业务切片路径和部署 OAM 等特性的难度和复杂度。

第二，WAN 与 DCN 背靠背组网时，需要统筹规划设计 PE、DC-GW（用于南北向流量网关）和 Spine（用于东西向流量汇聚）等多个角色，整体组网及角色设置的复杂度高。由于边缘电信云的用户业务频繁上下线或者发生迁移，因此需要高度灵活和自动化能力，但是在这种复杂的角色设置场景下很难提供这样的能力。

第三，5G 和 MEC（Mobile Edge Computing，移动边缘计算）大规模应用后，由于分布式的 EDC 需要覆盖的用户量小、业务量不大，采用传统的 Spine - Leaf 数据中心组网架构成本太高。同时，针对此类 EDC 地理位置的分散及下沉的特点，运营商大范围独立建设 DC 机房的可能性较小，通常是复用当前电信机房部署服务器，建议采用复用 WAN-PE 作为 DC-GW 的方法，如图 11-6 所示。

在此情况下，WAN 边缘设备作为服务器的网关（DC-GW）直接挂接云化应用的服务器，WAN 边缘设备成为云化服务的第一跳，需要对传统 WAN 设备的技术及架构进行云化业务能力（如灵活的扩容 / 缩容，负载分担等）的升级改造。

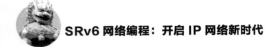

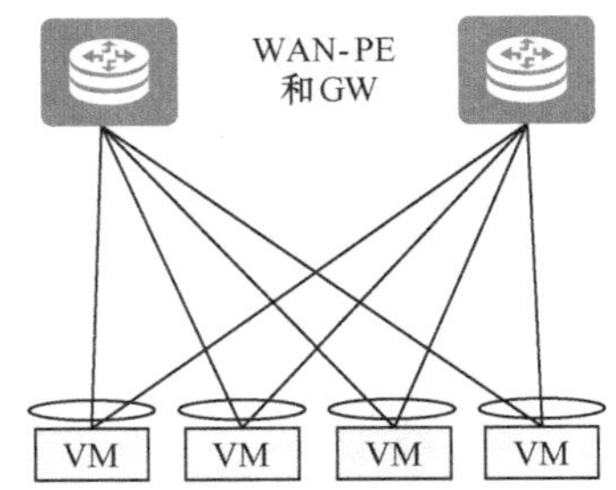

图 11-6　复用 WAN 内网元的剩余端口

11.1.3　边缘电信云架构

1. NAAF 物理架构

针对边缘云承载面临的问题，解决方案的总体思路是将 DCN 与 WAN 融合，形成一个 Spine – Leaf 的 Fabric 架构。我们将该网络架构称为 NAAF（Network as a Fabric）。

如图 11-7 所示，NAAF 各角色的定义如下。

（1）Leaf（叶子节点）：Fabric 网络功能的接入节点为各种网络设备提供接入 Fabric 网络的能力，通常为 WAN 中的 PE 设备。按照接入的设备不同，可以分为 Access Leaf、Server/Service Leaf 和 Border Leaf。

- Access Leaf：用于用户接入的节点，如移动接入的基站、固定接入的 OLT等。
- Server/Service Leaf：提供VNF服务接入的节点，包括VAS、vCPE、vUPF和BNG-UP等。
- Border Leaf：整体网络外联的节点，如核心云IDC、其他网络域（如骨干网）、其他运营商域等。

（2）Spine（骨干节点）：不作为业务接入的设备，主要用于转发高速流量，通常为 WAN 中的 P 设备。Spine 具有以下特点。

- 通过高速接口连接各个功能Leaf节点，避免各接入节点自行进行逐对全连接，使业务/Leaf扩展更为容易，可以做到平滑地Scale Out（向外扩展）。
- 为了覆盖较大的网络，Spine节点可能会产生分级互联。

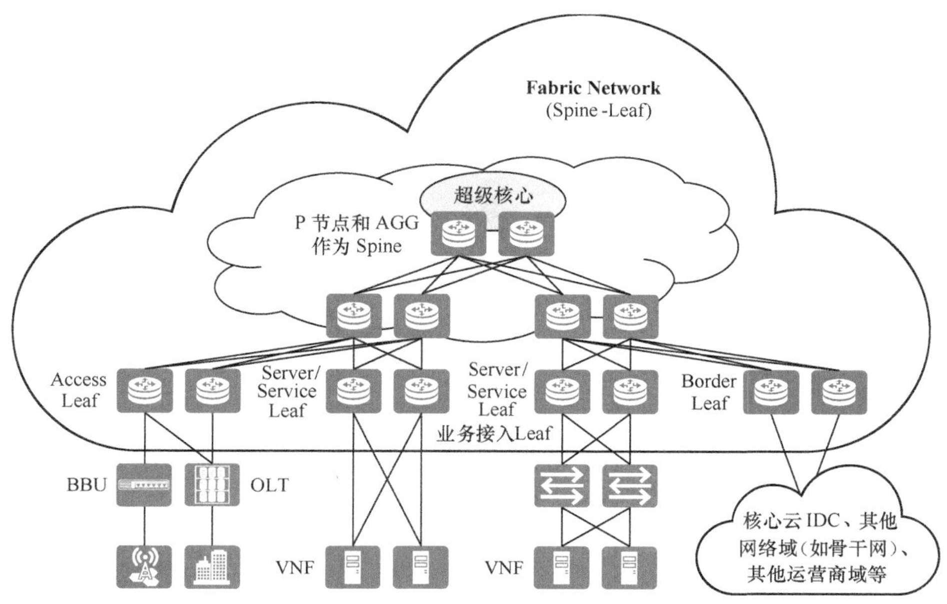

图 11-7　NAAF 物理架构

2. NAAF 的传输协议及关键技术

NAAF 边缘电信云网络架构由于拉通了 DCN 和传统的 WAN，因此也需要拉通整体的传输承载协议。由于大规模云化属性的减弱，边缘电信云对电信联通属性的要求更明显，因此更适合应用成熟的电信传输方案（VPN、SRv6）。

NAAF 通过 SRv6 + EVPN 的技术支撑 IPv4/IPv6 双栈业务能力，同时为 5G 网络、企业和 MEC 等提供业务支撑。NAAF 的关键技术如图 11-8 所示。

NAAF 传输层设计的关键表现在以下几个方面。

- 协议简化：统一 DCN 和 WAN 承载方案，简化了承载协议。
- 端到端业务能力：通过端到端统一的 SRv6 BE/TE，基于 SRv6 强大的可编程能力为 NAAF 提供端到端的路径调优、网络切片能力。
- 简化运维：承载在端到端的 SRv6 BE/TE 上的 VPN 技术消除了背靠背的 DC-GW 和 PE 间的跨域 VPN Option A 的业务配置点，并且能够提供端到端的 OAM 能力。
- 简化网络层级：统一了 DCN 和 WAN，不需要再独立设置 PE、DC-

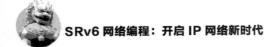

GW、Leaf 等多层角色，可以将原来多层设备归并在一起由一层设备兼职完成，降低了建网成本。

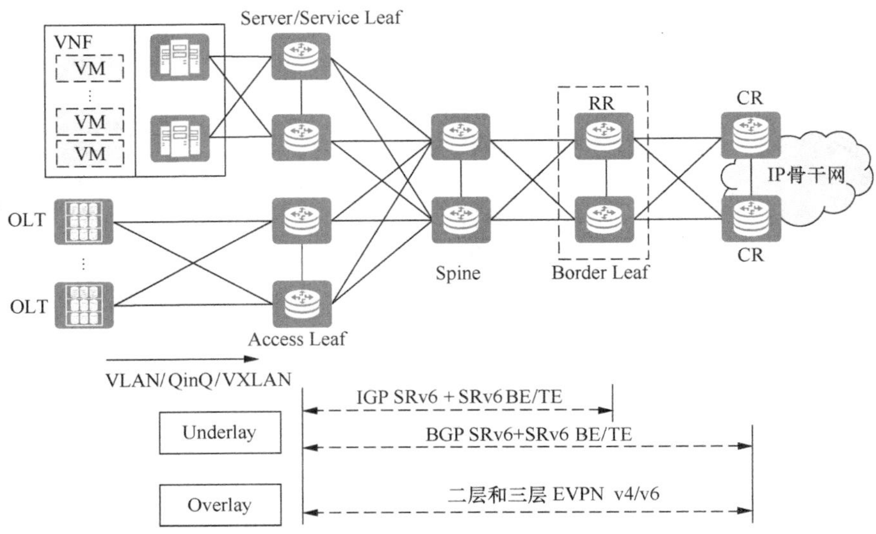

注：QinQ 即 802.1Q in 802.1Q，802.1Q 嵌套 802.1Q。

图 11-8 NAAF 的关键技术

采用 NAAF 架构的协议层技术演进如图 11-9 所示，其整体目标是为了简化。隧道 /Underlay 技术从原有的 LDP 和 RSVP-TE 等演进为 SRv6，只需要通过 IGP 和 BGP 就可以实现 Underlay 功能和隧道功能，简化了信令协议。

通过 EVPN，以一种技术统一整合了原来网络中的 L2VPN VPWS(LDP 或 MP-BGP)、L2VPN VPLS(LDP 或 MP-BGP) 以及 L3VPN(MP-BGP) 技术，简化了业务层面的技术复杂度。

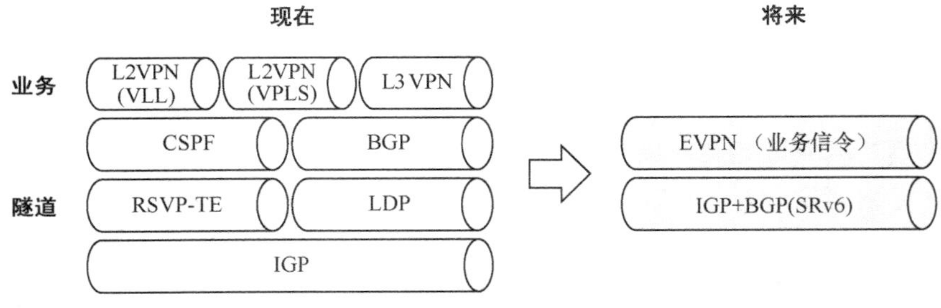

注：VLL 即 Virtual Leased Line，虚拟租用线。

图 11-9 采用 NAAF 架构的协议层技术演进

| 11.2　SRv6 在 SFC 中的应用 |

11.2.1　SFC 概述

SRv6 可以支持的另一个重要业务是 SFC。SFC 通常指一组 SF（Service Function，业务功能）节点组成的序列。为满足特定的商业、安全等需求，对于指定的业务流，通常要求在转发时经过指定 SF 序列的处理，这些 SF 包括 DPI（Deep Packet Inspection，深度包检测）、FW、IPS（Intrusion Prevention System，入侵防御系统）和 WAF（Web Application Firewall，网络应用防火墙）等多种 VAS 节点。

SFC 的架构如图 11-10 所示，主要包括以下关键部分。

- SF：提供特定网络服务的节点，这些网络服务一般处在OSI（Open System Interconnection，开放系统互连）模型的四层~七层，例如DPI、FW、IPS等。这些服务通常又是网络增值服务，所以也可以将SF等同于VAS。
- SFF（Service Function Forwarder，业务功能转发器）：支持SFC的转发器，一般挂接SF节点，用于将报文转发到SF节点。
- SFP（Service Function Path，业务功能路径）：SFC对应的转发路径。
- Classifier（流分类器）：用于将数据流分类，并转发到对应的SFP。流分类器是SFC的起点，一般支持基于五元组的流量分类规则。
- SFC Proxy：为不支持SFC的SF节点提供代理接入SFC的能力。

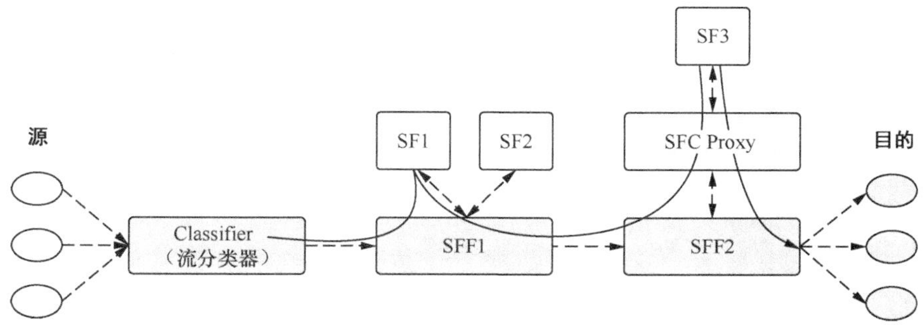

图 11-10　SFC 的架构

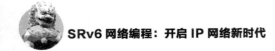

在网络中，SFC 主要应用在需要对不同用户提供不同 VAS 的场景中，比如承载网络的 Gi-LAN、多租户云数据中心等。

1. 承载网的 Gi-LAN

如图 11-11 所示，Gi-LAN 是 EPC 和互联网之间的一段局域网，是手机、上网卡等移动网络流量的总出口。订阅不同业务的用户数据报文经过 EPC 的计费等处理之后，打上对应的业务标签。报文进入 Gi-LAN 之后，根据这个标签，经过对应 SFC 进行处理，然后访问互联网。Gi-LAN 里面主要有 ADC（Application Detection and Control，应用检测和控制）、FW、CGN（Carrier-Grade NAT，运营商级 NAT）、DPI 和视频加速等 SF/VAS。

一般情况下，在 Gi-LAN 中，一个 SFC 由多个 VAS 组成。一个 SFC 对应一个业务套餐，而一个业务套餐可以包含多个 SFC。每个用户和业务套餐有对应关系，其对应关系可更改。

Gi-LAN SFC 的主要应用是运营商与 OTT（Over The Top）厂商合作，为 OTT 厂商提供定制化服务。例如，网络运营商 A 与视频内容提供商 B 合作，由内容提供商或运营商提供视频加速器，客户的访问流量在 Gi-LAN 中会进入对应的 SFC 来获得视频加速服务，从而获得更好的视频业务体验。对 OTT 厂商而言，用户体验得到了提升，可带来新的商业机会；而运营商通过与 OTT 厂商合作，也增加了用户量和收入。

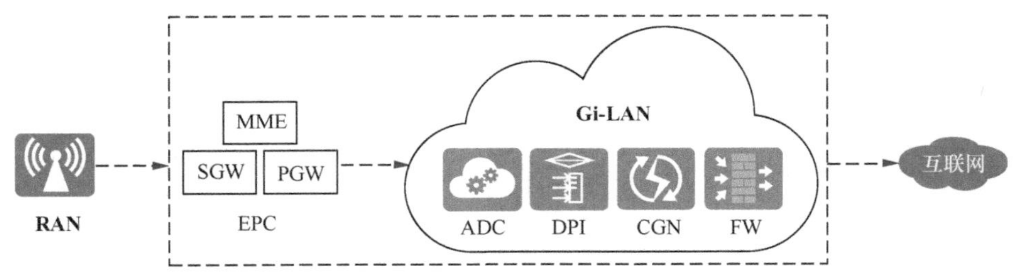

图 11-11　Gi-LAN 示意

2. 多租户云数据中心

如图 11-12 所示，多租户云数据中心也是一种典型的 SFC 应用场景。一般地，云计算服务商提供多种网络 VAS，租户根据自己的需求订阅对应的服务。例如，租户 A 在数据中心的 VPC（Virtual Private Cloud，虚拟私有云）中部署了比较简单的网站服务，仅订阅了防火墙和视频加速 VAS；而租户 B 在数据中心的 VPC 中部署了比较重要的业务，则需要订阅防火墙、DPI、IPS 和 WAF 等多种与安全相关的 VAS。因此这两个租户的流量在数据中心中需要经过不同的 SFC 来满足其业务需求。

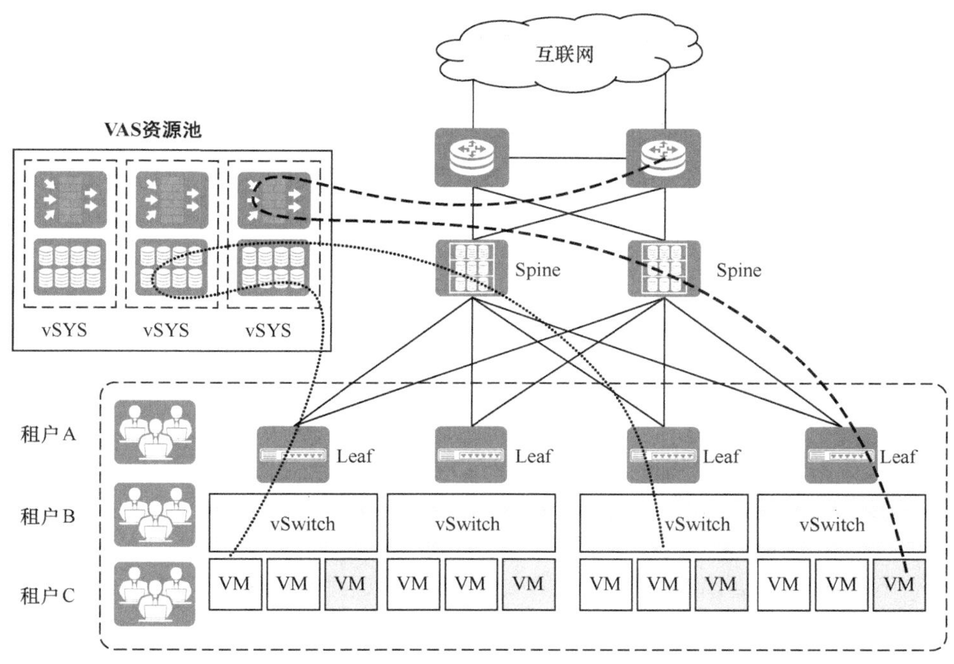

图 11-12 SFC 在数据中心中的部署

11.2.2 基于 PBR/NSH 的 SFC

历史上存在着若干种实现 SFC 的技术，一种比较常见的是 PBR（Policy-Based Routing，基于策略路由）实现的 SFC。PBR 是通过在设备上逐点配置静态策略路由来实现报文的定向转发，所以 PBR 可以实现 SFC，实现流量按需访问 SF/VAS。例如，一份流量需要访问 SF1（FW）和 SF2（DPI）两个 SF，则需要在 SF1 和 SF2 连接的设备上配置对应的策略路由，将满足这个特征的报文转发到指定的 SF 上。

随着网络的发展，网络业务功能开始虚拟化，不再与硬件设备紧密耦合，而是以软件实体的形式灵活地分布于网络的各个位置，所以 SFC 业务的变动更加频繁了，尤其是在多租户数据中心等场景中。

在 PBR 的 SFC 中，流量的目的地址是真实的目的地址，需要通过在 SFF 等设备上配置策略路由来引导 SFC 流量转发到指定出口链路，从而将 SFC 流量转发到指定的 SF 上进行处理。当 SF 位置发生变化时，就需要修改对应的策略路由，这就意味着策略路由与物理拓扑紧密耦合。由于策略路由是静态配置的，所以当需要变动 SF 或者 SFC 时，PBR SFC 的缺点就显露出来了。总结起来，这种方案的不足主要有以下几点[1]。

- SFC与物理拓扑紧密耦合。新增业务需依赖物理拓扑，受部属位置的限制，配置复杂。部属业务的顺序依赖拓扑，相对固定，可扩展性受限，不灵活，而且业务变动复杂缓慢，成本高。
- 承载依赖底层承载协议，业务层策略依赖底层承载协议，配置复杂。
- 分类标准粒度太粗，为了达到更细的粒度，只能基于PBR或者接入的控制进行多次分类，使网络性能下降。
- 端到端可视化不足，无法支持可视化的OAM。
- SF之间相互独立，无法传递节点之间的元数据（分类器和SF之间、不同SF之间交换上下文信息时使用的基本元素，如App ID等相关信息[2]）。

为了弥补以上不足，业界提出了 NSH（Network Service Header，网络服务报文头）。

NSH 是一种专门为 SFC 定制的协议报文头，通过携带 SFC 的转发路径 ID（SFP ID），以及 SF 在 SFC 中的顺序 [SI（Service Index，业务索引）] 来指导报文在 SFC 中转发。携带 NSH 的报文通过匹配 SFF 上维护的 NSH 转发表项，即可实现 SFC。

此外，NSH 还支持携带不同类型的元数据（包括固定长度和可变长度两种类型）来共享 SF 之间的信息，实现更复杂的操作。NSH 的报文格式如图 11-13 所示。

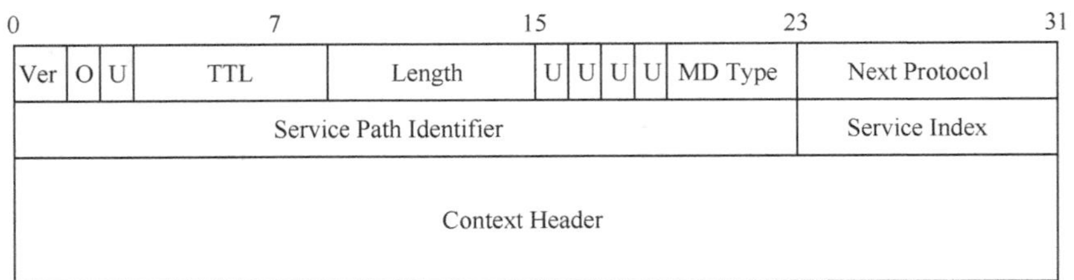

图 11-13　NSH 的报文格式

NSH 的报文格式分为基础报文头、业务路径报文头和上下文报文头 3 部分，其字段的说明如表 11-2 所示[3]。

表 11-2　NSH 各字段的说明

分类	字段名	含义
基础报文头	Ver	Version，版本信息
	O	OAM 标志
	U	未分配字段
	TTL	SFP 的跳数信息，最大取值为 63
	Length	NSH 长度，该字段取值乘以 32 bit 就是报文头实际长度
	MD Type	元数据类型，决定 Context Header 格式
	Next Protocol	支持携带的报文格式，包括 IPv4、IPv6、MPLS、NSH 和 Ethernet 等
业务路径报文头	Service Path Identifier（SPI）	SFP 的 ID，唯一标识一条 SFP
	Service Index（SI）	SF 在 SFP 中的位置
上下文报文头	Context Header	上下文报文头用于携带元数据。该字段内容由 MD Type 字段决定。如果 MD Type 取值是 0x1，该字段就是 4 个 32 bit 固定报文头长度的元数据；如果 MD Type 取值是 0x2，该字段就是长度可变的元数据

为支持 NSH 的转发，需要在 SFF 上维护 SFC 的转发表项，某个 SFF 的 NSH 转发表项示例如表 11-3 所示。

表 11-3　SFF 的 NSH 转发表项示例

业务转发路径 ID	业务索引	下一跳	封装模式
10	255	192.168.2.1	VXLAN-GPE
10	254	172.16.100.10	GRE
10	251	172.16.100.15	GRE
40	251	172.16.100.15	GRE
50	200	01:23:45:67:89:ab	Ethernet
15	212	Null (end of path)	None

当 NSH 进入 SFF 时，SFF 根据 SPI 与 SI 查询到对应的下一跳（SF）的信息，并根据对应的信息，对 NSH 进行对应的封装之后，转发到 SF。SF 在处理 NSH 时需要将 SI 的值递减。SF 处理完报文之后，将更新后的 NSH 返回给 SFF。SFF 基于这个新的 SI，查表将报文转发到下一跳。

为便于读者理解，以一个简单的案例来介绍 NSH 的转发流程。如图 11-14 所示，NSH 转发流程如下。

① 通过控制器计算等方式计算出对应的 SFC 策略，例如 SFC1 的路径要经过 SF1 和 SF2。

② 将 SFC 策略下发到流分类器和 SFF。

- 向流分类器下发SFC分类策略：例如基于五元组区分对应的数据流，并为符合特征的报文加上指定的NSH。
- 向SFF下发转发策略：NSH对应的操作。

③ 数据报文到达流分类器后，经过分类，打上对应的 NSH，并转发到第一个 SFF(SFF1)。

④ 携带 NSH 的报文到达 SFF1 之后，SFF1 根据 SPI 和 SI 匹配对应的 SFC 策略，将其转发到 SF1。

⑤ SF1 收到 NSH，进行对应的网络功能处理，处理完成之后更新 NSH 的 SI，然后将其返回给 SFF1。

⑥ SFF1 基于新的 NSH 中的 SPI 和 SI 匹配 NSH 转发表，继续转发报文到 SFF2。

⑦ SFF2 收到报文之后，根据 NSH 的 SPI 和 SI，转发报文到 SF2。

⑧ SF2 处理完报文之后，更新 NSH 中 SI，然后将报文返回给 SFF2。

⑨ SFF2 根据 NSH 中 SPI 和更新的 SI 值，查表匹配到 Null，意味着 SFC 已经终结，所以 SFF2 将 NSH 剥离，继续转发报文到下一跳，结束 SFC。

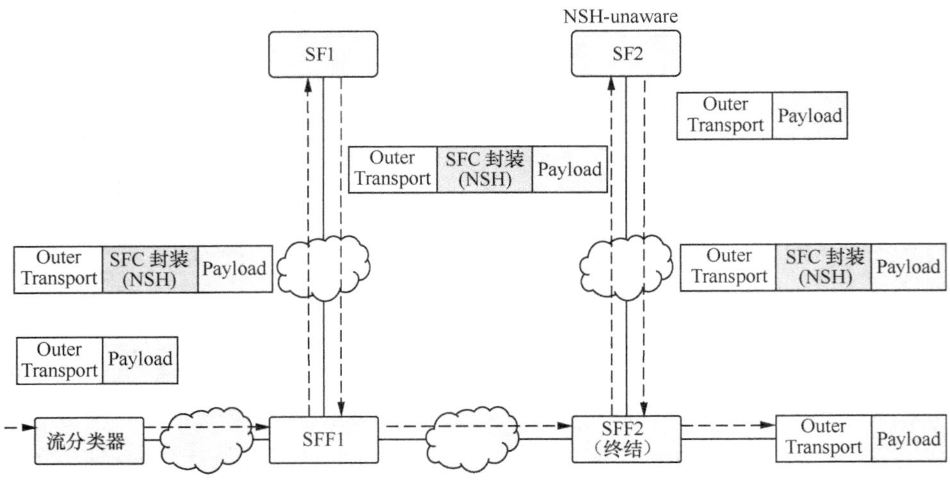

图 11-14 NSH 转发流程

根据 RFC 8300 的定义，NSH 支持多种底层承载协议，例如 Ethernet、VXLAN-GPE 和 GRE 等[3]。NSH 只要求将报文转发到 SF 即可，不关心底层

承载协议的类型，所以是一种承载无感知的网络协议。

正是由于 NSH 只要求 SF 网络可达，NSH 的策略部署才不依赖 SF 的物理位置。当 SF 的物理位置发生变化时，可不改变当前 SFF 上的 NSH 转发策略，从而解决了 PBR 依赖网络物理拓扑的问题。

当前 NSH 的解决方案主要是基于以太网或者 VXLAN-GPE 承载的方案。基于 NSH 的 SFC 方案优点如下。

- 提供了完整的业务平面，与物理拓扑解耦。
- 与设备无关，只要求网络可达，不关心采用什么底层协议承载NSH。
- NSH的SPI与SI可提供定位信息，所以支持可视化的OAM。
- 可以同时支持集中式和分布式控制平面，业务更新快速，支持路径编程。
- 支持一次分类、多次转发，也支持基于SF的结果对SFC流量进行重分类。

虽然 NSH 有以上的优点，但它需要在 SFF 上维护每个 SFC 的转发状态，所以在部署业务时需要在多个网络节点上进行配置，控制平面的复杂度相对较高，标准化进程也不太成熟[4]。此外，NSH 承载透明的特点反倒因为在实际操作中网络封装选项过多、工作量过大，变成了缺点。这也导致 NSH 在商业落地时，设备厂商还需要相互协商 NSH 的承载协议，提高了互通成本。诸如此类的缺点导致许多运营商和 OTT 厂商在部署 SFC 时，依然还是选择了 PBR 方案。

11.2.3　基于 SRv6 的 SFC

Segment Routing 支持在入节点显式地编程数据报文的转发路径，这个能力天然可以支持 SFC。而且 Segment Routing 不需要在网络中间节点维护逐流的转发状态，这也让 Segment Routing 的业务部署比 NSH 简单很多。基于 Segment Routing 的 SFC 只需在入节点下发 SFC 的策略即可，不需要对 SFC 中所有的网络节点进行配置，这也有效降低了部署基于 Segment Routing 的 SFC 难度，尤其是控制平面的部署难度。

SR-MPLS 和 SRv6 都支持 SFC。相比于 SR-MPLS，SRv6 还可以通过 SRH TLV 携带 SFC 的元数据，可以更好地支持 SFC，所以本节将重点介绍基于 SRv6 的 SFC。

目前业界主要有两种 SRv6 SFC 解决方案。

- Stateless（无状态的）SRv6 SFC：指不在SFF上维护每个SFC的转发状态的解决方案[5]。
- Stateful（有状态的）SRv6 SFC：需要在SFF上维护每个SFC的转发状态的解决方案，其实是一种SRv6与NSH结合的方案[6]。

1. Stateless SRv6 SFC

在 SRv6 网络中，可以通过 SID 的组合来实现转发路径的编程，即显式路径编程。若编程的路径依次穿过指定的 SF，则实现了 SFC，这就是 Stateless SRv6 SFC 的主要思想 [5]。

在 Stateless SRv6 SFC 方案中，通过 Segment List 指定了 SFC 的转发路径，SRH TLV 也可以携带 SF 相关的元数据，因此不需要 NSH 来指导报文的转发，也不需要在 SFF 上维护每个 SFC 的转发状态。Stateless SRv6 SFC 方案的架构如图 11-15 所示。

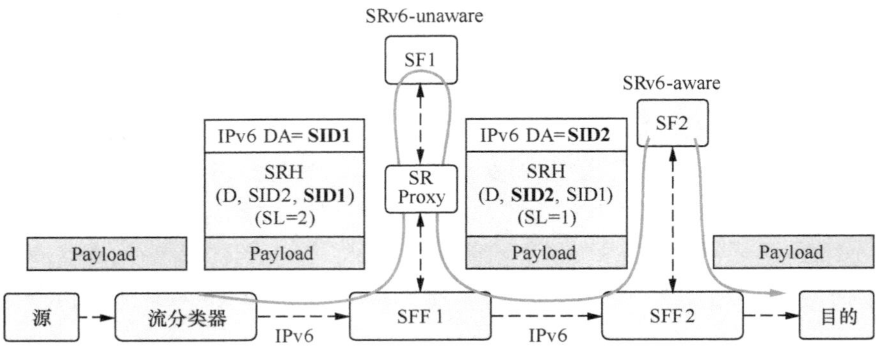

图 11-15 Stateless SRv6 SFC 方案的架构

Stateless SRv6 SFC 方案里包含如下关键组件。

- SRv6-aware SF：支持 SRv6 的 SF 节点，可以直接连到 SFF。SF 需要发布对应的 SID，这个 SID 与服务功能对应，所以是一种 Service SID[7]。
- SRv6-unaware SF：不支持 SRv6 的 SF 节点，需要先在 SFF 和 SRv6-unaware SF 之间部属 SRv6 Proxy 来完成 SRv6 报文的处理。
- SRv6 Proxy：SRv6 的代理，SRv6 Proxy 完成报文从 SRv6 网络转发到 SRv6-unaware SF 以及从 SRv6-unaware SF 返回 SRv6 网络的代理。根据代理类型的不同，存在多种代理 Service SID。当前 IETF SPRING 工作组发布的文稿定义的代理 Service SID 主要包括以下几种 [5]。
- End.AS：Static Proxy（静态代理）SID，由 SRv6 Proxy 节点发布。End.AS 的功能是剥离 SRH，并将原始报文通过对应的接口或者虚拟接口（比如 VLAN ID 对应的接口）发送到 SF。携带指定 VLAN ID 的报文从 SF 返回 SRv6 Proxy 之后，根据 VLAN ID，将缓存的 SRH 插回报文中，继续转发。通过

静态配置生成 SRH 与虚拟接口的映射关系，所以称其为静态代理 SID。

- End.AD：Dynamic Proxy（动态代理）SID，由 SRv6 Proxy 节点发布。End.AD 在静态代理 SID 的基础上增加了动态学习的能力，将 SRH 与虚拟接口的映射关系由静态配置改变为根据接收到的报文的 SRH 动态生成。
- End.AM：Masquerading Proxy（伪装代理）SID，由 SRv6 Proxy 节点发布。End.AM 的功能是将真正的目的地址，即 Segment List 中的 SID[0] 更新到 DA，从而伪装出携带真实目的地址的 IPv6 报文，转发到 SF。SF 返回的报文在 SRv6 Proxy 处需要将下一个 SID 替换成 DA，继续转发。

SRv6 Proxy 的架构如图 11-16 所示。

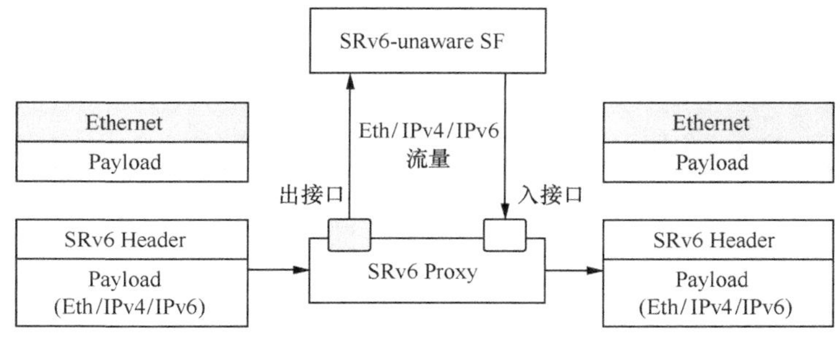

图 11-16　SRv6 Proxy 的架构

在部署 SRv6 SFC 时，节点可以通过 BGP-LS 向控制器上送 Service SID，用于计算 SFC 转发用到的 Segment List，再由控制器直接下发到入节点[7]。BGP-LS 上送的信息包含以下内容。

- Service SID值：MPLS标签或IPv6地址。
- Function Identifier：静态代理、动态代理、伪装代理、SRv6-aware Service等种类。
- Service Type：标识SF的类型，例如DPI、FW、Classifier、LB等。
- Traffic Type：支持的SFC的流的类型，例如IPv4、IPv6或Ethernet。
- Opaque Data：其他一些信息，例如版本等。

由于篇幅限制，报文封装的具体参数请参考 IETF 文稿[7]，此处不展开介绍。

下面以图 11-15 的拓扑为例，简单介绍基于 SRv6 的 SFC 的部署和转发流程，主要包括以下步骤。

① SF1 对应的 SRv6 Proxy 节点通过 BGP-LS 将 End.AD SID1 上送到控制器，SID1 的行为是执行动态代理动作，将流量转发到 SF1；SF2 节点通过 BGP-LS 上送 End.AN SID2 到控制器，SID2 对应 SRv6-aware 的 SF2 节点。

② 控制器根据业务需求计算 SFC 的路径，并将 SFC 对应的 SRv6 Policy

以及流分类策略下发到入节点，即流分类器。

③ 报文到达流分类器时，流分类器根据流分类策略匹配到对应的 SRv6 Policy，为报文封装外层的 IPv6 报文头以及 SRH，其中 SRH 包含 Segment List <SID1，SID2，D>。

④ 根据 IPv6 目的地址 SID1，SRv6 报文被转发到 SRv6 Proxy，SRv6 Proxy 处理自己发布的 End.AD SID1 来剥离外层 IPv6 封装和 SRH，然后为报文打上对应的 VLAN ID，发送给 SF1。同时，SRv6 Proxy 还需要将 IPv6 报文头信息以及 SRH 与 VLAN ID 的映射关系存储起来，以备报文从 SF 返回时根据 VLAN ID 恢复 SRv6 报文。

⑤ 当报文从 SF1 返回时，SRv6 Proxy 首先剥离 VLAN ID，然后根据 VLAN ID 查询缓存映射表，将指定的 IPv6 报文头和 SRH 插回数据报文中，然后根据 SRH 的 Segment List，更新对应 SID 的 IPv6 目的地址字段，继续转发到下一节点。

⑥ SFF2 收到从 SFF1 发来的报文之后，根据 IPv6 目的地址转发到 SF2。

⑦ SF2 根据 SID 指示执行 DPI 操作，再处理 SRH，更新 IPv6 目的地址为 D，之后将报文转发到下一跳 SFF2。

⑧ SFF2 将报文转发给终点 D。

Stateless SRv6 SFC 只需扩展发布 Service SID 信息，就能实现 SFC，且不需要在 SFF 上维护每个 SFC 的状态，所以相比 NSH 简单许多，有效地降低了 SFC 的部署难度，成为当前部署 SFC 的新选择。

当然，Stateless SRv6 SFC 也存在一定的问题，例如当 SF 数目过多时，Segment List 中 SID 数目比较多，SRv6 报文头开销相对较大。当前大部分 SF 还不支持 SRv6，所以还需要部署 SRv6 Proxy，这在一定程度上增加了部署 SFC 的难度。随着 SRv6 的发展，许多 VAS 厂商已经计划升级产品支持 SRv6，有利于该问题的解决。

2. Stateful SRv6 SFC

另一种基于 SRv6 的 SFC 方案是 Stateful SRv6 SFC 方案[6]。Stateful SRv6 SFC 结合了 SRv6 和 NSH 两种技术，主要面向 SF 支持 NSH 但不支持 SRv6 的场景，是一种从非 SRv6 网络向 SRv6 网络演进的过渡型方案。

在 Stateful SRv6 SFC 方案的标准文稿中，主要描述了两种解决方案。

方案一： 业务平面为 NSH，指导整条 SFC 转发，SRv6 只用于连接 SFF 的隧道技术。

方案二： SRv6 Segment List 携带整条 SFC 转发路径信息，贯穿整条 SFC 的多个 SFF，但 SFF 到 SF 之间通过查询 NSH 转发表进行转发。

本质上，方案一依然基于 NSH 实现 SFC，但 SFF 之间的隧道协议采用 SRv6。Stateful SRv6 SFC 的方案一如图 11-17 所示。

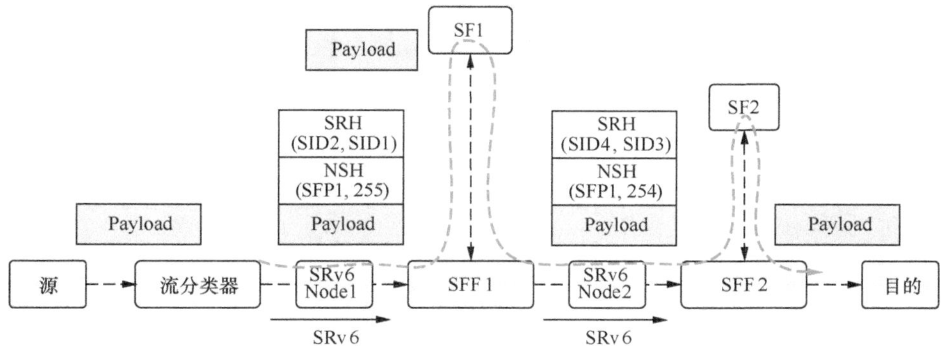

图 11-17　Stateful SRv6 SFC 的方案一

Stateful SRv6 SFC 的方案一的转发流程如下。

① 流分类器根据策略给报文打上对应的 NSH，其中 SPI = SFP1，SI = 255。然后流分类器查询 NSH 转发表，获得 NSH 对应的下一跳节点是 SFF1，隧道类型为 SRv6，流分类器对 NSH 进行 SRv6 封装，SRv6 的 Segment List 为 <SID1，SID2>，其中 SID1 是转发路径上的某个节点发布的 SID，SID2 是指向 SFF1 的 SID。

② 根据 SRH 中 Segment List 的指示转发报文，经过 SID1 对应的 SRv6 Node1，到达 SID2 对应的 SFF1。

③ 报文到达 SFF1 之后，终结 SRv6 隧道，并基于内层的 NSH 查表转发，将报文转发到 SF1。

④ SF1 执行对应的网络功能处理，并将 SI 的值减 1，然后返回给 SFF1。

⑤ SFF1 基于 SPI 与新的 SI 查 NSH 转发表，获得 NSH 下一跳的信息是终点为 SFF2，底层承载采用 SRv6 隧道，Segment List 为 <SID3，SID4>。SFF1 对 NSH 进行 SRv6 封装，然后根据 Segment List 指示转发，经过 SID3 对应的 SRv6 Node2，到达 SID4 对应的 SFF2。

⑥ 报文转发到 SFF2 之后，SFF2 终结 SRv6 隧道，查询 NSH，将报文转发到 SF2。

⑦ SF2 执行对应的网络功能处理，并将 SI 的值减 1，然后返回给 SFF2。

⑧ SFF2 收到报文以后，查询 NSH 表得知下一跳为空，所以将 NSH 剥离，将原始报文向后续节点继续转发。

从上述转发流程可以看出，这个方案本质上就是采用 SRv6 隧道的 NSH 方案。SFF 之间都是 SRv6 隧道。此方案可以在 SFF 之间实现 TE 路径，而遍历

SF 的路径依然还是由 NSH 指定，所以 SFF 上依然维护着每个 SFC 的状态。

方案二与方案一的不同点在于入节点通过 SRv6 把整条 SFC 的路径显式地编程到 Segment List 中，而不是由 NSH 把多段 SRv6 隧道串联起来。方案二与方案一的共同点是 SFF 到 SF 这段路径的路由依然由 NSH 来决定。Stateful SRv6 SFC 的方案二如图 11-18 所示。

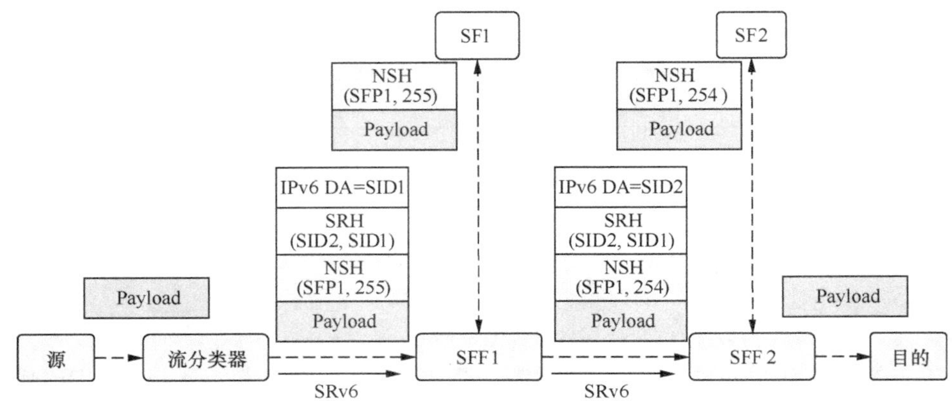

图 11-18 Stateful SRv6 SFC 的方案二

Stateful SRv6 SFC 的方案二的转发流程描述如下。

① 流分类器根据策略给报文打上对应的 NSH，其中 SPI = SFP1，SI = 255。然后将 NSH 进行 SRv6 封装，其中 SRH 中的 Segment List 包含完整的 SFC 转发路径信息 <SID1，SID2>。流分类器根据 Segment List 指示将报文转发到 SFF1。

② 报文到达 SFF1 之后，SFF1 根据 SID1 指示，剥离 SRH，将 SRH 与 NSH SPI 的映射关系缓存起来，然后根据 SPI 和 SI 查询 NSH 转发表，将报文转发到 SF1。

③ SF1 处理报文之后，将 SI 的值减 1，然后将报文返回给 SFF1。

④ SFF1 根据 NSH 的 SPI 与 SI 查询到 SRH，将 NSH 封装 SRv6 报文头，更新 IPv6 目的地址为 SID2，然后查 IPv6 FIB 转发到下一跳 SFF2。

⑤ SFF2 收到 SID2 之后，根据 SID2 的指示，将 SRv6 报文头剥离并且缓存，然后查找 NSH 转发表，转发到 SF2。

⑥ SF2 处理报文之后，将 SI 的值减 1，然后将报文返回给 SFF2。

⑦ 同理，报文回到 SFF2 之后，查询 SRH 与 SPI 的映射缓存表，找到对应的 SRH，重新封装 SRv6 报文，继续转发。

这种方案更像是 Stateless SRv6 SFC 方案中 SRv6 Proxy 根据 NSH 查表

转发的解决方案。因此这个方案还需要定义一种新的 SID，指示 SRv6 报文头后有 NSH，用于指示 SRv6 节点需要将 SRv6 报文头缓存起来，并基于 NSH 查表转发。这种新的 SID 就是 End.NSH SID，以上示例的 SFF1、SFF2 SID 均应为 End.NSH。

总体来看，Stateless SRv6 SFC 不必在 SFF 上维护每个 SFC 的状态，当 SF 支持 SRv6 时，方案的实现难度更小。Stateful SRv6 SFC 的两种方案虽然都需要维护每个 SFC 的状态，但都兼容基于 NSH 的 SFC 解决方案，也不要求 SF 支持 SRv6。基于 NSH 和 SRv6 结合的转发在一定程度上减少了 SRv6 报文头中 Segment List 内 SID 的数量，缩短了报文头的长度，是 NSH 网络向 SRv6 网络升级的一种可选的过渡方案。

| 11.3 SRv6 在 SD-WAN 中的应用 |

11.3.1 SD-WAN 概述

在 2014 年 5 月举办的 ONUG（Open Network User Group，开放网络用户组织）春季会议上，明确定义了一个新的概念——SD-WAN。SD-WAN 是软件定义和 WAN 的结合，表示将 SDN 的架构和理念应用于 WAN，借助 SDN 来重塑 WAN。

SD-WAN 是将 SDN 应用到 WAN 中所形成的一种服务。这种服务用于连接广阔的地理范围内的企业网络、数据中心、互联网应用及云服务，旨在帮助用户降低广域网的开支、提高网络连接的灵活性。

SD-WAN 一经问世便引起了广泛关注，高德纳公司给出的 SD-WAN 定义中进一步总结了 SD-WAN 的四大特点，如表 11-4 所示。

表 11-4 高德纳公司定义的 SD-WAN 的四大特点

序号	特点
1	支持混合链路接入，如 MPLS、互联网和 LTE（Long Term Evolution，长期演进）等链路
2	支持动态调整路径
3	管理和业务发放简单，如支持 ZTP（Zero Touch Provisioning，零接触部署，也称零配置开局）
4	支持 VPN 以及其他增值业务服务，如 WOC（WAN Optimization Controller，广域网优化控制器）和防火墙等

传统的企业 WAN 中，企业分支站点通常只通过单一的 MPLS VPN 专线接入 WAN。由于企业流量模型的改变，WAN 链路带宽激增，导致企业的成本上升。因此，除了 MPLS VPN 专线之外，企业需要低成本、质量有保障的链路来分担部分流量。随着互联网覆盖范围的扩大和网络性能的不断提升，网络质量也有了显著改善，互联网链路与传统专线的差距在迅速缩小，这就使得互联网链路成为昂贵的运营商专线链路之外的另一种选择。

按照 ONUG 和高德纳公司的定义，SD-WAN 最大的特点就是支持混合 WAN 链路（Hybrid-WAN）接入，即支持 MPLS VPN、互联网和 LTE 等多种方式来实现企业分支的互联，如图 11-19 所示。与传统的企业 WAN 相比，混合 WAN 链路提供了流量传输的更多选择。例如，企业可以将 MPLS VPN 专线上的部分质量要求稍低的流量转移到互联网链路上传输，这样既能降低 MPLS VPN 专线的开销，也能充分利用互联网的便捷性。

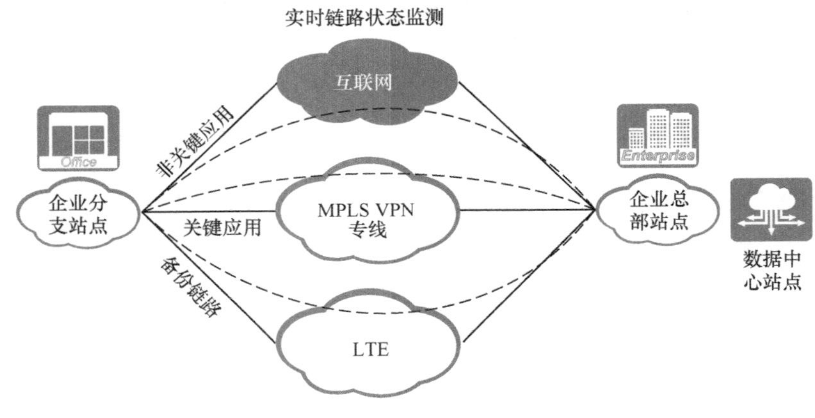

图 11-19　混合 WAN 链路

传统企业 WAN 环境中，上线一个新的分支往往需要一个月甚至数月时间，网络部署周期非常漫长。另外，分支上线后还需要开通业务，传统方式下要对业务进行逐条配置下发，操作过程烦琐且容易出错。对于拥有大量分支的企业来说，业务变更带来的维护工作量很大。

SD-WAN 从两个层面来解决这个问题。

首先是网络层面，通过 ZTP 等方式，实现分支的快速部署和上线。这种即插即用的部署方式降低了技术门槛，不需专业网络工程师到现场部署，节省了人力成本。同时，SD-WAN 中的网络编排功能支持自动搭建分支间互联网络，提高了部署效率。

其次是在业务层面，SD-WAN 借助网络功能虚拟化技术，将多种硬件设备

软件化，集成到一台设备中，实现了业务的快速发放。借助于 SD-WAN 的开放式架构，企业用户可获得随需随取的 VAS 服务。

传统的企业 WAN 通过路由来决定流量的路径，这种调度方式是静态的，无法根据网络环境和链路质量的变化而动态调整。另外，传统的企业 WAN 不能感知应用，保证应用对链路质量的 SLA 需求也就无从谈起。当链路质量下降时，往往无法保障关键业务，因此限制了质量无法保证的互联网链路的使用，只能使用高质量的 MPLS VPN 链路。

SD-WAN 从两个方面来解决上述问题。

其一，SD-WAN 场景下支持实时监控多条链路的质量，不仅探测链路是否畅通，还会记录丢包率、时延、抖动等实时的状态信息。

其二，SD-WAN 提供了多种应用识别手段，可以准确识别流量中的应用信息。两者结合使用，就可以基于不同的应用类型，动态调整流量的路径，实现更灵活便捷的调度方式。例如，通过应用识别和动态选路技术，可以将关键应用（如实时视频会议的流量）分流到 MPLS VPN 链路上，将一些非关键应用（如文件传输的流量）分流到互联网。这样就可以保证关键应用对链路质量的需求，实现良好的应用体验。

SD-WAN 继承了 SDN 集中控制的设计思想，这就使得全网集中管控这一目标变成可能。基于集中控制这个前提，SD-WAN 提供全网监控功能，实时获取分支、链路的状态及性能信息，实现全网状态的可视化展示。

另外，SD-WAN 可以提供不同的运维模式，保证权限控制最小化；还可以根据不同的岗位角色，设置不同的访问权限。SD-WAN 还集成了丰富的故障诊断工具能力，能够对复杂问题进行快速定界。与传统企业 WAN 相比，SD-WAN 能够提供自动化、智能化的运维能力，降低管理成本，提高运维效率。

11.3.2 基于 SRv6 的 SD-WAN

IETF SPRING 工作组发布的文稿描述了 SRv6 SD-WAN 方案，这个文稿详细地描述了 SD-WAN 控制器与 SRv6 控制器互通解决单个运营商应用（App）感知 Underlay 业务的 SLA 的场景[8]。

1. SRv6 SD-WAN 的基本组网

如图 11-20 所示，SD-WAN 由 Site A 和 Site Z 组成，分别通过边缘节点 E1 和 E2 连接到互联网。E1 和 E2 通过服务提供商网络进行连接，以形成站点之间的 VPN 互联。

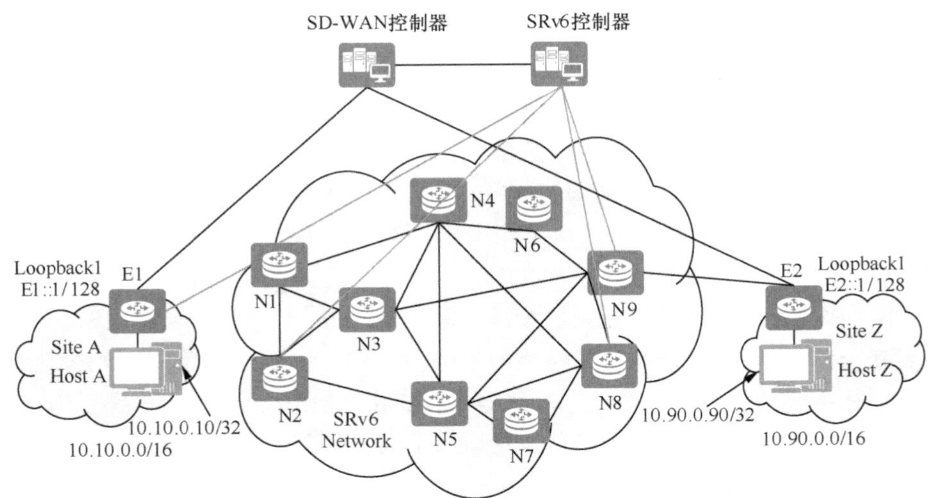

图 11-20　SRv6 for SD-WAN 的基本组网

N1 至 N9 是服务提供商网络上的节点，在图 11-20 中，N1 和 N9 是边缘节点（PE）。为了支持 SRv6，可以在服务提供商网络中部署 IS-IS SRv6，用于在服务提供商网络中扩散 SRv6 信息。为描述方便，我们用 SRv6 SID Cj ::1 指代在节点 N*j*(*j* 为 1 ~ 9 的数字）处具有 PSP 功能的 End SID。

服务提供商部署 SRv6 控制器，该控制器用于计算满足约束条件的 TE 路径。SD-WAN 控制器用于管理 SD-WAN 的 Overlay 网络，该控制器同时还可以与 SRv6 控制器通信，请求各种 SLA 服务。

节点 E1 和 E2 上各有一个 Loopback 接口，接口的 IPv6 地址分别是 E1::1/128 和 E2::1/128。节点 E1 和 E2 分别连接到 N1 和 N9。从 N1 到 N9 的最短路径是通过 IGP 计算出来的 BE 路径。默认情况下，从 N1 传输到 N9 的流量沿 BE 路径转发。

假定 SD-WAN 的 Site A 中 Host A 的地址是 10.10.0.10/32，Site Z 中 Host Z 的地址是 10.90.0.90/32。E1 和 E2 分别通过互联网上的安全通道（如 IPsec）向 SD-WAN 控制器通告 10.10.0.0/16 和 10.90.0.0/16。实际该解决方案适用于站点之间交换的任何流量，包括 IPv4、IPv6 或二层以太业务。为方便起见，下面使用 SD-WAN Overlay 网络中的 IPv4 站点作为示例进行介绍。

2. SRv6 SD-WAN 的控制平面处理流程

SRv6 SD-WAN 的控制平面处理流程如图 11-21 所示，具体如下。

① 在 E1 上，可以通过流量分析模块识别用户从 A 访问 Z 的报文内容，根

据预先设置的策略映射到对应的 SLA 类型。

② E1 向 SD-WAN 控制器请求一条能够满足 SLA 需求的去往 Z 的路径。

③ SD-WAN 控制器向 SRv6 控制器请求一条从 E1 到 E2 的附带 SLA 需求参数的路径。

④ SRv6 控制器将 E1 和 E2 的地址分别映射到自己管理的节点 N1 和节点 N9，计算出从节点 N1 到节点 N9 的符合 SLA 要求的 SRv6 Policy，然后分配一个 BSID，通过 BGP IPv6 SR Policy 协议扩展把 BSID 和符合要求的 SRv6 Policy 的 Segment List 一起下发到节点 N1。

⑤ 节点 N1 安装 SRv6 Policy，然后通过 BGP-LS 将安装状态反馈给 SRv6 控制器 [9]。

⑥ SRv6 控制器接收到 SRv6 Policy 安装成功的信息后，向 SD-WAN 控制器返回这个 SRv6 Policy 所绑定的 BSID。

⑦ SD-WAN 控制器向 E1 返回从 SRv6 控制器接收到的 BSID。E1 生成一条从 E1 到 E2 的 SRv6 Policy，其 Segment List 是 <BSID，E2::1>。E1 生成一条基于流特征匹配的引流规则，将流量引入 SRv6 Policy。

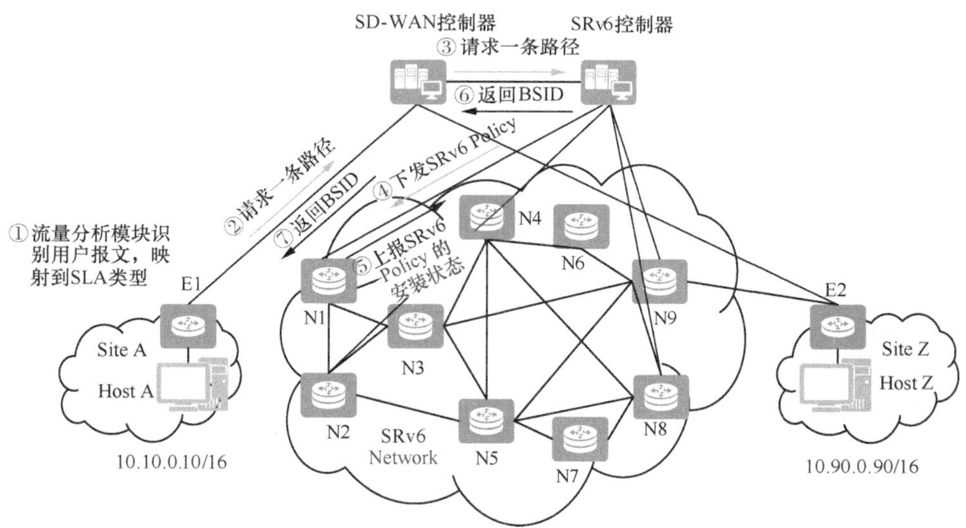

图 11-21　SRv6 SD-WAN 的控制平面处理流程

3. SRv6 SD-WAN 的数据转发处理流程

服务提供商网络支持应用触发创建多条满足不同 SLA 需求的路径。如图 11-22 所示，我们列举了 3 种不同的路径。

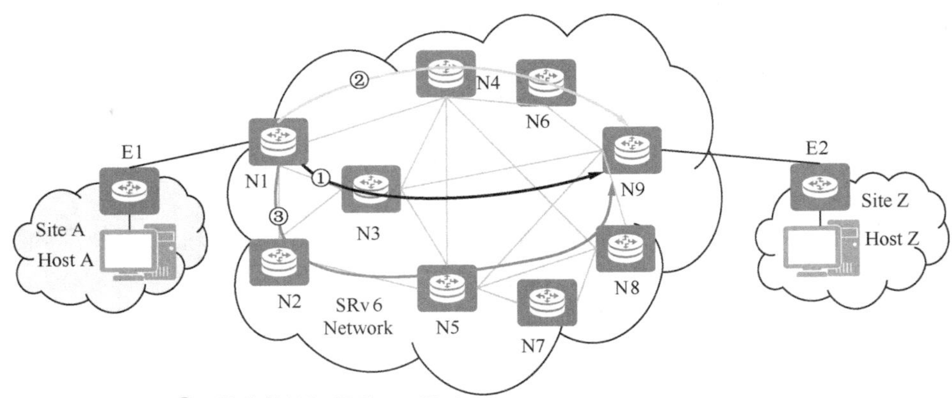

图 11-22　服务提供商网络创建多条满足不同 SLA 需求的路径

从 N1 到 N9，满足不同 SLA 需求的 3 条路径如下。

① 默认路径（SRv6 BE）：<C9::1>。

② 按应用需求触发创建的低时延路径：Segment List 是 <C4::1，C6::1，C9::1>，BSID 是 C1::888:1。

③ 按应用需求触发创建的、保证 100 Mbit/s 带宽的路径：Segment List 是 <C2::1，C5::1，C8::1，C9::1>，BSID 是 C1::888:2。

按 SRv6 SD-WAN 的控制平面处理流程触发创建相应路径之后，流量就可以利用这些路径转发。图 11-23 为从 Host A 到 Host Z 经过低时延路径时的转发流程（描述时以 E1 和 E2 之间部署 IPsec 隧道为例）。

① Host A 封装到 Host Z 的 IP 报文，在 IP 报文头封装源 IP 地址 10.10.0.10，目的 IP 地址 10.90.0.90，然后将报文转发给 E1。

② E1 接收到该报文后，按照如下步骤处理。

- 首先对报文进行加密，封装ESP报文头。
- 然后封装SRH，Segment List是<C1::888:1，E2::1>，SL = 1，Next Header = ESP。
- 最后封装IPv6报文头，该IPv6报文头中的IPv6目的地址为BSID C1::888:1，IPv6源地址是E1::1，NH = SRH。

报文封装完毕后，转发给 N1。

③ N1 接收到报文后，处理到报文头中的 BSID C1::888:1 时，将根据该 BSID 选择 N1 上部署的对应 SRv6 Policy，并将该 BSID 对应的 Segment List<C4::1，C6::1，C9::1> 插入报文的 SRH 中，形成了新的 SRH，Segment List 是 <C4::1，C6::1，C9::1，E2::1>，SL = 3，NH = ESP。然后封装 IPv6 报文头，报文头中的

IPv6 目的地址改为 C4::1，IPv6 源地址仍旧是 E1::1，NH = SRH。

④ N4 接收到报文后，根据 IPv6 报文头中的目的地址 C4::1，命中本地的 End SID。N4 需要执行 End SID 的指令动作，将 SL 的值减 1，并将 SL 指示的 SID C6::1 更新到外层 IPv6 报文头的目的地址字段，同时查找 IPv6 转发表，按照最短路径将报文发送出去。

⑤ N6 接收到报文后，根据 IPv6 报文头中的目的地址 C6::1，命中本地的 End SID。N6 需要执行 End SID 的指令动作，将 SL 的值减 1，并将 SL 指示的 SID C9::1 更新到外层 IPv6 报文头的目的地址字段，同时查找 IPv6 转发表，按照最短路径将报文发送出去。

⑥ N9 接收到报文后，根据 IPv6 报文头中的目的地址 C9::1，命中本地的 End SID。N9 需要执行 End SID 的指令动作，将 SL 的值减 1，并将 SL 指示的 SID E2::1 更新到外层 IPv6 报文头的目的地址字段，由于 N9 是路径上的倒数第二段，所以可以按照 PSP 功能弹出 SRH。此后 N9 查找 IPv6 转发表，按照最短路径将报文发送给 E2。

⑦ E2 接收报文以后，确定报文 IPv6 目的地址是自己的 SID E2::1，E2 解封装 IPv6 报文，露出 ESP 报文头。E2 进一步处理 ESP 封装，在 ESP 验证通过以后，E2 根据内层报文的目的地址 10.90.0.90 将报文转发给 Host Z。

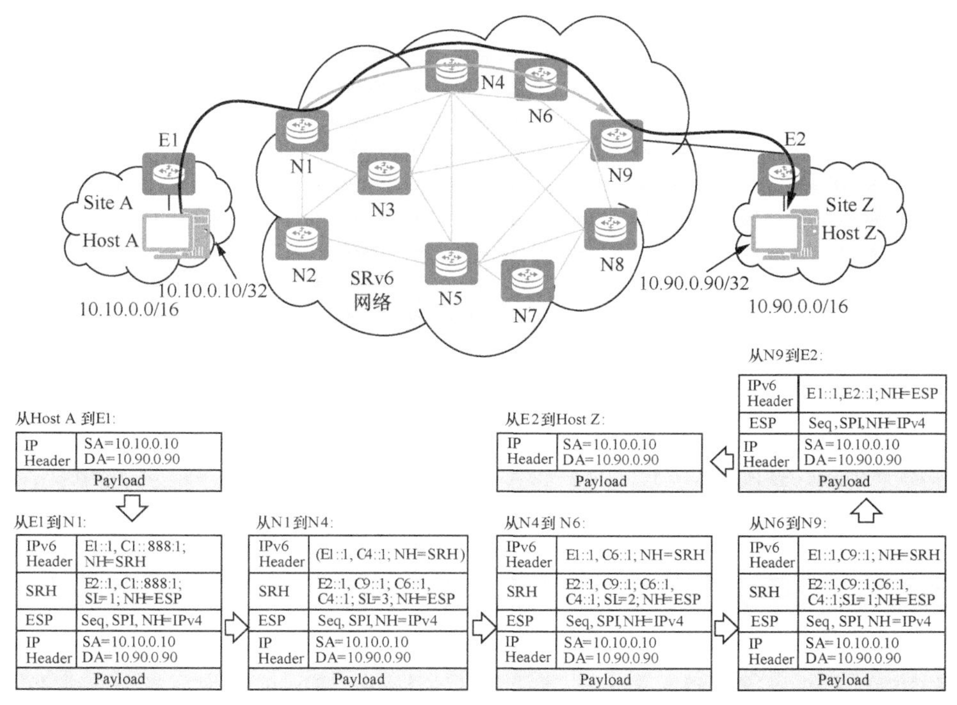

图 11-23 从 Host A 到 Host Z 经过低时延路径时的转发流程

4. SRv6 SD-WAN 方案的优势

总结起来，SRv6 SD-WAN 方案的优势主要包括如下几个方面。

（1）可以大规模扩展

- 服务提供商网络在其网络核心中不保持任何SD-WAN流状态。
- 服务提供商网络在其网络边缘不存在任何复杂的四层～七层流分类。
- 服务提供商网络不感知SD-WAN实例的任何策略变化，无论是流的分类，何时引导流，还是流承载在哪条路径上。
- 服务提供商的作用是仅在网络边缘有状态地维护SRv6 Policy，并在其网络中维护几百个SID。这充分地利用了Segment Routing无状态属性的优势。

（2）高度保护隐私

- 服务提供商网络不共享其基础设施、拓扑、容量、内部SID的任何信息。
- SD-WAN实例不共享有关其流量分类、转向策略和业务逻辑的任何信息。

（3）计费灵活

- 可以单独计算发往BSID的流量。
- 服务提供商和SD-WAN实例可以就优先路径的使用计费达成一致。

（4）安全有保证

- BSID（和相关的优先路径）只能由订购服务的特定SD-WAN实例（和站点）访问。
- 安全解决方案支持任何SD-WAN站点的连接类型，直接连接到各种服务提供商网络边缘。

| SRv6 设计背后的故事 |

数据中心网络的技术之争是非常激烈的，从传统的二层组网，到 TRILL/SPBM（Shortest Path Bridging for MAC）为代表的大二层组网，再到 VXLAN 为代表的 NVO3（Network Virtualization over Layer 3，三层网络虚拟化）组网，经过了多次演变。这其中令人费解的是一向成功的 MPLS 未能成为数据中心网络解决方案的主流技术。事实上，业界 MPLS 专家付出了很大的努力来推动这一技术。MPLS 在不同类型的承载网中得到了应用部署，技术成熟度高，在数据中心网络得以重用看起来是一个很自然的选择。2014 年左右，我们也曾经和业界的 MPLS 专家讨论推动基于 Seamless MPLS 架构的数据中心网络融合方案，

也有 MPLS 专家提出采用 ARP 分标签方案来解决最后一跳分发 MPLS 标签的问题[10]，然而这些工作都未能成功，只有 MPLS over UDP 方案得到了一些支持[11-12]。最终 MPLS 在与 VXLAN 的竞争中落败，VXLAN 也成为数据中心网络的事实标准。笔者认为可以总结出以下几个方面的原因。

- 产业生态的竞争：数据中心包含计算、存储、网络等部分，是一个由IT厂家而非网络设备厂家主导的市场。IT厂家具有更大的话语权，并且更早地感知数据中心云化和网络虚拟化发展需求，其积极推动的VXLAN技术获得了更多支持。
- 标准约束力低，运作效率低下：数据中心网络基本上都是单厂家设备组网，互联互通的需求不高。IETF成立了NVO3工作组，其标准化进程也一直很不顺利，因为各方争持不下，缺乏有效产出，IETF一度考虑直接解散该工作组。
- 用户习惯：数据中心网络的业务部署和运维追求简单高效，网络管理人员普遍认为MPLS技术复杂，接受度低。另外数据中心采用交换机进行近距离组网，带宽成本较低，只需要路由ECMP能力即可以满足大多数业务的服务质量需求，无需MPLS TE流量工程能力，这也妨碍了MPLS在数据中心网络内的推广。

因为上述原因，MPLS 终究未能进入数据中心网络，由此进一步带来 IP 网络的分裂，不仅有原来 MPLS 网络跨域的困难，而且要应对 VLXAN 和 MPLS 网络互联的问题。SRv6 技术的出现为 IP 网络的统一带来了可能，在技术层面上，SRv6 具有 Native IP 的属性，与 VLXAN 类似，有可能作为数据中心网络的一种替代方案。此外，广域网络中 SRv6 可以替代 MPLS。这样使得网络技术有可能统一于 SRv6，更好地提供端到端的服务。这个愿景同样有赖于产业生态的构建，SRv6 应用到 DCN 的困难在于 VXLAN 的生态，这就类似前面提到的 GTP 在核心网的生态给 SRv6 造成的困难。解决产业生态问题、统一网络协议会是一个漫长的过程。据报道，日本某公司已经开始部署基于 SRv6 的数据中心网络解决方案，随着产业对 SRv6 的广泛认同和接受，这一愿景有可能得到实现。

本章参考文献

[1] QUINN P, NADEAU T. Problem Statement for Service Function Chaining[EB/OL]. (2018-12-20)[2020-03-25]. RFC 7498.

[2] NAPPER J. NSH Context Header Allocation for Broadband[EB/OL]. (2018-12-21)[2020-03-25]. draft-ietf-sfc-nsh-broadband-allocation-01.

[3] QUINN P, ELZUR U, PIGNATARO C. Network Service Header (NSH)[EB/OL]. (2020-01-21)[2020-03-25]. RFC 8300.

[4] FARREL A, DRAKE J, ROSEN E, et al. BGP Control Plane for NSH SFC[EB/OL]. (2019-12-19)[2020-03-25]. draft-ietf-bess-nsh-bgp-control-plane-13.

[5] CLAD F, XU X, FILSFILS C, et al. Service Programming with Segment Routing[EB/OL]. (2019-11-04)[2020-03-25]. draft-ietf-spring-sr-service-programming-01.

[6] GUICHARD J, SONG H, TANTSURA J, et al. Network Service Header (NSH) and Segment Routing Integration for Service Function Chaining (SFC)[EB/OL]. (2019-10-04)[2020-03-25]. draft-ietf-spring-nsh-sr-01.

[7] DAWRA G, FILSFILS C, TALAULIKAR K, et al. BGP-LS Advertisement of Segment Routing Service Segments[EB/OL]. (2020-01-07)[2020-03-25]. draft-dawra-idr-bgp-ls-sr-service-segments-03.

[8] DUKES D. SR For SDWAN: VPN with Underlay SLA[EB/OL]. (2019-12-12)[2020-03-25]. draft-dukes-spring-sr-for-sdwan-02.

[9] PREVIDI S, TALAULIKAR K, DONG J, et al. Distribution of Traffic Engineering (TE) Policies and State using BGP-LS[EB/OL]. (2019-10-14)[2020-03-25]. draft-ietf-idr-te-lsp-distribution-12.

[10] KOMPELLA K, BALAJI R, THOMAS R. Label Distribution Using ARP[EB/OL]. (2020-03-07)[2020-03-25]. draft-kompella-mpls-larp-07.

[11] XU X, SHETH N, YONG L, et al. Encapsulating MPLS in UDP[EB/OL]. (2020-01-21)[2020-03-25]. RFC 7510.

[12] XU X, BRYANT S, FARREL A, et al. MPLS Segment Routing over IP[EB/OL]. (2019-12-06)[2020-03-25]. RFC 8663.

第 12 章 SRv6 组播/BIERv6

本章介绍 BIERv6 组播技术在 IPv6/SRv6 网络中的应用。BIERv6 是新一代的组播技术，目前正在快速发展中。相比于传统的组播技术，BIERv6 简化了网络的控制平面协议，支持在头端显式地编程数据报文的多个目标节点，更适合当前和未来的大规模网络部署。结合 SRv6 与 BIERv6，可以基于统一的 IPv6 数据平面、统一的 IGP 和 BGP，提供完整的单播与组播业务，进一步简化协议，这也是网络发展的大方向。

12.1 组播技术和组播业务概述

IP 组播实现了 IP 网络中点到多点的实时数据传送，在运营商网络的 IPTV 等业务中有着广泛的应用。

根据协议的作用范围，IP 组播协议可分为组播成员管理协议和组播路由协议。组播成员管理协议是运行在主机和路由设备间的协议，包括 IGMP [1-2] 和 MLD(Multicast Listener Discovery，组播侦听者发现) 协议 [3]。组播路由协议是运行在路由设备间的协议，主要包括 PIM(Protocol Independent Multicast，协议无关组播)[4]、MVPN(Multicast Virtual Private Network，组播虚拟专用网)[5] 和 BIER[6] 等。

本节将简要介绍 PIM 和 MVPN 的基本概念，以及组播从 PIM 到 MVPN 再到 BIER 的技术演进过程。

12.1.1 PIM

PIM 是最基本的组播路由协议，也是部署和使用最为广泛的组播技术。PIM 的基本原理是记录组播接收者的加入报文，并通过向组播源逐跳发送 PIM 加入报文来建立组播转发树，使得组播源发送的组播报文可以沿着组播转发树发送到组播接收者。

图 12-1 展示了组播设备建立组播转发树的过程，其中（S，G）表示组播源为 S 的组播组 G。

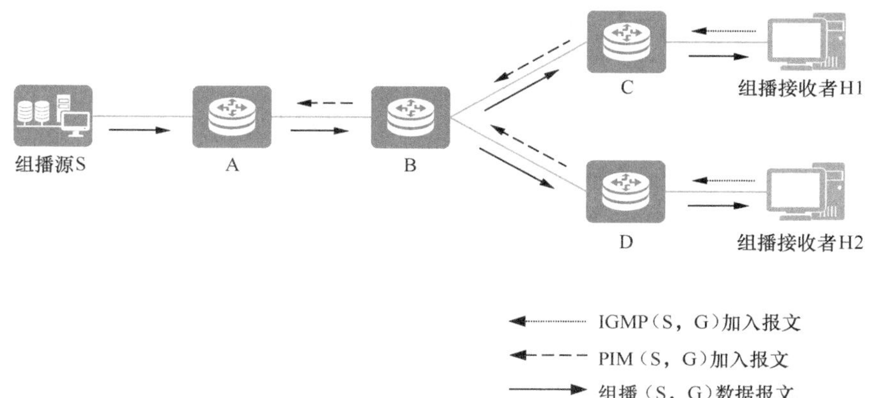

图 12-1　组播转发树的建立过程

详细过程如下。

① IGMP 加入：组播接收者 H1 和组播接收者 H2 发送 IGMP（S，G）加入报文到最后一跳组播路由器节点 C 和节点 D。节点 C 和节点 D 这种接收主机 IGMP 加入报文的节点也被称为接收者 PE 或接收者 DR。

② PIM 加入：节点 C 和节点 D 收到 IGMP（S，G）加入报文，查找到组播源 S 的路由，并往该路由的下一跳发送组播 PIM（S，G）加入报文。

③ PIM 加入：节点 B 收到下游 PIM（S，G）加入报文后，查找到加入报文中的组播源地址的路由表项，继续往上游发送 PIM（S，G）加入报文，到达最上游的节点 A。节点 A 是连接组播源服务器的路由器，也被称为 FHR（First Hop Router，第一跳路由器）、组播源 PE 节点或源 DR 节点。使用 PIM 协议从第一跳路由器到最后一跳路由器建立起来的组播报文转发路径被称为组播转发树。

④ 组播报文复制发送：第一跳路由器从组播源服务器接收组播（S，G）数据报文，沿着组播转发树发送到最后一跳路由器，并继续由最后一跳路由器复制发送给组播接收者，完成组播数据报文从组播源服务器到组播接收者主机的分发。

这种在 IGMP 加入报文中同时指定组播源和组播组，并且在 PIM 加入报文中指定组播源和组播组的情况，被称为 SSM（Source Specific Multicast，指定组播源）或 PIM-SSM[4]。与此相对的是在发送 IGMP 加入报文或 PIM 加入报文时，不指定组播源，只指定组播组，这种情况被称为 ASM（Any-Source Multicast，任意源组播）或 PIM-SM[4]，其标记为（*，G）。

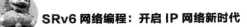

PIM-SM 是一个更为复杂的协议过程。当网络中有某个组播节目时，对外会以组播组来标识。组播接收者只知道组播组，不知道组播源的地址，这样组播接收者发送 IGMP 加入报文时只能指定组播组 G，而不能指定组播源 S。在 ASM 模式下，要求 PIM 协议能获取组播组对应的组播源，即源发现机制。源发现需要通过一个被称为 RP（Rendezvous Point，汇聚点）的节点，这个节点是组播组和对应的组播源的发布者，也是路由器通过组播组找到组播源的中介。

图 12-2 展示了在 ASM 模式下，用户加入组播组并接收到组播数据的过程，即 SPT 切换。

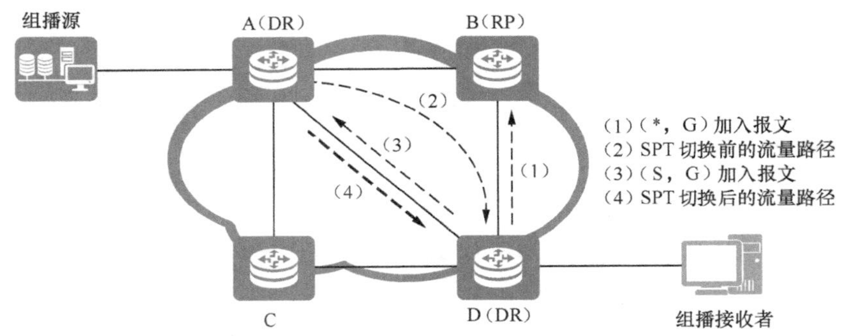

图 12-2 SPT 切换

详细过程如下。

① 组播源节点 A（DR）收到组播流量后，通过注册报文向节点 B（RP）通告组播源组（S，G）的信息，RP 解析收到的注册报文，进而知道组播组 G 对应的组播源 S。组播接收者节点 D（DR）收到下游的（*，G）组播加入报文后，根据该组播组 G 的 RP 地址，向 RP 发送（*，G）加入报文。RP 收到（*，G）加入报文后，建立从 RP 到接收者 DR 的组播树，即 RPT（Rendezvous Point Tree，共享树）。

② RP 收到（*，G）加入报文后，根据其保存的组播组 G 对应的组播源 S 信息，查找到组播源 S 的路由表项，并向该路由的下一跳发送 PIM（S，G）加入报文。该 PIM（S，G）加入报文会逐跳地发送至第一跳路由器，建立从第一跳路由器到 RP 的组播树。

③ 第一跳路由器会将收到的组播数据报文沿着到 RP 的组播树发送给 RP，RP 再沿着 RPT 将组播数据报文发送给最后一跳路由器，最后一跳路由器再复制发送给组播接收者。在最后一跳路由器收到组播流量后，根据组播

数据报文，获得组播组 G 对应的组播源 S 信息，查找到组播源 S 的路由表项，并向路由下一跳节点发送 PIM(S，G) 加入报文。组播源接收到 PIM(S，G) 加入报文以后，建立起从第一跳路由器到最后一跳路由器的 SPT(Shortest Path Tree，最短路径树)。这种从数据报文中获得组播源 S 的过程是一种“流量触发”学习的过程。

④ 建立完 RPT 和 SPT 后，最后一跳路由器会同时收到两份组播数据报文。这种情况下，最后一跳路由器会通过 RPF(Reverse Path Forwarding，反向通路转发) 检查从 RPT 收到的报文，而将另一个从 SPT 收到的报文丢弃，这是通过将 RPF 入接口指定为指向 RP 的接口实现的。由于 RPT 并不是网络上的最短路径，所以最后一跳路由器需要进行 SPT 切换。最后一跳路由器首先将 RPF 入接口切换为指向组播源 S 的接口，然后向 RP 发送 PIM(S，G，rpt) 剪枝报文。RP 收到该剪枝报文后，会将从 RP 到最后一跳路由器的 RPT 剪枝。被剪枝以后，最后一跳路由器只能从 SPT 路径收到唯一一份组播数据报文，从而实现了对组播数据报文的优化转发。

从上述过程可以看出，PIM-SM 是比 PIM-SSM 更为复杂的协议。简单来说，PIM-SM 的复杂性表现在以下几个方面。

① PIM-SM 需要经过建立 RPT、建立 SPT、SPT 切换和拆除 RPT 这一系列复杂的过程。

② PIM-SM 需要为每个组播组地址配置一个 RP 节点作为中介，网络中的所有节点都需要知道每个组播组使用哪个 RP。

③ 由于 RP 对 PIM-SM 极其重要，为了提升 RP 的可靠性，可能需要在网络中部署多台设备作为 RP，将不同的组播组分配到不同的 RP 上。

④ 为了减少为网络中每个节点静态配置 RP 地址的工作量，PIM 还有一个自动选举 RP 的机制，这需要使用 BSR(BootStrap Router，自举路由器)，同时在网络中泛洪 RP 信息，进一步增加了复杂性 [4] 。

12.1.2 MVPN

随着 IP/MPLS VPN 业务的出现，业界提出了 MVPN 的技术，将组播应用以“MVPN 业务”的方式运行，实现多个组播业务的同时运行及相互隔离。

最初的 MVPN 构建在 PIM 协议和 IP GRE 封装的基础上，MVPN 的组播流量到达某个 MVPN 的 PE 节点时，PE 节点为组播流量封装一层外层 IP 及 GRE 报文头，其中外层 IP 报文头的目的地址是组播地址，然后将封装后的组播报文沿着一个公网组播转发树发送给 MVPN 站点的其他 PE。这种早期的

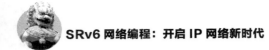

MVPN 技术被称为 Rosen MVPN[7]，这种使用组播地址作为外层 IP 目的地址的 GRE 报文封装也被称为 mGRE（multipoint Generic Routing Encapsulation，多点通用路由封装协议）封装。

随着 MPLS 的发展和 IP/MPLS VPN 的广泛应用，一些运营商希望使用 MPLS 数据平面承载包括组播业务在内的所有业务，构建 MPLS 综合承载网。同时，也希望对原有的 Rosen MVPN 协议进行改进，包括以下几个方面。

① MVPN 的承载隧道使用和单播统一的 MPLS 封装，并利用 MPLS 封装的标签栈能力实现组播 FRR 保护。

② 基于已有的 MPLS 单播协议扩展 MVPN 的控制平面协议。已有的 MPLS 单播协议包括 LDP[8] 和 RSVP-TE[9] 两种，基于这两种协议进行扩展，形成了 mLDP（multipoint extensions for Label Distribution Protocol，标签分发协议多点扩展）[10] 和 RSVP-TE P2MP[11] 这两种组播 MPLS 隧道的控制平面协议。使用它们建立的组播隧道被称为 P2MP LSP，或者 LSM（Label Switch Multicast，标签交换组播）。

③ 在 MVPN 的各站点上使用 BGP 传递 PE 地址信息、私网组播加入报文、私网组播源发现信息等。

这种改进后的 MVPN 协议也被称为 NG-MVPN（Next Generation MVPN，下一代 MVPN）协议，在下面的介绍中使用 MVPN 来表示 NG-MVPN。为了支持 NG-MVPN，BGP 扩展了 MVPN 地址族，通过 BGP MVPN 地址族传递 NG-MVPN 协议中使用的 BGP MVPN 消息。

MVPN 的典型组网和工作模型如图 12-3 所示。

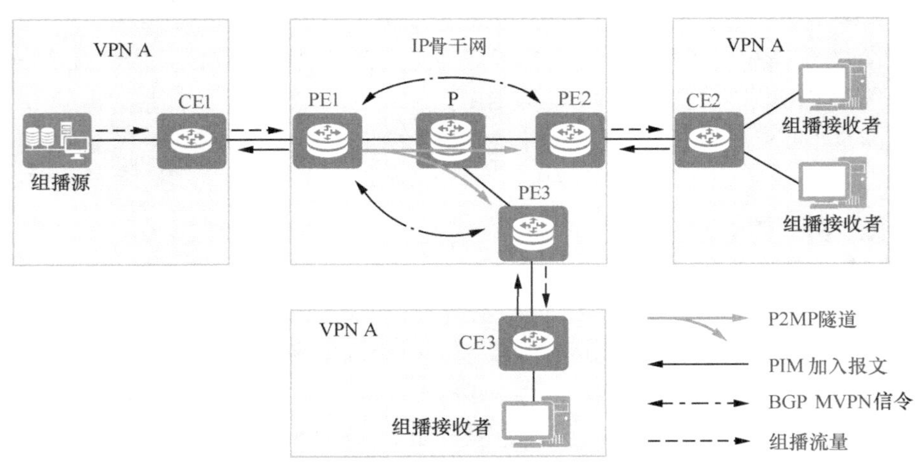

图 12-3　MVPN 的典型组网和工作模型

1. MVPN 路由

MVPN 路由是 MVPN 的各 PE 之间使用 BGP MVPN 协议[12]传递的路由。这些路由包括以下几部分。

第一部分：用于代替 PIM 传递私网组播组加入报文，在叶子 PE 节点从私网接口接收到组播 PIM、IGMP、MLD 的加入请求后，通过 BGP 路由发送给 Ingress PE（源 PE）节点，Ingress PE 节点再向连接组播源的私网接口发送 PIM 加入报文。表 12-1 中的 6 类和 7 类路由属于此部分。

第二部分：用于代替 PIM 的组播源发现机制，由 Ingress PE 节点将组播源组（S，G）信息发送给 MVPN 的各 PE 节点，这样 MVPN 的各 PE 节点收到组播（*，G）加入报文后，可根据保存的（S，G）信息向入节点发送（S，G）的 BGP 组播加入报文。表 12-1 中的 5 类路由属于此部分。

第三部分：用于通告各自的 IP 地址信息及隧道 ID 信息，用于各 PE 站点建立 MPLS P2MP 隧道。这部分路由包括 1 类、2 类、3 类和 4 类路由。

根据隧道类型的不同，交互过程有一些差别。

一方面是要由叶子节点发起建立的隧道，例如，mLDP P2MP 隧道需要由 Ingress PE 节点发布一个 1 类或 3 类路由携带一个 mLDP P2MP 隧道的控制平面标识 FEC[10]，但无须携带 LIR（Leaf Information Required）[12]标记，叶子 PE 节点根据隧道的 FEC 直接加入 mLDP P2MP，而无须向 Ingress PE 节点发送 4 类路由，其中 FEC 包含有 Ingress PE 节点的 IP 地址，叶子 PE 节点加入以 FEC 为标识的 mLDP P2MP 隧道是逐跳进行的，每一跳节点都需要根据 FEC 中的 Ingress PE 节点的 IP 地址确定往上游哪个节点发送 mLDP 的 Mapping 消息。

另一方面是要由入节点发起建立隧道，例如，RSVP-TE P2MP 隧道需要由 Ingress PE 节点发布一个 1 类或 3 类路由携带一个 RSVP-TE P2MP 隧道的控制平面标识（RSVP Session ID）[11]，并携带一个 LIR 标记，由叶子 PE 节点根据 LIR 标记向 Ingress PE 节点发送 4 类路由，并携带叶子节点 PE 的 IP 地址信息，再由 Ingress PE 节点向各叶子节点 PE 发起建立 P2MP 隧道的请求。

MVPN 的 7 种路由类型及其作用如表 12-1 所示。

表 12-1　MVPN 路由类型及作用

路由类型及名称	作用
1 类：I-PMSI A-D（Auto-Discovery，自动发现）	用于域内 MVPN 成员的自动发现。所有启动 NG MVPN 的 PE 节点都发布该路由，但只有组播 Ingress PE 节点在发布该路由的时候携带隧道 ID 并建立以 Ingress PE 节点为根的 Inclusive-PMSI 隧道。MVPN 的 Ingress PE 节点通过该隧道可以将私网组播数据流量发送给所有其他 PE 节点。其中通过一个被称为 PMSI Tunnel Attribute（PTA）的 BGP 属性携带隧道 ID，根据隧道类型不同，PTA 属性携带的隧道 ID 可以是一个 mLDP 的 FEC，也可以是一个 RSVP-TE 的 Session ID（会话 ID）
2 类：Inter-AS A-D	用于域间 MVPN 成员的自动发现，所有启动 NG MVPN 的 ASBR 发布该路由
3 类：S-PMSI A-D	用于 Ingress PE 节点收集接收组播数据的 PE 信息并建立相应的隧道。组播 Ingress PE 节点发布该路由时指定组播组（*，G）或者组播源组（S，G），并携带一个 mLDP 或 RSVP-TE P2MP 隧道的标识，需要接收（*，G）或者（S，G）流量的叶子 PE 节点加入该隧道中，所形成的隧道被称为 S-PMSI（Selective PMSI，选择 PMSI）隧道，Ingress PE 节点将相应的（*，G）或（S，G）流量沿着这种 S-PMSI 隧道发送，可以将组播报文只发送给需要的叶子 PE 节点
4 类：Leaf A-D	用于 Egress PE（接收端 PE）节点接收到 S-PMSI A-D 路由且 S-PMSI A-D 路由携带有 LIR 标记时，向 Ingress PE 节点发布该路由作为响应。当 Ingress PE 需要显式跟踪叶子 PE 以下发转发表或者从头端发起建立隧道时，就需要携带 LIR 标记，该标记位于 PTA 属性的 Flag 字段中
5 类：Source Active A-D	用于 Ingress PE 节点向其他 PE 节点通告源信息，当一个 PE 节点新发现一个私网源信息的时候，发布给其他 MVPN PE 成员
6 类：Shared Tree Join	用于接收端 PE 节点收到用户侧（*，G）加入报文时向 Ingress PE 节点发送加入报文
7 类：Source Tree Join	用于 Egress PE 节点收到（S，G）加入报文时，或收到有对应于该组播组的组播源信息的（*，G）加入报文时，向 Ingress PE 节点发布此路由

2. 基于 mLDP P2MP 隧道的 MVPN

图 12-4 展示了使用 mLDP 隧道时的 MVPN 信令交互过程。

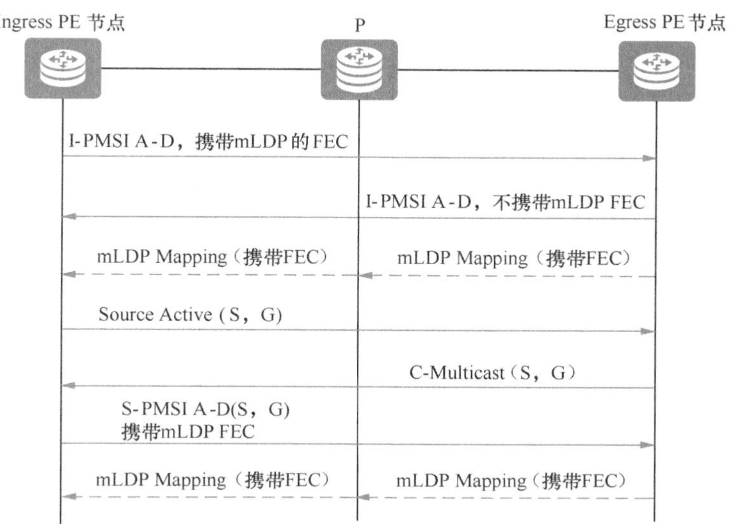

图 12-4 使用 mLDP 隧道时的 MVPN 信令交互过程

详细过程如下。

① MVPN 的 Ingress PE 节点和各 Egress PE 节点相互发布 I-PMSI A-D 路由，其中 Ingress PE 节点发布 I-PMSI A-D 路由，携带一个 mLDP FEC[10]，作为 I-PMSI 隧道的标识，用于各 Egress PE 节点向 Ingress PE 节点发起建立 mLDP P2MP 隧道的请求。

② 各 Egress PE 节点根据 mLDP FEC，向 Ingress PE 节点发送 mLDP Mapping 报文，建立以 Ingress PE 节点为根、Egress PE 节点为叶子的 mLDP P2MP 隧道。

③ Ingress PE 节点通常作为 MVPN 的 RP 节点，收到组播源发送的数据流量或者收到第一跳路由器发送的 PIM 注册报文后，得到组播源组（S，G）信息，然后通过 Source Active（S，G）路由发布给各 Egress PE 节点。

④ Egress PE 节点收到组播接收者的加入报文，或者 MVPN 的私网侧 CE 的 PIM 加入报文后，向 Ingress PE 节点发布 Source Tree Join（S，G）路由（C-Multicast 路由包含了 Shared Tree Join 路由和 Source Tree Join 路由，本节以 Source Tree Join 路由为例）。如果 Egress PE 节点收到的组播加入报文是（*，G）类型，Egress PE 节点会根据收到的 Source Active（S，G）信息获得组播组对应的组播源信息，向 Ingress PE 节点发布 Source Tree Join（S，G）报文。可见，通过 Source Active 路由发布，MVPN 中可以不配置 RP，也没有 RPT 的建立和切换过程。Ingress PE 节点收到 Source Tree Join

（S，G）路由后，向其上游的 CE 发送 PIM（S，G）加入报文，将组播流量引到 Ingress PE 节点上，再通过 I-PMSI 隧道发送给各 Egress PE 节点。

⑤ Ingress PE 节点发布 S-PMSI A-D（S，G）路由，携带一个 mLDP FEC，作为 S-PMSI 隧道的标识。

⑥ Egress PE 节点收到 S-PMSI A-D 路由，如果 Egress PE 节点上有（S，G）接收者，则根据 mLDP FEC 向 Ingress PE 节点发布 mLDP Mapping 报文，建立 mLDP P2MP 的隧道，即 S-PMSI 隧道。Ingress PE 节点随后将组播（S，G）的报文切换到 S-PMSI 隧道上，只有需要组播流量的 Egress PE 节点才会收到组播流量，实现组播流量的优化复制。

3. 基于 RSVP-TE P2MP 隧道的 MVPN

图 12-5 显示了使用 RSVP-TE P2MP 隧道时的 MVPN 信令交互过程。

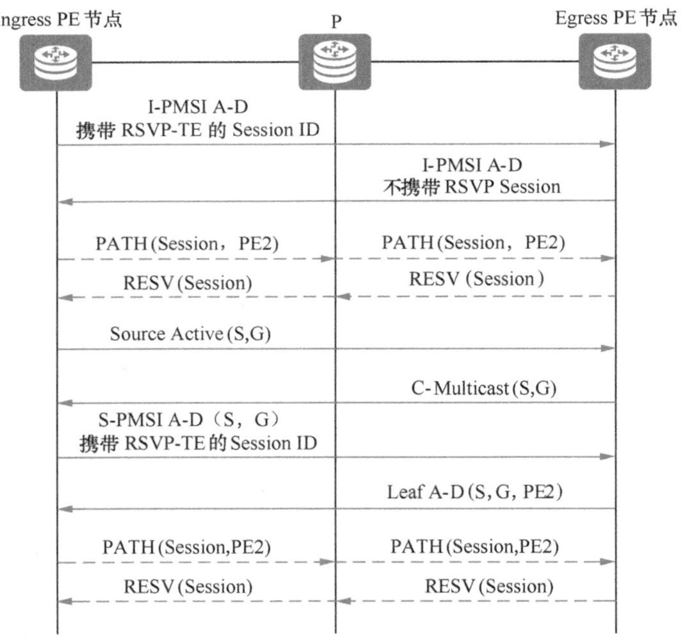

图 12-5　使用 RSVP-TE P2MP 隧道时的 MVPN 信令交互过程

详细过程如下。

① MVPN 的 Ingress PE 节点和各 Egress PE 节点相互发布 I-PMSI A-D 路由，其中 Ingress PE 节点发布 I-PMSI A-D 路由时携带 RSVP-TE

的 Session ID[11] 作为 I-PMSI 隧道的标识，用于各 Ingress PE 节点向 Egress PE 节点发起建立 RSVP-TE P2MP 隧道的请求。

② Ingress PE 节点根据收到的各 Egress PE 节点的 I-PMSI A-D 路由，向各 Egress PE 节点发送 RSVP PATH 报文，各 Egress PE 节点则沿着反方向发送 RESV 报文，建立以 Ingress PE 节点为根、Egress PE 节点为叶子的 P2MP 隧道。

③ Ingress PE 节点通常作为 MVPN 的 RP 节点，收到组播源发布的数据流量或者收到第一跳路由器发送的 PIM 注册报文后，得到组播源组（S，G）信息，然后通过 Source Active（S，G）路由发布给各 Egress PE 节点。

④ Egress PE 节点收到组播接收者主机的组播加入报文，或者 MVPN 的私网侧 CE 路由器的 PIM 加入报文后，向 Ingress PE 节点发布 Source Tree Join（S，G）报文。如果 Egress PE 节点收到的组播加入报文是（*，G）类型，Egress PE 节点会根据收到的 Source Active（S，G）报文获得组播组对应的组播源信息，向 Ingress PE 节点发布 Source Tree Join（S，G）报文。

⑤ Ingress PE 节点发布 S-PMSI A-D（S，G）路由，携带 RSVP-TE 的 Session ID[11] 作为 S-PMSI 隧道的标识，并携带一个 LIR 标志位，用于通知各 Egress PE 节点向 Ingress PE 节点发布 Leaf A-D 路由。这种由 Ingress PE 节点发布 S-PMSI A-D 路由携带 LIR 标志用以获得相应的 Egress PE 节点信息的过程，被称为 Explicit Tracking（显式跟踪）。通过这个过程使用 LIR 标志来使用 RSVP-TE P2MP 隧道。

⑥ Egress PE 节点收到 S-PMSI A-D 路由，根据 LIR 标志位判断，如果 Egress PE 节点上有（S，G）接收者，则向 Ingress PE 节点发布 Leaf A-D 路由。

⑦ Ingress PE 节点在收到 Leaf A-D 路由后，对这些 Egress PE 节点发起建立 RSVP-TE P2MP 隧道的请求，即 S-PMSI 隧道。Ingress PE 节点随后将组播（S，G）的数据报文切换到 S-PMSI 隧道上，只有需要组播流量的 Egress PE 节点才会收到组播流量，实现组播流量的优化复制。

4. MVPN 的优势

MVPN 协议建立了一个业务和隧道初步解耦的架构[5]，这是组播技术的关键进展，其技术优势包括以下几个方面。

① 通过将组播数据报文封装在外层隧道中，支持多个 MVPN 业务，且各 VPN 业务之间相互隔离，MVPN 业务与互联网访问业务也相互隔离。

② 通过 BGP MVPN 信令支持多种隧道类型。MVPN 以 MPLS 数据平面为基础，基于现有 LDP 和 RSVP-TE 协议进行扩展，建立 P2MP 隧道，从而实现 MPLS 综合承载。

③ 支持 I-PMSI 隧道和 S-PMSI 隧道，允许一个 VPN 的多个组播流使用一个 I-PMSI 隧道承载，或者每个组播流使用一个 S-PMSI 隧道承载。

④ 可以通过 BGP MVPN 信令直接发送从叶子 PE 节点到 Ingress PE 节点的组播加入报文，效率更高，组播加入信令耗时更短。

5. MVPN 存在的问题

MVPN 定义了一个各 PE 站点间的组播业务与骨干网的隧道类型及信令解耦的组播业务架构。特别是在 MPLS 综合承载网中，MVPN 具备支持使用和单播统一的 MPLS 封装、使用基于单播 LDP 和 RSVP-TE 协议扩展的信令、复用 MPLS 数据平面及控制平面 FRR 特性的特点，具有较大的意义。然而，随着 MPLS 的问题凸显、网络向 SR 直至 SRv6 演进，基于 MPLS P2MP 的 MVPN 的问题也越来越明显。

① MVPN 可以使用 I-PMSI 隧道的一个公共隧道承载一个 VPN 的多个组播流量，然而这会造成流量带宽的浪费。

② MVPN 也可以使用 S-PMSI 隧道让每个组播使用一个隧道发送流量，从而避免了流量带宽的浪费。然而这需要每个组播流量使用 mLDP 或 RSVP-TE 建立各自的 P2MP 隧道，组播流量越多，则隧道数量也越多，网络开销越大，网络中的链路发生故障时业务重新收敛所需要的时间也越长。

③ 无论是 I-PMSI 隧道还是 S-PMSI 隧道，都需要在网络中使用信令（如 mLDP 或 RSVP-TE）建立 P2MP 隧道，不仅建隧道的信令本身比较复杂，而且需要由 BGP MVPN 协议和这些建隧道的协议交互，获得隧道 ID 的标识并携带在 BGP MVPN 消息中，再由 BGP MVPN 驱动 mLDP 或 RSVP-TE 去建立隧道。

④ 要通过 mLDP 建立组播树，需要 Ingress PE 节点的 mLDP 生成一个隧道标识 FEC，通过 BGP 发布该 FEC 给各 Egress PE 节点。Egress PE 节点从 BGP 收到此 FEC，再由 mLDP 根据 FEC 中的根 IP 查路由，并向上游发送标签映射报文，逐跳建立 P2MP 树。

⑤ RSVP-TE 建立 P2MP 树，是基于 RSVP 软状态进行保活的 [13]，系统开销大，支持的规格有限。因为 RSVP-TE 通过 RSVP 报文发送 PATH 和 RESV 信令 [14]，需要周期性地刷新每个 P2MP 树。

⑥ 组播业务的维护比较复杂，除了组播本身的 BGP MVPN 这一套信令以外，组播业务维护人员还需要学习和理解 mLDP 及 RSVP-TE 协议，在网络上逐跳进行定位，而在网络各中间节点上可以查看到的是 P2MP 隧道的 MPLS 标签和隧道标识（如 mLDP FEC 或 RSVP Session ID），这些标签或标识和组播流（S，G）的关系是一种复杂的间接对应，需要多次查表才能获得对应关系。

12.1.3 BIER

无论是使用 PIM 的公网组播业务，还是使用 mLDP/RSVP-TE 的 MVPN，都属于显式地建立组播树，即需要为每个组播节目建立组播树，网络中间设备（如 P 节点）也需要感知业务。

图 12-6 是一个组播承载 IPTV 业务的示意图。

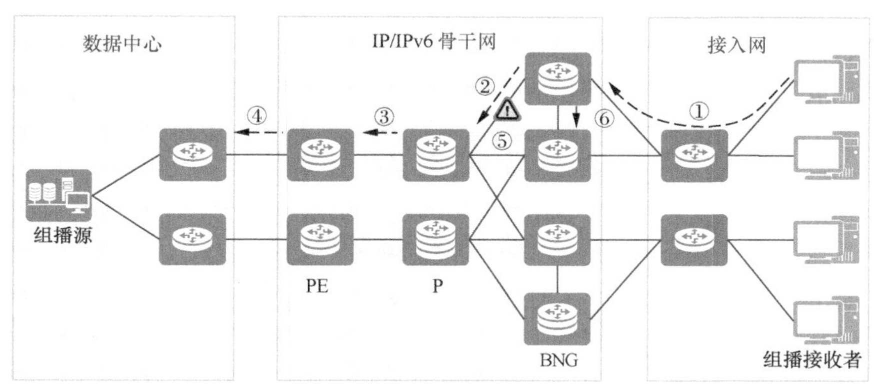

图 12-6　组播承载 IPTV 业务

建立组播协议时需要为每个组播节目建立组播转发树，这需要网络各节点根据 IPTV 业务点播而按需建立组播转发树，即图 12-6 中的②、③、④。

当某个链路发生故障（例如图 12-6 中的⑤）时，需要重新建立经过该链路的全部组播树，例如有 1000 个组播节目，则需要重新建立对应的 1000 个组播树，如图 12-6 中的⑥。

这种显式地建立组播树的技术特点是所有组播流量均建立组播树，网络直接感知业务。虽然 MVPN 建立了支持多组播业务的协议架构，然而如果 MVPN 的多组播业务是建立在 mLDP/RSVP-TE 的显式建路协议之上，受到每个业务流都要建立组播树、承载与业务不分离这一因素的限制，其支持的组播流个数限制决定了组播业务的个数，难以支持运营商面向企业提供更多的组播 MVPN 业务。

BIER 就是为了解决根据组播流显式地建立组播转发树的组播技术的扩展性差这一问题而提出的。它不依赖 PIM、mLDP 和 RSVP-TE 等需要显式地建立组播转发的协议，同时也满足了网络简化、承载与业务分离等技术诉求。2014 年 IETF 成立了 BIER 工作组，目前已发布了 BIER 架构和转发原理的标准 RFC 8279[6]，以及 BIER 封装标准 RFC 8296[15]、BIER-MPLS 封装的 IS-IS 和 OSPFv2 扩展 [16-17]、基于 BIER 的组播 MVPN 业务 [18]，以及可以用于 BIER MVPN 的显式跟踪优化的方案 [19]。

其中的 BIER 架构和 BIER 封装标准既适用于 MPLS 网络，也适用于非 MPLS 网络，而其他的标准则以 MPLS 封装为主，有一些基础机制也适用于非 MPLS 封装。12.2 节将以 BIER-MPLS 的封装为例介绍 BIER 组播技术。

自 2018 年起，BIER 工作组基于 RFC 8279、RFC 8296 以及工作组内各个参与方的提议，将 Native IPv6 的 BIER 标准的制定纳入工作组的任务目标中，开始了 BIER IPv6 的标准化工作。BIER 工作组随后接纳了 BIER IPv6（BIERv6）的需求文稿为工作组文稿 [20]，并形成了 BIERv6 封装 [21]、BIERv6 的 IS-IS 协议扩展 [22]、BIERv6 的 MVPN 协议扩展 [23] 以及 BIERv6 的跨域 [24] 等文稿。这些文稿详细地描述了如何在 Native IPv6 或 SRv6 网络中使用 BIER 组播架构和 IPv6 的封装承载组播业务，业务类型包括 MVPN、公网组播和跨域组播等。12.3 节将专门介绍 BIERv6 组播技术。

BIER 工作组轶事

BIER 的发音与“BEER”（啤酒）的发音相似，是一个受欢迎的名字。IETF 的人员都比较随性，喜欢喝啤酒聊天，现在有了一个“啤酒”工作组，也很符合他们的希求。BIER 工作组的核心成员后来做了纪念 T 恤衫，胸前就是一个大大的啤酒杯，令人印象深刻。

BIER 的原理跟 SR 非常类似：组播的转发在入节点编程，中间节点不会为组播树维护状态，由此提高了可扩展性。BIER 对于转发也是一个全新的挑战，不像 SR 在提出的时候，会使用已有的 MPLS 标签栈机制和 IPv6 路由扩展报文头机制。因此 BIER 工作组成立的时候是一个试验性的工作组，相关的标准草案也是试验性质的。经过几年的发展，随着技术和标准的成熟，BIER 工作组成为正式的工作组，标准草案也实现了“转正”。

12.2 BIER 组播技术

BIER 是一种新的组播数据转发架构。本节介绍 BIER 组播技术，包括 BIER 的基本概念、分层架构、转发原理、数据平面、控制平面和基于 BIER 的 MVPN。

12.2.1 BIER 的基本概念

在介绍 BIER 原理之前，有必要了解一下 BIER 的基本概念，如表 12-2 所示。

表 12-2　BIER 的基本概念

概念	解释
BIER 域	BIER 域是指支持 BIER 转发的网络域。BIER 域可以划分和配置多个 Sub-domain（SD），以支持 IGP 多拓扑等特性。每个 BIER 域必须包含至少一个 Sub-domain，即默认的 Sub-domain 0。BIER 也支持多个子域，用以支持 IGP 多拓扑、域间部署等场景。例如，可以在 BIER 域中各 BFR 上配置一个 Sub-domain 0，使用系统默认拓扑，再配置一个 Sub-domain 1，使用组播拓扑
BFR	BFR（Bit-Forwarding Router，比特转发路由器）是指支持 BIER 转发的路由器。BFR 作为 BIER 域的入口路由器时被称为 BFIR（Bit-Forwarding Ingress Router，比特转发入口路由器）；BFR 作为 BIER 域的出口路由器时被称为 BFER（Bit-Forwarding Egress Router，比特转发出口路由器）
BFR-prefix	BFR-prefix 是 BFR 的 IP 地址，推荐使用 Loopback 接口的 IP 地址。BIER 域中的各 BFR 都需要为每个 Sub-domain 配置一个 BFR-prefix，如果 BFR 上配置了多个 Sub-domain，这些 Sub-domain 可以使用相同的 BFR-prefix，也可以使用不同的 BFR-prefix
BFR-ID	BFR-ID（BFIR Forwarding Router Identifier，BFIR 转发路由器标识符）是一个 1 到 65535 范围内的整数，用于标识 BIER 域中的各个边缘 BFR，即 BFIR 或 BFER 节点。BFIR 或 BFER 节点需要为 Sub-domain 配置一个 BFR-ID。BIER 域的中间节点不需要配置 BFR-ID。 推荐采用“密集”的方式配置 BIER 域中的 BFR-ID 的值。例如一个网络中 BFER 节点的数量少于 256，那么推荐 BFR-ID 的配置范围为 1 ～ 256；如果网络中 BFER 节点的数量多于 256 而少于 512，那么推荐 BFR-ID 的配置范围为 1 ～ 512
BitString	BitString 是一个二进制比特串，表示 BIER 报文的目的节点集合。BFIR 从 BIER 域外接收组播数据报文后，封装 BIER 报文头，形成 BIER 报文，并在 BIER 域内进行转发，直至报文到达 BFER 节点后，由 BFER 节点解封装 BIER 报文头，再发送给 CE 设备或组播接收者。 报文在 BIER 域内基于 BIER 报文头包含的 BitString 字段转发，该字段中的每一个比特表示一个 BFR-ID，它的值为 1，表示报文要往该 BFR-ID 所代表的 BFER 节点发送，它的值为 0，则表示报文不需要往该 BFR-ID 所代表的 BFER 节点发送。 由于每一个比特代表一个 BFER 节点，所以 BitString 描述的 BFER 节点的数量受限于 BitString 的长度。例如，BitString 长度为 256 bit，那么其最多可以描述 256 个 BFER 节点
Set Identifier	SI（Set Identifier，集合标识符）是一组 BFER 节点的标识符。BIER 封装中不仅包含一个 BitString，还包含一个 SI。SI 的作用在于将 BIER 节点的编号划分为多个不同的区间，从而支持更大规模的网络编址。假设使用 256 bit 长的 BitString，则 BFR-ID 的 1 ～ 256 的节点属于集合 0（SI = 0），BFR-ID 的 257 ～ 512 的节点属于集合 1（SI = 1）。当一个 BIER 报文属于集合 0，那么其 BitString 从右往左的比特代表的 BFR-ID 为 1 ～ 256；当一个 BIER 报文属于集合 1，那么其 BitString 从右往左的比特代表的 BFR-ID 为 257 ～ 512。以此类推，通过使用 SI，可以支持更大规模的组播网络

下面以一个简单的无环的拓扑为例，详细介绍 BIER 组播技术的基本原理。如图 12-7 所示，节点 D/E/F/G 配置的 BFR-ID 值分别为 2/3/4/5，入节点 A 也配置了一个 BFR-ID，取值为 1。

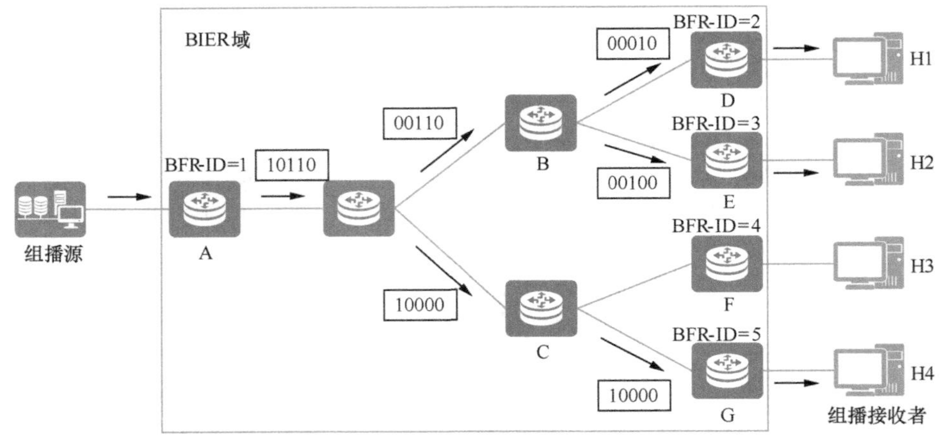

图 12-7 BIER 组播技术原理

如图 12-7 所示，当入节点 A 收到某个组播数据报文，并且需要将该组播数据报文复制给 D/E/G 时，那么入节点 A 就需要给组播数据报文封装一个 BIER 报文头，并且在 BIER 报文头的 BitString 中将第 2/3/5 个比特的取值设置为 1。BitString 的最右边 8 个比特的值为 00010110（图中简化为 5 bit 的 BitString），其中从最右往左数第 2/3/5 个比特为 1，表示该报文需要复制给 BFR-ID 为 2/3/5 的节点，也就是节点 D/E/G。

12.2.2 BIER 的分层架构

BIER 的架构分为 3 层：路由层、BIER 层和组播业务层[6]。

1. 路由层

路由层负责确定 BFER 节点的下一跳 BFR 节点。例如在图 12-7 中，BFR 节点 A 需要确定每个 BFR-prefix 地址的下一跳 BFR 节点及相应的出接口链路。通常路由层就是 IGP，例如 IS-IS 协议或 OSPF 协议。在一些网络（如大型数据中心网络）中可能会选择使用 BGP 代替 IGP 作为路由协议，这种情况下路由层协议也可以是 BGP。

2. BIER 层

BIER 层负责组播数据报文在 BIER 域传输，具体包括以下功能。

- 发布BIER信息，包括BIER的BFR-prefix、Sub-domain、节点在Sub-domain下的BFR-ID、节点在Sub-domain下所使用的BitString长度。
- BFIR节点对组播数据报文封装BIER报文头。
- BFR节点转发BIER报文并更改BIER报文头。
- BFER节点解封装BIER报文并分发给组播业务层处理模块。

BIER 层包括控制平面和数据平面两部分。

BIER 层控制平面负责 BIER 信息的发布。BIER 层控制平面和路由层有衔接。BIER 信息的发布依赖路由层，是路由层的协议扩展。可以认为，BIER 所需的 IGP 扩展属于 BIER 层，而 IGP 的基础功能和机制则属于路由层。

BIER 层数据平面负责 BIER 数据报文的处理。BIER 层数据平面和组播业务层有衔接。在 BFIR 节点上，组播数据报文要发送给哪些 BFER 节点，是通过组播业务层控制平面确定的，而在数据层面上，对组播数据报文封装 BIER 报文头的过程属于 BIER 层功能。BIER 层负责将报文分发给组播业务层处理，组播业务层则确定报文属于哪个 VPN 或公网，解封装并根据内层组播报文进行转发。

3. 组播业务层

组播业务层涉及对每个组播数据报文的处理过程：BFIR 节点确定从 BIER 域外接收的组播流要发送给哪些 BFER 节点；BFER 节点收到 BIER 报文后，确定如何进一步处理报文，包括确定报文属于哪一个 VPN 或公网实例，以及根据 VPN 或公网实例复制转发内层组播报文。

12.2.3　BIER 的转发原理

本节以图 12-8 为例，介绍 BIER 的报文转发原理，主要内容包括 BFR-ID 配置、BIER 转发表、BIER 转发表建立过程和查表转发。

1. BFR-ID 配置

图 12-8 中有 6 台 BIER 设备，其中节点 A/D/E/F 作为边缘节点需要配置有效的 BFR-ID 值，节点 A/D/E/F 配置的 BFR-ID 分别是 4/1/3/2。

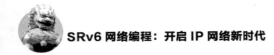

2. BIER 转发表

节点 A~F 基于控制平面发布的信息建立 BIER 转发表。BIER 转发表主要包括 BFR 邻居和 FBM（Forwarding Bit Mask，转发位掩码），表示通过该 BFR 邻居能到达的各 BFER 节点。

使用一个 BitString 来表示 FBM，并且长度和报文转发所使用的 BitString 相同。例如，报文转发使用的 BSL（Bitstring Length，BitString 长度）为 256 bit，那么 BIER 转发表中的 FBM 也为 256 bit。在报文转发过程中，报文中的 BitString 会和转发表中的 FBM 进行 AND（与）操作。

以节点 A 为例，它有如下两个表项。

- 邻居为B的表项，FBM为0111，表示通过邻居B能到达BFR-ID = 1/2/3各节点，或BFR-ID = 1/2/3的BFER节点的下一跳转发邻居均为节点B。
- 邻居为A的表项，FBM为1000，其中邻居A带有*号，表示该邻居是自己。

以节点 B 为例，它有如下 3 个表项。

- 邻居为C的表项，FBM为0011。
- 邻居为E的表项，FBM为0100。
- 邻居为A的表项，FBM为1000。

说明： *在图 12-8 中，为了示例方便，使用的 FBM 长度为 4 bit，实际的 FBM 长度至少为 64 bit。*

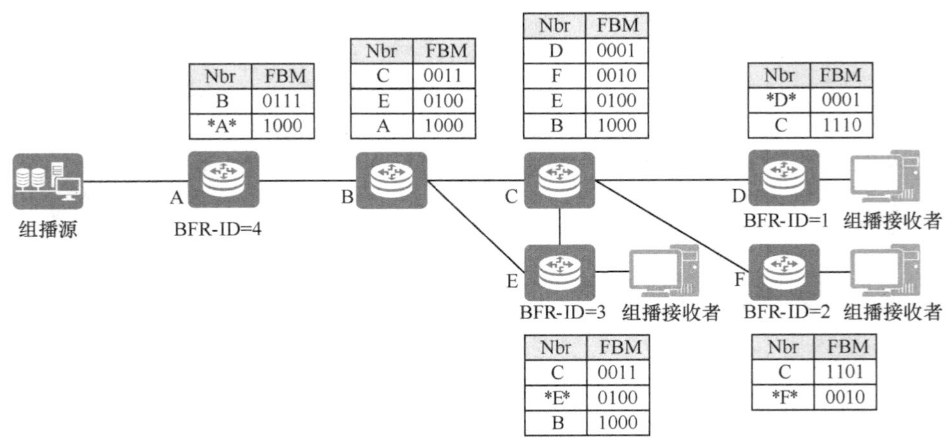

图 12-8　BIER 报文转发的原理

3. BIER 转发表的建立过程

下面以节点 B 为例，介绍 BIER 转发表的建立过程。

首先，节点 B 会收到网络中其他节点通过 IGP 泛洪的 BIER 信息，包括各个 BFR 的 BFR-prefix、Sub-domain、该节点在 Sub-domain 下的 BFR-ID 值（如果没有为 BFR 节点分配 BFR-ID 值，则设置 BFR-ID 值为 0，代表无效的 BFR-ID）、该节点下每个 <SD，BSL> 所对应的最大 SI 值及标签块等信息。在本例中，设置 BitString 长度为 4 bit、最大 SI 值为 0，BFR-ID 值为 1 ~ 4。

其次，节点 B 会建立到各个有效 BFR-ID 的转发信息。

- 到达BFR-ID = 4的节点，以节点A为下一跳邻居。
- 到达BFR-ID = 3的节点，以节点E为下一跳邻居。
- 到达BFR-ID = 1和2的节点，以节点C为下一跳邻居。

最后，节点 B 建立起一个包含 3 个邻居，且每个邻居都有对应的 FBM 的转发表，该表被称为 BIFT（Bit Index Forwarding Table，位索引转发表）。

同理，节点 A、C、D、E、F 各自都建立起自己的 BIFT。其中边缘节点上会有一个邻居是自己，此时 FBM 中转发表项的相应比特标识了自己。当用报文中的 BitString 与特殊邻居的这一条 FBM 进行 AND 操作，操作的结果不为 0 时，判定该报文是要发给本节点的报文。节点需要剥掉 BIER 报文头，并根据内层 IP 报文进行转发。

说明：在本例中，节点 A 作为入节点配置了有效的 BFR-ID，就会产生这个指向自己的特殊表项。节点 A 可以作为出节点，接收节点 D/E/F 发送的 BIER 报文。同理，节点 D/E/F 作为出节点配置了有效的 BFR-ID，也会生成类似的特殊表项。

4. 查表转发

当节点 B 收到一个 BIER 报文时，遍历 BIER 转发表的 3 个邻居，并根据报文中的 BitString 和每个邻居对应的 FBM 进行 AND 操作，如果 AND 操作的结果不为 0，那么就往这个邻居复制一份报文，并且将报文的 BitString 更改为 AND 操作的结果。如果 AND 操作的结果为 0，则无须向该邻居复制报文。

BIER 转发的一个显著特点是在转发报文给下一跳邻居时，会将报文的

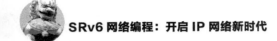

BitString 更改为 AND 操作后的结果。此举防止了在网络中有环的情况下报文重复发送。

例如，在图 12-8 中，节点 B、C 和 E 组成了环形链路。如果节点 A 发送 BitString 为 0111 的报文给节点 B，而节点 B 不与 FBM 进行 AND 操作更新 BitString，则节点 B 发送给节点 C 和节点 E 的报文 BitString 也为 0111；而节点 C 从节点 B 收到报文后还会发送一份给节点 E，所以节点 E 会收到两份重复报文。同理，节点 E 从节点 B 收到报文后还会发送一份给节点 C，所以节点 C 也会收到两份重复的报文。更为严重的是，节点 C 将报文发送给节点 E 以后，节点 E 再发送报文给节点 C，可能造成流量风暴。

如果进行对应的 AND 操作，则节点 B 收到 BitString 为 0111 的报文后，复制发送给节点 C 时，将报文的 BitString 更改为 0011，复制发送给节点 E 时，将报文的 BitString 更改为 0100，节点 C 收到报文后只会向节点 D 和节点 F 复制发送，而不会向节点 E 发送，节点 E 收到报文后只会解封装报文并向组播接收者发送，而不会向节点 C 发送。所以 BIER 的 AND 操作避免了发送重复的报文。

12.2.4 BIER 的数据平面

数据平面方面，为实现 BIER 转发，RFC 8296 定义了 BIER 报文头的格式，具体如图 12-9 所示 [15]。

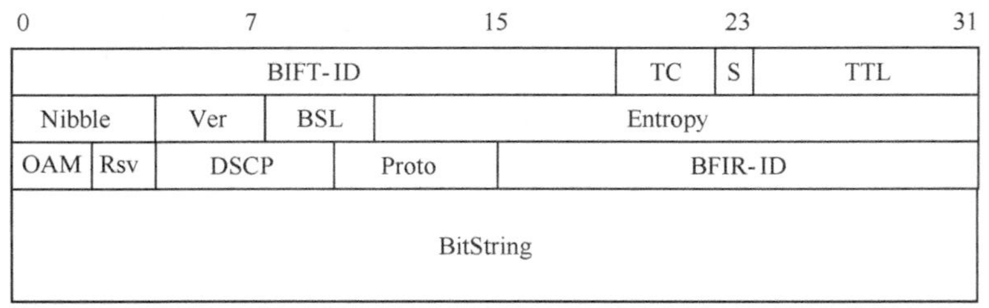

图 12-9 BIER 报文头的格式

BIER 报文头格式适用于 MPLS 封装，也适用于非 MPLS 封装。两种封装中的 BIER 报文头格式保持一致，但部分字段的含义和用法有所区别。

表 12-3 列出了 BIER 报文头 MPLS 封装（或 BIER-MPLS 封装）下各字段的说明。

表 12-3　BIER 报文头 MPLS 封装（或 BIER-MPLS 封装）下各字段的说明

字段名	长度	含义
BIFT-ID	20 bit	在 BIER-MPLS 封装中，BIFT-ID 字段是一个 MPLS 标签（也称为 BIER 标签）。BIFT-ID 字段值和一个 <SD，BSL，SI> 的三元组对应。通过 BIFT-ID 字段，可以获得唯一的 <SD，BSL，SI> 信息。它有如下作用。 • 通过 BSL 获取 BIER 报文头的 BitString 的长度，从而知道整个 BIER 报文头的长度（12 Byte+BitString 的长度）。 • 通过 BSL 及 SI 信息可知 BitString 代表的是 BFR-ID 是 1~256 还是 257~512 等。 在 BIER-MPLS 封装中，BIER 标签由每个 BFR 自行分配，并且每个 <SD，BSL> 下的多个 SI 的标签需要位于同一个标签块中。例如，某路由器只配置一个 <SD = 0，BSL = 256>，并且指定最大 SI = 3，那么需要为 <SD = 0，BSL = 256> 分配一个含有 4 个连续标签的标签块，标签块的起始标签为 L1，最后一个标签为 L1 + 3，各标签与 <SD，BSL，SI> 的对应关系如下。 • L1 对应于 <SD = 0，BSL = 256，SI = 0>； • L1 + 1 对应于 <SD = 0，BSL = 256，SI = 1>； • L1 + 2 对应于 <SD = 0，BSL = 256，SI = 2>； • L1 + 3 对应于 <SD = 0，BSL = 256，SI = 3>。 各路由器给同一个 <SD，BSL，SI> 三元组分配的标签值可能相同，也可能不相同。例如可能出现如下的分配结果。 • 节点 1 上对应于 <SD = 0，BSL = 256，SI = 0/1/2/3> 的标签为 100/101/102/103； • 节点 2 上对应于 <SD = 0，BSL = 256，SI = 0/1/2/3> 的标签为 200/201/202/203； • 节点 3 上对应于 <SD = 0，BSL = 256，SI = 0/1/2/3> 的标签为 300/301/302/303； • 节点 4 上对应于 <SD = 0，BSL = 256，SI = 0/1/2/3> 的标签为 400/401/402/403。 为了简化配置并保证各节点生成的 BIFT-ID 值的一致性，可以采取一种根据 <SD，BSL，SI> 自动生成 BIFT-ID 值的方法：取 8 bit SD 值、4 bit BSL 值代码、8 bit SI 值顺次拼接构成 20 bit 的 BIFT-ID 值 [25]。其中 SD 的取值范围是 0 ～ 255，SI 的取值范围是 0 ～ 255，BSL 的取值范围是 1 ～ 7 的编码值（依次代表 64 ～ 4096 bit）[15]。 **说明** 本书中除特别标明外，BSL 中的数值均为实际的 BitString 长度（如 256 bit）而不是编码值（如 256 bit 对应的编码值为 3）
TC	3 bit	Traffic Class，用于流分类
S	1 bit	栈底标记，在 BIER 报文头中该标记的值是 1，即这个 MPLS 标签是整个标签栈的栈底标签
TTL	8 bit	TTL 值
Nibble	4 bit	该字段取固定值 0101，区别于 MPLS 报文中携带的 IPv4 和 IPv6 报文头。因为在 MPLS 封装转发中，有时需要检查标签栈后面的 IPv4（第一个 Nibble 值为 0100）或者 IPv6（第一个 Nibble 值为 0110）报文头。Nibble 值为 0101 时，避免 BIER 报文头被误识别为 IPv4 或 IPv6 报文头
Ver	4 bit	标识 BIER 报文头的版本，当前为 0

续表

字段名	长度	含义
BSL	4 bit	BitString 的长度，其有效取值是 1 ～ 7，依次代表 64 ～ 4096 bit，详见 RFC 8296 中的定义。 **说明** 该 BSL 字段由报文分析器用于确定 BIER 报文头的 BitString 长度，转发平面并不根据此字段进行转发，而是根据 BIFT-ID 字段获得对应的 BSL 长度
Entropy	20 bit	熵值字段，用来支持负载分担。对不同的组播数据流可以使用不同的熵值，使得不同组播数据流在负载分担的不同路径上转发，而对一个组播数据流的各报文使用同一个熵值，确保同一组播数据流的不同报文经过相同路径
OAM	2 bit	用来支持 PM 等功能
Rsv	2 bit	预留字段
DSCP	6 bit	在 MPLS 封装的 BIER 中暂未使用
Proto	6 bit	取值为 2，代表上游分标签的 MPLS 报文，是在 MVPN over BIER 中所使用的一种 Proto 值。 **说明** 使用上游标签的原因是组播是点到多点的发送。Ingress PE 可以分配一个唯一的标签，并通过控制平面发送给 Egress PE。数据报文使用 Ingress PE 所分配的标签，并在 Egress PE 进行识别。对 Egress PE 而言，这个标签不是自己分配的，而是 Ingress PE 分配的，所以被称为上游标签
BFIR-ID	16 bit	BFIR 的 BFR-ID。BFIR 节点对收到的组播数据报文封装 BIER 报文头时，BFIR-ID 字段需要填写该 BFIR 节点的 BFR-ID
BitString	长度可变	BIER 报文的目的节点集合字符串

RFC 8296 描述了一个非 MPLS 的 BIER 封装的示例，即基于以太报文的 BIER 封装，使用以太类型 0xAB37 标识以太报文头后面的 BIER 报文头。

非 MPLS 封装的 BIER 报文头的格式和 BIER-MPLS 封装是完全一样的，但部分字段（主要是 BIFT-ID、TC 和 S 字段）在含义和用法上稍微有所区别。

在非 MPLS 的 BIER 封装中，BIFT-ID 字段不是 MPLS 标签，而是一个普通的整数值，其 TC、S 字段在非 MPLS 的 BIER 中没有意义，TC 字段需要设置为 0，S 字段需要设置为 1，而 TTL 和 BIER-MPLS 封装的情况含义是一样的，表示 BIER 报文的生存时间，用以保证在网络拓扑发生变化时短暂成环的情况下不会产生报文风暴。

在非 MPLS 的 BIER 封装中，各个节点上需要为每个 <SD，BSL，SI> 三元组分配一个在 BIER 域中的相同且唯一的 BIFT-ID 值，可以通过手工配置。

12.2.5 BIER 的控制平面

在控制平面，BIER 使用 IGP 泛洪 BIER 信息，并由各 BFR 节点根据 BIER 信息建立 BIFT。RFC 8401 定义了 BIER 所需要的 IS-IS 协议扩展，只包括对 BIER-MPLS 封装的支持[16]。RFC 8444 定义了 BIER 所需要的 OSPFv2 协议扩展，也只包括对 BIER-MPLS 封装的支持[17]。本节以 IS-IS 为例，介绍 IPv4 网络下 BIER-MPLS 信息分发的格式和原理。对于 OSPFv2 的协议扩展，可参照 RFC 8444 的内容。

BIER 要求 IS-IS 的路由开销使用 Wide 模式，这也是现在 IS-IS 的主流使用模式。在 Wide 模式下，IS-IS 发布 IPv4 的地址前缀信息时使用 Type 值为 135 或 136 的 TLV，以 Type 值为 135 的 TLV，即 Extended IS Reachability TLV[26] 为例，该 TLV（IPv4）的格式如图 12-10 所示。

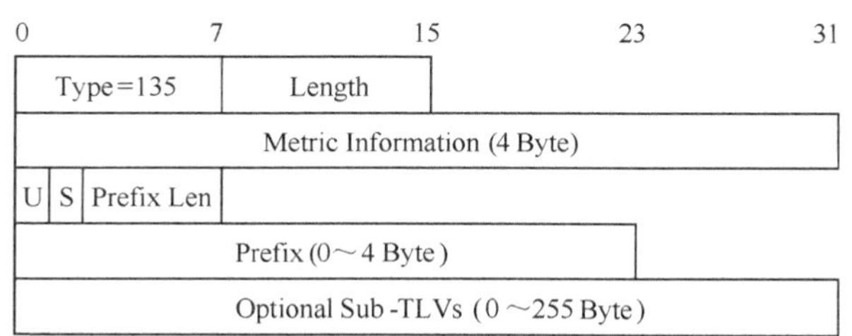

图 12-10 Extended IS Reachability TLV（IPv4）的格式

Extended IS Reachability TLV（IPv4）各字段的说明如表 12-4 所示。

表 12-4 Extended IS Reachability TLV（IPv4）各字段的说明

字段名	长度	含义
Type	8 bit	TLV 类型，取值 135 表示 Extended IS Reachability TLV
Length	8 bit	长度
Metric Information	32 bit	开销类型
U	1 bit	标志 Up/Down（U 标志）
S	1 bit	标志是否存在 Sub-TLV（S 标志）
Prefix Len	6 bit	携带 BIER 信息时，该字段的值为 32，这种掩码长度为 32 bit 的 Prefix 也被称为主机路由前缀
Prefix	0 ～ 32 bit	具体长度由 Prefix Len 字段决定；携带 BIER 信息时，该字段长度为 32 bit，内容为一个完整的 IP 地址（即 BFR-prefix）
Optional Sub-TLVs	长度可变	可选字段，是否存在 Sub-TLV 由 S 标志确定

BIER 的信息是通过 TLV 135 的 Sub-TLV 携带，这个 Sub-TLV 的格式如图 12-11 所示。

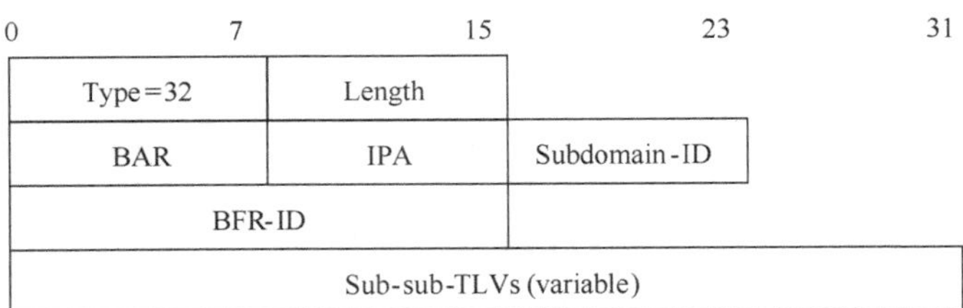

图 12-11　携带 BIER 信息的 Sub-TLV 的格式

携带 BIER 信息的 Sub-TLV 各字段的说明如表 12-5 所示。

表 12-5　携带 BIER 信息的 Sub-TLV 各字段的说明

字段名	长度	含义
Type	8 bit	取值为 32，表示 BIER 信息
Length	8 bit	长度
BAR	8 bit	表示 BIER 算路算法，目前仅支持设置为 0（默认算法）
IPA	8 bit	表示单播下一跳的算路算法，目前仅支持设置为 0（默认算法）
Subdomain-ID	8 bit	表示 Sub-domain
BFR-ID	16 bit	表示节点在 Sub-domain 下的 BFR-ID 值，如果没有配置有效的 BFR-ID，则在报文中填 0，表示无效的 BFR-ID 值
Sub-sub-TLVs	长度可变	可选字段，是否存在 Sub-sub-TLV 由 Length 确定

BIER 的 Sub-TLV 下可以有一个或多个 Sub-sub-TLV，Sub-sub-TLV 的格式如图 12-12 所示。

0　7　15　23　31

Type=1 | Length

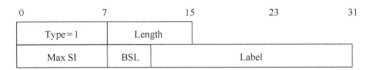

Max SI | BSL | Label

图 12-12　Sub-sub-TLV 的格式

Sub-sub-TLV 各字段的说明如表 12-6 所示。

表 12-6　Sub-sub-TLV 各字段的说明

字段名	长度	含义
Type	8 bit	取值为 1，表示 BIER-MPLS 封装信息
Length	8 bit	取值为 4，表示 Length 后有 32 bit

续表

字段名	长度	含义
Max SI	8 bit	表示特定的 <Sub-domain，BSL> 下的最大 SI 值
BSL	4 bit	表示 BSL 编码值，例如值 1、2、3 分别表示 BitString 长度为 64 bit、128 bit、256 bit
Label	20 bit	表示特定的 <Sub-domain，BSL> 下的标签块的起始标签值

一个 IS-IS 的 prefix 10.1.1.10/32 下携带的 BIER 信息如下所示，具体内容包括 SD<1> 下的 BSL<3>。这里的 BSL<3> 是按照 RFC 8296 的 BSL 长度编码，只占 4 bit 长度，目前定义的有效值为 1 ~ 7，分别代表 BitString 长度为 64 bit、128 bit、256 bit、512 bit、1024 bit、2048 bit、4096 bit[15]。

```
<HUAWEI> display isis lsdb verbose
                    Database information for ISIS(1)
                    -----------------------------------
                      Level-1 Link State Database
LSPID                        Seq Num      Checksum    HoldTime        Length
ATT/P/OL
-------------------------------------------------------------------
0000.0000.0001.00-00*  0x00000070 0xb273     732            326      0/0/0
 SOURCE        0000.0000.0001.00
 NLPID         IPV4
 NLPID         IPV6
 AREA ADDR     49.0001
 INTF ADDR     10.1.1.10
 INTF ADDR     10.1.1.20
 INTF ADDR V6 2001:DB8::192:168:12:10
 INTF ADDR V6 2001:DB8::10:1:1:10
 Topology      Standard
+NBR  ID       0000.0000.0001.01  COST: 10
+IP-Extended  10.1.1.10         255.255.255.255  COST: 0
   Bier-SD        1          BAR: 0    IPA: 0   BFR-id: 20
     Encapsulation Type MPLS    Max SI: 0      BS Len: 3    Label: 331776
   Extended Reach Attr   Flag: X:0 R:0 N:1
```

12.2.6 基于 BIER 的 MVPN

建立 BIER 转发表之后，网络就具备了组播承载能力，可以部署 BIER 组播业务。典型组播业务包括公网 IPTV 业务和 MVPN 业务。

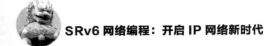

- MVPN业务，即在L3VPN基础上部署组播，具有业务隔离的特点，只有属于同一VPN的私网站点之间可以相互访问，互联网用户不能访问私网站点。
- 公网IPTV业务，不需要配置L3VPN，通常用在运营商自营的面向家庭用户的综合宽带业务中。

下面以 MVPN 业务为例介绍如何基于 BIER-MPLS 承载组播业务。

基于 BIER 部署 MVPN，整体上遵循 MVPN 的框架 [5]，属于组播业务层处理的过程。MVPN 业务将 BIER 视为一种 P2MP 的"隧道"，只是这种"隧道"不需要显式地通过信令建立，而是在前述 IGP 建立好组播转发表的情况下，入节点显式地跟踪每个组播节目有哪些出节点，将这些出节点的 BFR-ID 组合成一个 BitString，然后在入节点封装 BIER 报文头中携带该 BitString。

图 12-13 是一个显式跟踪的示意图。

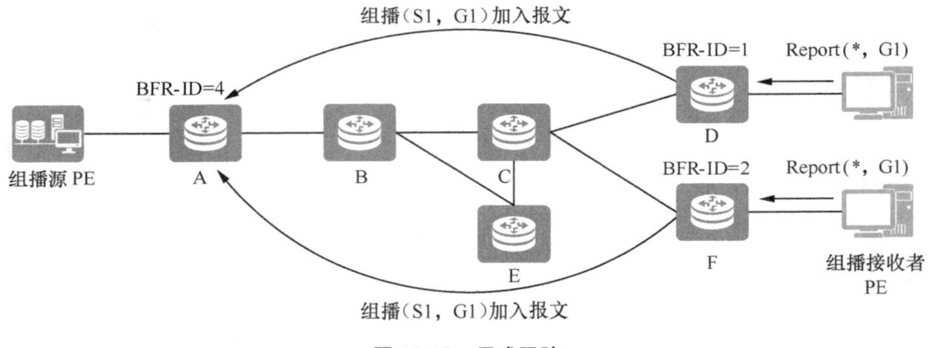

图 12-13　显式跟踪

在图 12-13 中，节点 A 是组播源 PE 节点，BFR-ID = 4，节点 D 和节点 F 是组播接收者 PE，BFR-ID 分别是 1 和 2。组播源 PE 可以通过 BGP-MVPN 的 5 类路由（Source Active A-D 路由）将组播源和组播组报文（S1，G1）发送给组播接收者 PE。

当节点 D 收到组播组（*，G1）加入报文后，根据自身所保存的组播源组信息，生成（S1，G1）的组播表项，并且查到 S1 的路由下一跳为组播源 PE 后，向组播源 PE 发送组播加入报文。该组播加入报文包括 BGP-MVPN 的第 7 类路由（Source Tree Join 路由）和第 4 类路由（Leaf A-D 路由），其中的 Leaf A-D 路由包含有（S1，G1）信息和 BFR-ID 信息。

同理，当节点 F 收到组播组（*，G1）加入报文后，向组播源 PE 发送组播加入报文的 Leaf A-D 路由也包含（S1，G1）信息和 BFR-ID 信息。

组播源 PE 收到组播接收者 PE 发送的 Source Tree Join 路由后，就建立起了（S1，G1）和 BFR-ID = 1 及 BFR-ID = 2 的关系，这就是显式跟踪的结果。组播源 PE 从组播源 S1 收到（S1，G1）的组播数据报文后，进行 BIER 报文头封装，其中 BitString 中的 BFR-ID = 1 和 BFR-ID = 2 的对应比特取值为 1。

图 12-14 是一个 MVPN over BIER 的基本流程图。

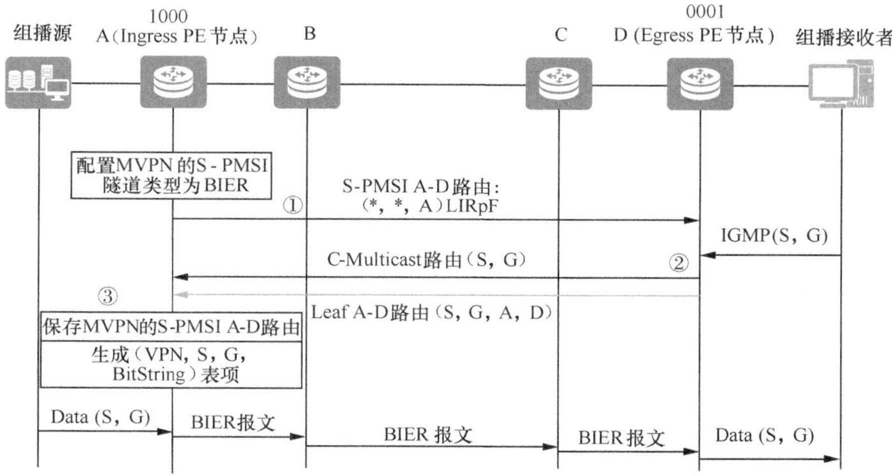

图 12-14　MVPN over BIER 的基本流程

MVPN over BIER 的主要流程如下。

① 在 Ingress PE 节点上配置 MVPN 实例使用 BIER 类型的 S-PMSI 隧道，Ingress PE 节点向各 Egress PE 节点发布 S-PMSI A-D 路由，携带一个通配的（*，*）信息，表示显式跟踪所有的组播源组加入报文。

② 当 Egress PE 节点收到下游私网侧组播加入报文后，例如图 12-14 中的 IGMP 加入报文，Egress PE 节点将私网组播源组信息（VPN，S，G）转换为 BGP 报文，通过第 7 类路由（Source Tree Join 路由）和第 4 类路由（Leaf A-D 路由）发送给 Ingress PE 节点。其中的 Source Tree Join 路由只含有组播源组信息而不含有 Egress PE 节点的地址信息，而 Leaf A-D 路由不仅含有源组信息，还含有 Egress PE 节点的地址信息、所使用的 BIER Sub-domain 信息和 BFR-ID 信息。

③ Ingress PE 节点根据 Leaf A-D 路由信息建立组播源组和 Egress PE 节点的集合的对应关系，并用 BitString 表示接收者 PE 的集合。这样，Ingress PE 节点就可以向这些 Egress PE 节点发送流量了。

从图 12-14 也可以看出，不管网络有多少跳，组播加入报文都从 Egress PE 节点直接发给 Ingress PE 节点，不需要中间节点参与。这个过程是组播业务的加入过程，和之前所述的 IGP 泛洪建立 BIER 转发表的过程是相互独立的。组播业务的加入过程，是一个 Overlay 层面发生的过程，属于业务部分，只有业务发生的时候（如用户点播组播节目的时候）才会发生。IGP 泛洪建立 BIER 转发的过程，是一个 Underlay 层面发生的过程，属于网络承载，只要网络部署好了，BIER 转发表就建立好了，此后的业务过程不会影响网络承载。

网络承载和业务分离的关键则是 BIER 的封装。业务跟踪到组播节目的接收者信息并完成特定 BitString 的 BIER 报文头封装之后，就将报文交给 BIER 层处理；BIER 层则根据 BIER 报文里的 BitString 所代表的目的地址集合进行复制转发。这个过程和单播 IP 的转发过程非常类似，单播 IP 就是填写目的地址，然后由网络根据目的地址将报文送达各目的地；BIER 则是将目的节点（BFER）的集合填写在 BitString 中，然后由网络根据 BitString 将报文送达各目的地。

图 12-15 展示了基于 BIER-MPLS 的 MVPN 转发流程。

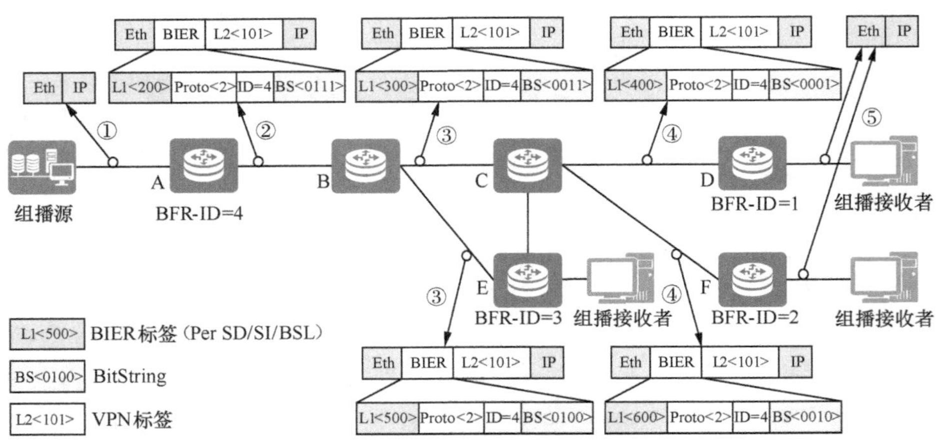

图 12-15　基于 BIER-MPLS 的 MVPN 转发流程

基于 BIER-MPLS 的 MVPN 转发详细步骤如下。

① 作为 BFIR 的节点 A 收到组播报文后，封装 BIER 报文头及 VPN 标签 L2<101>，并将报文发送给节点 B。

- BIER报文头中的标签是节点B所分配的BIER标签200。

- BIER报文头中的Proto字段取值为2，表示BIER报文头后面、内层IP组播报文前面有一个VPN标签。
- BIER报文头中的BFIR-ID字段取值为4，表示节点A的BFR-ID值。
- BIER报文头中的BitString取值为0111，表示该报文要发送给节点D、E和F。

② 节点 B 收到 BIER 报文后，根据 BitString 及 BIER 转发表，将报文复制发送给节点 C 和节点 E。发送给节点 C 和节点 E 时，分别封装节点 C 和节点 E 的 BIER 标签 300 和 500，并将 BitString 分别更改为 0011 和 0100。

③ 节点 C 收到 BIER 报文后，根据 BitString 及 BIER 转发表，将报文复制发送给节点 D 和节点 F。发送给节点 D 和节点 F 时，分别封装节点 D 和节点 F 的 BIER 标签 400 和 600，并将 BitString 分别更改为 0001 和 0010。节点 C、D、E、F 所分配的 BIER 标签分别为 300、400、500 及 600。

④ 节点 E 收到 BIER 报文后，根据 BitString 及 BIER 转发表，确定该报文 BitString 中包含有代表自身 BFR-ID 的比特，对报文进行组播 Overlay 的处理过程，具体包括：根据 BIER 报文头的 Proto 字段以及其后的 VPN 标签确定报文属于哪个 VPN 实例，根据内层 IP 组播报文确定报文要往哪些出接口发送，将解封装后的内层 IP 组播报文发送给组播接收者。

⑤ 节点 D 和节点 F 也会对报文进行解封装并发送给组播接收者。

12.2.7 BIER 的技术特点

以上介绍了 BIER 的基本概念、分层架构、转发原理、数据平面封装格式、控制平面 IGP 扩展以及基于 BIER 的组播 MVPN 业务。这些内容都已经成为 RFC 标准，但目前主要还是采用基于 MPLS 的 BIER 封装格式。包括建立 BIER 转发表所需要的 IGP 扩展 [16-17]、支持基于 BIER 的组播业务的 MVPN 或公网组播过程 [18]，都只是基于 BIER-MPLS 封装格式的协议扩展，主要适用于 MPLS 或 SR-MPLS 的网络。

BIER-MPLS 的封装格式在 RFC 8296 中定义。该 RFC 文稿还定义了一种基于以太的 BIER 封装（BIER-ETH），使用以太帧类型 0xAB37 表示以太报文头后面是 BIER 报文头，其封装层次和 MPLS 封装相近，均是位于链路层后、IP 报文前的封装，均属于“2.5 层”的封装。

BIER 解决了传统组播需要组播转发树建立协议的问题，使得没有组播业务的网络中间设备（如 P 节点）不再需要为每个组播流建立组播转发树，这不仅取消了建立组播转发树的协议如 PIM、mLDP 或 RSVP-TE，而且大大降低了网络中间设备建立组播转发树的开销。

BIER-ETH 封装依赖于特定的链路层，应用场景主要是数据中心网络，不适合运营商网络。运营商网络可以应用的主要封装类型就是 BIER-MPLS 封装，然而 BIER-MPLS 在部署方面同样面临挑战。

首先，BIER-MPLS 依赖 MPLS，适合 MPLS 网络。鉴于单播 SR-MPLS 正在取代 LDP 和 RSVP-TE 协议，BIER 也主要适用于 SR-MPLS 网络，其场景是当网络中有不支持 BIER 转发的节点时，通过 SR-MPLS 的单播隧道跳过这样的节点。虽然也可以使用 LDP 隧道，但那意味着还要在部署 BIER 时使用 LDP，即使技术上可行，也只是一个过渡的方案。

其次，对于现有的组播业务如 IPTV 业务，有的是基于非 MPLS 网络或技术部署的，包括网络本身就没有使能 MPLS；有的是网络虽然使能了 MPLS，但并没有使用 MPLS 的组播技术来承载 IPTV 业务。在这样的网络中应用 BIER-MPLS 的技术存在管理和维护上的难题。简而言之，BIER 的部署需要升级全网的设备。

再次，即使是在已经部署了 MPLS 组播 MVPN 的网络中，部署 BIER-MPLS 时，特别是在跨域部署时也面临另外一些挑战。组播业务跨域部署是一个普遍的要求，例如 IPTV 组播源服务器可能连接在运营商 IP 骨干网的 PE 设备上，而 IPTV 的用户则连接在位于各个城域网的 BNG 设备上。将 IP 骨干网和城域网划分在不同的 AS 中，mLDP 可以从 BNG 设备往位于 IP 骨干网的 PE 设备逐跳发送 mLDP 的信令建立组播树，然而 BIER-MPLS 却难以跨域发布 BIER 信息及建立 BIER 转发表。总而言之，BIER 的跨域部署十分困难。

最后，在 IPv6 网络中，使用基于 IPv6 数据平面的 SRv6 代替使用 MPLS 数据平面的 SR-MPLS 这一技术更受关注。如何应用 BIER 架构和封装，实现不依赖 MPLS 的 Native IPv6 的 BIER 封装转发及应用的部署成为一个亟待解决的问题。

12.3 BIERv6 组播技术

本节介绍另一种非 MPLS 的 BIER 封装，即 BIERv6 技术，主要内容包括 BIERv6 的提出和设计思路、BIERv6 的基本原理、BIERv6 的 IGP 扩展、基于 BIERv6 的组播业务部署和 BIERv6 的技术特点等。

12.3.1　BIERv6 的提出

BIER 最初的提出和设计是基于 MPLS 数据平面的，这和当时的技术发展阶段是匹配的，当然它也继承了 MPLS 的一些限制，包括在跨域部署、新特性演进等方面都存在难以解决的问题。随着 SRv6 技术的提出和快速发展，基于 IPv6 数据平面的网络编程逐渐成为业界主流方向，如何基于 IPv6 数据平面构建 BIER 组播架构也成为亟待解决的问题。BIERv6 是基于 Native IPv6 的 BIER 组播方案，主要希望达到以下目标。

- 在IPv6数据平面统一单播和组播业务，进一步简化协议，并且避免MPLS标签这种额外标识的分配、管理和维护等。
- 利用IPv6单播路由可达的特性，使其具备跨越不支持BIER转发的节点的能力，易于跨域部署。
- 利用IPv6扩展报文头等机制方便支持后续新特性的演进和叠加。

为此，BIERv6 在基于 IPv6 数据平面规范的基础上，充分借鉴了 SRv6 网络编程的设计思想，进行了以下关键设计。

- 使用IPv6源地址标识BIER报文的来源，使用IPv6扩展报文头携带BIER报文头信息，BIER报文头中的BitString用于标识报文的目的节点集合，这样就可以根据IPv6报文头及IPv6扩展报文头进行BIER报文的复制转发。
- 为了支持基于IPv6扩展报文头的报文转发，BIERv6新定义了一种被称为End.BIER的SID，它可以用作IPv6目的地址指示转发平面处理IPv6扩展报文头中的BIER报文头。End.BIER SID还能够很好地利用IPv6单播路由的可达性，跨越不支持BIER转发的IPv6节点，也易于跨域部署。
- 为了支持MVPN业务，需要在数据报文中使用一个标识来区分MVPN实例。BIERv6设计直接使用报文中的IPv6源地址来标识MVPN实例，避免像MPLS MVPN一样需要引入MPLS等额外的标识符。
- 对BIERv6报文转发行为的设计是在转发过程中保持IPv6源地址不变，根据BIER报文头的BitString确定的转发目的地址更新IPv6目的地址，使整个转发过程体现为一种基于Native IPv6的源路由组播。这种设计还可以保证直接继承现有IPv6扩展报文头对应的特性，例如IPv6的报文分片重组、基于IPsec的加密和认证等，同时也为后续基于IPv6扩展报文头扩展新的特性（如组播的网络切片、随路检测等）奠定了基础。

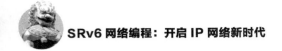

12.3.2 BIERv6 的基本原理

BIERv6 是基于 IPv6 扩展报文头机制的，从数据平面看，BIERv6 组播基本原理如图 12-16 所示。

节点 A 收到用户侧组播报文，封装外层 IPv6 报文头和目的选项扩展报文头，在目的选项扩展报文头里携带 BIER 报文头，BIER 报文头里携带表示目的节点集合的 BitString。

节点 A 根据 BIER 报文头及 BitString 信息，将报文发送给节点 C，发送时使用的目的地址是节点 C 的单播地址 C::100。

节点 C 根据 BIER 报文头及 BitString 信息，将报文发送给节点 D 和节点 E，发送时使用的目的地址分别是节点 D 的单播地址 D::100 和节点 E 的单播地址 E::100。

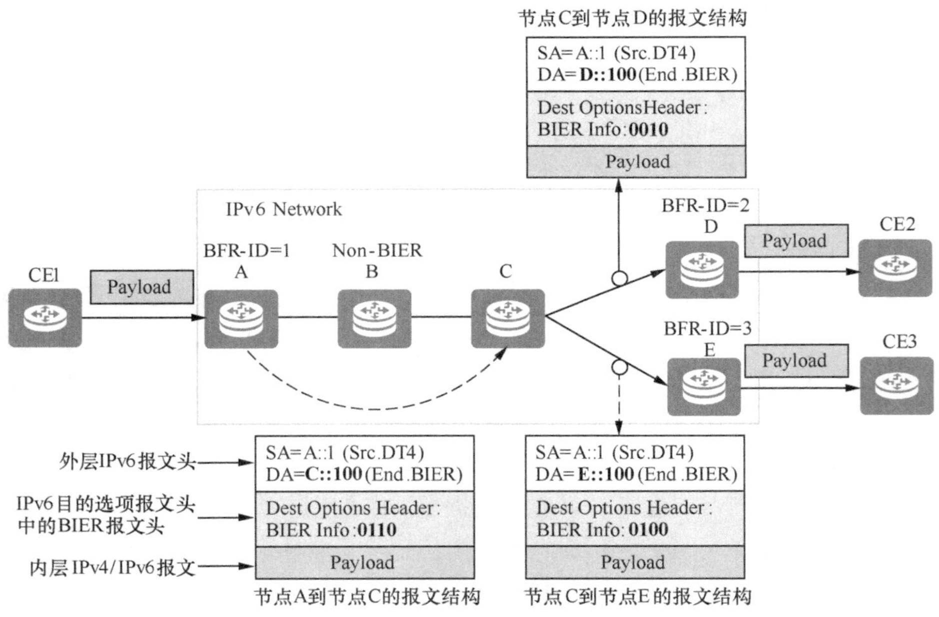

图 12-16　BIERv6 的基本原理

整个报文转发过程均使用单播 IP 地址，如果节点 A 和节点 C 之间有一个节点 B 不支持 BIERv6 转发但支持 IPv6，它就可以按照正常 IPv6 转发流程处理 BIERv6 报文，不需要任何额外的配置或处理。而 BIER 报文格式完全保留了下来，封装在 IPv6 的目的选项扩展报文头中，如图 12-17 所示。这个目的选项扩展报文头是 IPv6 现有的扩展报文头，也是 IPv6 标准推荐使用的扩展报文头[27]。

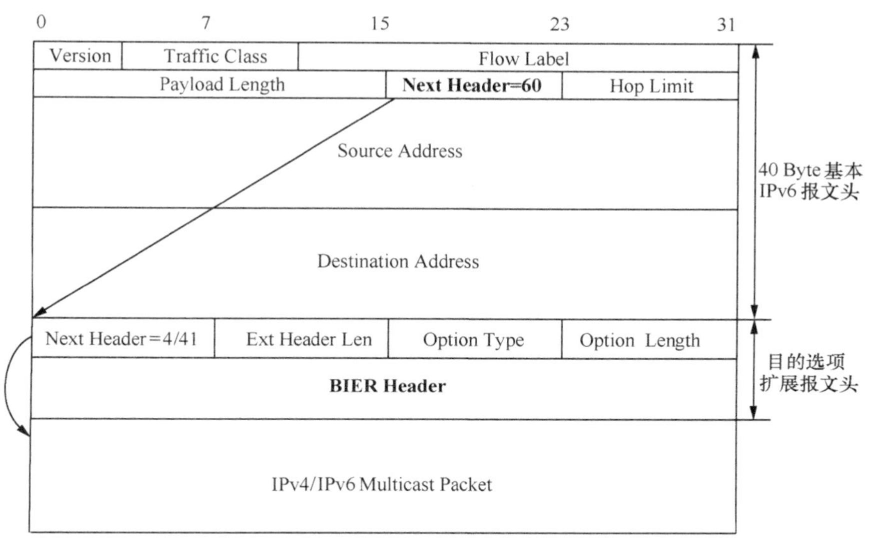

图 12-17　封装 BIER 报文后的 IPv6 报文格式

BIERv6 数据报文中所使用的单播 IPv6 地址不是一个普通的 IPv6 地址，而是一个用于 BIER 报文处理的特定 IPv6 地址，被称为 End.BIER 地址。BFR 配置此 End.BIER 地址后，在 FIB 里形成一个该地址的 128 bit 掩码的转发表项，并且转发表项标识该地址是 End.BIER 地址。

End.BIER 地址作为 BIERv6 数据报文封装的一个字段值，和 BIERv6 数据报文封装需要的其他字段值（如 BIFT-ID、BIER 的 Sub-domain、BFR-ID 等信息）均作为 BFR-prefix 信息的子信息通过 IGP 泛洪。IGP 域中的各节点根据 BFR-prefix、BFR-ID、BIFT-ID 和 End.BIER 地址，建立 BIERv6 转发表，BIERv6 转发表的邻居信息会包含对应于该邻居的 End.BIER 地址。

当节点收到 IPv6 报文时，首先根据目的地址查找 FIB。当查找 FIB 的结果是一个 End.BIER 地址时，节点会执行基于 End.BIER 地址的动作，继续处理 IPv6 扩展报文头中的 BIER 报文头。

End.BIER 地址用来指导处理 BIER 报文，而 BIER 转发则依赖扩展报文头中的 BIER 报文头。BIER 报文头的 BIFT-ID 字段用来确定报文属于哪个 <SD，BSL，SI>，BitString 用来确定报文要发往哪个 SI 的哪些 BFER 节点。如果两个节点之间还有一个不支持 BIERv6 转发的普通 IPv6 节点，则该节点只需要根据报文中的 IPv6 目的地址将报文向外转发即可。

为了支持 MVPN over BIERv6，还需要有一个区分多个 VPN 的标识。和 SRv6 VPN 采用 IPv6 目的地址标识 VPN 实例相似，BIERv6 MVPN 采用 IPv6 源地址标识一个 MVPN 实例。之所以采用 IPv6 源地址，是因为 MVPN 是从一个 Ingress PE 节点发送给多个目的 PE 节点，无法采用目的地址标识。

用一个 IPv6 源地址标识 VPN，Ingress PE 节点通过 BGP-MVPN 报文给 Egress PE 节点发送的路由中携带 IPv6 源地址与 VPN 实例的对应关系。Egress PE 节点学习到对应关系后，如果收到的 BIERv6 报文中的 BitString 包含自身的 BFR-ID，Egress PE 节点就会解封装 BIERv6 报文，并根据外层 IPv6 报文头中的源地址获知对应的 VPN，然后再根据内层组播报文的（S，G）信息查询组播出接口，最后将 BIERv6 报文解封装后向相应的出接口复制发送。

12.3.3 BIERv6 的控制平面

与 BIER 的控制平面一样，BIERv6 的控制平面也可以通过扩展 IGP 来实现。BIERv6 的 IGP 扩展是在现有的 IGP for BIER 协议的基础上，增加 BIERv6 封装信息的 Sub-sub-TLV 和 End.BIER 地址信息的 Sub-sub-TLV。目前 IGP 只有 IS-IS 定义了针对 BIERv6 的协议扩展[22]，而 OSPFv3 针对 BIERv6 的协议扩展还未被定义。

以 IS-IS 为例，BIER 信息可以通过 Extended IS Reachability TLV 的 Sub-TLV（Type = 32）携带，该 TLV 是 IPv6 的地址前缀，Type 值为 236 或 237，以 Type 值为 236 的 TLV，即 Extended IS Reachability TLV 为例，其格式如图 12-18 所示。

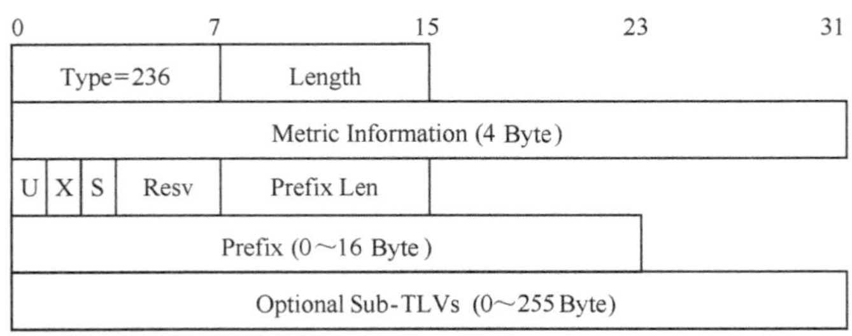

图 12-18 Extended IS Reachability TLV（IPv6）的格式

Extended IS Reachability TLV（IPv6）各字段的说明如表 12-7 所示。

表 12-7 Extended IS Reachability TLV（IPv6）各字段的说明

字段名	长度	含义
Type	8 bit	TLV 类型，取值为 236，表示 Extended IS Reachability TLV
Length	8 bit	长度
Metric Information	32 bit	IPv6 前缀的开销类型
U	1 bit	标志 Up/Down（U 标志）
X	1 bit	标志 external
S	1 bit	标志是否存在 Sub-TLV 的（S 标志）
Resv	4 bit	预留字段
Prefix Len	8 bit	取值范围为 0 ～ 128。携带 BIER 信息时，取值为 128
Prefix	0 ～ 128 bit	具体长度由 Prefix Len 确定。携带 BIER 信息时该字段的长度为 128 bit，内容为一个完整的 IPv6 地址（即 BFR-prefix）
Optional Sub-TLVs	长度可变	可选字段，用于携带 BIER 信息

BIER 信息 Sub-TLV 的格式如图 12-19 所示。

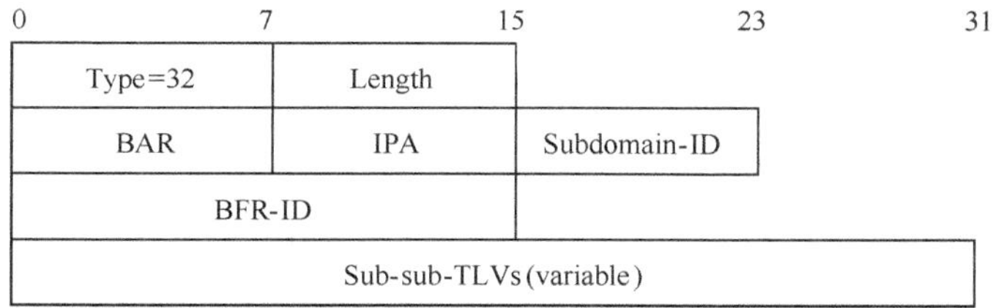

图 12-19 携带 BIER 信息的 Sub-TLV 的格式

携带 BIER 信息的 Sub-TLV 各字段的说明如表 12-8 所示。

表 12-8 携带 BIER 信息的 Sub-TLV 各字段的说明

字段名	长度	含义
Type	8 bit	取值为 32，表示 BIER 信息
Length	8 bit	长度
BAR	8 bit	表示 BIER 算路算法，目前仅支持设置为 0（默认算法）
IPA	8 bit	表示单播下一跳的算路算法，目前仅支持设置为 0（默认算法）
Subdomain-ID	8 bit	表示 Sub-domain
BFR-ID	16 bit	表示节点在 Sub-domain 下的 BFR-ID 值，如果没有配置有效的 BFR-ID，则在报文中设置为 0，表示无效的 BFR-ID 值
Sub-sub-TLVs	长度可变	可选字段。是否存在 Sub-sub-TLV 由 Length 字段确定

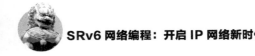

在 BIERv6 中，每个 BIER 信息的子 TLV 中至少包含两种 Sub-sub-TLVs。其中一种 Sub-sub-TLV 是携带 End.BIER 地址信息的 Sub-sub-TLV，其格式如图 12-20 所示。

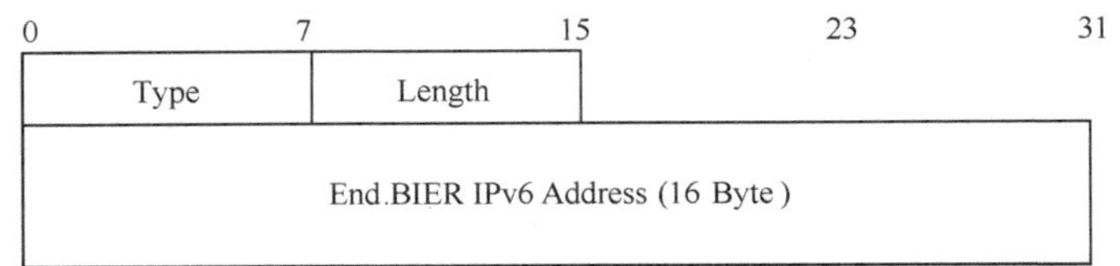

图 12-20　携带 End.BIER 地址信息的 Sub-sub-TLV 的格式

携带 End.BIER 地址信息的 Sub-sub-TLV 各字段的说明如表 12-9 所示。

表 12-9　携带 End.BIER 地址信息的 Sub-sub-TLV 各字段的说明

字段名	长度	含义
Type	8 bit	Sub-sub-TLV 的类型
Length	8 bit	取值为 16
End.BIER IPv6 Address	128 bit	表示 End.BIER 地址

另一种 Sub-sub-TLV 是携带 BIERv6 封装信息的 Sub-sub-TLV，其格式如图 12-21 所示。

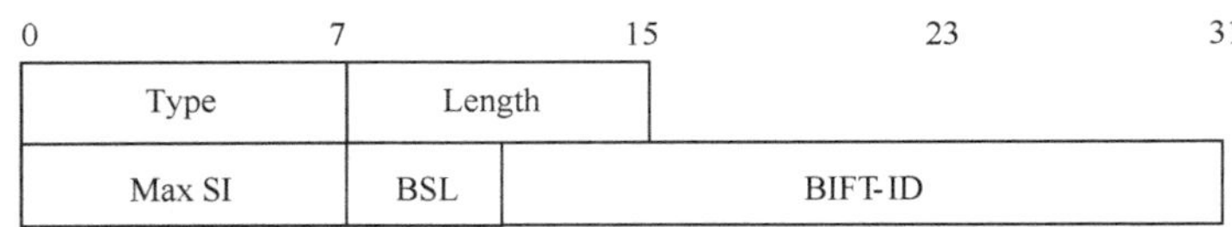

图 12-21　携带 BIERv6 封装信息的 Sub-sub-TLV 的格式

携带 BIERv6 封装信息的 Sub-sub-TLV 各字段的说明如表 12-10 所示。

表 12-10　携带 BIERv6 封装信息的 Sub-sub-TLV 各字段的说明

字段名	长度	含义
Type	8 bit	Sub-sub-TLV 的类型
Length	8 bit	长度
Max SI	8 bit	表示特定的 <Sub-domain，BSL> 下的最大 SI 值
BSL	4 bit	表示 BSL 编码值，例如 1、2、3 分别表示 BitString 长度 64 bit、128 bit、256 bit
BIFT-ID	20 bit	表示特定的 <Sub-domain，BSL> 下的 BIFT-ID 起始值。例如，Max SI = 3，那么此字段就是包含 4 个连续 BIFT-ID 值的起始值

12.3.4 基于 BIERv6 的 MVPN

BIERv6 可以用于承载多种组播业务，如 MVPN。MVPN over BIERv6 是指在运营商的 BEIRv6 网络（承载网）上承载组播 MVPN/MVPN6 业务。

- MVPN over BIERv6指基于IPv6网络承载IPv4 MVPN业务，即组播业务系统（包括机顶盒、IPTV入节点系统）运行IPv4组播，但承载网为IPv6的网络。
- MVPN6 over BIERv6指基于IPv6网络承载IPv6 MVPN业务，是一种网络和业务系统均为IPv6的部署方式。

下面以图 12-16 所示的 MVPN over BIERv6 为例，介绍如何配置 BIERv6 承载的组播业务。

在 MVPN 的 Ingress PE 节点 A 上的配置如下。

```
#
interface loopback0
  ipv6 enable
  ipv6 address A::1 128
#
bier
 ipv6-block as1 2001:DB8:A1:: 96 static 32  //配置用于 BIERv6 的 IPv6 地址块
 sub-domain 6 ipv6
  bfr-prefix interface loopback0            //配置 BFR-Prefix
  end-bier ipv6-block as1 opcode ::100      //配置 End.BIER 地址
  encapsulation ipv6 bsl 256 max-si 0       //配置使用 BIERv6 封装
#
ip vpn-instance vpn1
 ipv4-family
  multicast routing-enable
  mvpn
   sender-enable
   ipv6-underlay                            //配置 MVPN 使用 IPv6 网络
   src-dt4 locator as1 opcode ::2           //配置 Src.DT4 地址
   spmsi-tunnel
    group wildcard source wildcard bier sub-domain 6
#
```

在 MVPN 的 Egress PE 节点 D/E 上的配置如下。

```
#
interface loopback0
 ipv6 enable
 ipv6 address D::1 128
#
bier
 ipv6-block as1 2001:DB8:D1:: 96 static 32  //配置用于BIERv6的IPv6地址块
 sub-domain 6 ipv6
  bfr-prefix interface loopback0            //配置BFR-Prefix
  end-bier ipv6-block as1 opcode ::200      //配置End.BIER地址
  encapsulation ipv6 bsl 256 max-si 0       //配置使用BIERv6封装
#
ip vpn-instance vpn1
 ipv4-family
  multicast routing-enable
  mvpn
   ipv6-underlay                            //配置MVPN使用IPv6网络
#
```

上面的配置是以网络中未部署 SRv6 而单独部署 BIERv6 承载组播业务的情况为例，例如，在 IPv4/IPv6 双栈的网络中，MVPN 站点间的单播可达性可以通过 IPv4 或者 IPv6 的 GRE 隧道实现，而 MVPN 站点间的组播业务则使用 BIERv6 封装转发。

如果网络已经部署了 SRv6 和 SRv6-VPN，那么 MVPN 业务所需要的 End.BIER 地址和 Src.DT4 地址可以直接从 SRv6 的 Locator 地址空间里分配，从而不需要为 BIERv6 规划和分配单独的地址块。假设 SRv6 已经配置了一个名为 as1 的 Locator，以 Ingress PE 节点 A 上的配置为例，可以直接在 as1 地址块中配置 End.BIER 地址和 Src.DT4 地址。

```
#
segment-routing ipv6
 locator as1 ipv6-prefix 2001:DB8:A1:: 96 static 32 //已经配置的Locator as1
#
interface loopback0
 ipv6 enable
 ipv6 address A::1 128
#
bier
 sub-domain 6 ipv6
  bfr-prefix interface loopback0            //配置BFR-Prefix
  end-bier locator as1 opcode ::100         //配置End.BIER地址
  encapsulation ipv6 bsl 256 max-si 0       //配置使用BIERv6封装
```

```
#
ip vpn-instance vpn1
 ipv4-family
  multicast routing-enable
  mvpn
   sender-enable
   ipv6-underlay                              //配置 MVPN 使用 IPv6 网络
   src-dt4 locator as1 opcode ::2             //配置 Src.DT4 地址
   spmsi-tunnel
    group wildcard source wildcard bier sub-domain 6
#
```

无论是哪一种配置方式，MVPN over BIERv6 的主要流程都和 MVPN over BIER 相同，二者的细微差别在于 MVPN over BIERv6 需要在 I-PMSI 或者 S-PMSI A-D 路由中携带标识 MVPN 实例的 IPv6 源地址信息，而这个信息（Src.DT4 地址）可以通过现有的 BGP Prefix-SID 属性携带[23]，如图 12-22 所示。

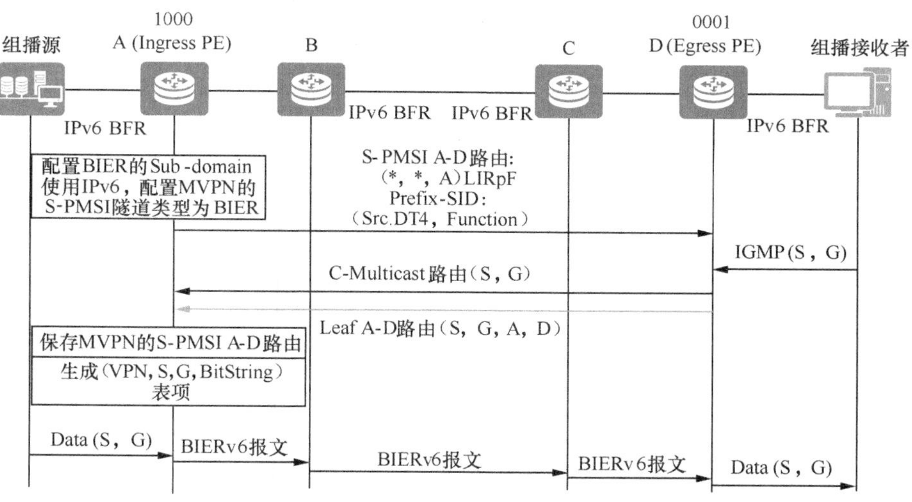

图 12-22 基于 BIERv6 的 MVPN 业务流程

12.3.5 基于 BIERv6 的公网组播

由于无须传递 VPN 信息，所以基于 BIERv6 的公网组播业务可以进一步省略上述 MVPN 信令过程，只需由 Ingress PE 节点配置每个节目要发送到的 Egress PE 节点集合，再将组播数据流量“推送”到 Egress PE 节点。此外，Ingress PE 节点还需要配置代表公网组播实例的 IPv6 源地址，用于封装 BIERv6 报文时填写 IPv6 的源地址字段。

例如，仍旧以图 12-16 为例，可以在 Ingress PE 节点 A 上进行如下配置。

```
#
interface loopback0
 ipv6 enable
 ipv6 address A::1 128
#
bier
 ipv6-block as1 2001:DB8:A1:: 96 static 32          //配置 IPv6 地址块
  sub-domain 6 ipv6
   bfr-prefix interface loopback0                   //配置 BFR-Prefix
   end-bier ipv6-block as1 opcode ::100             //配置 End.BIER 地址
   encapsulation ipv6 bsl 256 max-si 0              //配置使用 BIERv6 封装
#
multicast-bier
 ipv6 source-address A::1 imposition
 static-imposition                        //配置将各组播组数据复制给哪些 BFR-ID
  group 232.0.0.1 source 10.1.1.10 bier sub-domain 6 bsl 256 BFR-ID 1 to 80
  group 232.0.0.2 source 10.1.1.10 bier sub-domain 6 bsl 256 BFR-ID 1 to 80
#
```

在 Egress PE 节点 D/E 上，配置代表公网组播实例的 IPv6 源地址，用来在接收 BIERv6 报文时，根据 IPv6 源地址字段确定报文属于哪个公网组播实例。

```
#
interface loopback0
 ipv6 enable
 ipv6 address D::1 128
#
bier
 ipv6-block as1 2001:DB8:D1:: 96 static 32          //配置 IPv6 地址块
 sub-domain 6 ipv6
  bfr-prefix interface loopback0                    //配置 BFR-Prefix
  end-bier ipv6-block as1 opcode ::200              //配置 End.BIER 地址
  encapsulation ipv6 bsl 256 max-si 0               //配置使用 BIERv6 封装
#
multicast-bier
 ipv6 source-address A::1 disposition
#
```

12.3.6　基于 BIERv6 的跨域组播

利用 IPv6 地址的可达性和可配置的特点，BIERv6 可以非常方便地支持跨域部署。以图 12-23 为例，AS 65001、AS 65002 和 AS 65003 这 3 个 AS 互联，而 IGP 只能在一个 AS 内泛洪 BIER 或 BIERv6 信息。但对于图 12-23 中的跨域情况，在节点 A 和节点 B 上分别配置 AS 65002 中的 BFR-ID 1~64 以及 AS 65003 中的 BFR-ID 275~320 的下一跳即可。

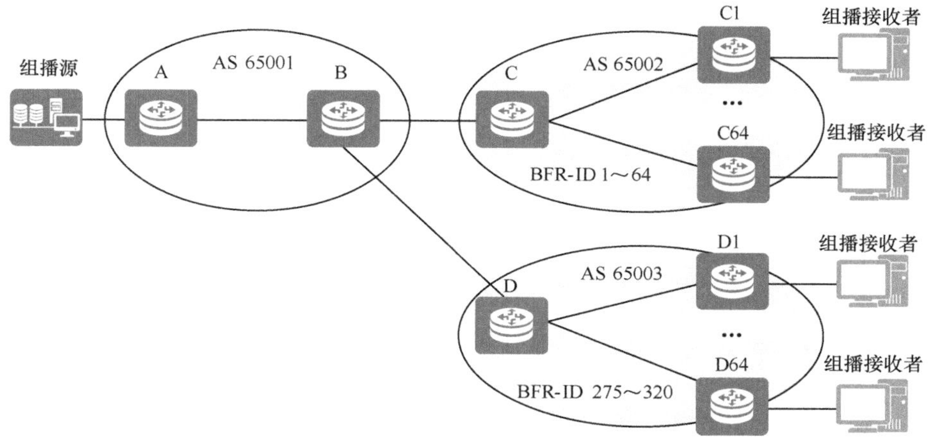

图 12-23　基于 BIERv6 的跨域组播

例如，可以在入节点 A 上进行如下配置。

```
#
bier
 ipv6-block as1 2001:DB8:A:: 96 static 32          //配置 IPv6 地址块
  sub-domain 6 ipv6
   bfr-prefix interface loopback0
   end-bier ipv6-block as1 opcode ::300            //配置 End.BIER 地址
   static-bift                   //配置各 BFR-ID 的下一跳节点 End.BIER 地址
    nextHop end-bier 2001:DB1:B::300 BFR-ID 1 to 64
    nextHop end-bier 2001:DB1:B::300 BFR-ID 275 to 320
#
```

在出节点 B 上进行如下配置。

```
#
bier
 ipv6-block as1 2001:DB8:B:: 96 static 32          //配置 IPv6 地址块
```

```
 sub-domain 6 ipv6
  bfr-prefix interface loopback0
  end-bier ipv6-block as1 opcode ::300            //配置 End.BIER 地址
  static-bift                        //配置各 BFR-ID 的下一跳节点 End.BIER 地址
   nextHop end-bier 2001:DB1:C::300 BFR-ID 1 to 64
   nextHop end-bier 2001:DB1:D::300 BFR-ID 275 to 320
#
```

除了节点 A 和节点 B 按照上述配置生成 BIER 转发表外，在 AS 65001 内的其他节点不需要配置 BIERv6，也不需要感知 BIER 信息或进行 BIER 转发，只需要支持 IPv6 单播转发。节点 A 收到组播源发送的组播数据报文以后，查找 BIER 转发表，转发给节点 B。节点 A 和节点 B 之间的其他节点只需要按照报文的 IPv6 单播地址向节点 B 转发，节点 B 收到组播数据报文后，按照其 BIER 转发表复制发送给节点 C 和节点 D；节点 C 和节点 D 收到组播数据报文后，再往各自 AS 内的其他节点复制报文。

当节点 A 和节点 B 之间，或者节点 B 和节点 C、节点 D 之间出现链路故障时，上述静态配置只能感知节点 B、C 和 D 的单播地址是否可达。若路由发生变化，则单播地址的路由下一跳变化后，BIER 转发的路径也相应发生变化，从而自动恢复组播流量。

可见，基于 IPv6 的可达性，BIERv6 可轻易地实现网络层的跨域。MVPN over BIERv6 业务、公网组播 over BIERv6 的业务，都可以基于此进行跨域部署。

12.3.7 BIERv6 的技术特点

BIERv6 是结合 Native IPv6 和 BIER 两者的优点而形成的方案。它将标准的 BIER 报文头封装在 IPv6 的扩展报文头中，使用一个 End.BIER 类型的单播 IPv6 地址作为 IPv6 报文头的目的地址。节点根据 BIERv6 报文中的目的地址查找路由转发表，获得 End.BIER 指令信息后，处理 IPv6 扩展报文头中的 BIER 报文头并进行 BIER 转发。基于 IPv6 单播地址的可达性，BIERv6 可以实现逐跳的 BIER 组播复制、跨越不支持 BIERv6 的节点的多跳组播复制，以及跨 AS 的报文发送或复制等功能。

12.4 其他 SRv6 组播技术

BIER/BIERv6 是一个全新的组播架构和技术，能够匹配 SR/SRv6 网络的发展，也是组播技术的发展方向。BIER/BIERv6 和 SR/SRv6 一样，需要网络设备具有一定的硬件转发能力，这就需要作为网络基础设施的路由器或交换机具有可编程、可演进的能力。

目前对于 SR/SRv6 网络下的组播方案，业界还提出了一种 SR Replication，或者被称为 Tree SID 的组播过渡方案[28]，用于在设备不具备可编程及演进能力的网络中部署组播业务，且不需要部署 mLDP 或 RSVP-TE 协议。

Tree SID 可以使用 MPLS 封装和 IPv6 封装，但目前的提案和讨论主要是基于 MPLS 的封装。基于 MPLS 的 Tree SID 不要求设备具有可编程、可演进的能力，它可以利用现有的 MPLS P2MP 转发能力。相较而言，基于 IPv6 的 Tree SID 需要显著地提升设备的转发能力，因此不适合作为一个过渡技术。

下面以图 12-24 的网络拓扑为例，简要介绍基于 MPLS 的 Tree SID 方案及其特点。

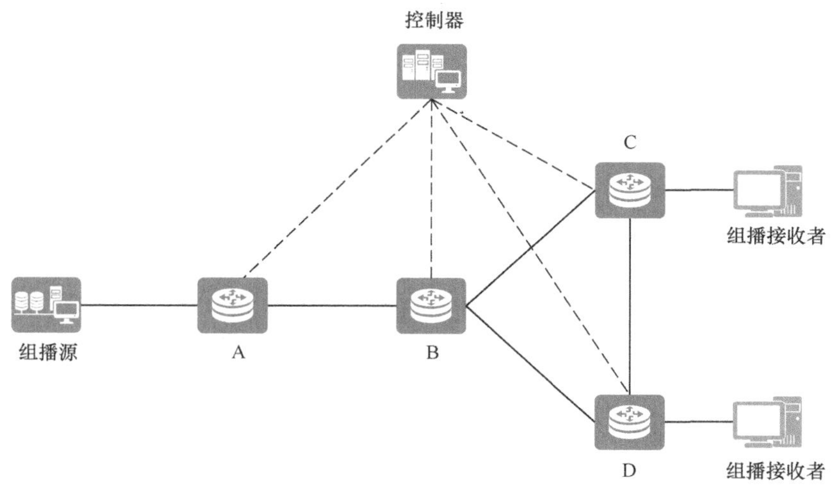

图 12-24　基于 MPLS 的 Tree SID 方案

1. Tree SID 方案的 P2MP 组播转发路径的建立

Tree SID 方案基于 SR-MPLS 提出的全局标签概念，要求网络中所有的设备能配置预留一个相同的标签块，例如节点 A、B、C 和 D 各配置一个范围是 21000 ~ 22000 的标签块，作为 Tree SID 的标签块（或 SID 块）。

在图 12-24 中，基于 MPLS 的 Tree SID 建立 P2MP 组播转发路径的过程如下。

① 基于控制器给各节点下发“标签及其 P2MP 下一跳”，这个“标签及其 P2MP 下一跳”就是一个 SR Replication 段，而整个从入节点到中间节点再到出节点的多个 SR Replication 段所组成的转发路径就是 Tree SID。

例如，使用标签值 21001 下发一个从节点 A 经过节点 B，再到节点 C 和节点 D 的树，即 Tree SID <21001>。

- 向节点A下发SR Replication段：（标签= 21001，P2MP下一跳= <B>）。
- 向节点B下发SR Replication段：（标签= 21001，P2MP下一跳= <C，D>）。
- 向节点C下发SR Replication段：（标签= 21001，P2MP下一跳= NULL）。
- 向节点D下发SR Replication段：（标签= 21001，P2MP下一跳= NULL）。

② 在入节点 A 下发某个或某些组播流量，使用 Tree SID 21001 进行转发。

向节点A下发（S <S1>，G <G1>，Tree SID <21001>）。

③ 在出节点 C 和节点 D 下发 Tree SID 对应的入节点信息，便于节点 C 和节点 D 进行 RPF 检查。

- 向节点C下发（Tree SID <21001>，<A>）。
- 向节点D下发（Tree SID <21001>，<A>）。

2. Tree SID 方案的组播数据报文转发

如图 12-24 所示，基于 MPLS 的 Tree SID 组播数据报文转发过程如下。

① 节点 A 收到从组播源收到（S1，G1）的组播数据报文，根据转发表，给报文封装标签 21001；再根据该标签值和转发表将报文发给节点 B。

② 节点 B 收到带有标签 21001 的组播数据报文，根据该标签值和转发表将报文发给节点 C 和节点 D。

③ 节点 C 和节点 D 收到带有标签 21001 的组播数据报文，根据该标签值和转发表将报文解封装；再根据转发表进行组播 RPF 检查；RPF 检查通过后，节点 C 和节点 D 将组播数据报文转发到相应的出接口。

3. Tree SID 方案的特点

当网络中发生链路故障时，例如节点 B 和节点 D 之间的链路发生故障，那么控制器需要感知该故障，并且重新下发新的路径到各节点。例如，向节点 C 下发（标签 = 21001，P2MP 下一跳 = <D>）的添加信令；向节点 B 下发（标

签 = 21001，P2MP 下一跳 = <D>）的删除信令。

但如果控制器向节点 C 成功下发添加信令，而由于控制器和节点 B 之间的故障、延时等意外情况导致向节点 B 下发删除信令失败时，节点 B 和节点 D 之间的链路故障又恢复了，那么节点 D 将收到两份组播流量，一份来自 B-C-D 链路，另一份来自 B-D 链路。

由此可见，Tree SID 是一种依赖控制器下发组播路径及组播业务的技术。下发组播路径包括向各节点下发 P2MP 全局标签及 P2MP 下一跳节点，从而生成一个从入节点经中间节点到各出节点的 P2MP LSP，其中的 P2MP 全局标签既是各节点的 P2MP LSP 入标签，也是 P2MP LSP 的出标签以及代表整个 P2MP 路径的服务标签。下发组播业务就是向入节点下发组播源组（S，G）使用的全局标签，向各个出节点下发全局标签对应的 P2MP LSP 的入节点信息，用以进行 RPF 检查。

Tree SID 虽然不再依赖 PIM、mLDP 或 RSVP-TE 协议建立组播转发树，但它依赖控制器的集中管控。在链路发生故障、节点发生故障时，需要控制器重新下发组播路径，预期收敛时间会较长，发生故障后的维护手段也和基于 PIM 等组播路由协议的维护手段存在很大的差异。

综上所述，Tree SID 可以作为一个过渡技术，应用在缺乏 BIER 演进能力的网络中。当然，这样的网络中也可以继续使用 PIM 承载组播业务。

| SRv6 设计背后的故事 |

这里特别提一下组播协议设计思想。组播协议的发展，概括起来有 3 个路线。

- 使用单播协议传递组播组状态。例如DVMRP是基于距离矢量路由协议RIP的组播[29]，MOSPF是基于链路状态路由协议OSPF的组播[30]。
- 根据组播加入报文显式地建立路径。例如Core Based Tree[31]、PIM-SM[4]、PIM-DM[32]均属于这一类。
- 源路由组播，即源节点发送报文时将多个目的节点封装在报文中。例如IPv4 Option for Sender Directed Multi-Destination Delivery[33]和Explicit Multicast (Xcast)[34]。

后来的 TRILL 支持组播则是基于 IS-IS 协议传递组播组状态，属于第 1 个路线[35]。MPLS 组播技术使用 mLDP/P2MP RSVP-TE 信令显式建立点到多点的组播转发路径，属于第 2 个路线；而 BIER 和 BIERv6 则是使用 BitString 将报文所需要到达的目的节点的集合封装在报文中，属于第 3 个路线。

对于这些技术发展路线，IAB 在 RFC 2902 中做了一个规定，选择第 2 条路线作为组播的发展方向，认为第 2 个路线具有最好的网络规模（例如跨域部署）扩展性，同时 IAB 也承认第 2 条路线难以解决组播的一些其他维度（例如组播组或组播会话数量）的可扩展性[36]。而随着组播业务的部署和应用，业界普遍认识到这种支持多业务、多组播会话的扩展性非常重要，BIER/BIERv6 技术得以发展。

本章参考文献

[1] FENNER W. Internet Group Management Protocol, Version 2[EB/OL]. (2015-05-05)[2020-03-25]. RFC 2236.

[2] CAIN B, DEERING S, KOUVELAS I, et al. Internet Group Management Protocol, Version 3[EB/OL]. (2020-01-21)[2020-03-25]. RFC 3376.

[3] DEERING S, FENNER W, HABERMAN B. Multicast Listener Discovery (MLD) for IPv6[EB/OL]. (2013-03-02)[2020-03-25]. RFC 2710.

[4] FENNER B, HANDLEY M, HOLBROOK H, et al. Protocol Independent Multicast - Sparse Mode (PIM-SM): Protocol Specification (Revised)[EB/OL]. (2020-01-21)[2020-03-25]. RFC 7761.

[5] ROSEN E, AGGARWAL R. Multicast in MPLS/BGP IP VPNs[EB/OL]. (2015-10-14)[2020-03-25]. RFC 6513.

[6] WIJNANDS IJ, ROSEN E, DOLGANOW A, et al. Multicast Using Bit Index Explicit Replication (BIER)[EB/OL]. (2018-06-05)[2020-03-25]. RFC 8279.

[7] ROSEN E, CAI Y, WIJNANDS IJ. Cisco Systems' Solution for Multicast in BGP/MPLS IP VPNs[EB/OL]. (2015-10-14)[2020-03-25]. RFC 6037.

[8] ANDERSSON L, MINEI I, THOMAS B. LDP Specification[EB/OL]. (2020-01-21)[2020-03-25]. RFC 5036.

[9] AWDUCHE D, BERGER L, GAN D, et al. RSVP-TE: Extensions to RSVP for LSP Tunnels[EB/OL]. (2020-01-21)[2020-03-25]. RFC

3209.

[10] WIJNANDS IJ, MINEI I, KOMPELLA K, et al. Label Distribution Protocol Extensions for Point-to-Multipoint and Multipoint-to-Multipoint Label Switched Paths[EB/OL]. (2015-10-14)[2020-03-25]. RFC 6388.

[11] AGGARWAL R, PAPADIMITRIOU D, YASUKAWA S. Extensions to Resource Reservation Protocol - Traffic Engineering (RSVP-TE) for Point-to-Multipoint TE Label Switched Paths (LSPs)[EB/OL]. (2020-01-21)[2020-03-25]. RFC 4875.

[12] AGGARWAL R, ROSEN E, MORIN T, et al. BGP Encodings and Procedures for Multicast in MPLS/BGP IP VPNs[EB/OL]. (2015-10-14)[2020-03-25]. RFC 6514.

[13] AWDUCHE D, CHIU A, ELWALID A, et al. Overview and Principles of Internet Traffic Engineering[EB/OL]. (2020-01-21)[2020-03-25]. RFC 3272.

[14] AWDUCHE D, BERGER L, GAN D, et al. RSVP-TE: Extensions to RSVP for LSP Tunnels[EB/OL]. (2020-01-21)[2020-03-25]. RFC 3209.

[15] WIJNANDS IJ, ROSEN E, DOLGANOW A, et al. Encapsulation for Bit Index Explicit Replication (BIER) in MPLS and Non-MPLS Networks[EB/OL]. (2019-02-22)[2020-03-25]. RFC 8296.

[16] GINSBERG L, PRZYGIENDA T, ALDRIN S, et al. Bit Index Explicit Replication (BIER) Support via IS-IS[EB/OL]. (2018-06-07)[2020-03-25]. RFC 8401.

[17] PSENAK P, KUMAR N, WIJNANDS IJ, et al. OSPFv2 Extensions for Bit Index Explicit Replication (BIER)[EB/OL]. (2018-12-19)[2020-03-25]. RFC 8444.

[18] ROSEN E, SIVAKUMAR M, PRZYGIENDA T, et al. Multicast VPN Using Bit Index Explicit Replication (BIER)[EB/OL]. (2019-04-08)[2020-03-25]. RFC 8556.

[19] DOLGANOW A, KOTALWAR J, ROSEN E, et al. Explicit Tracking with Wildcard Routes in Multicast VPN[EB/OL]. (2019-02-19)[2020-03-25]. RFC 8534.

[20] MCBRIDE M, XIE J, DHANARAJ S, et al. BIER IPv6 Requirements[EB/

OL]. (2020-01-15)[2020-03-25]. draft-ietf-bier-ipv6-requirements-04.

[21] XIE J, GENG L, MCBRIDE M, et al. Encapsulation for BIER in Non-MPLS IPv6 Networks[EB/OL]. (2020-03-09)[2020-03-25]. draft-xie-bier-ipv6-encapsulation-06.

[22] XIE J, WANG A, YAN G, et al. BIER IPv6 Encapsulation (BIERv6) Support via IS-IS[EB/OL]. (2020-01-13)[2020-03-25]. draft-xie-bier-ipv6-isis-extension-01.

[23] XIE J, MCBRIDE M, DHANARAJ S, et al. Use of BIER IPv6 Encapsulation (BIERv6) for Multicast VPN in IPv6 networks[EB/OL]. (2020-01-13)[2020-03-25]. draft-xie-bier-ipv6-mvpn-02.

[24] GEN L, XIE J, MCBRIDE M, et al. Inter-Domain Multicast Deployment using BIERv6[EB/OL]. (2020-01-13)[2020-03-25]. draft-geng-bier-ipv6-inter-domain-01.

[25] WIJNANDS I, XU X, BIDGOLI H. An Optional Encoding of the BIFT-ID Field in the non-MPLS BIER Encapsulation[EB/OL]. (2020-02-10)[2020-03-25]. draft-ietf-bier-non-mpls-bift-encoding-02.

[26] LI T, SMIT H. IS-IS Extensions for Traffic Engineering[EB/OL]. (2015-10-14)[2020-03-25]. RFC 5305.

[27] DEERING S, HINDEN R. Internet Protocol Version 6 (IPv6) Specification[EB/OL]. (2020-02-04)[2020-03-25]. RFC 8200.

[28] VOYER D, FILSFILS C, PAREKH R, et al. SR Replication Segment for Multi-point Service Delivery[EB/OL]. (2019-11-27)[2020-03-25]. draft-voyer-spring-sr-replication-segment-02.

[29] WAITZMAN D, PARTRIDGE C, DEERING S. Distance Vector Multicast Routing Protocol[EB/OL]. (2013-03-02)[2020-03-25]. RFC 1075.

[30] MOY J. MOSPF: Analysis and Experience[EB/OL]. (2013-03-02)[2020-03-25]. RFC 1585.

[31] BALLARIDIE A. Core Based Trees (CBT version 2) Multicast Routing[EB/OL]. (2013-03-02)[2020-03-25]. RFC 2189.

[32] ADAMS A, NICHOLAS J, SIADAK W. Protocol Independent Multicast – Dense Mode (PIM-DM): Protocol Specification (Revised)[EB/OL]. (2020-01-21)[2020-03-25]. RFC 3973.

[33] GRAFF G. IPv4 Option for Sender Directed Multi-Destination Delivery[EB/OL]. (2013-03-02)[2020-03-25]. RFC 1770.

[34] BOIVIE R, FELDMAN N, IMAI Y, et al. Explicit Multicast (Xcast) Concepts and Options[EB/OL]. (2020-01-21)[2020-03-25]. RFC 5058.

[35] TOUCH J, PERLMAN R. Transparent Interconnection of Lots of Links (TRILL): Problem and Applicability Statement[EB/OL]. (2015-10-14)[2020-03-25]. RFC 5556.

[36] DEERING S, HARES S, PERKINS C, et al. Overview of the 1998 IAB Routing Workshop[EB/OL]. (2015-11-11)[2020-03-25]. RFC 2902.

第 13 章 SRv6 产业的发展与未来

自2017 年起，SRv6 在业界获得了快速发展。围绕着 SRv6，业界掀起了一股创新大潮，这股潮流从 SRv6 技术本身扩展到整个 IPv6 技术，推动了 IPv6 产业的发展。本章将整体介绍 SRv6 当前的产业进展，以及 SRv6 未来的两个发展方向：SRv6 扩展报文头压缩和应用感知的 IPv6 网络，最后介绍 IPv6+ 时代可能的路线图。

13.1 SRv6 产业的发展

13.1.1 SRv6 标准的进展

SRv6 的标准化工作主要由 IETF SPRING(Source Packet Routing in Networking) 工作组承担，其 SRH 等报文封装格式的标准化工作由 6MAN (IPv6 Maintenance) 工作组承担，相关的控制协议扩展 (包括 IGP、BGP、PCEP、VPN 等) 的标准化，分别由 LSR(Link State Routing)、IDR(Inter-Domain Routing)、PCE(Path Computation Element)、BESS(BGP Enabled Services) 等工作组负责。

截至目前，SRv6 的标准化基本上分为两大部分。

1. SRv6 基础特性

如表 13-1 所示，这些基础特性包括 SRv6 网络编程框架、报文封装格式 SRH 以及 IGP、BGP、BGP-LS、PCEP 等基础协议扩展支持 SRv6，主要提供 VPN、TE、FRR 等应用。目前所有文稿均被接受为工作组文稿，标准化的进程进入了一个新的阶段。最基础的 SRH 封装文稿目前已经发布为 RFC 8754，这标志着 SRv6 标准走向成熟。

表 13-1　SRv6 基础特性及相关文稿

基础特性	主题	文稿
Architecture / Use case	SRv6 Network Programming	draft-ietf-spring-srv6-network-programming[1]
SRH	IPv6 Segment Routing Header (SRH)	RFC 8754[2]
IGP	IS-IS Extensions for SRv6	draft-ietf-lsr-isis-srv6-extensions[3]
	OSPFv3 Extensions for SRv6	draft-ietf-lsr-ospfv3-srv6-extensions[4]
VPN	SRv6 VPN	draft-ietf-bess-srv6-services[5]
SDN Interface	BGP-LS for SRv6	draft-ietf-idr-bgpls-srv6-ext[6]
	PCEP for SRv6	draft-ietf-pce-segment-routing-ipv6[7]

2. SRv6 面向 5G 和云的新应用

这些应用包括网络切片、确定性时延（DetNet）、OAM、IOAM、SFC、SD-WAN 和组播 /BIERv6 等。这些应用都对网络编程提出了新的需求，需要在转发平面封装新的信息。SRv6 可以很好地满足这些需求，充分体现了其在网络编程方面具备的独特优势。当前，客户对这些应用需求的紧迫性并不一致，反映到标准化和研究上的进展也不尽相同。总体而言，SRv6 用于 OAM、IOAM 和 SFC 的标准化进展较快，已经有多篇工作组文稿；网络切片也是当前标准化的一个重点，VPN+ 切片框架文稿已经被接收为工作组文稿。用 SRv6 SID 指示转发平面的转发资源来保证服务需求的思路逐渐获得了广泛的认同。

随着 SRv6 系列标准文稿成为工作组文稿，SRv6 标准已经进入成熟期，已经可以支撑 SRv6 BE、TE、VPN 和 FRR 等业务的部署。SRv6 新业务的标准文稿也在逐步成熟，将为更多的新业务提供标准参考。

13.1.2　SRv6 的相关产品

目前主流设备厂商、测试仪和商用芯片均已明确支持 SRv6，主流设备厂商有华为和思科，测试仪厂商有 Sprint 和 IXIA，芯片厂商中的海思、博通等也已发布可以规模部署的商用芯片，并在主流设备上完成验证。

除此以外，大部分主流开源平台也支持 SRv6，如 Linux Kernel、Linux

Srext module、FD.io VPP 等。一些开源工具应用，如 Wireshark、Tcpdump、Iptables、Nftables 和 Snort 等，也已经支持对包含 SRH 的 IPv6 报文的处理。

13.1.3 SRv6 的互通测试

为推动 SRv6 的部署，业界已经开展了多轮互通测试，确保多厂商的 SRv6 设备可以互联互通，支持运营商采用多厂商设备部署网络。

1. EANTC 的 SRv6 互通测试

EANTC（European Advanced Networking Test Center，欧洲高级网络测试中心）已经于 2018 年和 2019 年成功举行了两次 SRv6 互通测试。

2019 年 3 月的互通测试结果在 2019 年 4 月的“MPLS + SDN + NFV”世界大会上进行了展示。测试验证了 SRv6 文稿中的技术在 5 种不同设备上的运行情况，并对 SRv6（包括 SRH 处理）进行了互通验证，涵盖以下几个场景。

- 基于SRv6 L3VPN的IPv4流量行为。
- 基于SRv6 L3VPN的IPv6流量行为。
- 基于SRH的TI-LFA FRR，进行链路保护。
- OAM流程（Ping和Traceroute）。

在互通测试场景中，在入口 PE 和出口 PE 之间发送双向流量，即同时实现封装（例如 H.Encaps）和解封装（例如 End.DT4、End.DT6）功能。另外，流量经过 P 节点（无 SRv6 能力）也证明中间节点只需支持 IPv6 即可实现 SRv6 转发。

2. 中国 IPv6 专委会的 SRv6 互通测试

2019 年 11 月，中国推进 IPv6 规模部署专家委员会成功组织了 SRv6 互通测试，测试验证了通过 SRv6 技术可以实现 VPN、灵活路径编排和 SFC 等功能，场景涵盖以下几个方面。

基于 SRv6 BE 的业务应用场景有：基于 SRv6 BE 的 L3VPN，包括基本功能、TI-LFA FRR 和 OAM 等；基于 SRv6 BE 的 EVPN VPWS；基于 SRv6 BE 的 EVPN VPLS。

基于 SRv6 Policy 的业务应用场景有：基于 SRv6 Policy 的 L3VPN 业务布放；基于 SRv6 Policy 的业务路径调优；基于 SRv6 Policy 的 SFC。其中基于 SRv6 Policy 的 SFC 具体说明如下。

- SFC1：TCP SYN报文攻击防御。
- SFC2：IP流访问控制和流量监控。

- SFC3：Web用户访问控制和内容审计。

多厂商设备互通测试的成功标志着 SRv6 已经可以商业部署，而实际上，业界也确实在快速开展 SRv6 的商业部署。

13.1.4　SRv6 商业部署

全球范围内已经有多家运营商和相关公司部署了 SRv6，这些部署的网络包括日本软银（Softbank）、中国电信、日本 LINE 公司、法国 Iliad Group、中国联通、中国教育科研网 CERNET2、乌干达 MTN 等[8]。

在 SRv6 的这些应用部署中，值得关注的是 SRv6 在我国的快速发展。从 2017 年底开始，我国开始进一步推动 IPv6 的规模部署。经过一年多的建设，各大运营商和企业的 IP 网络均已支持 IPv6，这为 SRv6 的规模部署提供了坚实的基础。截至 2019 年底，中国电信、中国联通、中国移动、CERNET2 和中国银行等的 10 多个网络开展了 SRv6 的商业部署或试点。SRv6 跨域大规模组网简单、易于增量部署、业务开通快速的优势得到了充分体现，对整个产业创新起到了积极的示范作用。在此基础上，中国信息通信研究院组织中国电信、中国联通和华为公司等总结了 SRv6 部署的经验，也在业界分享了相关信息[9]。

13.1.5　SRv6 产业活动

为了进一步凝聚产业共识、推动 SRv6 的创新应用，目前业界也已成功举办多次 SRv6 产业活动。

2019 年 4 月，在法国巴黎的“MPLS + SDN + NFV”世界大会期间举办了首届 SRv6 产业圆桌会议。

2019 年 6 月，在北京，推进 IPv6 规模部署专家委员会主办了第一期 SRv6 产业沙龙。

2019 年 11 月，推进 IPv6 规模部署专家委员会批准立项成立了“IPv6+ 技术创新工作组”，其工作目标为依托中国 IPv6 规模部署的成果，加强基于 IPv6 下一代互联网技术的体系创新，整合 IPv6 相关技术产业链（产、学、研、用等）力量，从网络路由协议、管理自动化、智能化及安全等方向积极开展 IPv6+ 网络新技术（包括 SRv6、VPN+、DetNet、BIERv6、SFC 和 OAM 等）、新应用的验证与示范，不断完善 IPv6 技术标准体系，提升中国在 IPv6 领域的国际竞争力。

2019 年 12 月，推进 IPv6 规模部署专家委员会再次主办了 SRv6 产业沙龙，共有 110 多名专家参加，专家委员会主任邬贺铨院士到会并做主题宣讲。与会专家共商 SRv6 和 IPv6+ 的创新工作，探讨 SRv6 技术与产业推动，并联合发布了《SRv6 技术与产业白皮书》和《SRv6 互通测试报告》。

以上这些产业活动对于 SRv6 创新应用起到了积极的推动作用。

虽然 SRv6 产业发展迅速，近两年来在产品实现、互通测试、商用部署等方面都取得了巨大的进展，但是，在推进商用部署的过程中，也出现了对 SRv6 扩展报文头过长的担忧。

13.2 SRv6 扩展报文头压缩

13.2.1 SRv6 扩展报文头长度的影响

在封装模式下，SRv6 头节点会给报文封装外层 IPv6 报文头和 SRH，再进行转发，但这带来了一定的报文头开销，而且当 SRv6 SID 数目很多时，SRH 的长度将进一步增加，由此可能产生以下问题。

- 有效负载效率下降：SRv6增加的报文头属于传输开销，当SRH中SID数目很多时，报文头长度增加，有效负载占比下降，导致传输效率低下。
- 硬件转发性能下降：随着SID数目的增加，SID在SRv6报文中所处的位置可能超过硬件一次读取的深度，导致硬件进行二次读取，造成转发处理性能的下降。
- MTU（Maximum Transmission Unit，最大传输单元）限制报文转发：因为SRv6报文头的增加，可能会使得最终生成的SRv6报文的大小超出MTU的限制，造成中途分片或丢包。

13.2.2 SRv6 扩展报文头压缩方案

针对 SRv6 报文头开销过大可能带来的影响，业界提出了多种可能的优化方案，包括 G-SRv6（*Generalized SRv6 Network Programming* 文稿）、uSID（*Network Programming Extension: SRv6 uSID Instruction* 文稿）、SRm6（*Segment Routing Mapped to IPv6* 文稿）等。

G-SRv6 和 uSID 的原理类似，都是基于"减少冗余"的原理，通过删除 Segment List 中的冗余信息来实现压缩，二者的区别在于 SID 的编码格式和 SID 的更新方式不同。

在一个 SRv6 域内，SID 都是从一个地址块中分配出来的，因此都具有相同的前缀。完整的 Segment List 中若携带了多个 SID，其实就携带了多份冗余的前缀信息。将这些冗余信息从 Segment List 中删除，使 Segment List 仅携带差异部分，比如 SID 的 Node ID 和 Function ID，则可以减少 SRH 的长度，实现压缩，这就是"减少冗余"的原理。差异部分被称为 C-SID（Compressed SID，压缩 SID）。

G-SRv6 的主要思想是"减少冗余"和"差异覆盖"。在 G-SRv6 中，一段压缩的 SRv6 Segment List 只有第一个 SID 会携带完整 128 bit 的信息，信息包括公共前缀，C-SID 和可能的 Arguments/Padding 等。而剩下的 SID 都只将差异部分 C-SID 编码到 Segment List 中即可。因此在更新 IPv6 目的地址时，仅需将 Segment List 中的 C-SID 更新到目的地址，就可以构成完整的 SID 信息。

uSID 的主要思想是"减少冗余"和"移位出栈"。在 uSID 中，一个 128 bit 的空间将存放一个公共前缀和多个 C-SID，从而减少了公共前缀在 SRH 中的存储次数。将这样的 128 bit 数据复制到 IPv6 目的地址后，当需要切换为下一个 C-SID 时，进行比特移位，将公共前缀后的所有比特向前移位一个 C-SID 的长度。

SRm6 的主要思想是"长短 ID 映射"。建立 16/32 bit 等较短长度的 ID 值与设备 IPv6 接口地址的映射关系，并在全网所有设备中存储映射表。SRm6 将 SRH 中存储的 128 bit 的 IPv6 地址，变为 16/32 bit 的 ID 值，减少报文头开销。处理时先在设备本地将下一跳 ID 值映射为 IPv6 地址，再更新到 IPv6 目的地址字段。

1. G-SRv6

G-SRv6 是 draft-cl-spring-generalized-srv6-for-cmpr 草案提出的一种兼容 SRv6 的 SRv6 压缩解决方案[10-12]。G-SRv6 不仅能够支持 SRv6 压缩，减少 SRv6 报文头开销，还可以与传统 SRv6 SID 在一个 SRH 中混合编程，从而支持 SRv6 向 SRv6 压缩方案的平滑演进。

G-SRv6 主要分为 SRv6 压缩和兼容传统 SRv6 两部分。

- SRv6压缩的原理是基于SRv6 SID格式的规律性，将SRH中Segment List

的冗余信息剥离，仅携带变化部分，从而减少报文头开销，实现压缩。

- 兼容SRv6是通过增加Flavor来指示下一个SID的格式，来处理不同长度的SID，从而支持不同类型SID的混合编程与处理。

（1）C-SID 的定义

SRv6 域内的 SID 均从 SID 地址块中分配出来，因此这些 SID 都具有 CP（Common Prefix，公共前缀）。如果 IPv6 报文头的目的地址中的 SID 已经携带了公共前缀，那么 SRH 中的 SID 只需要携带差异部分，这样在地址更新时，将差异部分更新到 IPv6 报文头的目的地址中，即可完整恢复原来的 SID，这个差异部分在 G-SRv6 中被称为 C-SID。完整 SID 和 C-SID 的关系如图 13-1 所示。

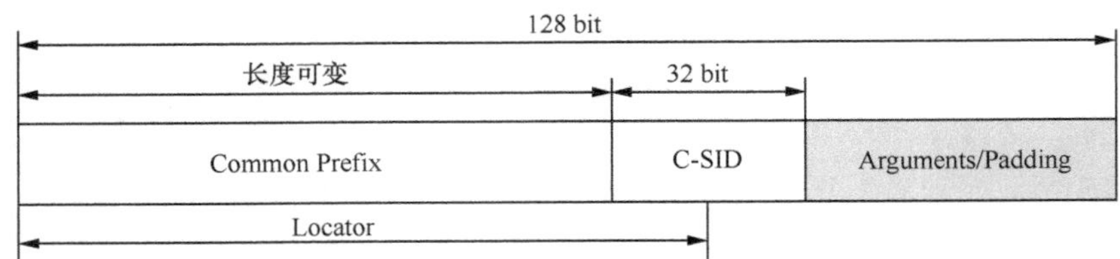

图 13-1　完整 SID 和 C-SID 的关系

由图 13-1 可知，多个 SRv6 SID 可以具有相同的前缀，该 CP 也被称为 Locator Block。C-SID 由 Locator 的 Node ID 和之后的 Function ID 组成。在实际网络规划中，Common Prefix + C-SID 的长度可能小于 128 bit，则后面的内容可以用 0 来填充。

（2）G-SID 的定义

为了兼容 SRH，需要在 SRH 中按照 128 bit 对齐的方式来编排 C-SID，即一行 128 bit 需要排放 4 个 32 bit 的 C-SID，或多个其他长度的 C-SID。如果排不满，则需要使用 0 进行填充，对齐 128 bit。因此 G-SRv6 方案定义了 G-SID（Generalized SRv6 SID，通用 SRv6 SID）的概念。G-SID 是一个 128 bit 的值，一个 G-SID 可以包含以下两种内容：一个 SRv6 SID 或多个 C-SID，例如 4 个 32 bit 的 C-SID。这样的 G-SID 被称为压缩 G-SID。以 32 bit 的 C-SID 为例，压缩 G-SID 的格式如图 13-2 所示。

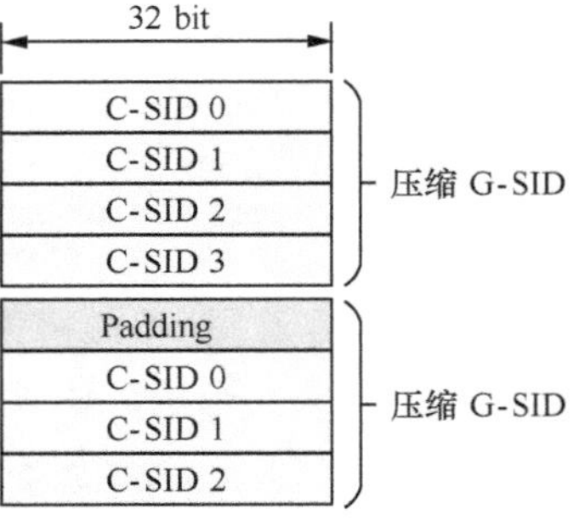

图 13-2　128 bit 的压缩 G-SID 的格式

压缩 G-SID 与现有的 SRv6 SID 在 128 bit 的长度上保持一致，可以用于封装多个 C-SID。

此外，还可以扩展 G-SID 用于封装穿越 MPLS 域的 MPLS 标签信息或穿越 IPv4 域的 IPv4 隧道信息。它可以看成是现有 SRv6 SID 的一种通用化，因此被称为 G-SID。

基于 G-SID 的网络编程被称为 G-SRv6(Generalized SRv6 Network Programming，通用 SRv6 网络编程)。

(3) G-SRH 封装

为了支持将 C-SID 和 SRv6 SID 混合编码在 SRH 中，在完整 SID 的 Arguments 部分增设了一个 CL(C-SID Left) 指针，位于 Arguments 的最低位，用以标识一个 C-SID 在 G-SID 中的位置。当 C-SID 长度为 32 bit 时，CL 指针为 Arguments 的最低 2 bit。此时，若 Common Prefix + C-SID + Arguments 的总长度为 128 bit，则 CL 位于 128 bit 的最低 2 bit，如下文转发示例所示。CL 在 IPv6 目的地址中的格式如图 13-3 所示。

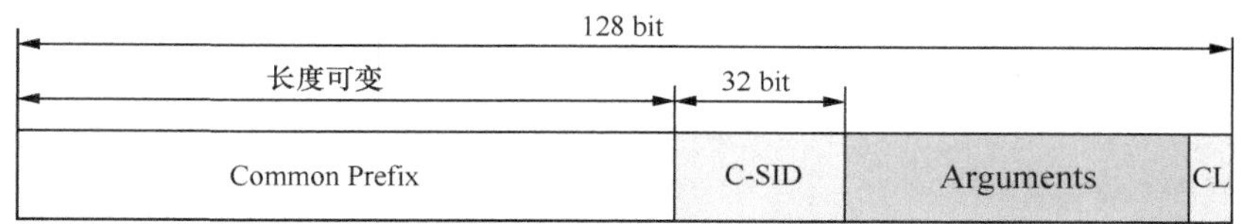

图 13-3　CL 在 IPv6 目的地址中的格式

G-SRv6 只扩展了 SRH 能够携带的 SID 的格式，没有对标准 SRH 原有字段的定义做出任何改动 [12]。它可以携带多种格式的 SID，所以被称为 G-SRH，其封装如图 13-4 所示。

Next Header	Hdr Ext Len	Routing Type	Segments Left
Last Entry	Flags	Tag	
Generalized Segment List [0] (128 bit)			
...			
Generalized Segment List [n] (128 bit)			
Optional TLV objects (variable)			

图 13-4　G-SRH 封装

为了满足控制器或者头节点编程的需求，在发布 SID 时需要新增 C-flag

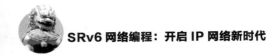

标志位，标识该 SID 是否支持压缩，支持压缩的 SID 被称为 Compressible SRv6 SID（可压缩的 SRv6 SID）。

在处理 Segment List 的过程中，为了标识将下一个 32 bit 的 C-SID 更新到目的地址，需要新增一种 COC（Continuation of Compression）Flavor。默认情况下，不携带 COC Flavor 的 SID 指示下一个 SID 的长度为 128 bit。

基于 C-flag 标志位以及 SID 的 COC Flavor 属性，控制器或者头节点可以完成 Segment List 的编码。

Endpoint 节点收到数据包之后，可根据 SID 的 COC Flavor 和 CL 值更新 IPv6 目的地址，并基于 SID 的指令执行对应的转发动作，比如查找 FIB 表转发数据包。节点处理伪码如下所示。

```
if IPv6 DA hits LOCAL SID table
    if LOCAL_SID.COC == TRUE
        if CL != 0                              // 从当前 G-SID 读取下一个 C-SID
            CL--;
        else                                    // 从下一行 G-SID 读取第一个 C-SID
            SL--;
            CL = 3;
        DA[CP..CP+31] = SRH[SL][CL];            // 更新 IPv6 目的地址中的 C-SID
        Forwarding the packets.                 // 转发数据包
    else
        SRv6 Processing.              // 若没有 COC Flavor，按 SRv6 当前规则处理
```

（4）G-SRv6 工作原理

G-SRv6 支持在 SRv6 网络中压缩 SRH，同时支持 SRv6 SID 与 C-SID 的混合编程。

如图 13-5 所示，以穿越压缩与非压缩 SRv6 域为例，说明 G-SRv6 方案的转发过程。

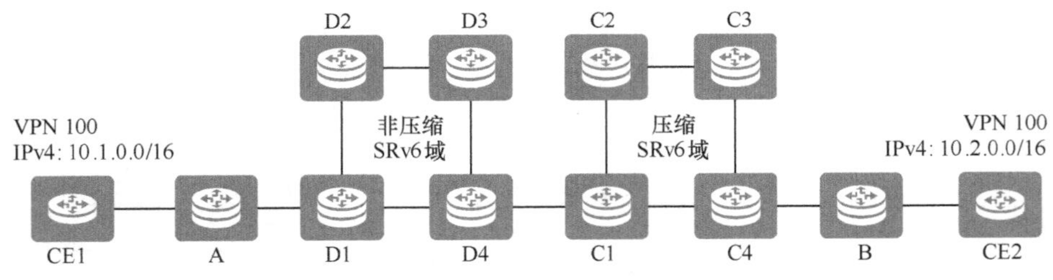

图 13-5　G-SRv6 的转发过程

假设网络中 SID 和 IP 地址按照以下规则进行分配。

- CE1、CE2的IP地址分别为X（10.1.0.1）、Y（10.2.0.1）。
- 节点A始发的SRv6隧道使用源地址A::1。
- 节点B为VPN 100分配SRv6 End.DT4 SID，值为B::100。
- 为非压缩SRv6域内的设备D*k*分配End SID，值为D::k:1。
- 为压缩SRv6域内的设备C*k*分配End SID，值为C::k:1:0:CL，Common Prefix为C::/64，C-SID为32 bit的k:1，携带COC Flavor；不携带COC Flavor的C-SID为k:2。C-SID之后有32 bit的Arguments部分，CL指针位于其中最低两位的位置。

以上*k*值为拓扑中设备的编号。

假定从 CE1 去往 CE2 的最佳路径为 A → D1 → D2 → D3 → D4 → C1 → C2 → C3 → C4 → B。使用 G-SRv6 方案，该 G-SRv6 路径可划分为：非压缩 SRv6 子路径 D1 → D2 → D3 → D4，压缩 SRv6 子路径 C1 → C2 → C3 → C4。

非压缩 SRv6 子路径可表示为 4 个 SRv6 G-SID 构成的列表（D::1:1，D::2:1，D::3:1，D::4:1），压缩 SRv6 子路径可表示为一个 SRv6 G-SID 和一个压缩 G-SID 构成的列表（C::1:1:0:0，<2:1，3:1，4:2，Padding>）。

两个子路径对应的报文格式分别如图 13-6（a）和图 13-6（b）所示。

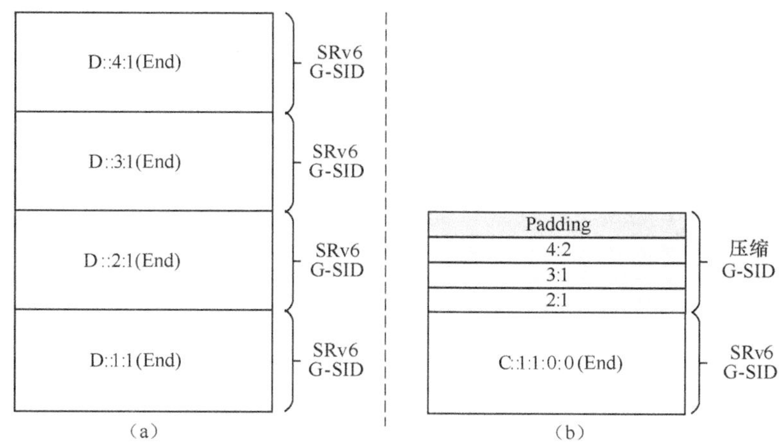

图 13-6　两个子路径对应的报文格式

完整的 G-SRH 如图 13-7 所示。

Next Header	Hdr Ext Len	Routing Type	Segments Left	
Last Entry	Flags	Tag		
B::100 End.DT4				SRv6 G-SID
Padding				压缩 G-SID
C-SID 4:2				
C-SID 3:1				
C-SID 2:1				
C::1:1:0:0 (End)				SRv6 G-SID (Compressable)
D::4:1(End)				SRv6 G-SID
D::3:1(End)				SRv6 G-SID
D::2:1(End)				SRv6 G-SID
D::1:1(End)				SRv6 G-SID

图 13-7　完整的 G-SRH

以图 13-5 为例，CE1 向 CE2 发送数据包（X，Y），数据包在网络中的处理流程如下。

① 数据包到达节点 A，节点 A 对数据包进行 G-SRv6 封装，为（A::1，D::1:1）(B::100，<Padding，4:2，3:1，2:1>，C::1:1:0:0，D::4:1，D::3:1，D::2:1，D::1:1)（X，Y），并且 G-SRH 中的 SL = 6。

② 节点 A 查 IPv6 转发表，根据目的地址 D::1:1 将数据包转发给节点 D1。

③ 节点 D1 判断目的地址是本地的 SRv6 End SID，执行 End 动作更改数据包，再查转发表向节点 D2 转发，D1 发出的数据包为（A::1，D::2:1）(B::100，<Padding，4:2，3:1，2:1>，C::1:1:0:0，D::4:1，D::3:1，D::2:1，D::1:1)（X，Y），并且 G-SRH 中的 SL = 5。

④ 节点 D2、D3、D4 执行相同的动作，D4 向 C1 发出的数据包为（A::1，

C::1:1:0:0)(B::100, <Padding, 4:2, 3:1, 2:1>, C::1:1:0:0, D::4:1, D::3:1, D::2:1, D::1:1)(X, Y)，并且 G-SRH 中的 SL = 2，目的地址中的 CL = 0。

⑤ 节点 C1 收到数据包，判断目的地址 C::1:1:0:0 是本地携带 COC Flavor 的 SRv6 End SID。此时由于 CL 为 0，因此将 SL 的值递减并将 CL 赋值为 3，并根据 SL 和 CL 两个指针读出 SRH[SL=1][CL=3]，得到 C-SID 2:1，更新 IPv6 目的地址的相应位置。更新后的 IPv6 目的地址为 C::2:1:0:3。最后根据该地址查转发表转发到节点 C2。C1 发出的数据包为（A::1, C::2:1:0:3)(B::100, <Padding, 4:2, 3:1, 2:1>, C::1:1:0:0, D::4:1, D::3:1, D::2:1, D::1:1)(X, Y)，并且 G-SRH 中的 SL = 1，目的地址中的 CL = 3。

⑥ 节点 C2 收到数据包，判断目的地址是本地携带 COC Flavor 的 SRv6 End SID。此时由于 CL>0，因此将 CL 的值递减到 2，根据 SL 和 CL，读出 C-SID 3:1，更新 IPv6 目的地址的相应位置，得到新的地址为 C::3:1:0:2，最后查表转发到节点 C3。

⑦ 节点 C3 的处理与 C2 类似，向 C4 发出的数据包为(A::1, C::4:2:0:1)(B::100, <Padding, 4:2, 3:1, 2:1>, C::1:1:0:0, D::4:1, D::3:1, D::2:1, D::1:1)(X, Y)，并且 G-SRH 中的 SL = 1，目的地址中的 CL= 1。

⑧ 节点 C4 收到数据包，判断目的地址是本地可压缩的 SRv6 End SID。此时由于 C::4:2:0:1 没有携带 COC Flavor，因此将 SL 的值递减，再将下一个 128 bit 的 G-SID B::100 更新到 IPv6 目的地址，最后查表转发到节点 B。向 B 发出的数据包为（A::1, B::100)(B::100, <Padding, 4:2, 3:1, 2:1>, C::1:1:0:0, D::4:1, D::3:1, D::2:1, D::1:1)(X, Y)，并且 G-SRH 中的 SL = 0。

此外，如果 C::4:2:0:1 还携带了 PSP Flavor，C4 还会移除数据包中的 G-SRH，向 B 发出的数据包为（A::1, B::100)(X, Y)。

⑨ 节点 B 收到数据包，判断目的地址是本地的 SRv6 End.DT4 SID，于是执行 IPv6 解封装，得到数据包（X, Y)，并在 VPN 100 对应的转发表中进行查表，最终转发数据包到 CE2。

2. uSID

另外一个 SRv6 压缩方案是 uSID[13]。uSID 的主要思想也是将 SRH 中 SID 的 Locator Block 规划成相同的 Locator Block，从而在 SRH 中形成冗余信息，然后通过多个 SID 共享一份 Locator Block 的方式来减少冗余信息的携带。与 G-SRv6 不同的是，uSID 方案将一份 Locator Block 和多个 SID 的 Locator Node 组合，存放在一个 128 bit 的空间里面，使得一个 128 bit 空间可以携带多个 SID 的信息，以此达到缩短 SRH 的效果。但是 SRH 中的每个 128 bit 空间都要携带一份 Locator Block。

uSID 方案定义了一种 128 bit SID 空间的分段划分方法以及一类新的 Endpoint 行为。

（1）uSID 定义

uSID 也是一种压缩 SID（C-SID），被称为 Micro SID（uSID）。

（2）uSID 封装

为携带 uSID，uSID 草案提出了 uSID Carrier（承载器）的概念。uSID 承载器是一个 128 bit 的空间，可以携带一个 Locator Block 和多个 uSID。

如图 13-8 所示，uSID 承载器携带了一个 uSID Block、多个 uSID 和可能存在的 EOC（End-Of-Carrier，结束标志）。每个 uSID 是一个定长的 ID（典型值是 16 bit 或 32 bit）。按照 SRv6 路径的顺序，多个 uSID 从左到右进行排列。按照位置，uSID 有以下 3 种角色。

- Active uSID：当前活动的uSID，位置在最左侧，当前正用于IPv6转发或执行SRv6 Endpoint动作。
- Next uSID：下一个uSID，Active uSID右侧的第一个uSID。
- Last uSID：最后一个uSID，在uSID排列的最右侧。

uSID Block	Active uSID	Next uSID	uSID	uSID	Last uSID	EOC <0000>

图 13-8　uSID Carrier 的格式

uSID Block 与 Active uSID 构成一个 SID，假设 uSID Block 是 C:0::/32，节点 1 配置了一个 uSID 为 0100:1，那么完整的 SID 就是 C:0:0100:1::/64。这个路由前缀需要配置在节点 1 的本地 SID 表中，并在节点 1 上与一个行为绑定。节点 1 还要将这个前缀通过路由协议通告给其他节点。

uSID 方案还定义了一种新的 Endpoint 行为：uN。uN 行为用于与 uSID 绑定，执行的动作是“移位 + 查表转发”，如图 13-9 所示。

具体地，对于 IPv6 目的地址中 128 bit 的 SID 进行如下处理。

- 如果Next uSID不为0，就将Next uSID以及后面的所有uSID向前移位，并将128 bit的尾部补零。此时Next uSID成为Active uSID，最后根据新的目的地址查表转发。

- 如果Next uSID为0，即结束标志，说明当前128 bit中的uSID已经全部处理完成，此时执行End行为的操作，把SRH中的下一个SID完整更新到IPv6目的地址字段，然后查表转发。

多个 uSID 构成的有序排列，指明了数据包需要依次经过的 Endpoint 节点，每经过一个节点，就弹出一个 uSID。

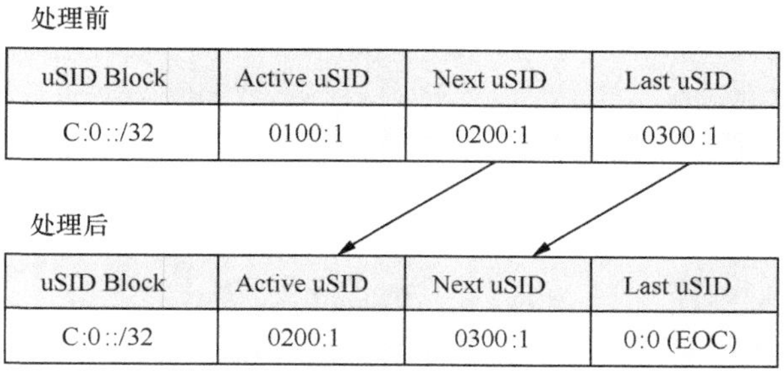

处理前

uSID Block	Active uSID	Next uSID	Last uSID
C:0::/32	0100:1	0200:1	0300:1

处理后

uSID Block	Active uSID	Next uSID	Last uSID
C:0::/32	0200:1	0300:1	0:0 (EOC)

图 13-9　uN 行为的操作示意

（3）uSID 工作原理

下面使用与上文 G-SRv6 一致的拓扑说明 uSID 方案的转发过程，参见图 13-5。

假设网络中 SID 和 IP 地址按照以下规划进行分配。

- CE1、CE2的IP地址分别为X（10.1.0.1）、Y（10.2.0.1）。
- 节点A始发的SRv6隧道使用源地址A::1。
- 节点B为VPN 100分配SRv6 End.DT4 SID，值为B::100。
- 为非压缩SRv6域内的设备D*k*分配End SID，值为D::k:1。
- 为压缩SRv6域内的设备C*k*分配uN SID，值为C::0k00:1:0:0:0:0/64，对应32 bit的uSID为0k00:1，uSID Block为C::/32，EOC为0:0。

以上*k*值为拓扑中设备的编号。

假设从 CE1 去往 CE2 的最佳路径为 A → D1 → D2 → D3 → D4 → C1 → C2 → C3 → C4 → B，该路径可划分为：非压缩 SRv6 子路径 D1 → D2 → D3 → D4；压缩 SRv6 子路径 C1 → C2 → C3 → C4。

非压缩 SRv6 子路径可表示为 4 个 SRv6 SID 构成的列表（D::1:1，D::2:1，D::3:1，D::4:1），压缩 SRv6 子路径可表示为 2 个 uSID 承载器构成的列表（C::0100:1:0200:1:0300:1，C::0400:1:0:0:0:0）。两个子路径对应的报文格式分别如图 13-10（a）和图 13-10（b）所示。

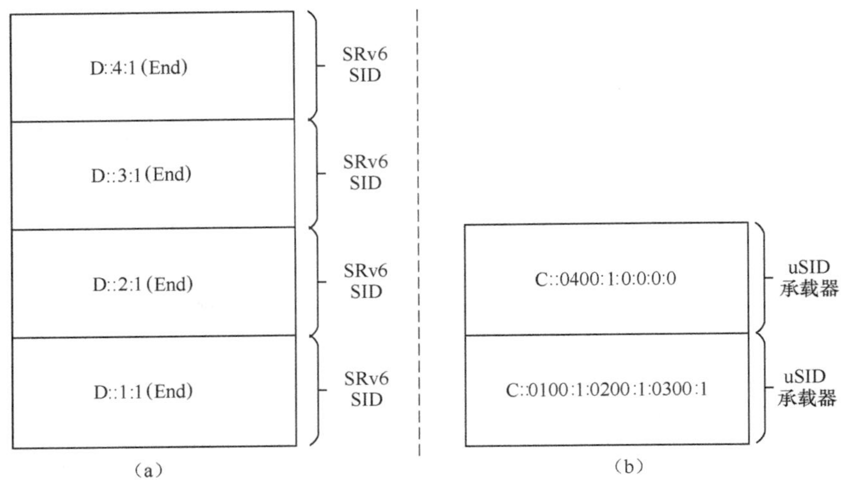

图 13-10　两个子路径对应的报文格式

SRH 中完整的 uSID List 如图 13-11 所示。

CE1 向 CE2 发送数据包（X，Y），数据包在网络中的处理流程如下。

① CE1 发送给 CE2 的数据包（X，Y）到达节点 A。

节点 A 将数据包封装为（A::1，D::1:1）(B::100，C::0400:1:0:0:0:0，C::0100:1:0200:1:0300:1，D::4:1，D::3:1，D::2:1，D::1:1)（X，Y），并且 SL = 6。

② 节点 A 根据 D::1:1 查 IPv6 转发表，将数据包转发到节点 D1。

③ 节点 D1、D2、D3、D4 的处理类似，执行 End 行为，再进行 IPv6 查表转发，转发到节点 C1 的数据包为（A::1，C::0100:1:0200:1:0300:1）(B::100，C::0400:1:0:0:0:0，C::0100:1:0200:1:0300:1，D::4:1，D::3:1，D::2:1，D::1:1)（X，Y），并且 SL = 2，其中，C::0100:1:0200: 1:0300:1 是携带了 3 个 uSID 的 IPv6 目的地址，指明了转发路径 C1 → C2 → C3。

④ 节点 C1 收到数据包后，根据 C::0100:1:0:0:0:0/64 查找本地 SID 表，执行相应的 uN 动作，将目的地址中第 65 ~ 128 比特的数据往前移位 32 bit，覆盖第 33 ~ 96 比特的数据，并将尾部第 97 ~ 128 比特置零。然后基于新的目的地址 C::0200:1:0300:1:0:0 查找 IPv6 转发表，命中路由 C::0200:1:0:0:0:0/64，最后按照最短路径转发到节点 C2。

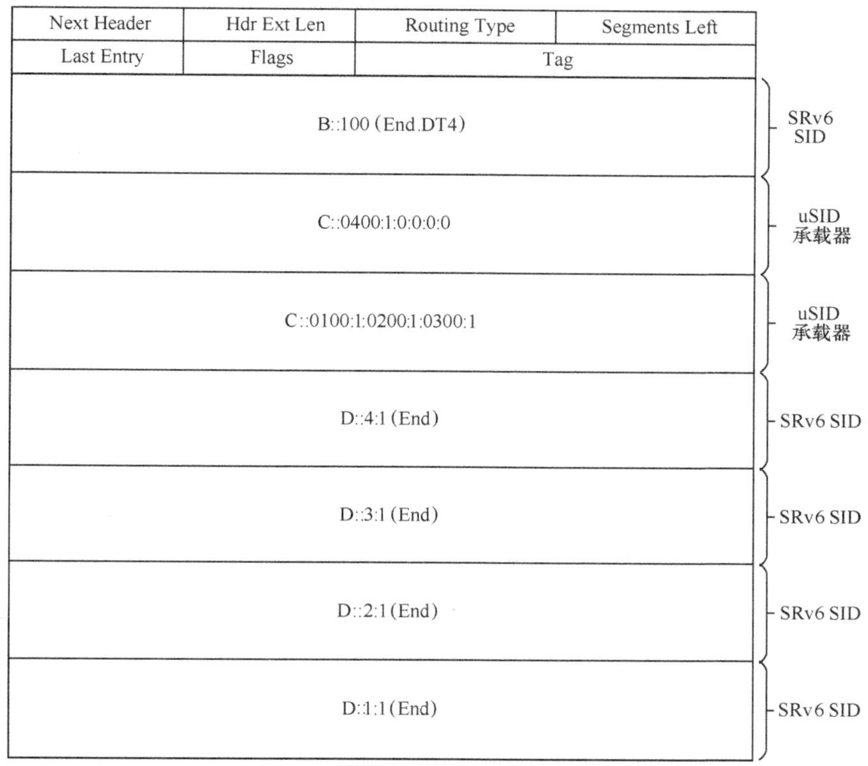

图 13-11　SRH 中完整的 uSID List

⑤ 节点 C2 的处理与节点 C1 类似。

⑥ 节点 C3 收到目的地址为 C::0300:1:0:0:0:0 的数据包，发现 Next uSID 为 0:0，是 EOC，于是执行 End 行为的操作，将 SL 的值递减，将 SRH 中的 C::0400:1:0:0:0:0 更新到 IPv6 目的地址字段，然后查表转发到节点 C4。

⑦ 节点 C4 的处理与节点 C3 类似，发往节点 B 的数据包为（A::1，B::100）（B::100，C::0400:1:0:0:0:0，C::0100:1:0200:1:0300:1，D::4:1，D::3:1，D::2:1，D::1:1）（X，Y），并且 SL = 0。

⑧ 节点 B 执行相应的 End.DT4 功能，将外层数据包剥离，得到（X，Y），最后基于内层目的地址 Y 查询 VPN 100 的私网转发表，转发给 CE2。

由以上示例可知，当 SRv6 的 Segment List 较长时，uSID 可以通过多个 uSID 承载器携带。

3. SRm6

SRm6（Segment Routing Mapped to IPv6）是为了解决 SRv6 报文头压缩问题提出的一种新的源路由机制[14]，SRm6 与 SRv6 和 SRH 不兼容。

SRm6 压缩路由扩展报文头的思想是采用 16/32 bit 的 SID 来替代 128 bit 的 IPv6 地址，并在二者之间建立映射关系，使得 IPv6 地址序列转变为 SID 序列，由此达到了缩短路由扩展报文头的效果。

（1）SRm6 路由扩展报文头的封装和使用

如图 13-12 所示，SRm6 方案首先定义了一种新的 IPv6 路由扩展报文头，叫作 CRH（Compressed Routing Header，压缩路由扩展报文头）。与 SRH 相似，CRH 也包含一个 Segment List，但是 SID 本身有所不同。CRH SID 是一个 16/32 bit 的数值，分为 Adjacency（邻接）和 Node（节点）两种类型。节点 SID 映射到设备本地的一个接口地址；邻接 SID 映射到设备本地的一个接口地址及其接口 ID。SID 映射关系存储在设备上，并通过路由协议发布出去。

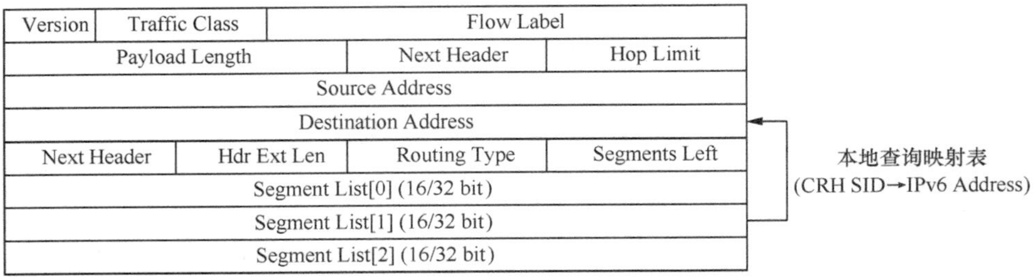

<table>
<tr><td>Version</td><td>Traffic Class</td><td colspan="2">Flow Label</td></tr>
<tr><td colspan="2">Payload Length</td><td>Next Header</td><td>Hop Limit</td></tr>
<tr><td colspan="4">Source Address</td></tr>
<tr><td colspan="4">Destination Address</td></tr>
<tr><td>Next Header</td><td>Hdr Ext Len</td><td>Routing Type</td><td>Segments Left</td></tr>
<tr><td colspan="4">Segment List[0] (16/32 bit)</td></tr>
<tr><td colspan="4">Segment List[1] (16/32 bit)</td></tr>
<tr><td colspan="4">Segment List[2] (16/32 bit)</td></tr>
</table>

本地查询映射表
(CRH SID→IPv6 Address)

图 13-12　SRm6 路由扩展报文头的封装和使用

当需要指定报文转发路径时，头节点为报文封装外层 IPv6 报文头以及 CRH，CRH 中携带 Endpoint 节点对应的 SID。节点收到报文时，通过将 SL 的值递减来定位下一个节点的 SID，并在本地查询 SID 映射表，得到下一跳的 IPv6 接口地址，将其更新到 IPv6 目的地址字段，最后再查表进行最长前缀匹配，然后将报文转发出去。

SRm6 通过建立 SID 数值到 IPv6 地址的映射，实现报文头开销较小的显式

路径编码，同时也避免改变 IPv6 地址原有的语义，这是 SRm6 的设计理念。

（2）SRm6 目的选项扩展报文头的封装和使用

因为 SRm6 中 SID 只能映射到设备的接口地址，所以对于 SRv6 中通过关联 SID 与 Endpoint 行为来支持的一些应用场景（如 SFC、VPN 等），SRm6 采用了全新的方案来支持。这里重点介绍一下 SRm6 支持 SFC 和 VPN 场景的方案。

对于 SFC 场景，由于 CRH 中的 SID 无法承载 SFC 的相关功能信息，于是 SRm6 方案又设计了一种新的 ID，叫作 PSSI（Per-Segment Service Instruction，段服务指令） ID。PSSI ID 是一个全局有效的 32 bit 数值，标识一条 SFC，SFC 上的每个节点都要配置同一个 PSSI ID，并与本地要进行的处理动作相关联。同一个 PSSI ID 在不同节点上可能代表不同的处理动作，比如对报文应用防火墙策略或采样策略等。为了承载 PSSI ID，SRm6 扩展了新的目的选项，叫作 PSSI 选项 TLV。目的选项扩展报文头按照在报文中出现的位置不同，分为两种，一种是出现在路由扩展报文头之前，这将被路由扩展报文头中指定的每一个节点都处理；另一种是出现在路由扩展报文头之后，只被最后一个节点处理。PSSI 选项 TLV 可以用在两种目的选项扩展报文头中。

对于 VPN 场景，SRm6 类似地设计了一种新的 ID，叫作 PPSI（Per-Path Service Instruction，路径服务指令） ID。为了承载 PPSI ID，SRm6 扩展了新的目的选项，叫作 PPSI 选项 TLV。PPSI ID 是一个本地有效的 32 bit 数值，用以标识一个 VPN，配置在 VPN 解封装节点上。当前 SRm6 定义了两种 PPSI：一种是解封装并从特定接口转发，另一种是解封装然后查特定转发表转发。因为 VPN 只在最后一个节点处理，所以 PPSI 选项 TLV 只使用 CRH 之后的目的选项扩展报文头来承载。

13.2.3　SRv6 扩展报文头压缩方案对比

G-SRv6、uSID 和 SRm6 这 3 种压缩方案的对比如表 13-2 所示，从表中可以看出，几种方案各有其优缺点。

16 bit 的 C-SID/uSID/CRH SID 在同时容纳 Node ID 和 Function ID 时，限制了两者的数量，由此不适用于大多数网络，因此本书以 32 bit 的值为基准，展开比较。

表 13-2　SRv6 压缩方案的对比

对比项	G-SRv6 的特点	uSID 的特点	SRm6 的特点
对 SRv6/SRH 的兼容性	兼容	兼容	不兼容
地址规划	• 需要规划一致的 Locator Block； • 可重用已有的 SRv6 地址块 • 前缀长度灵活，不要求短前缀，地址块容易获取	• 需要规划一致的 Locator Block； • 需要额外规划一块 Locator Block； • 需要短前缀，地址块较大，申请困难	沿用已有的 IPv6 接口地址
控制平面	G-SRv6 需要在当前 SRv6 协议扩展的基础上进行增强，在通告 SID 信息的时候需要通告 C-flag 压缩标记和 COC Flavor 信息。 • 控制平面需要引入新的协议扩展； • 需要新增 SID 表项； • 可以支持多种功能的 SID 的压缩	uSID 需要在当前 SRv6 协议扩展的基础上进行增强，在通告 SID 信息的时候需要通告 uN 行为等信息。 • 控制平面需要引入新的协议扩展； • 需要新增 SID、路由表项； • 当前仅支持 End 等有限功能的 SID 的压缩	SRm6 需要引入全新的协议扩展，通告 SID 与接口 IPv6 地址的映射关系，还要针对不同的应用场景（如 SFC、VPN 等）定义不同的协议扩展，通告 PSSI/PPSI 的 ID 值及其与本地动作的绑定关系，复杂度较高。 • 需要引入全新的较为复杂的控制平面协议扩展； • 需要引入 SID 到 IPv6 地址的映射表，对于不同的应用场景（如 SFC/VPN）还可能引入新的映射表项
转发平面协议扩展	G-SRv6 方案对 SRH 封装格式没有改动。新增 COC Flavor 对应的处理行为	uSID 对 SRH 封装格式没有改动，新增 uN 系列行为	SRm6 设计了 3 种 ID 编址空间及映射方法，设计了一种新的路由扩展报文头，并且需要额外使用其他类型的 IPv6 扩展报文头，来实现 SRv6 的功能。需要引入全新的转发平面协议扩展

续表

对比项	G-SRv6 的特点	uSID 的特点	SRm6 的特点
转发表项扩展	G-SRv6 需要为 C-SID 新增对应的 SID 表项	uSID 需要新增 uSID 对应的 SID 表项和路由表项	SRm6 需要新增 SID 与 IPv6 接口地址的映射表，对于一些应用场景（如 SFC、VPN 等），需要新增 PSSI/PPSI ID 值与本地动作的映射表
路由信息	简单，与普通 SRv6 SID 共用 Locator 时不新增设路由	复杂，为每个 uSID 维护一条路由	复杂，需要在设备上存储 SID 与接口地址的映射表，还需要为 PSSI 与 PPSI 单独维护两套 ID 分配信息，与 SRH 统一使用一套 SID 相比，复杂度更高
地址空间利用效率	利用率高	利用率低，浪费大量可用地址	重新规划了 SID、PSSI、PPSI 这 3 块 ID 空间，未影响 IPv6 地址空间
转发性能	C-SID 复制操作，对于转发性能影响较小	新增的移位操作对于转发性能影响较小	需要读写多个扩展报文头来完成工作，影响转发性能
压缩效率	高：Segment List 长度可减少至原有长度的 25%	中：Segment List 长度可减少至原有长度的 33.3%	高：CRH Segment List 长度可减少至 SRv6 Segment List 长度的 25%。但在特定应用场景（SFC、VPN 等）中，需要使用其他 IPv6 扩展报文头，带来新的开销，造成整体压缩效率降低

综上所述，从多个角度对比，G-SRv6 在 3 种方案中相对具备一些优势。

13.2.4 SRv6 扩展报文头压缩研究展望

虽然 SRv6 报文头在实际应用部署中面临一些挑战，但是基于其当前主要的应用场景进行分析，这些问题的影响是可控的。

PMTU 问题：网络模型中 MTU 的配置通常呈方锥形，边缘小、中间大。在网络边缘与用户相连的部分，通常参考传统的以太网机制，设置 MTU 为 1500 Byte，而在现在 IP WAN 和 DC 网络内部的链路上，通常可以设置较大的 MTU，如 9000 Byte，该 MTU 也被称为 Jumbo Frame（巨帧）长度。由此，用户数据包在网内封装 SRv6 相关报文头后，并不容易出现由于 PMTU（Path Maximum Transmission Unit，路径最大传输单元）超限导致分片或丢包的问题。

转发性能问题：当前 SRv6 应用场景（SRv6 VPN、SRv6 松散 TE 等）中的 SRv6 报文中使用的 SID 数量有限，现有可编程硬件处理器的能力可以满足转发性能的要求。另外，当前已经有厂商宣称能够在 SRv6 数据包中携带 10 层 SID 的情况下实现线速转发，随着硬件技术的发展，SRv6 报文头对转发性能的影响会进一步减小。

有效负载问题：通过一些网络的统计数据，可知 IP WAN 中平均报文长度为 700 ~ 900 Byte[15]，按照当前主要的应用场景，如果增加包含 3 个 SID 的 SRv6 报文头，引入开销的占比在 10% 左右，不会对网络造成较大影响。

整体来看，在当前 SRv6 的主要应用场景中，SRH 带来的影响比较有限。虽然已经有多种 SRv6 报文头压缩方案，但是 IETF 最终决定当前还是聚焦完成 SRv6 的标准化，如果有需要，未来再讨论 SRv6 的优化方案。

随着 SRv6 更加广泛地部署，支持的功能更加丰富和完善，SRv6 扩展报文头的影响也会随之增加，因此 SRv6 报文头压缩仍然是一个值得研究的方向。考虑到 SRv6 产业的快速发展，已经有多个商业部署案例，我们建议未来的优化方案需要兼容现有 SRH，用尽可能小的演进代价实现优化。

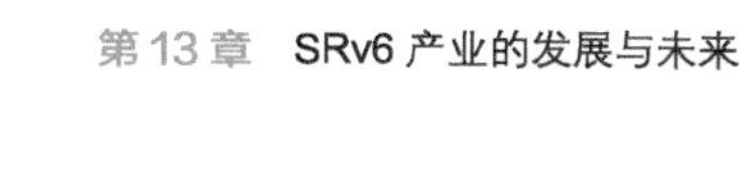

13.3 应用感知的 IPv6 网络（APN6）

SRv6 未来发展的另外一个方向是 APN6（Applicationaware IPv6 Networking，应用感知的 IPv6 网络）。APN6 利用 IPv6 的扩展报文头所提供的多重可编程空间携带应用信息，使网络感知到应用及其需求，从而能够更好地提供 SLA 保证，并能够有效利用网络资源。这也将引入对新型网络业务的支持和网络架构体系的变化。

13.3.1 APN6 的产生

1. 当前网络的痛点和运营商的诉求

基于互联网端到端分层设计的理念，应用与网络之间的解耦需求由来已久。这种设计理念直接导致了一些问题的出现：虽然应用层不断发展，尤其是随着 5G 时代的到来，各种新型应用更是不断涌现，但是网络仍然被视为为上层应用提供网络服务的管道，而无法感知应用。这种对应用无感的网络管道使得网络服务提供商不能从不断提升的网络流量红利中获利，同时也无法根据应用不同的需求，为其提供差异化服务，实现精细化运营。此外，因为缺乏业务流量对应的应用信息，为了保证承诺的业务质量，网络规划通常采用流量轻载的方式来保证，导致网络资源的利用率偏低。

2013 年，在美国计算机协会数据通信专业组会议上，谷歌发表了 *B4: Experience with a Globally-Deployed Software Defined WAN* 一文，首次将其数据中心的广域网连接的设计和部署经验公之于众，宣称其广域网连接能达到接近 100% 的利用率[16]。

谷歌认为，传统的跨广域网的数据中心网络设备对各应用数据报文采取无差别对待的方式统一承载，这是导致带宽利用率低的主要症结。为此，谷歌对其跨广域网的数据中心网络中传输的数据流量进行了分析识别，将其分为用户数据、远程存储访问数据、大规模的同步数据等类型。用户数据流量最小，对延迟最敏感，优先级最高，所以要保证这部分数据的可用性和持久性。大规模数据同步流量最大，对延迟不敏感，优先级最低。

B4 网络的基本设计思路是保证高优先级流量以低时延到达，低优先级的大流量根据高优先级业务自适应地调整其传输速率，在时域上分摊开，从而把空闲管道填满，有效提高链路利用率。

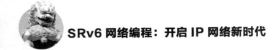

实际上，B4 网络解决的是一个基于不同应用的网络 TE 的问题。因为掌握了应用的流量，通过有效的调度可以极大地提升网络利用率。借鉴谷歌根据应用需求和流量特征调整网络资源的思路，我们需要打破传统的 IP 承载网与应用之间的割裂限制，使网络有效感知应用信息，从而对所承载的业务实现精细化的运营，在保证 SLA 的同时，提高网络资源利用率。

2. 传统差异化服务方案面临的挑战

事实上，为了能够感知应用，以区别对待流量，业界已经进行了很多努力。通常情况下，网络设备依赖报文的五元组或者 DPI 来识别应用，但是这些传统方式都存在着不同程度的缺陷。

基于五元组的 ACL/PBR 的方案： 五元组被广泛地用于 ACL/PBR，然而它们不能够提供足够的信息用于精细化的业务处理，而只能够被当作与应用相关的间接信息去推演出实际可能承载的应用。这种方法会影响业务报文的转发性能。

DPI 方案： 如果需要更多的关于应用的信息，可以采用 DPI 深层次地检测报文。但是，这会进一步带来转发性能的下降，同时，也会带来安全方面的威胁。

基于编排器与 SDN 控制器的方案： 随着 SDN 的兴起，通过编排器来进行应用和网络的协同成为一个技术方向。在一个典型的 SDN 架构中，编排器用来导入应用的需求，SDN 控制器用来管理和运营网络基础设施，同时与编排器协同，从而根据应用需求来相应地控制网络。SDN 控制器通过与编排器之间的接口，感知应用对网络的需求。这些被感知的业务需求被 SDN 控制器用来对网络资源和流量进行控制管理。在实际发展过程中，这种基于 SDN 的架构也遇到了一些挑战。如图 13-13 所示，该架构中涉及的接口较多（如控制器与编排器、应用与编排器、控制器与网络设备之间），这将导致整个协调周期长、耗时长，从而不适合为关键应用快速提供业务部署支持。另外，该架构中涉及的众多接口对标准化也提出了很高的要求，增加了开放互通的难度。

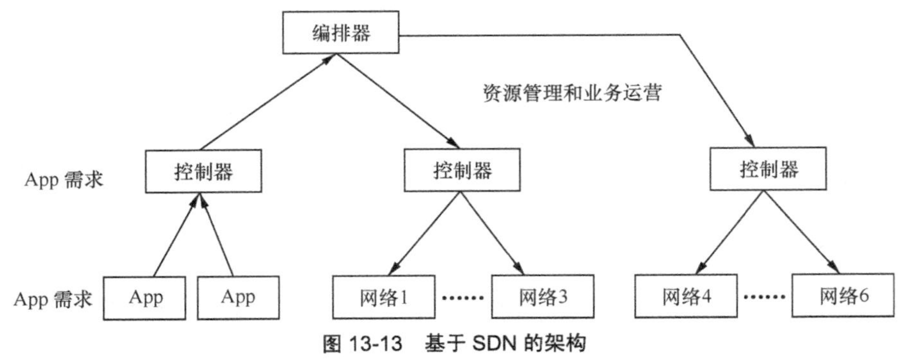

图 13-13　基于 SDN 的架构

3. APN6 的解决思路

事实上，IP 承载网采用了一些传统的方法来感知应用并引导流量。IETF 文稿分析了这些传统方法存在的问题，提出了 APN6 的概念，并确定了 APN6 的 3 个关键要素[17]，如图 13-14 所示。

携带开放的应用信息：APN6 通过 IPv6 报文携带应用特征信息，包括应用标识符及其对网络性能的要求。这些应用信息还可以根据需求进一步扩展。携带应用信息的行为不是强制性的。

丰富的网络服务：为了实现精细化运营，不仅需要有细粒度的应用特征信息，而且需要网络侧提供丰富的服务，否则即使携带了应用特征信息，也没什么意义。除了传统的 TE 和 QoS 服务，前面我们还介绍了 IP 网络为支持 5G 和云业务提供了网络切片、确定性时延、IFIT SFC、BIERv6 等新的服务，这些都可以与应用信息结合，提供更细粒度的服务。而为了支持这些丰富的网络服务，也需要基于 IPv6/SRv6 扩展来支持。

准确的网络测量：测量网络性能并更新网络服务来匹配应用，以更好地满足细粒度的 SLA 要求。

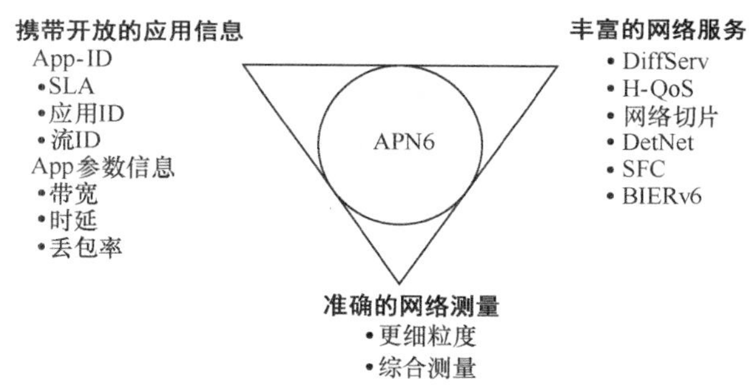

图 13-14 APN6 的关键要素

APN6 可以较为有效地解决传统网络感知应用方案的过程中所遇到的问题。APN6 通过 IPv6 扩展报文头携带业务报文的应用特征信息（包括应用标识信息及其对网络的性能需求），使得网络更加快速有效地感知应用及其需求，从而为其提供精细化的网络资源调度和 SLA 保证，更好地为应用提供服务。

采用 IPv6 实现 APN6 具有以下好处。

- 简单：可以直接基于IP可达性，利用IPv6自身的报文封装携带应用信息。
- 无缝融合：由于终端侧和网络侧都基于IPv6，可以更容易地实现应用和网络的无缝融合。

- 可扩展性强：可以用IPv6报文封装提供的可编程空间携带丰富的应用相关信息。
- 兼容性好：按需升级网络和业务。如果应用信息不被网络节点识别，则将报文按照IPv6报文转发，具备后向兼容性。
- 依赖性弱：传递应用信息和提供业务都是基于设备转发平面，这与基于SDN架构涉及多接口的管控方式非常不同。
- 响应快：由于是基于转发平面实现的，可以直接响应流驱动。

此外，IETF 文稿还定义了 APN6 的可能的应用场景，包括基于应用感知的网络切片、确定性时延网络（DetNet）、SFC 和网络测量等，具体内容请参考相关文稿[17]。

13.3.2 APN6 的框架

IETF 文稿定义了 APN6 的网络框架[18]。如图 13-15 所示，该框架的组件包括应用、网络边缘设备、头节点、中间节点、尾节点。APN6 包括网络侧方案和应用侧方案，两者的区别在于生成和携带应用信息的起始点不同。对于网络侧方案，该起始点为网络边缘设备，而对于应用侧的方案则为应用本身。

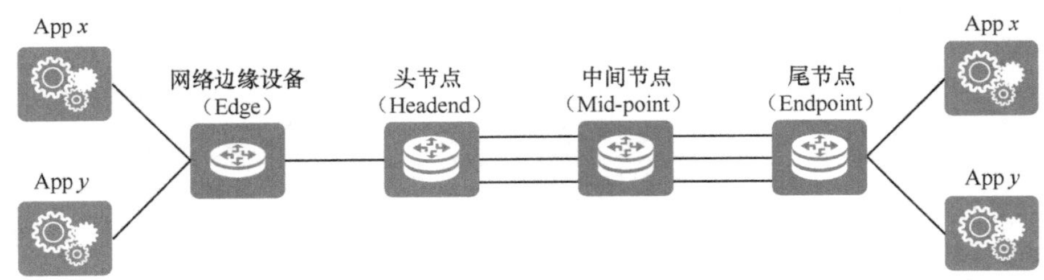

图 13-15　APN6 的网络架构

对于应用侧的方案，运行于主机上支持 IPv6 的应用可以通过 IPv6 扩展报文头携带应用信息，用于指示该业务流所属的 SLA、应用、用户、流 ID 和其他具体的网络需求参数，如带宽、时延、抖动、丢包率等[19]。该应用信息可以由沿途的 IPv6 节点进行处理。是否携带这种应用信息完全由应用本身来决定，网络只是为应用提供了携带和传递这种应用信息的能力。

报文所携带的应用信息会在 SRv6 头节点处理，并被用于匹配一条满足其需求的路径。如果没有满足其需求的路径，则需要触发控制器建立新的

SRv6 路径。路径中间节点也可以根据报文中携带的应用信息，对报文进行相应的处理。

通过携带应用信息进入网络这种方式，网络可以有效地感知应用及其需求，并根据这些需求为其调整资源，提供相应的服务。这种流驱动的方式可以有效地减少多控制器之间的交互周期。

由应用直接将本应用的标识和需求信息在 IPv6 报文的扩展报文头（如逐跳选项扩展报文头和目的选项扩展报文头）中携带，整体方案比较简洁，但是需要广泛升级主机操作系统和应用，且要防止应用随意填写其对网络的需求，对网络资源造成非法占用。所以，有效的接入控制是该方案实施的关键。而通过网络边缘设备写入并封装应用信息的方案，则不需要对应用侧进行升级和扩展，仍然能够将网络与应用的边界向应用侧推进。网络侧方案控制权仍在网络的管控体系，对应用信息的管理和携带所带来的安全风险有一定的抵御能力。

13.3.3　APN6 框架的要求

IETF 文稿定义了 APN6 框架的要求[18]。APN6 利用 IPv6 封装（例如 IPv6/SRv6 报文头及其扩展报文头）将应用特征信息传递到网络中，网络根据这些信息提供相应服务、进行流量转发、保证应用的 SLA 需求。本节主要描述支持 APN6 框架的要求，包括携带和处理应用特征信息的需求以及与安全相关的需求。

1. 携带应用特征信息

应用特征信息包括应用感知标识符和应用对网络性能的需求信息。

（1）应用感知标识符信息可以包括下列信息。

- SLA：标识应用的SLA需求，例如金牌应用、银牌应用、铜牌应用。在一些场景，可以用颜色（如红、绿）来标识SLA。
- 应用ID：标识应用。
- 用户ID：标识应用的用户。
- Flow ID：标识应用流量的一条流或一个会话。

以上 ID 的不同组合可用于区分流量，并为区分出来的流量提供精细化的 SLA 保证。

（2）网络性能需求信息可以包含下列参数。

- 带宽：应用流量的带宽要求。

- 时延：应用的时延要求。
- 抖动：应用的抖动需求。
- 丢包率：应用的丢包率需求。

这些参数的不同组合可用于进一步表达应用更详细的网络服务要求，与应用感知标识符一起，可用于匹配进入满足这些服务需求的 SRv6 隧道 / 策略和 QoS 队列。如果应用需求信息无法匹配到合适的 SRv6 隧道 / 策略和 QoS 队列，将会触发建立新的 SRv6 隧道 / 策略和 QoS 策略。

具体地，APN6 对于携带应用特征信息的需求包括以下几个方面。

- 应用感知标识符必须包括应用ID，以指示该报文所属的应用。
- 建议在应用感知标识符中包含SLA。
- 在应用感知标识符中携带用户ID与Flow ID是可选的行为。
- 网络性能需求信息是可选的。
- 必要时，路径上的所有节点都应该能够处理应用感知信息。
- 应用感知信息可以直接由应用程序生成，也可以由应用感知的边缘设备通过报文检查或本地策略生成。
- 从应用感知的边缘设备直接复制并携带在IPv6封装中时，应保持应用感知信息完整。

2. 处理应用感知信息

头节点与中间节点根据应用感知信息执行匹配的操作，即将 ID 和 / 或服务需求与网络资源（隧道 /SR 策略 / 队列）进行匹配。

（1）感知应用的 SLA 保证

为了给终端用户提供更好的 QoE（Quality of Experience，体验质量）并吸引客户，网络需要能够提供细粒度甚至应用级别的 SLA 保证 [17]。根据应用感知信息，具体需求包括以下几个方面。

- 感知应用的头节点应该能够将流量引导至满足匹配操作的SRv6隧道/策略。
- 感知应用的头节点应该能够触发建立满足应用的SLA需求的SRv6隧道/策略。
- 感知应用的头节点和中间节点应该能够将流量引导至满足匹配操作的QoS队列。
- 感知应用的头节点和中间节点应该能够触发建立满足匹配操作的QoS队列。

（2）感知应用的网络切片

网络切片功能将网络基础设施的控制平面或数据平面划分成了多个网络切片，这些切片可以并行运行，切片之间相互隔离，设备 / 链路上的资源相应地划分给不同切片独享。具体需求包括以下两个方面。

- 感知应用的头节点应该能够根据应用信息，将流量引入相应的网络切片。

- 感知应用的中间节点应该能够根据应用信息，让流量使用相应的网络切片的资源。

（3）感知应用的确定性网络（DetNet）

确定性网络的流量与尽力而为的流量在网络中是混合传输的。确定性网络的流量途径的每个节点，需要为该流量提供有保证的带宽、有上界的时延，以及其他与传输时间敏感数据相关的特性。具体需求包括如下几个方面。

- 感知应用的头节点应该能够根据应用信息，将流量引入合适的传输路径。
- 感知应用的头节点应该能够根据应用信息，为确定性网络的流量按需建立合适的传输路径。
- 感知应用的中间节点应该能够根据应用信息，让确定性网络的流量使用传输路径上的为其性能提供保证的资源。
- 感知应用的中间节点应该能够根据应用信息，为确定性网络的流量预留其传输路径上的资源，以保证其性能。

（4）感知应用的 SFC

端到端的服务分发，流量通常需要穿越多个业务功能，包括传统的网络业务功能，例如防火墙、深度包检测和其他新的与应用相关的功能。这些业务功能可以通过物理的或虚拟的方式实现。SFC 可以应用在固定网络、移动网络和数据中心网络上。具体需求包括以下两个方面。

- 感知应用的头节点应该能够根据应用信息，将流量引入合适的SFC。
- 感知应用的头节点应该能够处理报文中携带的应用信息。

（5）感知应用的网络测量

网络测量可以用来定位静默故障并预测 QoE 满意度，这使得实时感知 SLA 和主动地进行 OAM 成为可能。具体需求包括以下两个方面。

- 感知应用的节点应该都能够根据应用信息，基于应用ID驱动IOAM。
- 在拥有应用信息的基础上，网络测量结果可以基于应用ID上报，并且可以核实应用的性能要求是否被满足。

3. 安全要求

安全相关的具体要求包括以下两个方面。

- 为APN6定义的安全机制必须允许操作员阻止应用在未获得同意的情况下发送任意的应用感知信息。
- 为APN6定义的安全机制必须阻止应用请求其未授权的服务。

13.3.4 APN6 的未来

2019 年 3 月，在捷克布拉格举行的 IETF 第 104 会议上，业界专家首次提出 APN6 的工作。经过准备，2019 年 7 月，在加拿大蒙特利尔举行的 IETF 第 105 会议上举办了 APN6 的 Side Meeting，共计 50 余位业界专家参加了这次会议，APN6 的价值获得了广泛认可，当前 APN6 的研究和标准化工作也正在稳步推进过程中。

APN6 的发展顺应了运营商迫切希望解决被管道化的问题的诉求，使得基于应用感知的精细化运营成为可能，同时 APN6 也符合云网融合的发展趋势，成为业务和承载网进一步融合的一项重要使能技术。APN6 在一定程度上打破了互联网分层解耦的设计原则，给网络架构带来了变革。因为安全和隐私方面的挑战，未来 APN6 的应用会首先在网络侧展开，也就是说，在运营商可信的网络范围内感知应用并进行处理，同时会研究解决主机应用侧通告应用信息带来的问题的方法。

13.4 从 SRv6 到 IPv6+

IPv6 经过 20 多年的发展，并未得到广泛的部署和应用，SRv6 的出现为 IPv6 的规模部署提供了新的机遇。但随着 SRv6 技术和新业务的发展，技术层面上也已经不再局限于 SRv6，也就是说数据平面不仅是基于 SRv6 SRH，而且扩展到基于其他 IPv6 扩展报文头。我们将其统一定义为 IPv6+，希望能够更好地揭示这种情况的时代特征，即通过网络编程支持新的业务。同时，结合网络业务发展的需求优先级和技术标准的成熟度，我们定义了 IPv6+ 发展的 3 个阶段，如图 13-16 所示。

IPv6+1.0： 这一阶段的 SRv6 主要发展了基础特性，如 TE、VPN 和 FRR 等。这 3 个特性是 MPLS 取得成功的重要特性，SRv6 需要继承下来，并利用自身的优势来简化网络的业务部署。

IPv6+2.0： 重点在提供面向 5G 和云的新应用。这些新应用需要 SRv6 SRH 引入新的扩展，也可能是基于其他 IPv6 扩展报文头进行扩展。这些可能的新应用包括但不局限于 VPN+（网络切片）、IFIT（随路网络检测）、DetNet、SFC、SD-WAN 和 BIERv6 等。

IPv6+3.0： 重点是 APN6。随着云和网络的进一步融合，需要在云和网络之间交互更多的信息，IPv6 无疑是最具优势的媒介。这也带来了网络体系结构的重要变化。

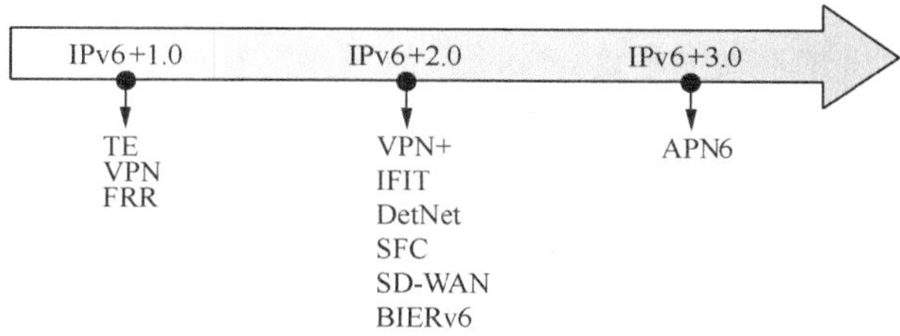

图 13-16　IPv6+ 发展的 3 个阶段

面向 5G 和云的发展，SRv6 开启了 IPv6 应用的新时代。IPv6+ 的路线图有利于引导网络有序演进，同时在这个过程中可能还会出现新的研究课题及方案，IPv6+ 的内涵也会被不断地丰富和完善。

| SRv6 设计背后的故事 |

1. 设计之道：Internet 与 Limited Domains

SRv6 在 IETF 引发了面向 Internet（互联网）设计和面向 Limited Domains（有限区域）设计的两种理念的冲突。IETF 最早是面向互联网设计。互联网采用了端到端透明性的设计原则，即用户可以利用计算机、手机等终端产生各种信息，网络只是简单地、尽力而为地传递信息而不做任何记忆与控制。这种体系结构有效地简化了网络的功能，把信息处理和控制的复杂性最大限度地交给终端节点。同时为了尽可能减少网络对用户流量的干预，终端和应用通过加密等手段来保护隐私。而原来的电信网络，从电话的硬连接到 ATM，服务质量保证是非常重要的基础设施服务，后来这些功能通过基于 IP 的 MPLS 技术来实现，也就是传统电信技术被 IP 技术“吃掉”了。MPLS 技术基本上都应用在有限的网络域，比如 IP 核心网、城域网、移动承载网等。MPLS 在主机侧不需要支持，也就是应用的端到端都是基于 IP 的，而不是基于 MPLS 的。

虽然 IETF 的协议标准是面向互联网的，但是后来发展的 MPLS 相关的协议应用于有限区域，二者的应用相安无事。在 IETF 里面，IPv6 属于 INT（Internet）域，MPLS 属于 RTG（Routing）域，二者也是相互独立的。然而随着 SRv6 的发展，产生了 Cross-Area（跨域）的情况。SRv6 能够支持 MPLS 类似的功能，可以在有限区域应用。此外，SRv6 是基于 IPv6 的扩展，由此对 IPv6 在互联网的应用形成了潜在的影响。来自路由域的人员认为 SRv6 的很多扩展实际和互联网无关，在设计时可以不用过多考虑对互联网的影响，而传统的 IPv6 人员则认为有限区域和互联网没有一个确定的边界，SRv6 的设计需要遵循 IPv6 设计的一些原则。例如 SRv6 支持 Inserting 模式，在快速重路由的时候可以直接插入新的 SRH，然而 IPv6 标准 RFC 8200 要求只能有一个路由扩展报文头，而且从安全的角度出发，不允许在网络中间节点对报文进行修改，因此 SRv6 的 Inserting 模式造成了潜在的风险。这些问题也引发了双方人员的争论。

APN6 进一步引发了互联网与有限区域的设计理念的争论。从互联网设计哲学的角度出发，用户 / 应用的报文是通过加密等方式端到端传送的，用户不期望网络感知更多的信息进行干预。基于这种设计理念，网络基本上就是一种简单的管道。APN6 的出发点来自有限区域的应用，期望报文能够携带更多的应用信息来实现网络的精细化调度，提升网络价值和网络资源的使用效率。APN6 的出现符合运营商避免被“管道化”的期望，但是与传统的恪守互联网设计哲学的人员的理念不符，于是不可避免地又产生了新的冲突。在 IPv6+ 的发展过程中，这种设计理念的冲突也会不断地发生。

2. 设计之道：大道至简

互联网的一个设计理念就是大道至简。笔者认为 IP 网络技术发展的源动力重点来自两个方面：基于 IP 提供更多的服务，为客户创造价值；降低 IP 网络运维的复杂性，将网络工程师从繁复的运维中解放出来。

只要基于这两个目标深入地洞察技术及其发展的机遇，就一定会创造出好的技术。

SRv6 技术最本质的就是 Segment 的定义和组合，由此有了网络服务的各种变化。这种看似简单的技术实现了网络编程的真正落地，也因为与传统 IPv6 设计理念的冲突受到了诸多挑战。APN6 的本质也很简单，就是通过定义和传递 App ID，将网络与各种应用结合在一起，实现网络的边界向外延伸，但是 APN6 打破了很多边界，包括网络与应用的边界、网络分层架构的边界等，遇到的挑战也会是巨大的。所幸的是 APN6 面临着云网融合、网络与计算融合等新的网络发展机遇，很有可能成为一个使能网络发展的有效的技术抓手。当前 APN6 已经获得了业界多方的支持，我们会持续努力。

本章参考文献

[1] FILSFILS C, CAMARILLO P, LEDDY J, et al. SRv6 Network Programming[EB/OL]. (2019-12-05)[2020-03-25]. draft-ietf-spring-srv6-network-programming-05.

[2] FILSFILS C, DUKES D, PREVIDI S, et al. IPv6 Segment Routing Header (SRH)[EB/OL]. (2020-03-14)[2020-03-25]. RFC 8754.

[3] PSENAK P, FILSFILS C, BASHANDY A, et al. IS-IS Extension to Support Segment Routing over IPv6 Data Plane[EB/OL]. (2019-10-04)[2020-03-25]. draft-ietf-lsr-isis-srv6-extensions-03.

[4] LI Z, HU Z, CHENG D, et al. OSPFv3 Extensions for SRv6[EB/OL]. (2020-02-12)[2020-03-25]. draft-ietf-lsr-ospfv3-srv6-extensions-00.

[5] DAWRA G, FILSFILS C, RASZUK R, et al. SRv6 BGP Based Overlay Services[EB/OL]. (2019-11-04)[2020-03-25]. draft-ietf-bess-srv6-services-01.

[6] DAWRA G, FILSFILS C, TALAULIKAR K, et al. BGP Link State Extensions for SRv6[EB/OL]. (2019-07-07)[2020-03-25]. draft-ietf-idr-bgpls-srv6-ext-01.

[7] NEGI M, LI C, SIVABALAN S, et al. PCEP Extensions for Segment Routing Leveraging the IPv6 Data Plane[EB/OL]. (2019-10-09)[2020-03-25]. draft-ietf-pce-segment-routing-ipv6-03.

[8] MATSUSHIMA S, FILSFILS C, ALI Z, et al. SRv6 Implementation and Deployment Status[EB/OL]. (2020-03-09)[2020-03-25]. draft-matsushima-spring-srv6-deployment-status-06.

[9] TIAN H, ZHAO F, XIE C, et al. SRv6 Deployment Consideration[EB/OL]. (2019-11-04)[2020-03-25]. draft-tian-spring-srv6-deployment-consideration-00.

[10] CHENG W,LI Z,LI C,et al. Generalized SRv6 Network Programming for SRv6 Compression[EB/OL].(2020-05-19)[2020-05-29]. draft-cl-spring-generalized-srv6-for-cmpr-01.

[11] LI Z, LI C, XIE C, et al. Compressed SRv6 Network Programming[EB/OL]. (2020-02-25)[2020-03-25]. draft-li-spring-compressed-srv6-np-02.

[12] LI Z, LI C, CHENG W, et al. Generalized Segment Routing Header[EB/OL]. (2020-02-11)[2020-03-25]. draft-lc-6man-generalized-srh-00.

[13] FILSFILS C, CAMARILLO P, CAI D, et al.Network Programming Extension: SRv6 uSID Instruction[EB/OL]. (2020-02-25)[2020-03-25]. draft-filsfils-spring-net-pgm-extension-srv6-usid-04.

[14] BONICA R, HEDGE S, KAMITE Y, et al. Segment Routing Mapped To IPv6 (SRm6)[EB/OL]. (2019-11-19)[2020-01-22]. draft-bonica-spring-sr-mapped-six-00.

[15] AMS-IX. Frame Size Distribution[EB/OL]. (2020-01-22)[2020-01-22]. AMS-IX Statistics/sFlow Statistics.

[16] JAIN S, KUMAR A, MANDAL S, et al. B4: Experience with a Globally-Deployed Software Defined WAN[J]. ACM SIGCOMM Computer Communication Review, 2013, 43(4):3-14.

[17] LI Z, PENG S, VOYER D, et al. Problem Statement and Use Cases of Application-aware IPv6 Networking (APN6)[EB/OL]. (2019-11-03)[2020-03-25]. draft-li-apn6-problem-statement-usecases-00.

[18] PENG S, VOYER D, XIE C, et al. Application-aware IPv6 Networking (APN6) Framework[EB/OL]. (2019-11-03)[2020-03-25]. draft-li-apn6-framework-00.

[19] DEERING S, HINDEN R. Internet Protocol Version 6 (IPv6) Specification[EB/OL]. (2020-02-04)[2020-03-25]. RFC 8200.

附录 A

IPv6 简介

A.1 IPv6 概述

IPv6 是网络层协议的第二代标准协议，也被称为 IPng(IP Next Generation，下一代 IP)。它是 IETF 设计的一套规范，是 IPv4 的升级版本。

IPv4 协议是目前广泛部署的互联网协议。在互联网发展初期，IPv4 以其协议简单、易于实现、互操作性好的优势而得到快速的发展。但随着互联网的迅猛发展，IPv4 的不足也日益凸显，例如地址空间不足、处理报文头及报文选项的复杂度高、地址维护工作量大、路由聚合效率低、对安全 /QoS/ 移动性等问题缺乏有效的解决方案等。

IPv6 的出现有针对性地解决了 IPv4 的一些问题。

在地址空间方面，IPv4 地址采用 32 bit 标识，理论上能够提供的地址数量约为 43 亿个。另外，IPv4 地址的分配也很不均衡，美国拥有的 IPv4 地址占全球地址空间的一半左右，欧洲则相对匮乏，亚太地区则更加匮乏。与此同时，移动 IP 和宽带技术的发展需要更多的 IP 地址。目前 IPv4 地址已经消耗殆尽。针对 IPv4 地址短缺的问题，也曾先后出现过几种解决方案。比较有代表性的是 CIDR 和 NAT。但是 CIDR 和 NAT 都有各自的缺点和不能解决的问题，由此推动了 IPv6 的发展。

IPv6 地址采用 128 bit 标识。128 bit 的地址空间使 IPv6 理论上可以拥有约（43 亿 ×43 亿 ×43 亿 ×43 亿）个地址。近乎无限的地址空间是 IPv6 最大的优势。

在报文处理方面，IPv4 报文头包含 Options（可选字段），内容涉及 Security、Timestamp 和 Record Route 等，这些 Options 可以将 IPv4 报文头长度从 20 Byte 扩充到 60 Byte。转发携带这些 Options 的 IPv4 报文往往需要中间路由转发设备通过软件处理，会产生很大的性能开销，因此实际中也很少使用。

IPv6 和 IPv4 相比，报文头去除了 Internet Header Length、Identification、Flag、Fragment Offset、Header Checksum、Options 和 Padding 字段，只增加了流标签字段，因此 IPv6 相比 IPv4 极大地简化了对报文头的处理，提高了处理效率。另外，IPv6 为了更好支持处理各种选项，提出了扩展报文头的概念，新增选项时不必修改 IPv6 报文头的结构，理论上可以扩展出无限多种选项，体现了优异的可扩展性。

在地址维护方面，由于 IPv4 地址只有 32 bit，并且地址分配不均衡，导致在网络扩容或重新部署时，经常需要重新分配 IP 地址，因此需要一种能够对 IP 地址进行自动配置和重新编址的机制，以减少维护工作量。目前 IPv4 的自动配置和重新编址机制主要依靠 DHCP。IPv6 协议内置了通过地址自动配置方式使主机自动发现网络并获取 IPv6 地址的机制，大大提高了内部网络的可管理性。

在路由聚合方面，由于 IPv4 发展初期的地址分配规划问题，造成许多已分配的 IPv4 地址不连续，不能有效聚合路由。日益庞大的路由表耗用大量内存，对设备容量和转发效率产生影响，这一问题促使设备制造商不断升级其产品，以提高路由寻址和转发性能。IPv6 巨大的地址空间使得 IPv6 可以方便地进行层次化网络部署。层次化的网络结构使路由聚合更为容易，提高了路由转发的效率。

在端到端安全方面，在制定 IPv4 协议时，缺乏针对安全性的系统设计，因此固有的框架结构并不能支持端到端的安全。IPv6 中，网络层支持 IPsec 的认证和加密，支持端到端的安全。

在保障 QoS 方面，随着网络会议、网络电话、网络电视的迅速普及与使用，客户要求有更好的 QoS 来保障音视频业务实时转发，但 IPv4 并没有专门的手段保障 QoS。IPv6 新增了流标记字段，可以用于保障 QoS。

在对移动性的支持方面，移动 IPv4 存在一些问题，例如三角路由、源地址过滤等。IPv6 协议规定其必须支持移动性。与移动 IPv4 相比，移动 IPv6 使用邻居发现功能可直接发现外部网络并得到转交地址，而不必使用外部代理。同时，利用路由扩展报文头和目的选项扩展报文头，移动节点和对等节点之间可以直接通信，解决了移动 IPv4 的三角路由、源地址过滤问题，使得移动通信处理效率更高，且对应用层透明。

A.2 IPv6 地址

1. IPv6 地址的表示方法

IPv6 地址总长度为 128 bit，通常分为 8 组，每组为 4 个十六进制数的形式，每组 16 进制数间用冒号分隔，这是 IPv6 地址的首选格式。例如：FC00:0000:130F:0000:0000:09C0:876A:130B。

为了书写方便，IPv6 还提供了压缩格式，以上述 IPv6 地址为例，具体压缩规则如下[1]。

- 每组中的前导“0”都可以省略，所以上述地址可写为FC00:0:130F:0:0:9C0:876A:130B。
- 地址中包含的连续两个或多个均为0的组，可以用双冒号“::”来代替，所以上述地址又可以进一步简写为FC00:0:130F::9C0:876A:130B。
- 在一个IPv6地址中只能使用一次双冒号“::”，否则当计算机将压缩后的地址恢复成128 bit时，无法确定每个“::”代表0的个数。

2. IPv6 地址的结构

一个 IPv6 地址可以分为以下两部分。

- 网络前缀：*n* bit，相当于IPv4地址中的网络ID。
- 接口标识：（128 − *n*）bit，相当于IPv4地址中的主机ID。

对于 IPv6 单播地址来说，如果地址的前 3 bit 不是 000，则接口标识必须为 64 bit；如果地址的前 3 bit 是 000，则没有此限制。

接口标识可通过 3 种方法生成：手工配置、系统通过软件自动生成、遵循 IEEE EUI-64 规范自动生成。其中，遵循 EUI-64 规范自动生成最为常用。

IEEE EUI-64 规范是将接口的 MAC 地址转换为 IPv6 接口标识的过程。如图 A-1 所示，MAC 地址的前 24 bit（用 c 表示的部分）为公司标识，后 24 bit（用 m 表示的部分）为扩展标识符。从高位开始，如果第 7 位是 0，表示 MAC 地址是本地唯一的。

转换的第一步是将 FFFE（转换成二进制）插入 MAC 地址的公司标识和扩展标识符之间。第二步从 MAC 地址的高位开始，将第 7 位的 0 改为 1，表示此接口标识是全球唯一的，这是因为需要生成全球唯一的 IPv6 地址。

```
MAC 地址      cccccc0cccccccccccccccccmmmmmmmmmmmmmmmmmmmmmmmm

                          1111111111111110
                                 ⇩
插入 FFFE     cccccc0ccccccccccccccccc1111111111111110mmmm···mmmm
                 ⇩
高7位改为1    cccccc1ccccccccccccccccc1111111111111110mmmm···mmmm
```

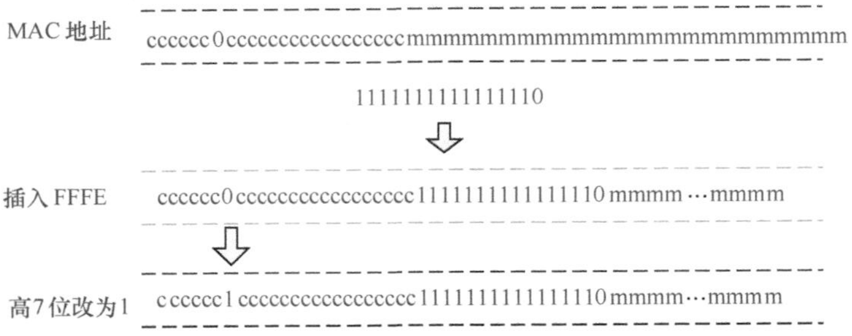

图 A-1　EUI-64 规范

例如，MAC 地址 000E-0C82-C4D4 经过转换后为 020E:0CFF:FE82:C4D4。

最终，我们得到 48 + 16 = 64 bit 的接口标识，在前面加上 64 bit 的网络前缀，即可得到完整的全球唯一的 IPv6 地址。

这种由 MAC 地址产生 IPv6 地址接口标识的方法可以减少配置的工作量，尤其是当采用无状态地址自动配置时，只需要获取一个 IPv6 前缀就可以与接口标识形成 IPv6 地址。但是使用这种方式最大的缺点是任何人都可以通过二层 MAC 地址推算出三层 IPv6 地址，安全性不佳。

3. IPv6 地址分类

IPv6 地址大致可分为单播地址、组播地址和任播地址 3 种类型。与 IPv4 相比，IPv6 取消了广播地址类型，以更丰富的组播地址代替，同时增加了任播地址类型。

表 A-1 是目前分配给 IPv6 各类地址的地址段情况[2]。

表 A-1　IPv6 各类地址的地址段

IPv6 地址段	地址类型
2000::/3	GUA（Global Unicast Address，全球单播地址）、任播地址
FC00::/7	ULA（Unique Local Address，唯一本地地址）
FE80::/10	LLA（Link-Local Unicast Address，链路本地地址）
FF00::/8	组播地址
其他	暂未分配使用

（1）IPv6 单播地址

IPv6 单播地址标识了一个接口，由于每个接口属于一个节点，因此每个节点的任何接口上的单播地址都可以标识这个节点。发往单播地址的报文由此地址标识的接口接收。

IPv6 定义了多种单播地址，目前常用的单播地址有未指定地址、环回地址、全球单播地址、链路本地地址和唯一本地地址。

- 未指定地址：IPv6中的未指定地址即0:0:0:0:0:0:0:0/128或::/128。该地址可以表示某个接口或节点还没有IP地址，可以作为某些报文的源IP地址（例如在NS报文的重复地址检测中会出现）。源IP地址是::的报文不会被路由设备转发。
- 环回地址：IPv6中的环回地址即0:0:0:0:0:0:0:1/128或::1/128。环回地址与IPv4中的127.0.0.1作用相同，主要用于设备向自己发送报文。该地址通常用来作为一个虚拟接口的地址（如Loopback接口）。实际发送的报文中不能使用环回地址作为源IP地址或者目的IP地址。
- 全球单播地址：全球单播地址是带有全球单播前缀的IPv6地址，其作用类似于IPv4中的公网地址。这种类型的地址允许路由前缀的聚合，从而限制了全球路由表项的数量。

全球单播地址由 Global Routing Prefix（全球路由前缀）、Subnet ID（子网 ID）和 Interface ID（接口标识）组成，其格式如图 A-2 所示。

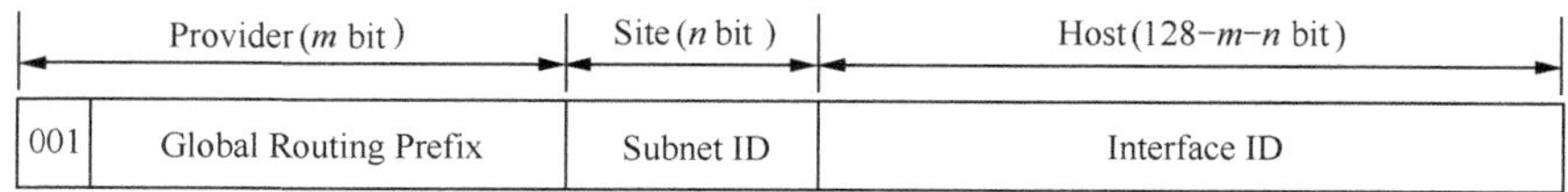

图 A-2　全球单播地址格式

相关字段的含义如表 A-2 所示。

表 A-2　全球单播地址各字段的含义

字段	含义
Global Routing Prefix	全球路由前缀，由 Provider（提供商）指定给一个组织机构。通常全球路由前缀至少为 48 bit。目前已经分配的全球路由前缀的前 3 bit 均为 001[3]
Subnet ID	子网 ID。组织机构可以用子网 ID 来构建本地 Site（本地网络）。子网 ID 通常最多分配到第 64 比特。子网 ID 和 IPv4 中的子网号作用相似
Interface ID	接口标识，用来标识一个 Host（设备）

- 链路本地地址：链路本地地址是IPv6中的应用范围受限制的地址类型，只能在连接到同一本地链路的节点之间使用。它使用了特定的本地链路前缀FE80::/10（最高10 bit的值为1111111010），同时将接口标识添加在后面作为地址的低64 bit。

当一个节点启动 IPv6 协议栈时，启动时节点的每个接口会自动配置一个链路本地地址（其固定的前缀 +EUI-64 规则形成的接口标识）。这种机制使得两个连接到同一链路的 IPv6 节点不需要进行任何配置就可以通信。所以链路本地地址广泛应用于邻居发现、无状态地址配置[4]等应用。

以链路本地地址为源地址或目的地址的 IPv6 报文不会被路由设备转发到其他链路。链路本地地址的格式如图 A-3 所示。

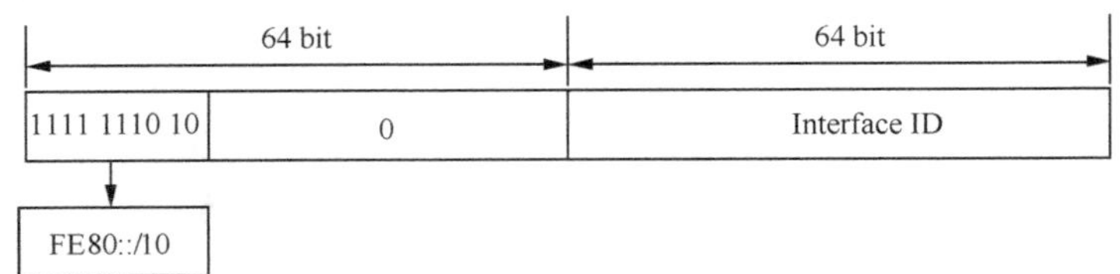

图 A-3　链路本地地址的格式

- 唯一本地地址：唯一本地地址也是一种应用范围受限的地址，它的前身是SLA（Site-Local Address，本地站点地址）。由于本地站点地址存在诸多问题，目前已被废弃[5]。唯一本地地址作为更好的地址方案，被用来替代本地站点地址。为了更好地理解唯一本地地址，下面先简单介绍一下本地站点地址。

本地站点地址类似于 IPv4 中的私网地址，是在 IPv6 地址段中规划出的一块地址段，FEC0::/10，可供单个域使用。本地站点地址只在单个站点的范围内可路由，不需要向地址分配机构申请就可以使用本地站点地址，由站点自行管理地址段的划分和地址的分配。

与 IPv4 私网地址相似，本地站点地址自身也存在一些问题，例如，当需要打通域间网络，或者多域网络需要融合成单域网络时，容易发生地址重叠的问题。这需要重新规划和分配多个域的网段和网络地址，提高了网络演进的复杂性和工作量，而且过程中容易发生网络中断的情况。

唯一本地地址的作用也类似于 IPv4 中的私网地址，任何没有向注册商申请全球单播地址段的组织机构都可以使用唯一本地地址段。唯一本地地址同样只能在本地网络内部进行路由。

唯一本地地址的格式如图 A-4 所示。

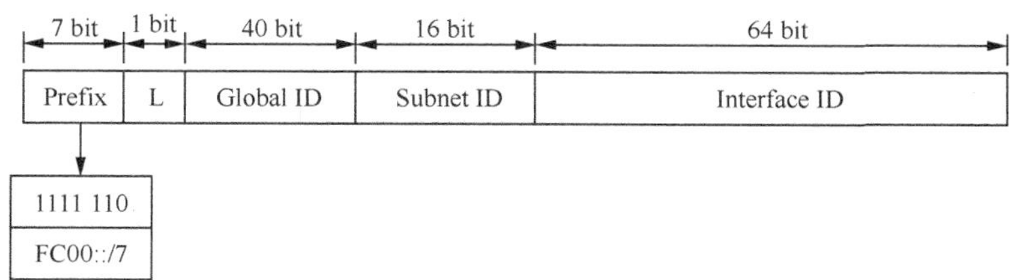

图 A-4 唯一本地地址的格式

相关字段的含义如表 A-3 所示。

表 A-3 唯一本地地址相关字段的含义

字段	解释
Prefix	前缀，固定为 FC00::/7
L	L 标志位。值为 1，表示该地址是在本地网络范围内使用的地址；值为 0，表示被保留，用于以后扩展
Global ID	全球唯一前缀，通过伪随机方式产生
Subnet ID	子网 ID，用于划分子网
Interface ID	接口标识

唯一本地地址块也是从 IPv6 地址段中单独规划出的地址块，前缀为 FC00::/7，同样只允许在域内路由。单个域使用的前缀为 Prefix + L + Global ID，Global ID 的伪随机性保证了使用唯一本地地址的多个域之间基本不存在地址重叠的问题。

此外，唯一本地地址实际上也是全球唯一的单播地址，与全球单播地址的区别只在于唯一本地地址的路由前缀不在互联网发布，并且即使发生路由泄漏，也不会影响互联网原有流量和其他域公网流量的转发。唯一本地地址一方面满足了在管理域内流量使用私网地址自行编址的需求，另一方面解决了本地站点地址存在的主要问题。

具体地，唯一本地地址具有以下特点：具有全球唯一的前缀（虽然前缀以伪随机方式产生，但是冲突概率很低）；可以进行网络之间的私有连接，而不必担心地址冲突等问题；具有统一前缀（FC00::/7），方便边缘设备进行路由过滤；如果出现路由泄漏，该地址不会和其他地址冲突，不会影响互联网流量；上层应用程序将这些地址作为全球单播地址；独立于 ISP。

（2）IPv6 组播地址

IPv6 的组播与 IPv4 相同，用来标识一组接口，一般这些接口属于不同的节点。一个节点可能属于多个组播组。发往组播地址的报文被组播地址标识的所有接口接收。例如，组播地址 FF02::1 表示链路本地范围的所有节点，组播地址 FF02::2 表示链路本地范围的所有路由器。

IPv6 组播地址的格式如图 A-5 所示[6]。

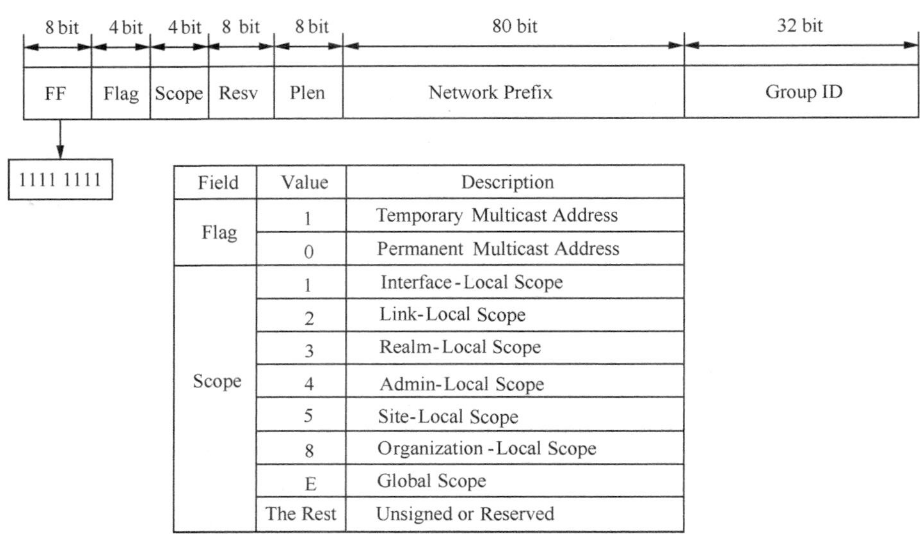

Field	Value	Description
Flag	1	Temporary Multicast Address
	0	Permanent Multicast Address
Scope	1	Interface-Local Scope
	2	Link-Local Scope
	3	Realm-Local Scope
	4	Admin-Local Scope
	5	Site-Local Scope
	8	Organization-Local Scope
	E	Global Scope
	The Rest	Unsigned or Reserved

图 A-5　IPv6 组播地址的格式

以下介绍 IPv6 组播地址的 Network Prefix（网络前缀）、Flag（标志）、Scope（范围）以及 Group ID（组播组 ID）。

- 网络前缀：IPv6组播地址的前缀是FF00::/8。图A-5中Plen字段表示前缀长度。
- 标志：长度为4 bit，目前只使用了最后一个比特（前面3个比特必须设置为0），当该比特值为0时，表示当前的组播地址是由IANA所分配的一个永久分配地址；当该比特值为1时，表示当前的组播地址是一个临时组播地址（非永久分配地址）。
- 范围：长度为4 bit，用来限制组播数据流在网络中发送的范围，该字段取值和含义的对应关系如图A-5所示。
- 组播组ID：长度为112 bit，用以标识组播组。目前，RFC 2373并没有将所有的112 bit都定义成组标识，而是建议仅使用该112 bit的最低

32 bit作为组播组ID，将剩余的80 bit都设置为0[7]。这样每个组播组ID都映射到一个唯一的以太网组播MAC地址[8]。

有一类特殊的组播地址叫作 Solicited-Node Address（被请求节点组播地址）。

被请求节点组播地址通过该节点的单播或任播地址生成。当一个节点具有单播或任播地址，就会对应生成一个被请求节点的组播地址，并且该节点将加入这个组播组。一个单播地址或任播地址对应一个被请求节点的组播地址。该地址主要用于邻居发现机制和地址重复检测功能。

IPv6 中没有广播地址，也不使用 ARP。但是仍然需要从 IP 地址解析出 MAC 地址的功能。在 IPv6 中，这个功能通过 NS（Neighbor Solicitation，邻居请求）报文完成。当一个节点需要解析某个 IPv6 地址对应的 MAC 地址时，会发送 NS 报文，该报文的目的 IP 是需要解析的 IPv6 地址对应的被请求节点组播地址，只有具有该组播地址的节点会处理该报文。

被请求节点的组播地址由前缀 FF02::1:FF00:0/104 和单播地址的最后 24 bit 组成。

（3）IPv6 任播地址

任播地址标识一组网络接口（通常属于不同的节点）。目的地址是任播地址的报文将被发送给子网中路由意义上最近的一个网络接口。

任播地址用于在为多个主机或者节点提供相同服务时提供冗余功能和负载分担功能。目前通过共享单播地址的方式来使用任播地址。将一个单播地址分配给多个节点或者主机，这样在网络中如果存在多条该地址路由，当发送者发送以任播地址为目的 IP 的数据报文时，发送者无法控制哪台设备能够收到该报文，这取决于整个网络中路由协议计算的结果。这种方式适用于一些无状态的应用，例如 DNS（Domain Name System，域名系统）等。

IPv6 没有为任播地址规定单独的地址空间，任播地址和单播地址使用相同的地址空间。目前任播地址主要应用于移动 IPv6。

有一类特殊的任播地址叫作子网路由器任播地址。

发送到子网路由器任播地址的报文会被发送到该地址标识的子网中路由意义上最近的一个设备。所有设备都必须支持子网路由器任播地址。在节点需要和远端子网上所有设备中的一个（不关心具体是哪一个）通信时使用子网路由器任播地址。例如，一个移动节点需要和它的“家乡”子网上的所有移动代理中的一个进行通信。

子网路由器任播地址由 *n* bit 子网前缀标识子网，其余用 0 填充。格式如图 A-6 所示。

图 A-6 子网路由器任播地址的格式

| A.3 IPv6 报文头 |

IPv6 报文由 IPv6 基本报文头、IPv6 扩展报文头以及上层协议数据单元 3 部分组成。

上层协议数据单元一般由上层协议报文头和它的有效载荷构成，上层协议数据单元可以是一个 ICMPv6 报文、一个 TCP 报文或一个 UDP 报文。

1. IPv6 基本报文头

IPv6 基本报文头有 8 个字段，固定大小为 40 Byte，每一个 IPv6 数据报都必须包含基本报文头。基本报文头提供报文转发的基本信息，由转发路径上的所有设备解析。IPv6 基本报文头的格式如图 A-7 所示。

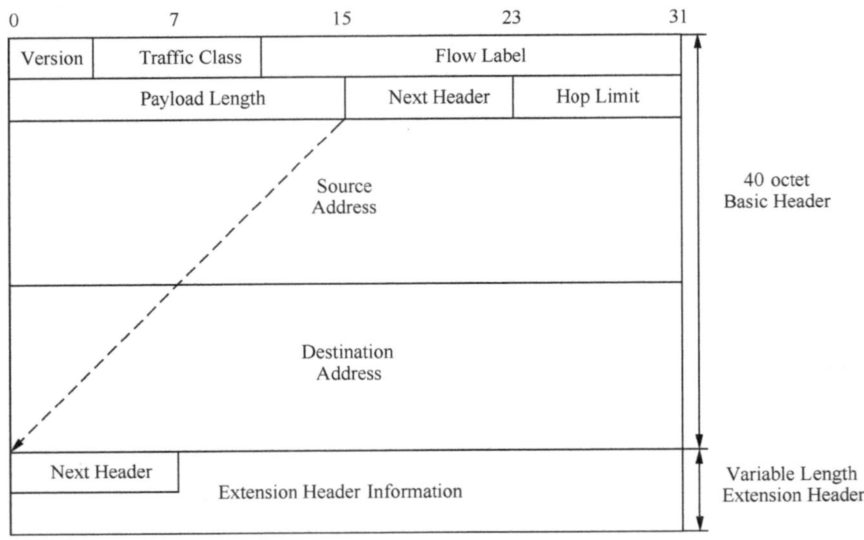

图 A-7 IPv6 基本报文头的格式

IPv6 基本报文头格式中主要字段的说明如表 A-4 所示。

表 A-4 IPv6 基本报文头主要字段的说明

字段	长度	含义
Version	4 bit	版本号。对于 IPv6，该值为 6
Traffic Class	8 bit	流类别。等同于 IPv4 中的 ToS 字段，表示 IPv6 数据报文的类或优先级，主要应用于 QoS
Flow Label	20 bit	流标签。IPv6 中的新增字段，用于区分实时流量，不同的流标签 + 源地址可以唯一确定一条数据流，中间网络设备可以根据这些信息更加高效地区分数据流
Payload Length	16 bit	有效载荷长度。有效载荷是指紧跟 IPv6 基本报文头的数据报文中的其他部分（即扩展报文头和上层协议数据单元）。该字段只能表示最大长度为 65535 Byte 的有效载荷。如果有效载荷的长度超过这个值，该字段要设置为 0，此时有效载荷的长度用逐跳选项扩展报文头中的超大有效载荷选项来表示
Next Header	8 bit	下一个报文头。该字段定义紧跟在 IPv6 报文头后面的第一个扩展报文头（如果存在）的类型，或者上层协议数据单元中的协议类型
Hop Limit	8 bit	跳数限制。该字段类似于 IPv4 中的 TTL 字段，它定义了 IP 数据报所能经过的最大跳数。每经过一个设备，该数值减去 1，当该字段的值为 0 时，数据报文将被丢弃
Source Address	128 bit	源地址，表示发送方的地址
Destination Address	128 bit	目的地址，表示接收方的地址

IPv6 报文格式的设计思路是让基本报文头尽量简单，因为大多数情况下，设备只需要处理基本报文头，就可以转发 IP 流量。因此，和 IPv4 相比，IPv6 去除了分片、校验和、选项等相关字段，只增加了流标签字段，简化了 IPv6 报文头的处理，提高了处理效率。另外，IPv6 为了更好支持各种选项处理，提出了扩展报文头的概念，新增选项时不必修改现有结构就能做到，理论上可以无限扩展，在保持报文头简化的前提下，还具备了优异的灵活性。

2. IPv6 扩展报文头

在 IPv4 中，IPv4 报文头包含可选字段 Options，内容涉及 Security、Timestamp

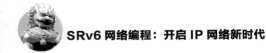

和 Record Route 等，这些 Options 可以将 IPv4 报文头长度从 20 Byte 扩充到 60 Byte。在转发过程中，处理携带这些 Options 的 IPv4 报文会占用设备很多的资源，因此实际中也很少使用。

IPv6 将这些 Options 从 IPv6 基本报文头中剥离，放到了扩展报文头中，扩展报文头被置于 IPv6 报文头和上层协议数据单元之间。一个 IPv6 报文可以包含 0 个、1 个或多个扩展报文头，仅当需要设备或目的节点进行某些特殊处理时，才由发送方添加 1 个或多个扩展报文头。与 IPv4 不同，IPv6 扩展报文头长度不受 40 Byte 的限制，这样便于日后新增选项，这一特征加上选项的处理方式，使得 IPv6 选项能被真正地使用。但是为了提高处理选项头和传输层协议的性能，扩展报文头总是 8 Byte 长度的整数倍。

当使用多个扩展报文头时，前面报文头的 Next Header 字段指明下一个扩展报文头的类型，这样就形成了链状的报文头列表。如图 A-8 所示，IPv6 基本报文头中的 Next Header 字段指明了第一个扩展报文头的类型，而第一个扩展报文头中的 Next Header 字段指明了下一个扩展报文头的类型（如果不存在，则指明上层协议的类型）。

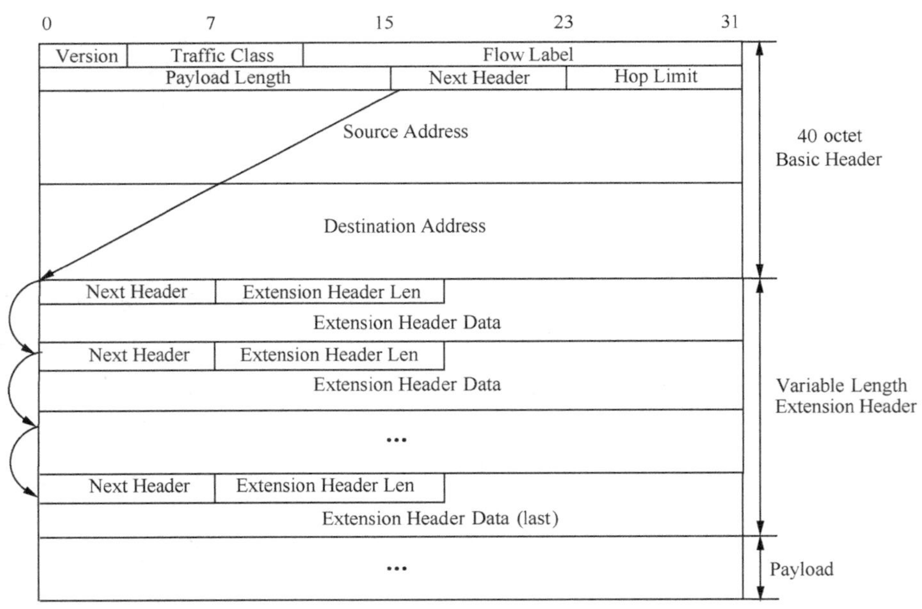

图 A-8　IPv6 扩展报文头的格式

IPv6 扩展报文头中主要字段的说明如表 A-5 所示。

表 A-5 IPv6 扩展报文头主要字段的说明

字段	长度	含义
Next Header	8 bit	下一个报文头。与基本报文头的 Next Header 的作用相同。指明下一个扩展报文头（如果存在）或上层协议的类型
Extension Header Len	8 bit	扩展报文头的长度，单位为 8 octet，并且计算时不包含第一个 8 octet（即扩展报文头最短为 8 octet，并且此时该字段值为 0）
Extension Header Data	长度可变	扩展报文头数据。扩展报文头的内容为一系列选项字段和填充字段的组合

3. IPv6 扩展报文头的排列顺序

当超过一种扩展报文头被用在同一个 IPv6 报文里时，报文头推荐按照下列顺序出现[9]：

- IPv6基本报文头（IPv6 Header）；
- 逐跳选项扩展报文头（Hop-by-Hop Options Header）；
- 目的选项扩展报文头（Destination Options Header）；
- 路由扩展报文头（Routing Header）；
- 分片扩展报文头（Fragment Header）；
- 认证扩展报文头（Authentication Header）；
- 封装安全有效载荷扩展报文头（Encapsulating Security Payload Header）；
- 目的选项扩展报文头（Destination Options Header，指那些将由IPv6报文的最终目的地处理的选项）；
- 上层协议报文（Upper-Layer Header）。

路由设备根据基本报文头中Next Header值来决定是否要处理扩展报文头，并不是所有的扩展报文头都需要被查看和处理。

除了目的选项扩展报文头可能出现两次（一次在路由扩展报文头之前，另一次在上层协议报文之前），其余扩展报文头只能出现一次。

下面对各个扩展报文头进行简要介绍。

1. 逐跳选项扩展报文头

逐跳选项扩展报文头用来携带需要由转发路径上的每一跳路由器处理的信息。它的 Next Header 协议号为 0，报文头的格式如图 A-9 所示。

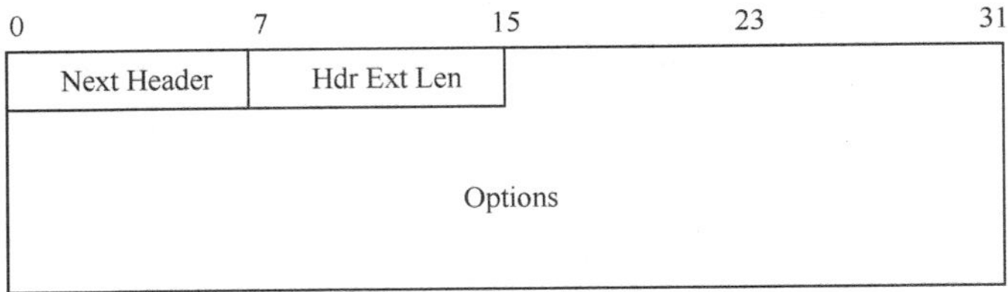

图 A-9　逐跳选项扩展报文头的格式

一个逐跳选项扩展报文头的 Value 区域是由一系列的 Options 区块构成的，这让它可以承载多份不同种类的信息。Options 区块也被设计成 TLV 的格式，如图 A-10 所示。

Option Type	Option Data Len	Option Data

图 A-10　Options 区块

Options 区块各字段的说明如表 A-6 所示。

表 A-6　Options 区块各字段的说明

字段名	长度	含义
Option Type	8 bit	指明当前选项的类型，不同类型的选项，Value 区域的数据格式不同。对于 Option Type 字段，有以下的使用要求。 第一，高位的第 1 ～ 2 个比特，指明了当节点不支持该选项的处理时，需要采取什么动作。取值及其含义如下。 • 00：忽略该选项，继续处理下一选项； • 01：丢包； • 10：丢包，并且向源地址发送 ICMP 参数错误的报告； • 11：丢包，并且仅当报文 IPv6 目的地址不是组播地址时，才向源地址发送 ICMP 参数错误的报告。 第二，高位的第 3 个比特，指明了该选项在报文转发过程中是否可被修改，取值 1，表示可被修改，取值 0，表示不可被修改。 第三，余下的 5 bit 未定义功能。 所有 8 个比特共同作为一种选项的类型标识值
Option Data Len	8 bit	指明当前选项 Value 区域的长度，单位为 Byte
Option Data	长度可变	当前选项的数据内容。要使得整个逐跳选项扩展报文头的长度为 8 Byte 的整数倍。数据长度不足时，可以使用填充选项 [9]

2. 目的选项扩展报文头

目的选项扩展报文头用于携带需要由当前目的地址对应的节点处理的信息。

该节点可以是报文的最终目的地，也可以是源路由方案中的 Endpoint 节点。

目的选项扩展报文头的 Next Header 协议号为 60，报文头的格式及要求与逐跳选项扩展报文头一致。

3. 路由扩展报文头

路由扩展报文头用来指明一个报文在网络内需要依次经过的路径点，用于源路由方案。报文发送者或网络节点将路由扩展报文头放入报文中，后续的网络节点读取路由扩展报文头中的节点信息，将报文依次转发到指定的下一跳节点（Endpoint 节点），并最终转发到目的地。路由扩展报文头可以使报文按照指定的转发路线行进，而不使用默认的最短路径。

路由扩展报文头的 Next Header 协议号为 43，其格式如图 A-11 所示。

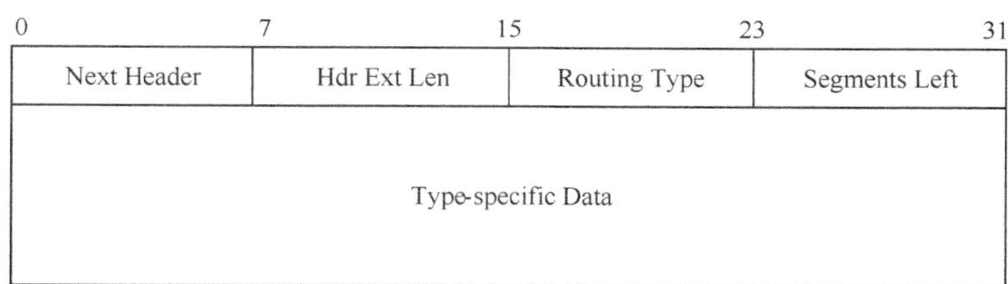

图 A-11　路由扩展报文头的格式

主要字段的说明如表 A-7 所示。

表 A-7　路由扩展报文头主要字段的说明

字段名	长度	含义
Routing Type	8 bit	表明当前路由扩展报文头对应的源路由方案，也指明了路由数据区的数据格式
Segments Left	8 bit	剩余 Endpoint 节点的数量，不含当前正去往的 Endpoint 节点
Type-specific Data	长度可变	包含了特定路由方案的路由数据，通常是各个 Endpoint 节点信息，数据格式在路由方案中具体定义

当路由器不支持某个报文的路由扩展报文头中 Routing Type 对应的源路由方案时，有两种处理方法。

- 当SL值为0时，忽略路由扩展报文头，继续处理后续报文头。
- 当SL值不为0时，丢包，并且向源地址发送ICMP参数错误的报告。

4. 分片扩展报文头

当一个应用层报文的长度超过了路径 MTU 时，就需要在网络层对该报文进行分片传输和接收重组。分片扩展报文头携带了各个分片的识别信息，其功能与 IPv4 报文头中与分片相关的字段相同。IPv6 只允许报文发送者对报文进行分片，不允许路由器在中途将报文分片。

分片扩展报文头的 Next Header 协议号为 44，报文头的格式如图 A-12 所示。

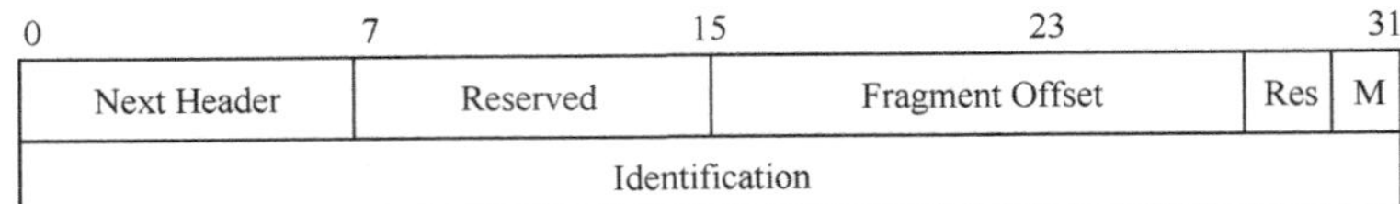

图 A-12　分片扩展报文头的格式

分片扩展报文头各字段的说明如表 A-8 所示。

表 A-8　分片扩展报文头各字段的说明

字段名	长度	含义
Reserved	8 bit	预留字段。这里原本是跟其他扩展报文头一样的 Length 字段，但由于分片扩展报文头的长度是固定的，只需要通过协议号 44 即可确认该扩展报文头的长度，因此不需要设置一个长度字段。该字段未来可用作其他用途，目前保留并设置为 0
Fragment Offset	13 bit	表明该分片在原始报文的“可分片部分”中的字节偏移量。重组报文时，可用于便捷地计算报文的长度，长度为该字段定义的值乘以 8 octet
Res	2 bit	预留字段
M（More）	1 bit	表明该分片是否为最后一个分片。取值为 0，表示是最后一个分片，取值为 1 则不是
Identification	32 bit	标识该分片所属的原始报文。一个原始报文的所有分片具有相同的 Identification 值。对于接收者，将具有相同的源地址、目的地址、Identification 值的分片视为属于同一个原始报文的分片

如图 A-13 所示，在分片的时候，将原始报文分为 3 个部分进行处理。

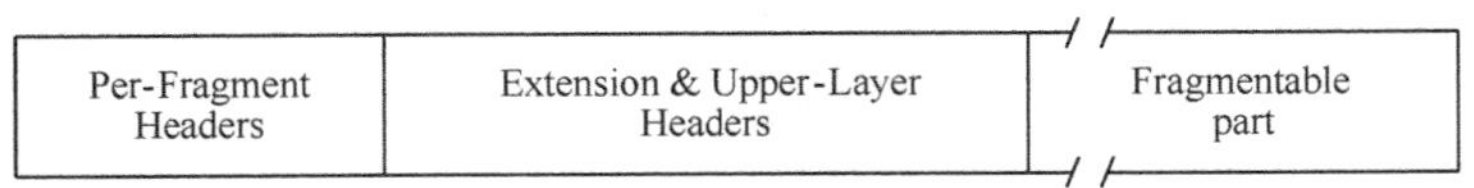

图 A-13　原始报文的分片

首先将报文头依照 IPv6 报文头顺序分为两个部分：出现在分片扩展报文头之前的被称为 Per-Fragment Headers，为第一部分，每个分片都携带 IPv6 基本报文头和这些扩展报文头；出现在分片扩展报文头之后的扩展报文头和传输层报文头为第二部分，只在第一个分片中携带。

其次，IPv6 扩展报文头和传输层报文头之后的数据为“可分片部分”，这个部分内容过长，会导致报文需要分片传输。将把这部分数据切分成多个分片进行传输，在计算 Fragment Offset 的值时，只计算分片数据对于该部分数据的偏移量。除了最后一个分片，其他分片的长度都是 8 Byte 的整数倍。

在生成分片报文时，将在第一部分之后插入分片扩展报文头，原始报文和分片报文的示意图如图 A-14 所示。

原始报文:

Per-Fragment Headers	Ext & Upper-Layer Headers	First Fragment	Second Fragment	...	Last Fragment

分片报文:

Per-Fragment Headers	Fragment Header	Ext & Upper-Layer Headers	First Fragment

Per-Fragment Headers	Fragment Header	Second Fragment

⋮

Per-Fragment Headers	Fragment Header	Last Fragment

图 A-14 原始报文和分片报文

在重组报文时，利用源地址、目的地址、Identification 值筛选出属于同一个原始报文的所有分片；利用分片扩展报文头中的 Fragment Offset 字段，确定一个分片在原始报文中的顺序；利用第一个分片，来完成两部分报文头的 Next Header 值的链接；在计算原始报文的 IPv6 载荷长度时，使用以下公式。

$$PL.orig = (PL.first - FL.first - 8) + (8 \times FO.last) + FL.last$$

第一段：第一个分片的载荷长度减去第一个分片数据的长度和分片扩展报文头的长度。

第二段：最后一个分片中的 Fragment Offset 乘以 8，得到除了最后一块分片数据以外的其他分片数据的总长度。

第三段：最后一个分片数据的长度。

5. 认证扩展报文头

认证扩展报文头通常用于 IPsec[10]，能提供 3 种安全功能：无连接的完整性验证、IP 报文来源认证和重放攻击防护。在 RFC 4302 中定义了报文头处理过程 [11]。

认证扩展报文头的 Next Header 协议号为 51，报文头的格式如图 A-15 所示。

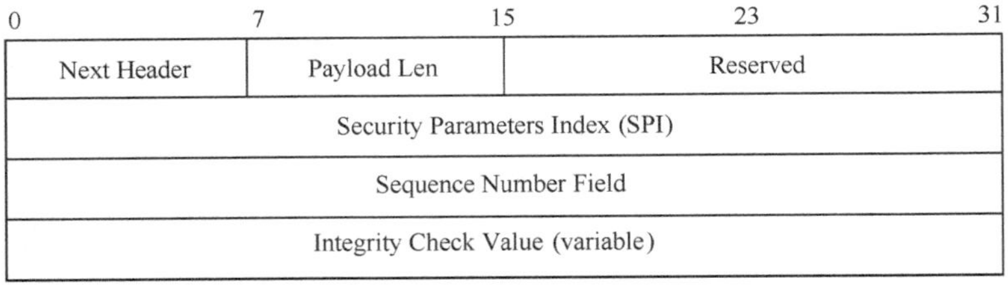

0 ... 7	7 ... 15	15 ... 31
Next Header	Payload Len	Reserved
Security Parameters Index (SPI)		
Sequence Number Field		
Integrity Check Value (variable)		

图 A-15　认证扩展报文头的格式

认证扩展报文头部分字段的说明如表 A-9 所示。

表 A-9　认证扩展报文头部分字段的说明

字段名	长度	含义
Payload Len	8 bit	表示扩展报文头的长度。虽然 IPv6 要求认证扩展报文头的长度为 8 octet 的整数倍，但该扩展报文头的长度为该字段的值乘以 4 octet，与 IPv4 场景兼容，并且计算时不包含第一个 8 octet
Security Parameters Index	32 bit	用于标识该报文在报文接收方属于哪一个安全关联 SA[11]
Sequence Number Field	32 bit	是在每发送 1 个报文时单调递增 1 的一个 ID 值，与一个安全关联 SA 绑定，用于防护重放攻击。该值不允许递增溢出循环到 0，即要求在该值递增到达 2^{32} 之前，通信双方需要交换新的秘钥、建立并使用新的安全关联 SA
Integrity Check Value	长度可变，为 32 bit 的整数倍	是对报文相关字段的完整性校验值。校验值的生成算法由安全关联 SA 决定，可以是对称加密算法或哈希算法

6. 封装安全载荷扩展报文头

封装安全载荷扩展报文头通常用于 IPsec[10]，能提供无连接的完整性验证、数据来源认证、重放攻击防护以及数据加密等安全功能 [12]。

封装安全载荷扩展报文头的 Next Header 协议号为 50，报文头的格式如图 A-16 所示。

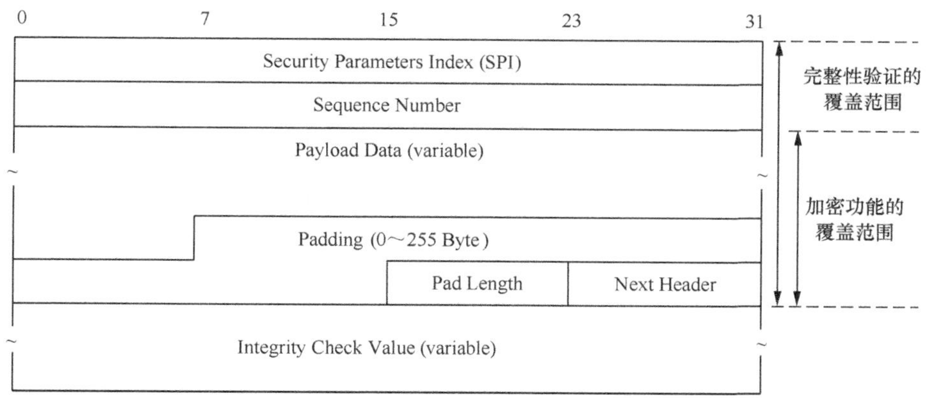

图 A-16 封装安全载荷扩展报文头的格式

封装安全载荷扩展报文头的主要字段的说明如表 A-10 所示。

表 A-10 封装安全载荷扩展报文头的主要字段的说明

字段名	长度	含义
Security Parameters Index	32 bit	用于标识该报文在报文接收方属于哪一个安全关联 SA[12]
Sequence Number	32 bit	是在每发送 1 个报文时单调递增 1 的一个 ID 值，与一个安全关联 SA 绑定，用于防护重放攻击。该值不允许递增溢出循环到 0，即要求在该值递增到达 2^{32} 之前，通信双方需要交换新的秘钥、建立并使用新的安全关联 SA
Payload Data	长度可变	是原始 IP 报文的载荷
Next Header	8 bit	指明了 Payload Data 的协议类型
Integrity Check Value	长度可变，为 32 bit 的整数倍	完整性校验值，校验值的生成算法由安全关联决定

此外，当 IPv6 报文头或扩展报文头之后没有任何数据了，Next Header 字段值需要设为 59。如果 IPv6 报文头的 Payload Length 表明在 Next Header 为 59 的扩展报文头之后还有数据，那么这些数据在转发过程中应该被透传，不能被改变。

| A.4 ICMPv6 |

ICMPv6 是 IPv6 的基础协议之一。

在 IPv4 中，路由器使用 ICMP 向源节点报告向目的地传输 IP 报文过程中的错误和信息。它为诊断、信息通知和管理目的定义了一些消息，如目的不可达、报文超长、超时、回显请求和回显应答等。在 IPv6 中，ICMPv6 除了提供 ICMPv4 常用的功能之外，还作为其他一些功能的基础，如邻居发现、无状态地址配置（包括重复地址检测）、PMTU 发现等。

ICMPv6 的协议类型号（即 IPv6 报文中的 Next Header 字段的值）为 58。ICMPv6 报文的格式如图 A-17 所示。

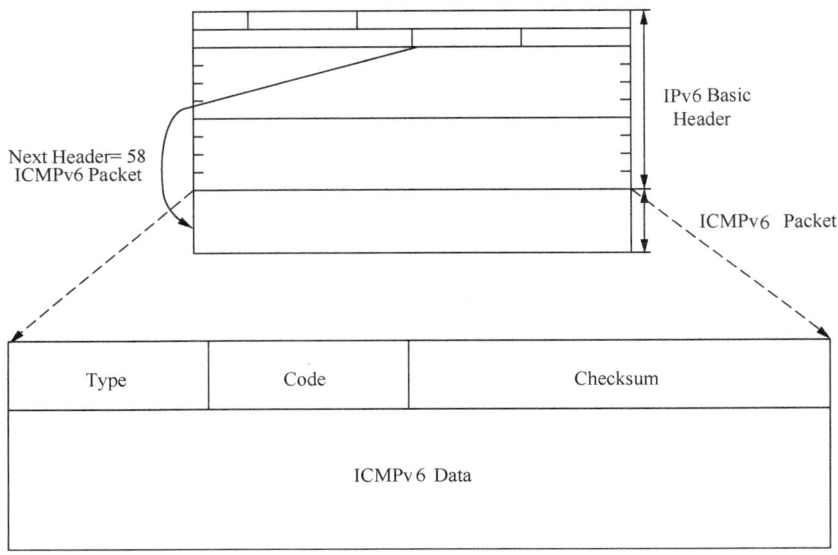

图 A-17 ICMPv6 报文的格式

报文中部分各字段的含义如下。

- Type：表明消息的类型，0～127表示错误报文类型，128～255表示消息报文类型。
- Code：表示此消息类型细分的类型。
- Checksum：表示ICMPv6报文的校验和。

1. ICMPv6 错误报文

ICMPv6 错误报文用于报告在转发 IPv6 报文过程中出现的错误。ICMPv6 错误报文可以分为以下 4 种，具体如表 A-11 所示。

表 A-11 ICMPv6 错误报文的类型

名称	Type 字段取值	作用	Code
目的不可达错误报文	1	在 IPv6 节点转发 IPv6 报文的过程中，当设备发现目的地址不可达时，就会向发送报文的源节点发送 ICMPv6 目的不可达错误报文，同时报文中会携带引起该错误报文的具体原因信息	根据错误具体原因又可以进一步细分。 • Code = 0：没有到达目标设备的路由。 • Code = 1：与目标设备的通信被管理策略禁止。 • Code = 2：未指定。 • Code = 3：目的 IP 地址不可达。 • Code = 4：目的端口不可达
报文过大错误报文	2	在 IPv6 节点转发 IPv6 报文过程中，发现报文超过出接口的链路 MTU 时，则向发送报文的源节点发送 ICMPv6 报文过大错误报文，其中携带出接口的链路 MTU 值。报文过大错误报文是 PMTU 发现机制的基础	Code 字段值为 0
超时错误报文	3	在 IPv6 报文收发过程中，当设备收到 Hop Limit 字段值等于 0 的报文，或者当设备将 Hop Limit 字段值减为 0 时，会向发送报文的源节点发送 ICMPv6 超时错误报文。对于分段重组报文的操作，如果超过约定时间，也会产生一个 ICMPv6 超时报文	根据错误具体原因又可以进一步细分。 • Code = 0：在传输中超越了跳数限制。 • Code = 1：分片重组超时
参数错误报文	4	当目的节点收到一个 IPv6 报文时，会对报文进行有效性检查，如果发现问题会向报文的源节点回应一个 ICMPv6 参数错误报文	根据错误具体原因又可以进一步细分。 • Code = 0：IPv6 基本头或扩展报文头的某个字段有错误。 • Code = 1：IPv6 基本头或扩展报文头的 Next Header 值不可识别。 • Code = 2：扩展报文头中出现未知的选项

2. ICMPv6 信息报文

ICMPv6 信息报文提供诊断功能和附加的主机功能，比如组播侦听发现和邻居发现。常见的 ICMPv6 信息报文主要包括 Echo Request（回显请求）报文和 Echo Reply（回显应答）报文，这两种报文也就是通常使用的 Ping 报文。

回显请求报文：将回显请求报文发送到目标节点，以使目标节点立即发回一个回显应答报文。回显请求报文的 Type 字段值为 128，Code 字段的值为 0。

回显应答报文：当收到一个回显请求报文时，ICMPv6 会用回显应答报文响应。回显应答报文的 Type 字段的值为 129，Code 字段的值为 0。

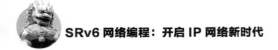

| A.5　PMTU |

在 IPv4 中，报文如果过大，必须要分片进行发送，所以在每个节点发送报文之前，设备都会根据发送接口的 MTU 来对报文进行分片。但是在 IPv6 中，为了减少中间转发设备的处理压力，中间转发设备不对 IPv6 报文进行分片，报文将由发送者进行分片。当中间转发设备的接口收到一个报文后，如果发现报文长度比转发接口的 MTU 值大，则会将其丢弃；同时将转发接口的 MTU 值通过 ICMPv6 的报文过大错误报文发给源端主机，源端主机以该值重新发送 IPv6 报文，这样带来了额外流量开销。PMTU 发现协议可以动态地收集整条传输路径上各链路的 MTU 值，减少由重传带来的额外流量开销。

PMTU 协议是通过 ICMPv6 的报文过大错误报文来完成的。首先源节点假设 PMTU 就是其出接口的 MTU，发出一个试探性的报文，当转发路径上存在一个小于当前假设的 PMTU 时，转发设备就会向源节点发送报文过大错误报文，并且携带自己的 MTU 值，此后源节点将 PMTU 的假设值更改为新收到的 MTU 值，然后继续发送报文。如此反复，直到报文到达目的地之后，源节点就能获得到达目的地的 PMTU 了。

PMTU 的工作过程如图 A-18 所示。

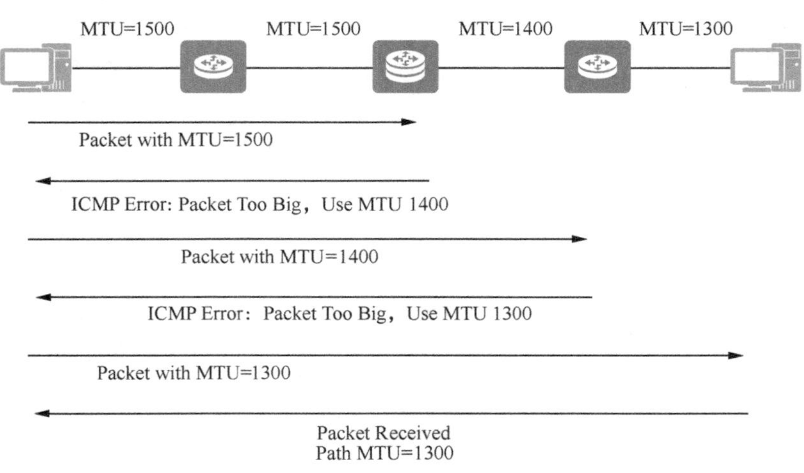

图 A-18　PMTU 的工作过程

该示例中，整条传输路径包含了 4 条链路，每条链路的 MTU 分别是 1500 Byte、1500 Byte、1400 Byte 和 1300 Byte，当源节点发送一个分片报文的时候，首先按照 PMTU 为 1500 Byte 进行分片并发送分片报文，当到达 MTU 为 1400 Byte 的出接口时，设备返回报文过大错误报文，同时携带 MTU 值为 1400 Byte 的信息。源节点接收到之后会将报文重新按照 PMTU 为 1400 Byte 进行分片，并再次发送一个分片报文，当分片报文到达 MTU 值为 1300 Byte 的出接口时，同样返回报文过大错误报文，携带 MTU 值为 1300 Byte 的信息。之后源节点重新按照 PMTU 为 1300 Byte 进行分片并发送分片报文，最终到达目的地，这样就找到了该路径的 PMTU。

由于 IPv6 要求链路层所支持的最小 MTU 为 1280 Byte，所以 PMTU 的值必须大于等于 1280 Byte。建议将 1500 Byte 作为链路的 PMTU 值。

A.6 ND

在局域网中，当主机或其他网络设备有数据要发送给另一个主机或设备时，它必须知道对方的网络层地址（即 IPv6 地址）。但是仅有 IPv6 地址是不够的，因为 IPv6 数据报文必须封装成帧才能通过物理网络发送，因此发送方还必须有接收方的链路层地址（MAC 地址），所以需要一个从 IPv6 地址到链路层地址的映射，保证数据报文的传送能够顺利进行。ND（Neighbor Discovery，邻居发现）用来实现网络层 IPv6 地址与链路层 MAC 地址之间的映射，是以太网通信的基础。

NDP（Neighbor Discovery Protocol，邻居发现协议）是 IPv6 协议体系中一个重要的基础协议。NDP 替代了 IPv4 的 ARP 和 ICMP 路由器发现功能，它定义了使用 ICMPv6 报文实现地址解析、邻居不可达检测、重复地址检测、路由器发现、重定向等功能。

1. 地址解析

在 IPv4 中，当主机需要和目标主机通信时，必须先通过 ARP 获得目的主机的链路层地址。在 IPv6 中，同样需要从 IP 地址解析出链路层地址的功能。NDP 实现了这个功能。

ARP 报文是直接封装在以太网报文中的，以太网协议类型为 0x0806，普遍观点认为 ARP 的定位为 2.5 层协议。NDP 本身基于 ICMPv6 实现，以太网协议类型为 0x86DD（IPv6 报文），IPv6 的 Next Header 字段值为 58，表示

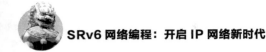

ICMPv6 报文，由于 NDP 使用的所有报文均封装在 ICMPv6 报文中，一般来说，NDP 被看作三层协议。在三层完成地址解析，主要有以下几个好处。

- 地址解析在三层完成，不同的二层介质可以采用相同的地址解析协议。
- 可以使用三层的安全机制避免地址解析攻击。
- 使用组播方式发送请求报文，减少了对二层网络性能的压力。

地址解析过程中使用了两种 ICMPv6 报文：NS（Neighbor Solicitation，邻居请求）报文和 NA（Neighbor Advertisement，邻居通告）报文。

- NS报文：Type字段值为135，Code字段值为0，在地址解析中的作用类似于IPv4中的ARP请求报文。
- NA报文：Type字段值为136，Code字段值为0，在地址解析中的作用类似于IPv4中的ARP应答报文。

IPv6 地址解析的过程如图 A-19 所示。

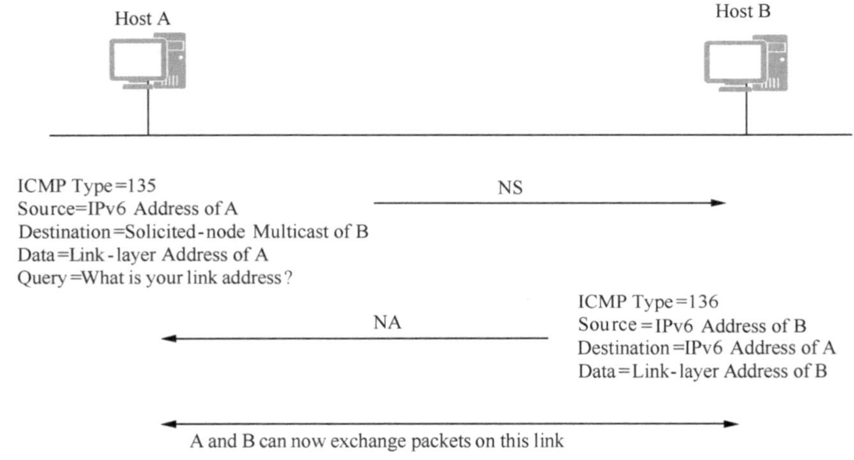

图 A-19　IPv6 地址解析的过程

Host A 在向 Host B 发送报文之前必须要解析出 Host B 的链路层地址，所以首先 Host A 会发送一个 NS 报文，其中源地址为 Host A 的 IPv6 地址，目的地址为 Host B 的被请求节点组播地址，需要解析的目标 IP 为 Host B 的 IPv6 地址，这就表示 Host A 想要知道 Host B 的链路层地址。同时需要指出的是，在 NS 报文的 Options 字段中还携带了 Host A 的链路层地址。

当 Host B 接收到了 NS 报文之后，就会回应 NA 报文，其中源地址为 Host B 的 IPv6 地址，目的地址为 Host A 的 IPv6 地址（使用 NS 报文中的 Host A 的链路层地址进行单播），Host B 的链路层地址被放在 Options 字段中。这样就完成了一个地址解析的过程。

2. 邻居不可达检测

与邻居之间的通信会因各种原因而中断，包括硬件故障、接口卡的热插拔等。如果目的地失效，则不可能恢复，通信失败；如果路径失效，则可能恢复。因此节点需要维护一张邻居表，每个邻居都有相应的状态，状态之间可以迁移。

邻居状态有 5 种，分别是 Incomplete（未完成）、Reachable（可达）、Stale（过时）、Delay（延迟）、Probe（探查）。

邻居状态之间具体的迁移过程如图 A-20 所示，其中 Empty 表示邻居表项为空。

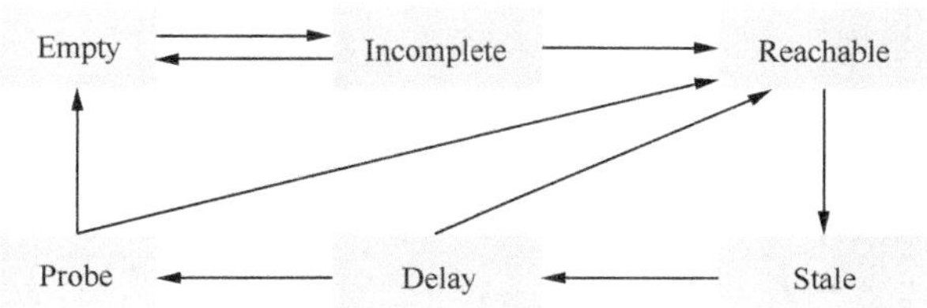

图 A-20　邻居状态的迁移过程

下面以 A、B 两个邻居节点之间相互通信过程中 A 节点的邻居状态变化为例（假设 A、B 之前从未通信），说明邻居状态迁移的过程。

- A先发送NS报文，并生成缓存条目，此时，邻居状态为Incomplete。
- 若B回复NA报文，则邻居状态由Incomplete变为Reachable，否则在固定的一段时间后，邻居状态由Incomplete变为Empty，即删除表项。
- 经过邻居可达时间，邻居状态由Reachable变为Stale，即未知是否可达。
- 如果在Reachable状态下，A收到B的非请求NA报文，且报文中携带的B的链路层地址和表项中不同，则邻居状态马上变为Stale。
- 在Stale状态下，若A要向B发送数据，则邻居状态由Stale变为Delay，并发送NS请求。
- 在经过一段固定的时间后，邻居状态由Delay变为Probe，其间若有NA应答，则邻居状态由Delay变为Reachable。
- 在Probe状态，A每隔一段时间发送单播NS，发送固定次数后，有应答则邻居状态变为Reachable，否则邻居状态变为Empty，即删除表项。

3. 重复地址检测

DAD（Duplicate Address Detect，重复地址检测）是在接口使用某个

IPv6 单播地址之前进行的，主要是为了探测是否有其他的节点使用了该地址。在地址自动配置的时候进行 DAD 检测很有必要。一个 IPv6 单播地址在分配给一个接口之后、通过重复地址检测之前被称为 Tentative Address（试验地址）。此时该接口不能使用这个试验地址进行单播通信，但是仍然会加入两个组播组：All-Node 组播组和试验地址所对应的 Solicited-Node 组播组。

IPv6 重复地址检测技术和 IPv4 中的免费 ARP（Gratuitous ARP）类似：节点向试验地址所对应的 Solicited-Node 组播组发送 NS 报文。NS 报文中目的地址即为该试验地址。如果收到某个其他站点回应的 NA 报文，就证明该地址已被使用，节点将不能使用该试验地址通信。

重复地址检测的原理如图 A-21 所示。

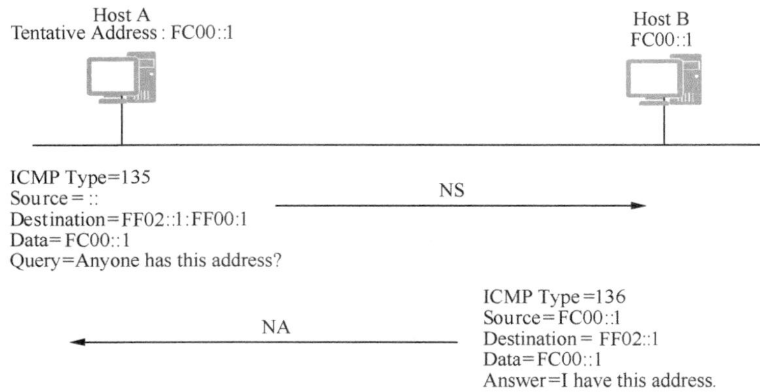

图 A-21 重复地址检测的原理

Host A 的 IPv6 地址 FC00::1 为新配置地址，即 FC00::1 为 Host A 的试验地址。Host A 向 FC00::1 的 Solicited-Node 组播组发送一个以 FC00::1 为请求的目的地址的 NS 报文，进行重复地址检测，由于 FC00::1 并未正式指定，所以 NS 报文的源地址为未指定地址。当 Host B 收到该 NS 报文后，有两种处理方法。

如果 Host B 发现 FC00::1 是自身的一个试验地址，则 Host B 放弃使用这个地址作为接口地址，并且不会发送 NA 报文。

如果 Host B 发现 FC00::1 是一个已经正常使用的地址，Host B 会向 FF02::1 发送一个 NA 报文，该消息中会包含 FC00::1。这样，Host A 收到这个消息后就会发现自身的试验地址是重复的。在 Host A 上，该试验地址不生效，被标识为 Duplicated 状态。

4. 路由器发现

路由器发现功能用来发现与本地链路相连的设备，并获取与地址自动配置相关的前缀和其他配置参数。在 IPv6 中，IPv6 地址可以支持无状态的自动配置，即主机通过某种机制获取网络前缀信息，然后主机自己生成地址的接口标识部分。路由器发现功能是 IPv6 地址自动配置功能的基础，主要通过以下两种报文实现该功能。

- RA（Router Advertisement，路由器通告）报文：每台设备为了让二层网络上的主机和设备知道自己的存在，都会定时以组播形式发送RA报文，RA报文中会带有网络前缀信息和其他一些标志位信息。RA报文的Type字段值为134。
- RS（Router Solicitation，路由器请求）报文：很多情况下主机接入网络后希望尽快获取网络前缀进行通信，此时主机可以立刻发送RS报文，网络上的设备将回应RA报文。RS报文的Type字段值为133。

路由器发现功能如图 A-22 所示。

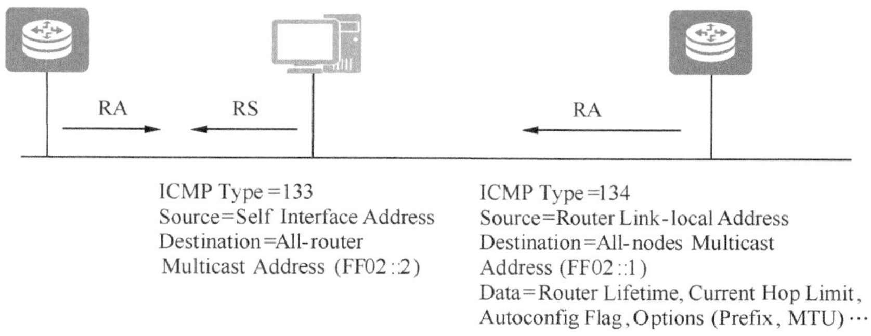

图 A-22　路由器发现功能

（1）地址自动配置

IPv4 使用 DHCP 实现自动配置，包括 IP 地址、缺省网关等信息，简化了网络管理。IPv6 地址增加为 128 bit，且终端节点多，对于自动配置的要求更为迫切，除了保留 DHCP 作为有状态自动配置外，还增加了无状态自动配置。无状态自动配置即自动生成链路本地地址，主机根据 RA 报文的前缀信息，自动配置全球单播地址等，并获得其他相关信息。

IPv6 主机无状态自动配置的过程为：根据接口标识获得链路本地地址；发出邻居请求，进行重复地址检测；如地址冲突，则停止自动配置，需要手工配置；如不冲突，链路本地地址生效，节点具备本地链路通信能力；主机会发送 RS 报文，请求设备回复 RA 报文（或接收到设备定期发送的 RA 报文）；根据 RA 报文中的前缀信息和接口标识获得 IPv6 地址。

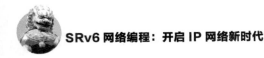

（2）默认路由器优先级和路由信息

当主机所在的链路中存在多个设备时，主机需要根据报文的目的地址选择转发设备。在这种情况下，设备通过向主机发布默认路由器优先级和特定路由信息，提高主机根据不同的目的地选择合适的转发设备的能力。

在 RA 报文中，定义了默认路由器优先级和路由信息这两个字段，帮助主机在发送报文时选择合适的转发设备。

主机收到包含路由器信息的 RA 报文后，会更新自己的路由表。当主机向其他设备发送报文时，通过查询路由表，向合适的路由器发送报文。

主机收到包含默认路由器优先级信息的 RA 报文后，会更新自己的默认路由列表。当主机向其他设备发送报文时，如果没有路由可选，则首先查询该列表，然后向本链路内优先级最高的设备发送报文；如果该设备发生故障，主机根据优先级从高到低的顺序，依次选择其他设备。

5. 重定向

当网关设备发现报文从其他网关设备转发更好时，它就会发送重定向报文告知报文的发送者，让报文发送者选择另一个网关设备。重定向报文对应的 ICMPv6 的 Type 字段值为 137，报文中会携带更好的路由下一跳地址和需要被重定向的报文的目的地址等信息。

图 A-23 展示了一次重定向的过程。

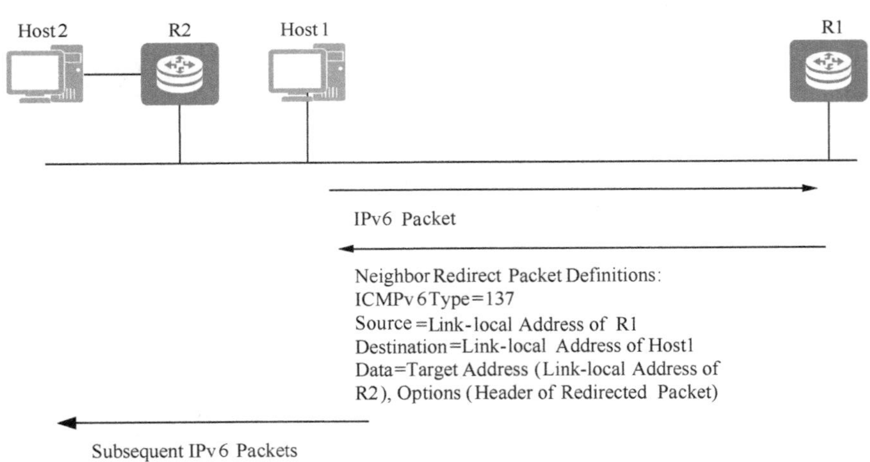

图 A-23 重定向过程示例

Host1 需要和 Host2 通信，Host1 的默认网关设备是 R1，当 Host1 向 Host2 发送报文时报文会被送到 R1。R1 接收到 Host1 发送的报文以后，会发现实际上 Host1 直接发送给 R2 更好，它将发送一个重定向报文给 Host1，其中报文中更好的路由下一跳地址为 R2，目的地址为 Host2。Host1 接收到了重定向报文之后，会在默认路由表中添加一个主机路由，以后发往 Host2 的报文就直接发送给 R2。

当设备收到一个报文后，只有在满足以下全部条件时，设备才会向报文发送者发送重定向报文。

- 报文的目的地址不是一个组播地址。
- 报文并非通过路由转发给设备。
- 经过路由计算后，路由的下一跳出接口是接收报文的接口。
- 设备发现报文的最佳下一跳IP地址和报文的源IP地址处于同一网段。
- 设备检查报文的源地址，发现自身的邻居表项中有用该地址作为全球单播地址或链路本地地址的邻居存在。

如果通信目标是一台主机，则主机的 IPv6 地址就是重定向报文的目的地址。如果该重定向报文含有选项字段，则选项字段中含有目标主机的链路层地址。

参考文献

[1] KAWAMURA S, KAWASHIMA M. A Recommendation for IPv6 Address Text Representation[EB/OL]. (2020-01-21)[2020-03-25]. RFC 5952.

[2] IANA. Internet Protocol Version 6 Address Space[EB/OL]. (2019-09-13)[2020-03-25].

[3] IANA. IPv6 Global Unicast Address Assignments[EB/OL]. (2019-11-06)[2020-03-25].

[4] THOMSON S, NARTEN T, JINMEI T. IPv6 Stateless Address Autoconfiguration[EB/OL]. (2015-10-14)[2020-03-25]. RFC 4862.

[5] HUITEMA C, CARPENTER B. Deprecating Site Local Addresses [EB/OL]. (2013-03-02)[2020-03-25]. RFC 3879.

[6] HABERMAN B, THALER D. Unicast-Prefix-based IPv6 Multicast Addresses[EB/OL]. (2015-10-14)[2020-03-25]. RFC 3306.

[7] HABERMAN B, THALER D. IP Version 6 Addressing Architecture[EB/OL]. (2020-01-21)[2020-03-25]. RFC 2373.

[8] CRAWFORD M. Transmission of IPv6 Packets over Ethernet Networks [EB/OL]. (2020-01-21)[2020-03-25]. RFC 2464.

[9] DEERING S, HINDEN R. Internet Protocol, Version 6 (IPv6) Specification[EB/OL]. (2020-02-04)[2020-03-25]. RFC 8200.

[10] KENT S, SEO K. Security Architecture for the Internet Protocol [EB/OL]. (2020-01-21)[2020-03-25]. RFC 4301.

[11] KENT S. IP Authentication Header[EB/OL]. (2020-01-21)[2020-03-25]. RFC 4302.

[12] KENT S. IP Encapsulating Security Payload[EB/OL]. (2020-01-21) [2020-03-25]. RFC 4303.

附录 B

IS-IS TLV 介绍

IS-IS 用于生成路由的 TLV 和 Sub-TLV 的映射关系如表 B-1 所示，其中 SRv6 Locator TLV 和 SRv6 End SID Sub-TLV 是 SRv6 新扩展的 TLV/Sub-TLV。

表 B-1　IS-IS 用于生成路由的 TLV 和 Sub-TLV 的映射关系

	Sub-TLV 是否可以通过该主 TLV 来扩散				
	27（SRv6 Locator TLV）	135（Extended IP Reachability TLV）	235（MT IP. Reachability TLV）	236（IPv6 IP. Reachability TLV）	237（MT IPv6 IP. Reachability TLV）
1（32-bit Administrative Tag Sub-TLV）	N	Y	Y	Y	Y
2（64-bit Administrative Tag Sub-TLV）	N	Y	Y	Y	Y
3（Prefix Segment Identifier）	N	Y	Y	Y	Y
4（Prefix Attribute Flags）	Y	Y	Y	Y	Y
5（SRv6 End SID Sub-TLV）	Y	N	N	N	N
11（IPv4 Source Router ID）	Y	Y	Y	Y	Y
12（IPv6 Source Router ID）	Y	Y	Y	Y	Y

注：Y 表示可以，N 表示不可以。

相关主 TLV 的含义如下。

- SRv6 Locator TLV：用于发布SRv6 Locator以及Locator对应的SID。
- Extended IP Reachability TLV：扩展的IP可达TLV，主要扩展传统IP可达信息TLV的Metric限制，以及携带路由向低Level渗透的标记。
- MT IP. Reachability TLV：多拓扑IPv4可达TLV，在135号TLV的基础上扩展了16 bit空间，用于支持多拓扑。
- IPv6 IP. Reachability TLV：IPv6可达TLV。
- MT IPv6 IP. Reachability TLV：多拓扑IPv6可达TLV，在236号TLV的基础上扩展了16 bit空间，用于支持多拓扑。

IS-IS 中用于表示邻接关系的 TLV 和 Sub-TLV 的映射关系如表 B-2 所示，其中 SRv6 End.X SID Sub-TLV 和 SRv6 LAN End.X SID Sub-TLV 是 SRv6 新扩展的 Sub-TLV。

表 B-2　IS-IS 中用于表示邻接关系的 TLV 和 Sub-TLV 的映射关系

	Sub-TLV 是否可以通过该主 TLV 来扩散					
	22（Extended IS Reachability TLV）	23（IS Neighbor Attribute TLV）	25（L2 Bundle Member Attributes TLV）	141（Inter-AS Reachability information TLV）	222（MT IS Neighbor TLV）	223（MT IS Neighbor Attribute TLV）
43（SRv6 End.X SID Sub-TLV）	Y	Y	Y	Y	Y	Y
44（SRv6 LAN End.X SID Sub-TLV）	Y	Y	Y	Y	Y	Y

注：Y 表示可以，N 表示不可以。

相关主 TLV 的含义如下。

- Extended IS Reachability TLV：扩展IS-IS可达TLV，包含一系列IS-IS邻居信息。
- IS Neighbor Attribute TLV：IS-IS邻居属性TLV，此定义是为了防止继续在原有的IS-IS可达TLV上扩展邻居属性信息。
- L2 Bundle Member Attributes TLV：用于携带二层捆绑成员接口信息的TLV。
- Inter-AS Reachability Information TLV：跨AS可达信息TLV。用于

携带跨AS链路信息。

- MT IS Neighbor TLV：多拓扑IS-IS可达TLV，在22号TLV的基础上扩展了16 bit空间，用于支持多拓扑。
- MT IS Neighbor Attribute TLV：IS-IS邻居属性TLV，此定义是为了防止继续在原有的IS-IS可达TLV上扩展邻居属性信息。

附录 C

OSPFv3 TLV 介绍

OSPFv3 LSA 和 TLV 的映射关系如表 C-1 所示。

表 C-1 OSPFv3 LSA 和 TLV 的映射关系

	TLV 是否可以通过 LSA 来扩散		
	Router Information LSA	SRv6 Locator LSA	E-Router-LSA
SRv6 Capabilities TLV	Y	N	N
SR Algorithm TLV	Y	N	N
Node MSD TLV	Y	N	N
SRv6 Locator TLV	N	Y	N
Router-Link TLV	N	N	Y

注：Y 表示可以，N 表示不可以。

TLV 和 Sub-TLV 的映射关系如表 C-2 所示。

表 C-2 TLV 和 Sub-TLV 的映射关系

	Sub-TLV 是否可以通过主 TLV 来扩散	
	SRv6 Locator TLV	Router-Link TLV
SRv6 End SID Sub-TLV	Y	N
SRv6 End.X SID Sub-TLV	N	Y

续表

	Sub-TLV 是否可以通过主 TLV 来扩散	
	SRv6 Locator TLV	Router-Link TLV
SRv6 LAN End.X SID Sub-TLV	N	Y
Link MSD Sub-TLV	N	Y

注：Y 表示可以，N 表示不可以。

Sub-TLV 和 Sub-sub-TLV 的映射关系如表 C-3 所示。

表 C-3　Sub-TLV 和 Sub-sub-TLV 的映射关系

	Sub-sub-TLV 是否可以通过 Sub-TLV 来扩散		
	SRv6 End SID Sub-TLV	SRv6 End.X SID Sub-TLV	SRv6 LAN End.X SID Sub-TLV
SRv6 SID Structure Sub-sub-TLV	Y	Y	Y

注：Y 表示可以，N 表示不可以。

1. SRv6 End.X SID 发布

OSPFv3 通过在 Router LSA 和 Network LSA 发布的 Link 来描述邻接关系，Router LSA 发布的 Link 的格式如图 C-1 所示。

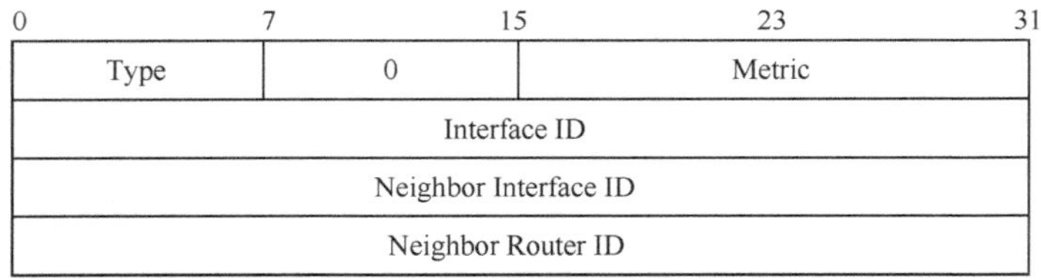

图 C-1　OSPFv3 Router LSA 发布的 Link 的格式

OSPFv3 支持 4 种链路类型，分别是 P2P、P2MP、Broadcast 和 NBMA，它们的 Link 信息分别描述如下。

- P2P链路只支持建立一个邻接，其Link各字段的说明如表C-4所示。

表 C-4　P2P Link 各字段的说明

字段名	长度	含义
Type	8 bit	P2P 类型，值为 1
Metric	16 bit	度量值

续表

字段名	长度	含义
Interface ID	32 bit	本端接口标识
Neighbor Interface ID	32 bit	邻居接口标识
Neighbor Router ID	32 bit	邻居 Router ID

- P2MP链路只支持建立多个邻接，每个Link分别由一个P2P Link描述。
- Broadcast和NBMA链路支持建立多个邻接，如图C-2所示，Broadcast和NBMA链路存在DR、BDR和DROther 3种角色的节点，每个邻接都由2段Link组成，例如，BDR/DROther节点指向DR节点的邻接，通过BDR/DROther节点到Newtork节点的Link，以及Newtork节点到BDR/DROther节点的Link共同描述。

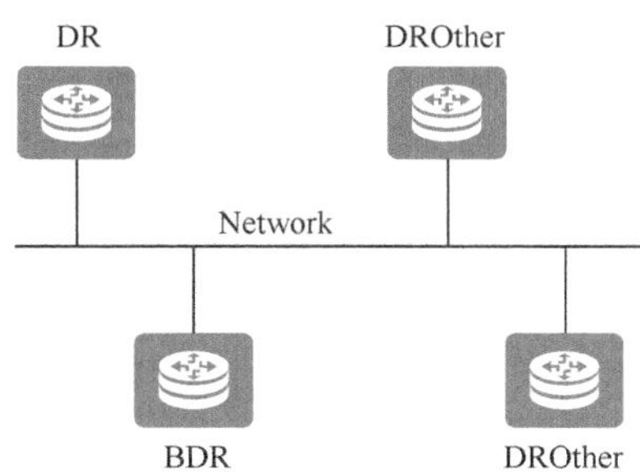

图 C-2　Broadcast 和 NBMA Link

DR/BDR/DROther 节点指向 Network 节点的 Link 各字段的说明如表 C-5 所示。

表 C-5　Broadcast 和 NBMA Link 各字段的说明

字段名	长度	含义
Type	8 bit	Transit 类型，值为 2
Metric	16 bit	度量值
Interface ID	32 bit	本端接口标识
Neighbor Interface ID	32 bit	DR 接口标识
Neighbor Router ID	32 bit	DR Router ID

Network 节点指向 DR/BDR/DROther 节点的 Link 通过 Network LSA

携带的多个 Attached Router 来描述。Network LSA 发布的 Link 格式如图 C-3 所示。

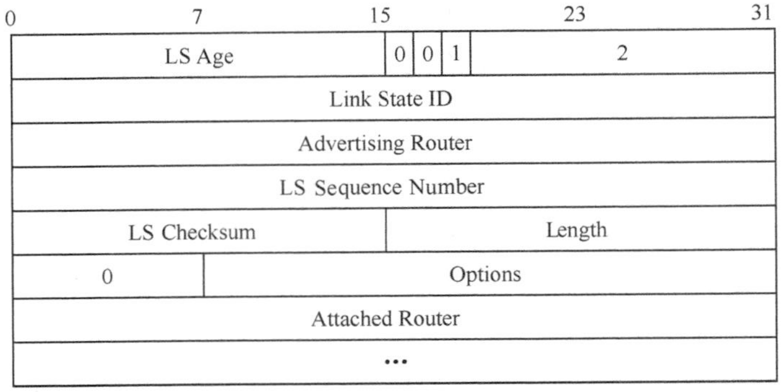

0–15				16–31
LS Age	0	0	1	2
Link State ID				
Advertising Router				
LS Sequence Number				
LS Checksum				Length
0	Options			
Attached Router				
…				

图 C-3 OSPFv3 Network LSA 发布的 Link 的格式

Network LSA 发布的 Link 各字段的说明如表 C-6 所示。

表 C-6 Network LSA 发布的 Link 各字段的说明

字段名	长度	含义
LS Age	16 bit	LSA 产生后所经过的时间，单位是 s。无论 LSA 是在链路上传输，还是保存在 LSDB 中，其值都会不停地增长
Link State ID	32 bit	与 LS Type 一起描述路由域中唯一一个 LSA
Advertising Router	32 bit	产生此 LSA 的路由器的 Router ID
LS Sequence Number	32 bit	LSA 的序列号，其他路由器根据这个值可以判断哪个 LSA 是最新的
LS Checksum	16 bit	除了 LS Age 的其他各域的校验和
Length	16 bit	LSA 的总长度，包括 LSA Header
Options	24 bit	路由器支持的可选能力
Attached Router	32 bit	连接在同一个网络上的所有路由器的 Router ID，也包括 DR 的 Router ID

2. OSPFv3 Router-Link TLV

OSPFv3 Router-Link TLV 是 OSPFv3 E-Router-LSA 的主 TLV，用于发布 OSPFv3 扩展 Link 信息。OSPFv3 Router-Link TLV 的格式如图 C-4 所示。

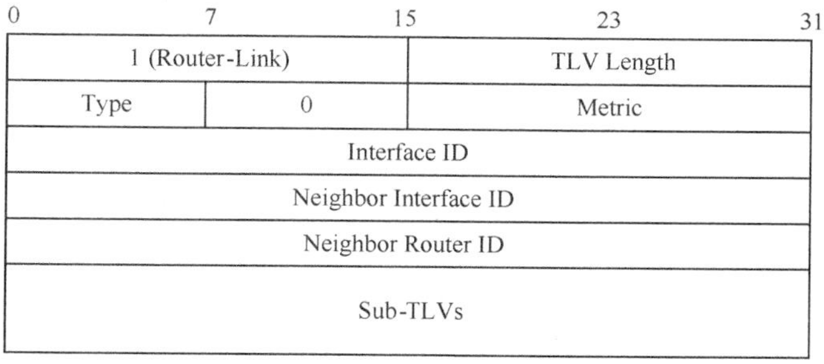

0 7	15	23 31
1 (Router-Link)		TLV Length
Type	0	Metric
Interface ID		
Neighbor Interface ID		
Neighbor Router ID		
Sub-TLVs		

图 C-4 OSPFv3 Router-Link TLV 的格式

OSPFv3 Router-Link TLV 中的字段和 OSPFv3 Router-LSA 发布的 Link 字段的含义一致，可以携带 Link 或邻接相关的 Sub-TLV。对于 P2P/P2MP 链路，一个 Link 只有一个邻居，可以直接携带邻居相关的 Sub-TLV。

对于 Broadcast 和 NBMA 链路，如果是 BDR/DROther 节点，可以携带一个 Sub-TLV 指向 DR 节点的邻居信息，例如 SRv6 End.X SID Sub-TLV。如果是 DR 节点，可以携带多个 Sub-TLV，分别描述指向不同 BDR/DROther 节点的信息，例如 SRv6 LAN End.X SID Sub-TLV。

缩略语

缩写	英文全称	中文名称
3GPP	3rd Generation Partnership Project	第三代合作伙伴计划
ABR	Area Border Router	区域边界路由器
AC	Attachment Circuit	接入电路
ACC	Access Equipment	接入设备
ACL	Access Control List	访问控制列表
A-D	Auto-Discovery	自动发现
ADC	Application Detection and Control	应用检测和控制
AFI	Address Family Identifier	地址族标识符
AGG	Aggregation	汇聚层设备
AH	Authentication Header	认证头
AMBR	Aggregate Maximum Bit Rate	聚合最大比特率
AMF	Access and Mobility Management Function	接入和移动管理功能
AN	Access Network	接入网
API	Application Program Interface	应用程序接口
APN6	Application-aware IPv6 Networking	应用感知的 IPv6 网络
ARP	Address Resolution Protocol	地址解析协议
ARPANET	Advanced Research Projects Agency Network	阿帕网
AS	Autonomous System	自治系统
ASBR	Autonomous System Boundary Router	自治系统边界路由器

续表

缩写	英文全称	中文名称
ASG	Aggregation Site Gateway	汇聚侧网关
ASM	Any-Source Multicast	任意源组播
ATM	Asynchronous Transfer Mode	异步转移模式
AUSF	Authentication Server Function	鉴权服务器功能
BBF	Broadband Forum	宽带论坛
BBU	Baseband Unit	基带单元
BD	Bridge Domain	桥域
BDR	Backup Designated Router	备份指定路由器
BE	Best Effort	尽力而为
BFD	Bidirectional Forwarding Detection	双向转发检测
BFER	Bit-Forwarding Egress Router	比特转发出口路由器
BFIR	Bit-Forwarding Ingress Router	比特转发入口路由器
BFR	Bit-Forwarding Router	比特转发路由器
BFR-ID	BIER Forwarding Router Identifier	BIER 转发路由器标识符
BGP	Border Gateway Protocol	边界网关协议
BGP-LS	Border Gateway Protocol - Link State	BGP 链路状态协议
BIER	Bit Index Explicit Replication	位索引显式复制
BIERv6	BIER IPv6 Encapsulation	位索引显示复制 IPv6 封装
BIFT	Bit Index Forwarding Table	位索引转发表
BNG	Broadband Network Gateway	宽带网络网关
BSL	Bit String Length	比特串长度
BSR	BootStrap Router	自举路由器
BUM	Broadcast, Unknown-unicast, Multicast	广播、未知单播、组播
CAPEX	Capital Expenditure	资本支出
CC	Continuity Check	连续性检测
CCN	Content-Centric Network	以内容为中心的网络
CDC	Central Data Center	核心数据中心
CE	Customer Edge	用户网络边缘设备
CERNET 2	China Education and Research Network 2	第二代中国教育和科研计算机网
CGN	Carrier-Grade NAT	运营商级 NAT
CIDR	Classless Inter-Domain Routing	无类别域间路由

续表

缩写	英文全称	中文名称
CLI	Command Line Interface	命令行接口
CN	Core Node	核心节点
CP	Common Prefix	公共前缀
CP	Control Plane	控制平面
CPE	Customer Premises Equipment	客户终端设备，也称客户驻地设备
CPU	Central Processing Unit	中央处理器
CR	Core Router	核心路由器
C-RAN	Cloud Radio Access Network	云化无线电接入网
CRH	Compressed Routing Header	压缩路由扩展报文头
CSG	Cell Site Gateway	基站侧网关
C-SID	Compressed SID	压缩 SID
CSLB	Cloud Service Load Balancer	云业务负载均衡
CSPF	Constrained Shortest Path First	约束最短路径优先
CSQF	Cycle Specified Queuing and Forwarding	循环指定队列和转发
CU	Central Unit	中央单元
CV	Connectivity Verification	连通性校验
DA	Destination Address	目的地址
DAD	Duplicate Address Detect	重复地址检测
DC	Data Center	数据中心
DCI	Data Center Interworking	数据中心互联
DCN	Data Center Network	数据中心网络
DDoS	Distributed Denial of Service	分布式拒绝服务
DetNet	Deterministic Networking	确定性网络
DF	Designated Forwarder	指定转发者
DHCP	Dynamic Host Configuration Protocol	动态主机配置协议
DIS	Designated Intermediate System	指定中间系统
DM	Delay Management	时延测量
DNS	Domain Name System	域名系统
DoS	Denial of Service	拒绝服务
DPI	Deep Packet Inspection	深度包检测
DR	Designated Router	指定路由器

续表

缩写	英文全称	中文名称
D-RAN	Distributed Radio Access Network	分布式无线电接入网
DSCP	Differentiated Services Code Point	区分服务码点
DU	Distributed Unit	分布单元
E2E	Edge to Edge	端到端
EAM	Enhanced Alternate Marking	增强交替染色
EANTC	European Advanced Networking Test Center	欧洲高级网络测试中心
EBGP	External Border Gateway Protocol	外部边界网关协议
ECMP	Equal-Cost Multiple Path	等值负载分担
EDC	Edge Data Center	边缘数据中心
eMBB	enhanced Mobile Broadband	增强型移动宽带
EoC	End-of-Carrier	结束标志
EPC	Evolved Packet Core	演进型分组核心网
EPE	Egress Peer Engineering	出口对等体工程
ERO	Explicit Route Object	显式路由对象
ES	Ethernet Segment	以太网段
ESI	Ethernet Segment Identifier	以太网段标识符
ESP	Encapsulating Security Payload	封装安全载荷
E-Tree	Ethernet Tree	以太网树形
EVI	EVPN Instance	EVPN 实例
EVPL	Ethernet Virtual Private Line	以太网虚拟专线
EVPN	Ethernet Virtual Private Network	以太网虚拟专用网
FBM	Forwarding Bit Mask	转发位掩码
FEC	Forwarding Equivalence Class	转发等价类
FHR	First Hop Router	第一跳路由器
FIB	Forwarding Information Base	转发信息库
FlexE	Flexible Ethernet	灵活以太网
FM	Fault Management	故障管理
FR	Frame Relay	帧中继
FRR	Fast Reroute	快速重路由
FW	Firewall	防火墙
GPB	Google Protocol Buffer	谷歌协议缓冲区

续表

缩写	英文全称	中文名称
GTP	GPRS Tunneling Protocol	GPRS 隧道协议
GUA	Global Unicast Address	全球单播地址
GW	Gateway	网关设备
HMAC	Hash-based Message Authentication Code	散列消息认证码
HSB	Hot Standby	热备份
IaaS	Infrastructure as a Service	基础设施即服务
IAB	Internet Architecture Board	因特网架构委员会
IANA	Internet Assigned Numbers Authority	因特网编号分配机构
IBGP	Internal Border Gateway Protocol	内部边缘网关协议
ICMP	Internet Control Message Protocol	因特网控制报文协议
ICMPv6	Internet Control Message Protocol version 6	第 6 版互联网控制报文协议
IDC	Internet Data Center	互联网数据中心
IEEE	Institute of Electrical and Electronics Engineers	电气电子工程师学会
IESG	Internet Engineering Steering Group	因特网工程指导小组
IETF	Internet Engineering Task Force	因特网工程任务组
IFIT	In-situ Flow Information Telemetry	随流检测
IGMP	Internet Group Management Protocol	因特网组管理协议
IGP	Interior Gateway Protocol	内部网关协议
IGW	Internet Gateway	互联网网关
IKE	Internet Key Exchange	互联网秘钥交换
IOAM	In-situ Operations，Administration and Maintenance	随流操作、管理和维护
IoV	Internet of Vehicle	车联网
IP	Internet Protocol	互联网协议
IPFIX	IP Flow Information Export	IP 数据流信息输出
IPFPM	IP Flow Performance Measurement	IP 流性能测量
IPng	IP Next Generation	下一代 IP
IPoA	IP over ATM	ATM 承载 IP
IPS	Intrusion Prevention System	入侵防御系统
IPsec	Internet Protocol Security	互联网络层安全协议
IPTV	Internet Protocol Television	互联网电视

续表

缩写	英文全称	中文名称
IPv4	Internet Protocol version 4	第 4 版互联网协议
IPv6	Internet Protocol version 6	第 6 版互联网协议
IRB	Integrated Routing and Bridging	集成路由和桥接
IS-IS	Intermediate System to Intermediate System	中间系统到中间系统
ISP	Internet Service Provider	因特网服务提供商
ITU-T	International Telecommunication Union-Telecommunication Standardization Sector	国际电联电信标准化部门
L2VPN	Layer 2 Virtual Private Network	二层虚拟专用网
L3VPN	Layer 3 Virtual Private Network	三层虚拟专用网
LAN	Local Area Network	局域网
LANE	Local Area Network Emulation	局域网仿真
LB	Load Balancer	负载均衡器
LB - APP - DB	Load Balancer - Application - Database	负载均衡器 - 应用 - 数据库
LDP	Label Distribution Protocol	标签分发协议
LFA	Loop Free Alternate	无环路备份
LFIB	Label Forwarding Information Base	标签转发表
LLA	Link-Local Unicast Address	链路本地地址
LM	Loss Management	丢包测量
LSA	Link State Advertisement	链路状态公告
LSDB	Link State Database	链路状态数据库
LSM	Label Switched Multicast	标签交换组播
LSP	Label Switched Path	标签交换路径
LTE	Long Term Evolution	长期演进（技术）
MAC	Media Access Control	媒体访问控制
MC	Metro Core	城域核心
MEC	Mobile Edge Computing	移动边缘计算
mGRE	multipoint Generic Routing Encapsulation	多点通用路由封装协议
MLD	Multicast Listener Discovery	组播侦听者发现
mLDP	multipoint extensions for Label Distribution Protocol	标签分发协议多点扩展
MME	Mobility Management Entity	移动性管理实体

续表

缩写	英文全称	中文名称
mMTC	massive Machine Type Communication	海量机器类通信，也称大连接物联网
MP	Management Plane	管理平面
MPLS	Multi-Protocol Label Switching	多协议标签交换，也称多协议标记交换
MRT	Maximally Redundant Trees	最大冗余树
MSD	Maximum SID Depth	最大 SID 栈深
MTP	Motion-to-Photons	运动至显示
MTU	Maximum Transmission Unit	最大传输单元
MVPN	Multicast Virtual Private Network	组播虚拟专用网
NA	Neighbor Advertisement	邻居通告
NAI	Node or Adjacency Identifier	节点或邻接标识符
NAT	Network Address Translation	网络地址转换
NAT-PT	Network Address Translation - Protocol Translation	网络地址转换 - 协议转换
NBMA	Non-Broadcast Multiple Access	非广播多重访问
ND	Neighbor Discovery	邻居发现
NDN	Named Data Network	命名数据网络
NDP	Neighbor Discovery Protocol	邻居发现协议
NFV	Network Functions Virtualization	网络功能虚拟化
NG-MVPN	Next Generation MVPN	下一代 MVPN
NLRI	Network Layer Reachability Information	网络层可达信息
NP	Network Programming	网络编程
NS	Neighbor Solicitation	邻居请求
NSH	Network Service Header	网络服务报文头
NSMF	Network Slice Managemant Function	网络切片管理器
NSSA	Not-So-Stubby Area	非完全末梢区域
NVO3	Network Virtualization over Layer 3	三层网络虚拟化
OAM	Operation, Administration and Maintenance	操作、管理与维护
OLT	Optical Line Terminal	光线路终端
ONUG	Open Network User Group	开放网络用户组织
OPEX	Operating Expense	运营支出

续表

缩写	英文全称	中文名称
OSI	Open System Interconnection	开放系统互连
OSPF	Open Shortest Path First	开放式最短路径优先
OSPFv3	Open Shortest Path First version 3	开放式最短路径优先第 3 版
P2MP	Point-to-Multipoint	点到多点
P2P	Point-to-Point	点到点
P4	Programming Protocol-independent Packet Processors	编程协议无关的包处理器
PBR	Policy-Based Routing	策略路由
PBT	Postcard-Based Telemetry	基于 Postcard 的遥测
PBT-I	Postcard-Based Telemetry with Instruction Header	基于 Postcard 的指令头遥测
PC	Program Counter	程序计数器
PCC	Path Computation Client	路径计算客户端
PCE	Path Computation Element	路径计算单元
PCEP	Path Computation Element Protocol	路径计算单元通信协议
PCF	Policy Control Function	策略控制功能
PDU	Packet Data Unit	分组数据单元
PE	Provider Edge	运营商边缘设备
PIM	Protocol Independent Multicast	协议无关组播
PLR	Point of Local Repair	本地修复节点
PM	Performance Measurement	性能测量
PMSI	Provider Multicast Service Interface	运营商组播服务接口
PMTU	Path Maximum Transmission Unit	路径最大传输单元
POF	Protocol Oblivious Forwarding	协议无关转发
PPSI	Per-Path Service Instruction	每个路径的服务指令
PSP	Penultimate Segment Pop of the SRH	倒数第二段弹出 SRH
PSSI	Per-Segment Service Instruction	每个段的服务指令
PST	Path Setup Type	路径创建类型
PW	Pseudo Wire	伪线
QFI	QoS Flow Identifier	QoS 流标识符
QinQ	802.1Q in 802.1Q	802.1Q 嵌套 802.1Q

续表

缩写	英文全称	中文名称
QoE	Quality of Experience	体验质量
QoS	Quality of Service	服务质量
RA	Router Advertisement	路由器通告
RAN	Radio Access Network	无线电接入网
RAT	Radio Access Technology	无线电接入技术
RD	Route Distinguisher	路由标识
RDC	Regional Data Center	区域数据中心
RLFA	Remote Loop Free Alternate	远端无环路备份
RP	Rendezvous Point	汇聚点
RPF	Reverse Path Forwarding	反向通路转发
RPT	Rendezvous Point Tree	共享树
RQI	Reflective QoS Indicator	反射 QoS 标识
RR	Route Reflector	路由反射器
RRO	Record Route Object	记录路由对象
RRU	Remote Radio Unit	射频拉远单元
RS	Router Solicitation	路由器请求
RSG	Radio Network Controller Site Gateway	基站控制器侧网关
RSVP-TE	Resource Reservation Protocol-Traffic Engineering	资源预留协议流量工程
RT	Route Target	路由目标
RTT	Round-Trip Time	往返时延
SA	Secure Association	安全关联
SA	Source Address	源地址
SAFI	Subsequent Address Family Identifier	子地址族标识符
SBA	Service-based Architecture	服务化架构
SBFD	Seamless Bidirectional Forwarding Detection	无缝双向转发检测
SDH	Synchronous Digital Hierarchy	同步数字体系
SDN	Software Defined Network	软件定义网络
SD-WAN	Software Defined Wide Area Network	软件定义广域网
SF	Service Function	业务功能
SFC	Service Function Chaining	业务功能链

续表

缩写	英文全称	中文名称
SFF	Service Function Forwarder	业务功能转发器
SFP	Service Function Path	业务功能路径
SI	Service Index	业务索引
SI	Set Identifier	集合标识符
SID	Segment Identifier	段标识符
SL	Segments Left	剩余段
SLA	Service Level Agreement	服务等级协定
SLA	Site-Local Address	本地站点地址
SMF	Session Management Function	会话管理功能
SP	Service Provider	服务提供商
SPE	Superstratum Provider Edge	上层运营商边缘设备
SPF	Shortest Path First	最短路径优先
S-PMSI	Selective PMSI	选择 PMSI
SPT	Shortest Path Tree	最短路径树
SR	Service Router	业务路由器
SRGB	Segment Routing Global Block	段路由全局块
SRH	Segment Routing Header	段路由扩展报文头
SRLG	Shared Risk Link Group	共享风险链路组
SR-MPLS	Segment Routing over MPLS	基于 MPLS 的段路由
SRMS	Segment Routing Mapping Server	段路由映射服务器
SRP	Stateful PCE Request Parameters	有状态 PCE 请求参数
SRv6	Segment Routing over IPv6	基于 IPv6 的段路由
SSM	Source Specific Multicast	指定组播源
TAS	Time Aware Shaping	基于时间的整形机制
TCP	Transmission Control Protocol	传输控制协议
TDM	Time Division Multiplexing	时分复用
TE	Traffic Engineering	流量工程
TEDB	Traffic Engineering Database	流量工程数据库
TEID	Tunnel Endpoint Identifier	隧道端点标识符
TIH	Telemetry Information Header	Telemetry 指令头
TI-LFA	Topology Independent Loop Free Alternate	拓扑无关的无环路备份

续表

缩写	英文全称	中文名称
TLV	Type Length Value	类型长度值
TOR	Top of Rack	架顶模式
TP	Transport Profile	传输规范
TTL	Time to Live	生存时间
TWAMP	Two-Way Active Measurement Protocol	双向主动测量协议
UCMP	Unequal-Cost Multiple Path	非等值负载分担
UDP	User Datagram Protocol	用户数据报协议
UE	User Equipment	用户终端
ULA	Unique Local Address	唯一本地地址
UP	User Plane	用户平面
UPF	User Plane Function	用户平面功能模块
uRLLC	ultra-Reliable&Low-Latency Communication	低时延高可靠通信
USD	Ultimate Segment Decapsulation	倒数第一段解封装
USP	Ultimate Segment Pop of the SRH	倒数第一段弹出 SRH
V2X	Vehicle to Everything	车辆外联
VAS	Value-Added Service	增值服务
vBNG	virtualized Broadband Network Gateway	虚拟宽带网络网关
VCI	Virtual Channel Identifier	虚拟信道标识符
vEPC	virtualized Evolved Packet Core	虚拟演进型分组核心网
vFW	virtual Firewall	虚拟防火墙
VLAN	Virtual Local Area Network	虚拟局域网
VLL	Virtual Leased Line	虚拟租用线
VM	Virtual Machine	虚拟机
VNF	Virtual Network Function	虚拟网络功能
VNI	VXLAN Network Identifier	VXLAN 标识符
VoIP	Voice over IP	互联网电话
VPC	Virtual Private Cloud	虚拟私有云
VPI	Virtual Path Identifier	虚拟通路标识符
VPLS	Virtual Private LAN Service	虚拟专用局域网业务
VPN	Virtual Private Network	虚拟专用网
VPN+	Enhanced VPN	增强型虚拟专用网

续表

缩写	英文全称	中文名称
VPWS	Virtual Private Wire Service	虚拟专用线路业务
VR	Virtual Reality	虚拟现实
VTN	Virtual Transport Network	虚拟传输网络
vWOC	virtualized WAN Optimization Controller	虚拟广域网优化控制器
VXLAN	Virtual eXtensible Local Area Network	虚拟扩展局域网
WAF	Web Application Firewall	网络应用防火墙
WAN	Wide Area Network	广域网
WOC	WAN Optimization Controller	广域网优化控制器
XML	eXtensible Markup Language	可扩展标记语言
ZTP	Zero Touch Provisioning	零接触部署，也称零配置开局

后　记

SRv6 之路

（李振斌）

| SRv6 之路：SR-MPLS 之争 |

2013 年 3 月，业界提出了 Segment Routing（SR）技术。在 SR 提出之前，MPLS 技术经过 10 多年的发展，已经趋于完善。当时我认为 MPLS 技术仍然存在的痛点集中在以下 3 个方面。

- 无法部署LDP FRR：LDP具有很好的可扩展性，但是FRR难以达到100%的网络覆盖率，导致无法在现网部署LDP FRR。当时看起来，MRT算法结合LDP多拓扑应该能够解决这个问题。
- RSVP-TE的可扩展性差：RSVP-TE的“软状态”等造成可扩展性差的问题，影响了MPLS TE的广泛使用。不过这个问题在当时看起来并不特别严重，一是运营商IP网络对于MPLS TE隧道数量的要求并不高，运营商更愿意使用IGP/LDP等可扩展性更高的技术来承载业务，通过加大带宽保证服务质量，通过快速收敛来提供高可靠性；二是可以通过分布式系统实现架构来解决RSVP-TE的可扩展性问题。
- MPLS组播不够完善：MPLS组播发展得相对较晚，其可靠性、跨域部署等方面还需要进一步完善。

刚提出 SR 的时候，SR 作为一种与传统 MPLS 理念完全不一样的技术，还是比较难以让包括我在内的行业从业者接受的。我认为 SR 能够解决的 MPLS 的问题已经有了解决之道，通过发展和完善现有技术就可以完全解决问题。而 SR 采用了一种全新的理念，虽然可以解决 MPLS 的一些问题，但还是引入了

新的问题（例如处理更深的标签栈对于硬件性能的挑战、无法支持组播等），这样的代价实在是太高了。我总结了 SR 和 LDP/RSVP-TE 对比分析的结果，并向 IETF 提交了草案[1]。

我对 SR 的质疑并不新鲜，SR 也受到了 MPLS 领域许多专家的反对。即便是研究 IGP 分发标签的专家也只是希望在 MPLS 架构中解决一些问题，而非像 SR 一样重构 MPLS。

虽然对于 SR 的发展前景表示怀疑，但是我们对于这个新的技术方向也进行了深入的研究。

一方面是完善 SR。通过对 SR 存在的问题的分析以及对于未来可能的发展方向的把握，我们迅速展开了对相关的技术和标准的研究，这些工作包括：

- MPLS全局标签[2]，草案里面提到的一些用例已经得到进一步的发展，包括MPLS源标签[3]、MVPN/EVPN Aggregation Label[4]等；
- 基于SR的虚拟网络和保证带宽的SR[5]，这些工作后来成为网络切片的基础；
- SR SFC[6]；
- SR over UDP[7]等。

上述工作在 2013—2014 年就已经开展。后来中国移动又和我们联合提出了 SR Path Segment，这是 SR 性能测量技术的基础。

另一方面是集中式 MPLS TE 方案。我们提交了 PCECC 方案的草案[8]。与 SR不同，PCECC初始的方案就是通过PCE集中分发标签建立MPLS TE LSP（而非 SR 路径），由此解决 RSVP-TE 可扩展性的问题，并能够实现集中式调优。

2013—2014 年，在 SR 发展的初期，业界讨论的焦点集中在 SR-MPLS。虽然在 SR 的架构里面提及了 SRv6，但是关心的人寥寥无几。相对于 SR-MPLS，SRv6 看起来更是一件遥不可及的事情。

| SRv6 之路：SDN 演进 |

SR 的发展与 SDN 密切相关。业界对 SDN 的发展路线存在激烈的争论：一种路线是以 OpenFlow 为代表的革新路线，希望通过完全的转控分离来实现全集中式的 SDN，协议统一到 OpenFlow；另一种路线是 SDN 演进路线，它的目标是基于已有的协议，通过集中控制解决分布式 IP 网络的问题，这些已有的协议包括 NETCONF/YANG、BGP、PCEP 等。

在2013年11月的IETF第88次会议上，基于我们在SDN领域的研究和对未来技术发展的判断，我们集中提交了30多篇草案，我在那次会议上做了超过15次宣讲，宣讲对象覆盖了IETF路由域几乎所有重要的工作组，较为全面地阐述了我们关于SDN演进方案的设想。

- 转发平面MPLS+：通过引入全局标签丰富MPLS标签的含义，通过MPLS标签的灵活组合满足网络服务的定制化需求。
- 控制平面：我们明确提出了IGPCC[9]、BGPCC[10]、PCECC[11]等SDN演进的南向协议框架和协议扩展需求，后来又提交了分层控制器架构和南向协议扩展需求[12]。
- 管理平面：基于NETCONF/YANG构建开放的网络环境，包括控制器南向模型、北向模型的标准化以及构建开放可编程环境所需要的工具和机制。

这些工作提出之后在IETF引发了极大的关注，也引起了很多争论。IETF为互联网而生，分布式是互联网的重要设计理念，传统的IP专家对于集中控制有一种本能的反感。即便相对于OpenFlow的完全集中式SDN控制器架构，我们倡导的是一种“分布式 + 集中式”的混合式架构，但是仍有一些专家对我们这样旗帜鲜明地在IETF中支持集中控制感到“upset”（沮丧）。然而，随着SDN在业界的发展，这些理念获得了更多的支持，并和Stateful PCE、SR等重要的工作一起促进了SDN演进路线的发展。

SR符合SDN技术演进的发展趋势，得到了业界的认可，获得了较快的发展。我们的PCECC方案也实现了与SR的融合，通过PCE集中分发SR的标签，可以替代IGP扩展来泛洪，同时PCE还可以支持SR路径下发，这样使得SR的协议更简单、更集中。2015年，提出PCECC两年后，在TEAS（Traffic Engineering Architecture and Signaling）工作组宣讲的时候，主席问与会者是否接纳PCECC，现场几乎所有人都举手支持，我们的宣讲人德鲁夫说这是他在IETF做得最成功的一次宣讲。

除了PCECC之外，我们更进一步提出了MPLS Path Programming的创新理念[13]。MPLS Path Programming把SR的标签组合抽象为“路径编程”的概念，并把这种路径编程分为两个层次，一个是承载层的路径编程，一个是业务层的路径编程。我们将当时SR主要解决的路径可达性问题定义为承载层的路径编程，而通过MPLS全局标签来指示各种网络服务（包括VPN、负载分担、OAM、QoS、安全等），这样的MPLS标签组合就可以灵活地定义特定业务流网络服务的集合，我们将其定义为业务层的路径编程，这种MPLS的路径编程能够方便地提供更多的网络增值服务，而对运营商也更加有意义。

在SDN演进路线发展过程中，很多技术实现了融合。后来SR Policy中有集中分配Binding SID，我从中看到了PCECC的影子；SRv6重新定义为

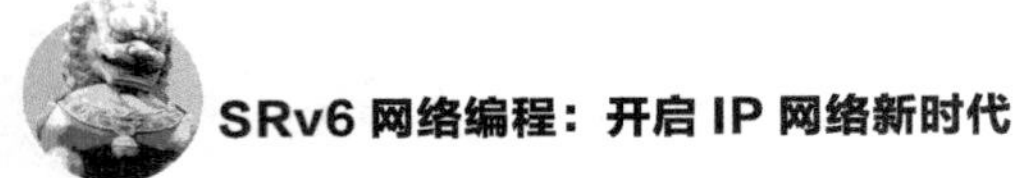

SRv6 Network Programming，并提出业务和承载统一地编程，我从中看到了 MPLS Path Programming 的影子。一项技术的发展，需要整个产业的力量推动，通过业界的共同努力。SR 成为 SDN 的一个事实标准。

| SRv6 之路：2017 年 |

很多人认为 2013 年就是 SRv6 的起点，在我看来并不是这样的。最初提出 SRv6 的时候，业界只是希望将节点和链路的 IPv6 地址放在路由扩展报文头里面引导流量。2017 年 3 月 SRv6 Network Programming 草案被提交给了 IETF，原有的 SRv6 被升级为 SRv6 Network Programming。从狭义的角度看，SRv6 Network Programming 和 SRv6 并不是一回事。SRv6 Network Programming 通过将长度为 128 bit 的 SRv6 SID 划分为 Locator 和 Function 等，实际上融合了路由和 MPLS 的能力，使 SRv6 SRH 的网络可编程能力大大增强，可以更好地满足新业务的需求。因此，我认为 2017 年才是 SRv6 真正的元年。

SRv6 也可以被看作 SDN 演进的延续。OpenFlow 提出一个很重要的思想，就是要分离控制平面和转发平面，控制器能够通过标准化的接口进行转发平面编程。然而，这个理念太过于激进而未能完全实现。SRv6 网络编程则以一种与现有 IP 网络更加兼容的方式实现了转发平面编程，而且能力大大超过了之前的 IPv4 和 MPLS。如果说从 2013 年到 2016 年，IETF 重点完成的是控制平面的 SDN 演进，那么从 2017 年的 SRv6 Network Programming 开始，重心则转移到了转发平面的 SDN 演进。

与 2013 年推出 SR 一样，我们在第一时间就注意到了 SRv6 的变化，并进行了深入的分析和研究。但是因为技术刚刚发布，内部的讨论也非常激烈，大约有半年多的时间，华为的专家在 SRv6、SR-MPLS6、SR-MPLS over UDP6 等技术方案的选择上进行讨论。SR-MPLS over UDP6 首先被排除掉了，我们认为这是一种过渡技术，属于 SR-MPLS 和 IPv6 的一种嫁接，部署在移动承载网等之上会很复杂。SR-MPLS6 是当时比较成熟的技术，很多人倾向于选择 SR-MPLS6。然而，因为客户的选择非常坚决，我们没有太多选择的余地，一定程度上是被逼上了 SRv6 之路。为了加快 SRv6 的成熟商用，我们在 2017 年 10 月前后直接推出 SRv6 的 OSPFv3、BGP-LS、PCEP 和 BGP 等协议扩展相关的 4 篇草案，和已有的 SRv6 SRH、SRv6 Network Programming、SRv6 IS-IS 和 SRv6 VPN 等草案一起构成了 SRv6 基础特性较为完整的标准草案集合。2017 年 11 月在新加坡的 IETF 会议期间，我们和业界专家一起讨论确定了 SRv6 的标准布局和标准推动的优先级，并就完善标准中的技术方案进行了全面的讨论。在新加坡召开的 IETF 会议是 IETF 的第 100 次会议，极具纪念意义，对于我们则更有一层特殊的意义，在重要的技术领域，我们第一次跟来自设备厂商等的业界专家进行了全面的合作，共同推动产业发展。

| SRv6 之路：2018 年 |

2018 年是加快完善 SRv6 的标准和方案的关键一年。每次 IETF 会议期间，我们都跟来自设备厂商等的业界专家集中讨论 SRv6 方案和标准。同时我们与一些来自运营商的技术专家进行 SRv6 的联合设计活动，每次运营商的技术专家来中国两三天，和华为的工程师们一起讨论 SRv6 应用部署存在的问题以及可能的解决方案。这些活动对于加快 SRv6 技术和标准的完善起到了重要的促进作用。

2018 年 9 月，经过第三方协调，我带领华为的开发测试团队和另一个设备厂商的开发测试团队在日本某公司的实验室进行了 SRv6 的互通测试。在 5 天的时间里，我们进行了 SRv6 L3VPN、SRv6 IS-IS、SRv6 BGP、SRv6 OAM 和 SRv6 TI-LFA FRR 等一系列测试。测试的过程跌宕起伏，时而是华为的设备出了问题，我就带着对方的工程师去吃饭，然后去公园参观游览；时而是对方的设备出了问题，我就带着华为的工程师去吃饭，然后去公园参观游览。这样基本上每天我都要去公园参观游览一次。终于在周五下午，我们完成了最复杂的 SRv6 TI-LFA FRR 的互通测试，所有场景都通过了互通测试验证。我们都感到非常兴奋，在实验室合影留念的时候，大家都竖起大拇指，我临时起意，教在场专家做出中国“六”的手势，寓意 SRv6“六六大顺”，后来这也成了 SRv6 团队合影的一个标准手势。合影以后，我邀请大家去星巴克喝咖啡，因为互通测试的成功，大家兴奋地聊了很多。回来的时候正好经过日本桥，我又邀请了同行专家在日本桥旁边的雕像合影。日本桥是日本很多高速公路的起点，即这些高速公路的里程都是以日本桥作为起点来计算的。我们和该设备厂商的第一次 SRv6 第三方互通测试的成功也是 SRv6 发展过程中的一个重要的里程碑，日本桥对于我们而言也更多了一层在合作方面的象征意义。

SRv6 发展的初期，我们以交付 SRv6 TE、VPN 和 FRR 等基础特性为主，实际一直有一个问题萦绕在我的脑海里，那就是 SR-MPLS 已经支持这些技术了，为什么要用 SRv6 再做一遍？也就是说，SRv6 特有的价值和意义究竟是什么呢？

在 2017—2018 年的探索中，得益于我们团队在各个新兴领域展开的技术研究，包括 SRv6 Path Segment/OAM、IOAM/IFIT（网络随路测量）、VPN+（网络切片）和 BIERv6 等，还有与客户和业界技术专家进行的广泛技术交流，我对于这个问题的思考也越来越深入，在 2019 年初的 SRv6 产业论坛前夕，我终于有了一个令人兴奋的答案。我抑制不住自己的激动，写下了一份日记并分享到微信朋友圈：

“因为思绪很多，我独自出来走走，沿着回龙观的街道走了很远，似曾相识的感觉涌入脑海。20 年过去了，非常有幸几乎完整地经历了 MPLS 时代，IP 从最初的互联网扩展到 IP 骨干网、城域网，再到移动承载网，MPLS 的价值发挥到了极致，达成了我认为的 All IP 1.0 时代的使命，但是也存在两个瓶颈，一个是承载网孤岛连通问题，另一个是承载与应用分离带来的‘Networking on its own’问题。SRv6 与 IPv6 可达性保持兼容，这种亲和性使得它一方面有可能很方便地连接承载网孤岛，并利用兼容 MPLS 的流量工程能力提供丰富的路径选择，另一方面也使得它有可能跨过网络和应用的鸿沟，借助 IPv6 扩展报文头 / SRH 突破 IPv4 封装和 MPLS 封装带来的局限性，将应用的信息带入网络，使得网络的流量和应用结合起来有更大的操作空间，提升承载网的价值。从这些意义上来讲，SRv6 和 SR-MPLS 根本不是一个层面上的东西，在 5G/ 云 / 物联网等应用需求的驱动下，SRv6 最大可能地打开了 All IP 2.0 的时代之门，那就是 All IPv6。这种时代感让我再次兴奋不已，更倍感幸运，我还在这里！”

| SRv6 之路：2019 年 |

凭借对于 SRv6 的支持，我们赢得了客户的信任，然而突发事件的出现导致我们的联合技术创新项目陷入停滞。就在我们扼腕叹息之际，“山重水复疑无路，柳暗花明又一村”，我们与中国区运营商的联合创新出现了积极的变化。老胡（胡克文）在数据通信产品线大力推动与客户联合创新的 Netcity 活动，加快创新解决方案应用的部署，通过快速试错提升产品和解决方案的竞争力。中国区无疑是最好的试验田，而且中国区运营商的 IP 网络都已支持 IPv6，可以很方便地开展 SRv6 的应用部署。2018 年底，华为跟中国电信四川分公司讨论在现网部署 SRv6，经过与客户的多次交流，客户发现利用现有的 IPv6 网络基础设施可以非常方便地部署 SRv6 VPN，而不需要像以前因为跨域要跟省干、国干等部门进行复杂的协调才能部署 MPLS VPN。2019 年初，中国电信四川分公司部署开通了基于 SRv6 VPN 的视频业务，这成为业界首个 SRv6 商用局点。

华为经过在中国区的努力，一年之内部署了 12 个 SRv6 局点，这也充分体现了我国 IPv6 网络基础设施的优势。同时经过拓展，华为在其他国家 / 地区也陆续实现了 SRv6 的商用开局。在这些开局里面，有两类情况下的 SRv6 开局尤其让我感动。有些国家网络基础不佳，容易发生故障，通过 SRv6 的 TI-LFA FRR 技术提高了网络的可靠性。有些国家 / 地区饱受战乱之苦，通过 SRv6 帮助他们更快地开通了业务。这些基础设施欠发达国家 / 地区的网络通过 SRv6 等技术实现了跨越式发展，我真的感到非常高兴。在新技术的推动过程中，不可避免地会有竞争，而且这些竞争有时候会令人不愉快，但是这些活动从根本上还是推动了产业发展，无数的 IP 从业者可以从中受益，而这些基础设施技术的发展也能够造福更多的人。每每想到这些，我内心就充满了光明和温暖，也愿意付出更多的努力去迎接挑战、解决问题。

随着商用部署的成功，SRv6 标准也日趋成熟，2019 年 SRH 的草案完成了工作组的 Last Call 和 IETF IESG（Internet Engineering Steering Group，因特网工程指导小组）的评审，随后在 2020 年初发布了 RFC 8754。SRv6 基础特性的草案都已经成为 IETF 工作组草案。标准的成熟度进入了一个新的阶段。SRv6 产业活动也如火如荼地展开，得到更多的产业支持。特别是随着 SRv6 在我国的广泛部署以及我国在 IETF 标准创新活动的增加，我国推进 IPv6 规模部署专家委员会成立了 IPv6+ 技术创新工作组，这意味着我国的 IPv6 从推进部署到引领创新的一次重要转变，我们在 IETF 推动的创新也融入了国家战略。2019 年底我在微信朋友圈又分享了一年来的 SRv6 历程：

"SRv6 在过去一年获得了巨大发展。在发展过程中，SRv6 带给我最重要的体会就是它的时代感。SRv6 与 5G/ 云业务发展相辅相成，这是它成功最重要的机遇，也是一种幸运。随着业务需求的发展，技术层面上的发展已经在超越 SRv6，不仅是基于 SRv6 SRH 封装这一方面，而且扩展到基于其他 IPv6 扩展报文头封装方面，我们将其统一定义为 IPv6+，希望能够更好地揭示其时代特征，同时定义了其发展可能的 3 个阶段。

- IPv6+ 1.0：SRv6基础特性，包括VPN、TE和FRR等。
- IPv6+ 2.0：面向5G和云的新应用，包括VPN+（网络切片）、IFIT（随路检测）、DetNet、SFC、SD-WAN和BIERv6等。
- IPv6+3.0：应用感知的IPv6网络（APN6），这将带来网络体系架构的重要变化。

这样一个时代的机遇也成为我们解决许多问题的一个基础。IP 产业的发展、中国 IPv6 的发展及 IP 力量的成长，这些都可能从 SRv6 的发展中获益。在与各国专家的交流过程中，我能够强烈地感受到率先展开 SRv6 部署的中国、日本和中东这些新兴 IP 力量发展产业的雄心。相对于 SDN 所带来的巨大冲击以及由此引发的混乱、分裂、争执和攻讦，这一次 IP 产业发展显得比较有序，也比较具有建设性。在 SRv6 产业沙龙中，IPv6、SDN 和 MPLS 的专家力量汇集融合在一起令人倍感温暖，由此形成的合力让我们对未来充满了期盼！”

结　语

SRv6 发展之路，实际上也是华为在 IP 领域创新的崛起之路，我可以强烈地感受到这背后公司和国家力量的成长。经过 20 多年的积累，我们的产品和市场实力终于可以全面支持我们的创新和推动标准的建立，而不仅仅是别人眼里的“Paper Work”（纸上谈兵）。我国在 2017 年底推动 IPv6 的规模部署，经过近两年的努力，运营商 IP 网络能够全面支持 IPv6，而 SRv6 的兴起又带来了很多 IPv6 创新的机会，我们能够更快地展开创新试验和部署。身处其中，我感到无比幸运。幸运的背后是辛勤汗水的付出，是在一次次的挫折中不气馁，总结教训完善自我的成长，才终有可能抓住一次机会。展望未来，任重道远，我们仍需努力！

参考文献

[1] LI Z. Comparison between Segment Routing and LDP/RSVP-TE[EB/OL]. (2016-03-13)[2020-03-25]. draft-li-spring-compare-sr-ldp-rsvpte-01.

[2] LI Z, ZHAO Q, YANG T. Usecases of MPLS Global Label[EB/OL]. (2013-07-11)[2020-03-25]. draft-li-mpls-global-label-usecases-00.

[3] BRYANT S, CHEN M, LI Z, et al. Synonymous Flow Label Framework[EB/OL]. (2018-12-12)[2020-03-25]. draft-ietf-mpls-sfl-framework-04.

[4] ZHANG Z, ROSEN E, LIN W, et al. MVPN/EVPN Tunnel Aggregation with Common Labels[EB/OL]. (2019-10-24)[2020-03-

25]. draft-ietf-bess-mvpn-evpn-aggregation-label-03.

[5] LI Z, LI M. Framework of Network Virtualization Based on MPLS Global Label[EB/OL]. (2013-10-21)[2020-03-25]. draft-li-mpls-network-virtualization-framework-00.

[6] XU X, BRYANT S, ASSARPOUR H. Service Chaining using Unified Source Routing Instructions[EB/OL]. (2017-06-29)[2020-03-25]. draft-xu-mpls-service-chaining-03.

[7] XU X, BRYANT S, FARREL A, et al. MPLS Segment Routing over IP[EB/OL]. (2019-12-30)[2020-03-25]. RFC 8663.

[8] ZHAO Q, LI Z, KHASANOV B, et al. The Use Cases for Path Computation Element (PCE) as a Central Controller (PCECC)[EB/OL]. (2020-03-08)[2020-03-25]. draft-ietf-teas-pcecc-use-cases-05.

[9] LI Z, CHEN H, YAN G. An Architecture of Central Controlled Interior Gateway Protocol (IGP)[EB/OL]. (2013-10-21)[2020-03-25]. draft-li-rtgwg-cc-igp-arch-00.

[10] LI Z, CHEN M, ZHUANG S. An Architecture of Central Controlled Border Gateway Protocol (BGP)[EB/OL]. (2013-10-20)[2020-03-25]. draft-li-idr-cc-bgp-arch-00.

[11] FARREL A, ZHAO Q, LI R, et al. An Architecture for Use of PCE and the PCE Communication Protocol (PCEP) in a Network with Central Control[EB/OL]. (2017-12-30)[2020-03-25]. RFC 8283.

[12] LI Z, DHODY D, CHEN H. Hierarchy of IP Controllers (HIC)[EB/OL]. (2020-03-08)[2020-03-25]. draft-li-teas-hierarchy-ip-controllers-04.

[13] LI Z, ZHUANG Z. Use Cases and Framework of Service-Oriented MPLS Path Programming (MPP)[EB/OL]. (2015-03-08)[2020-03-25]. draft-li-spring-mpls-path-programming-01.